FUNDAMENTOS À TECNOLOGIA DE REFRATÁRIOS

abm
Associação Brasileira de
Metalurgia, Materiais e Mineração

Coleção de Livros ABM em
Metalurgia, Materiais e Mineração

Diretor de Operações
Valdomiro Roman da Silva

Analista Editorial
Luciane Genzano Cruz

Alamar Kasan Duarte
Coordenação

FUNDAMENTOS À TECNOLOGIA DE REFRATÁRIOS

Volume I

Fundamentos à tecnologia de refratários, volume I

Editora Edgard Blücher Ltda.

1ª reimpressão – 2025

Publisher: Edgard Blücher
Editor: Eduardo Blücher
Pré-produção: Juliana Midori Horie
Coordenação editorial: Rafael Fulanetti
Coordenação de produção: Andressa Lira
Produção editorial: Rosemeire C. Pinto
Diagramação: Know-how Editorial
Revisão de texto: Vânia Cavalcanti
Capa: Laércio Flenic
Imagem da capa: RHI Magnesita

Blucher

Rua Pedroso Alvarenga, 1245, 4º andar
04531-934 – São Paulo – SP – Brasil
Tel.: 55 11 3078-5366
contato@blucher.com.br
www.blucher.com.br

Segundo o Novo Acordo Ortográfico, conforme 6. ed. do *Vocabulário Ortográfico da Língua Portuguesa*, Academia Brasileira de Letras, julho de 2021.

Dados Internacionais de Catalogação na Publicação (CIP)
Angélica Ilacqua CRB-8/7057

Fundamentos à tecnologia de refratários / coordenação Alamar Kasan Duarte. -- São Paulo : Blucher, 2024.
476 p. : il. (Coleção de livros ABM, vol I)

Bibliografia
ISBN 978-85-212-2310-8

1. Siderurgia 2. Materiais refratários - Indústria I. Duarte, Alamar Kasan II. Série

24-3234 CDD 669.14

Índices para catálogo sistemático:
1. Siderurgia

APRESENTAÇÃO DA COLEÇÃO DE LIVROS ABM

A Coleção de Livros ABM em Metalurgia, Materiais e Mineração, criada em 2005, tem por principais objetivos suprir lacunas de conhecimentos e estimular o desenvolvimento de pessoas.

De forma a ter uma abordagem mais didática, a coleção foi segmentada em quatro séries:

Livros de Referência – apresentam-se como materiais para consulta rápida de informações úteis, gerais ou focalizadas em um determinado campo do conhecimento, abrangendo, normalmente, tabelas, estatísticas, definições, exemplos, históricos e outros tipos de conteúdo.

Obras de Difusão – têm o propósito de levar a notícia e o conhecimento até o leitor comum, familiarizando-o com a natureza do progresso científico e tecnológico, bem como apresentar implicações econômicas, sociais e políticas, em uma sociedade exposta a constantes mudanças.

Livros de Atualização – fornecem ao leitor mais experiente a abordagem de assuntos especializados que complementam o conhecimento técnico-científico, além de atualização sobre os progressos nas áreas de metalurgia, materiais e mineração.

Livros-texto – destinam-se a leitores iniciantes ou que queiram se aprofundar no assunto, abordando temas de Fundamentos, Matérias-primas e Processos, Produtos e Aplicações e Gestão, seguindo uma sequência lógica de assunto e grau progressivo de dificuldade, compatíveis com a finalidade didática do livro.

O livro *Volume I – Fundamentos à Tecnologia de Refratários* é fruto de mais uma parceria entre ABM e Editora Blucher, e vem enriquecer a Coleção de Livros, contribuindo com a série Livros-texto.

abm
Associação Brasileira de
Metalurgia, Materiais e Mineração

Valdomiro Roman da Silva
Diretor de Operações

PATROCÍNIO

ARCELORMITTAL é a maior produtora de aço no Brasil e líder mundial. Está na vanguarda do setor, produzindo aços inteligentes para as pessoas e o planeta.

UNIFRAX / ALKEGEN – Líder global na fabricação de isolantes térmicos contribuindo na redução do consumo de energia e emissões atmosféricas.

INTOCAST CARBOOX – Experts on Fire, know-how no campo de Refratários e liderança em granulados refratários para abertura de válvulas.

Forjados no legado, movidos pela excelência.

IBAR REFRATÁRIOS, líder brasileira, verticalizada e comprometida com o controle de qualidade desde a extração da matéria-prima até o produto final, essencial para a indústria siderúrgica.

Há mais de 25 anos oferecendo soluções para a indústria, destacando-se na construção e manutenções de fornos e equipamentos revestidos com refratários.

PATROCÍNIO

RHI MAGNESITA

A RHI MAGNESITA é líder global em produtos, sistemas e soluções refratárias de alta qualidade para uma ampla variedade de indústrias, incluindo aço.

SHINAGAWA

"SHINAGAWA Refratários é líder global, com tecnologia japonesa, moldando o futuro dos Refratários a partir da mudança do como as pessoas veem".

Ternium

A TERNIUM é líder na produção de aço na América Latina, produzindo uma ampla gama de produtos de aços planos e longos com segurança e respeito ao meio ambiente.

TOGNI S/A Materiais Refratários

A TOGNI S/A tem os materiais refratários que você precisa e a assistência técnica que o tranquiliza, construindo sob medida.

USIMINAS

USIMINAS atua em toda cadeia do aço, sendo líder no fornecimento de aço para a indústria automobilística e com investimento constante em tecnologia.

VESUVIUS

Soluções inovadoras que tornam as operações dos nossos clientes mais seguras, eficientes e sustentáveis.
Think Beyond. Shape the future.

COORDENAÇÃO

Alamar Kasan Duarte

O coordenador desta coleção de livros da Associação Brasileira de Metalurgia, Materiais e Mineração (ABM), Alamar Kasan Duarte, concluiu o bacharelado em Engenharia Metalúrgica na Universidade Federal de Minas Gerais (UFMG), Brasil, em 1974; o Master of Science em Engenharia Cerâmica na Universidade de Missouri, Rolla, nos Estados Unidos em 1982; e o doutorado em Engenharia de Minas e Metalurgia na Universidade Federal de Minas Gerais em 2005.

Trabalhou na Magnesita S.A. entre 1975 e 2007. Iniciou sua carreira como pesquisador, ocupando a posição de Chefe do Grupo de Desenvolvimento entre 1978 e 1980, passando à posição de Chefe do Grupo de Pesquisas e Desenvolvimento entre 1982 e 1988. De 1989 a 2000, exerceu o cargo de Gerente do Centro de Pesquisas e Desenvolvimento e, de 2000 a 2007, o de Gerente de Projetos Especiais, quando se aposentou. Em 2008, fundou a Yamagata, uma empresa de consultoria, na área de refratários, da qual é Diretor Executivo. Em 2014, fundou a Refralab, um laboratório independente, especializado em pesquisa e em realização de testes na área de Minerais e Materiais Industriais, do qual também é Diretor Executivo.

Foi diretor da Associação Nacional dos Centros de Pesquisas Industriais (Anpei) entre 1994 e 1997 e membro da Comissão de Tecnologia da Sociedade

Mineira de Engenheiros e vice-diretor da Comissão Técnica de Não Metálicos da ABM. Foi Professor da Cadeira de Refratários na Escola de Engenharia da UFMG entre 2008 e 2019 e é professor da Pontifícia Universidade Católica de Minas Gerais (PUC-MG), no curso de Especialização em Refratários, desde 2019. É Coordenador do Curso de Refratários para Siderurgia da ABM, ministrado anualmente desde 2021.

Apresentou mais de 80 trabalhos técnicos em diversos eventos nacionais e internacionais. Foi medalha de ouro na graduação, recebeu o prêmio de aluno destaque do mestrado nos Estados Unidos, conquistou o 1º lugar no exame de qualificação para doutorado e recebeu outros vários prêmios nacionais e internacionais por suas contribuições técnicas. Foi laureado pela ABM com o prêmio Medalha Vicente Chiaverini, em junho de 2022, em reconhecimento de sua expressiva atuação na área de Processos Metalúrgicos e de suas relevantes contribuições à ABM.

AUTORES

Aloyso de Oliveira Figueiredo Júnior

Formado em Engenharia Metalúrgica pela Universidade Federal de Minas Gerais (UFMG) em 1983, com Master in Science em Engenharia Cerâmica pela Clemson University, Estados Unidos, em 1993. Trabalhou no Centro de Pesquisas e Desenvolvimento da Magnesita S.A. entre 1984 até 2017 e, na RHI Magnesita, entre 2017 e 2023, em diversas linhas de produtos da empresa. Foi professor do curso de Especialização em Refratários pela Pontifícia Universidade Católica de Minas Gerais (PUC-MG) entre 2021 e 2023. Publicou vários trabalhos em eventos nacionais e internacionais.

Alexander Rabello Ollmann

Formado em Engenharia Metalúrgica pela Universidade Federal de Minas Gerais (UFMG) em 1995, tendo se especializado em Engenharia de Refratários pela Magnesita S.A. e UFMG entre 2003 e 2005. Trabalhou como Engenheiro Pesquisador no Centro de Pesquisas da Usiminas entre 1996 e 1999, como Engenheiro de Projetos na DME entre 1999 e 2002 e como Engenheiro Consultor de Assistência Técnica na Magnesita S.A. entre 2002 e 2015. Desde 2015, e Diretor Associado na RV Engenheiros Associados, prestando consultoria a Reframax. É professor do curso de Especialização em Refratários pela Pontifícia Universidade Católica de Minas Gerais (PUC-MG) desde 2022. Publicou vários trabalhos em eventos nacionais e internacionais.

Caiuã Melo

Formado em Engenharia Física pela Universidade Federal de São Carlos (UFSCar) em 2013, com mestrado em Ciência e Engenharia de Materiais pela UFSCar em 2016 e doutorado em Ciência e Engenharia de materiais pela mesma universidade, com período na École normale supérieure Paris-Saclay, concluído em 2021. Trabalhou na RHI Magnesita entre 2020 e 2023 como Engenheiro de Simulação. Desde 2023, atua como consultor técnico na Siemens.

Giocondo Zago Neto

Formado no curso Técnico em Mecânica pelo Centro Federal de Educação Tecnológica de Minas Gerais em 1975, com vários cursos de especialização ao longo da carreira. Trabalhou na Magnesita S.A., na área de Engenharia de Projetos entre 1970 e 1995, como coordenador de projetos. Foi diretor da Refrapi Engenharia entre 1996 e 2011, especializada em desenvolvimento de projetos refratários e áreas correlatas. Foi consultor na área de Projetos de Engenharia da RHI Magnesita entre 2011 e 2019.

Guilherme Machado Pedrosa

Formado em Engenharia Mecânica pela Pontifícia Universidade Católica de Minas Gerais (PUC-MG) em 2008, com especialização em Gestão de Negócios pela Fundação Dom Cabral, em 2019, e MBA em Vendas e Marketing pela UniBTA em 2024. Trabalhou na Reframax entre 2004 e 2005 e, na Magnesita S.A., na área de Engenharia de Projetos, entre 2005 e 2017. Desde 2017, trabalha na RHI Magnesita como Gerente de Engenharia e atualmente ocupa o cargo de Gerente Sênior de Engenharia e Cotações para a América do Sul.

Horácio Ávila Ferreira

Graduado em Engenharia Civil na Faculdade Kennedy de Minas Gerais, Brasil em 1986; fez pós-graduação em Administração de Empresas pela Fundação Dom Cabral em 2000 e pós-graduação em Gestão Ambiental, pela Universidade Federal do Espírito Santo (UFES) em 2008. Trabalhou na área de Engenharia da ArcelorMittal Tubarão por 34 anos, coordenando grandes obras de refratários para altos-fornos, coqueria, sinterização e laminação de tiras a quente (LTQ). Atualmente, é diretor da empresa Horácio Consultoria e Assessoria (HCA) prestando serviços de consultoria à Shinagawa.

José Carlos Belotti

Formado na Universidade Metodista de Piracicaba (Unimep), na área de Projetos Mecânicos. Começou a trabalhar na Carborundum em 1998, empresa que passou pelas fusões com a Saint-Gobain, Unifrax e Alkegen. Atualmente, é Gerente de Vendas (Gerenciamento de Projetos/Desenvolvimento de Novos Produtos e Aplicações) em todos os segmentos de mercado industrial, abrangendo a América do Sul E México e dando apoio ao mercado da Coreia do Sul.

Jove Gontijo Neto

Consultor especialista em projetos refratários, formado em Engenharia de Produção, pós-graduado em Ciências e Engenharia de Materiais, Gerenciamento de Projetos, Gestão Estratégica em Comercio Exterior e Pós-graduação em Engenharia de Refratários pela PUC-MG. Trabalhou na Cerâmica Saffran e Saffran Engenharia no início da carreira, na Reframax onde foi responsável por contratos de manutenção, na Paul Wurth (onde participou da montagem das siderúrgicas TKCSA em Cepetiba RJ e da VSB em Jeceaba MG), na RHI Magnesita em Dubai UAE, responsável por assistência técnica nas regiões CIS, África, Índia e Middle East. Foi diretor de operações da DSI Montagens, fundou a JGC Consultoria, onde presta serviços de consultoria e supervisão de projetos para a Danieli-Corus da Holanda. Professor do curso de "Refratários para Siderurgia" da ABM, professor do curso de "Refratários para Siderurgia" da Buscar Educacional e professor do curso de pós-graduação em "Engenharia de Refratários" da PUC-MG.

José Vale de Matos Júnior

Formado em Engenharia Metalúrgica pela Universidade Federal de Minas Gerais (UFMG) em 1992, com especialização em Gestão da Produção pela Fundação Cristiano Ottoni da UFMG em 1997, e Master Business Administration (MBA) em Administração, Finanças e Gestão de Resultados pela Pontifícia Universidade Católica do Rio Grande do Sul (PUC-RS) em 2020. Trabalhou na Magnesita S.A desde 1993, tendo exercido várias funções como Engenheiro de Processo, Gerente de Produção, Gerente de Processos e Qualidade, Gerente de Tecnologia de Processos das Américas, Sênior Expert e, atualmente, atua como Advisor de Processos da Diretoria de Operações Refratárias e Mineração na RHI Magnesita - SAM e, é professor da pós-graduação no curso de Engenharia de Refratários e Soluções da PUC-MG.

Magno Levi Araujo Mendes

Formado em Engenharia e Ciência dos Materiais pela Universidade Federal de São Carlos (UFSCar) em 1985 e obteve o título de M.Sc. em Engenharia e Ciência dos Materiais pela Escola Politécnica da Universidade de São Paulo (Epusp) em 2014. Trabalhou na Magnesita S.A. entre 1975 e 1985 e, na Carborundum, entre 1995 e 2010. Desde 2011, trabalha na Alkegen Brasil (Unifrax) como Gerente de Marketing e Vendas na Divisão de Siderurgia. É Diretor da Regional Bandeirantes pela Associação Brasileira de Metalurgia e Materiais (ABM) e membro ativo da Comissão de Fusão, Refino e Solidificação dos Metais.

Manoel Robério Ferreira Fernandes

Formado em Engenharia de Minas pela Universidade Federal de Minas Gerais (UFMG) em 1988, com mestrado em Engenharia Metalúrgica e de Minas pela UFMG em 2004 e doutorado, pela mesma instituição, em 2012. Trabalhou na Magnesita S.A., entre 1999 e 2017, na Gestão da Qualidade das empresas associadas (Risa, Cepali e Ikera). Foi professor do curso de Engenharia Metalúrgica pela Pontifícia Universidade Católica de Minas Gerais (PUC-MG) entre 2017 e 2022. Atualmente, atua como CEO da Engemater Engenharia de Materiais e como Diretor Técnico da Sudamin S.A. É Fundador e Coordenador do curso de Engenharia de Refratários e Soluções da PUC-MG, iniciado em 2017, e, desde 2016, líder do grupo de pesquisa da PUC-MG, junto ao Conselho Nacional de Desenvolvimento Científico e Tecnológico (CNPq), em resíduos sólidos industriais.

Matheus Naves Moraes

Formado em Engenharia de Minas, pela Universidade Federal de Minas Gerais (UFMG), em 2013, com mestrado em Tecnologia Mineral pela UFMG em 2017, e doutorado em Tecnologia Mineral pela UFMG em 2022. Trabalhou no Centro de Pesquisas da RHI Magnesita como Pesquisador Especialista em Processamento Mineral entre 2014 e 2020, como Gerente de Matérias-Primas e Massas Básicas entre 2020 e 2023 e, atualmente, atua como Gerente Global de Tecnologia em Matérias-Primas e Processamento Mineral. É Professor na pós-graduação em Engenharia de Refratários da PUC-MG. Ganhou vários prêmios internacionais e publicou vários trabalhos em eventos nacionais e internacionais.

Mauricio Ferreira de Pinho

Formado em Engenharia Metalúrgica, pela Faculdade de Engenharia Industrial (FEI-São Paulo), em 1988, com MBA em Negócios Internacionais pela Fundação Instituto de Administração-Faculdade de Administração, Contabilidade e Economia da Universidade de São Paulo (FIA-FEA-USP), em cooperação com as EM Business School Lyon (França), Universidade de Cambridge (Inglaterra) e Vanderbilt University (Estados Unidos), em 2004. É Conselheiro Certificado pelo Instituto Brasileiro de Governança Corporativa desde 2016. Foi Diretor Técnico da Refratários Brasil e Ibar entre 1978 e 2006; entre 2007 e 2010, foi Vice-Presidente Comercial Global da Magnesita Refratários e trabalhou na Vesuvius como Diretor Geral para a América do Sul entre 2012 e 2015. Atualmente, é o Diretor Geral da Infinity Solutions.

Paschoal Bonadia Neto

Formado em Engenharia de Materiais pela Universidade Federal de São Carlos (UFSCar) em 1999. Mestrado em Engenharia de Materiais em 2002 e Doutorado em Ciência e Engenharia de Materiais em 2006 pela mesma instituição. Em 2012, tornou-se Especialista em Gestão de Projetos pela Fundação Dom Cabral (FDC). Iniciou sua carreira na Alcoa, como Engenheiro de Processos e Aplicações de 2000 a 2007. Posteriormente, ingressou no Centro de Pesquisas e Desenvolvimento da Magnesita S.A., como Pesquisador de Matérias-Primas entre 2007 e 2009, posteriormente atuou como Gerente de Tecnologia Mineral até 2019. De 2019 a 2023, foi Diretor de P&D da RHI Magnesita na América do Sul. Foi Diretor Técnico da Associação Latino-americana de Fabricantes de Refratários (Alafar) de 2011 a 2023, Diretor de Comissões Técnicas da Associação Brasileira de Cerâmica (ABC) entre 2008 e 2010, e Professor da Pontifícia Universidade Católica de Minas Gerais (PUC-MG) entre 2018 e 2021. Desde 2023, é proprietário e consultor da Bonatech Solutions na área de matérias-primas e materiais refratários.

Pitágoras Gomes Lanna

Formado em Engenharia Metalúrgica pela Universidade Federal de Minas Gerais (UFMG) em 1993, com mestrado em Engenharia Cerâmica pela Alfred University, Estados Unidos, em 1999. Trabalhou na Magnesita S.A., como Engenheiro de Processo, entre 1994 e 1998; como Gerente de Produção entre 1999 e 2007; e como Coordenador de Assistência Técnica entre 2009 e 2013. Foi para a RHI Norte América em 2013, ocupando os cargos de Gerente da Assistência Técnica, Diretor de P&D e Qualidade, Gerente de Soluções Técnicas para o Mercado, Gerente dos Negócios de Reciclagem e, desde 2022, exerce o cargo de Engenheiro Especialista Associado do Laboratório de Pesquisas e Desenvolvimento.

Ricardo Israel do Couto

Formado em Engenharia Civil pela Universidade Federal de Minas Gerais (UFMG), com pós-graduação em Engenharia de Estruturas pela Pontifícia Universidade Católica de Minas Gerais (PUC-MG), em Engenharia de Manutenção pelo Centro Universitário do Leste de Minas Gerais (Unileste-MG) e em Engenharia de Projetos Industriais pela mesma instituição. Trabalha na Usiminas como Especialista em Refratários. Possui vasta experiência em manutenção refratária na área de Redução (coqueria, sinterização, altos-fornos e carro torpedo) e Laminação, atuando em grandes reformas de altos-fornos e coquerias. Publicou vários trabalhos em eventos nacionais e internacionais.

Para as mulheres especiais da minha vida – minha Avó,
Maria Delfina do Carmo; minha Mãe, Joaquina de Oliveira;
Minha sogra, Norikô Yamagata Vieira;
e minha Esposa, Toê Yamagata Vieira Duarte.
♥ ♥ ♥ ♥

AGRADECIMENTOS

O número de pessoas que contribuíram para a realização do sonho de se ter uma coletânea de livros sobre refratários no Brasil é enorme. Não me atrevo a tentar citá-las, com a certeza de que farei muitas injustiças ao esquecer de inúmeras pessoas que merecem ser mencionadas. Começou com os idealizadores do curso sobre refratários para a siderurgia iniciado em 2021 e da ABM, que prontamente abraçou a ideia.

Esta coletânea é composta por três volumes – o primeiro, sobre os fundamentos da tecnologia de materiais refratários; o segundo, sobre refratários para a área de redução; e o terceiro, sobre refratários para aciaria e laminação. Ela tem uma importância relevante para profissionais que lidam com materiais refratários em todas as suas áreas de atuação, passando por Pesquisa e Desenvolvimento, Fabricação, Controle de Qualidade, Comercialização, Assistência Técnica, Manutenção, Instalação e Reciclagem de Refratários. A coletânea tem como objetivo tornar o leitor capaz de compreender os fundamentos da tecnologia de materiais refratários e sua importância no contexto industrial siderúrgico.

Não seria possível a sua realização sem a valiosa contribuição dos vários autores dos capítulos que compõem os três volumes desta coleção. Temos também de agradecer a centenas de autores de artigos e livros citados como referências, que indiretamente contribuíram para a construção do conhecimento necessário para esta publicação.

Um agradecimento especial à Associação Brasileira de Metalurgia, Materiais e Mineração (ABM) e a todas as empresas que acreditaram na importância deste projeto, financiando esta publicação e cedendo o tempo de seus colaboradores, além das imagens e informações que enriqueceram o conteúdo da obra.

Expresso, também, minha gratidão a minha esposa, filhos, netos, a toda a família e amigos que entenderam a importância desta empreitada e que, pacientemente, compreenderam a minha ausência nos momentos que eu precisava me dedicar à coordenação da obra. A todos eles, dedico esta publicação, um legado a nossa sociedade.

Ano de 2024

Alamar Kasan Duarte

PREFÁCIO

Ao completar 80 anos de uma história plena de contribuições ao setor de metalurgia, materiais e mineração no Brasil e no exterior, essenciais para se propiciar bem-estar às pessoas em sua vida cotidiana, a Associação Brasileira de Metalurgia, Materiais e Mineração (ABM) lança mais uma importante publicação para os profissionais da Indústria e da Academia, a *Série Refratários*, composta de três volumes abrangendo o estado da arte do conhecimento nesse importante e vasto campo da ciência e tecnologia.

O desenvolvimento dos refratários, em suas diversas modalidades, composições e aplicações, tornou possível o processamento dos metais e materiais em altas temperaturas bem como o isolamento térmico imprescindível nas diversas operações em que temperaturas elevadas são requeridas.

Coube a um eminente profissional da Engenharia Metalúrgica, Alamar Kasan Duarte, doutor e professor, com uma carreira de cinco décadas na Indústria e na Academia, tendo publicado dezenas de trabalhos técnicos, coordenar o trabalho de muitos autores que vieram agregar seu vasto e profundo conhecimento e experiência a esta obra que trata do universo dos refratários.

Neste *Volume I – Fundamentos à Tecnologia de Refratários*, que tenho a honra de prefaciar, Dr. Alamar se juntou a 16 profissionais para abordar desde os conceitos básicos das matérias-primas e dos materiais refratários, suas propriedades e mecanismos de desgaste, fabricação e aplicação, até os projetos de revestimentos, sua instalação e manutenção.

Os refratários são componentes importantes na produtividade dos equipamentos e dispositivos auxiliares, determinantes na vida útil destes e no custo das operações e dos produtos finais. O conhecimento profundo a respeito dos refratários é essencial para as atividades industriais e outras aplicações, além de esses equipamentos requererem permanente atuação de pesquisa e desenvolvimento para seu constante aprimoramento e sua adequação às novas necessidades que se apresentam no desenvolvimento tecnológico da humanidade.

A ABM, consciente desde sua criação, há oito décadas, da responsabilidade e do compromisso prioritários com a promoção, difusão e aplicação do conhecimento científico e tecnológico, entrega, com orgulho, a seus associados, à Academia, à Indústria e à sociedade, mais esta importante Série para formação dos novos profissionais e desenvolvimento de todos os que atuam no campo da metalurgia, materiais e mineração.

Sergio Leite de Andrade
Vice-Presidente de Assuntos Estratégicos e Membro
do Conselho de Administração da Usiminas

SIGLAS

ABNT	Associação Brasileira de Normas e Técnicas
AEB	alumina eletrofundida branca
AEE	alumina eletrofundida escura
AES	fibras de silicato de metais alcalino-terrosos
AOD	*argon oxygen decarburization*
ASTM	American Society for Testing and Materials
ATD	análise termodiferencial
ATG	análise termogravimétrica
AWS	American Welding Society (Sociedade Americana de Soldagem)
BET	(pesquisadores) Brunauer, Emmett e Teller
BTC	concretos de baixo teor de cimento
CAC	concreto à base de aluminato de cálcio
CCUS	*carbon capture, utilization and storage* (captura e utilização e/ou estocagem de CO_2)
cd	centidarcys
CFD	*computational fluid dynamics* (fluidodinâmica computacional)
CP	cimento Portland
CPE	cone pirometrico equivalente

CPFT	partícula menores que um determinado diâmetro
CPP	custo por desempenho
CPT	custo por tonelada
DA	densidade aparente
DBM	*dead burned magnésia*
DIN	Deutsches Institut fur Normung
DMA	densidade de massa aparente
EAP	estrutura analítica do projeto
ECA	Agência Europeia de Produtos Químicos
EPA	Agência de Proteção ao Meio Ambiente dos Estados Unidos
FCR	fibras cerâmicas refratárias
FDA	Folha de Dados de Aplicação de Produtos
FDT	ficha de dados técnicos
FEA	forno elétrico a arco
FLS	*full lining servisse*
FM	*fused magnésia*
HMTA	hexametilenotetramina
HTIW	lãs isolantes para alta temperatura
HTW	lãs para altas temperaturas
IARC	Agência Internacional de Pesquisa sobre Câncer
IDP	íons determinadores do potencial
ISO	Sistema Internacional de Unidades
LME	London Metals Exchange
MEF	magnésia eletrofundida
MK	Mini-key
MMMF	fibras minerais feitas pelo homem
MMVF	fibras vítreas feitas pelo homem
MOH	hidróxido metálico
OMS	Organização Mundial de Saúde
PA	porosidade aparente
PCW	fibras policristalinas
PCZ	ponto de carga zero
PIE	ponto isoelétrico
PMBOK	*Project Management Body of Knowledge*
PMT	preço por peça/peso
PVU	preservação da vida útil
RCT	resistência ao choque térmico
RCTA	resistência a compressão em temperatura ambiente
RE	raio esférico

RFTA	resistência à flexão em temperatura ambiente
SGA	*smelter grade alumina*
SU	semiuniversal
TCO	compromisso custo total
TDS	*technical data sheet*
TPF	tempo final de pega
TPI	tempo de pega inicial
UBTC	concretos ultrabaixos teores de cimento
VDZ	Verein Deutcher Zementwerke
VF	*vacuum form*
VLD	variação linear dimensional

CONTEÚDO

1. Introdução à Indústria de Refratários 37

1.1 O mercado mundial de refratários 37

1.2 O mercado de refratários no Brasil 41

1.3 Tendências na produção de refratários 45

1.4 Consumo de matérias-primas na indústria de refratários 47

1.5 Aspectos econômicos na indústria de refratários 51

Referências 54

2. Classificação de Refratários 55

2.1 Classificação geral de refratários 55

2.2 Refratários ácidos 59

2.2.1 Refratários moldados de sílica 65

2.2.2 Refratários moldados sílico-aluminosos 73

2.2.3 Refratários moldados aluminosos 77

2.3 Refratários moldados básicos 84

2.3.1 Refratários moldados de MgO e MgO-C 88

2.3.2 Refratários moldados de doloma 92

2.3.3 Refratários moldados cromo-magnesianos e espinelizados 95

2.4 Refratários especiais 103
2.4.1 Refratários moldados à base de SiC 103
2.4.2 Refratários moldados à base de C 107
2.4.3 Refratários moldados à base de zircônia e zirconita 110
2.5 Refratários monolíticos 116
2.5.1 Argamassas 116
2.5.2 Massas plásticas e massas de socar 126
2.5.2.1 Aplicação 126
2.5.3 Plásticos refratários 127
2.5.3.1 Método de aplicação de plásticos refratários 132
2.5.3.2 Secagem e aquecimento de plásticos e massas de socar (massas plásticas) 133
2.5.4 Massas granuladas secas 134
2.5.4.1 Areias de vedação para fornos elétricos tipo EBT e válvulas de panelas de aço 135
2.5.4.2 Funções básicas de uma areia de vedação de panela 136
2.5.4.3 Método de colocação 138
2.5.4.4 Movimentação da panela antes da adição da areia 138
2.5.4.5 Posição da panela sob o forno 139
2.5.4.6 Massas granuladas secas para rampa e soleira de fornos elétricos a arco 141
2.5.4.6.1 Aplicação de massas granuladas secas para fornos elétricos a arco 141
2.5.4.7 Massas granuladas secas para fornos de indução 144
2.5.6 Concretos refratários 145
2.5.6.1 Comportamento reológico 147
2.5.6.2 Reologia e o desenvolvimento de cargas de superfície 149
2.5.6.3 Potencial zeta 151
2.5.6.4 Concretos refratários (processo/produção/controles) 151
2.5.6.5 Variáveis de controle de processo do concreto à base de cimentos de aluminato de cálcio 152
2.5.6.5.1 Modelo de Furnas (abordagem discreta) 156
2.5.6.5.2 Modelo de Andreasen (abordagem contínua) 156
2.5.6.5.3 Modelo de Alfred (abordagem contínua) 156
2.5.6.6 Pré-moldados 160
2.5.6.7 Secagem e cura 161
2.5.6.8 Aplicação por vibração 167
2.5.7 Massas de projeção 173

2.5.8 Massas de cobertura 176
2.5.6.1 Materiais de cobertura sobre revestimentos refratários 176
2.5.8.2 Materiais de cobertura sobre metais líquidos 179
2.5.9 Pinturas refratárias 180
2.5.10 Massas de injeção 181
Referências 184

3. Propriedades dos Refratários e seus Mecanismos de Desgaste 189

3.1 Introdução 189
3.2 Mecanismos gerais de desgaste em refratários 190
3.2.1 Fatores operacionais 191
3.2.2 Fatores ligados ao projeto e a montagem 191
3.2.3 Fatores ligados ao refratário 192
3.3 Testes e normas usadas na avaliação de refratários 192
3.4 Propriedades físicas dos refratários 197
3.4.1 Densidade aparente ou densidade de massa específica aparente 197
3.4.2 Porosidade aparente 197
3.4.3 Massa específica real 197
3.4.4 Permeabilidade 198
3.4.5 Distribuição do tamanho de poros 199
3.4.6 Distribuição granulométrica 199
3.4.7 Área superficial 200
3.5 Propriedades mecânicas 200
3.5.1 Resistência à compressão e à flexão 202
3.5.2 Módulo de elasticidade (dinâmico) 203
3.5.3 Tensão *versus* deformação 204
3.5.4 Fluência (escoamento) e expansão térmica sob carga 205
3.5.5 Teste de carga e de refratariedade sob carga 207
3.5.6 Resistência à abrasão 207
3.5.7 Resistência ao impacto 208
3.6 Propriedades térmicas 209
3.6.1 Temperatura de fusão 209
3.6.2 Refratariedade 210
3.6.3 Dilatação térmica reversível 210
3.6.4 Variação dimensional permanente 211
3.6.5 Calor específico e capacidade térmica 212
3.6.6 Emissividade 213
3.6.7 Condutividade térmica 214
3.6.8 Difusividade térmica 216

3.7 Choque térmico e termoclase ... 217
3.8 Erosão e corrosão ... 223
3.8.1 Análise química ... 229
3.8.2 Análise mineralógica ... 229
3.8.3 Análise termogravimétrica ... 229
3.8.4 Resistência ao ataque de escórias ... 230
Referências ... 233

4. Matérias-Primas Refratárias ... 235

4.1 Introdução ... 235
4.2 Magnésia sinterizada (sínter) ... 236
4.3 Magnésia eletrofundida ... 241
4.4 Doloma ... 243
4.5 Cromita ... 244
4.6 Magnésia-cromita eletrofundida ... 245
4.7 Chamotes ... 246
4.8 Bauxito ... 248
4.9 Alumina calcinada ... 249
4.10 Alumina tabular ... 251
4.11 Aluminas eletrofundidas ... 252
4.12 Espinélio sinterizado e eletrofundido ... 255
4.13 Mulita eletrofundida ... 255
4.14 Andaluzita, cianita e silimanita ... 256
4.15 Zirconita ... 257
4.16 Zircônia eletrofundida ... 258
4.17 Sílica fundida ... 259
4.18 Carbeto de silício ... 259
4.19 Grafita ... 261
4.20 Matérias-primas recicladas ... 263
4.21 Emissões de CO_2 e matérias-primas refratárias ... 265
Referências ... 267

5. Fabricação de Produtos Refratários ... 271

5.1 Introdução ... 271
5.2 Cominuição ... 274
5.2.1 Britagem ... 275
5.2.2 Moagem ... 277
5.3 Peneiramento e classificação ... 279
5.3.1 Peneiramento ... 279
5.3.2 Classificação ... 280

5.4 Ensilagem de materiais sólidos 281
5.5 Mistura: homogeneização de sistemas particulados 283
5.6 Conformação 288
5.6.1 Fases da conformação 288
5.6.2 Processos de conformação 289
5.6.3 Equipamentos de conformação 292
5.6.4 Moldes 295
5.7 Tratamento térmico 297
5.7.1 Secagem de pré-moldados 298
5.7.2 Cura de tijolos 299
5.7.3 Queima de tijolos 301
5.8 Acabamento: processos especiais 303
5.9 Embalagem 305
Referências 307

6. Fabricação e Aplicação de Refratários Isolantes 311

6.1 Introdução 311
6.2 Tijolos isolantes 311
6.2.1 Revestimentos mais utilizados 312
6.3 Fibras isolantes 313
6.4 Processo de fabricação de fibras isolantes 318
6.4.1 Fabricação dos isolantes térmicos fibrosos – adição de zircônia 320
6.4.1.1 Fabricação dos isolantes térmicos fibrosos PCW – fibra policristalina 321
6.5 Métodos de transferência de calor nas fibras isolantes térmicas 323
6.5.1 Condução 326
6.5.2 Convecção 328
6.5.3 Radiação 330
6.5.4 Parâmetros e propriedades físicas dos materiais 333
6.5.5 Considerações gerais 336
6.6 Aplicações de isolantes 337
Referências 341

7. Projetos de Revestimentos Refratários 343

7.1 Objetivos 343
7.2 Qual a finalidade de um projeto de revestimento refratário? 345
7.2.1 Projeto preliminar 345
7.2.2 Projeto definitivo 345
7.3 Etapas de um projeto de revestimento refratário 347

7.4 Formatos padronizados ... 347
7.4.1 Como diferenciar arco, cunha e radial ... 349
7.4.2 Formatos ASTM e ABNT ... 351
7.4.3 ISO e Mini-key ... 352
7.4.4 Semiuniversal (SU) ... 354
7.4.4.1 Dimensões nominais dos formatos ... 354
7.5 Elementos construtivos ... 355
7.5.1 Geometrias básicas ... 355
7.5.2 Espessura de revestimento ... 358
7.5.2.1 Revestimentos planos ... 358
7.5.2.2 Superfícies retangulares ... 359
7.5.2.3 Superfícies planas irregulares ... 359
7.5.2.4 Revestimentos cilíndricos ... 360
7.5.3 Cálculo de composição de anel cilíndrico ... 362
7.5.3.1 Revestimentos cilíndricos compostos ... 364
7.5.3.2 Revestimentos troncocônicos ... 365
7.5.3.3 Cálculo de composições troncocônicas ... 367
7.5.4 Número total de peças do anel ... 368
7.5.5 Revestimentos troncocônicos com peças especiais ... 369
7.5.6 Revestimentos esféricos ... 369
7.5.6.1 Cálculo das combinações esféricas ... 371
7.5.6.2 Revestimentos esféricos com peças especiais ... 372
7.5.6.3 Revestimentos em interseções ... 373
7.6 Detalhes típicos de construção ... 374
7.6.1 Conceitos gerais ... 374
7.6.2 Sistemas de ancoragens ... 379
7.6.2.1 Ancoragens metálicas ... 380
7.6.2.2 Comprimento das âncoras metálicas ... 381
7.6.2.3 Espaçamento entre âncoras metálicas ... 381
7.6.2.4 Aplicação das âncoras metálicas ... 382
7.6.2.5 Ancoragens cerâmicas ... 382
7.6.2.6 Comprimento das âncoras cerâmicas ... 384
7.6.2.7 Espaçamento das âncoras cerâmicas ... 384
7.6.3 Ancoragem com peças moldadas especiais ... 386
7.7 Juntas de dilatação ... 387
7.7.1 Materiais usados em juntas de dilatação ... 388
7.7.2 Tipos de juntas de dilatação ... 390
7.8 Amarração de tijolos ... 392
7.8.1 Tipos de amarrações ... 392

7.8.2 Encaixes tipo macho-fêmea 394
7.8.3 Tipos de macho e fêmea 395
7.9 Análise de fluxo de calor 395
7.9.1 Transferência de calor 396
7.9.2 Cálculo do fluxo de calor 397
7.9.3 Dados de entrada 397
7.9.3.1 Resultados 398
7.10 Uso de elementos finitos em projetos refratários 399
7.10.1 Método dos elementos finitos 400
7.10.2 Exemplo de aplicação: análise termomecânica de uma válvula coletora 402
7.10.3 Outros métodos numéricos: método dos volumes finitos 402
7.10.4 Outros métodos numéricos: método dos elementos discretos 403
Referências 403

8. Contratos de Manutenção e de Instalação Refratária 405

8.1 Tipos de serviço de instalação refratária 405
8.2 Conceitos e modelos de contratos de desempenho 407
8.3 Seleção do tipo de contrato mais adequado para cada usina 409
8.4 Equipamentos alvo de contratos e como medir o desempenho 413
8.4.1 Coquerias 414
8.4.2 Altos-fornos 414
8.4.3 Convertedores LD 415
8.4.4 Fornos elétricos a arco 416
8.4.5 Panelas de transporte 416
8.4.6 Desgaseificador RH 417
8.4.7 Controle de fluxo 418
8.5 Conhecimento e domínio sobre indicadores operacionais da usina e equipamentos 418
8.5.1 Tempos de processo 419
8.5.2 Temperaturas, ciclagens e carga térmicas 420
8.5.3 Evolução da química da escória, incluindo adição de ligas e outras adições 420
8.5.4 Volume de corrida 421
8.5.5 Limpeza do revestimento 421
8.5.6 Preaquecimento e gestão térmica 421
8.6 Logística 422
8.6.1 Seu papel nos contratos de desempenho 422

8.7 Equipamentos de monitoramento de desgaste e gerenciamento de desempenho 423
8.7.1 Canais de corrida de altos-fornos 425
8.8 Aspectos econômicos de refratários e contratos de desempenho 427
8.8.1 Aquisição dos materiais refratários 428
8.8.2 Transporte e armazenamento 428
8.8.3 Instalação dos refratários 428
8.8.4 Operação do equipamento e início do processo de produção 428
8.8.5 Demolição, remoção e destinação de resíduos 429
8.8.6 Modelo de contrato ideal e conclusão 429
Referências 430

9. Planejamento da Manutenção e Instalação de Refratários 433

9.1 Introdução 433
9.2 Escopo 434
9.3 Planejamento orçamentário 435
9.3.1 Desenhos, procedimentos e normas 436
9.3.2 Tipos de materiais refratários 438
9.3.2.1 Tijolos padronizados 438
9.3.2.2 Peças especiais 439
9.3.2.3 Âncoras 439
9.3.3 Tipos de aplicação 440
9.3.3.1 Assentamento de peças 440
9.3.3.2 Monolíticos/concretos 441
9.3.4 Tipos de equipamentos 441
9.4 Planejamento de obra 442
9.4.1 EAP, histograma e cronograma 444
Referências 448

10. Técnicas de Aplicação e Equipamentos na Manutenção e na Instalação de Refratários 449

10.1 Introdução 449
10.1.1 Condições operacionais 449
10.1.2 Definição do material refratário 450
10.1.3 Tempo de aplicação 451
10.1.4 Custo dos materiais 451
10.1.5 Especialização da mão de obra 451
10.1.6 Projeto do equipamento 451

10.2 Demolição 451
10.3 Limpeza 455
10.4 Aplicação de materiais moldados (tijolos, blocos e peças) 456
10.5 Aplicação de materiais monolíticos 459
10.5.1 Projeção pneumática (*gunning*) 460
10.5.1.1 Vantagens da aplicação por *gunning* 461
10.5.1.2 Desvantagens da aplicação por *gunning* 462
10.5.2 Bombeamento 462
10.5.3 *Shotcrete* 465
10.5.3.1 Vantagens da aplicação por *shotcrete* 466
10.5.3.2 Desvantagens da aplicação por *shotcrete* 468
10.5.4 Vertimento 468
10.5.5 Socagem 469
10.5.5.1 Pontos importantes 470
10.5.6 Injeção 471
10.5.6.1 Pontos de atenção para aplicação por injeção 472
10.5.7 Solda cerâmica 472
10.5.8 Robôs 473
Referências 475

Capítulo 1
INTRODUÇÃO À INDÚSTRIA DE REFRATÁRIOS

Alamar Kasan Duarte

1.1 O MERCADO MUNDIAL DE REFRATÁRIOS

A indústria mundial de refratários tem passado por grandes transformações, com inúmeras aquisições, fusões e restruturações de empresas. O grande crescimento da produção industrial da China e o aumento de sua importância na economia mundial nas últimas décadas provocaram uma enorme transformação no cenário da indústria de refratários. A Figura 1.1 ilustra a evolução da produção mundial de refratários a partir do ano 2000 e a participação da China com cerca de 65% da produção mundial de refratários.

A Figura 1.2 mostra a evolução do faturamento da indústria mundial de refratários, com US$42,41 bilhões no ano de 2012, o que dá um preço médio de US$1.060 por tonelada de refratários. Historicamente, fora da China, o preço médio da indústria de refratários tem ficado entre US$1.000 e 1.200 por tonelada.

A Figura 1.3 mostra a participação no mercado mundial de refratários por região. Do total de 45,2 milhões de toneladas produzidas em 2012, a Ásia participou com 31 milhões de toneladas, representando 68,7% do total. A América Latina participou com 1,125 milhões, representando apenas 2,49% do total.

Um dos parâmetros importantes de avaliação da eficiência do uso de refratários em determinado segmento industrial é o seu consumo específico de refratários, ou seja, quantos quilos de refratários são necessários para se produzir certa quantidade daquele bem. A Figura 1.4 mostra a evolução do consumo específico de refratários na siderurgia de alguns países. No começo deste século, enquanto o Japão, Estados Unidos e Brasil já tinham alcançado um consumo específico de 8kg/t de aço em usinas integradas, resultado do grande avanço tecnológico ocorrido em refratários e das melhorias operacionais havidas nos clientes, a China tinha números superiores a 20kg/t, em função de que parte da sua siderurgia estava obsoleta.

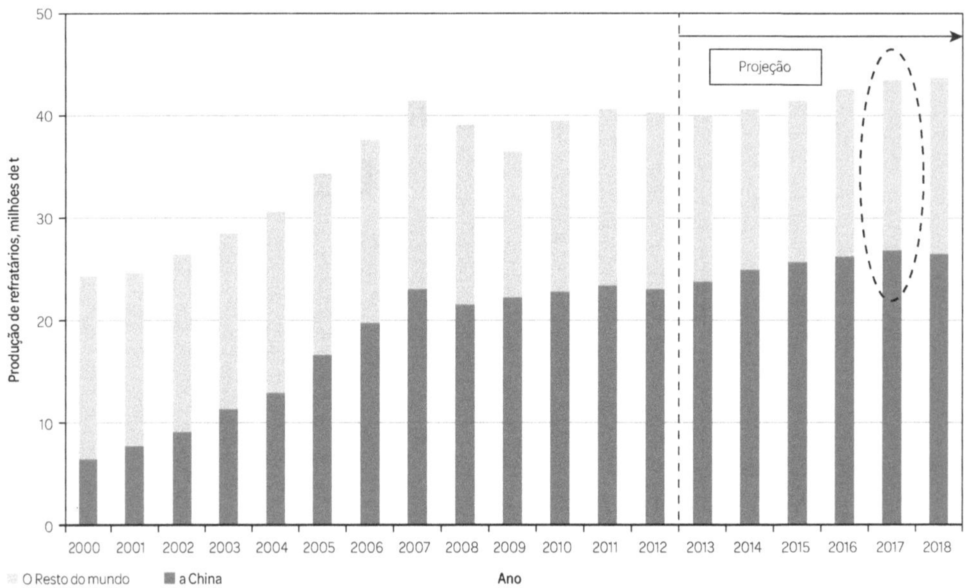

Figura 1.1 Evolução da produção mundial de refratários (2000 a 2018).
Fonte: Adaptada de (1).

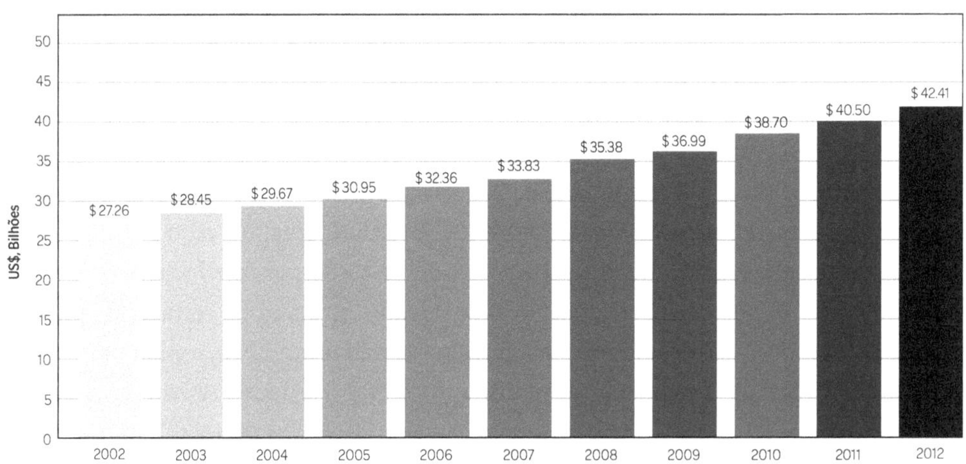

Figura 1.2 Projeção do faturamento da indústria de refratários mundial.
Fonte: Adaptada de (2).

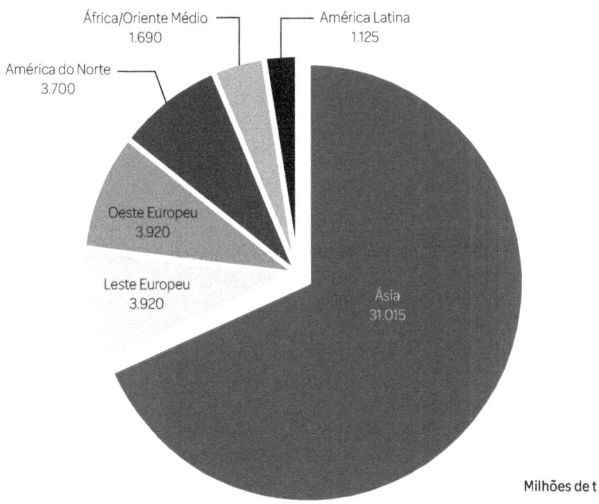

Figura 1.3 O mercado mundial de refratários por região.
Fonte: Adaptada de (3).

Uma indústria de cimento típica, por outro lado, tem consumo específico próximo a 1kg/t, uma indústria de vidro tem 4kg/t e uma indústria de cobre, 3kg/t.

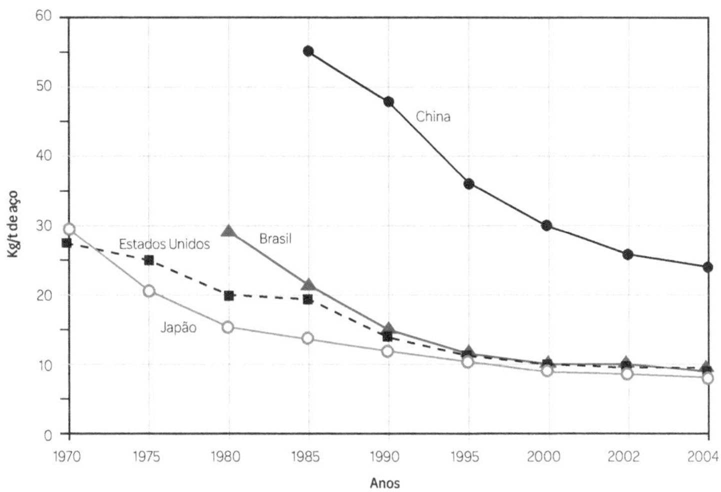

Figura 1.4 Evolução do consumo específico de refratários em alguns países.
Fonte: Adaptada de (4).

O grande investimento na implantação de novas usinas siderurgicas na China nos últimos anos e o fechamento de plantas obsoletas levaram a uma melhoria nesses números, sendo que os números atuais já se aproximam dos 10kg/t de aço (Figura 1.5). Isso tem ocasionado uma queda na produção mundial de refratários, que, após alcançar um pico de 45 milhões de toneladas no começo deste século, apresenta uma tendência a se estabilizar nos próximos anos em 35 milhões de toneladas (Figura 1.6).

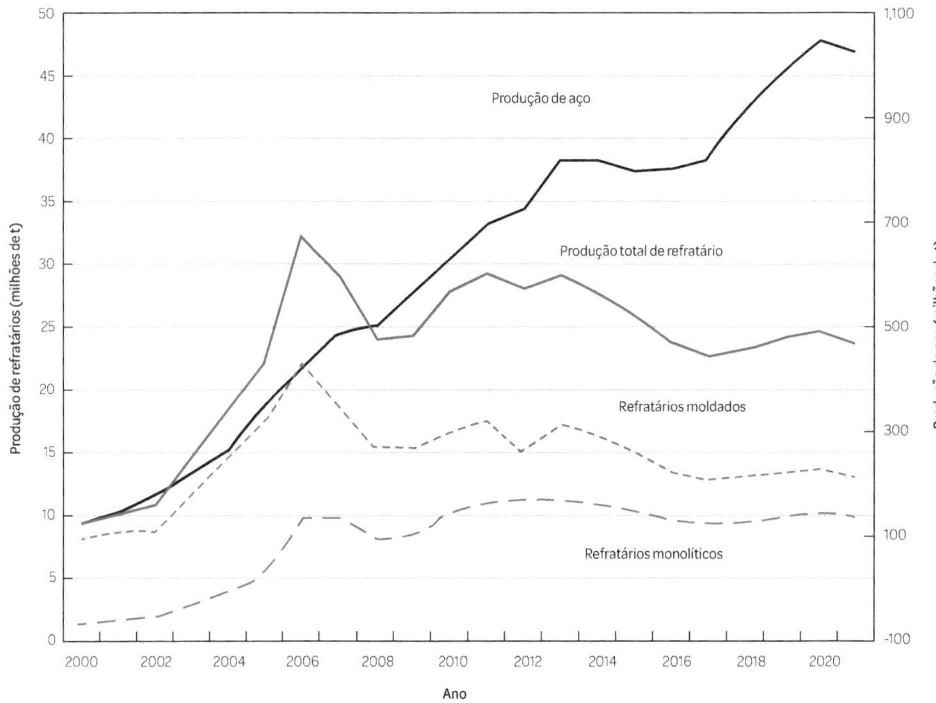

Figura 1.5 Evolução da produção de refratários na China (2000 a 2021).
Fonte: Adaptada de (5).

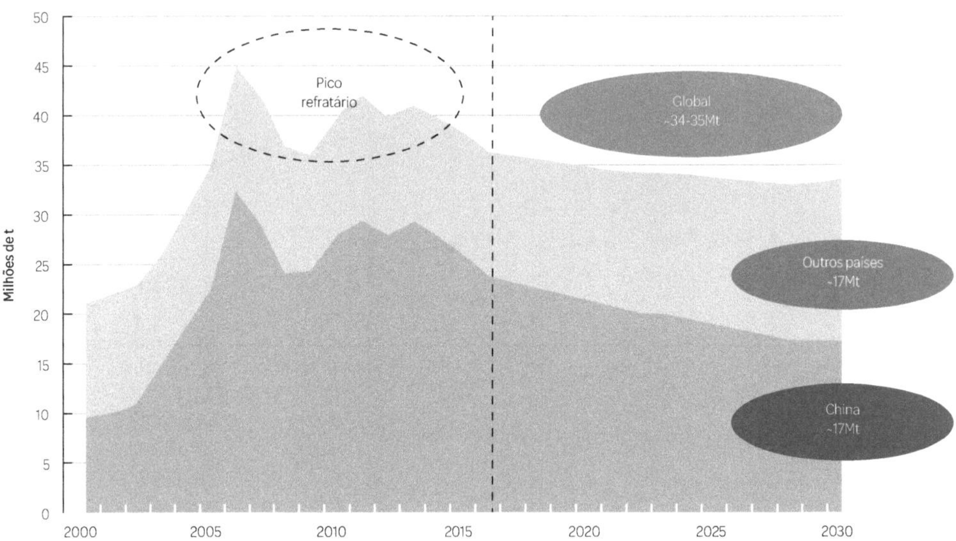

Figura 1.6 Projeção da produção mundial de refratários (milhões de t).
Fonte: Adaptada de (6).

A Figura 1.7 mostra os segmentos industriais que mais consomem refratários em âmbito mundial, com destaque para a siderurgia com 70% e cimento com 7%.

Esses números variam para cada país, dependendo, na maioria das vezes, de suas vantagens competitivas. A Tabela 1.1 mostra, por exemplo, para o ano de 2002, como essa participação estava em países da América Latina em função de condições específicas locais, destacando os segmentos que mais demandam refratários em cada país.

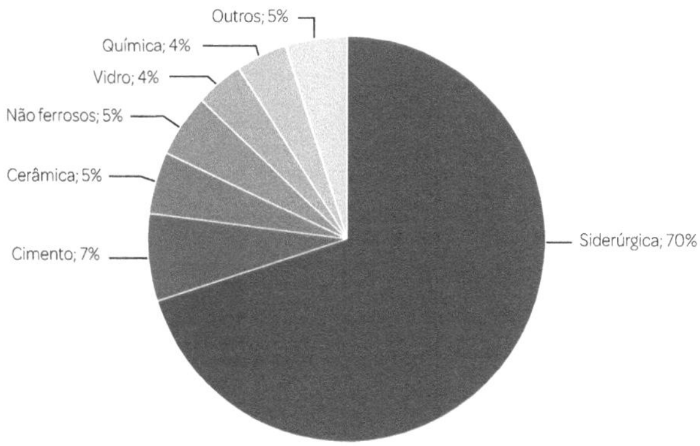

Figura 1.7 Percentual de consumo de refratários por segmento industrial na América Latina.
Fonte: Adaptada de (7).

Tabela 1.1 Percentual de consumo de refratários por segmento industrial na América Latina em 2002.

Países	Aço	Cimento	Não ferrosos	Vidro	Petroquímica	Outros
Argentina	75	12	6	2	1	4
Brasil	71	9	8	3	1	8
Chile	43	6	40	4	1	6
Colômbia	56	31	4	1	5	3
México	58	20	5	4	8	5
Perú	37	15	37	1	1	9
Venezuela	69	8	8	1	7	7

Fonte: Adaptada de (8).

1.2 O MERCADO DE REFRATÁRIOS NO BRASIL

O Brasil alcançou uma população de 214,3 milhões de habitantes em 2021 segundo o Instituto Brasileiro de Geografia e Estatística (IBGE), representando 2,67% da população mundial de 8 bilhões de habitantes, e é a nona economia do mundo, apesar de seus graves problemas sociais (Tabela 1.2). Apresenta uma participação de 2,21% do PIB mundial, com US$2,13 trilhões, para um total mundial de US$96,51 trilhões, e uma renda *per capita* de US$10.019, próxima à renda mundial de US$12.034, mas distante das rendas de países desenvolvidos, com mais de US$40 mil *per capita*.

Tabela 1.2 Os 10 países com maiores PIB em 2024.

Países	PIB	População	Renda *per capita*
	US$ trilhões	Em milhões	US$ *per capita*
1. Estados Unidos	26,95	336	80.208,3
2. China	17,70	1.426	12.412,3
3. Alemanha	4,43	84	52.738,1
4. Japão	4,20	124	33.871,0
5. Índia	3,73	1.430	2.608,4
6. Reino Unido	3,33	68	48.970,6
7. França	3,05	65	46.923,1
8. Itália	2,19	60	36.500,0
9. Brasil	2,13	213	10.018,8
10. Canadá	2,12	38	55.789,5
Total mundial	**96,51**	**8.020,0**	**12.033,7**
% Brasil	**2,21**	**2,65**	

A produção de bens em indústrias brasileiras grandes consumidoras de refratários alcançou valores consideráveis, apesar de representar um percentual de apenas 1,5% a 1,9% da produção mundial (Tabela 1.3); menor, portanto, que o percentual de 2,65% da população mundial. Apesar desses números negativos, o Brasil apresenta um enorme potencial de crescimento, pois à medida que a qualidade de vida da população melhorar, a demanda *per capita* desses produtos tende a crescer.

Tabela 1.3 Produção mundial de importantes bens industriais consumidores de refratários (t x 1000).

Bem industrial	Aço	Gusa	Liga direta	Cimento	Cobre	Alumínio	Ferroliga
Ano	**2020**	**2020**	**2020**	**2023**	**2023**	**2023**	**2018**
Brasil	31.415	24.628		63.000	175 (*)	1.100	964
África do Sul							4.340
Alemanha	36.658	22.459	500		610		26
Arábia Saudita	7.775		5.192	53.000			108
Argentina	3.651	1.930	525				13
Austrália	5.527	3.723			450	1.500	261
Áustria	6.765	5.322					14
Bahrein			1.450			1.600	
Canadá	10.986	5.200	1.171		310	3.000	49
Cazaquistão	3.892	3.087			440		1.900
Chile	1.157	663			2.000		

(*Continua*)

Tabela 1.3 Produção mundial de importantes bens industriais consumidores de refratários (t x 1000). (*Continuação*)

Bem industrial	**Aço**	**Gusa**	**Liga direta**	**Cimento**	**Cobre**	**Alumínio**	**Ferroliga**
Ano	**2020**	**2020**	**2020**	**2023**	**2023**	**2023**	**2018**
China	1.056.970	887.719		2.100.000	12.000	41.000	28.711
Congo					1.900		
Egito	8.229	175	4.828	50.000			73
Emirados Árabes						2.700	
Espanha	10.998	2.850					337
Estados Unidos	72.700	18.220	3.500	91.000	890	750	495
Finlândia							493
França	11.596	7.700					232
Holanda	6.054	5.435					
Índia	100.259	67.783,0	33.529	410.000		4.100	3.950
Indonésia				62.000	200		494
Irã	29.019	2.520	30.211	65.000			
Islândia						730	117
Itália	20.379	3.405					
Japão	83.195	61.600		50.000	1.500		902
Coreia do Sul	67.098	45.360		50.000	620		690
Malásia	7.100		600			980	816
México	16.803	2.400	5.170	50.000	480		247
Noruega						1.300	1.008
Peru					400		
Polônia	7.856	3.470			590		99
Reino Unido	7.086	5.235					
Rússia	71.621	51.908	7.810	57.000	1.000	3.800	1.670
Taiwan	20.959	13.441					
Turquia	35.810	9.971		79.000			72
Ucrânia	20.626	20.423					1.107
Vietnã	16.890	9.800		110.000			
Zâmbia					380		
Outros países				850.000	2.900	7.000	
Total mundial	**1.860.000**	**1.310.000**	**105.000**	**4.100.000**	**27.000**	**70.000**	**51.000**
% Brasil	**1,7**	**1,9**	**0,0**	**1,5**	**0,6**	**1,6**	**1,9**

Fonte: Adaptada de (9).

A Tabela 1.4 mostra a produção brasileira de bens de importantes indústrias consumidoras de refratários, com destaque para a indústria siderúrgica e de cimento, as grandes consumidoras de refratários no Brasil. O consumo estimado de refratários no País é de 450.000t anuais, sendo que desse total, 320.000t vão para a indústria siderúrgica (71%) e 40.000t, para a indústria do cimento (9%), conforme Tabela 1.1. Estima-se que o Brasil ainda exporte cerca de 50.000t de refratários por ano, além de grande quantidade de matérias-primas refratárias, principalmente sínter de MgO.

Tabela 1.4 Produção brasileira de importantes bens industriais consumidores de refratários.

	2015	2016	2017	2018	2019
Aço	33.258	31.642	34.778	35.407	32.236
Gusa	27.803	26.129	28.331	28.655	26.166
Cimento	65.283	57.557	54.004	53.553	54.400
Alumínio	1.370	1.410	1.480	1.420	1.410
Chumbo	152	156	167	195	195
Cobre	270	264	143	148	175
Estanho	16,5	12,5	13,8	12,9	11,9
Ferroligas	792	940	1.020	1.076	958
• Ferro-cromo	173	150	172	175	137
• Ferro-manganês	84	84	123	118	102
• Ferro-nióbio	79	68	90	96	92
• Ferro-níquel	195	245	247	237	186
• Ferro-silício	119	226	185	221	225
• Ferro-silício-manganês	142	167	203	229	216
Silício	104	194	164	203	200
Zinco	271	285	245	246	284
Vidro plano	2.537	2.537	2.526	2.438	2.748

Fonte: Adaptada de (9).

A despeito do aumento na produção dos principais segmentos industriais consumidores de refratários, a produção de refratários no Brasil tem se mantido relativamente constante. Isso se dá em função da queda no consumo específico de refratários (Figura 1.4), proveniente do grande avanço tecnológico ocorrido na indústria de refratários, assim como das melhorias operacionais havidas nos clientes.

A indústria de refratários brasileira está situada entre as mais avançadas do mundo, com produtos de alta qualidade desenvolvidos para maximizar o desempenho dos equipamentos. Ela tem feito uma contribuição significativa para as indústrias siderúrgicas, de cimento, não ferrosos, vidro, petroquímica, entre outras, diminuindo os custos específicos com refratários e aprimorando a qualidade de seus produtos mediante o uso de melhores sistemas refratários. A Tabela 1.5 mostra o consumo específico típico, kg/t, em cada área de uma usina integrada brasileira.

Tabela 1.5 Consumo específico de refratários típico em uma usina integrada de produção de aço.

Consumo específico de refratários na siderurgia		
	Unidade	**Consumo específico**
Coqueria	kg/t de coque	0,20
Pelotização (forno rotativo)	kg/t de pelotas	0,25
Alto-forno		
• Massa de tamponamento	kg/gusa	0,40
• Canais de corrida	kg/gusa	0,66
Carro torpedo	kg/gusa	0,50
Panela de gusa	kg/gusa	0,56
Convertedor LD	kg/aço	1,00
Fornos elétricos a arco	kg/aço	3,00
Panela de aço	kg/aço	1,70
Refino secundário	kg/aço	0,60
Lingotamento contínuo	kg/aço	1,00
Forno de reaquecimento	kg/aço	0,23
Planta de cal	k/t cal	0,90

Fonte: Adaptada de (7).

A indústria brasileira de refratários já deu passos importantes na direção de uma nova era no relacionamento com seus fornecedores e clientes, adotando modernas técnicas de marketing, enfatizando a prestação de serviços, engenharia, logística de produção e reciclagem e reinvestindo uma grande parcela de seus lucros em pesquisa e desenvolvimento.

Os principais indicadores mostram que a indústria de refratários tem dado uma contribuição positiva para a economia brasileira. O contínuo investimento em tecnologia, a preocupação com o treinamento de seus profissionais, a prestação de serviços aos clientes e a presença no mercado internacional têm tornado as indústrias brasileiras altamente competitivas.

1.3 TENDÊNCIAS NA PRODUÇÃO DE REFRATÁRIOS

Existe uma tendência no uso de refratários que possam ter a sua aplicação mecanizada, como é o caso, principalmente, de alguns monolíticos. A Figura 1.8 mostra a tendência de uso de tijolos e monolíticos refratários no Japão, evidenciando o aumento na participação dos monolíticos no consumo de refratários, que passou a representar quase 70% a partir de 2010.

A Figura 1.9 mostra a tendência no uso das classes de refratários moldados, evidenciando sua aplicação cada vez maior em refratários mais nobres, de melhor

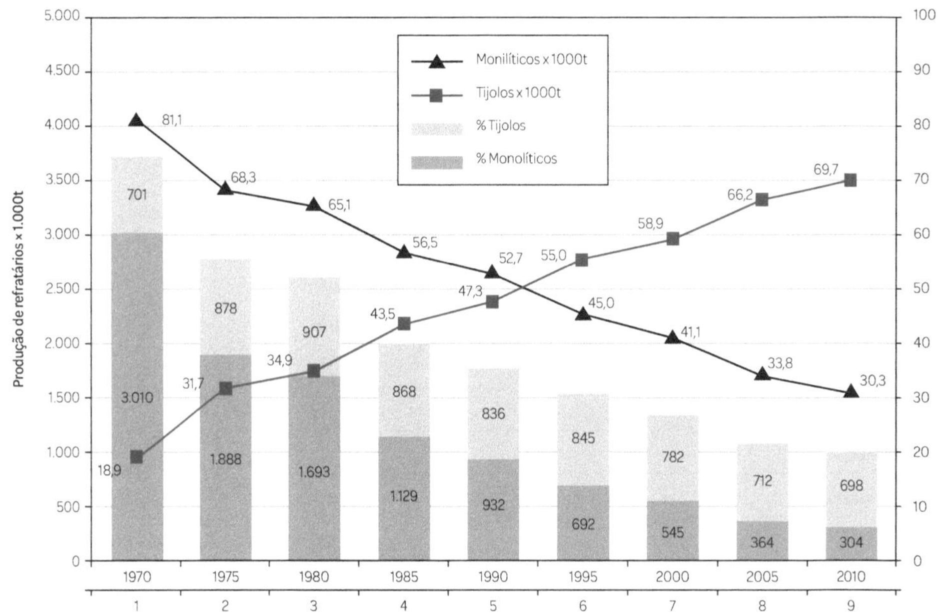

Figura 1.8 Evolução da produção de refratários moldados e monolítios no Japão.
Fonte: Adaptada de (7).

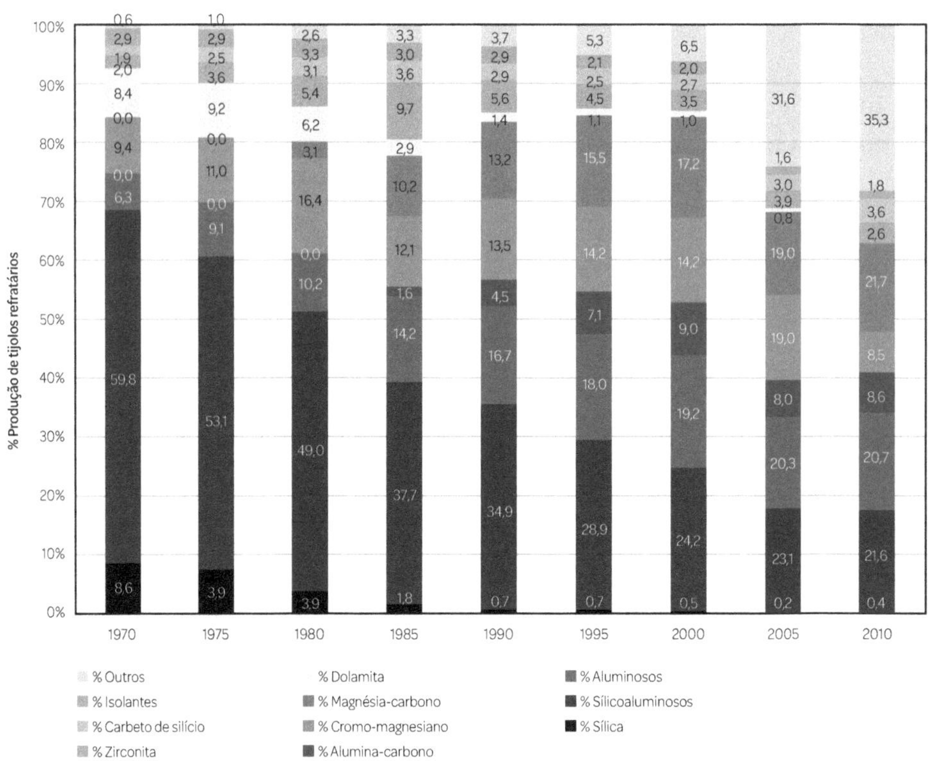

Figura 1.9 Evolução da produção de classes de refratários moldados no Japão.
Fonte: Adaptada de (7).

desempenho. Tijolos de sílica, sílico-aluminosos e cromo-magnesianos cada vez são menos usados, enquanto aluminosos, Al_2O_3-C, Al_2O_3-SiC-C, MgO-C e especiais são cada vez mais usados.

A Figura 1.10 mostra a tendência no uso das classes de refratários monolíticos, evidenciando a aplicação cada vez maior em refratários que podem ter a sua aplicação mecanizada e que possam substituir os tijolos, sem queda de desempenho. Massas de socar, plásticos e argamassas são cada vez menos usados, enquanto concretos, massas de projeção e de cobertura (*coating*) são cada vez mais usados.

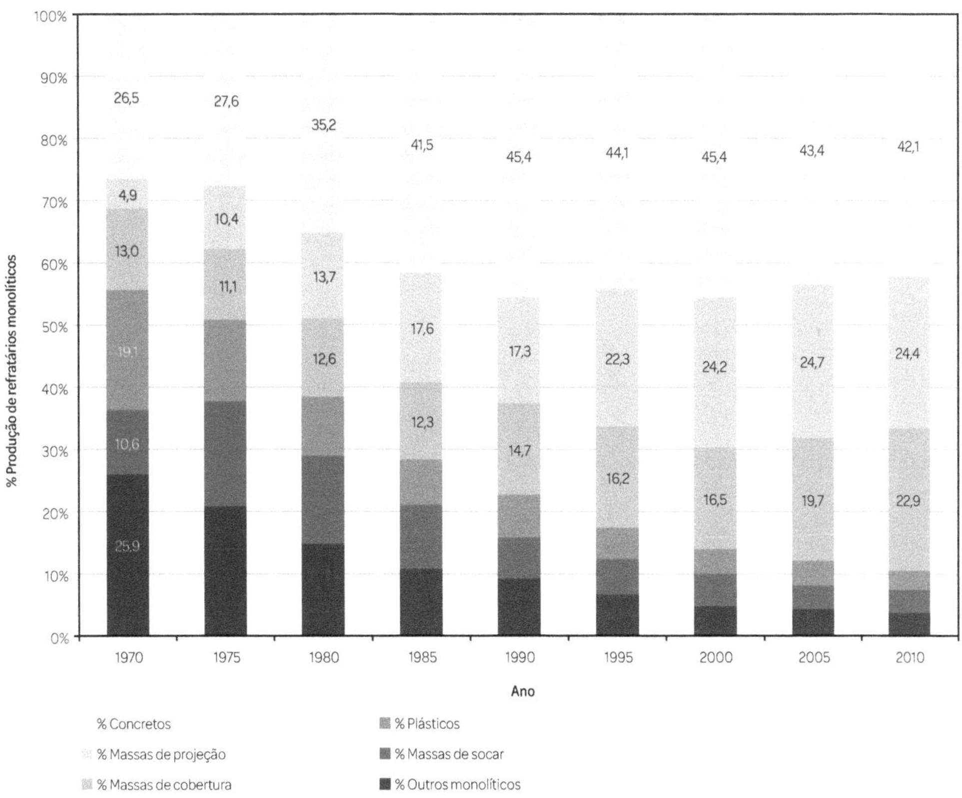

Figura 1.10 Evolução da produção de classes de refratários monolíticos no Japão.
Fonte: Adaptada de (7).

1.4 CONSUMO DE MATÉRIAS-PRIMAS NA INDÚSTRIA DE REFRATÁRIOS

A Figura 1.11 mostra o consumo mundial das principais matérias-primas refratárias em um total estimado de 35 a 37 milhões de toneladas em 2014. A Figura 1.12 mostra a faixa de preços típica para as principais matérias-primas em 2015.

A Figura 1.13 mostra a distribuição das principais fontes comerciais de matérias-primas refratárias e a Tabela 1.6 mostra a principal fonte de cada matéria-prima em âmbito mundial.

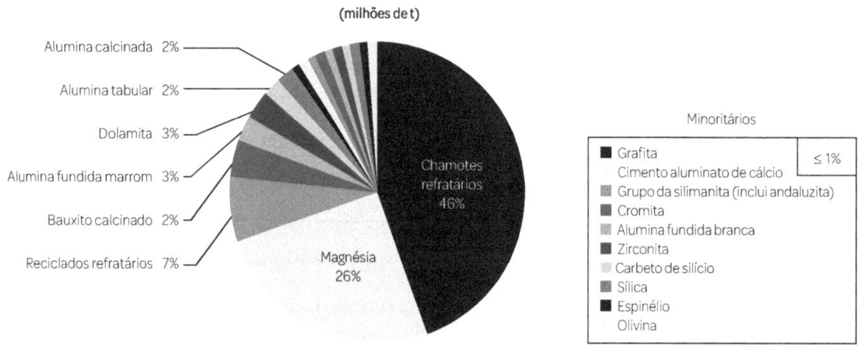

Figura 1.11 Consumo mundial de matérias-primas refratárias.
Fonte: Adaptada de (10).

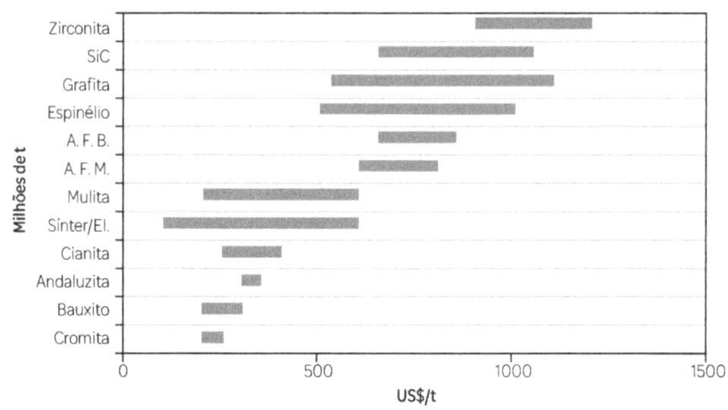

Figura 1.12 Faixa de preços de matérias-primas refratárias.
Fonte: Adaptada de (11).

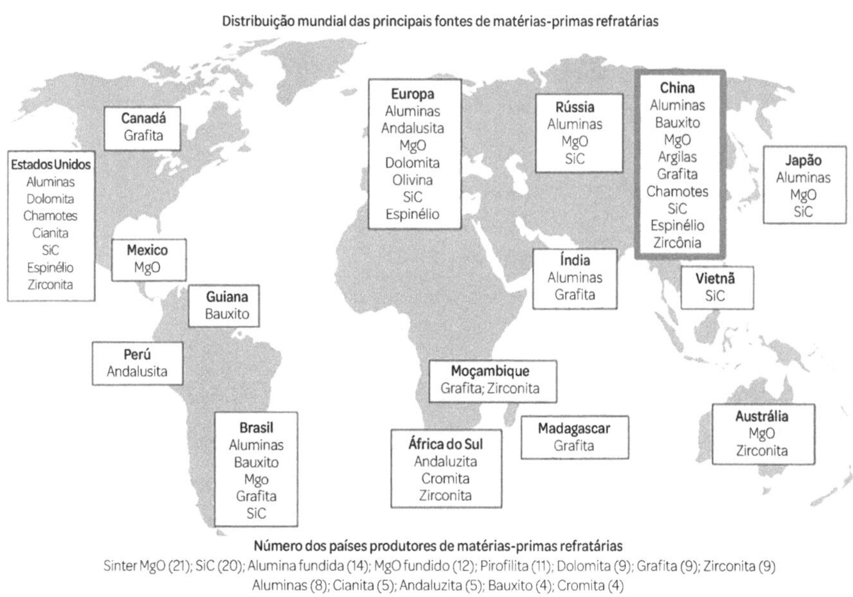

Figura 1.13 Principais matérias-primas refratárias por país.
Fonte: Adaptada de (10).

Tabela 1.6 Principais fontes de matérias-primas refratárias.

Classificação de refratários	Mineral industrial	Principal componente químico	Principal país produtor
Básicos	Sinter de magnésia	85%-99,8% MgO	China, Brasil
	Magnésia eletrofundido	97%-99,8% MgO	China
	Sinter de doloma	56%-62% MgO, 36%-40% CaO	Estados Unidos
	Cromita	> 46% Cr_2O_3	África do Sul
	Espinélio fundido/sinterizado	66%-80% $A1_2O_3$, 21%-33% MgO	China
	Olivina	40%-50% MgO, 35%-45% SiO_2	Noruega
Acidos	Alumina calcinada	> 99,5% Al_2O_3	China, Brasil
	Alumina fundida e tabular	94%-99,5% Al_2O_3	China, Brasil
	Bauxito sinterizado	85%-88% Al_2O_3	China
	Chamotes/mulita sinterizada e fundida	40%-75% Al_2O_3	Estados Unidos: Brasil
	Andaluzita, silimanita, cianita	60%-65% Al_2O_3	África do Sul
	Argilas sílico-aluminosas	20%-45% Al_2O_3	Geral
	Pirofilita	20%-30% Al_2O_3	Koréia do Sul, Brasil
	Quartzito e areia de sílica	> 99,8% SiO_2	Geral
	Sílica fundida	> 99,5% SiO_2	Estados Unidos
Especiais	Zirconita	66% ZrO_2	Austrália
	Zircônia	> 99% ZrO_2	China
	Carbeto de silício	> 93% SiC	China, Brasil
	Grafita	75%-99% C	China, Brasil
Isolantes	Diatomita	> 75% SiO_2	Estados Unidos
	Perlita	65%-80% SiO_2	China
	V ermiculita	45% SiO_2	África do Sul

Fonte: Adaptada de (10).

A Figura 1.14 mostra a evolução das exportações da China das principais matérias-primas refratárias e a Figura 1.15 mostra a projeção de produção e exportação de produtos refratários pelo País. Será que a redução da demanda de produtos na China não levará a um aumento nas exportações de refratários pela indústria chinesa?

A Tabela 1.7 mostra como a produção de matérias-primas refratárias impacta a emissão de CO_2 na atmosfera, sendo, portanto, um grande desafio para a indústria de refratários reduzir essa emissão. Um dos caminhos é, sem dúvida, a busca por reciclagem de refratários.

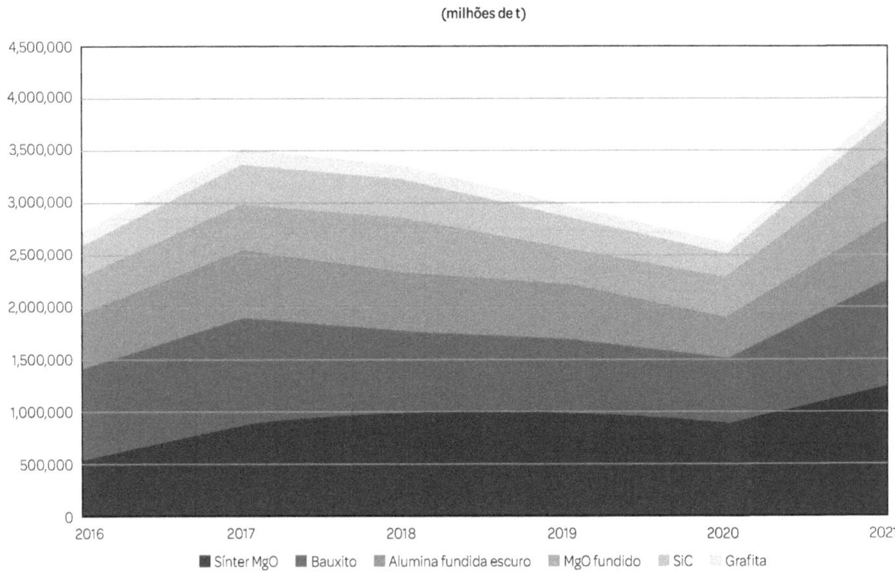

Figura 1.14 Volumes de matérias-primas refratárias exportados pela China.
Fonte: Adaptada de (12).

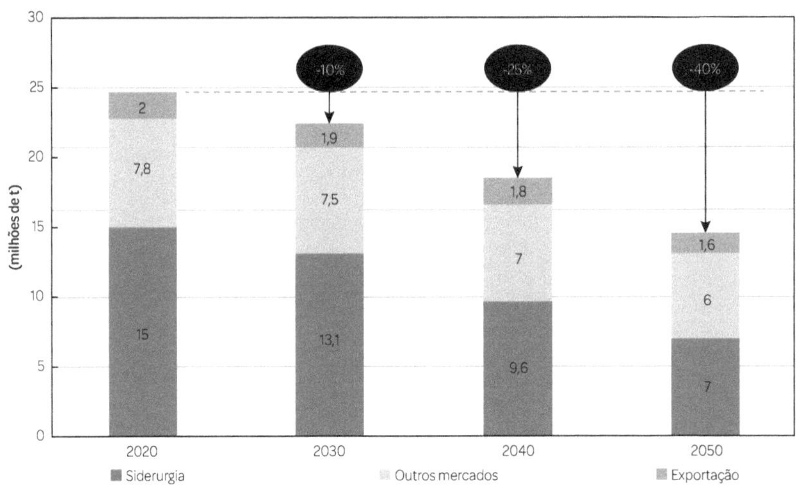

Figura 1.15 Projeção de produção e exportação de refratários pela China.
Fonte: Adaptada de (5).

Tabela 1.7 Emissões de CO_2 na produção de matérias-primas refratárias.

Pegada de carbono de matérias-primas refratárias			
Matéria-prima	**Emissões químicas**	**Emissões de processo**	**Total**
Carbeto de silício	2,2	5,3	7,5
Magnésia fundida	1,1	4,5	5,6
Alumina fundida marrom	0,1	3,8	3,9
Sinter de magnésia	1,1	2,4	3,5

(Continua)

Tabela 1.7 Emissões de CO_2 na produção de matérias-primas refratárias. (*Continuação*)

Pegada de carbono de matérias-primas refratárias			
Matéria-prima	**Emissões químicas**	**Emissões de processo**	**Total**
Alumina fundida branca	0	2,8	2,8
Alumina Tabular	0	2,2	2,2
Bauxito sintelizado	0	1,9	1,9
Cimento aluminoso	0,2	1,7	1,9
Chamotes sílico-aluminosos	0	1,7	1,7
Alumina calcinada	0	1	1
Andalusita	0	0,4	0,4
Grafita	0	0,4	0,4

Fonte: Adaptada de (5).

1.5 ASPECTOS ECONÔMICOS NA INDÚSTRIA DE REFRATÁRIOS

A Figura 1.16 mostra a composição de custos na produção de refratários no Brasil, onde matérias-primas correspondem a cerca de 40% do total; mão de obra, a 15%; custos de transformação, a 20%; e impostos, a 20%.

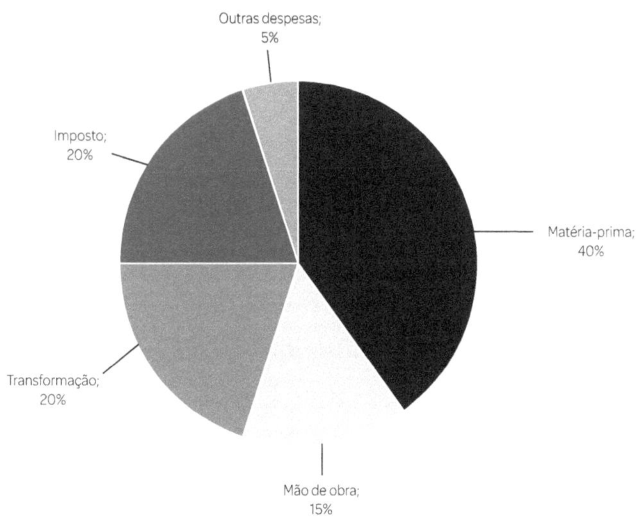

Figura 1.16 Composição típica de custos na produção de refratários.
Fonte: Desenvolvida pela autoria do capítulo.

A Figura 1.17 mostra os custos típicos de matérias-primas refratárias, onde matérias-primas naturais e menos processadas apresentam os menores custos.

A Figura 1.18 mostra a curva ABC típica de custos de matérias-primas em uma indústria refratária em que o sínter e o grão eletrofundido de MgO representam 35% do valor.

+ baixo

- Argilas cruas (US$ 15 a 25/t)
- Chamotes sílico-aluminosos (US$ 100 a 150/t)
- Chamotes aluminosos (US$ 150 a 200/t)
- Cromitas (US$ 100 a 300/t)
- Bauxitos (US$ 500 a 700/t)
- Andaluzitas e cianita (US$ 500 a 700/t)
- Sinter de doloma (US$ 500 a 800/t)
- Sinter de MgO (US$ 500 a 1200/t)
- Grafitas (US$ 600 a 1200/t)
- Cimento refratário (US$ 800 a 1400/t)
- Grão eletrofundidos, Al_2O_3, MgO etc. (US$ 1000 a 1400/t)
- Alumina tabular (US$ 800 a 1300/t)
- Grãos de SiC (US$ 1800 a 2200/t)
- Grãos de Si_3N_4 (US$ 2000 a 3000/t)

+ alto

Figura 1.17 Custos típicos de matérias-primas em uma indústria de refratários.
Fonte: Desenvolvida pela autoria do capítulo.

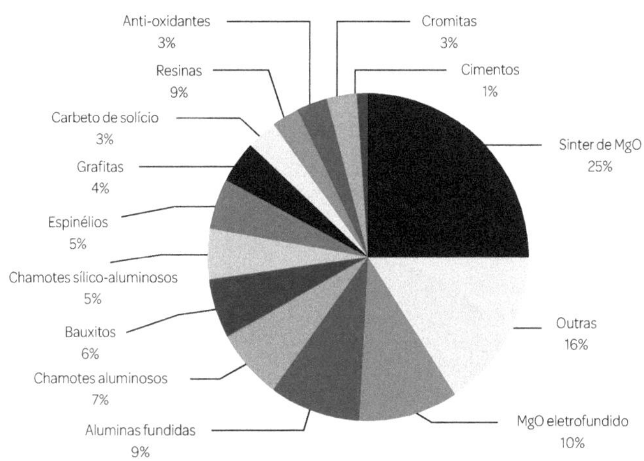

Percentual de custos de matérias-primas típico de uma grande indústria de refratários		
Matéria-prima	**%**	**Acumulado**
Sinter de MgO	25	25
Outras	16	41
MgO eletrofundido	10	51
Aluminas fundidas	9	60
Chamotes aluminosos	7	67
Bauxitos	6	73
Chamotes sílico-aluminosos	5	78
Espinélios	5	83
Grafitas	4	87
Carbeto de solício	3	90
Resinas	9	93
Anti-oxidantes	3	96
Cromitas	3	99
Cimentos	1	100

Figura 1.18 Curva ABC típico de matérias-primas em uma indústria de refratários.
Fonte: Desenvolvida pela autoria do capítulo.

A Figura 1.19 mostra o custo de processos de fabricação de refratários em uma indústria de refratários em que os tratamentos térmicos de sinterização e fusão apresentam os custos mais elevados.

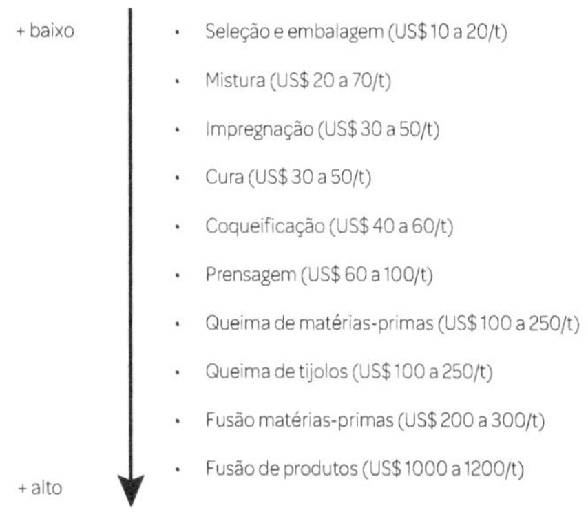

Figura 1.19 Custos típicos de processos em uma indústria de refratários.
Fonte: Desenvolvida pela autoria do capítulo.

A Figura 1.20 mostra preços típicos de produtos refratários no mercado. Os tijolos sílico-aluminosos são os de menor custo, enquanto os refratários de zircônia, carbono e eletrofundidos são os mais caros.

Figura 1.20 Preços típicos de produtos refratários.
Fonte: Desenvolvida pela autoria do capítulo.

Acesse as imagens coloridas do capítulo.

REFERÊNCIAS

(1) FLOOK, R. *Refractory evolution* – implication for bauxite and alumina. *In*: 3rd Asian Conference on Bauxite and Alumina, Singapore, October 2013.

(2) Internet: www.precedenceresearch.com.

(3) Internet: Freedonia Group; American Ceramic Society, 2012.

(4) SEMLER, C. E. The sleeping giant (China) has awakened. *Refractories Application and News*, v. 11, n. 4, 2006.

(5) FLOOK, R. *China refractories outlook*. China Refractory Mineral Forum, 2022.

(6) FLOOK, R. Informed.com, 2017.

(7) DUARTE, A. K. *Curso de Fundamentos em Refratários*. Santiago do Chile, out. 2015.

(8) DUARTE, A. K.; TORRES, A. A.; TRAVASSOS, R.; BITTENCOURT, P. R. H. M. The brazilian refractory industry: a market review. *Ceramic News*, v. 6, n. 3, p. 87-89, 1999.

(9) Internet: Minerals Yearbook USGS, 2022.

(10) DICKSON, T.; FLOOK, R. *Refractory minerals overview*. Informed.com, 2022.

(11) Internet: Informed.com, 2015.

(12) DRISCOLL, M. *Global refractory mineral supply trends & outlook*. *In:* Alafar Congress, Foz do Iguaçu, Brasil, 2022.

Capítulo 2

CLASSIFICAÇÃO DE REFRATÁRIOS

Alamar Kasan Duarte
Manoel Robério Ferreira Fernandes

2.1 CLASSIFICAÇÃO GERAL DE REFRATÁRIOS

Os refratários podem ser classificados quanto ao tratamento térmico, à forma, à composição química, ao poder de isolamento e à aplicação.

- **Quanto ao tratamento térmico**

Quanto ao tratamento térmico (Figuras 2.1 a 2.5), os refratários podem ser classificados em queimados, eletrofundidos, quimicamente ligados, pré-moldados e não tratados termicamente (monolíticos).

- **Quanto à forma**

Quanto à forma, os refratários podem ser classificados em moldados (tijolos padronizados e peças especiais) e monolíticos (Figuras 2.6 a 2.8).

- **Quanto à composição química**

Quanto à composição química, os refratários podem ser classificados em ácidos (não básicos), básicos e especiais (Figura 2.9).

- **Quanto ao poder de isolamento**

Quanto ao poder de isolamento, os refratários podem ser classificados em densos e isolantes (Figuras 2.10 e 2.11).

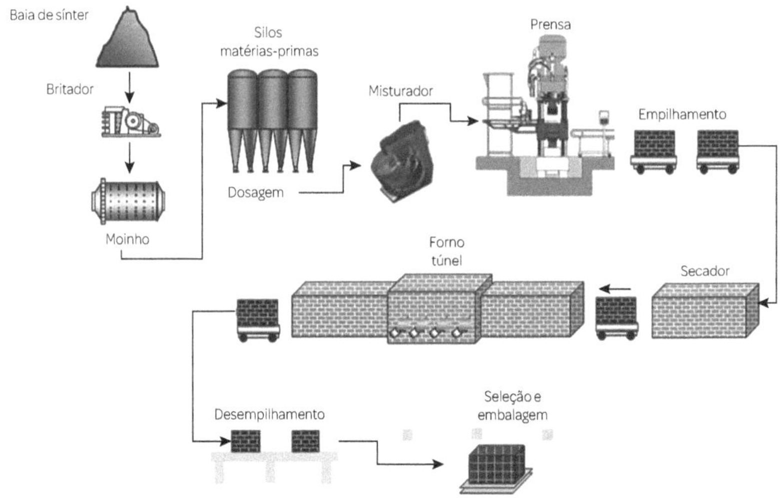

Figura 2.1 Fluxo de fabricação de refratários queimados.
Fonte: Adaptada de (1).

Figura 2.2 Fluxo de fabricação de refratários eletrofundidos.
Fonte: Adaptada de (2).

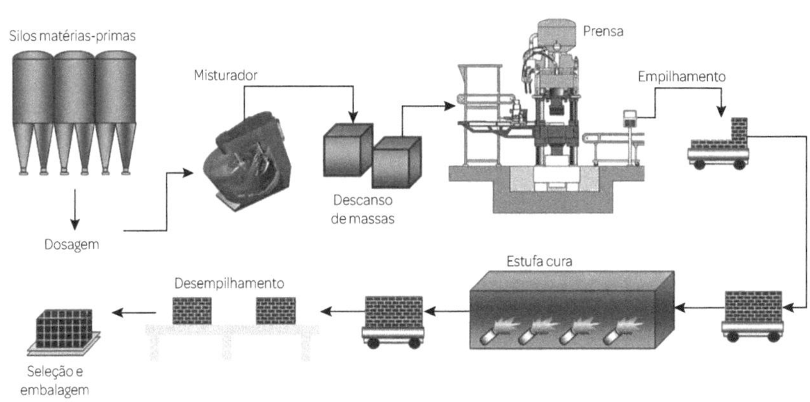

Figura 2.3 Fluxo de fabricação de refratários quimicamente ligados.
Fonte: Adaptada de (1).

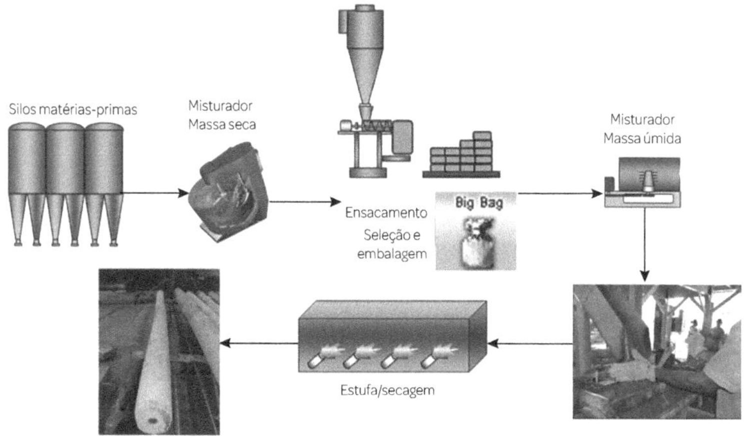

Figura 2.4 Fluxo de fabricação de refratários pré-moldados.
Fonte: Adaptada de (1).

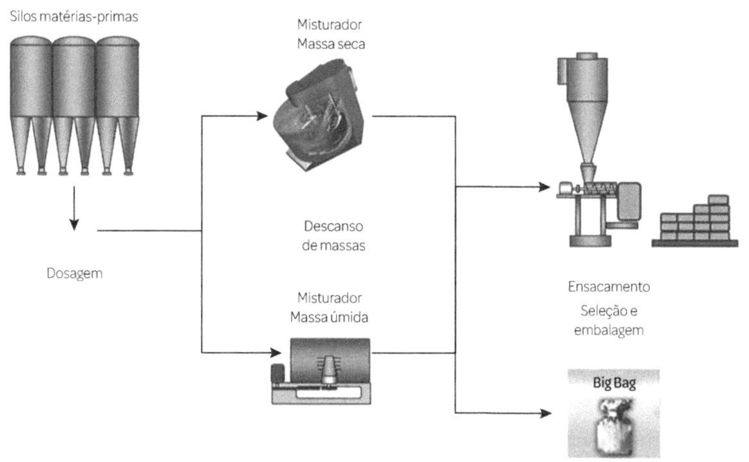

Figura 2.5 Fluxo de fabricação de refratários monolíticos não tratados termicamente.
Fonte: Adaptada de (1).

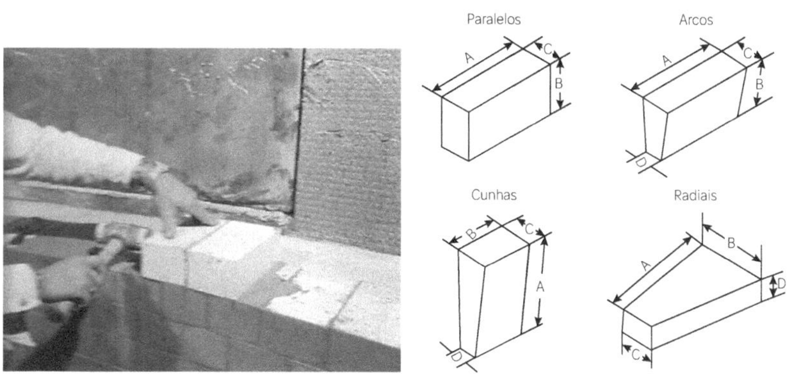

Figura 2.6 Refratários moldados: tijolos padronizados.
Fonte: Adaptada de (2).

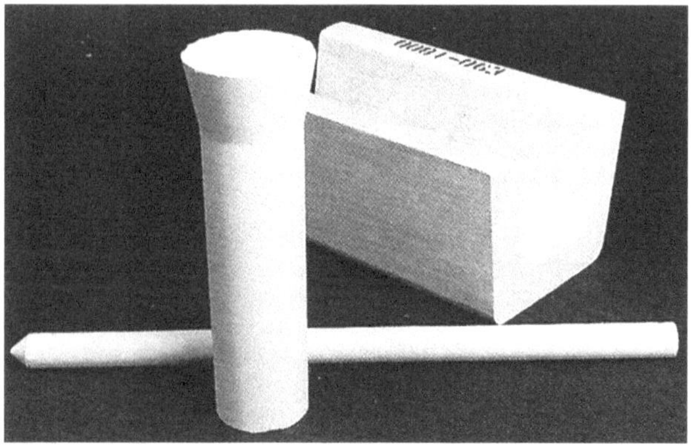

Figura 2.7 Refratários moldados: peças especiais.
Fonte: Adaptada de (2).

Figura 2.8 Refratários monolíticos.
Fonte: Adaptada de (2).

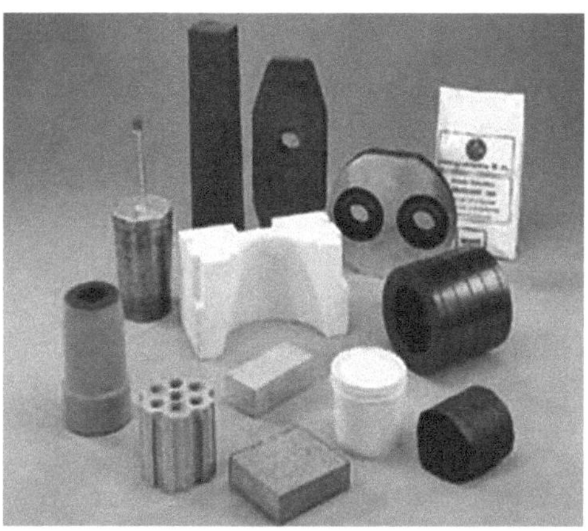

- Refratários básicos
  - Mgo (MgO-C etc.)
    Doloma (doloma-C etc.)
  - Cromita, cromo-magnesiano
  - Espinelizados
- Refratários não básicos
  - Sílica
  - Sílico-aluminosos
  - Aluminosos
- Refratários especiais
  - Carbeto de silício
  - Carbono
  - Zircônia e zirconita
  - Outros

Figura 2.9 Classificação de refratários quanto à composição química.
Fonte: Adaptada de (2).

Figura 2.10 Tijolos densos aluminosos, e tijolos e placas isolantes para um canal de corrida de alto-forno.
Fonte: Adaptada de (2).

Figura 2.11 Mantas isolantes.
Fonte: Adaptada de (2).

2.2 REFRATÁRIOS ÁCIDOS (2,3)

Os refratários do sistema SiO_2 – Al_2O_3 são classificados em sílica, sílico-aluminosos e aluminosos, conforme o teor desses componentes químicos, como mostrado no diagrama de equilíbrio de fases (Figura 2.12). As propriedades físicas e mineralógicas dos óxidos presentes são descritas na Tabela 2.1.

As impurezas principais nesse sistema são o Na_2O, o K_2O, o óxido de ferro (FeO e Fe_2O_3), o CaO, o MgO, o TiO_2 e o ZrO_2. Os diagramas de equilíbrio de fases a seguir mostram como esses componentes químicos afetam os refratários desse sistema (Figuras 2.13 a 2.19). Os refratários de sílica e os sílico-aluminosos têm sido substituídos nas últimas décadas por tijolos mais refratários, os aluminosos queimados e os tijolos de Al_2O_3-C, Al_2O_3-SiC-C e Al_2O_3-MgO-SiC-C (Figura 2.20).

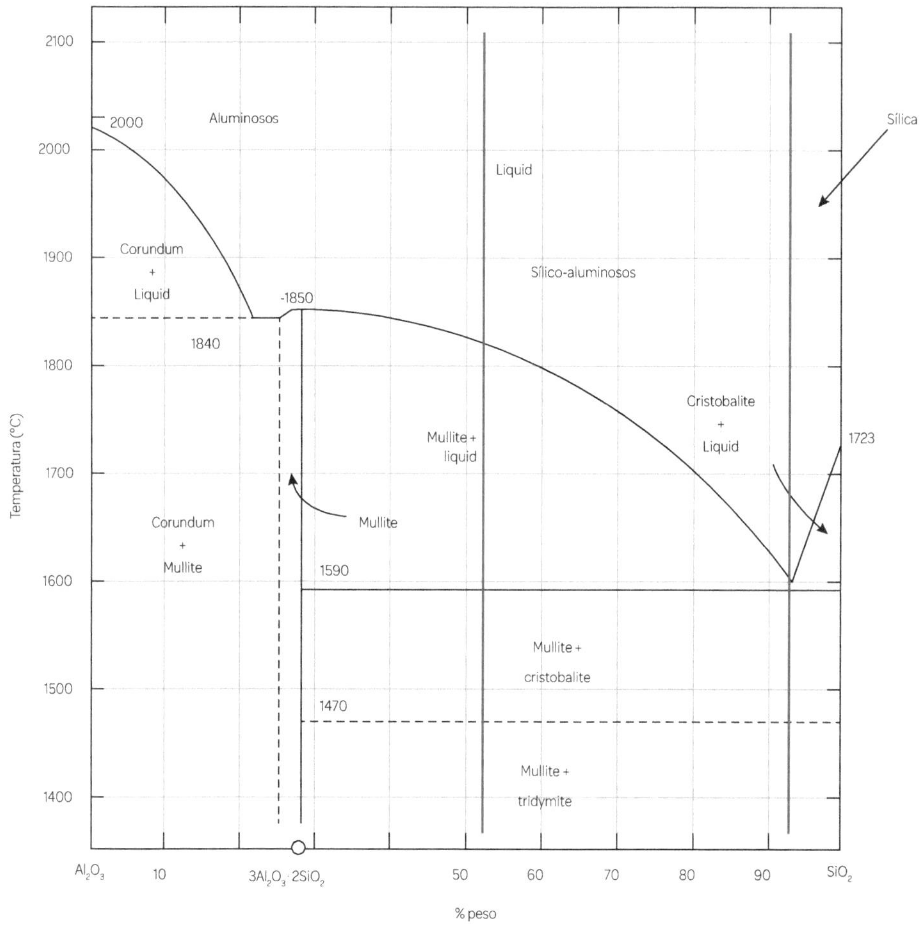

Figura 2.12 Diagrama de equilíbrio de fases $Al_2O_3 - SiO_2$.
Fonte: Adaptada de (4).

Tabela 2.1 Propriedades físicas de óxidos do sistema $Al_2O_3 - SiO_2$.

	Mineral	Ponto de fusão (°C)	Densidade (g/cm³)	Sistema cristalino
Al_2O_3	Coríndon	2040	3,96	Hexagonal a = 4,758 c = 12,991
$3Al_2O_3.2SiO_2$	Mulita	1910	3,15	Ortorrômbico a = 7,537 b = 7,671 c = 2,878
SiO_2	Quartzo (alfa) Cristobalita (alfa)	1723	2,65 2,32	Romboédrico Tetragonal

Fonte: Adaptada de (2).

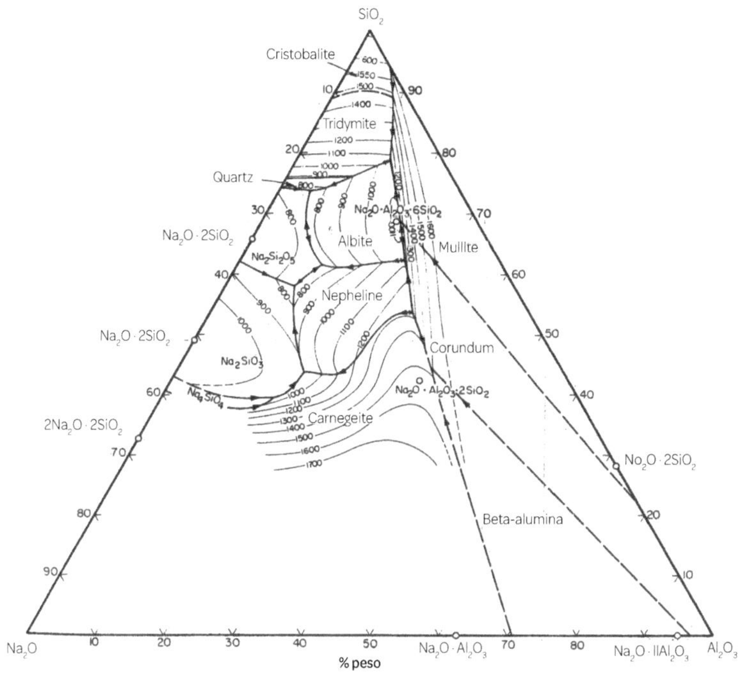

Figura 2.13 Diagrama de equilíbrio de fases $Al_2O_3 - SiO_2 - Na_2O$.
Fonte: Adaptada de (5).

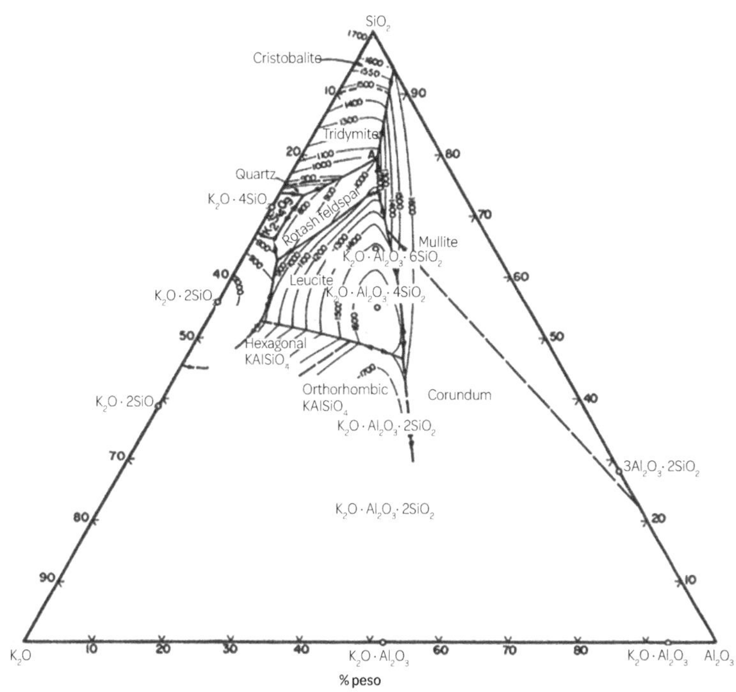

Figura 2.14 Diagrama de equilíbrio de fases $Al_2O_3 - SiO_2 - K_2O$.
Fonte: Adaptada de (6).

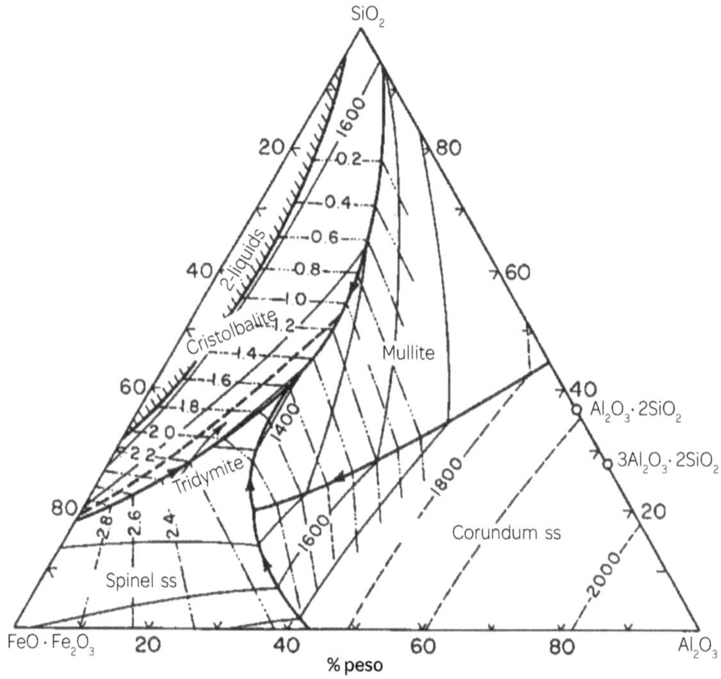

Figura 2.15 Diagrama de equilíbrio de fases $Al_2O_3 - SiO_2 - FeO - Fe_2O_3$.
Fonte: Adaptada de (7).

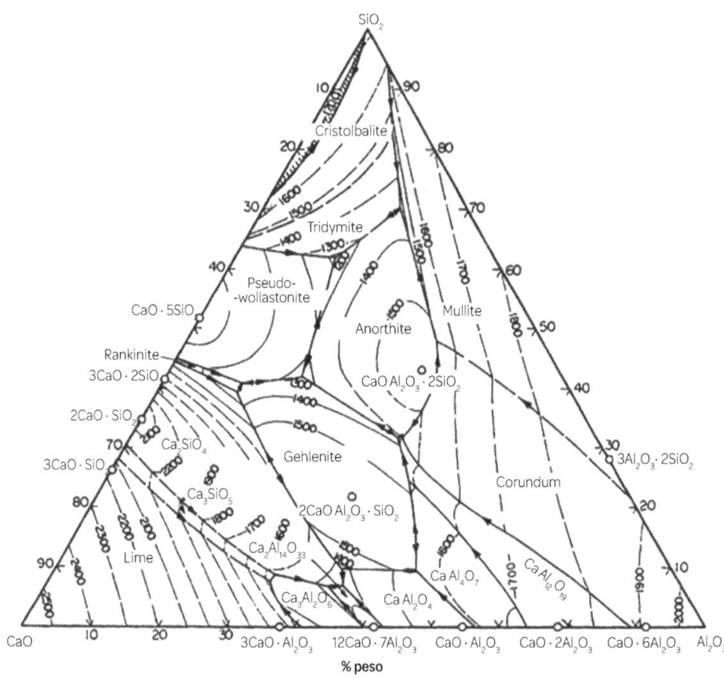

Figura 2.16 Diagrama de equilíbrio de fases $Al_2O_3 - SiO_2 - CaO$.
Fonte: Adaptada de (8).

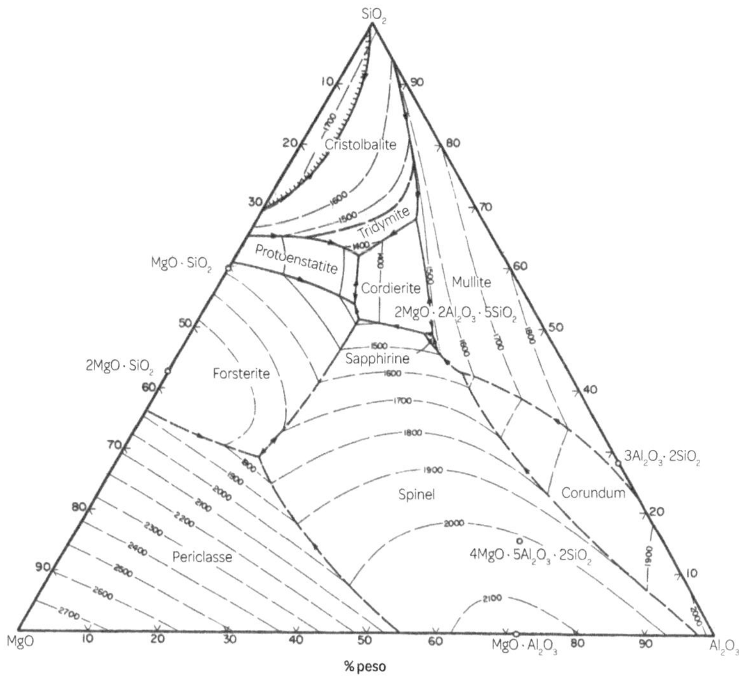

Figura 2.17 Diagrama de equilíbrio de fases $Al_2O_3 - SiO_2 - MgO$.
Fonte: Adaptada de (9).

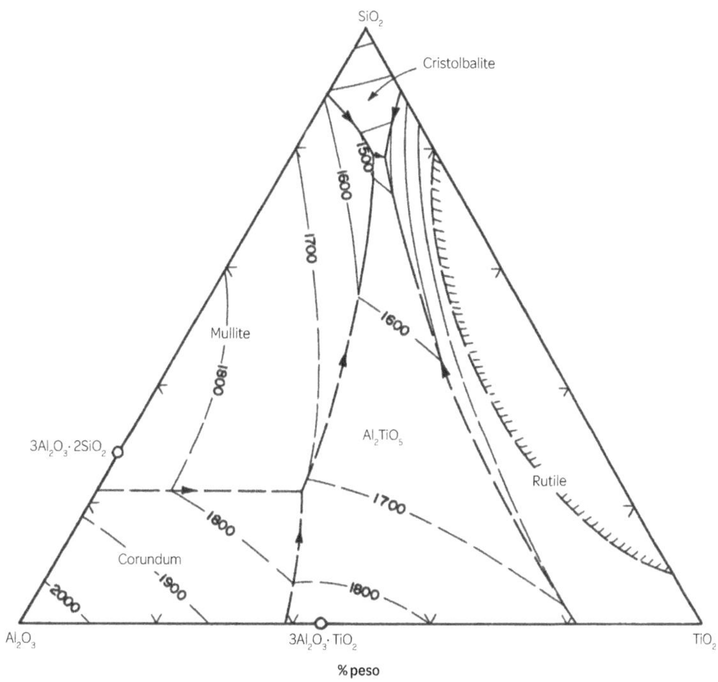

Figura 2.18 Diagrama de equilíbrio de fases $Al_2O_3 - SiO_2 - TiO_2$.
Fonte: Adaptada de (10).

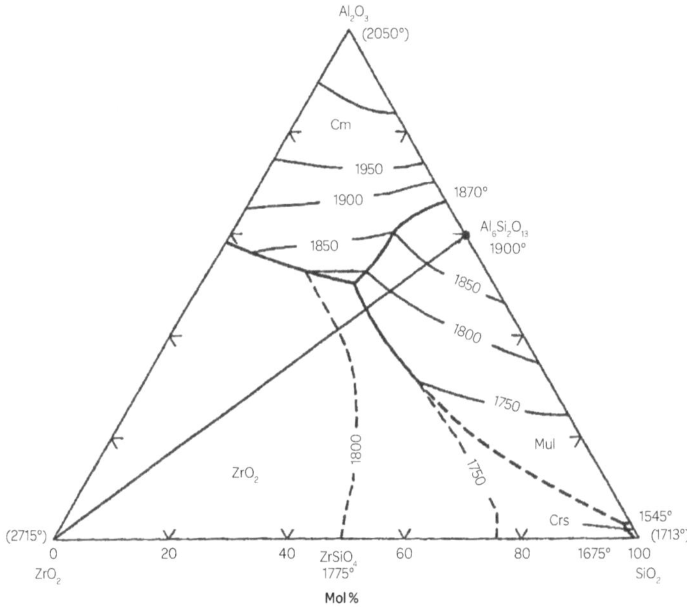

Figura 2.19 Diagrama de equilíbrio de fases $Al_2O_3 - SiO_2 - ZrO_2$.
Fonte: Adaptada de (11).

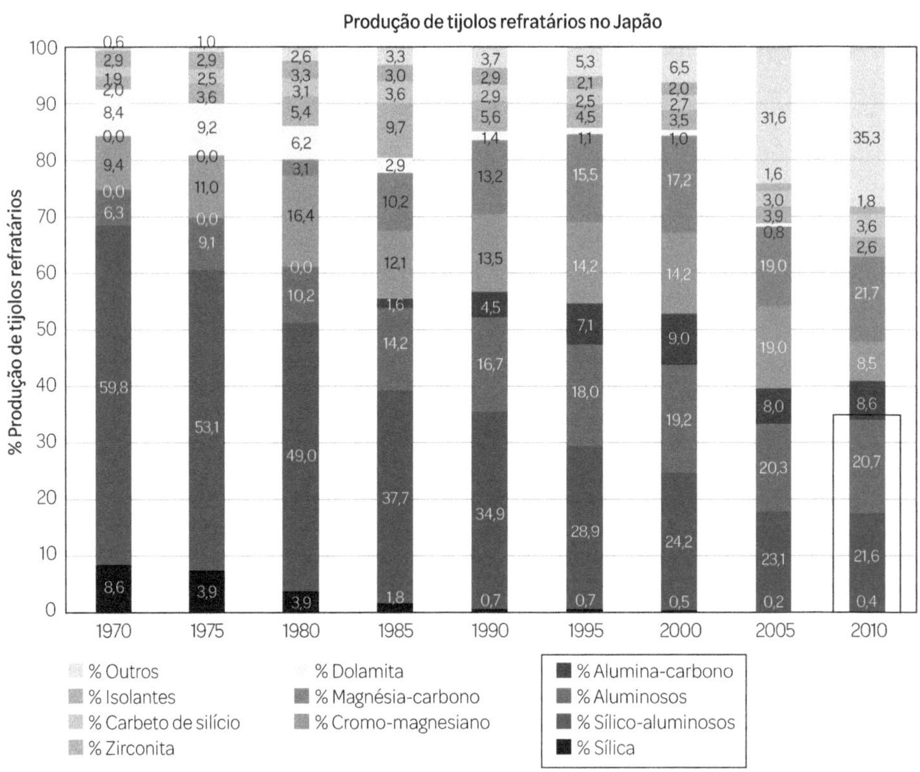

Figura 2.20 Evolução da produção de refratários no sistema $Al_2O_3 - SiO_2$ no Japão.
Fonte: Adaptada de (2).

2.2.1 Refratários moldados de sílica (2)

Os refratários de sílica são usados na forma de tijolos em coqueria (12) (Figura 2.21 e Tabela 2.2) e regeneradores de altos-fornos (13) (Figura 2.22 e Tabela 2.3) na siderurgia e em fornos da indústria do vidro. Na forma de monolíticos, são usados principalmente como massas granuladas secas para fornos de indução. Tijolos de sílica convencionais são produzidos principalmente na China e Índia, e os tijolos de sílica fundida e as massas granuladas secas são produzidos em vários locais. Matérias-primas silicosas são usadas, entretanto, em várias classes de produtos.

Figura 2.21 Exemplos de tijolos de sílica para coqueria.
Fonte: Adaptada de (2).

Tabela 2.2 Exemplos de tijolos de sílica para coqueria.

Propriedades	Aluminoso	Sílico-aluminoso	Isolante	Sílica	
				Convencional	Fundida
Aplicação	Regenerador CDQ	Regenerador CDQ Tudo de ascensão Topo das câmaras	Regenerador CDQ Tudo de ascensão Topo das câmaras	Regeneradores Paredes Soleiras	Reparações a quente
Análise química (%)					
Al_2O_3	70,0	47,0	40,0	0,4	0,7
SiO_2	28,0	47,0		95,3	97,0
Fe_2O_3	0,3	1,2	0,7	1,2	0,2
CaO				2,4	0,1
MEA (g/cm^3)	2,62	2,40	0,90	1,88	1,70
Massa específica				2,32	
PA (%)	14,0	13,0	55,0	20,5	24,0
RCTA (MPa)	70,0	70,0	2,5	46,0	18,0

(Continua)

Tabela 2.2 Exemplos de tijolos de sílica para coqueria. (*Continuação*)

Propriedades	Aluminoso	Sílico-aluminoso	Isolante	Sílica	
				Convencional	Fundida
DTRL até 1000°C (%)	0,56	0,50	0,50	1,20	
VLDR a 1300°C x 5 horas (%)	0,0	-0,3	-1,0	0,1	
CPE (Orton)	> 38 (1835°C)	34 (1785°C)			
Creep. 50 horas × 0,2MPa	< 1,0% (1450°C)	< 1,0% (1350°C)		< 0,13% (1450°C)	
Condutividade térmica (W/m K)	1,6 (1000°C)	1,4 (1000°C)	0,3 (1000°C)	1,7 (1000°C)	1,6 (1000°C)

Fonte: Adaptada de (2).

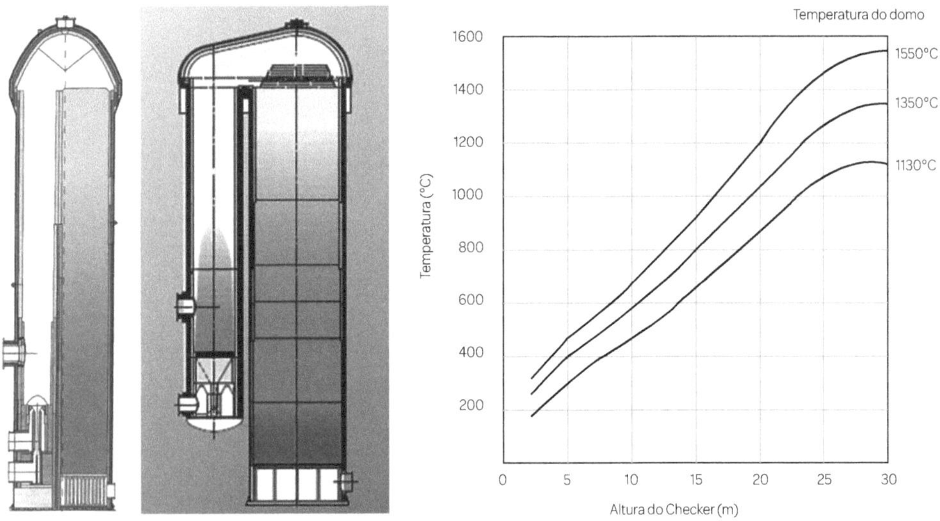

Figura 2.22 Uso de tijolos de sílica no domo do regenerador do alto-forno.
Fonte: Adaptada de (2).

Tabela 2.3 Exemplos de tijolos de sílica para o domo do regenerador do alto-forno.

Item / Material	A	B	C	D	E	F
	Sílica	Aluminoso	Aluminoso	Aluminoso	Sílico-aluminoso	Sílico-aluminoso
Refratariedade (Orton)	32	39	39	38	34	34
Porosidade aparente (%)	20,0	19,0	17,0	21,0	15,5	17,5
Densidade aparente (g/cm^3)		2,55	2,50	2,35	2,30	2,15
Massa específica	2,31					
Resistência compressão (MPa)	45	85	80	60	55	50
Refratariedade sob carga T2 2kg/cm^2 (C°)	T1 1620	≥1620	1670	1610	1500	1400
Expansão térmica (%) a 1000°C	1,2	0,5	0,5	0,5	0,6	0,6

(*Continua*)

Tabela 2.3 Exemplos de tijolos de sílica para o domo do regenerador do alto-forno. (*Continuação*)

Item \ Material	A	B	C	D	E	F
	Sílica	Aluminoso	Aluminoso	Aluminoso	Sílico-aluminoso	Sílico-aluminoso
Deformação sob creep após 50h (%)	1550°C	1400°C	1350°C	1250°C	1150°C	1050°C
	2kg/cm^2	2kg/cm^2	2kg/cm^2	2kg/cm^2	3kg/cm^2	4,5kg/cm^2
	≤0,1	0,2	0,2	0,2	0,1	0,1
Composição química						
Al_2O_3	0,7	76,5	71,5	65,8	42,8	37,5
SiO_2	96	-	-	-	-	-
Al_2O_3	0,7	1	1,3	1,5	1,1	1,8
Aplicação	Checker superior	Checker superior	Checker superior e médio	Checker médio e inferior	Checker médio	Checker inferior

Fonte: Adaptada de (14).

As matérias-primas usadas na fabricação dos tijolos convencionais de sílica são os quartzitos e afins (sílex, areia de sílica). Os minerais úteis presentes na rocha são o quartzo, a calcedônia e a opala e os minerais de ganga são os feldspatos, o rutilo, a moscovita e as micas. Para a fabricação do tijolo de expansão zero, são usadas sílicas fundidas (amorfas). A pureza mínima dessas matérias-primas é de 97%, sendo as principais impurezas os álcalis, o Al_2O_3 e o TiO_2 (Figura 2.23).

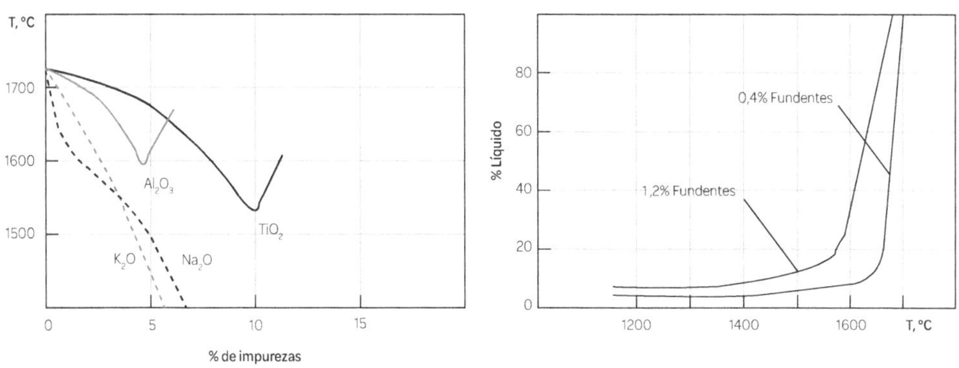

Figura 2.23 Efeito das impurezas na formação de líquido nos tijolos de sílica.
Fonte: Adaptada de (2).

O fluxo de fabricação dos tijolos de sílica envolve um importante passo que é o de lavar o quartzito extraído com o objetivo de remover as impurezas. A queima dos tijolos normalmente é feita em fornos intermitentes ou fornos túneis de grande comprimento em função do longo tempo de queima desses materiais (Figura 2.24). As matérias-primas que entram na composição desses tijolos são o quartzito; a cal (também o óxido de ferro no caso de tijolos para coqueria), usada como mineralizador da transformação de quartzo em tridimita; e cristobalita, descarte (reciclado dos tijolos) e ligante.

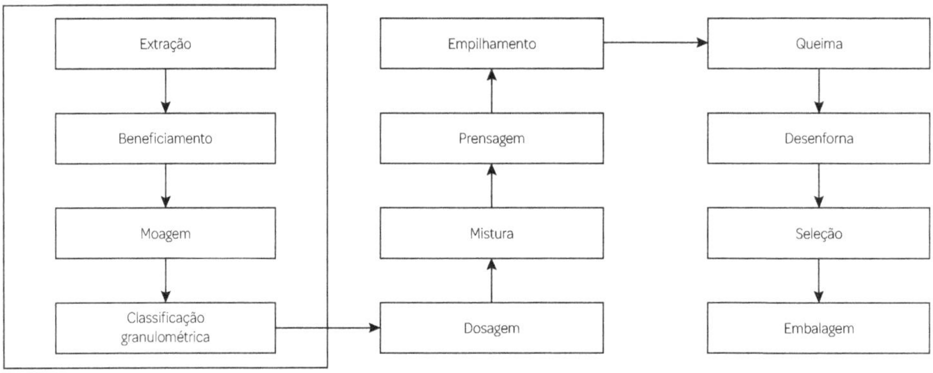

Figura 2.24 Fluxo de fabricação dos tijolos de sílica.
Fonte: Adaptada de (2).

A sílica tem várias estruturas cristalinas, sendo as principais o quartzo α e β, a cristobalita α e β e a tridimita α, β_1 e β_2 (Figura 2.25A). O grande desafio na fabricação do tijolo de sílica é a elevada expansão nas mudanças entre essas fases cristalinas com a temperatura (Figura 2.25B). Ocorrem dois tipos de mudanças de fases cristalinas com a sílica: as transformações angulares, que se efetivam apenas com uma alteração do ângulo dos cristais e que são rápidas e reversíveis com a temperatura; e as transformações reconstrutivas, que alteram a estrutura do cristal e que são lentas e irreversíveis com a temperatura. Essas mudanças de fase ocorrem com grande alteração de volume (Figura 2.26) e densidade (Figura 2.27).

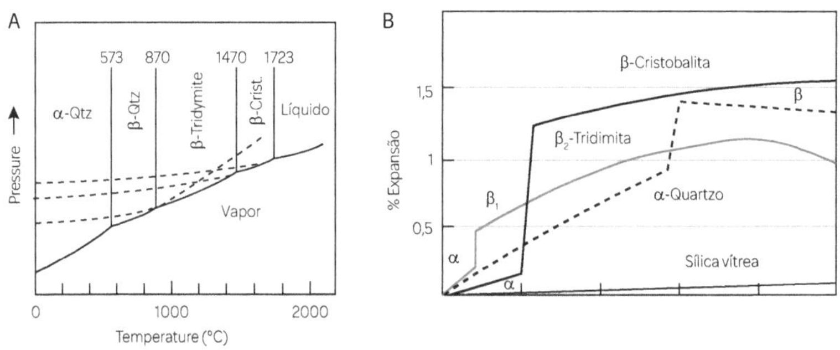

Figura 2.25 Condições de formação das fases da sílica (A) e expansão térmica de cada fase (B).
Fonte: Adaptada de (2).

Transformações angulares → Rápidas e reversíveis
Quartzo $\alpha \rightarrow \beta$ (573°C; $\Delta V \approx 0{,}9\%$; ΔV total entre 316 e 573°C = 3,2%)
Cristobalita $\alpha \rightarrow \beta$ (220 a 267°C; $\Delta V \approx 2{,}8\%$)
Tridimita $\alpha \rightarrow \beta_1$ (113°C); $\beta_1 \rightarrow \beta_2$ (152°C); $\Delta V \approx 0{,}35\%$
Transformações reconstrutivas → Lentas e irreversíveis
ΔV Quartzo → Cristobalita = 14,3%
ΔV Quartzo → Tridimita = 17,2%

Figura 2.26 Transformações angulares e reconstrutivas com as fases da sílica.
Fonte: Adaptada de (2).

Quartzo: hexagonal (massa específica = 2,65)
Cristobalita: tetragonal (massa específica = 2,32)
Tridimita: romboédrica (massa especifica = 2,27)
Sílica vítrea: (massa especifica = 2,21)

Figura 2.27 Alteração de densidade com as fases da sílica.
Fonte: Adaptada de (2).

Durante a queima do tijolo de sílica, ocorrem reações de desidratação, decomposição, transformação polimórfica, mineralização e vitrificação.

- **Quartzito:** transformações polimórficas
- **Cal:** $Ca(OH)_2 \rightarrow CaO + H_2O$
- **Ligante:** lignossulfonato de cálcio → CaO
- **Água:** H_2O (l) → H_2O (g) ↑

Para que o tijolo de sílica se torne mais estável volumetricamente, o quartzo presente no quartzito precisa se transformar nas fases mais estáveis em altas temperaturas, a cristobalita, e principalmente a tridimita, a fase de menor expansão térmica entre as fases cristalinas. A fase amorfa é obtida a partir do líquido formado durante a queima, que, no resfriamento do tijolo, não se cristaliniza. Entretanto, a transformação de quartzo em tridimita é mais difícil que em cristobalita por ser mais fácil passar da estrutura hexagonal do quartzo para a estrutura tetragonal da cristobalita (Figura 2.28). A mudança para tridimita, uma estrutura romboédrica, somente ocorre na presença de líquido.

Por essa razão, adiciona-se entre 2% e 3% de CaO na forma de cal na composição de todos os tijolos de sílica convencional para que haja formação de uma pequena quantidade de líquido, cerca de 6%, durante a queima dos tijolos a uma temperatura entre 1436 e 1470°C, visando formar a maior quantidade de tridimita no tijolo (Figura 2.29). Temperaturas acima de 1470°C favoreceriam a formação de cristobalita e abaixo de 1436°C não haveria a formação do líquido. O líquido formado durante a queima se transforma em fase amorfa durante o resfriamento do tijolo por ser muita viscoso e dificultar a formação de estruturas cristalinas.

Em tijolos de sílica para uso em coquerias, em que a temperatura de coqueificação é entre 1200 e 1300°C, pode-se usar também óxido de ferro em torno de 1% como mineralizador, favorecendo ainda mais a tridimitização (Figura 2.30).

Quando o tempo de queima do tijolo de sílica a certa temperatura é aumentado, ocorrem diminuição na proporção do quartzo residual e aumento na proporção de tridimita (Figura 2.31). A quantidade de fase vítrea no tijolo permanece a mesma para uma mesma temperatura de queima, independentemente do tempo de queima, pois a quantidade de líquido presente durante a queima não é alterada.

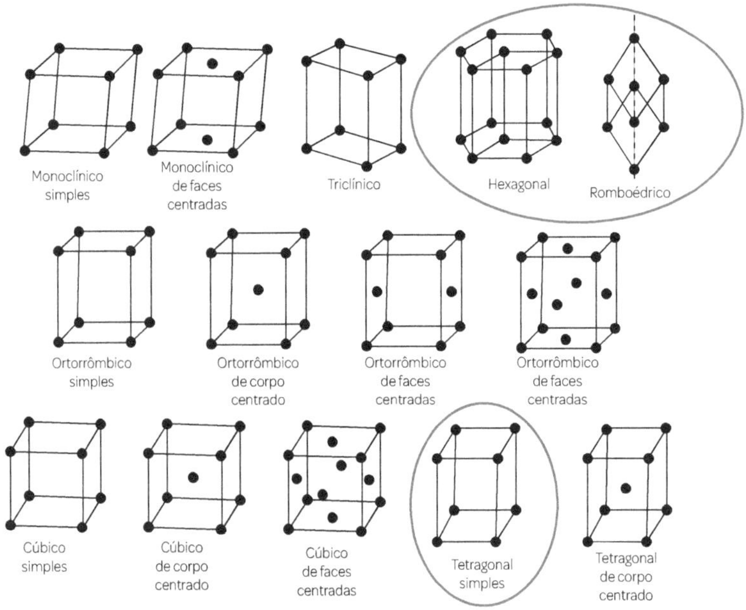

Figura 2.28 Estruturas cristalinas das fases da sílica.
Fonte: Adaptada de (2).

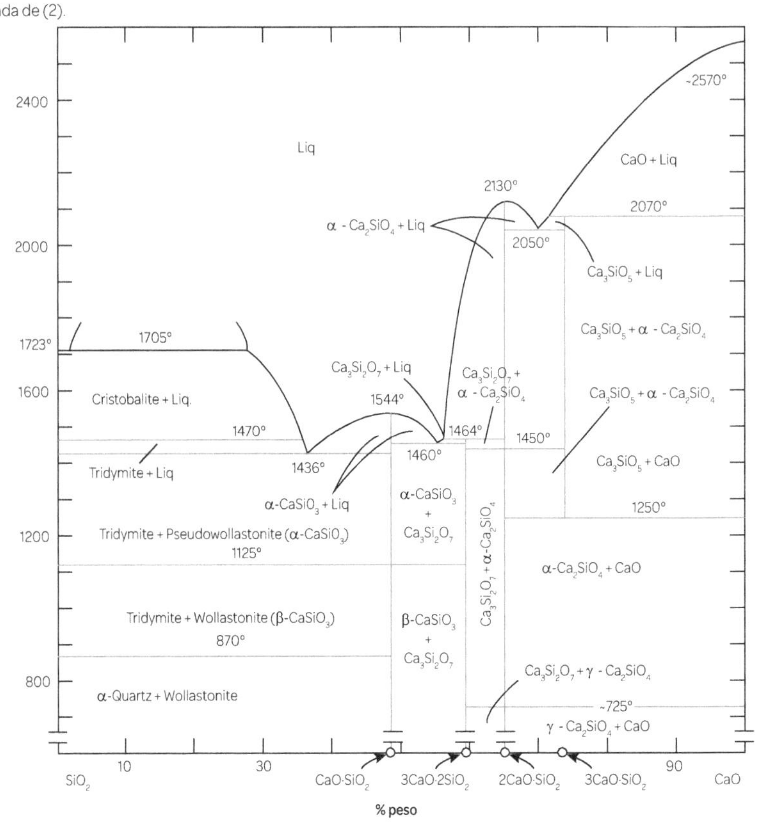

Figura 2.29 Diagrama de equilíbrio de fases CaO – SiO_2.
Fonte: Adaptada de (15).

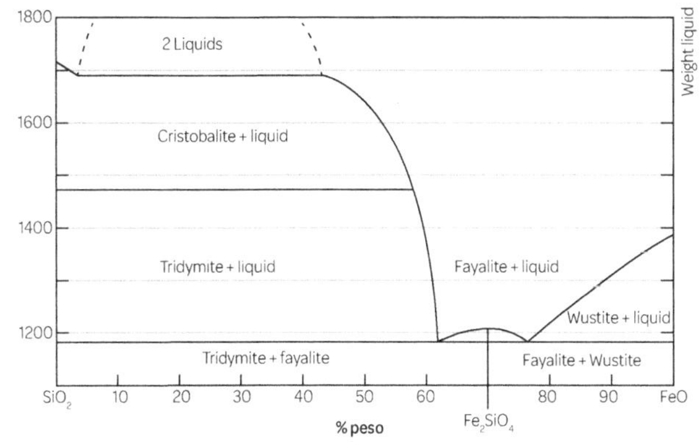

Figura 2.30 Diagrama de equilíbrio de fases FeO – SiO_2.
Fonte: Adaptada de (16).

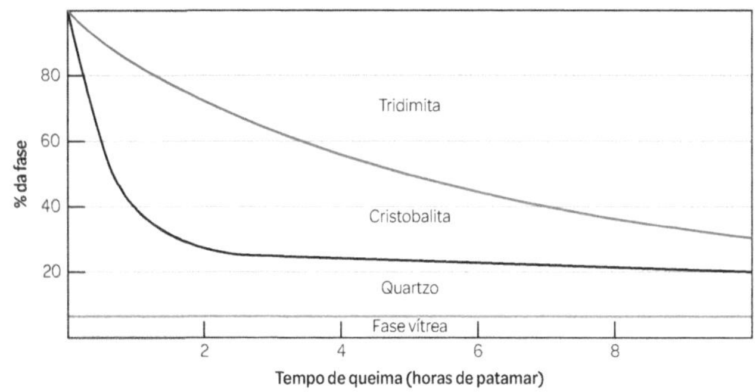

Figura 2.31 Efeito do tempo de queima sobre a formação das fases.
Fonte: Adaptada de (2).

A Tabela 2.4 mostra as características de tijolos de sílica convencional em função das impurezas. A temperatura obtida no teste de refratariedade sob carga do tijolo diminui com o aumento do teor de fluxantes (álcalis mais alumina) e o aumento do teor de óxido de ferro.

Tabela 2.4 Características de tijolos de sílica convencionais em função das impurezas.

Produto	A	B	C	D
Composição química (%)				
SiO_2	96,0	96,0	96,0	96,0
CaO	2,0 a 3,0	2,0 a 3,0	2,0 a 3,0	2,0 a 3,0
Fe_2O_3	0,8	1,1	1,1	0,7
Fluxantes (álcalis + Al_2O_3)	<0,6	<0,6	<0,5	<0,5
Refratariedade (SK)	33	32	33	33
Massa específica aparente (g/cm³)	2,33	2,32	2,32	2,32
Porosidade aparente (%)	21	20	20	20
Resistência à compressão (MPa)	40	40	40	40
Refratariedade sob carga, T1 (°C)	1620	1620	1640	1650
Expansão térmica a 1000°C (%)	1,22	1,20	1,26	1,28
Aplicações	Uso geral	Coqueria	Regenerador de alto-forno	Abóbada de forno de vidro

Fonte: Adaptada de (2).

Uma das maiores preocupações no uso de um tijolo de sílica é o de se trabalhar com a sua elevada expansão térmica em temperaturas de até 700°C (Figura 2.32). Acima dessa temperatura, o tijolo tem características excelentes, com elevadíssima estabilidade volumétrica, excelente resistência ao choque térmico, excelente refratariedade sob carga, excelente resistência ao *creep* e baixa a média condutividade térmica.

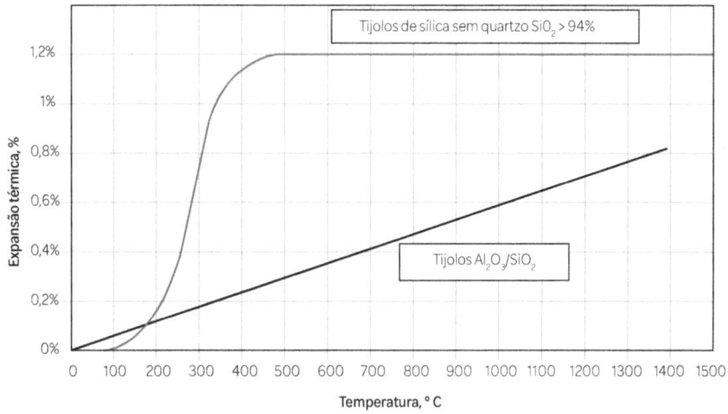

Figura 2.32 Expansão térmica do tijolo de sílica convencional.
Fonte: Adaptada de (17).

Tijolos de expansão zero, fabricados a partir de sílica fundida como matéria-prima, são bastante comuns para reparos a quente em coqueria. Esses tijolos podem ser introduzidos nos locais de reparo, sem nenhum dano por choque térmico, mantendo a temperatura de operação. Certo tempo, após o reparo, pode ocorrer uma cristalização parcial do tijolo, sem prejuízo para o seu desempenho, conforme mostrado na Figura 2.33 pelo aumento da densidade aparente do tijolo.

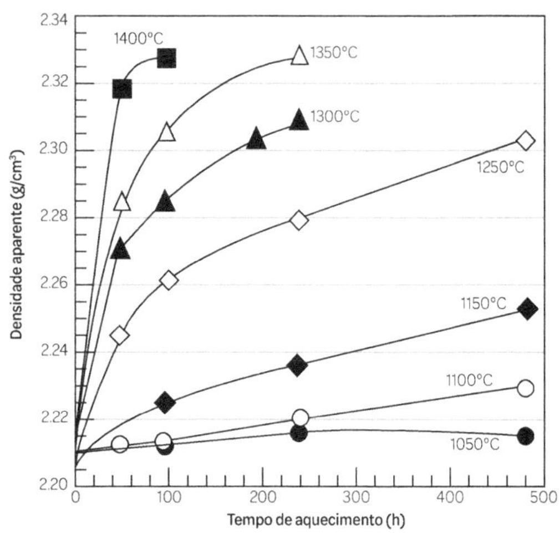

Figura 2.33 Efeito do tempo de uso sobre a cristalinização do tijolo de expansão zero após o reparo na coqueria.
Fonte: Adaptada de (18).

2.2.2 Refratários moldados sílico-aluminosos

Os refratários sílico-aluminosos têm uso geral em diversos segmentos industriais, tanto na forma de tijolos como na de monolíticos. Em volume, eram os refratários mais usados no passado, mas vêm sendo substituídos por produtos de melhor desempenho nas últimas décadas. Ainda assim, são usados como revestimento de trabalho e de proteção na siderurgia em fornos de pelotização, coqueria, fornos de sinterização, regenerador de alto-forno, altos-fornos, canais de corrida de altos-fornos etc. São também usados em outros segmentos industriais, como na indústria do alumínio, cimento, vidro, cerâmica, química etc. (Figura 2.34).

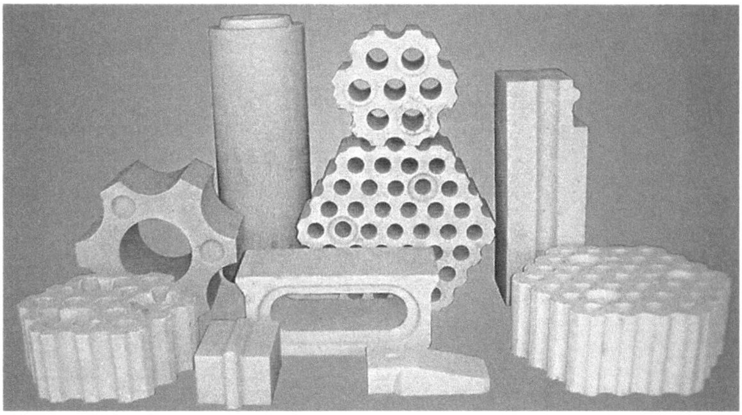

Figura 2.34 Exemplos de refratários sílico-aluminosos.
Fonte: Adaptada de (2).

Refratários sílico-aluminosos são produzidos em inúmeros países, em função da abundância de matérias-primas refratárias dessa classe no mundo. As duas principais matérias-primas sílico-aluminosas são as argilas refratárias (Figuras 2.35 e 2.36) e os agalmatolitos (Figura 2.37).

Lavra em operação

Pátio de secagem

Figura 2.35 Lavra de uma argila sílico-aluminosa.
Fonte: Adaptada de (17).

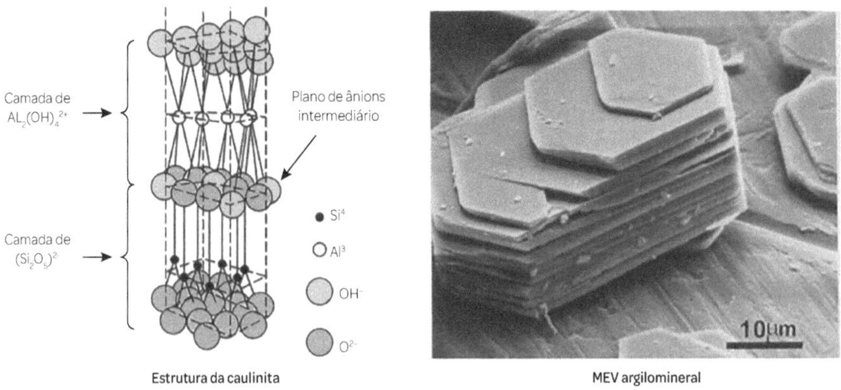

Figura 2.36 Estrutura cristalina da caulinita (argilomineral).
Fonte: Adaptada de (17).

Figura 2.37 Agalmatolitos típicos.
Fonte: Adaptada de (2).

Os minerais úteis das argilas refratárias são a caulinita, a montmorilonita, a vermiculita, as cloritas etc. Os minerais de ganga são o quartzo, os feldspatos, o rutilo, o anatásio, a hematita, a limonita etc. As argilas são usadas como plastificantes, agente de sinterização, dispersante, promotor de resistência a verde e na fabricação de chamote sílico-aluminoso.

O processo de fabricação do chamote envolve uma etapa de densificação mediante o uso de uma maromba com o uso de maior quantidade de água para tornar a argila moldável (Figura 2.38), ou uma briquetadeira com o uso de uma menor quantidade de água (Figura 2.39). Em seguida, o material é seco e queimado, geralmente em um forno rotativo (Figura 2.40), em temperaturas acima de 1500°C, no qual a temperatura depende da refratariedade da argila. Durante a queima, as fases principais formadas são a mulita, a cristobalita e a fase vítrea, esta última resultante do líquido que se produz durante a queima do chamote (Figura 2.11). Alguns chamotes podem conter quartzo a depender da presença desse mineral na argila. A mulita é importante na promoção de resistência mecânica a quente e a fase vítrea, na promoção de resistência mecânica a frio.

Figura 2.38 Maromba típica para a extrusão da argila.
Fonte: Adaptada de (2).

Briquetadeira Pilha material briquetado

Figura 2.39 Briquetadeira típica para a conformação da argila.
Fonte: Adaptada de (2).

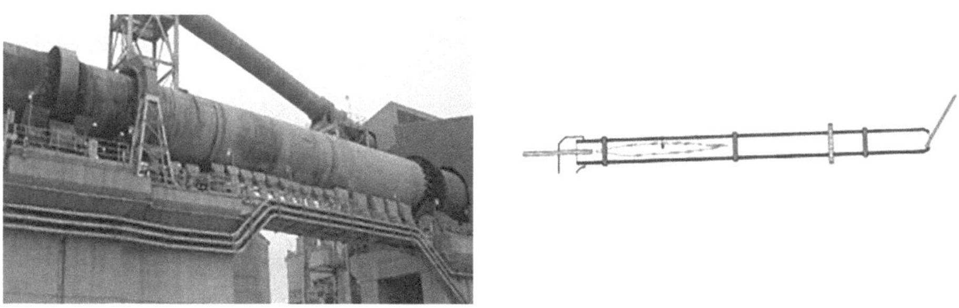

Figura 2.40 Forno rotativo para a queima do chamote.
Fonte: Adaptada de (2).

Os minerais úteis dos agalmatolitos são a pirofilita ($Al_2O_3.4SiO_2.H_2O$), a cianita e o diásporo. Os minerais de ganga principais são o quartzo, a moscovita, os feldspatos, o rutilo, o anatásio etc. Os agalmatolitos são usados na fabricação de chamote sílico-aluminoso ou como aditivos expansivos em alguns refratários monolíticos. Os agalmatolitos são normalmente mais ricos em álcalis, o que os torna menos refratários que chamotes queimados a partir de argilas refratárias.

Os tijolos sílico-aluminosos são normalmente fabricados a partir de argila crua e chamotes sílico-aluminosos. O processo de fabricação é mostrado nas Figuras 2.1 e 2.41. A Tabela 2.5 mostra características típicas de tijolos sílico-aluminosos. Em geral, são produtos de menor custo, em função da abundância de matérias-primas, de menor densidade, condutividade térmica e expansão térmica que tijolos aluminosos, nos quais a temperatura máxima de uso depende muito do nível de impurezas das matérias-primas, principalmente álcalis, e sua estabilidade volumétrica depende do grau de sinterização do chamote e da temperatura de queima do tijolo. Em geral, são materiais de alta resistência mecânica a frio em função da presença da fase vítrea.

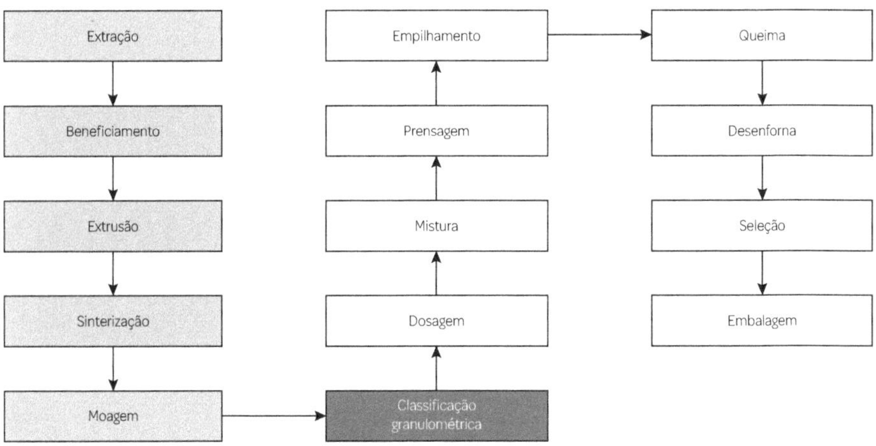

Figura 2.41 Processo de fabricação de tijolos sílico-aluminosos.
Fonte: Adaptada de (2).

Tabela 2.5 Tijolos sílico-aluminosos típicos.

Classe	*Super-duty*		Especial		*High-duty*
Produto	**A**	**B**	**C**	**D**	**E**
Composição química (%)					
Al_2O_3	40,0 a 45,0	40,0 a 45,0	40,0 a 45,0	40,0 a 45,0	41,0 a 44,0
SiO_2					50,0 a 53,0
Fe_2O_3	1,0 a 1,5	1,0 a 1,7	1,0 a 1,5	1,5 a 2,0	<2,0
Álcalis	0,1 a 0,3	0,1 a 0,4	0,1 a 0,3	0,2 a 0,5	0,2 a 0,5

(Continua)

Tabela 2.5 Tijolos sílico-aluminosos típicos. (*Continuação*)

Classe	*Super-duty*		Especial		*High-duty*
Produto	A	B	C	D	E
Refratariedade (SK)	>34	>34	>34	>33	>34
Densidade aparente (g/cm^3)	2,35 a 2,40	2,32 a 2,37	2,30 a 2,35	2,30 a 2,35	2,20 a 2,30
Porosidade aparente (%)	12,0 a 15,0	11,0 a 14,0	11,0 a 14,0	17,0 a 20,0	14,0 a 17,0
Resistência à compressão (MPa)	>70,0	>60,0	>50,0	>40,0	>50,0
Refratariedade sob carga, T2 (°C)	>1500	>1500	>1420	>1350	>1400
Expansão térmica a 1000°C (%)	0,5 a 0,7	0,5 a 0,7	0,4 a 0,6	0,4 a 0,6	0,5 a 0,6
Variação linear dimensional (%)	0,0 a -0,2 a 1500°C	0,0 a -0,5 a 1500°C	0,2 a -0,2 a 1400°C	0,2 a -0,2 a 1350°C	0,2 a -0,2 a 1400°C
Creep, 0,2MPa, 50 horas (%)			0,2 a 0,5 a 1250°C		
Características	Resistente à corrosão	Resistente à corrosão	Resistente ao *creep*	Resistente ao choque térmico	Resistente à corrosão
Aplicações	Alto-forno	Carro-torpedo	Regenerador de alto-forno	Regenerador de alto-forno	Regenerador de forno de vidro

Fonte: Adaptada de (2).

2.2.3 Refratários moldados aluminosos

Os refratários aluminosos são usados na forma de tijolos na siderurgia em coqueria (11), regeneradores de altos-fornos (12), altos-fornos e revestimentos permanentes em vários equipamentos. São muito usados em outros segmentos industriais como na indústria do alumínio, cimento etc. Na forma de monolíticos, são usados em concretos, plásticos, massas de socar e argamassas. Tijolos aluminosos são produzidos em vários países.

Existem várias classes de produtos aluminosos puros, a depender do teor de alumina, começando com 50% até 99% de Al_2O_3. Quando as matérias-primas aluminosas são combinadas a outras, surgem as classes de Al_2O_3-C, Al_2O_3-SiC-C, Al_2O_3-MgO-C, por exemplo. Alguns óxidos são normalmente adicionados à alumina com o objetivo de se obterem propriedades específicas. O MgO é adicionado para formar espinélio, sendo um dos objetivos a melhoria da resistência ao choque térmico (Figura 2.42). O Cr_2O_3 é adicionado com o objetivo de melhorar a resistência à corrosão dos refratários aluminosos (Figura 2.43).

Existem vários grupos de matérias-primas que são usados na fabricação de refratários aluminosos (17). O primeiro é formado pelo grupo da silimanita composto por três minerais, a própria silimanita, a cianita e a andaluzita, que têm a mesma composição química, mas estruturas cristalinas diferentes, em função da sua formação geológica (Tabela 2.6 e Figura 2.44). A silimanita tem ocorrências na África do Sul, Índia e Austrália; a Andaluzita, na África do Sul, França e Peru; a cianita, na Índia, Estados Unidos e Brasil.

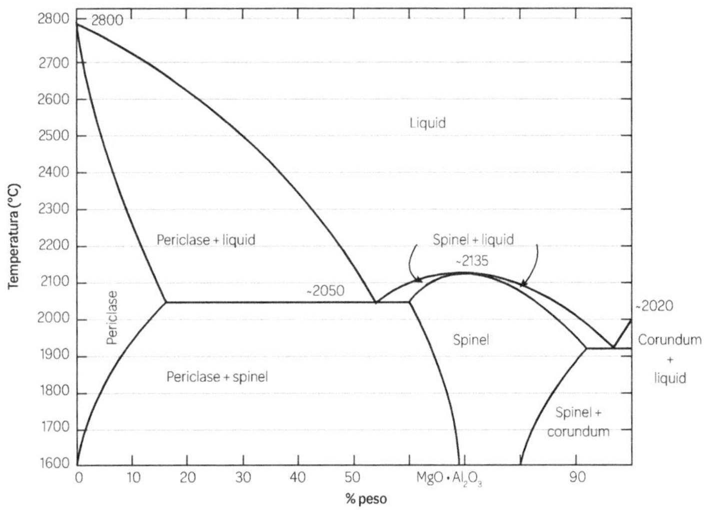

Figura 2.42 Diagrama de equilíbrio de fases Al_2O_3 – MgO.
Fonte: Adaptada de (19).

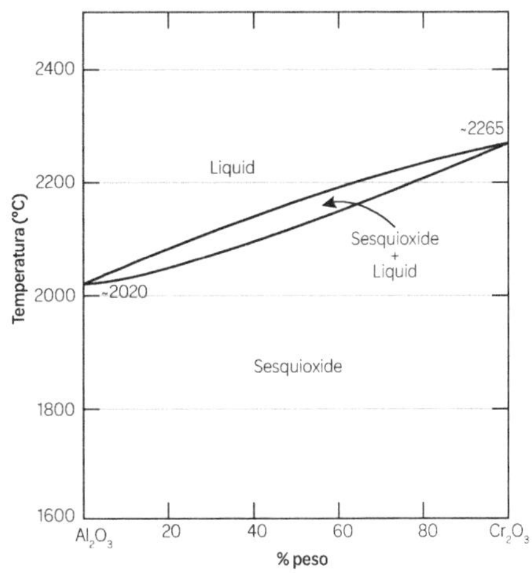

Figura 2.43 Diagrama de equilíbrio de fases Al_2O_3 – Cr_2O_3.
Fonte: Adaptada de (20).

Tabela 2.6 Características dos minerais do grupo da silimanita.

Andaluzita, Cianita, Silimanita
• Silimanita: $Al_2O_3.SiO_2 \rightarrow$ massa específica = 3,24 (romboédrica)
• Andaluzita: $Al_2O_3.SiO_2 \rightarrow$ massa específica = 3,18 (romboédrica)
• Cianita: $Al_2O_3.SiO_2 \rightarrow$ massa específica = 3,60 (triclínica)
• Mulita (para comparação): $3Al_2O_3.2SiO_2 \rightarrow$ massa específica = 3,15 (romboédrica)
Temperatura de decomposição
• $Al_2O_3.SiO_2$ (grupo silimanita) $\rightarrow Al_2O_3$ (62,9%) + SiO_2 (37,1%)
• $3Al_2O_3.2SiO_2$ (mulita) $\rightarrow Al_2O_3$ (71,8%) + SiO_2 (28,2%)
– Silimanita: 1530°C $\rightarrow \Delta V$ = +7%
– Andaluzita: 1350°C $\rightarrow \Delta V$ = +4%
– Cianita: 1325°C $\rightarrow \Delta V$ = +18%

Fonte: Adaptada de (2).

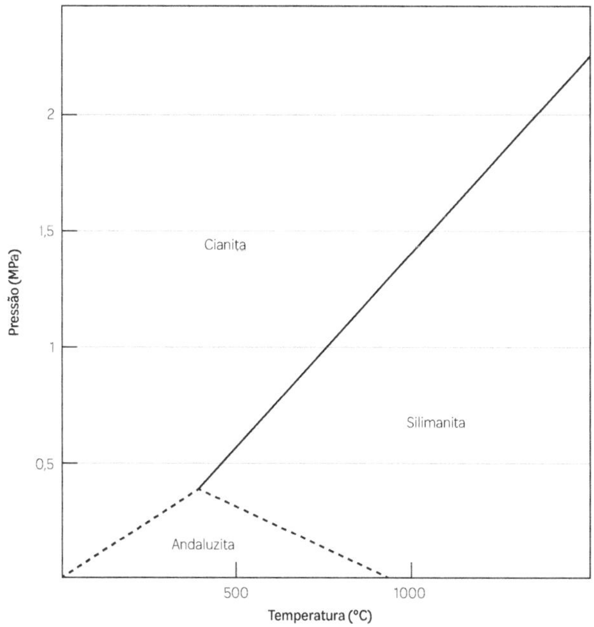

Figura 2.44 Formação geológica do grupo da silimanita.
Fonte: Adaptada de (2).

Outro grupo importante de matérias-primas refratárias aluminosas é a dos bauxitos refratários. Apresentam ocorrências importantes na China, Guianas e Brasil (Tabela 2.7). A Tabela 2.8 apresenta as características dos bauxitos refratários após queima, um tratamento térmico normalmente feito em fornos rotativos (Figura 2.40).

Tabela 2.7 Aspectos geológicos sobre os bauxitos refratários.

Mineralogia
• Minerais úteis:
- Gibsita: $Al_2O_3.3H_2O \rightarrow$ monoclínico
- Bohemita: α - $Al_2O_3.H_2O \rightarrow$ ortorrômbico
- Diásporo: β - $Al_2O_3.H_2O \rightarrow$ ortorrômbico
- Alumogel: $Al_2O_3.nH_2O \rightarrow$ amorfo
• Minerais de ganga:
- SiO_2: quartzo, opala, argilominerais
- Fe_2O_3: hematita, limonita
- TiO_2: anatásio, rutilo, leucoxênio
- Álcalis: micas, feldspatos
Composição química: impurezas (SiO_2, Fe_2O_3, TiO_2, álcalis)
Ocorrência geológica
• Gênese: ação de intemperismo sobre rochas contendo alumínio em clima tropical
• Parâmetros: temperatura ambiente alta, elevada umidade, ação bacteriana, presença de ácidos húmicos, elevada percolação pela água subterrânea
Distribuição geográfica:
• Gibsítico: Guiana e Brasil
• Diásporo: China

Fonte: Adaptada de (2).

Tabela 2.8 Características dos bauxitos refratários sinterizados.

Tratamento térmico
• Temperatura de sinterização: 1600 a 1800°C; objetivo de se obter material denso, estável volumetricamente
• Umidade: 10% a 25%
• Desidroxilação:
– Gibsita: ~ 300°C
– + Diásporo: ~ 500°C
• Perda ao fogo: 15% a 35%
Microestrutura
• Coríndon: α-Al_2O_3 → hexagonal (massa específica = 4,00)
• Mulita: $3Al_2O_3.2SiO_2$ → romboédrico (massa específica = 3,15)
• Titanato de alumínio: $Al_2O_3.TiO_2$
• Cristobalita: SiO_2 → tetragonal (massa específica = 2,33)
• Fase vítrea
• O Fe_2O_3 fica em solução sólida, principalmente com o $Al_2O_3.TiO_2$
• Os bauxitos sinterizados tendem a ser micro estruturalmente heterogêneos
Propriedades: MEA (3,10 a 3,30g/cm^3), baixa estabilidade volumétrica, baixa refratariedade sob carga

Fonte: Adaptada de (2).

Outro grupo importante de matérias-primas refratárias aluminosas é a dos chamotes aluminosos fabricados a partir de argilas refratárias bauxíticas (Tabela 2.9). Apresentam ocorrências importantes na China, Estados Unidos e Brasil. A Tabela 2.10 apresenta as características dos chamotes aluminosos refratários após queima, normalmente feita em fornos rotativos (Figura 2.40).

Tabela 2.9 Aspectos geológicos sobre as argilas bauxíticas.

Transição entre argilas refratárias típicas e os bauxitos: Al_2O_3: entre 45% e 75%
Argilas bauxíticas = argilominerais + hidróxidos de alumínio + minerais de ganga
Mineralogia:
• Minerais úteis: caulinita, haloisita, gibsita, diásporo
• Minerais de ganga: SiO_2 (quartzo, opala); Fe_2O_3 (hematita, limonita); TiO_2 (anatásio, rutilo); álcalis (moscovita, feldspato, ilita)
Composição química: impurezas (álcalis, Fe_2O_3, TiO_2)
Geologia: os processos genéticos foram os mesmos dos atuantes na formação dos bauxitos, porém de maneira parcial
Ocorrência geográfica: geral; no Brasil, em Poços de Caldas e no Triângulo Mineiro (MG)

Fonte: Adaptada de (2).

Tabela 2.10 Características dos chamotes aluminosos refratários.

Tratamento térmico: conformação, seguida de sinterização em fornos rotativos em temperaturas entre 1500 e 1700°C
Microestrutura:
• Al_2O_3<71,8% → mulita, cristobalita, fase vítrea, titanato de alumínio
• Al_2O_3>71,8% → mulita, coríndon, fase vítrea, titanato de alumínio
Propriedades:
• MEA = 2,70 a 2,90g/cm^3
• Estabilidade volumétrica
• Homogeneidade microestrutural
• Análise química
• Refratariedade sob carga

Fonte: Adaptada de (2).

Outro grupo importante de matérias-primas refratárias aluminosas é a das mulitas, que podem ser fabricadas pelos processos de sinterização (Tabela 2.11) ou fusão (Tabela 2.12). O Brasil é um importante produtor de mulita fundida.

Tabela 2.11 Características das mulitas sinterizadas.

Mulita natural

- Mulita → $3Al_2O_3.2SiO_2$: romboédrica (massa específica = 3,15)
- Massa específica: menor do que os minerais do grupo da silimanita, embora de maior teor em alumina
- $3Al_2O_3.2SiO_2 \rightarrow Al_2O_3 = 71{,}8\%$; $SiO_2 = 28{,}2\%$
- Tem fusão congruente (~ 1840°C) e contém Al_2O_3 em solução sólida
- Ocorrência: rara (Ilha de Mull)

Mulita sinterizada

- Mistura: argila + alumina Bayer
- Conformação: marombagem; briquetagem
- Secagem: eliminação da água e parte do ligante
- Sinterização: fornos rotativos (temperatura entre 1500 e 1700°C)
- Cominuição e classificação granulométrica
- Propriedades: Al_2O_3 ~ 73%; álcalis + Fe_2O_3 + TiO_2<1,5%; MEA>2,85g/cm^3: elevada resistência mecânica a quente

Fonte: Adaptada de (2).

Tabela 2.12 Características das mulitas eletrofundidas.

Mulita fundida

- Mistura; argila + alumina calcinada; areia + alumina calcinada; argila + bauxito
- Fusão: fomo elétrico a arco
- Temperatura de fusão: >1850°C
- Partes do bloco: fundida, sinterizada, mistura a ser recuperada
- Redução: Fe_2O_3 e SiO_2 (segregação e volatilização)
- Cominuição e classificação granulométrica
- Propriedades: Al_2O_3 ~ 73%; álcalis - Fe_2O_3 + TiO_2<1%; MEA>2,95g/cm^3; elevada resistência mecânica a quente

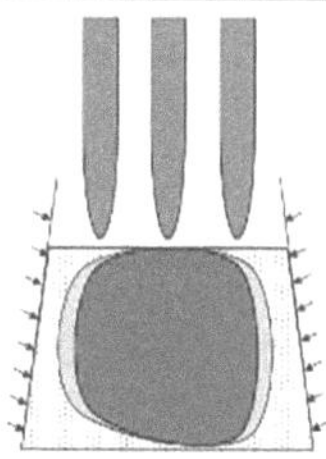

Fonte: Adaptada de (2).

Outro grupo importante de matérias-primas refratárias aluminosas é a das aluminas artificiais, obtidas a partir da alumina Bayer (Tabela 2.13). A partir desta, produzem-se as aluminas calcinadas, aluminas sinterizadas (tabulares) e alumina fundida branca (Tabela 2.14). Outra matéria-prima fundida muito importante na área de refratários é a alumina fundida marrom, produzida a partir de um bauxito e fonte de carbono, para reduzir os teores de Fe_2O_3 e SiO_2 na forma de Fe-Si, que decanta durante o processo de fusão.

Tabela 2.13 O processo Bayer e a produção de aluminas calcinadas.

Processo Bayer:

- O bauxito é atacado com uma solução de soda cáustica a quente; a alumina é dissolvida; o resíduo é o *red mud* (sílica e outros)
- Remoção do *red mud* por sedimentação e filtração
- A alumina dissolvida sofre resfriamento e precipita na forma de alumina hidratada
- A sílica, presente como caulinita, reage com a solução cáustica e forma um silicato de alumínio e sódio insolúvel
- A recuperação da alumina e soda (do silicato de alumínio e sódio acima) é feita com adição de cal e soda no processo, formando-se C_2S ($2CaO.SiO_2$) insolúvel em água

Aluminas calcinadas

- Matéria-prima: alumina Bayer
- Calcinação: forno rotativo entre 1100 e 1300°C
- Cominuição: diversas distribuições granulométricas (< 44μm)
- Tipos: Na_2O normal (< 0,50%), intermediário (< 0,25%), baixo (< 0,13%)
- Tamanho médio de partículas: 7 a 8μm; 4 a 5μm; 2 a 5μm; 0,5μm
- Tamanho de cristais, área superficial, reatividade, empacotamento

Fonte: Adaptada de (2).

Tabela 2.14 Características das aluminas artificiais obtidas a partir da alumina Bayer.

O óxido de alumínio apresenta vários polimorfos
• α-$Al_2O_3 \rightarrow$ romboédrica (a forma mais estável)
• γ-$Al_2O_3 \rightarrow$ cúbica
• β-$Al_2O_3 \rightarrow$ aluminatos ($Na_2O.11\ Al_2O_3$, $K_2O.11\ Al_2O_3$)
Ocorrência: ocorre na natureza em uma forma impura ou rara (gemas: rubi, safira)
Obtenção de Al_2O_3: processo Bayer a partir de bauxitos
• Aluminas calcinadas
• Alumina sinterizada (tabular)
• Alumina fundida branca
Coríndon: α-Al_2O_3, romboédrica; massa específica (4,02); dureza 9 (escala Mohs)
Composição química: impurezas (SiO_2, Fe_2O_3, TiO_2, Álcalis)

Fonte: Adaptada de (2).

O processo de fabricação dos tijolos aluminosos é mostrado nas Figuras 2.1 e 2.45. A Tabela 2.15 mostra características típicas de tijolos aluminosos. Em geral, quanto maior o teor de alumina no produto, maiores são sua densidade, condutividade térmica e expansão térmica reversível.

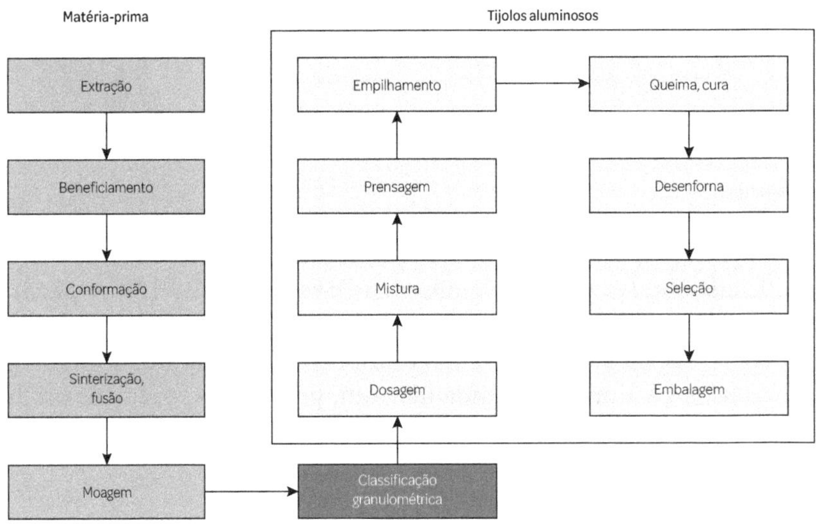

Figura 2.45 Fluxo de fabricação dos tijolos aluminosos.
Fonte: Adaptada de (2).

Uma linha importante de tijolos aluminosos é a da classe de Al_2O_3-SiC-C (Tabela 2.16), desenvolvida na década de 1980, como um aprimoramento de tijolos aluminosos para uso em carros torpedo. Apresenta como características importantes a resistência à corrosão e ao choque térmico. A Figura 2.46 mostra a influência do teor de SiO_2 nesses tijolos sobre a resistência à corrosão da escória presente em carro-torpedo. A Tabela 2.17 mostra o papel de cada componente químico desses tijolos sobre as propriedades destes, destacando o papel do carbono na resistência à penetração do banho e ao choque térmico, o papel do SiC na resistência à penetração do banho e ao choque térmico e como agente antioxidante e o papel da alumina na resistência à corrosão.

Tabela 2.15 Características típicas de tijolos refratários aluminosos.

Classe	Alta pureza	Mulita		Especial
Produto	A	B	C	D
Composição química (%)				
Al_2O_3	94,0 a 95,0	76,0 a 79,0	70,0 a 80,0	55,0 a 60,0
SiO_2		20,0 a 22,0		
Fe_2O_3	< 0,5	< 0,5	< 0,5	1,0 a 1,5
Álcalis		< 0,3	0,1 a 0,3	0,2 a 0,5
Refratariedade (SK)	> 40	> 38	> 38	> 35
Densidade aparente (g/cm³)	3,20 a 3,25	2,60 a 2,80	2,65 a 2,75	2,45 a 2,55
Porosidade aparente (%)	14,0 a 17,0	14,0 a 18,0	15,0 a 18,0	17,0 a 20,0
Resistência à compressão (MPa)	> 70,0	> 100,0	> 60,0	> 50,0
Refratariedade sob carga, T2 (°C)	> 1700	> 1700 (T1)	> 1700	> 1450
Expansão térmica a 1000°C (%)	0,7 a 0,9	0,5 a 0,7	0,4 a 0,6	0,4 a 0,5
Variação linear dimensional (%)	0,0 a 1600°C	0,1 a -0,1 a 1500°C	0,1 a -0,1 a 1500°C	
Creep, 0,2MPa, 50 horas (%)		0,2 a 0,4 a 1550°C	0,3 a 0,5 a 1450°C	
Características	Resistente à corrosão e aos álcalis	Resistente à corrosão e ao *creep*	Resistente ao *creep*	Resistente ao choque térmico
Aplicações	Alto-forno	Abóbada de forno de vidro	Regenerador de alto-forno	Alto-forno Cuba superior

Fonte: Adaptada de (2).

Tabela 2.16 Características de tijolos de Al_2O_3-SiC-C.

Tipo	A	B
Composição química (%)		
Al_2O_3	66	79
SiC	15	5
C	13	10
Porosidade aparente (%)	7	8,8
Densidade aparente (g/cm³)	3,08	3,18
Módulo de ruptura a frio (kg/cm²)		
após 110°C x 24h	76	112
após 1400°C x 3h	93	121
após 1400°C x 10h	99	155
após 1400°C x 30h	102	175
após 1400°C x 1OOh	111	169
Expansão térmica a 1400°C (%)	0,78	0,96

Fonte: Adaptada de (17).

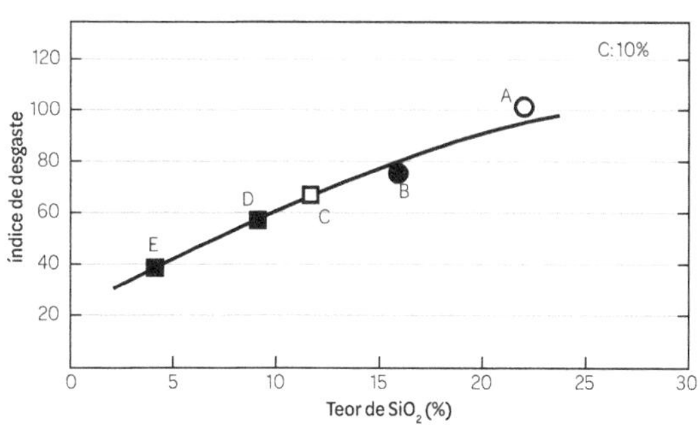

Figura 2.46 Influência do teor de SiO_2 em tijolos de Al_2O_3-SiC-C sobre a corrosão por escória.
Fonte: Adaptada de (17).

Tabela 2.17 Influência dos componentes químicos nas características de tijolos de Al_2O_3-SiC-C.

	Al_2O_3	SiC	C
Resistência à corrosão da escória	◎	X	X
Resistência à penetração da escória	X	Δ	O
Resistência à termoclase	X	Δ	◎
Reagente antioxidante para C	X	◎	-
◎ Excelente O Boa Δ Razoável X Ruim			

Fonte: Adaptada de (17).

2.3 REFRATÁRIOS MOLDADOS BÁSICOS

Os refratários básicos são materiais baseados nos componentes químicos MgO e CaO, apresentando uma grande variedade de classes e aplicações (Tabela 2.18). As propriedades físicas e mineralógicas dos óxidos presentes nesse sistema são descritas na Tabela 2.19.

Tabela 2.18 Principais classes de refratários básicos e aplicações.

Tijolos
- MgO queimados: LD, FEA (forno elétrico a arco), misturadores etc.
- MgO ligados a piche e resina: panela de aço
- MgO-C: LD, FEA, panela de aço
- Magnésia-espinela: cimento, cal, cobre, vidro etc.
- Cromo-magnesianos: RH (siderurgia) e cobre
- Al_2O_3-MgO-C: panela de aço
- Al_2O_3-MgO-SiC-C: carro torpedo

Monolíticos
- Massas de socar: soleira de FEA, não ferrosos etc.
- Massas de projeção: LD, FEA, panela de aço etc.
- Massas de cobertura: distribuidores
- Concretos de Al_2O_3-MgO: panelas de aço, abóbodas de FEA

Fonte: Adaptada de (2).

As impurezas principais nesse sistema são a SiO_2, os óxidos de ferro (FeO e Fe_2O_3) e os óxidos de manganês. Os diagramas de equilíbrio de fases de interesse nesse sistema são mostrados nas Figuras 2.47 a 2.51. A Tabela 2.20 sintetiza as principais fases mineralógicas presentes no sistema MgO-CaO-SiO_2 e as principais temperaturas de formação de líquido.

Tabela 2.19 Propriedades físicas e mineralógicas de alguns óxidos importantes dos refratários básicos.

	Mineral	Ponto de fusão (°C)	Densidade (g/cm^3)	Sistema cristalino
MgO	Periclásio	2800	3,57	Cúbico face centrada a = 4,213
MgO.Al_2O_3	Espinélio	2120	3,58	Cúbica a = 4,810
CaO	Cal	2600	3,25 a 3,38	Cúbica a = 8,080

Fonte: Adaptada de (2).

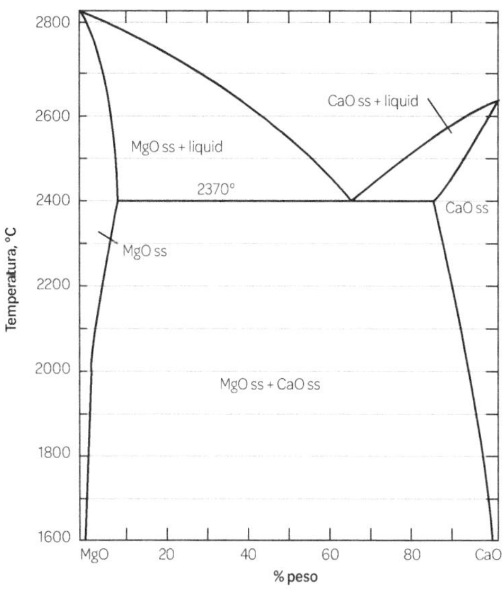

Figura 2.47 Diagrama de equilíbrio de fases MgO – CaO.
Fonte: Adaptada de (22).

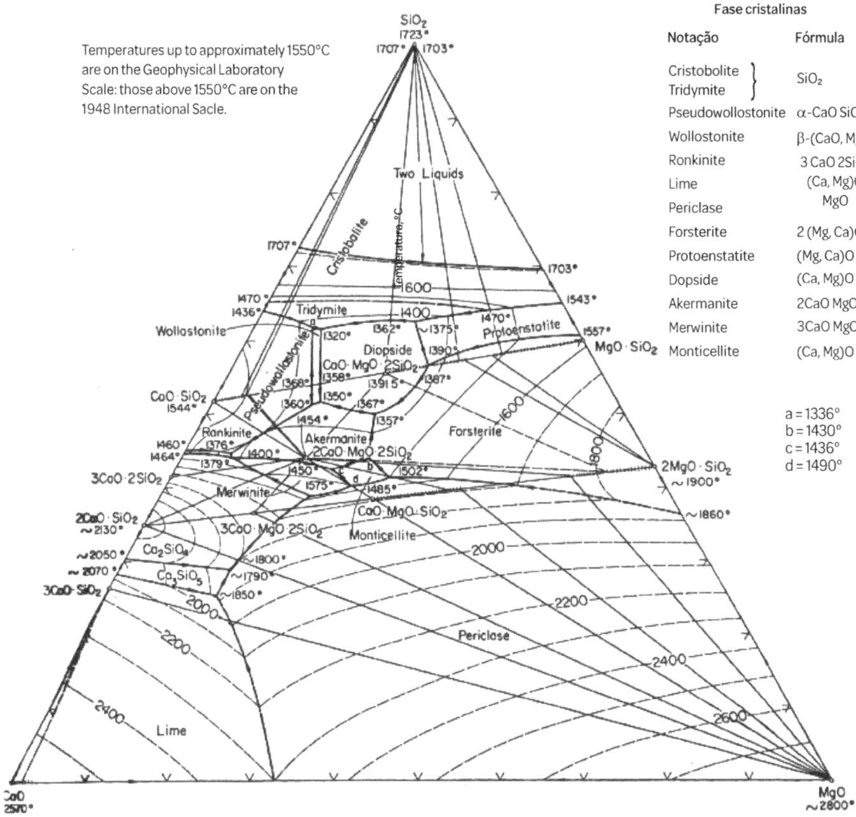

Fase cristalinas

Notação	Fórmula
Cristobolite Tridymite	SiO_2
Pseudowollostonite	α-CaO SiO_2
Wollostonite	β-(CaO, Mg)O SiO_2
Ronkinite	3 CaO $2SiO_2$
Lime	(Ca, Mg)O
Periclase	MgO
Forsterite	2 (Mg, Ca)O SiO_2
Protoenstatite	(Mg, Ca)O SiO_2
Dopside	(Ca, Mg)O MgO $2SiO_2$
Akermanite	2CaO MgO $2SiO_2$
Merwinite	3CaO MgO $2SiO_2$
Monticellite	(Ca, Mg)O MgO $2SiO_2$

a = 1336°
b = 1430°
c = 1436°
d = 1490°

Figura 2.48 Diagrama de equilíbrio de fases MgO – CaO – SiO_2.
Fonte: Adaptada de (23).

Tabela 2.20 Fases presentes com o MgO e o CaO.

- Fases resultantes:
- Diagrama MgO-CaO-SiO_2
- Importância da relação CaO/SiO_2 (C/S) - esquema de White

C/S	Fases	Temperatura de fusão
0	MS (forsterita)	1900°C
1	CMS (monticelita)	1487°C (incongruente)
1,5	C_3MS_2 (merwinita)	1777°C (incongruente)
2	C_2S (silicato dicálcico)	2130°C
3	C_3S (silicato tricálcico)	~2150°C
	M (periclásio)	~2800°C
	C (cal)	~2570°C

- Efeito da atmosfera: diagramas MgO-óxidos de ferro e MgO-óxidos de manganês.
- Microestrutura: ângulo diedro, poligonização, liga direta, bolsa de silicato, efeito da segunda fase sólida.

Fonte: Adaptada de (2).

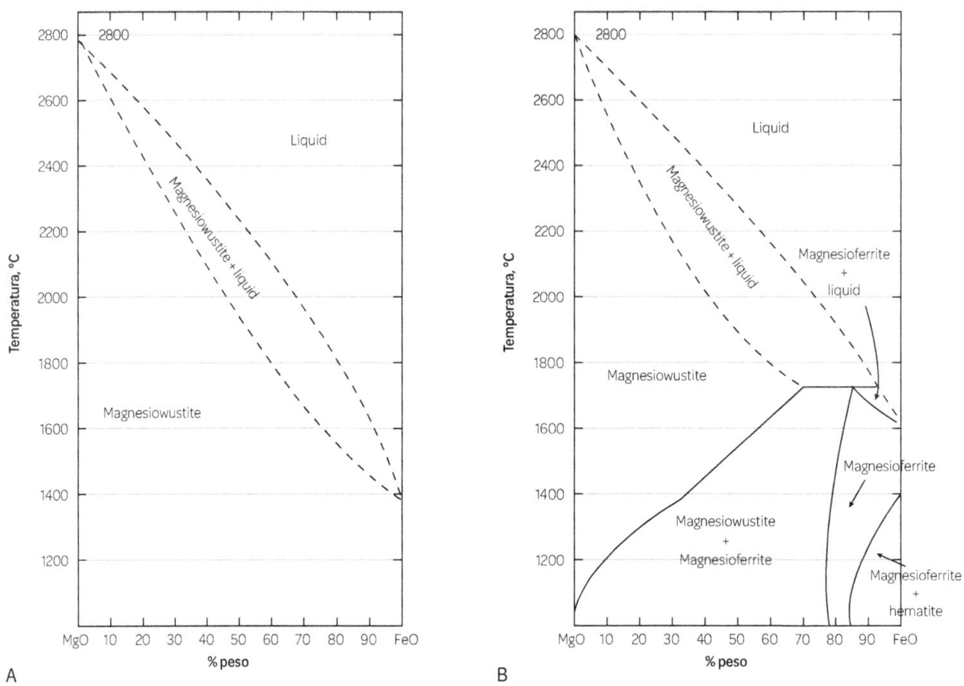

Figura 2.49 Diagrama de equilíbrio de fases MgO – óxidos de ferro.
Fonte: Adaptada de (24).

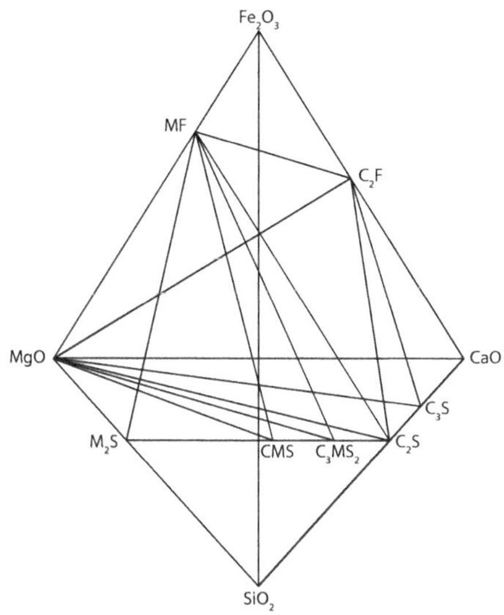

Figura 2.50 Esquema de White.
Fonte: Adaptada de (23).

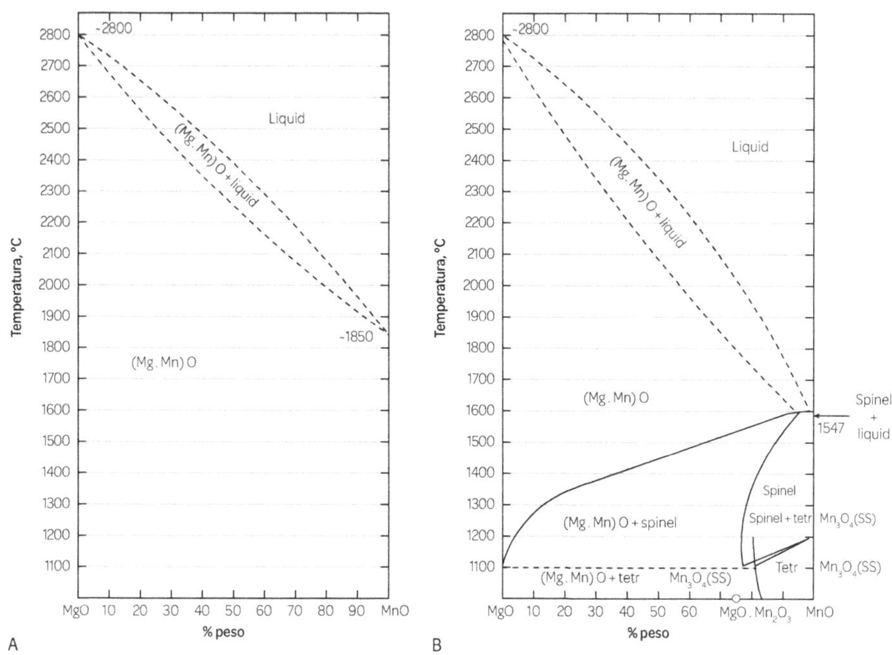

Figura 2.51 Diagrama de equilíbrio de fases MgO – óxidos de manganês.
Fonte: Adaptada de (25).

A Figura 2.50 mostra o esquema de White (23) com as principais fases mineralógicas no sistema MgO-CaO-SiO_2-óxidos de ferro. A Figura 2.52 mostra a evolução da produção de refratários básicos no Japão, com aumento na produção de tijolos de MgO-C e queda na produção de tijolos cromomagnesianos e dolomíticos.

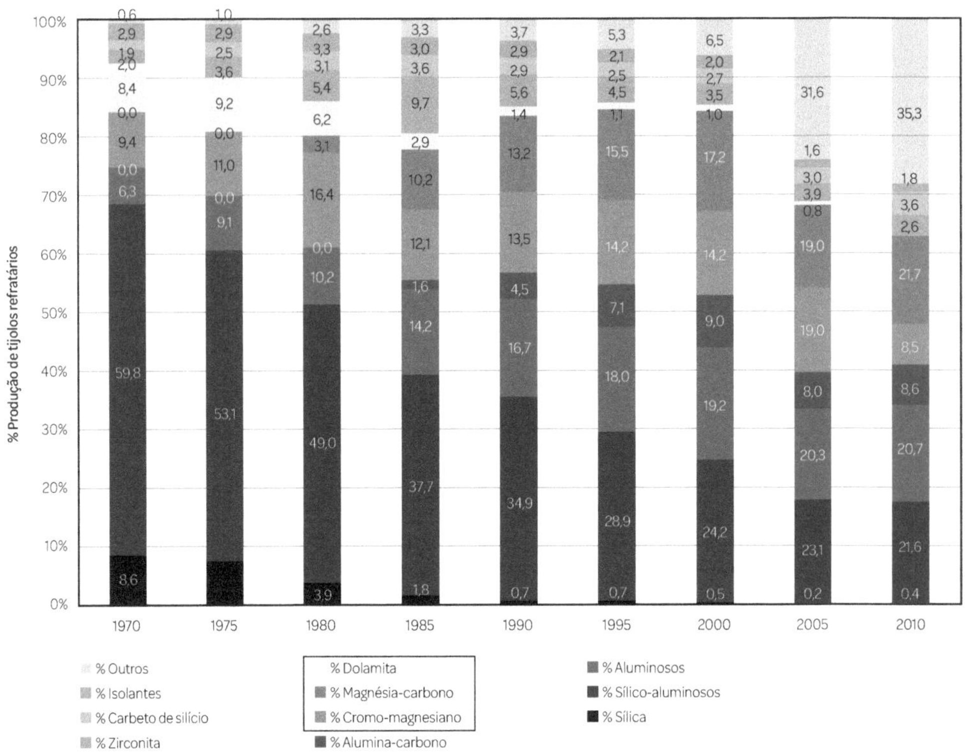

Figura 2.52 Evolução da produção de refratários básicos no Japão.
Fonte: Adaptada de (2).

2.3.1 Refratários moldados de MgO e MgO-C

As principais matérias-primas básicas são o sínter de MgO, o grão de MgO eletrofundido, o sínter de doloma, a cromita, o grão cromo-magnesiano eletrofundido e os espinélios sinterizados e eletrofundidos (21).

Quando se introduz carbono ao refratário de MgO, várias propriedades são melhoradas, como resistência à corrosão e resistência ao choque térmico. Essa tecnologia de introdução de carbono existe desde a década de 1950, com o aparecimento dos tijolos de doloma e MgO ligados a piche para os convertedores LD (26). Na década de 1970, apareceu a tecnologia dos tijolos de MgO-C e, na década de 1980, a tecnologia dos tijolos à base de resina (Tabela 2.21).

Tabela 2.21 Evolução da produção de tijolos de MgO contendo carbono.

• Tijolos de MgO ligados a piche
• Tijolos de MgO impregnados com piche
• Tijolos de MgO-C ligados a piche
• Tijolos de MgO-C ligados à resina

Fonte: Adaptada de (2).

A Figura 2.53 mostra a importância do tamanho do cristal de fontes de MgO, sínter e grãos eletrofundidos sobre a resistência à corrosão dos tijolos de MgO-C, assim como os custos associados a essas matérias-primas. A Figura 2.54 mostra a oxidação da fonte de carbono usada na fabricação de tijolos de MgO-C em função da temperatura.

Comparação de tamanho de cristais

Fonte de MgO	Tamanho médio de cristal, μm
Fused C	1200
Fused A	800
Sínter B	120

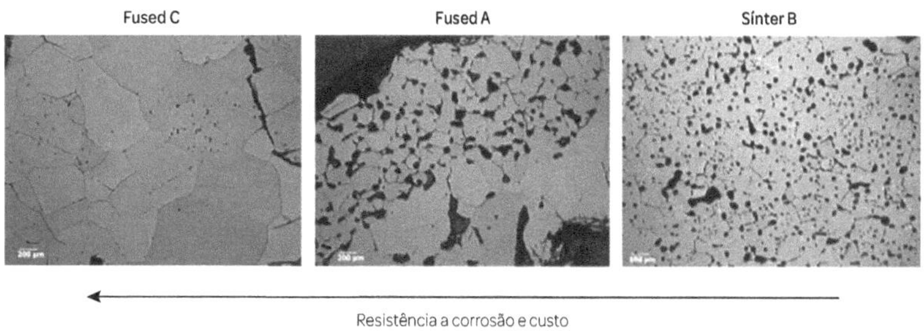

Figura 2.53 Importância do tamanho de cristal da fonte de MgO.
Fonte: Adaptada de (27).

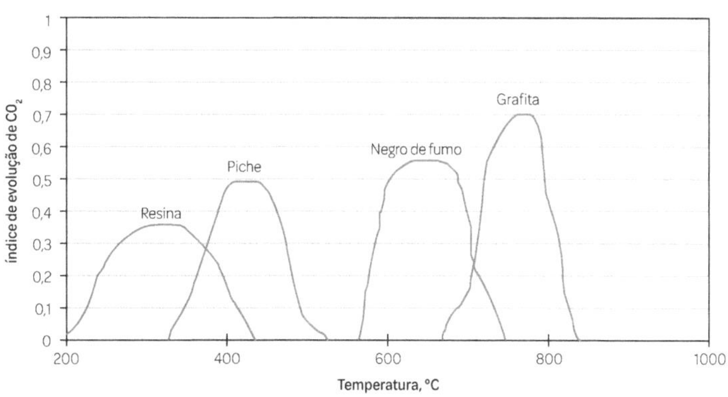

Figura 2.54 Oxidação da fonte de carbono em função da temperatura.
Fonte: Adaptada de (2).

A Tabela 2.22 mostra a influência das fontes de ligantes, resina resol, resina novolaca e piche sobre as propriedades dos tijolos de MgO-C. As Figuras 2.55 e 2.56 mostram a influência do piche e da resina como ligantes sobre as propriedades mecânicas dos tijolos de MgO-C.

A Figura 2.57 mostra o papel de cada matéria-prima sobre as propriedades do tijolo. A Figura 2.58 mostra a microestrutura típica do tijolo e a Figura 2.59 mostra o efeito do teor de carbono sobre as propriedades do tijolo.

Tabela 2.22 Influência da fonte de carbono sobre as propriedades dos tijolos de MgO-C.

Características	Resina Resol	Resina Novolac	Piche
Umectabilidade na mistura	B	B	B
Facilidade de manuseio	B	B	R
Segurança em uso	M	M	R
Estabilidade da massa após mistura	R	B	M
Resistência mecânica em baixa temperatura	B	B	R
Emissões durante a carbonização	M	M	R
Carbono residual	B	B	B
Resistência mecânica a quente	B	B	R
Resistência à corrosão	M	M	B
Resistência ao choque térmico	R	R	B

B = boa; M = moderada; R = ruim

Fonte: Adaptada de (2).

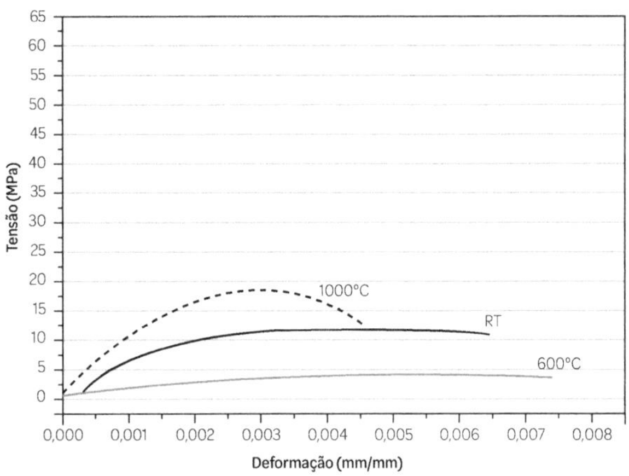

Figura 2.55 Comportamento mecânico de tijolos ligados a piche.
Fonte: Adaptada de (17).

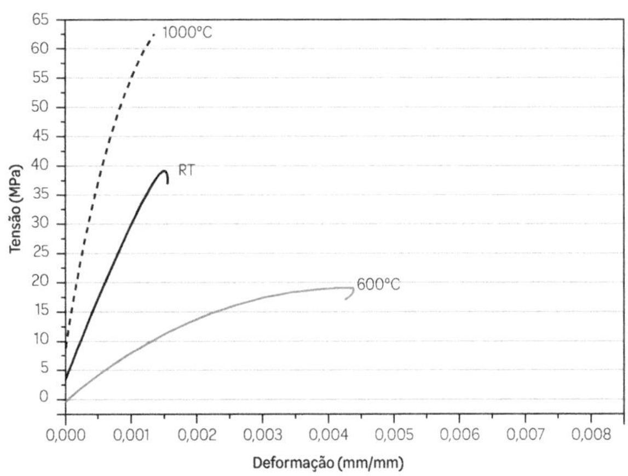

Figura 2.56 Comportamento mecânico de tijolos ligados à resina.
Fonte: Adaptada de (17).

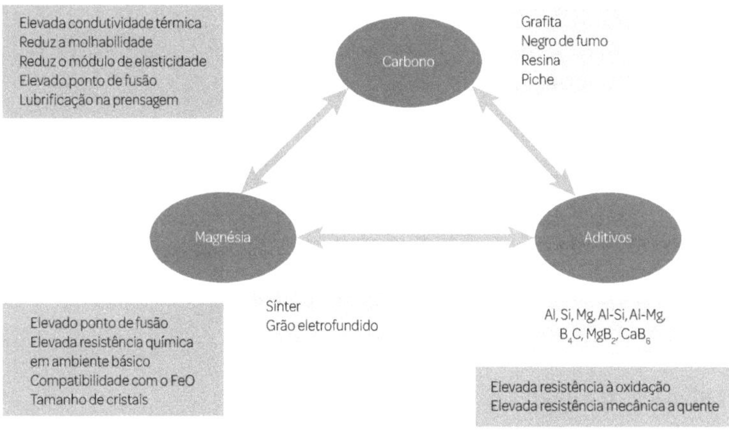

Figura 2.57 Papel das matérias-primas sobre as características dos tijolos de MgO-C.
Fonte: Adaptada de (28).

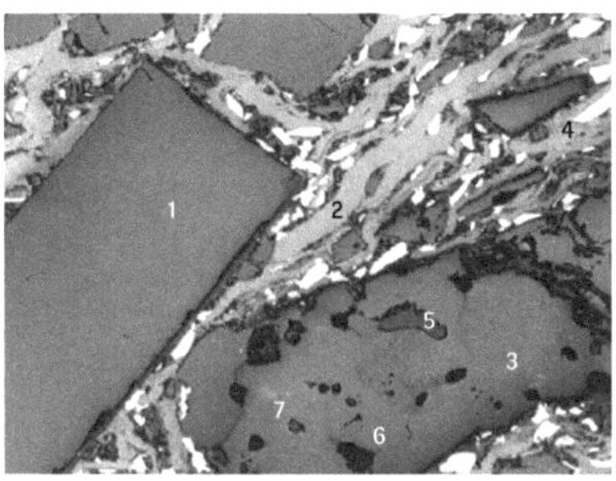

1. Grão de magnésia eletrofundida
2. Lamela de grafita
3. Sínter de MgO
4. Pós metálicos
5. Resina fenólica
6. Poro
7. Silicato

Figura 2.58 Microestrutura típica de tijolos de MgO-C.
Fonte: Adaptada de (2).

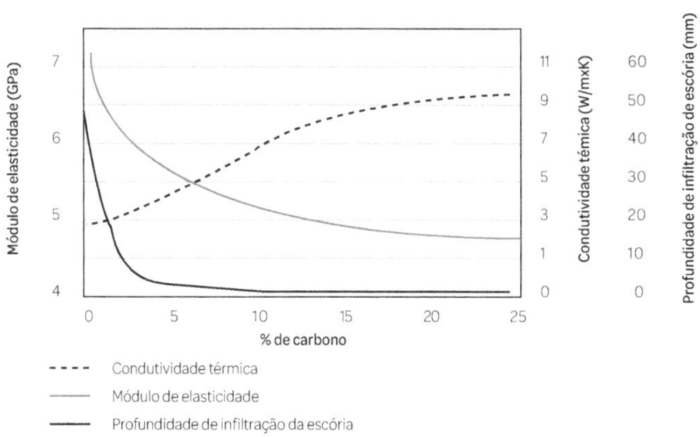

Figura 2.59 Influência do teor de C nas propriedades dos tijolos de MgO-C.
Fonte: Acervo da RHI Magnesita.

A Figura 2.60 mostra a distribuição de elementos químicos na face quente de um tijolo de MgO-C ligado à resina, com adição de alumínio metálico como antioxidante.

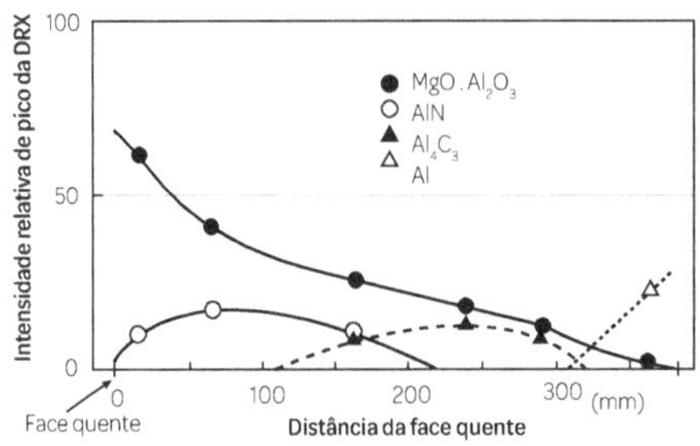

Propriedades das amostras dos tijolos de MgO-C

Amostra No.	1	2
MgO, %	80	80
Grafita, %	20	20
Alumínio metálico, %		+3
Resina fenólica, %	+3	+3

Figura 2.60 Alteração das fases mineralógicas na face quente dos tijolos de MgO-C durante o uso.
Fonte: Adaptada de (29).

2.3.2 Refratários moldados de doloma

Os refratários de doloma, popularmente chamados "refratários de dolomita", são materiais baseados nos componentes químicos MgO e CaO, apresentando uma grande variedade de classes e aplicações (Tabela 2.23). As propriedades físicas e mineralógicas dos óxidos presentes nesse sistema estão descritas na Tabela 2.19. Tijolos de doloma são quimicamente compatíveis, entre outras aplicações, com aços acalmados ao silício em panelas de aço e AOD (*argon oxygen decarburization*).

Tabela 2.23 Classes de refratários a base de doloma e suas aplicações.

Tijolos
- MgO-CaO queimados: AOD, forno panela, forno de cimento e cal
- MgO-CaO ligados a piche e resina: panela de aço
- MgO-SiO_2: regenerador de forno de vidro

Monolíticos
- Massas de socar - MgO-CaO: soleira de FEA, não ferrosos, *back-fill* de panelas de aço etc.
- Massas de projeção - MgO-CaO: LD, FEA, panela de aço etc.
- Massas de cobertura - MgO-SiO_2: distribuidores

Fonte: Adaptada de (2).

A matéria-prima usada na fabricação dos tijolos de doloma é a dolomita, que é constituída pelo carbonato de cálcio e magnésio (Tabela 2.24 e Figura 2.61). A dolomita refratária tem ocorrências em vários países, sendo os principais o Brasil, os Estados Unidos, a Alemanha, a Itália, a França, a Polônia e a China (Tabela 2.25 e Figura 2.62).

Tabela 2.24 Propriedades da dolomita usada na fabricação do sínter de doloma.

Dolomita:
- $MgCO_3.CaCO_3$ → carbonato duplo de cálcio e magnésio; romboédrico; massa específica = 2,85
- MgO = 21,7%, CaO = 30,4% e CO_2 = 47,9% (base crua)
- MgO = 41,7%, CaO = 58,3% (base calcinada)
- MgO: estrutura cúbica; massa específica = 3,57; $T_{fusão}$ ~ 2800°C
- CaO: estrutura cúbica; massa específica = 3,32; $T_{fusão}$ ~ 2570°C
- Mineralogia:
  - Minerais úteis: dolomita → $MgCO_3/CaCO_3$ = 1/1
  - Substituição parcial de Ca por Mg e Mg por Ca
  - Substituição de Mg por Fe → ankerita = $(Mg,Fe)CO_3.CaCO_3$
- Composição química: impurezas (SiO_2, Fe_2O_3, MnO, Al_2O_3)
- Ocorrência geológica: rochas sedimentares químicas
- Distribuição geográfica: geral

Fonte: Adaptada de (2).

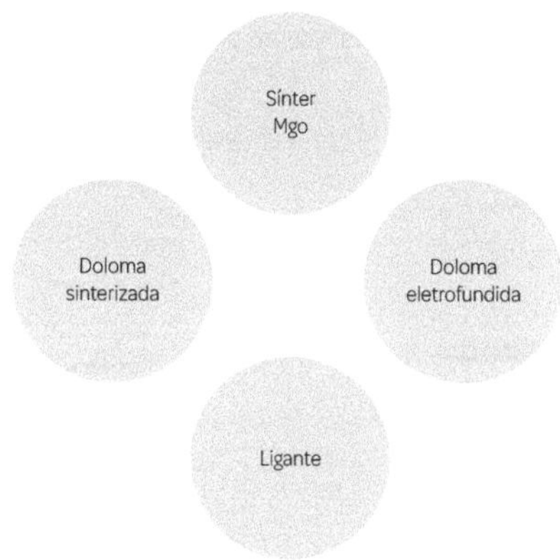

Figura 2.61 Matéria-primas usadas na fabricação do tijolo de doloma.
Fonte: Adaptada de (2).

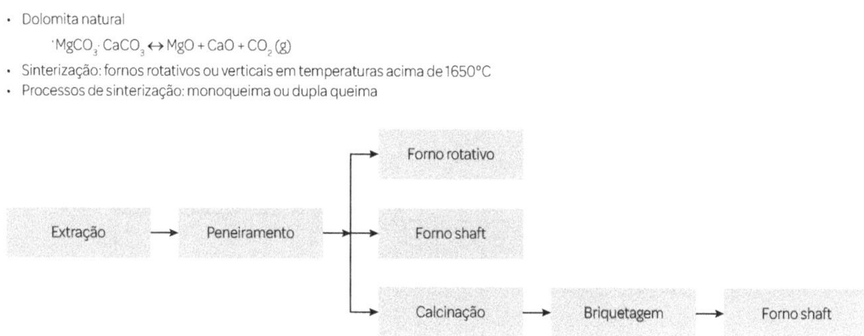

Figura 2.62 Ação do calor sobre a queima da dolomita.
Fonte: Adaptada de (2).

Tabela 2.25 Propriedades de sínter de doloma de alguns países.

Propriedades	MgO (%)	CaO (%)	SiO_2 (%)	Fe_2O_3 (%)	Al_2O_3 (%)	MnO (%)	MEA (g/cm³)	Cristal (μm)
Sínteres de doloma								
Estados Unidos	40,6	57,0	0,9	1,1	0,4		3,28	
Alemanha	39,0	58,0	1,0	0,9	0,6	0,2	3,22	
França	39,9	57,5	1,0	0,6	0,8			
Itália	39,0	58,0	1,3	0,6	0,8			
Polônia	38,7	57,3	0,5	3,0	0,3		3,12	
Brasil	40,1	56,8	0,4	1,7	0,2	0,7	3,27	30

Fonte: Adaptada de (2).

As fases formadas durante a queima da dolomita, assim como os aspectos microestruturais, são mostradas na Tabela 2.26. Os principais diagramas de equilíbrio de fases de interesse para o refratário de doloma são o CaO-MgO (Figura 2.47), CaO-MgO-SiO_2 (Figura 2.48), o CaO-MgO-óxidos de ferro (Figuras 2.49, 2.50 e 2.63) e CaO-Al_2O_3 (Figura 2.64).

Tabela 2.26 Características mineralógicas e microestruturais do sínter de doloma.

Fases formadas com as impurezas:

- Rankinita ($3CaO.SiO_2$): brownmillerita (C_4AF); cálcio-ferrita (C_2F) ou aluminato de cálcio (C_3A) dependendo da relação Al_2O_3/Fe_2O_3

Proporção de fases formadas

- CaO e MgO (fases refratárias): > 90% em dolomitas mais puras
- C_4AF ($T_{fusão}$ - 1425°C) e C_2F ($T_{fusão}$ - 1436°C): são fluxantes e formam líquidos corrosivos nas temperaturas dos processos siderúrgicos

Microestrutura:

- Periclásio: cinza escuro, fronteiras de grãos bem-definidas
- Cal: cinza claro, fronteiras de grãos menos distintas
- C_3S: cinza escuro, fronteiras de grãos maldefinidas
- C_4AFe C_2F (solução sólida): fase de alta refletividade entre os cristais de CaO e MgO

Fonte: Adaptada de (2).

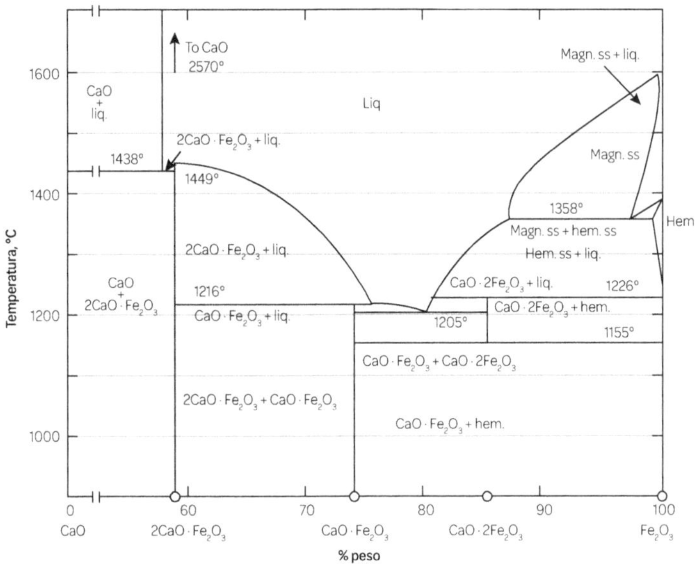

Figura 2.63 Diagrama de equilíbrio de fases CaO-Fe_2O_3.
Fonte: Adaptada de (30).

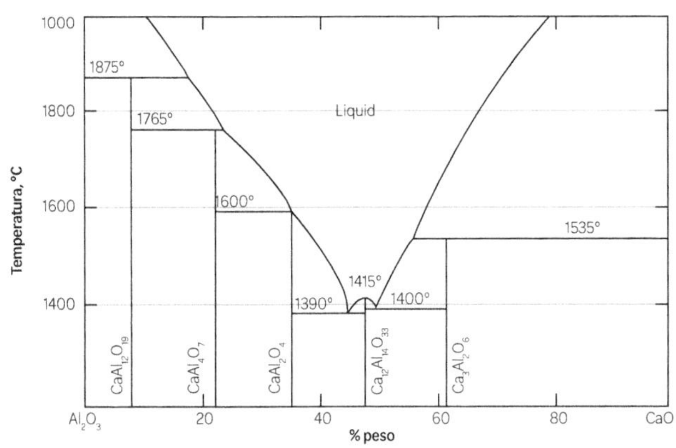

Figura 2.64 Diagrama de equilíbrio de fases CaO-Al_2O_3.
Fonte: Adaptada de (31).

Um dos principais desafios dos tijolos de doloma é a sua baixa resistência à hidratação (Figura 2.65). A tecnologia de proteção desses tijolos contra a hidratação envolve cuidados durante todo o processo, desde a fabricação do sínter de doloma, até a aplicação dos tijolos no cliente. Uma característica interessante do tijolo de doloma é sua termoplasticidade a quente (Figura 2.66).

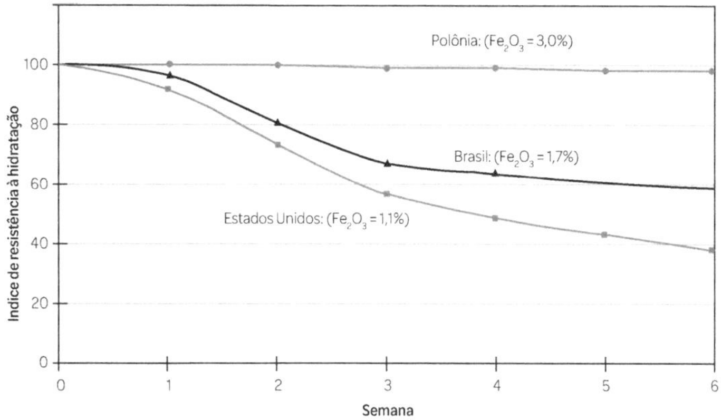

Figura 2.65 Resistência à hidratação de sínteres de doloma.
Fonte: Adaptada de (2).

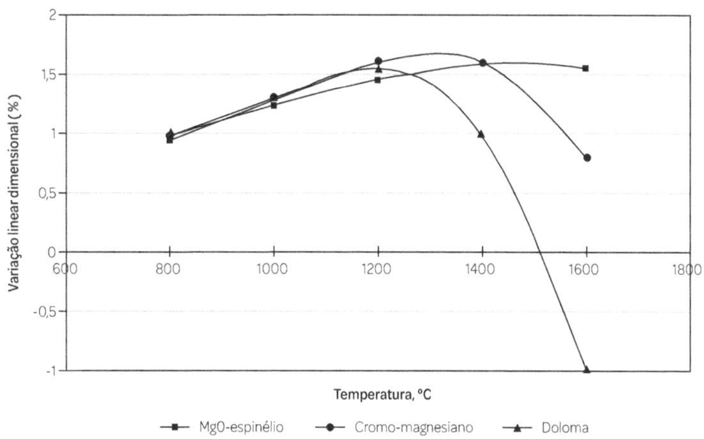

Figura 2.66 Refratariedade sob carga de tijolos básicos.
Fonte: Adaptada de (2).

2.3.3 Refratários moldados cromo-magnesianos e espinelizados

Os refratários cromo-magnesianos vêm apresentando queda nas vendas nas últimas décadas, por questões ambientais, em função da formação de cromo hexavalente em contato com sais alcalinos. Na maioria de suas aplicações, essa classe de produtos foi substituída por tijolos espinelizados, à base de $MgO\text{-}Al_2O_3$ (Tabela 2.27). A Tabela 2.28 mostra os principais óxidos presentes nos refratários cromo-magnesianos e espinelizados e suas temperaturas de fusão.

Tabela 2.27 Classes de refratários cromo-magnesianos e espinelizados e suas aplicações.

Tijolos cromo-magnesianos
- Fornos de cimento: liga silicato, liga direta
- Fornos de cal: liga silicato, liga direta
- Indústria do cobre: liga direta, religado
- Indústria do vidro: liga direta
- Siderurgia
  - Refino secundário – RH: religado

Tijolos espinelizados
- Fornos de cimento: MgO-espinélio
- Fornos de cal: MgO-espinélio
- Fornos de vidro: MgO-espinélio
- Siderurgia
  - Carro-torpedo: Al_2O_3-MgO-SiC-C
  - Misturadores: MgO-Al_2O_3
  - Panela de aço: Al_2O_3-MgO-C e MgO-Al_2O_3-C

Fonte: Adaptada de (2).

Tabela 2.28 Propriedades físicas e mineralógicas de alguns óxidos importantes dos refratários básicos.

	Mineral	Ponto de fusão (°C)	Densidade (g/cm³)	Sistema cristalino
MgO	Periclásio	2800	3,57	Cúbico face centrada a = 4,213
MgO.Al_2O_3	Espinélio	2120	3,58	Cúbica a = 4,810
CaO	Cal	2600	3,25 a 3,38	Cúbica a = 8,080
Cr_2O_3	Eskolaite	2265	5,21	Hexagonal a = 4,961 c = 13,599

Fonte: Adaptada de (2).

As matérias-primas usadas na fabricação dos tijolos cromo-magnesianos e espinelizados são mostradas na Figura 2.67. A cromita e o sínter de MgO são insumos básicos para a fabricação do grão cromo-magnesiano eletrofundido e na composição dos tijolos. O sínter de MgO e a alumina calcinada são insumos para a fabricação dos espinélios, sinterizados e fundidos e na composição dos tijolos para a espinelização *in situ*.

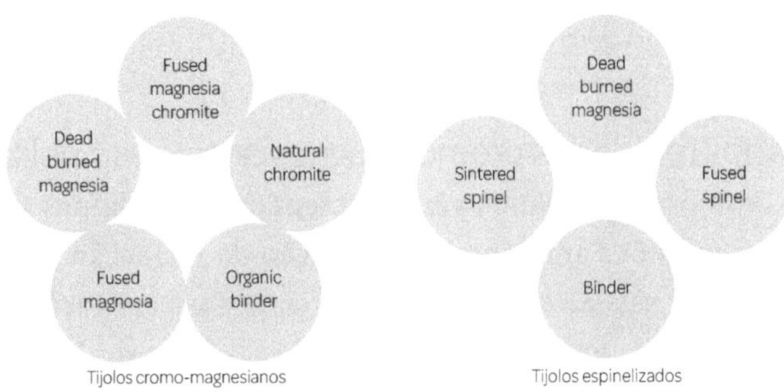

Figura 2.67 Matérias-primas usadas na fabricação dos tijolos cromo-magnesianos e espinelizados.
Fonte: Adaptada de (2).

As propriedades da cromita refratárias são descritas na Tabela 2.29. As espinelas formadas durante a produção do sínter simultâneo e do grão eletrofundido são mostradas na Tabela 2.30. O comportamento das espinelas na presença do ferro é mostrada na Tabela 2.31. O comportamento das espinelas na presença do MgO e da SiO_2 é mostrado na Tabela 2.32.

Os diagramas de equilíbrio de fases MgO-Cr_2O_3 (Figura 2.68), MgO-Al_2O_3 (Figura 2.69), MgO-óxidos de ferro (Figura 2.70), FeO-Cr_2O_3 (Figura 2.71), FeO-Al_2O_3 (Figura 2.72) e MgO-Al_2O_3-SiO_2 (Figura 2.73) são de interesse para os refratários cromo-magnesianos e espinelizados.

Tabela 2.29 Propriedades das cromitas refratárias.

Mineralogia
- Minerais úteis: espinelas cromíticas (Mg,Fe)+2O.(Cr,Al,Fe)+3$_2O_3$
- Minerais de ganga: serpentinito ($3MgO.2SiO_2.2H_2O$), clorita (silicato hidratado complexo de Mg, Fe e Al), talco ($3MgO.4SiO_2.2H_2O$), olivina ($2(Mg,Fe)O.SiO_2$), piroxênio etc.

Composição química:
- MgO ↑, Cr_2O_3 ↑, Al_2O_3, FeO e Fe_2O_3 ↓
- Impurezas: SiO_2, CaO, relação Cr/Fe, efeito da Al_2O_3

Ocorrência geológica: rocha ígnea plutônica

Distribuição geográfica:
- Metalúrgica: geral
- Refratária: Filipinas, África do Sul, Brasil

Tipos de cromita refratária:
- Maciça: cristalização grossa; tamanho de cristal > 1mm; Filipinas
- Sacaroidal: tamanho do cristal de 0,1 a 1mm; África do Sul, Brasil
- Milonítica: tamanho do cristal > 0,1mm; intensa fragmentação dos tipos anteriores

Importância da textura: estabilidade volumétrica, expansão por ferro

Fonte: Adaptada de (2).

Tabela 2.30 Espinelas formadas durante a produção de grãos cromo-magnesianos.

Cromitas, sínter simultâneo, grão cromo-magnesiano eletrofundido

Espinelas: $RO.R_2O_3$ → sistema cúbico

RO: MgO, FeO

R_2O_3: Cr_2O_3, Al_2O_3, Fe_2O_3

Soluções sólidas:
- $MgO.Cr_2O_3$ → magnésio-cromita → $T_{fusão}$ (2180°C)
- $FeO.Cr_2O_3$ → ferro-cromita → $T_{fusão}$ (decompõe)
- $MgO.Al_2O_3$ → espinélio → $T_{fusão}$ (~ 2105°C)
- $FeO.Al_2O_3$ → hercinita → $T_{fusão}$ (~ 1780°C)
- $MgO.Fe_2O_3$ → magnésio-ferrita → $T_{fusão}$ (1713°C)
- $FeO.Fe_2O_3$ → magnetita → $T_{fusão}$ (1590°C)

Ponto de fusão: não tem um ponto de fusão definido (faixa de fusão), função da composição, impurezas e atmosfera

Fonte: Adaptada de (2).

Tabela 2.31 O comportamento das espinelas na presença do ferro.

Cromitas balanceadas: em geral, $RO.R_2O_3$

Presença do Fe: maior parte como RO

Comportamento do Fe na queima:
- o FeO tende a Fe_2O_3 em atmosfera oxidante, provocando um desbalanceamento → R_2O_3>RO, formando duas fases sólidas:
  - Espinela: $MgO.R_2O_3$ (grande parte)
  - Solução sólida do excesso de constituintes R_2O_3 (Fe_2O_3, Cr_2O_3, Al_2O_3)

(Continua)

Tabela 2.31 O comportamento das espinelas na presença do ferro. (*Continuação*)

- Espinelas com alto teor em Al_2O_3 têm menor tendência a oxidar
- Fe_2O_3 (solução sólida em R_2O_3)>FeO (espinela)
  - Expansão com ciclos oxidantes e redutores levam à friabilidade do refratário
  - $MgO.Cr_2O_3 \rightarrow$ massa específica = 4,41
  - $FeO.Cr_2O_3 \rightarrow$ massa específica = 4,98
  - $MgO.Al_2O_3 \rightarrow$ massa específica = 3,55
  - $FeO.Al_2O_3 \rightarrow$ massa específica = 4,20
  - $MgO.Fe_2O_3 \rightarrow$ massa específica = 4,35
  - $FeO.Fe_2O_3 \rightarrow$ massa específica = 5,17

Fonte: Adaptada de (2).

Tabela 2.32 O comportamento das espinelas na presença do MgO e da SiO_2.

Adição de MgO (refratários cromo-magnesianos)

- O MgO substitui o FeO na espinela, formando $MgO.Fe_2O_3$ e balanceando a espinela
- O $MgO.Fe_2O_3$ é formado ao redor dos cristais das espinelas originais
- A adição de excesso de MgO tende a estabilizar o Fe na forma R_2O_3, diminuindo a influência da atmosfera e evitando a sua friabilidade
- A reação descrita no item anterior é acompanhada de uma expansão volumétrica de 5% a 10%, seguida de sinterização e contração de silicatos
- A adição de MgO aumenta a refratariedade do sistema já que as espinelas à base de MgO são mais refratárias

Importância dos silicatos:

- Sofrem desidroxilação seguido de contração
- Formam fases de baixa refratariedade, o que compromete a estabilidade volumétrica
- A redução de seu teor na cromita é feita por processo de beneficiamento
- Influência da relação C/S: adição de MgO forma forsterita ($T_{fusão}$ = 1900°C)
- C/S < 1,86: espinelas, periclásio, silicatos (C_3MS_2, CMS, M_2S)
- C/S > 1,86: compostos de baixo ponto de fusão entre o CaO e os sesquióxidos
- Em contato com escórias básicas, levam à formação de compostos de baixo ponto de fusão

Fonte: Adaptada de (2).

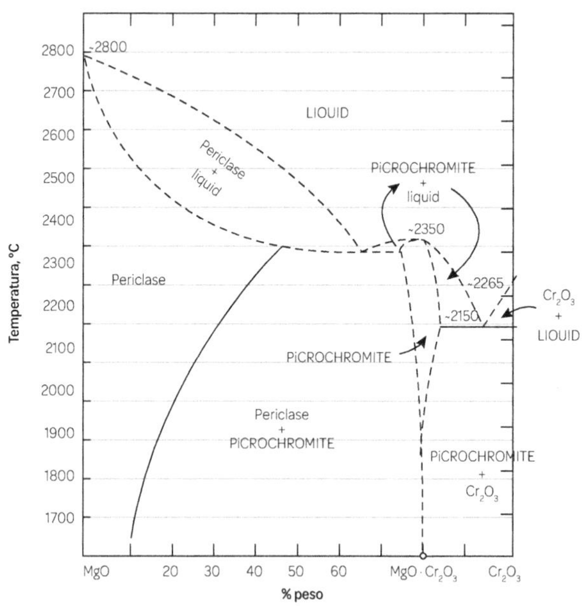

Figura 2.68 Diagrama de equilíbrio de fases $MgO\text{-}Cr_2O_3$.
Fonte: Adaptada de (32).

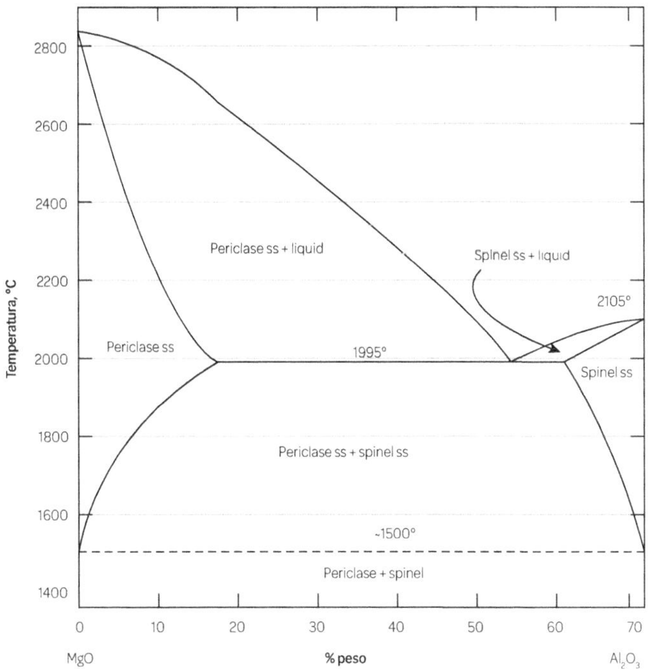

Figura 2.69 Diagrama de equilíbrio de fases $MgO\text{-}Al_2O_3$.
Fonte: Adaptada de (19).

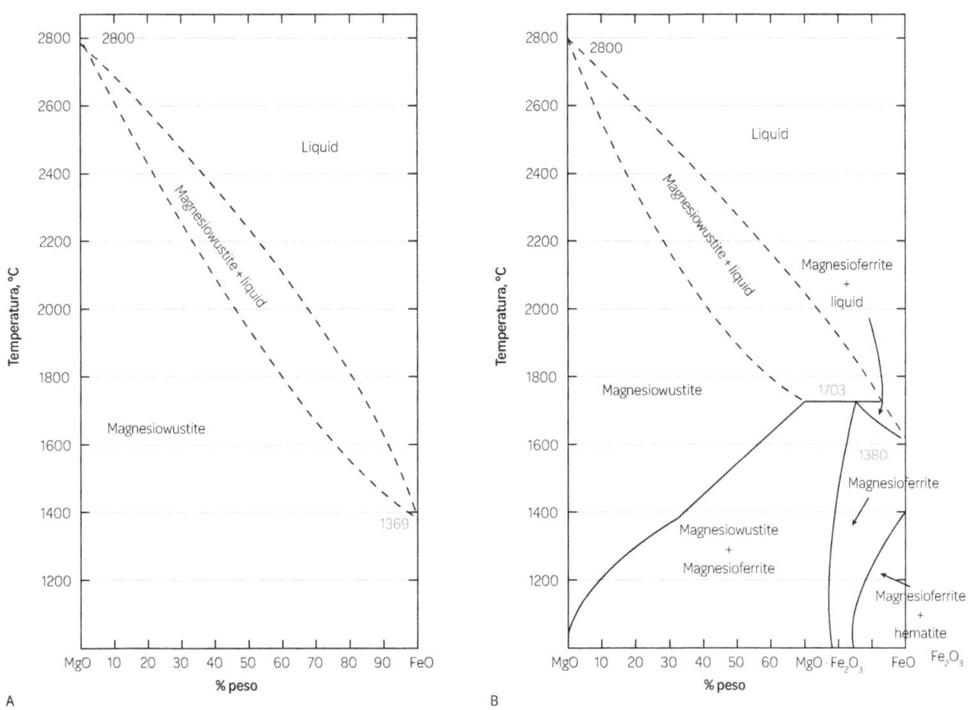

Figura 2.70 Diagrama de equilíbrio de fases MgO-óxidos de ferro.
Fonte: Adaptada de (24).

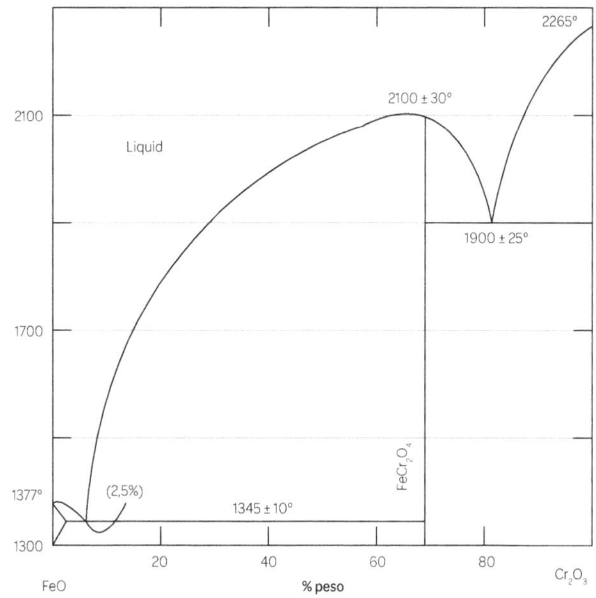

Figura 2.71 Diagrama de equilíbrio de fases $FeO\text{-}Cr_2O_3$.
Fonte: Adaptada de (33).

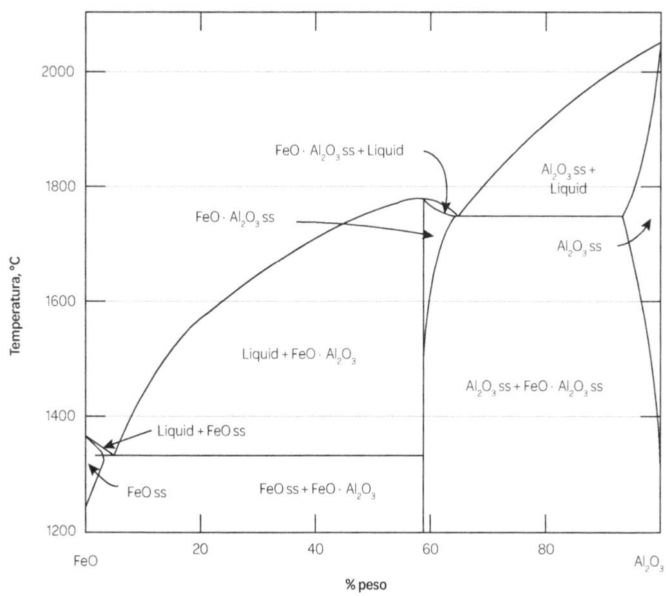

Figura 2.72 Diagrama de equilíbrio de fases $FeO\text{-}Al_2O_3$.
Fonte: Adaptada de (34).

A Figura 2.74 mostra o comportamento mecânico de tijolos cromo-magnesiano de liga de silicato e de liga direta em função do teor de SiO_2 do tijolo e da temperatura de queima. A Figura 2.75 mostra o comportamento mecânico a quente dos tijolos espinelizados em relação aos cromo-magnesianos.

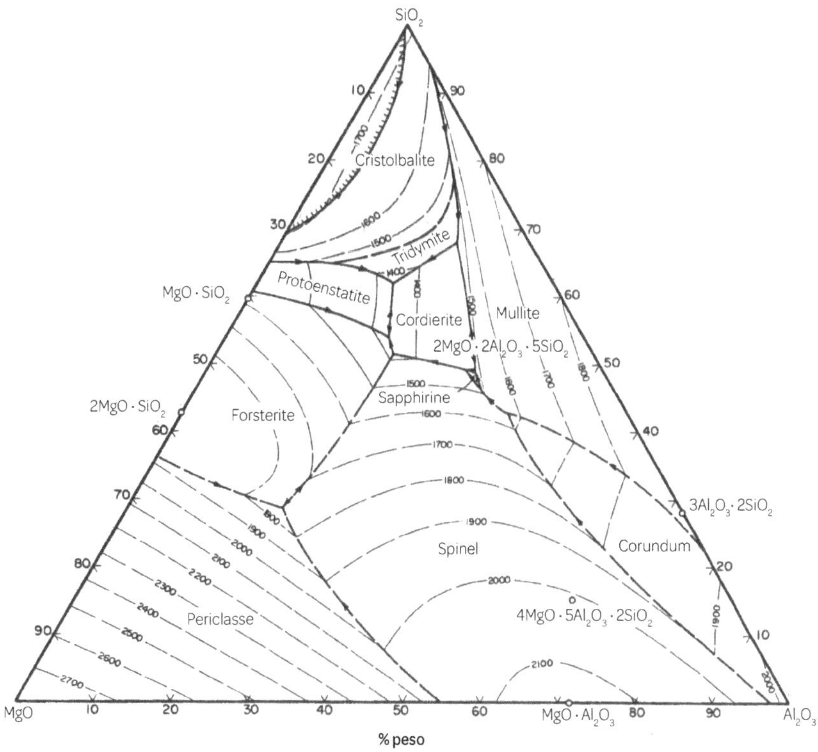

Figura 2.73 Diagrama de equilíbrio de fases MgO-Al_2O_3-SiO_2.
Fonte: Adaptada de (9).

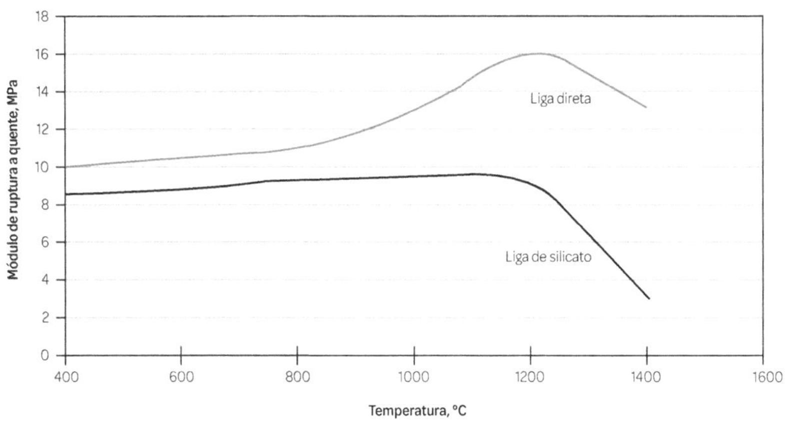

Figura 2.74 Comportamento mecânico a quente de tijolos cromo-magnesianos.
Fonte: Adaptada de (2).

A Figura 2.76 mostra os resultados de resistência mecânica a quente e a porosidade aparente de tijolos cromo-magnesianos em função da temperatura de queima. As Figura 2.77 mostra a dilatação térmica reversível de tijolos cromo-magnesianos e espinelizados em comparação a tijolos aluminosos e magnesianos.

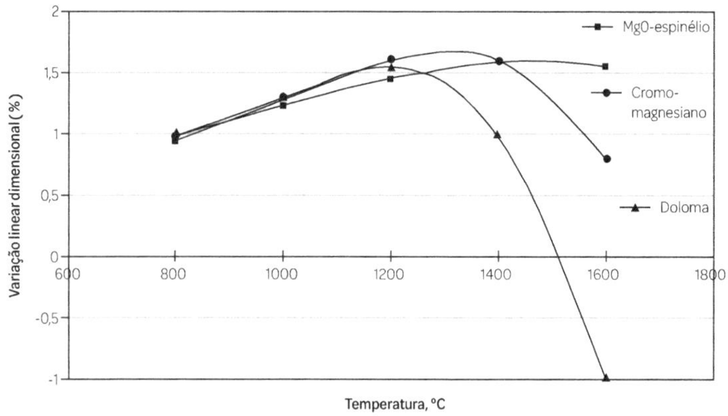

Figura 2.75 Refratariedade sob carga de tijolos básicos.
Fonte: Adaptada de (2).

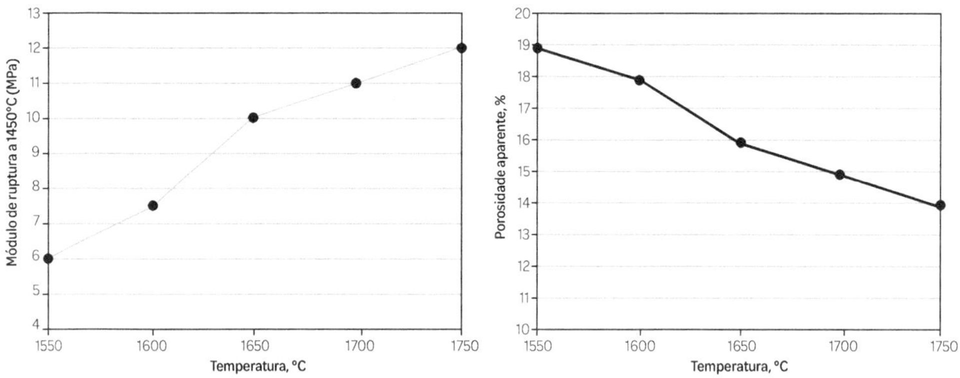

Figura 2.76 Efeito da temperatura de queima do tijolo cromo-magnesiano sobre a resistência mecânica a quente e sobre a porosidade aparente.
Fonte: Adaptada de (17).

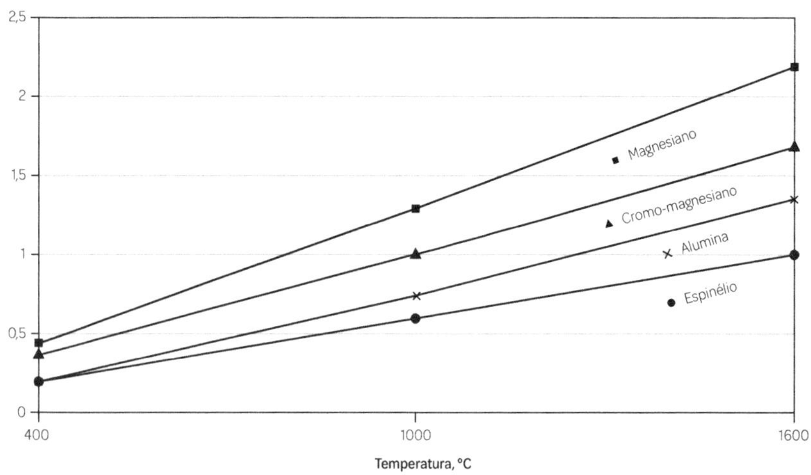

Figura 2.77 Dilatação térmica reversível de tijolos espinelizados e cromo-magnesianos.
Fonte: Adaptada de (2).

2.4 REFRATÁRIOS ESPECIAIS

A Tabela 2.33 mostra as propriedades físicas e mineralógicas de alguns refratários especiais; entre eles, os não óxidos à base de carbono, carbeto de silício e nitreto de silício e os óxidos à base de zircônia e zirconita.

Tabela 2.33 Compostos refratários especiais de importância comercial.

	Nome	Ponto de fusão (°C)	Densidade (g/cm³)	Sistema cristalino
C	Carbono	3652	1,75	Amorfo
C	Grafita	3652	2,30	Hexagonal a = 2,461 c = 6,708
SiC	Carbeto de silício	2700	2,65 2,32	Hexagonal a = 3,07 c = 10,05
Si_3N_4	Nitreto de silício (alfa)	1900	2,34	Hexagonal a = 7,74 c = 5,17
ZrO_2	Zircônia	2720	5,60	Cúbica a = 5,07

Fonte: Adaptada de (2).

2.4.1 Refratários moldados à base de SiC (2,3)

Refratários não óxidos baseados em SiC como matéria-prima principal são chamados de "refratários de SiC". O SiC apresenta algumas importantes características que os óxidos refratários não têm: alta condutividade térmica; elevada resistência ao choque térmico e à abrasão; e alta resistência à corrosão por escórias não oxidantes. Refratários de SiC são usados em altos-fornos, indústria de não ferrosos, incineradores, entre outras aplicações, e são classificados pelo tipo de ligação (Tabela 2.34).

Tabela 2.34 Classes de refratários de SiC.

Tipo de ligação	Silicato	Auto-ligado	Nitreto	Sialon
Produto	A	B	C	D
Composição química (%)				
SiC	> 85	> 80	> 73	72
Si		2 a 4		
C		< 4		
Si_3N_4			> 18	9
AlN				6
Al_2O_3				9
Densidade aparente (g/cm³)	2,64	2,64	2,65	2,75
Porosidade aparente (%)	15	15	15,5	13
Resistência à compressão (MPa)	130	180	200	180
Expansão térmica a 1000°C (%)	0,45	0,45	0,46	0,45
Variação linear dimensional (%)		0,0 a 1300°C	0,0 a 1300°C	0,0 a 1300°C
Condutividade térmica a 200°C (W/m.K)		23	29	20

(Continua)

Tabela 2.34 Classes de refratários de SiC. (*Continuação*)

Tipo de ligação	Silicato	Auto-ligado	Nitreto	Sialon
Produto	A	B	C	D
Características	Resistente ao choque térmico, baixa refratariedade	Resistente ao choque térmico e aos álcalis	Resistente à corrosão e à oxidação Alta resistência ao choque térmico	Resistente à corrosão e à oxidação Alta resistência ao choque térmico
Aplicações	Alto-forno e ventaneira	Alto-forno, cuba inferior e ventre	Alto-forno, rampa e ventre	Alto-forno, rampa e ventre

Fonte: Adaptada de (2).

As características do SiC como matéria-prima influenciam fortemente as do refratário de SiC. As principais características do SiC são: alta condutividade térmica; alta dureza; excelente resistência à abrasão; alta resistência mecânica em altas temperaturas; baixo coeficiente de expansão térmica; resistência ao ataque de ácidos; resistência a escórias não oxidantes; e resistência a metal líquido. Os pontos fracos do SiC incluem sua dificuldade em sinterizar e sua baixa resistência à oxidação.

O SiC usado em refratário é uma matéria-prima sintética e o método mais comum em sua fabricação é o processo Acheson, no qual uma mistura de quartzito de alta pureza e uma fonte de carbono é colocada em um forno ao redor de um eletrodo de carbono. Durante o processo, calor é gerado pela passagem da corrente elétrica através do eletrodo (Figura 2.78). Alguns dados de processo são mostrados nas Tabelas 2.35 e 2.36.

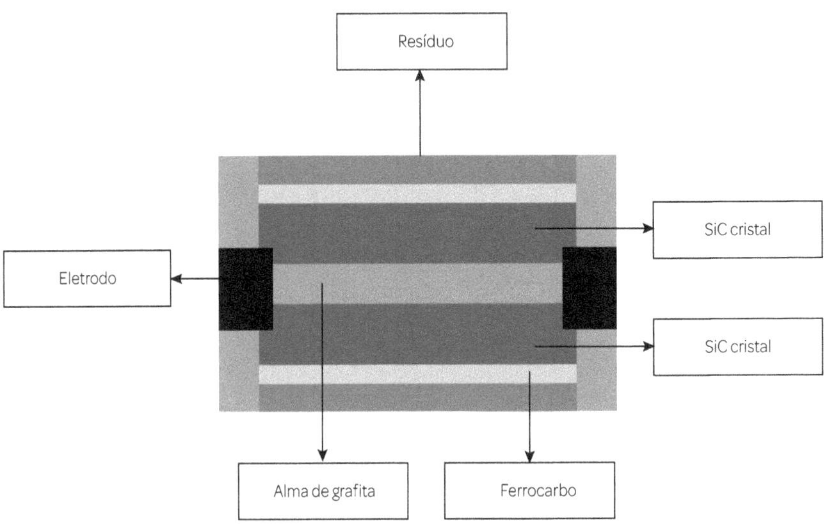

Figura 2.78 Processo de fabricação do SiC.
Fonte: Adaptada de (2).

Tabela 2.35 Fabricação do SiC.

Matéria-prima: areia de sílica (quartzo) e coque de petróleo

Fusão: forno elétrico (Acheson)

- Temperatura: > 2400°C
- Tempo: 32 a 40 horas

Principais características

- Elevada refratariedade
- Resistência ao ataque de álcalis e de ácidos
- Alta condutividade térmica
- Resistência ao choque térmico

Fonte: Adaptada de (2).

Tabela 2.36 Dados operacionais na fabricação do SiC.

- Fornos Acheson: produção típica de 300 t/mês/forno
- Ciclo típico de produção: 5 dias de operação e 10 dias para carregamento, resfriamento e descarga
- Matérias-primas usadas: areia de sílica e coque de petróleo
- Quantidade de matéria-prima alimentada por fornada: 600t; rendimento de 50%
- Potência dos fornos: 7,5 a 12 MW
- Corrente empregada: 20 a 45 kA
- Energia consumida por fornada: 800 a 1.000MWh

Fonte: Adaptada de (2).

A Figura 2.79 ilustra uma planta de fabricação de SiC. Durante o processo, a seguinte reação ocorre entre a fonte de sílica e a de carbono:

$$SiO_2 + 3C = SiC + 2CO_2$$

Como a temperatura é maior próxima ao eletrodo, o SiC em sua proximidade é mais puro em função da volatilização de impurezas, e o cristal é maior. O SiC, na parte mais externa, é mais impuro e de tamanho de cristal menor (Tabela 2.37 e Figura 2.80).

Figura 2.79 Fabricação do SiC.
Fonte: Adaptada de (35).

Tabela 2.37 Características dos blocos obtidas na fabricação do SiC.

Parâmetros	Cristal	Ferrocarbo
SiC (%)	98,50	91,00
Si + SiO_2 (%)	1,00	3,70
Al_2O_3 (%)	0,20	0,50
Fe_2O_3 (%)	2,20	0,15
Carbono livre (%)	0,20	1,60

Fonte: Adaptada de (2).

Figura 2.80 Bloco obtido na fabricação do SiC.
Fonte: Adaptada de (2).

Tijolos de SiC ligados a silicato são fabricados da mesma forma que refratários convencionais, nos quais a argila normalmente é usada como agente sinterizante. Um ligante orgânico é adicionado para a mistura e prensagem e os tijolos são queimados em um ambiente não oxidante para se evitar a oxidação do SiC. Os tijolos de SiC autoligados (*self-bonded*) são fabricados a partir de uma mistura de SiC, Si metálico e uma fonte de carbono, e o tijolo é queimado em uma atmosfera não oxidante. O tijolo de SiC ligado a nitreto é fabricado a partir de uma mistura de SiC e Si metálico, e o tijolo é queimado em uma atmosfera de nitrogênio na qual uma ligação de Si_3N_4 é formada na matriz do refratário. O tijolo de SiC ligado a sialon é fabricado a partir de uma mistura de SiC, Si metálico e uma fonte de Al_2O_3 em uma atmosfera de nitrogênio, formando a fase de sialon na matriz do refratário. A Figura 2.81 mostra o diagrama de equilíbrio de fases Si-O-N a 1450°C e a Figura 2.82 mostra os resultados de teste de ataque de álcalis seguido por ciclos de choque térmico para esses produtos em comparação a outros normalmente usados em altos-fornos.

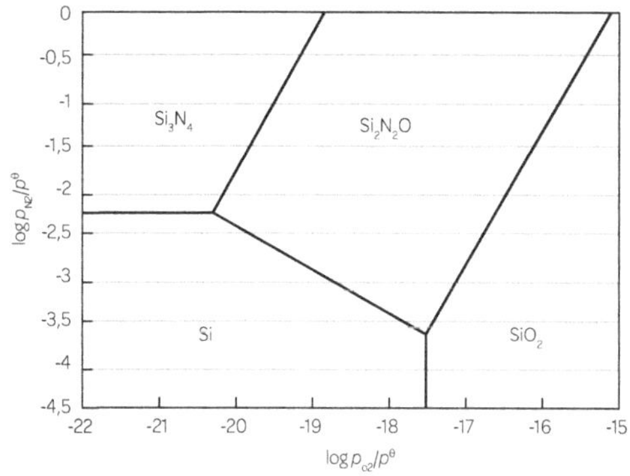

Figura 2.81 Diagrama de equilíbrio de fases Si-O-N a 1450°C.
Fonte: Adaptada de (36).

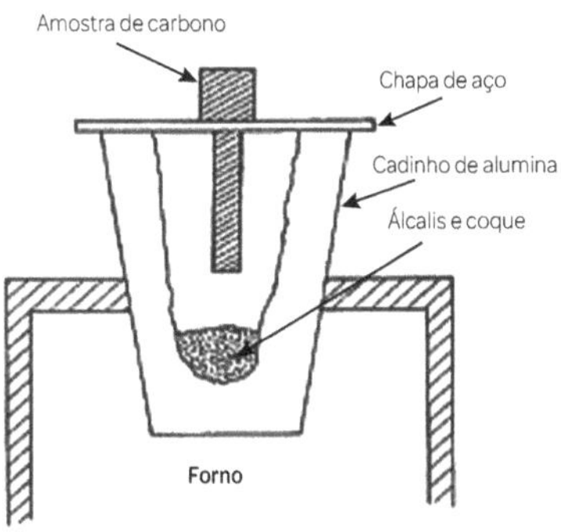

	Número de amostras	Desgaste na face quente, %	Condição
SiC ligado a Si_3N_4	1	1.11	Inalterado
SiC autoligado	1	2.64	Inalterado
93% alumina	1	7.12	Muito trincado
Alumina-óxido de cromo	2	0.80	Muito trincado
60% alumina	2	16.64	Pouco trincado
60% alumina + piche	1	22.86	Pouco trincado
No 1 Carbono	1	53.50	Inalterado
No 2 Carbono	1	81.12	Inalteraao

Figura 2.82 Teste de ataque por álcalis associado a choque térmico em tijolo para altos-fornos.
Fonte: Adaptada de (37).

2.4.2 Refratários moldados à base de C (2,3)

Refratários de carbono são fabricados a partir de várias fontes de carbono, tais como coque, antracito, grafita natural e materiais grafitizados artificialmente. Diferentemente de outros refratários, refratários de carbono apresentam alta condutividade elétrica, alta condutividade térmica e alta resistência ao choque térmico. Refratários de carbono são muito resistentes a metais líquidos e escórias e podem ser facilmente usinados, o que possibilita a fabricação de blocos muito grandes. Dessa forma, são usados extensivamente em cadinhos de altos-fornos e em células de redução de alumínio (Figura 2.83). A desvantagem de refratários de carbono é que podem ser facilmente oxidados por oxigênio, CO_2 e vapor de água em altas temperaturas.

Para a fabricação dos blocos de carbono, além das fontes de carbono mencionadas, pós metálicos e aditivos como óxidos (Al_2O_3), carbetos, nitretos etc. podem fazer parte da sua composição. Como ligante, são usados normalmente piches e resinas. Antracito tem sido uma das mais importantes fontes de carbono. Antracito cru contém baixo percentual de matéria volátil e baixo teor de cinzas e apresenta

Figura 2.83 Blocos de carbono para cadinhos de altos-fornos.
Fonte: Adaptada de (38).

baixa condutividade elétrica. O antracito é calcinado antes do uso. A temperatura de calcinação influencia em sua estabilidade volumétrica, condutividade elétrica e térmica, resistência mecânica e resistência ao ataque por álcalis. Adição de grafita ao bloco de carbono aumenta substancialmente sua condutividade térmica, mas reduz sua resistência à solubilidade pelo gusa, podendo este ser usado apenas junto à carcaça ou *staves* com o objetivo de aumentar a transferência de calor.

Um processo típico de fabricação do refratário de carbono envolve, após a mistura dos componentes com o ligante, a conformação do bloco, a coqueificação, a impregnação com piche, o tratamento térmico de grafitização e o acabamento. A mistura é feita em uma temperatura entre 120 e 160°C, suficiente para se obter o piche na forma líquida. Em seguida, o bloco é extrudado ou prensado. O processo de coqueificação é feito em uma temperatura entre 800 e 1300°C. Com o objetivo de se aumentarem a sua resistência mecânica e sua condutividade térmica e de se reduzir o tamanho dos poros, o bloco é impregnado e recoqueificado. Após essa etapa, os blocos são aquecidos eletricamente a uma temperatura entre 2500 e 3000°C. Após esse tratamento, os blocos recebem acabamento para as dimensões especificadas.

A Figura 2.84 mostra as propriedades desejadas para blocos de carbono para serem usados em cadinhos de altos-fornos. Os blocos devem apresentar uma baixa dissolução pelo gusa, ter o menor tamanho de poros possível para dificultar a penetração do gusa e ter alta condutividade térmica para se extrair calor do banho.

Os primeiros blocos desenvolvidos são denominados "convencionais"; em seguida, foram desenvolvidos os blocos microporosos; e, mais recentemente, os ultramicroporos, classificados em função do tamanho médio dos poros. Em paralelo, obtiveram-se blocos de maior condutividade térmica e de maior resistência à dissolução pelo gusa (Tabela 2.38). A Figura 2.85 mostra a microestrutura desses blocos e as Figuras 2.86 e 2.87 os resultados do teste de penetração de gusa, para o qual o bloco supermicroporo é muito melhor.

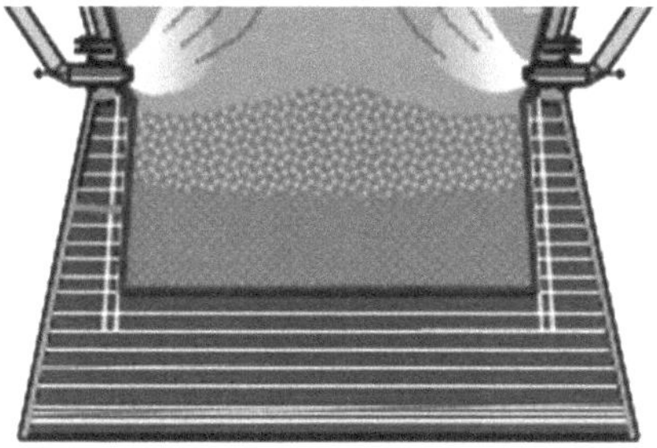

Figura 2.84 Propriedades de blocos de carbono para cadinho de altos-fornos.
Fonte: Adaptada de (2).

Tabela 2.38 Matérias-primas usadas na fabricação de blocos de C para altos-fornos.

	A	B	C	D	E
Ano de desenvolvimento	**1965**	**1975**	**1981**	**1985**	**1994**
Composição Antracito (%) Grafita sintética (%) Al_2O_3 (%) Si (%) Ligante	 80 20 Piche	 85 10 5 Piche	 80 10 5 5 Piche	 43 42 6 9 Resina	 77 11 12 Resina
Fabricação MEA (g/cm^3)	Extrusão 1,56	Extrusão 1,58	Extrusão 1,59	Prensagem 1,71	Prensagem 1,76
Porosidade total (%)	18,7	17,3	18,5	19,0	23,1
Tamanho de poro (μm)	16,0	11,0	2,7	1,0	0,2
RCTA (MPa)	40,5	43,0	45,1	66,9	63,0
RFTA (MPa)	11,7	11,9	12,3	15,0	15,2
Condutividade (W/m K)	17,1	13,2	13,8	23,3	33,3

Fonte: Adaptada de (38).

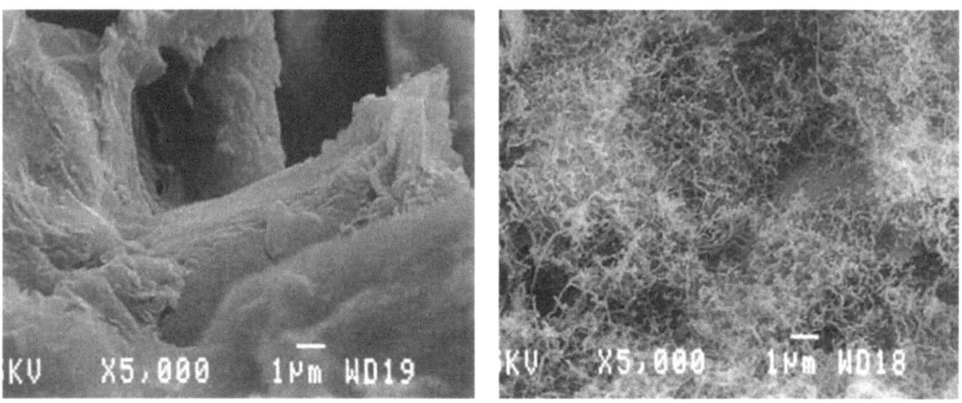

Figura 2.85 Microestrutura dos blocos de carbono.
Fonte: Adaptada de (38).

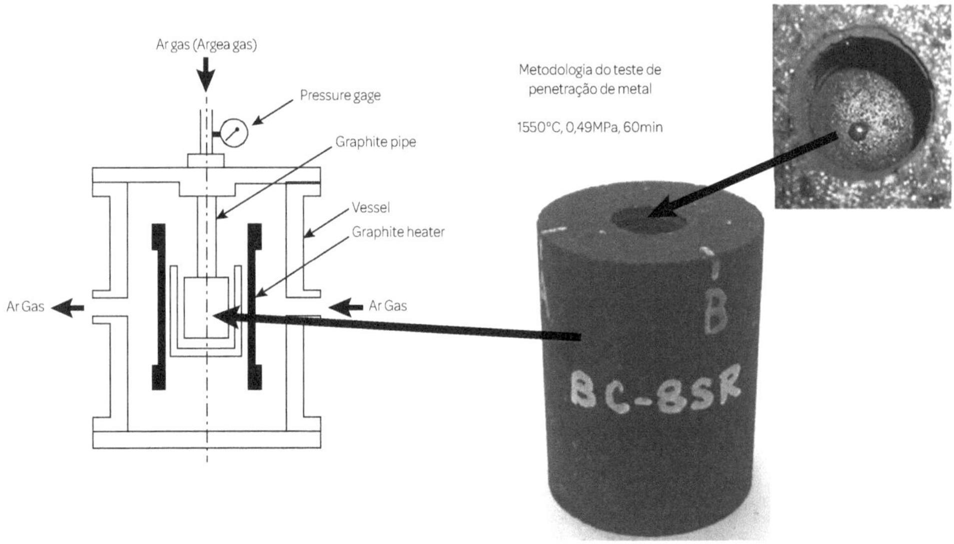

Figura 2.86 Teste de penetração por gusa em blocos de carbono.
Fonte: Adaptada de (38).

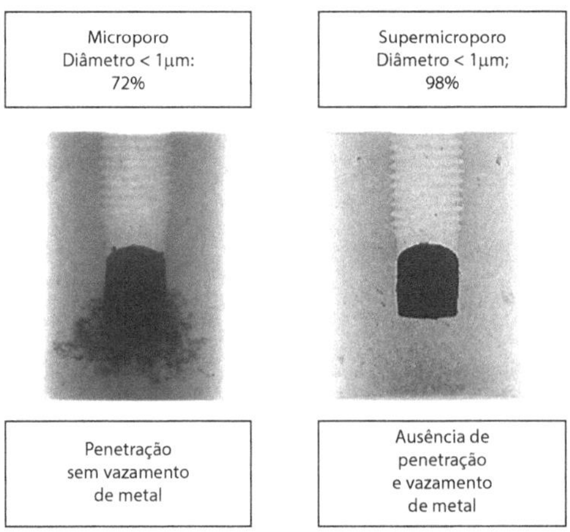

Figura 2.87 Radiografia dos blocos microporos e supermicroporos após o teste de penetração por gusa.
Fonte: Adaptada de (38).

2.4.3 Refratários moldados à base de zircônia e zirconita (2,3)

A principal matéria-prima para tijolos de zirconita é a areia de zirconita (ZrO_2.SiO_2). Se apenas fonte de areia de zirconita em diferentes frações granulométricas é usada, o tijolo tende a trincar. Para contornar esse problema, chamote de zirconita e/ou reciclado de tijolos de zirconita são também usados (Tabela 2.39 e Figura 2.88). Tijolos de zirconita são queimados a uma temperatura entre 1400 e 1500°C. Tijolos de zirconita têm boa resistência à erosão e boa resistência à corrosão por metal líquido e vidro. Em serviço, a zirconita começa a se dissociar em ZrO_2 e SiO_2 a 1540°C.

Tabela 2.39 Propriedades da zirconita.

Zirconita
• $ZrO_2.SiO_2$: tetragonal → massa específica = 4,70; $T_{fusão}$ = 2340°C
• Decomposição:
– $ZrSiO_4 \rightarrow ZrO_2 + SiO_2$; temperatura entre 1500 e 1650°C
– Adição de Al_2O_3 e argila
– Sistemas ZrO_2-Al_2O_3-SiO_2
Obtenção:
• Areias de zirconita
Propriedades:
• Baixo coeficiente de expansão térmica
• Boa resistência ao choque térmico
• Boa inércia química
• Alta condutividade térmica

Fonte: Adaptada de (2).

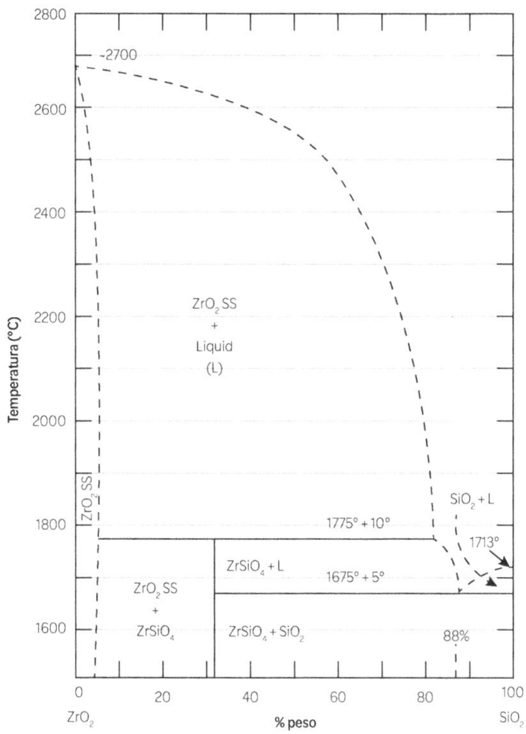

Figura 2.88 Diagrama de equilíbrio de fases ZrO_2 - SiO_2.
Fonte: Adaptada de (39).

O principal componente químico nos refratários de zircônia é o ZrO_2, que tem uma transformação cristalina de monoclínica para tetragonal em uma faixa de temperatura de 1000 a 1200°C. Esse fenômeno é acompanhado por um aumento de volume de 3% a 4%. Dessa forma, é comum se usar zircônia estabilizada contendo CaO e MgO em solução sólida para reduzir a possibilidade de trinca por choque térmico (Figuras 2.89 a 2.91 e Tabela 2.40).

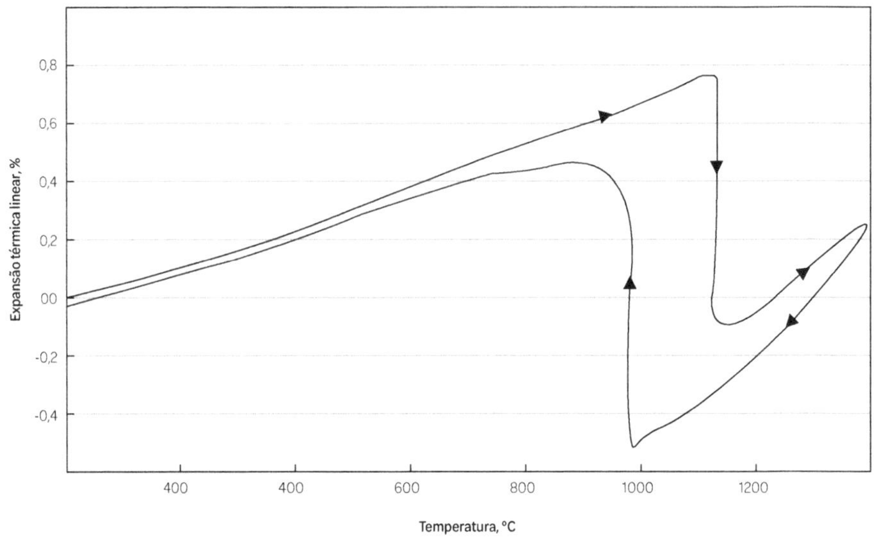

Figura 2.89 Dilatação térmica da ZrO_2.
Fonte: Adaptada de (40).

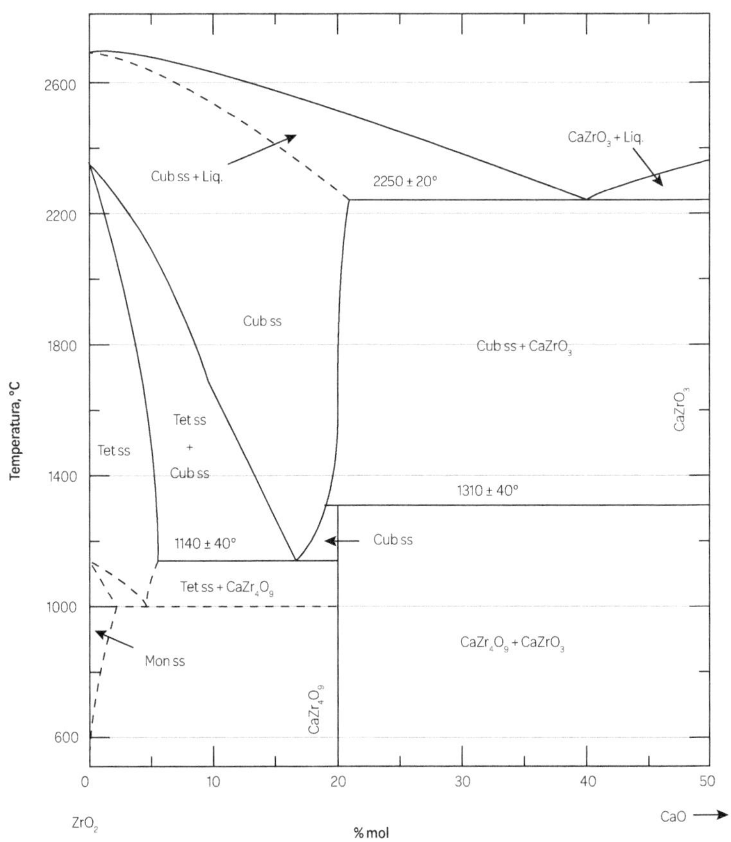

Figura 2.90 Diagrama de equilíbrio de fases $ZrO_2 - CaO$.
Fonte: Adaptada de (41).

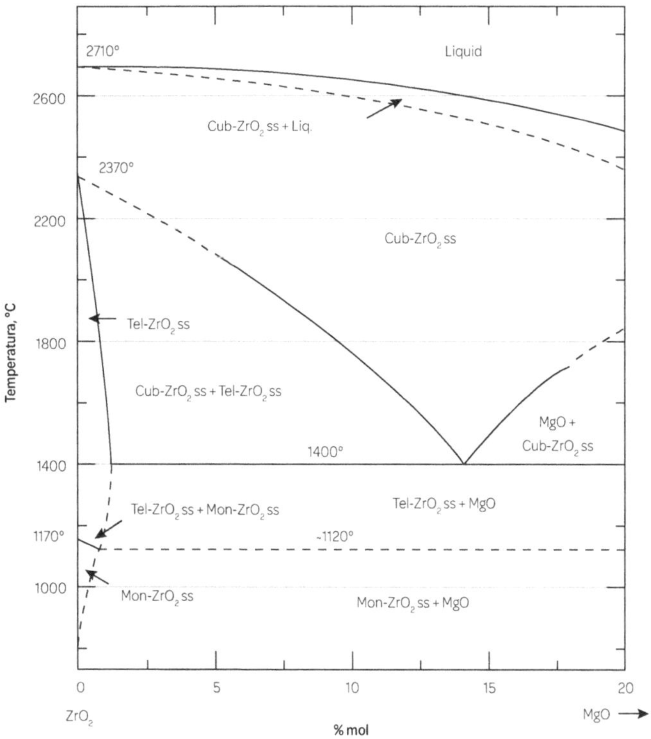

Figura 2.91 Diagrama de equilíbrio de fases ZrO_2 – MgO.
Fonte: Adaptada de (42).

Tabela 2.40 Propriedades da zircônia.

Zircônia
ZrO_2: monoclínico → massa específica = 5,56; $T_{fusão}$ = 2750°C
Monoclínico → tetragonal (T = 1000°C); ΔV ~ -9%; transformação reversível
Estabilização:
Adição de 3% a 28% de MgO, CaO e Y_2O_3
Acima de 1700°C, a estrutura passa a ser cúbica e permanece estável no resfriamento
Obtenção:
Mineral badeleita
Impurezas: SiO_2-Al_2O_3-Fe_2O_3-TiO_2
A partir da zirconita
Propriedades:
Sistemas ZrO_2- Al_2O_3-SiO_2; ZrO_2-SiO_2; ZrO_2-CaO
Alto coeficiente de expansão térmica
Baixa resistência ao choque térmico
Baixa estabilidade volumétrica
Boa inércia química
Desestabilização

Fonte: Adaptada de (2).

A zircônia, ZrO_2, apresenta alto ponto de fusão (2710°C), baixa condutividade térmica, elevada resistência a metal líquido e à corrosão. Refratários de zircônia são queimados em temperaturas acima de 1700°C. Esses materiais são usados na área de lingotamento do aço e na indústria do vidro (Tabela 2.41 e Figura 2.92).

Tabela 2.41 Uso de refratários a base de ZrO_2 na indústria.

Siderurgia: • Válvula gaveta • Válvula submersa • Válvula para lingotamento aberto • Panela de aço e de gusa (zirconita, Japão) Indústria do vidro • Blocos eletrofundidos (parede e abóboda) • Consumíveis

Fonte: Adaptada de (2).

Figura 2.92 Aplicações industriais de refratários de ZrO_2.
Fonte: Adaptada de (17).

A Tabela 2.42 mostra as características de refratários de zirconita e zircônia para uso em lingotamento de aço na indústria do aço e em fornos de fusão na indústria do vidro. É comum a fabricação de blocos eletrofundidos à base de zircônia-mulita, que apresenta uso em fornos de laminação do tipo empurrador na siderurgia, em fornos de fusão de vidro e fornos de frita para a indústria cerâmica (Figuras 2.93 e 2.94).

Tabela 2.42 Uso de refratários de zirconita e zircônia na indústria.

Classe	Zirconita	Zirconita	Zirconita	Zircônia-Mulita	
Produto	**A**	**B**	**C**	**Queimado**	**Fundido**
Composição química (%)					
ZrO_2	65,0	65,5	94,5	19,5	30,0
SiO_2	34,0	33,5	0,4	10,0	10,0
Al_2O_3	0,5	0,5	0,1	69,0	58,0
Refratariedade (SK)	> 40	> 40	> 40	>35	>35
Densidade aparente (g/cm³)	3,75	3,75	4,90	3,20	3,35
Porosidade aparente (%)	18,0	17,0	13,0	19,0	2,0
Resistência a compressão (MPa)	83,0	98,0	88,0	78,0	200,0
Refratariedade sob carga, T2 (°C)	> 1650	> 1700	> 1700	1680	1680
Expansão térmica a 1000°C (%)	0,40	0,40	0,80	0,55	0,55

(Continua)

Tabela 2.42 Uso de refratários de zirconita e zircônia na indústria. (*Continuação*)

Classe	Zirconita	Zirconita	Zirconita	Zircônia-Mulita	
Produto	**A**	**B**	**C**	**Queimado**	**Fundido**
Características	Resistente à corrosão	Resistente à corrosão	Elevada resistência à corrosão	Resistente à corrosão e ao choque térmico	Elevada resistência à corrosão
Aplicações	Válvula lingotamento contínuo	Forno de fusão de vidro	Válvula lingotamento contínuo	Forno de fusão de vidro	Forno de fusão de vidro e frita

Fonte: Adaptada de (2).

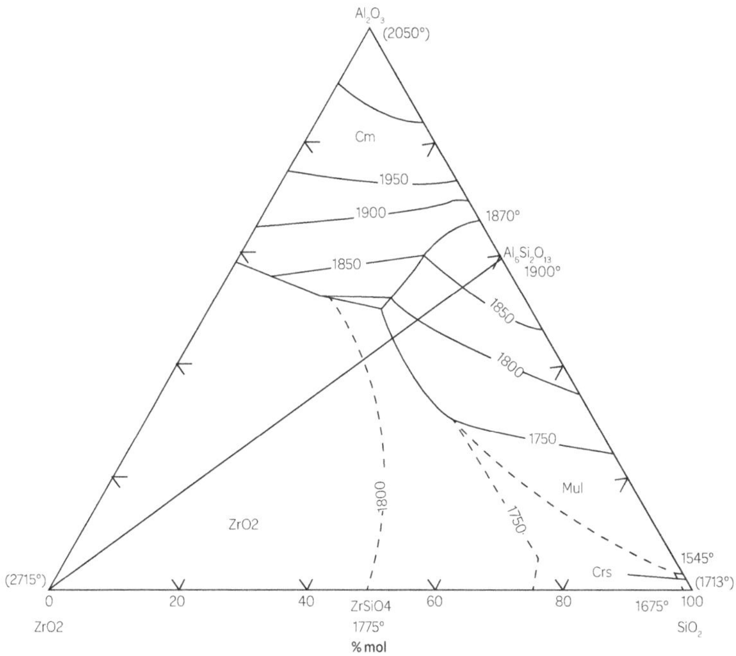

Figura 2.93 Diagrama de equilíbrio de fases $ZrO_2 - Al_2O_3 - SiO_2$.
Fonte: Adaptada de (43).

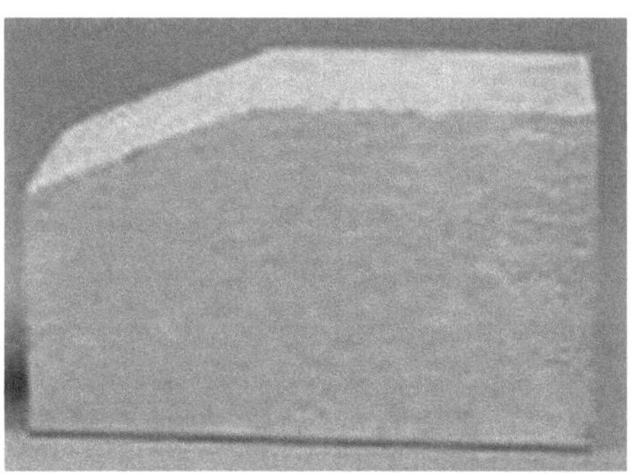

Figura 2.94 Blocos eletrofundidos de $ZrO_2 - Al_2O_3 - SiO_2$.
Fonte: Adaptada de (2).

2.5 REFRATÁRIOS MONOLÍTICOS (52)

Refratários moldáveis que podem ser instalados sem juntas para fornecer uma estrutura completa (44). Ampliando essa definição da ABNT, pode-se dizer que monolíticos são produtos refratários fornecidos prontos para aplicação, por exemplo, massas granuladas secas, argamassas úmidas, massas plásticas, massas resinadas, peças pré-moldadas; ou serem misturados, no cliente, com água ou aditivos químicos para obtenção de um corpo refratário único. Podem ser aplicados por vertimento, vibração, socagem, projeção pneumática, bombeamento etc. Esse tipo de revestimento monolítico necessita de mão de obra especializada, uma vez que as propriedades finais do revestimento estarão intimamente relacionadas à aplicação e a possíveis falhas, por exemplo, a não observância aos detalhes da preparação como tempo de mistura e a relação água: cimento, vibração por imersão inadequada (forma de vibração, diâmetro da agulha do vibrador), vibração ineficiente (baixa intensidade), vibração externa inadequada com posicionamento equivocado da fixação dos vibradores, manuseio das peças pré-moldadas antes da pega final, cura ineficiente ou inadequada; falhas estas que podem comprometer o seu desempenho (45). Os refratários monolíticos têm as seguintes subclasses:

- argamassas;
- massas plásticas e massas de socar;
- plásticos refratários
- massas granuladas secas;
- concretos refratários;
- massas de projeção;
- massas de injeção;
- massas de cobertura e pinturas refratárias.

2.5.1 Argamassas (45)

Argamassas refratárias podem ser definidas como a mistura homogênea de agregado(s) fino(s) e superfino(s), aglomerante(s), na maioria das vezes inorgânico(s), e água, contendo ou não aditivos, com propriedades de aderência e endurecimento em função da combinação dos seus constituintes.

Podem ser classificadas em:

- **Pega a quente:** aquelas que adquirem resistência após aquecimento.
- **Pega ao ar:** que adquirem resistência após secagem ao ar, sem aquecimento.
- **Pega cerâmica:** que desenvolvem resistência após aquecimento, com aparecimento de novas fases.

- **Pega química:** quando desenvolvem resistência pela eliminação do solvente e interação química com o substrato ou entre os microconstituintes.

O processo de fabricação de argamassas refratárias é muito simples: consiste na mistura dos constituintes refratários em um misturador que possa garantir a homogeneidade dos constituintes e posterior embalagem (Figura 2.95).

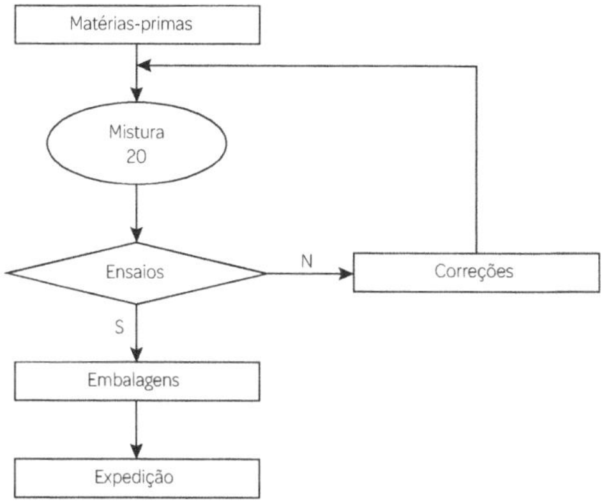

Figura 2.95 Fluxograma típico para produção de argamassas úmidas.
Fonte: Adaptada de (46).

Podem ser comercializadas no estado seco ou úmido. As argamassas úmidas estão sujeitas a transformações reológicas (perda de trabalhabilidade, endurecimento), as quais ocorrem naturalmente com o período e condições de estocagem. Essas alterações estão relacionadas aos mecanismos de capilaridade (porosidade e permeabilidade), absorção ou, ainda, afinidade de atração e repulsão eletrostática entre seus constituintes.

Essa perda da trabalhabilidade durante a estocagem é comum tanto para argamassas refratárias aluminosas como para sílico-aluminosas úmidas, sendo mais proeminente para as sílico-aluminosas em razão de sua maior porosidade aparente e tem sido fator limitante para sua utilização, pois a separação de fases e o aumento da viscosidade a tornam cada vez menos fluida até o endurecimento, causando a impressão de que estão deterioradas, o que gera insegurança quanto a seu desempenho.

As Figuras 2.96 e 2.97 exibem, respectivamente, a perda de trabalhabilidade das argamassas refratárias sílico-aluminosas úmidas, ligadas a silicato, ao longo da sua estocagem para viscosidades iniciais mais elevadas, menos fluidas (penetração 280mm) e para viscosidades iniciais menores (penetração 400mm), mesmo com a adição de agentes (aditivos) distintos.

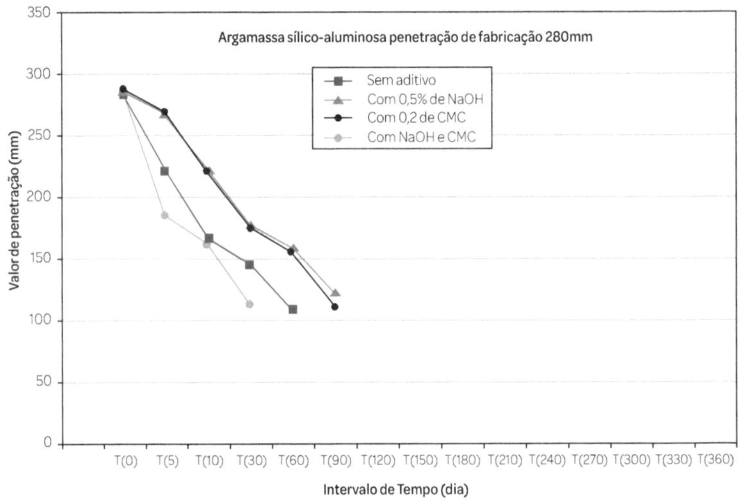

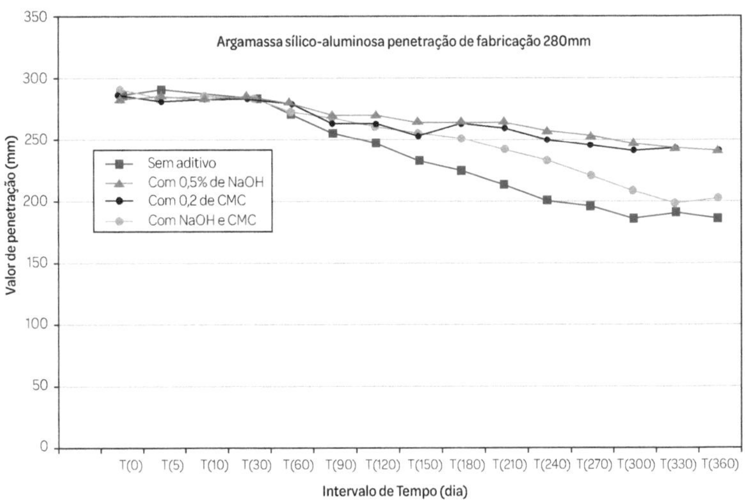

Figura 2.96 Perda de trabalhabilidade de argamassas sílico-aluminosas e aluminosas – consistência de penetração: 280mm.

Fonte: Adaptada de (46).

Ficou demonstrado que a perda de trabalhabilidade das argamassas úmidas está relacionada principalmente à porosidade dos constituintes das argamassas e não à perda de umidade para o meio externo, como pode ser visto na Figura 2.98, em que ela se mantém estável ao longo do tempo de sua estocagem.

No processo de produção de argamassas úmidas, matérias-primas com maior quantidade de poros pequenos dificultam sua molhabilidade durante o processo de fabricação, sendo a água, utilizada na sua produção, absorvida mais lentamente e em maior proporção durante a estocagem, tornando as argamassas de menor índice de penetração ou de menor consistência de fabricação mais suscetíveis à perda

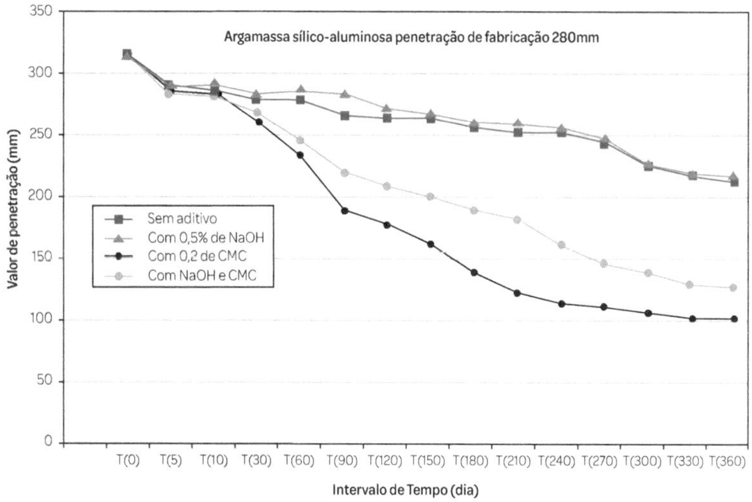

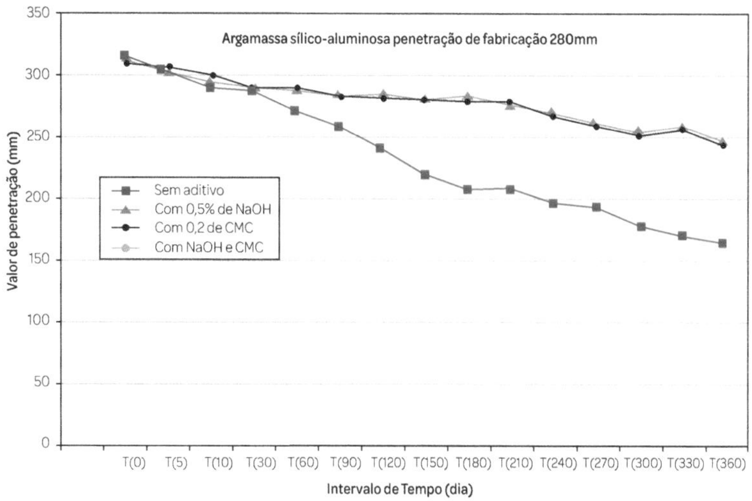

Figura 2.97 Perda de trabalhabilidade de argamassas sílico-luminosas e aluminosas – consistência de penetração: 400mm.

Fonte: Adaptada de (46).

de trabalhabilidade que as argamassas de maior índice de penetração ao longo do tempo de estocagem.

O tamanho máximo do poro é determinante da infiltração, e não apenas a porosidade total. Matérias-primas apresentando porosidade total semelhante absorvem de maneira diferente quando apresentam poros de tamanho médio distinto; de maneira geral, quanto menor o tamanho do poro, maior será a absorção da água ao longo da estocagem e mais rápida a perda da trabalhabilidade. Os principais ensaios físicos utilizados para controle de qualidade na produção de argamassas refratárias estão representados na Figura 2.99.

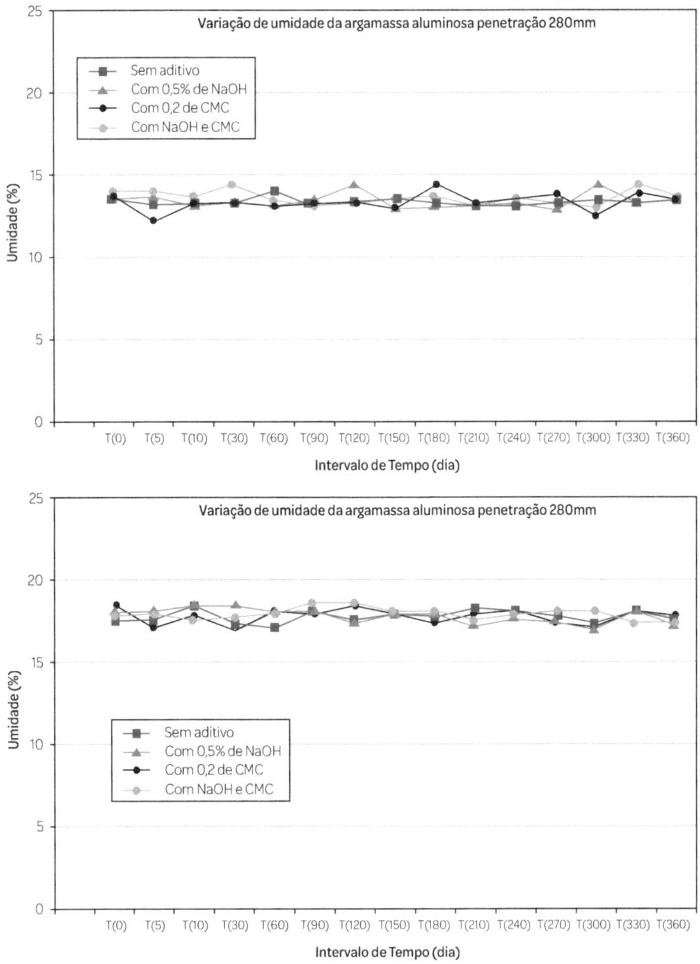

Figura 2.98 Variação da umidade argamassa aluminosa – penetração: P280mm e P400mm.
Fonte: Adaptada de (46).

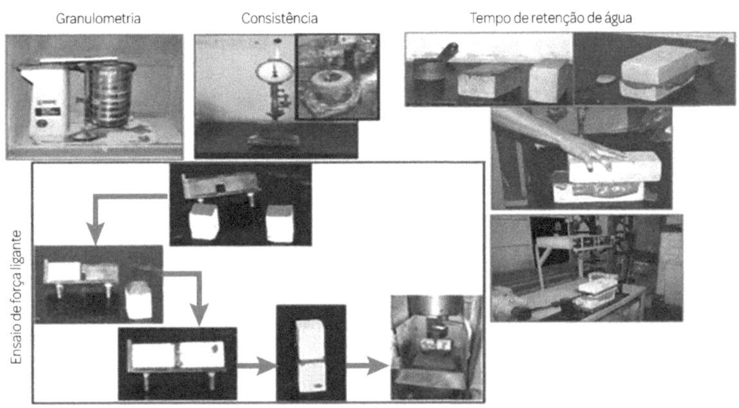

Figura 2.99 Resumo ilustrativo dos principais ensaios argamassas refratárias.
Fonte: Adaptada de (46).

A granulometria, medida direta da distribuição granulométrica das partículas dos materiais, é a base para o desenvolvimento de quase todos os materiais refratários, pois é utilizada para determinar os arranjos granulométrica das matérias-primas, permitindo, assim, simular as tendências de empacotamento dos produtos refratários, sejam eles moldados, sejam eles monolíticos. O ensaio de granulometria é utilizado no controle de processo da maioria dos produtos refratários, desdc matérias-primas a produtos terminados, visando verificar o grau de empacotamento desejado. Existem modelos matemáticos de distribuição granulométrica para empacotamento de partículas propostos por Alfred, Andreasen e Furnas, os quais serão apresentados mais à frente, neste capítulo.

O ensaio granulométrico pode ser realizado por via seca ou mista (úmida); na maioria das vezes, a via mista é a mais indicada devido à quantidade de materiais impalpáveis (46). Para a determinação por via seca, basta determinar o peso inicial da amostra de 100 a 500g, dependendo da densidade do material; escolher o conjunto de peneiras; colocá-las em ordem decrescente de aberturas; adicionar o material; e deixá-lo sob agitação por cerca de 10 minutos em agitadores de peneiras eletromagnéticos (A) ou suspensos (B) ou do tipo Rotap (C), como apresentado na Figura 2.100. Em uma argamassa, por exemplo, saber qual será a via servirá para determinar o limite da junta a ser formada na união dos tijolos refratários.

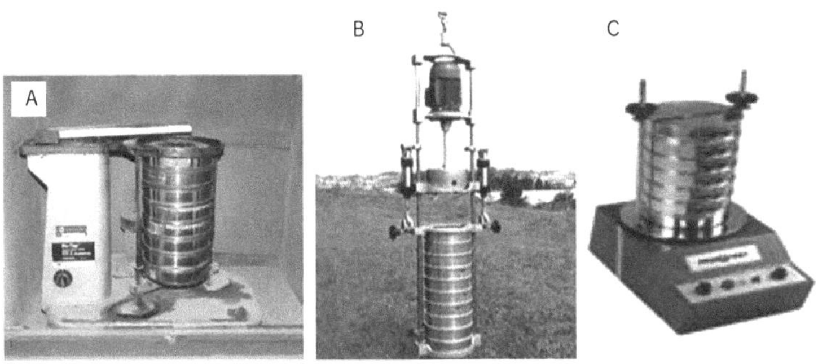

Figura 2.100 Fotos ilustrativas de agitadores: A) eletromagnético; B) tipo rotacional; C) Rotap.
Fonte: Adaptada de (44).

Para argamassas refratárias, ensaios específicos como a determinação de sua consistência/trabalhabilidade são utilizados para argamassas úmidas, pois as secas poderão ter sua trabalhabilidade ajustadas na aplicação. Para sua determinação, utiliza-se o instrumento penetrômetro universal (46). O resultado da determinação da penetração é expresso em "mm"; quanto maior o número indicado, maior será sua fluidez. Quando de sua determinação, deve-se realizar a lubrificação do êmbolo para evitar atrito e mascarar a sua determinação. A Figura 2.101 mostra foto do equipamento, a lubrificação do êmbolo e a forma de madeira, utensílio utilizado para armazenar cuidadosamente o cone penetrador.

Figura 2.101 Determinação da consistência de argamassa úmida por meio do penetrômetro universal.
Fonte: Adaptada de (44).

Outro ensaio utilizado para determinação da reologia de argamassas refratárias é o tempo de retenção de água. Esse ensaio serve para determinar o tempo que a argamassa levará para unir dois tijolos; após esse tempo, não é mais possível deslizar e ajustar/unir um tijolo sobre o outro. Para realizar o ensaio, deve-se escolher os tijolos de mesma classe de alumina. Coloca-se uma camada da argamassa sobre uma das superfícies do tijolo, camada esta determinada por espaçadores, fios de arame de 3mm. O tempo de retenção de água é determinado quando a peça de baixo é arrastada pela força exercida na peça superior, a qual é segura pelos dedos mínimo e polegar (Figura 2.102) (56).

Figura 2.102 Determinação do tempo retenção de água em argamassas refratárias.
Fonte: Adaptada de (46).

O ensaio de retenção de água é fundamental para que o pedreiro consiga assentar uma fiada inteira de tijolos em um equipamento qualquer. Normalmente, o tempo de retenção mínimo é de 30s, podendo variar em função da aplicação em até mais de 600s. Sabe-se que dois dos fatores que regulam essa variável são a argila e os aditivos, que alteram a viscosidade do meio, dificultando a saída de água da argamassa para a superfície do tijolo; por isso, a argila foi mantida constante tanto no sistema aluminoso como no sílico-aluminoso. Quanto mais poroso o tijolo, mais rapidamente ocorrerá a migração da água do sistema para o tijolo e menor será o tempo de retenção de água para uma mesma argamassa.

Alguns fabricantes explicitam em documentos do tipo "Folha de Dados de Aplicação de Produtos" (FDA) a necessidade de adição de pequena quantidade de água ou de remoção da solução sobrenadante, visando adequar a consistência/trabalhabilidade da argamassa, por energização, quando da aplicação. Essa prática não compromete as propriedades mecânicas das argamassas, uma vez que o ligante é inorgânico, não evapora e encontra-se disseminado nas argamassas. Por desconhecimento dessa prática, vários usuários reprovam argamassas ainda utilizáveis, pois imaginam que, ao adicionarem água, poderão comprometer suas propriedades mecânicas (46).

O ensaio de força ligante, também conhecido como "módulo de ruptura de junta", serve para determinar a força de ligação das argamassas após secagem ou após tratamento térmico (49). Esse ensaio fornece a ideia da força de coesão das argamassas, pois indica a força máxima no momento de sua ruptura. Os resultados para cada ensaio são expressos em MPa, os quais são relativos à média de três determinações. A preparação dos corpos de prova é uma etapa delicada e importante, uma vez que, nesse momento, pode-se introduzir trincas e mascarar o resultado (Figura 2.103). Além da preparação, o correto posicionamento dos corpos de prova sob o cutelo da prensa hidráulica garantirá a determinação correta (Figura 2.104-A) ou não (Figura 2.104-B) do valor da força ligante.

O posicionamento incorreto provocará o rompimento fora da junta, levando à determinação do momento de força (M_F = Força × Deslocamento), o qual é muito maior, pois romperá na parte do tijolo do qual se retiraram os corpos de prova para o teste. Quando observada essa situação, os valores correspondentes a esses valores deverão ser descartados do cálculo da média que expressará os resultados, pois representam o momento de força, e não a força de ruptura da junta (Figura 2.105).

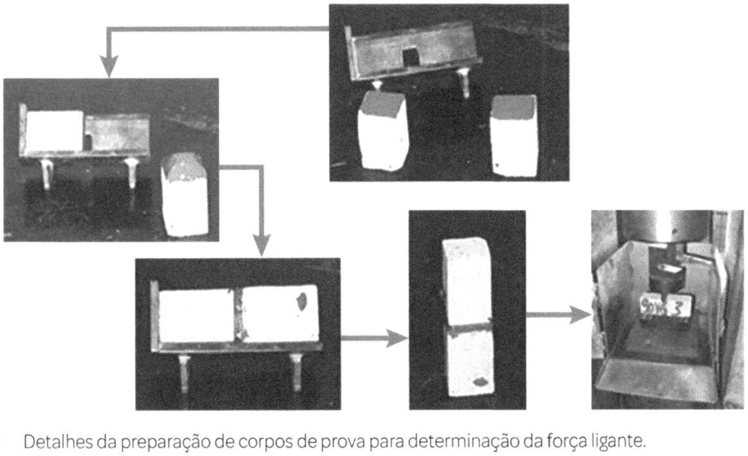

Figura 2.103 Detalhes da preparação de corpos de prova para determinação da força ligante.
Fonte: Adaptada de (46).

Figura 2.104 A e B Detalhes do correto posicionamento dos corpo de prova para rompimento da junta.
Fonte: Adaptada de (46).

Figura 2.105 Corpo de prova de determinação de força ligante rompido fora da junta de dilatação.
Fonte: Adaptada de (46).

As argamassas podem ser consideradas o ponto mais fraco de um revestimento refratário, pois suas resistências são muito menores quando comparadas às resistências mecânicas dos tijolos refratários de mesma classe, podendo apresentar valores entre 3 e 7MPa (Figura 2.106). Entretanto, os valores de força ligante mais comuns para agramassas giram em torno de 1MPa, dependendo da aplicação. A Figura 2.106 apresenta discrepância de valor de força ligante do corpo de prova, demonstrando rompimento fora da junta, o qual se refere ao momento de força.

As argamassas básicas, à base de sínter de MgO, são produzidas geralmente no estado seco, devido à hidratação do MgO e à formação de $Mg(OH)_2$ durante a estocagem. Quando se requer uma argamassa básica pronta para uso, esta poderá ser fornecida utilizando-se resinas líquidas, mas esse tipo de argamassa não é comum no meio refratarista, em que predominam as argamassas úmidas ligadas a silicato de sódio, sulfatos e ligantes fosfáticos.

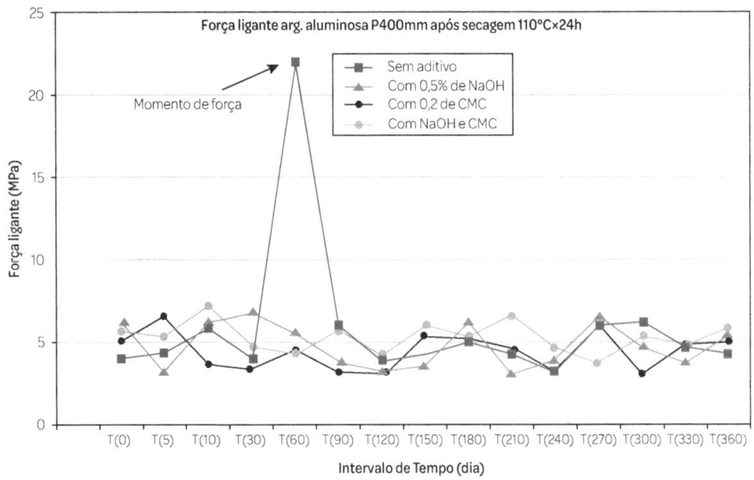

Figura 2.106 Representação gráfica de resultados das forças ligantes.
Fonte: Adaptada de (46).

Além das argamassas refratárias, existem vários outros tipos de argamassas, como os *grouts* cimentícios e adesivos estruturais, que exibem granulação fina e elevada fluência livre, ou tixotrópicos, sendo seu uso mais difundido na construção civil (Figura 2.107). Os *grouts* cimentícios são usados para suportarem cargas estáticas, enquanto aqueles à base de epóxi, indicados para cargas dinâmicas. Suas resistências mecânicas são muito elevadas, normalmente superam os 50MPa, para os cimentícios, enquanto os *grouts* à base de epóxi superam os 80MPa.

Figura 2.107 Sequência de deteminação de fluência para *grout* cimentício.
Fonte: Adaptada de (44).

Os *grouts* cimentícios são monocomponentes, necessitam de apenas água para exibirem suas propriedades reológicas e mecânicas, normalmente exibem fluência livre acima de 180mm de abertura e têm tempo de trabalhabilidade de 30 minutos. Já os *grouts* à base de epóxi são tricomponentes, fornecidos em baldes de 18 litros, contendo os componentes devidamente individualizados, identificados, nas proporções exatas para sua mistura, sendo uma parte de carga mineral, outra da resina e outra do endurecedor. Após devidamente misturados, exibirão suas propriedades reológicas e mecânicas informadas pelos fabricantes. Normalmente, exibem fluência livre acima de 200mm de abertura, conforme Figura 2.108, e têm tempo de trabalho de cerca de 30 minutos.

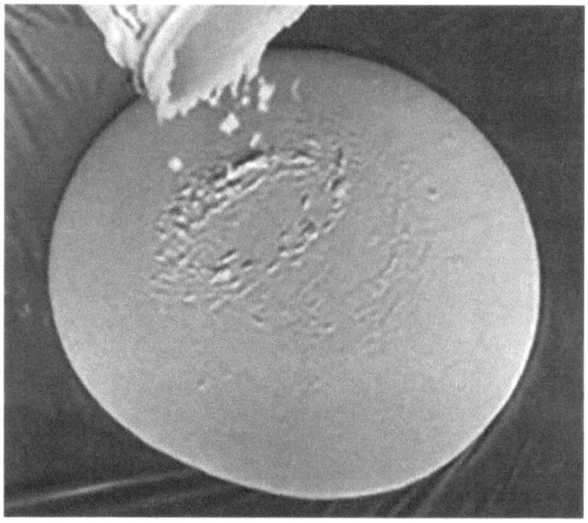

Figura 2.108 Comportamento reológico de *grout* epoxídico depois de misturado na proporção indicada pelo fabricante.
Fonte: Acervo da Engemater.

2.5.2 Massas plásticas e massas de socar (50-53)

São materiais refratários fornecidos umedecidos dotados de trabalhabilidade adequada para a aplicação e são moldados pelo usuário durante a aplicação por socagem pneumática ou manual. Podem também ser fornecidos a seco, como sistema bicomponente (ligante líquido em bombonas + material granulado seco) com aditivo ligante à parte, para preparação no local de aplicação. A vantagem é o tempo de estocagem, nesse caso, acima de 1 ano; e a desvantagem, a mistura na obra e a necessidade de misturador para realizar a dosagem do ligante (normalmente fosfatos ou silicatos); em algumas situações, com adição de água para adequar a trabalhabilidade. Quando fornecidas prontas para uso (umedecidas), podem ser aplicadas diretamente no equipamento, em reparos de paredes ou em construções de paredes ancoradas com âncoras metálicas ou cerâmicas, por socagem manual ou pneumática.

2.5.2.1 Aplicação

Normalmente, os materiais são lançados dentro de moldes/formas nos locais onde se deseja refratá-los, adensando-os manualmente e/ou com martelo de borracha ou pneumático, até atingir uma espessura aproximada de 100mm por vez. Para espessuras superiores, deve-se escarificar a superfície lisa formada pela socagem com o uso de garfo/tridente, penetrando de 10 a 20mm no refratário já socado, para facilitar a aderência da nova camada, o que evita a laminação por falta de contato (junta fria). Essa operação de socagem deve ser realizada repetidas vezes até o preenchimento desejado na altura do equipamento. Deve-se repetir essas etapas até a altura desejada na parede em diversos pontos da massa, de forma padronizada, com as dimensões e características de cada local, para evitar desplacamentos e planos de laminação. Cessada a operação de socagem, o material deve estar homogêneo e firme. Deve-se evitar movimentar a peça até o seu endurecimento final para evitar a formação de microtrincas na estrutura. Pode-se fazer pequenos furos na massa socada com arame ou prego de 1 a 2mm de diâmetro para facilitar a saída de água durante a etapa de secagem, principalmente quando esta for acelerada.

2.5.3 Plásticos refratários

Plásticos refratários são materiais muito parecidos com as massas plásticas, diferindo destas principalmente quanto à forma física, fornecidos em placas. Como as massas de socar, também são produzidas com agregados variados em função da refratariedade desejada (chamotes, aluminas), podendo ser de pega ao ar (vixil + barbotina) ou química (ácido fosfórico ou aluphos), misturados e extrudados. São fornecidos em blocos, tabletes fatiados em aproximadamente 100 × 220 × 300mm, com consistência de aplicação adequada ao uso, normalmente separados por um plástico, dentro de sacos plásticos, acondicionados em caixas de papelão ou em baldes (Figura 2.109).

Figura 2.109 Imagens típicas de plástico refratário durante sua produção placas/tabletes após extrusão.
Fonte: Acervo da autoria do capítulo.

Os plásticos refratários, assim como as massas de socar, também são moldados in loco. A diferença consiste em sua forma física de placas/tabletes produzidos por extrusão, em dimensões nominais indicadas, aproximadamente (265 × 220 × 70mm), acondicionadas normalmente em três tabletes sobrepostos, separados por um plástico, a fim de se evitar a aderência entre eles, dentro de caixas de papelão. Assim, estão prontos para ser aplicado por acomodação ou secagem com a finalidade de reparos ou construções monolíticas.

Os plásticos podem exibir pega ao ar, química ou cerâmica, dependendo da natureza de seu sistema ligante, normalmente à base de argilominerais, vixil (pega cerâmica), silicatos (pega ao ar), ácido fosfórico, aluphos ou seus sais fosfatados (pega química).

O processo começa com a adição das matérias-primas secas no misturador ligado e, na sequência, são adicionados a barbotina e o ligante que conferirão à massa uma plasticidade maior. O tempo de mistura é de cerca de 15 minutos, e a massa pode descansar de um dia para outro antes de realizar a conformação por extrusão. Os agregados (chamotes) devem ser embebidos em água 1 dia antes da produção, o que evita que absorvam água do sistema após a mistura e a extrusão, prolongando sua trabalhabilidade em estoque. A Figura 2.110 exibe misturadores típicos para plásticos e massas de socar com mós (rolos), cuba giratória e pás raspadeiras.

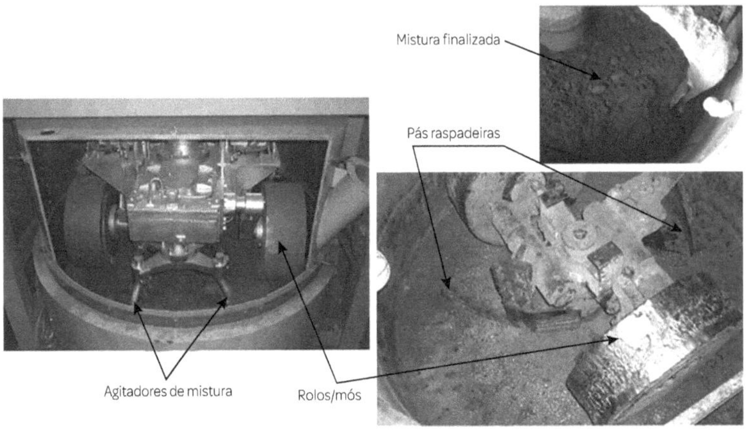

Figura 2.110 Misturadores típicos para massas de socar e plásticos refratários.
Fonte: Adaptada de (54).

Após a mistura, o material úmido é levado para a extrusão (maromba), onde pode ser adicionado mais água, no coxo da maromba, em função da amperagem do motor e da trabalhabilidade da massa (Figura 2.111). Um indicador de processo é a amperagem da corrente do misturador. A trabalhabilidade durante a produção normalmente varia de 45% a 50%, dependendo da aplicação. Abaixo de 15%, torna-se quase impossível a união das partículas consequente à falta de plasticidade da massa. A Figura 2.112 apresenta, de forma esquemática, detalhes da constituição mecânica da maromba.

Os plásticos refratários apresentam amplo campo de aplicação, normalmente são utilizados para revestimentos de fornos de fusão e espera de alumínio e reparos, em geral, em panelotes e fornos de indução, parede e tetos de fornos de reaquecimentos de placas e tarugos, fornos de sinterização, câmaras de combustão e em queimadores, normalmente em áreas sujeitas à degradação pelos mecanismos de abrasão e de choque térmico. A aplicação se faz normalmente em camadas de cerca de 2" (recomenda-se não exceder 100mm) com a utilização de martelos pneumáticos sempre na posição perpendicular. Após finalizar cada camada, deve-se escarificar a superfície para evitar planos de laminação (juntas frias).

Figura 2.111 Misturadores típicos utilizados para produção de massas de socar e plásticos refratários.
Fonte: Adaptada de (44).

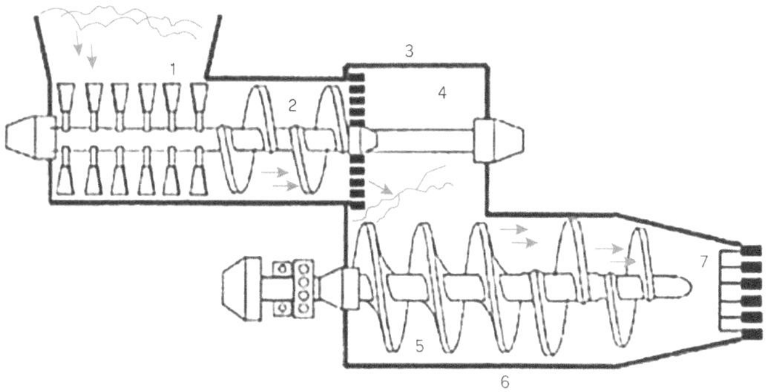

Figura 2.112 Desenho esquemático de uma extrusora de plástico refratário (maromba).
1) Alimentador-misturador; 2) Extrusão de "cilindros de massa"; 3) Grelha de entrada no vácuo; 4) Câmara de vácuo; 5) Caracol extrusor helicoidal; 6) Camisa acanalada; 7) Pente de sustentação doa machos; 8) Machos da boquilha.
Fonte: Adaptada de (44).

Não são indicados para segmentos resultantes com comprimento lateral acima de 900mm. Após a aplicação das camadas, para assegurar melhor evaporação da água, furos de ventilação são introduzidos na massa com arame de aço de 3mm de espessura, em distâncias de 150 a 200mm (escalonadas), prática recomendada pelos fabricantes.

Os principais locais de aplicação dos plásticos refratários, são em tetos, paredes, soleiras de fornos de reaquecimento (fornos dos tipos *pusher* e *walking beam*) e em fornos rotativos, sempre aplicados em conjunto com âncoras metálicas e cerâmicas, tijolos, concretos e peças pré-moldadas.

Com relação aos concretos, os plásticos refratários apresentam algumas vantagens, como baixo custo unitário/t comparado aos concretos e tijolos, elevada resistência ao choque térmico, menor sensibilidade às curvas de aquecimento e boa resistência ao degaste por abração. Como desvantagens, podemos elencar o uso intensivo de mão de obra para instalação devido à aplicação por socagem manual ou com utilização de martelos pneumáticos, ocasionando maior tempo de instalação, além dos problemas ocupacionais (maior vibração, ruído). O ensaio de trabalhabilidade de plásticos e massas plásticas úmidas é realizado pelo equipamento Sand Hammer (Figuras 2.113 a 2.115) (51).

O índice de trabalhabilidade para plásticos é determinado conforme a Figura 2.116, tendo seu resultado expresso em percentagem de abatimento do tronco do cilindro.

Normalmente, exibem trabalhabilidade, quando da sua fabricação, entre 35% e 65%, e, como as argamassas úmidas, os plásticos refratários também perdem trabalhabilidade ao longo da estocagem em decorrência da absorção lenta da umidade de fabricação pelos poros dos seus constituintes. Na verdade, os materiais refratários fornecidas úmidos tendem a perder trabalhabilidade ao longo do tempo de

Figura 2.113 Foto ilustrativa do equipamento Sand Hammer com utensílios de preparação dos corpos de prova.
Fonte: Adaptada de (44).

Figura 2.114 Sequência de preparação do corpo de prova e realização do ensaio.
Fonte: Acervo da autoria do capítulo.

Figura 2.115 Equipamento e utensílios utilizados para realização do ensaio de índice de trabalhabilidade.
Fonte: Adaptada de (44).

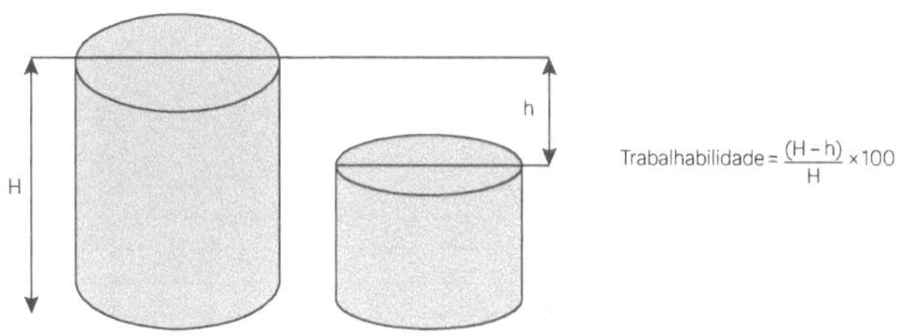

Figura 2.116 Esquema para determinação das dimensões dos corpos de prova antes e após os golpes.
Fonte: Adaptada de (44).

estocagem em função principalmente da adsorção capilar. A adsorção capilar está relacionada não somente à porosidade total, mas ao tamanho de poros e à quantidade de poros (Tabela 2.45). Como pode ser observado, a área total de poros para o chamote é cerca de 10 vezes maior (1000%) que a área total de poros da alumina fundida branca, enquanto o diâmetro médio dos poros é cerca de 10 vezes menor, apesar de a porosidade total não exibir diferença tão significativa, cerca de 37%.

Tabela 2.45 Resultados de porosimetria de mercúrio para chamote e alumina fundida branca.

Variável	Chamote	Alumina fundida branca
Área total do poro (μm^2)	0,115	0,014
Diâmetro médio do poro (μm^2)	0,746	7,2862
Porosidade total (%)	5,51	8,74
Volume de Hg acumulado até 10μm (mL/g)	0,0227	0,0124

Fonte: Adaptada de (46).

Sabe-se que quanto menor o poro, maior a dificuldade para a água penetrar, ou mais lento será o processo de absorção da água pelas partículas, o que interfere no fenômeno de molhabilidade dos grãos. Isso leva a uma adsorção diferenciada tanto já na sua fabricação como durante a estocagem, continuando a adsorção de maneira lenta e contínua até que os grãos estejam completamente saturados pela água (46).

Outro exemplo desse fenômeno de adsorção capilar pode ser observado na Figura 2.117, exibindo uma significativa perda de plasticidade de um material plástico refratário aluminoso, enquanto a umidade apresentou uma pequena variação, a qual pode ser explicada pela variação do erro inerente ao ensaio e/ou à água intersticial fortemente aderida aos capilares que não é eliminada na condição do ensaio (110°C por 24 horas).

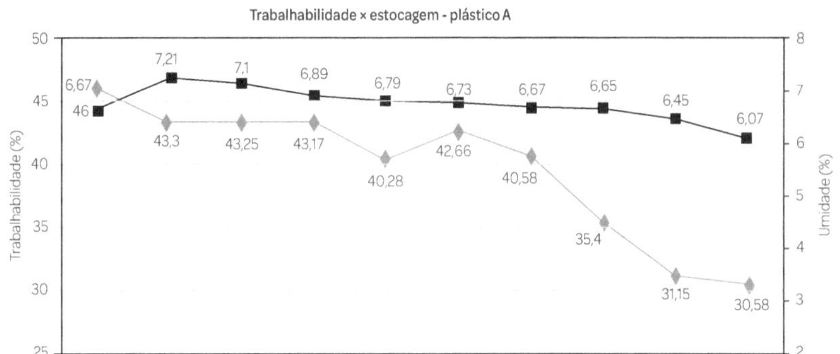

	0	15	30	45	60	100	120	150	180	225
Trabalhabilidade (%)	46	43,3	43,25	43,17	40,28	42,66	40,58	35,4	31,15	30,58
Umidade (%)	6,67	7,21	7,1	6,89	6,79	6,73	6,67	6,65	6,45	6,07

Figura 2.117 Gráfico que evidencia a perda de trabalhabilidade de plástico ao longo da estocagem.
Fonte: Adaptada de (44).

2.5.3.1 Método de aplicação de plásticos refratários

Como os produtos são fornecidos prontos para uso, com umidade que lhes garante a trabalhabilidade, as embalagens devem ser abertas no local de trabalho na medida da necessidade de uso. Após lançar as placas sobre as superfícies a serem refratadas e acomodá-las, deve-se socá-las, manualmente ou com auxílio de martelo de borracha ou martelete pneumático leve, para dentro do espaço confinado a que se destinam, tarefa a ser executada por pessoas qualificadas que detenham habilidade técnica específica de modo a evitar geração de planos de laminação internos durante a compactação. Caso a trabalhabilidade esteja já comprometida (endurecida) para a aplicação desejada, deve-se borrifar água dentro dos sacos plásticos, fechando a caixa por 1 ou 2 dias, visando recuperar a sua trabalhabilidade por meio da reidratação da argila e dos demais aluminossilicatos contidos no produto.

A boa prática de aplicação recomenda que, para a construção de paredes, a direção da socagem (acomodação), entre as ancoragens cerâmicas, deverá ser na vertical e, para as abóbadas, a direção da socagem deverá ser na horizontal, posição perpendicular à forma. A forma, deverá ser removida após 24 horas do término de aplicação. Sugere-se raspar toda a superfície aparente da parte refratada, tornando-a rugosa, para facilitar a eliminação de umidade durante o aquecimento.

Também com a finalidade de facilitar a eliminação de umidade, as áreas refratadas não sujeitas a contato com metal ou com escórias líquidas devem ter furos de 3mm de diâmetro e profundidade de 2/3 da espessura do produto, seguindo malha quadrada da ordem de 400mm de lado (Figura 2.118).

Figura 2.118 Aplicação de plástico refratário.
Fonte: Adaptada de (44).

2.5.3.2 Secagem e aquecimento de plásticos e massas de socar (massas plásticas)

A cura deve ser feita empregando-se circulação de ar em temperatura ambiente (ou seja, taxa de aquecimento de 40 a 45°C/hora até 300°C). Atingida a temperatura de 300°C, deve-se mantê-la por cerca de 7 horas, até não se notar mais evolução de vapor. Após essa operação, deve-se seguir a curva de aquecimento do equipamento ou adotar taxa de aquecimento de 40°C/hora até a temperatura de operação do forno.

A produção de massas plásticas de tamponamento geralmente exige misturadores dedicados devido à impregnação de piche, alcatrão, grafita, resinas entre outras matérias carbonosas, gerando uma massa preta de elevada plasticidade. A Figura 2.119 exibe um processo de embalagem para essas massas, em que os tarugos são embalados individualmente e colocados dentro de um *big bag* que, depois, será devidamente identificado e envolto por película plástica.

Os ensaios de trabalhabilidade da massa de tamponamento são normalmente customizados, variando em função das características do furo de corrida e de condições operacionais de cada de alto-forno. A Figura 2.120 exibe a realização do ensaio para determinação do índice de extrusão para uma massa de tamponamento.

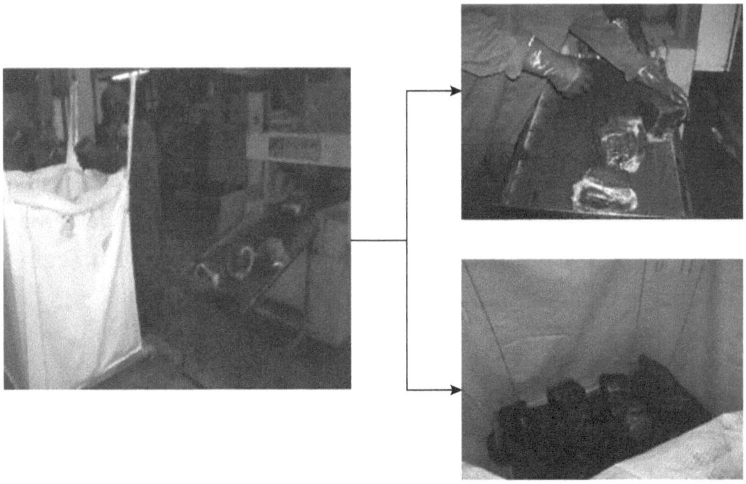

Figura 2.119 Embalagem típica de massas de tamponamento.
Fonte: Adaptada de (54).

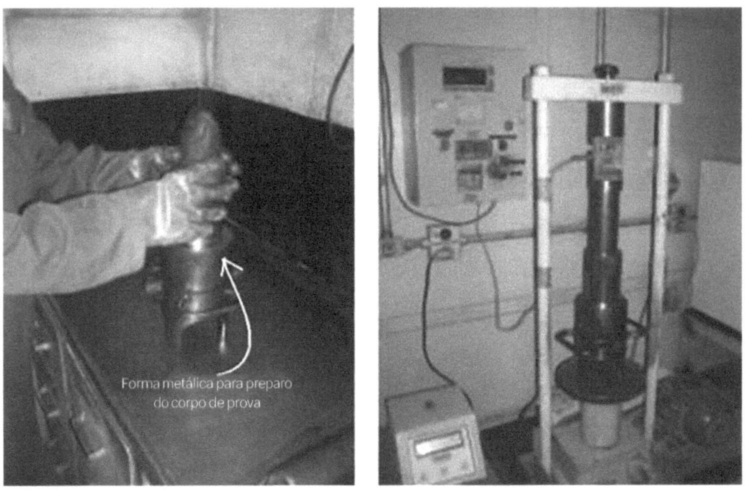

Figura 2.120 Utensílios utilizados na determinação do índice de extrusão para massa de tamponamento.
Fonte: Adaptada de (54).

2.5.4 Massas granuladas secas

São materiais fornecidos secos, acondicionados em sacos de 5 a 15kg ou *big bags* de 500 ou 1000kg, com granulometrias específicas para determinado uso. Como exemplo, citem-se as massas granuladas para confecção da soleira e parede de fornos elétricos a arco, normalmente produzidas à base de sínter de MgO e doloma; ou as massas de sílica ou alta alumina para fornos de indução; além das areias de vedação para válvulas de panelas de aço, areias de vedação das luvas de fornos EBT e condicionadores de escória. Esses últimos podem ser fornecidos também sob a forma de briquetes ou pelotas.

2.5.4.1 Areias de vedação para fornos elétricos tipo EBT e válvulas de panelas de aço

A maioria das areias de enchimento das luvas do EBT é constituída por material básico, com carbono, contendo silicato de magnésio e sínter como matérias-primas. As areias de vedação são lançadas através de dispositivos/manipuladores sobre as válvulas, após a limpeza da panela ou forno, tomando-se todo o cuidado para não cair contaminantes dentro das mesmas, como desprendimento de escória das paredes dos fornos elétricos. A Figura 2.121 apresenta a diferença granulométrica entre os dois tipos de materiais, para o EBT e para a panela de aço.

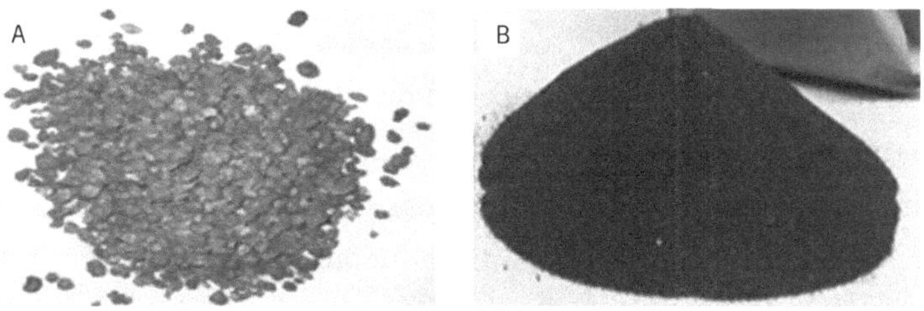

Figura 2.121 A) Imagem de areia de vedação para fornos EBT; B) imagem de areia de vedação para panelas de aço.
Fonte: Adaptada de (44).

A diferença entre as duas areias, além da análise química, é a granulometria, enquanto as areias para enchimento das luvas dos EBT têm granulação grosseira, tipicamente entre 10 e 2mm; as areias de enchimento das válvulas das panelas têm granulação fina, tipicamente entre 1,70mm e 300μm. Para ambos os casos, quando da aplicação, deve-se deixar um excesso (formação de cogumelo), visando uma sinterização da superfície com a finalidade de se manter o restante da areia dentro da manilha do EBT ou da válvula da panela de aço.

Algumas práticas operacionais para garantir abertura instantânea vêm sendo adotada nas usinas, como a utilização de tijolos na sola ao redor do canal do EBT; isso se destina a conservar o perfil daquela região evitando a passagem de escória para a panela, o entupimento do canal e a redução de manutenção localizada. A Figura 2.122 ilustra o local de aplicação das areias de EBT (A) e de panela de aço (B).

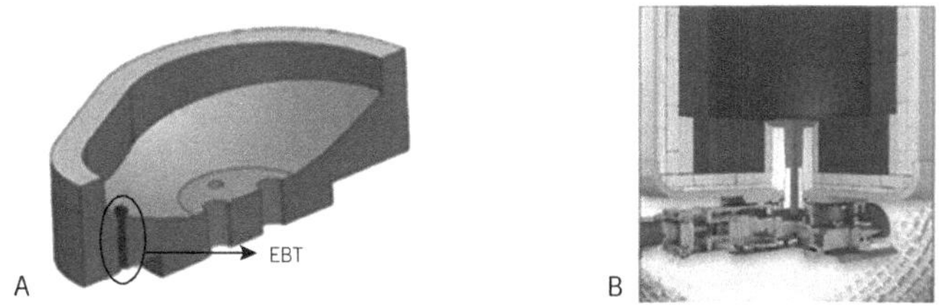

Figura 2.122 A) Representação esquemática da luva de fornos EBT; B) representação esquemática da válvula de lingotamento da panela de aço.
Fonte: Adaptada de (44).

2.5.4.2 Funções básicas de uma areia de vedação de panela

- Impedir a penetração do aço na válvula através da formação de uma fina camada superficial sinterizada na interface areia: aço.
- Permitir o livre fluxo do aço líquido através do rompimento imediato da camada sinterizada, após a abertura da válvula.

A não observância a fatores operacionais como limpeza, adição, movimentação e posicionamento das panelas de aço poderá implicar infiltração de aço/escória no canal, o que compromete a segurança operacional, permite maior passagem de escória para panela, compromete a qualidade do aço, gera maior turbulência no vazamento e reduz a vida do canal, além de possibilitar reoxidação e *pick-up* de N_2. Há de se destacar também o efeito nocivo que a areia pode trazer ao revestimento da panela, podendo tornar necessário o tratamento da sua escória com adição de condicionadores de escória.

No sistema de válvula-gaveta, o bocal superior (ou válvula interna) é preenchido por um material refratário granulado, normalmente conhecido como "areia de vedação" ou "material de preenchimento", com o objetivo de evitar a solidificação do metal e permitir o livre fluxo do aço líquido após a abertura da válvula-gaveta. Para o preenchimento do sistema de válvula-gaveta, a areia poderá ser fornecida para enchimento em camada única ou dupla camada, conforme Figuras 2.123 e 2.124.

O objetivo é a formação rápida de uma espécie de carapaça para impedir o arraste e a remoção de material de enchimento pela agitação provocada no aço pelos processos de refinos realizados na panela de aço. Como se sabe, a sinterização ocorre da superfície de contato com o aço adentrando no material refratário, com o aumento da temperatura de encharque do material. Trincas resultantes da movimentação da panela levam à infiltração do aço que, a depender da profundidade, também impedirá uma abertura instantânea.

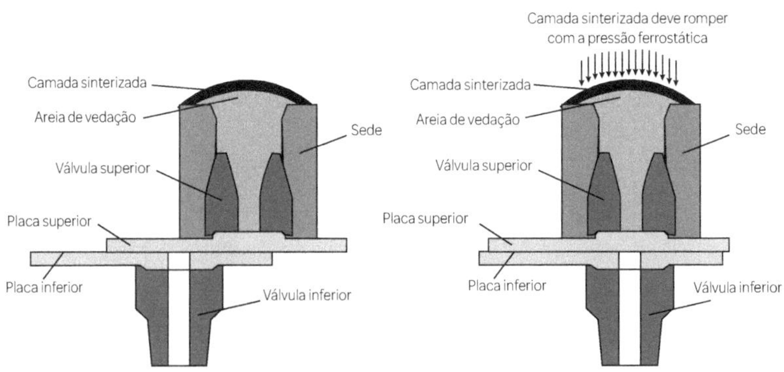

Figura 2.123 Esquema de enchimento da válvula da panela de camada única (posição fechada) e momento da abertura da válvula (posição aberta).
Fonte: Adaptada de (54).

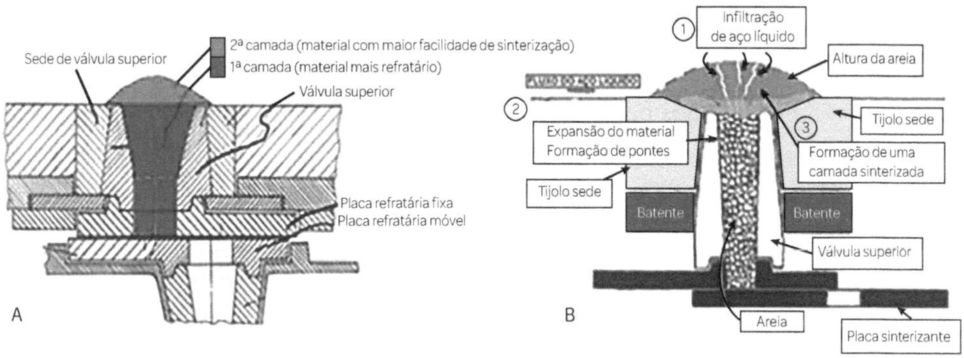

Figura 2.124 A) Esquema de enchimento da válvula da panela camada dupla; B) falhas possíveis de não abertura.
Fonte: Adaptada de (44).

Podemos elencar algumas características para esse tipo de areia de vedação de panela de aço:

- Granulometria fina, normalmente abaixo de 1mm.
- Grau de sinterização adequado, mistura de areia de cromita, com quartzito ou outra matéria-prima de menor refratariedade.
- Baixa molhabilidade pelo aço líquido (dificultar a penetração do aço), normalmente uma fonte de carbono na forma de grafita, negro de fumo ou coque de petróleo.
- Elevada fluidez e baixa expansão térmica, grãos com morfologia arredondada são desejáveis para compor o produto.

Visando maximizar o índice de assertividade das aberturas livres, pode-se elencar alguns pontos importantes a observar após a preparação da panela que consistem em limpeza do canal da válvula, limpeza do tijolo sede, reparo do tijolo sede e reparos no fundo e na parede da panela. A seguinte sequência é fruto das boas práticas operacionais executadas pelos usuários:

- **Momento da adição:** preenchimento ideal da sede e válvula inferior com areia de vedação.
- **Quantidade de areia:** a quantidade de material a ser adicionada deve ser calculada para cada tipo de válvula pela seguinte expressão:

$$\text{Volume de areia} = \text{Volume interno da válvula} + 30\% \text{ em volume}$$

Como o volume interno da válvula aumenta conforme o uso, deve-se considerar o volume de areia para a condição de desgaste máximo da válvula. A quantidade de material obtida pela fórmula deve ser suficiente para preencher toda a válvula e permitir a cobertura de uma área maior, formando uma espécie de cogumelo.

2.5.4.3 Método de colocação

Antes de cada adição, o operador deve verificar se a limpeza da válvula está dentro das recomendações e dos procedimentos operacionais. Para garantir a assertividade da adição, devem-se criar artifícios mecânicos que garantam o preenchimento total das válvulas, evitando a adição por lançamento manual. Deve-se observar se ela formou uma espécie de cogumelo sobre a válvula do fundo da panela de aço.

A Figura 2.125 ilustra algumas possibilidades de erros cometidos na operação.

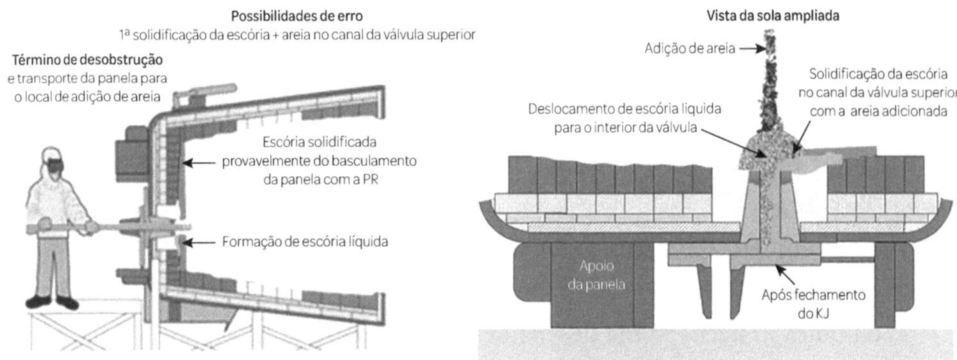

Figura 2.125 Ilustração possibilidades de erros durante a limpeza válvula da panela.
Fonte: Adaptada de (54).

2.5.4.4 Movimentação da panela antes da adição da areia

A observação do interior da panela e de sua movimentação cautelosa deve ser realizada de modo a se evitar o desprendimento de pedaços de escória ou de metal aderidos às paredes ou à borda, ou qualquer outra contaminação que possa cair e atingir a válvula, impedindo seu correto preenchimento, o que implicará risco de abertura não livre (Figura 2.126).

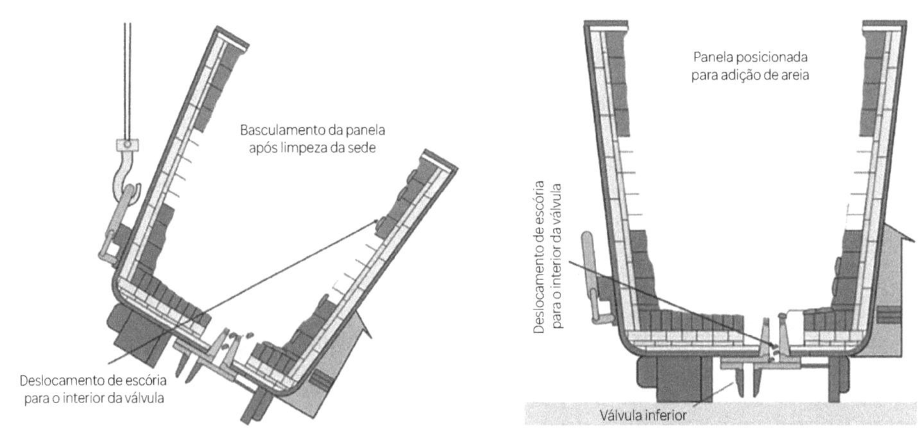

Figura 2.126 Ilustração que demonstra a possibilidade de queda de escória durante a movimentação da panela.
Fonte: Adaptada de (54).

2.5.4.5 Posição da panela sob o forno

O posicionamento da panela sob o forno deve ser tal que o primeiro jato de aço não recaia diretamente sobre a válvula, devendo cair o mais distante possível desta, a fim de minimizar a turbulência nessa região. Sempre que possível, uma boa prática é começar a vazar o aço do conversor ou forno elétrico para a panela e, quando esta estiver com o pé líquido acima de 80cm, reposicionar a panela para o lingotamento ou recobrir a areia com pedaços de chapas de aço com a finalidade de facilitar a formação da crosta sinterizada, sem deslocar a areia sobre a válvula.

Podemos elencar também outros parâmetros operacionais que afetam diretamente a abertura instantânea:

- temperatura do aço;
- tempo de permanência do aço na panela;
- altura da lança de sopro de gases;
- vazão e pressão do gás inerte de rinsagem;
- operação da panela durante s tratamentos e movimentações;
- condição geral da panela.

Considerando-se que as misturas são realizadas em bateladas de 1000kg, foi realizado um estudo mediante o acompanhamento do ciclo das panelas dentro de determinada usina siderúrgica visando entender melhor a influência da condição da panela de aço em relação ao índice de abertura instantânea. Como pode ser observado na Figura 2.127, para panelas no ciclo, o índice de abertura é maximizado enquanto o pior cenário aponta para panelas novas ou reparadas.

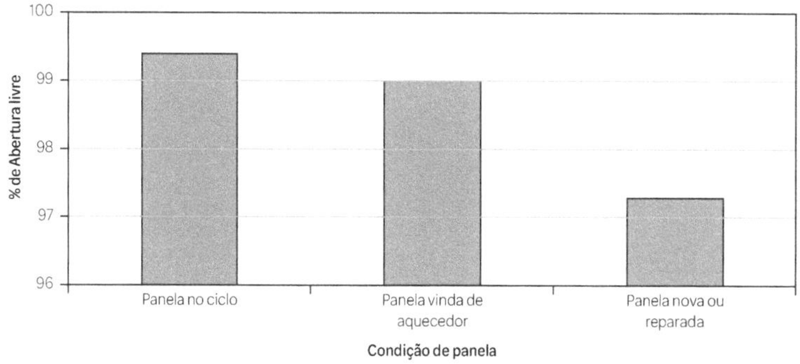

Figura 2.127 Ilustração esquemática da correlação da condição da panela × índice de abertura livre.
Fonte: Adaptada de (54).

Outros acompanhamentos e estudos foram realizados na tentativa de entender melhor a influência de outras variáveis do processo produtivo do aço no índice de abertura instantânea, como a temperatura de vazamento e o tempo de vazamento (Figura 2.128). Para essas condições operacionais, pode-se inferir que aços vazados com temperaturas entre 1600 e 1630°C apresentam maior probabilidade de sucesso de abertura livre, enquanto aços vazados com temperaturas acima de 1680°C apresentam maior risco de abertura forçada. Tempos de vazamento de até 70 minutos também apresentam maior probabilidade de abertura livre, caindo significativamente para tempos superiores a 40 minutos. A abertura não instantânea traz consequências graves para a produção do aço, conforme ilustrado na Figura 2.129.

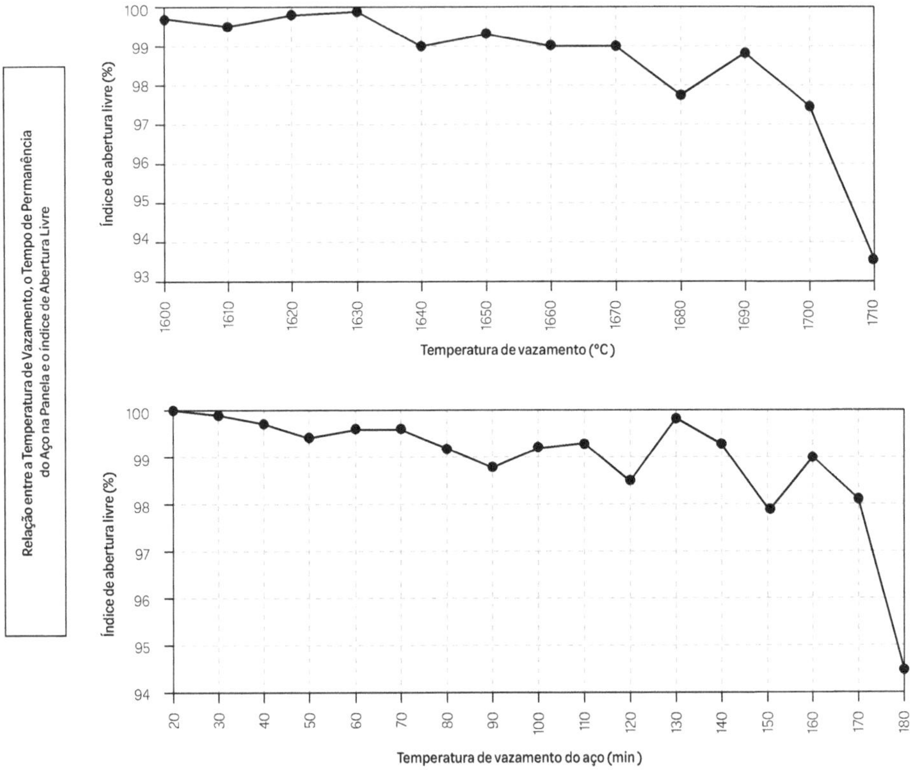

Figura 2.128 Correlação das variáveis temperatura e tempo de vazamento × índice de abertura livre.
Fonte: Adaptada de (54).

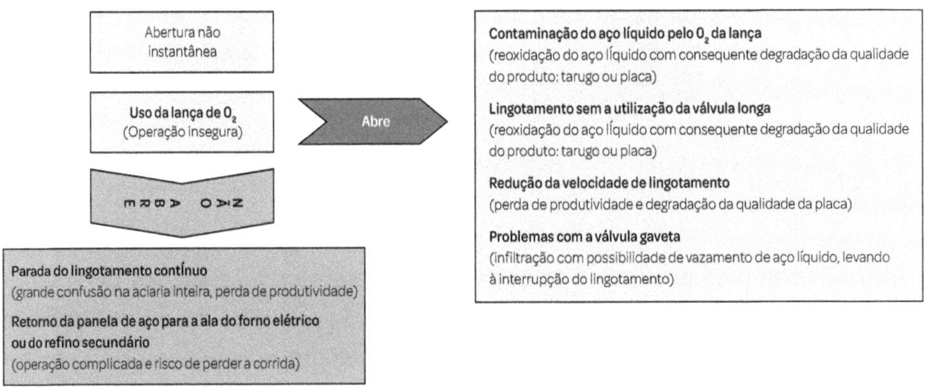

Figura 2.129 Efeitos de abertura não livre em panelas de aço.
Fonte: Adaptada de (54).

2.5.4.6 Massas granuladas secas para rampa e soleira de fornos elétricos a arco

São massas secas com granulação específica visando maior empacotamento durante a aplicação. Podem ser:

- **Magnesianas**, com MgO variando de 90% a 95%, que podem conter como aditivo um material de menor refratariedade como silicato de ferro ou hematita.
- **Dolomíticas**, que apresentam MgO variando entre 35% e 40% e CaO de 55% a 60%.
- **Magnesianas-dolomíticas**, formuladas com sínter de MgO e doloma apresentando MgO entre 70% e 90% e CaO entre 10% e 25%.

Nesses casos, o bom desempenho do material é função da sua composição química, da constituição mineralógica das matérias-primas utilizadas e do processo de sinterização. Como diferenças básicas entre esses três tipos de massas, as magnesianas normalmente apresentam características como baixa velocidade de sinterização e elevada resistência ao ataque de escória, com alto módulo de ruptura a quente. As dolomíticas tendem a apresentar elevada velocidade de sinterização, baixa resistência ao ataque da escória e médio módulo de ruptura a quente. As magnesianas-dolomíticas apresentam o melhor conjunto de propriedades por apresentarem velocidade de sinterização elevada, elevada resistência ao ataque da escória e elevado módulo de ruptura a quente.

Podemos citar como principais mecanismos de desgaste dessas massas:

- desgaste mecânico por descarga de sucata;
- erosão mecânica devido ao fluxo do banho líquido, turbulência;
- hidratação;
- choque térmico, o que leva à formação de fissuras, causando a degradação do revestimento pela infiltração de metal líquido e escória;
- erosão/corrosão provocada por ação do oxigénio extraviado das lanças de injeção.

A Figura 2.130 mostra as formas tradicionais de reparo a frio e a quente para os fornos elétricos, bem como os principais equipamentos utilizados.

2.5.4.6.1 Aplicação de massas granuladas secas para fornos elétricos a arco

Os seguintes cuidados devem ser tomados:

- Para manuseio, abertura da embalagem, alimentação da socagem ou outro método de aplicação, evitar a geração de pó. Usar respirador com filtro mecânico e demais equipamentos de proteção individual.
- Construção da rampa: a espessura da rampa normalmente varia entre 100 e 300mm, a qual deve ser confeccionada socando-se camadas de no máximo 75mm de espessura sobre o revestimento de segurança que foi assentado a seco.

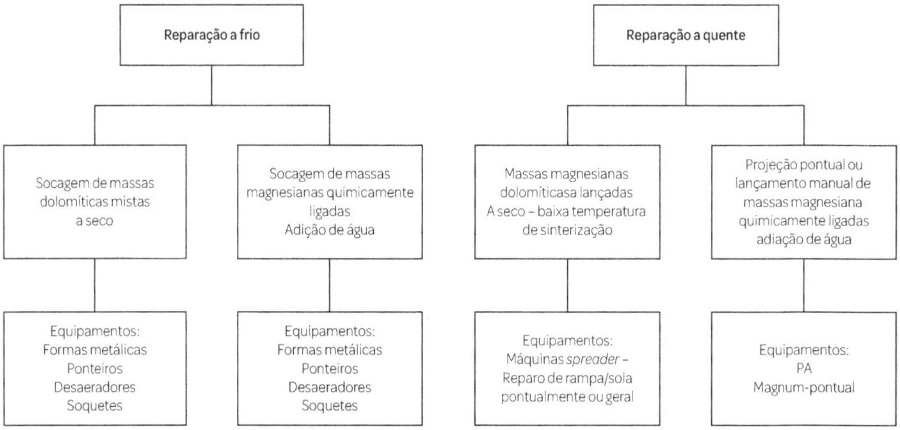

Figura 2.130 Tipos de reparos em fornos elétricos a arco e respectivos materiais indicativos.
Fonte: Adaptada de (44).

- Socagem da rampa: espalhar todo o produto, constituindo-se uma camada de material solto com espessura de aproximadamente 1,3 vezes a espessura final desejada. Utilizando-se soquete metálico de ponta fina, iniciar a desaeração e acomodação da massa, fazendo a ponta fina do soquete penetrar até o revestimento permanente.
- Continuar a desaeração e acomodação até que a ponta do soquete penetre na massa apenas alguns centímetros. Proceder a essa operação de forma contínua e ordenada até que toda a superfície exposta do produto seja desaerada e acomodada (compactada).
- Com a outra extremidade do soquete metálico, a qual deve ser de seção quadrada ou circular com dimensões aproximadas de 50mm de lado ou diâmetro, ou socador pneumático pesado, ou com vibrador de patim, compactar de forma contínua e uniforme até que a socagem produza som metálico. A compactação ideal da rampa requer em média um homem/hora/m^2 de rampa.
- Após essa etapa, remover de 2 a 5cm do produto da superfície da rampa, que pode ter sua granulometria adulterada pelo processo de socagem.
- Procurar dar à rampa, se possível, uma formação abaulada. Remover cuidadosamente as formas metálicas entre rampa e fundo, evitando danos ao material socado.
- No início da operação, deve-se garantir que o primeiro carregamento (cesto) de sucata seja constituído de sucata leve para não danificar a rampa, as laterais e a soleira, pois ele ainda não tem resistência suficiente para suportar impactos de pontas e erosão. Não carregar gusa líquido na primeira carga, após construção ou reparação de grandes proporções.

- Reparação a frio: remover a escória/aço remanescentes, até atingir a camada do produto da região. Proceder ao reparo da mesma forma descrita anteriormente, ou seja, como na construção, garantindo que a espessura do reparo seja da ordem de no mínimo 70mm de espessura.
- Reparação a quente: remover a escória/aço remanescentes até atingir a camada do produto da região. Estando os locais limpos e secos, enchê-los com o produto, acomodando-o com rodo. Garantir que o produto não ultrapasse as bordas dos buracos. A espessura mínima a ser reparada deve ser superior a 70mm para maior eficácia do reparo.

A Figura 2.131 ilustra a metodologia empregada para construção da soleira do forno elétrico a arco apresentando os principais utensílios e máquinas para acomodação, desaeração e compactação do material.

Figura 2.131 Construção da soleira do forno elétrico a arco, ferramental e máquinas.
Fonte: Adaptada de (44).

A Figura 2.132 apresenta máquinas para reparo a quente, utilizando as massas granuladas para recompor o fundo e/ou as rampas dos fornos elétricos, sendo que reparos menores podem ser realizados com lançamento manual de massas úmidas de pega química.

A Figura 2.133 mostra as diferentes variáveis que podem afetar o desempenho da massa refratária em fornos elétricos a arco, tendo como efeito a degradação do forno por buracos e infiltrações na sola.

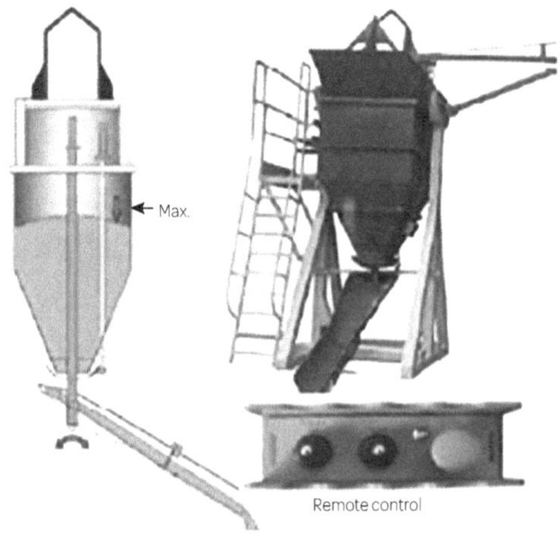

Figura 2.132 Máquinas tipo *spreader* para reparos a quente de forno elétrico a arco.
Fonte: Internet, adaptada pela autoria do capítulo (44).

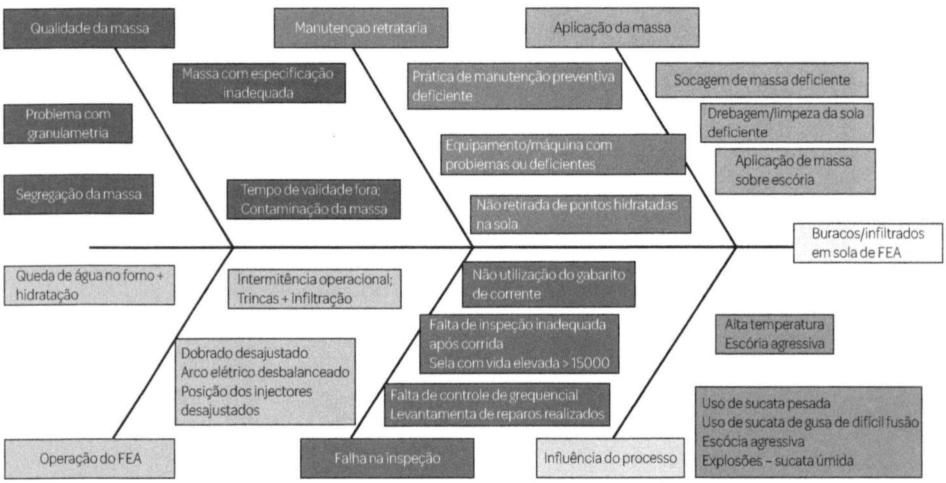

Figura 2.133 Mapeamento das causas de falha da massa de soleira.
Fonte: Adaptada de (54).

2.5.4.7 Massas granuladas secas para fornos de indução

As massas secas de sílica para fornos de indução são misturas de quartzo de elevada pureza, com granulometrias específicas visando sempre maior empacotamento, com adição de agente sinterizante como o óxido de boro, entre 0,6% e 1,2%, enquanto os de alta alumina são produzidas tendo como matérias-primas as aluminas eletrofundidas, sinterizadas e calcinadas, que podem conter até 5% de MgO e/ou outro óxido ou mineralizante.

Uma distribuição granulométrica que maximize a compactação deve passar pelas seguintes etapas fundamentais para que ela resulte em boas campanhas nesses fornos: dosagem adequada dos aditivos; análise química correta para as necessidades termomecânicas do equipamento; boa aplicação do material granulado; bem como condições operacionais controladas.

Para o revestimento dos fornos de indução, o processo de aplicação dos materiais granulados é similar ao do forno elétrico a arco, podendo ter, ainda, vibração interna ou externa em virtude de suas menores dimensões (Figura 2.134).

Figura 2.134 Revestimento do forno de indução garfeado e vibrado.
Fonte: Adaptada de (55).

2.5.6 Concretos refratários

Concretos refratários são misturas secas, compostas por partículas grosseiras e agregados sustentados por partículas finas, denominadas "matriz" (56). Na matriz, encontram-se os sistemas ligantes refratários, microssílica, alumina calcinada, além de dispersantes ou aglutinantes, dependendo da aplicação (46). Essas misturas são fornecidas prontas para aplicação, ou com o uso de ligantes no local, e podem ser vertidas, vibradas, bombeadas ou projetadas, de acordo com a aplicação e as propriedades desejadas.

Existem classificações quanto à composição química, estado físico, método de aplicação, tipo de pega e densidade. Quanto à forma de aplicação, por exemplo, os concretos podem ser vibrados, bombeados, vertidos ou socados (57).

Baseado no teor de cimento, a norma da American Society for Testing and Materials (ASTM) (58) classifica esses materiais em quatro categorias, conforme o teor de CaO do mesmo, a saber:

- convencionais, aqueles que apresentam teor de $CaO > 2,5\%$;
- baixo teor de cimento, aqueles que apresentam teor de $1\% < CaO < 2,5$;
- ultrabaixo teor de cimento, aqueles que apresentam teor de $0,2\% < CaO < 1\%$;
- sem cimento, aqueles que apresentam teor de $CaO < 0,2\%$;

Os **concretos refratários convencionais** apresentam algumas características, tais como: teor de cimento acima dos 15%, argila e/ou plastificantes, fácil mistura, elevado teor de água de mistura (>10%). Apresentam, após moldagem, alta porosidade, baixa resistência mecânica entre 500 e 1100°C e menor refratariedade que os concretos de baixo cimento de mesma classe.

Os **concretos de baixo teor de cimento (BTC)** apresentam teor de cimento entre 5% e 8%, adição de materiais ultrafinos, como aluminas calcinadas e microssílica, além de aditivos dispersantes. A mistura, tanto na fabricação como na aplicação, requer equipamentos de maior energia de mistura para atingir suas propriedades reológicas com baixos teores de água, abaixo de 8%. Apresentam, após moldagem, baixas porosidade e permeabilidade, matriz fechada, elevada resistência mecânica entre 500 e 1100°C, refratariedade superior aos concretos densos convencionais de mesma classe química e tendência à explosão na secagem.

Os **concretos ultrabaixos teores de cimento (UBTC)** apresentam teor de cimento entre 0,5% e 3%, teor de CaO < 1%, adição de materiais ultrafinos, como aluminas calcinadas e microssílica, além de aditivos dispersantes, granulometria especial, teor de água de mistura menor que 6% e, como os concretos de baixo cimento, necessitam de equipamentos especiais para mistura. Apresentam maior refratariedade que os respectivos concretos convencionais e baixo cimento de mesma classe, são mais difíceis de secar e necessitam da adição de fibras orgânicas e pós metálicos (auxiliares de secagem) para garantir caminhos preferenciais durante a secagem, evitando explosões (*spalling*). Mesmo com todos esses artifícios para facilitar a saída de água, a curva de aquecimento e queima deve ser muito bem controlada para evitar a explosão do material.

Os **concretos refratários sem cimento** têm adição de ligantes especiais, como sílica coloidal, alumina coloidal, ácido fosfórico e seus sais derivados, adição de ultrafinos e dispersantes, granulometria especial visando maximizar suas propriedades, como a excelente refratariedade comparada à de concretos de mesma classe química devido à ausência de CaO, mas têm custo muito elevado (matérias-primas especiais), o que pode ser minimizado pela otimização da curva de secagem, pois não necessitam de curva de secagem específica, podendo seguir a curva de aquecimento dos demais refratários no equipamento em que for instalado.

A tecnologia atual de produção de concretos refratários utiliza ligantes diversos, como os cimentos de aluminato de cálcio, sílica coloidal, ácido fosfórico e seus sais derivados, tendo gerado refratários de alto desempenho, de baixo custo, versáteis e rápidos na aplicação, o que faz com que estes ganhem mercado em comparação aos tijolos refratários tradicionais (57).

Como a instalação desses materiais se dá no estado fluido, um estudo detalhado do comportamento reológico dessas misturas, alinhado ao empacotamento do sistema, é indispensável para seu aperfeiçoamento tecnológico (59). Sendo a reologia intimamente relacionada ao quociente matriz/agregado e à distribuição granulométrica do sistema, um mapeamento da relação desses fatores com as propriedades do material resultante é de grande importância (60). Como o empacotamento final do concreto será determinante para seu desempenho, os estudos reológicos devem estar sempre alinhados ao desenvolvimento de misturas com empacotamento controlado para maximizar as propriedades desejadas em campo.

2.5.6.1 Comportamento reológico

Normalmente, para a indústria cerâmica, as exigências são de suspensões com alta concentração de sólidos e baixa viscosidade. Em muitos casos, apenas a repulsão eletrostática não é suficiente para promover a dispersão, sendo indispensável a utilização de polieletrólitos. Dispersões de óxidos estabilizados eletrostaticamente, podem causar problemas relacionados ao envelhecimento devido à solubilidade das partículas, o que afeta o pH do sistema, modificando o comportamento reológico da suspensão. A partir da experiência do meio industrial, sabe-se que problemas de envelhecimento (alta viscosidade e processamento de sistemas multifásicos) podem ser reduzidos utilizando-se polieletrólitos como dispersantes.

O comportamento reológico dos sistemas coloidais depende dos seguintes fatores: viscosidade do meio dispersante; temperatura; concentração de partículas; tamanho e forma das partículas; interações partícula-partícula e partícula-meio dispersante; presença de agentes dispersantes; e a quantidade e características desses agentes (69). Normalmente, para a indústria cerâmica, as exigências são suspensões com alta concentração de sólidos e baixa viscosidade. Em muitos casos, apenas a repulsão eletrostática não é suficiente para promover a dispersão, sendo indispensável a utilização de polieletrólitos.

Reologia é o estudo da deformação e do fluxo da matéria a partir de parâmetros como viscosidade, plasticidade, elasticidade e escoamento, tendo aplicação em diversas áreas, particularmente na descrição do comportamento dos sistemas coloidais. Esses sistemas, normalmente, apresentam comportamento mecânico intermediário, com características viscosas e elásticas em evidência, sendo, portanto, denominados "viscoelásticos".

Newton definiu viscosidade (τ) como a constante de proporcionalidade entre a taxa de cisalhamento (γ) e a tensão de cisalhamento aplicada a um fluido ($\acute{\eta}$).

$$\tau = \acute{\eta}\gamma$$

Os fluidos que obedecem a essa relação são denominados "newtonianos". Entretanto, grande parte dos fluidos não apresenta essa relação de proporcionalidade, sendo estes denominados "não newtonianos"; entre os quais se encontram dois subgrupos: aqueles de comportamento dependente do tempo; e aqueles cujo comportamento é independente do tempo. Quanto a esse segundo grupo, podem acontecer dois fenômenos: **reopexia** (aumento da viscosidade com o tempo a uma taxa de cisalhamento constante); e **tixotropia** (diminuição da viscosidade com o tempo a uma taxa de cisalhamento constante). A Figura 2.135 resume a classificação dos comportamentos reológicos dos fluidos (69).

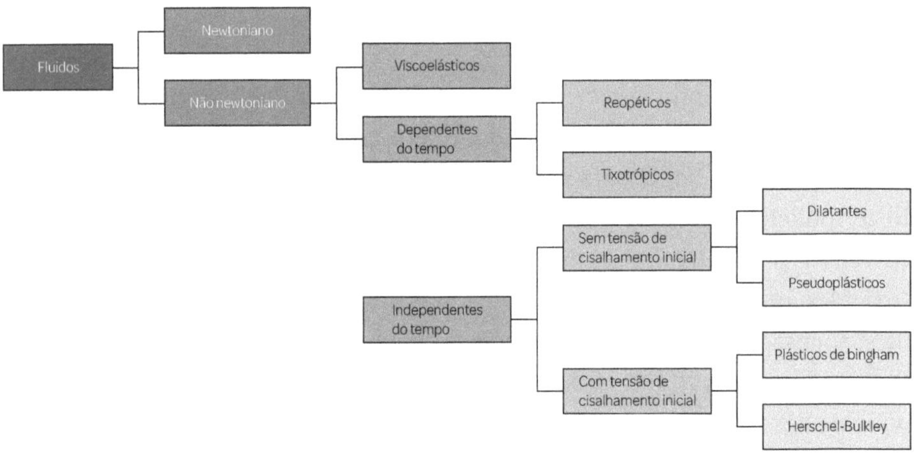

Figura 2.135 Classificação reológica de fluidos.
Fonte: Adaptada de (61).

Concretos refratários, após a mistura com água, tornam-se suspensões muito densas. Em termos reológicos, líquidos e suspensões podem ser divididos em (61):

- **Comportamentos independentes do tempo:** os fluidos que aqui se enquadram não mudam seu comportamento reológico em decorrência do tempo em que a tensão é aplicada a eles e subdividem-se em:
  - **Newtonianos:** fluidos que têm relação direta e proporcional com a tensão aplicada e a deformação sofrida por eles;
  - **Pseudoplásticos:** fluidos que sofrem uma queda na viscosidade com o aumento da tensão aplicada;
  - **Dilatantes:** fluidos cuja viscosidade aumenta à medida que se eleva a tensão aplicada.
- **Comportamentos dependentes do tempo:** a característica reológica desses fluidos varia de acordo com o tempo que a tensão é aplicada e subdividem-se em:
  - **Tixotrópicos:** sua viscosidade diminui em função do tempo em que uma tensão constante é aplicada a eles;
  - **Reopéxicos:** sua viscosidade aumenta em função do tempo que uma tensão constante é aplicada a eles.

A capacidade de suspensões densas "escoarem", com ou sem a aplicação de uma tensão, tem muito a ver com sua concentração e a interação das partículas (principalmente na matriz em decorrência de sua elevada área superficial, aumentando ainda mais com partículas não esféricas). Muitas vezes, os fenômenos de superfície impedirão as partículas de se rearranjarem, de modo que se permita o escoamento do fluido devido à fricção entre elas, à formação de aglomerados etc. Partículas muito irregulares têm área superficial específica superior quando comparadas com partículas esféricas, o que aumenta os fenômenos de superfície e dificulta a reologia do material (61).

Assim, deve-se pensar cuidadosamente no empacotamento das partículas, em todos os parâmetros que o influenciam, bem como no quociente matriz: agregado para otimizar a performance do concreto em campo (Figura 2.136). A reologia também se encontra intimamente relacionada ao quociente matriz/agregado e à distribuição granulométrica do sistema. As propriedades finais do material é fruto dessa combinação indissociável (69).

Estudos cuidadosos das partículas envolvidas em uma mistura devem ser feitos para a otimização do empacotamento e adequá-las à necessidade de cada situação específica, como maior resistência e densidade ou menor densidade e maior poder isolante.

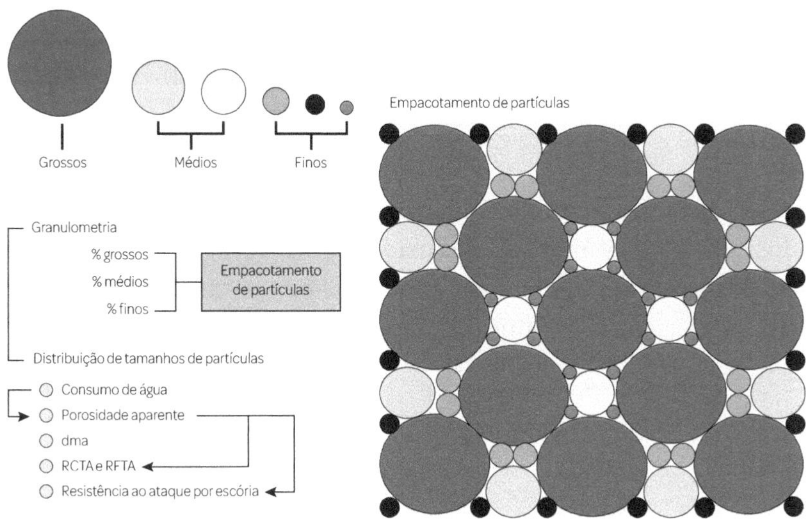

Figura 2.136 Representação do empacotamento de partículas relacionadas com as propriedades dos concretos.
Fonte: Adaptada de (54).

2.5.6.2 Reologia e o desenvolvimento de cargas de superfície

Em meio aquoso, as cargas superficiais podem ser geradas de diversas maneiras, normalmente por interação química específica, dissolução preferencial de íons na superfície e por substituição isomórfica na rede cristalina, que são as mais comuns.

Adsorção preferencial de um íon a partir da solução em uma superfície inicialmente sem carga também é importante.

A Figura 2.137 apresenta de forma ilustrativa a dissociação de um grupo da superfície sólida, levando ao desenvolvimento de cargas superficiais e à reação entre a superfície e o meio líquido, o que provoca uma mudança na composição da superfície. As alterações na superfície de óxidos e a formação de interface eletricamente carregada entre as partículas e o meio aquoso são controladas pelo pH e a força iônica da solução em que os óxidos são dispersos. Os surfactantes/dispersantes agem na superfície criando forças repulsivas entre as partículas e impedindo que estas se aglomerem.

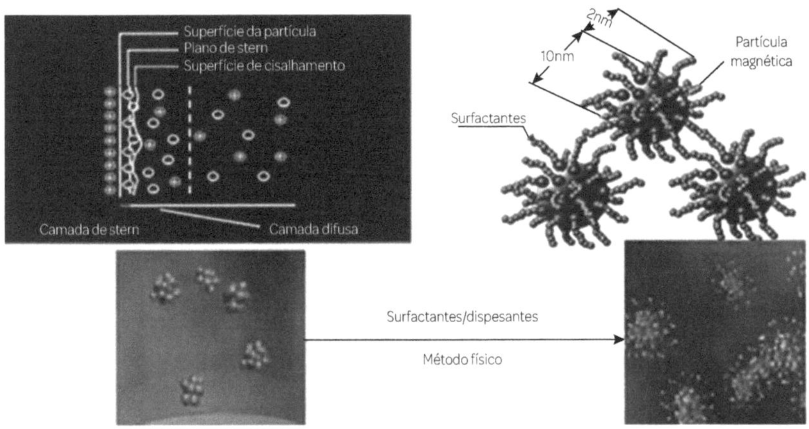

Figura 2.137 Representação dos mecanismos de aglomeração e de dispersão de partículas.
Fonte: Adaptada de (44).

Para esses agentes agirem no sistema, é necessária energia para dispersá-los na matriz dos concretos. A interação dos óxidos com a água, formando hidroxilas, da superfície dos óxidos (alumina e alumino-silicatos) da matriz com o cimento de aluminatos de cálcio, é exemplificada esquematicamente na Figura 2.138.

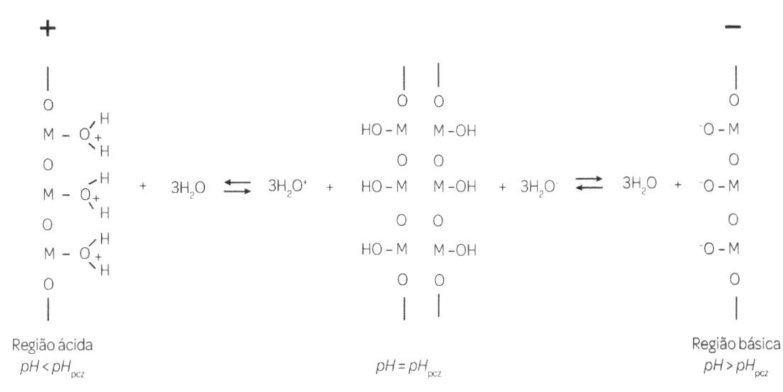

Figura 2.138 Reação entre a superfície de um óxido metálico e moléculas de H_2O.
Fonte: Adaptada de (61).

A superfície do hidróxido metálico (MOH) sofre dissociação liberando íon hidrogênio para a solução, deixando a superfície carregada negativamente, mas quando a atividade do íon hidrogênio na solução aumenta, a partícula torna-se carregada positivamente. Os íons determinantes do potencial são aqueles que estabelecem as cargas na superfície. Esses íons podem ser H+ e OH-, vários surfatantes iônicos reativos (coletores) e os capazes de formar complexos com espécies da superfície. Os contra íons são aqueles que não têm afinidade específica pela superfície e são adsorvidos por interação eletrostática. Diz-se que os íons hidrônio (H_3O+) e hidroxila (OH-) são determinadores do potencial (IDP), pois a carga da superfície e o potencial zeta são dependentes da concentração desses íons em solução, isto é, do pH (46).

2.5.6.3 Potencial zeta

O potencial zeta é uma grandeza de natureza elétrica muito importante no estudo da estabilidade de suspensões coloidais, sobretudo no que diz respeito ao mecanismo eletrostático de estabilização. Ele pode ser determinado experimentalmente por diversos métodos, tais como eletrosmose, potencial de sedimentação, potencial de escoamento ou por eletroforese, este último método é o mais utilizado se fundamenta na medida da mobilidade eletroforética das partículas em meio líquido, as quais se movimentam sob um campo elétrico aplicado externamente. Seu valor está intimamente relacionado ao pH, sendo normalmente positivo em regiões ácidas e negativo em regiões básicas.

O PCZ corresponde ao ponto de carga zero, valor de pH no qual a superfície encontra-se teoricamente neutra. O valor de pH para o qual o potencial zeta é nulo e denominado "ponto isoelétrico" (PIE) e a região em torno desse valor corresponde à região de menor estabilidade das suspensões do ponto de vista eletrostático. O ponto isoelétrico, PIE, é determinado experimentalmente por um método eletrocinético, como a microeletroforese.

2.5.6.4 Concretos refratários (processo/produção/controles)

Normalmente, a mistura dos concretos pode ser realizada em misturadores de média ou alta intensidade, após adição das matérias-primas base, tais como aluminas eletrofundidas, chamotes, cianita, andaluzita, silimanita, cinasita, com granulação variada, em geral composta por várias frações granulométricas, por exemplo, 12/5mm, 5/3mm, 3/1mm, < 1mm e < 75µm, em proporções pré-determinadas, dependendo da função esperada de cada uma.

A matriz é composta por matérias-primas como alumina calcinada, microssilica, cimento de aluminato de cálcio, argila, aditivos dispersantes (tripolifosfatos, hexametafosfatos etc.), retardadores (ácido cítrico, citrato e bicarbonato de sódio) e aceleradores de pega (carbonato de lítio, cimento Portland) e aglutinantes (CMC, bentonito).

Conforme a necessidade, podem ser adicionados fibras orgânicas ou pós metálicos visando aumentar a permeabilidade do sistema e fibras metálicas para evitar a formação e propagação de trincas.

O tempo de mistura nesses misturadores é em torno de 5 minutos, suficiente para garantir a uniformidade da mistura após a dosagem das matérias-primas, em proporções estudadas, para se obterem características específicas/desejadas. Após a primeira mistura, são realizados ensaios rápidos de liberação do produto. Após liberação pela área de qualidade, o produto normalmente é embalado, podendo ser esta em sacos de até 25kg por questões ergonômicas (dependendo da densidade do concreto), ou *big bags* de 500, 1000 ou conforme solicitação do cliente.

2.5.6.5 Variáveis de controle de processo do concreto à base de cimentos de aluminato de cálcio

- tempo de mistura;
- sequência de adição das matérias-primas;
- pesagem das matérias-primas (majoritárias e aditivos);
- curva granulométrica da mistura final;
- quantidade de água requerida;
- tempo de pega;
- reologia da mistura: fluidez (*flow test*), tempo de pega, plasticidade (*sand hammer*).

A avaliação do comportamento da mistura ao longo do tempo é feita pela perda da fluência após 30 minutos até 1 hora e 30 minutos, no dia da fabricação e após 30, 60 e 360 dias. Gráficos de trabalhabilidade *versus* tempo (*working time*) são traçados.

O comportamento reológico dos sistemas coloidais depende dos seguintes fatores: viscosidade do meio dispersante; temperatura; concentração de partículas; tamanho e forma das partículas; interações partícula-partícula e partícula-meio dispersante; presença de agentes dispersantes; e a quantidade e características desses agentes. O comportamento reológico dos cimentos é determinado segundo a Norma NBR 13320: 2012 – "Determinação da fluidez de concretos refratários convencionais e de fluência livre", a qual é realizada com a utilização da mesa de fluência (*flow table*) conforme Figura 2.139.

A trabalhabilidade (*working time*) dos concretos refratários é gerada especialmente pela cinética de hidratação do ligante hidráulico, por exemplo, os cimentos de aluminato de cálcio. Estudos mostram que cimentos que apresentam tempo de pega longo geram concretos de baixa trabalhabilidade, bem como cimentos de tempo de pega curto provocam trabalhabilidade longa. O tempo de pega é um fenômeno definido como o momento em que o material adquire consistência e torna-se impróprio ao manuseio, sendo uma consequência do processo de hidratação, início do processo de endurecimento.

Figura 2.139 A) foto ilustrativa mesa de fluência; B) determinação da fluência.
Fonte: Adaptada de (44).

O início e o fim de pega são usados para se determinar o tempo que o cimento leva para começar a endurecer e quanto tempo ele leva para endurecer totalmente. De maneira prática, o conhecimento sobre o início e o fim de pega permitirá ao aplicador saber o tempo máximo que ele terá para aplicar o concreto e o tempo mínimo para retirar as formas. De maneira geral, a Figura 2.140 retrata a relação entre as principais propriedades do concreto à base de aluminato de cálcio (CAC) e as matérias-primas e demais condições e parâmetros utilizados para o controle do processo produtivo.

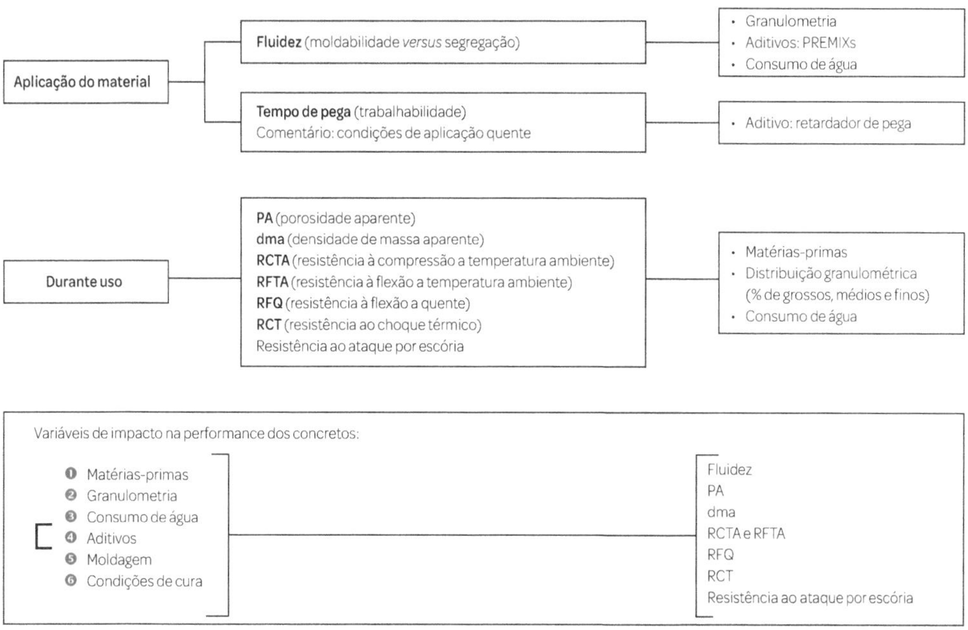

Figura 2.140 Quadro resumo de relação propriedades e variáveis de impacto na performance do CAC.
Fonte: Adaptada de (54).

A Figura 2.141 relaciona algumas matérias-primas a funções importantes no CAC; os dispersantes, com a finalidade de repelir as partículas, diminuindo a relação água cimento; já os pós metálicos reagem com o meio alcalino ainda no estado fresco gerando gases, e as fibras poliméricas diminuem a formação de trincas e degradam-se a partir de 80°C, estes tem a finalidade de gerar caminhos preferenciais para a saída de água ou ainda no estado fresco (pós metálicos) ou durante o aquecimento (fibras poliméricas). Já as fibras metálicas têm a finalidade de combater a formação/propagação das trincas.

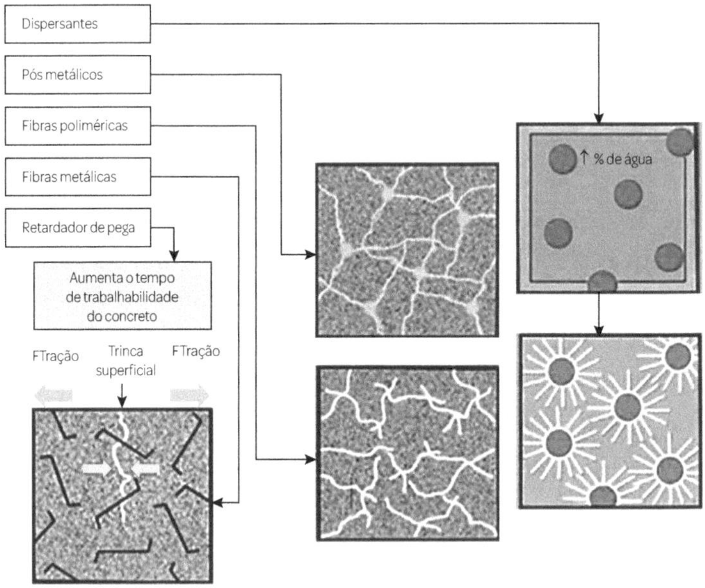

Figura 2.141 Resumo de relação das propriedades e variáveis de impacto na performance dos concretos.
Fonte: Adaptada de (54).

Outras matérias-primas importantes que fazem parte da matriz, como as aluminas, microssílicas e cimentos, têm influência direta na reologia do sistema, pois, além da diferença de tamanhos, existem cargas superficiais que farão toda a diferença para agregação/dispersão das partículas na matriz e no tempo de pega dos concretos. Os retardadores de pega, tais como o ácido bórico, cítrico, citrato de sódio e bicarbonato de sódio, normalmente têm caráter ácido e dificultam a precipitação dos hidratos.

Os agregados não são tão importantes quanto a matriz do CAC, mas têm sua relevância evidenciada pela morfologia, porosidade, além dos teores dos óxidos que são propriedades comuns a cada classe. Mas a proporção da utilização de suas frações definirá o seu empacotamento, o que é fundamental para maximizar as propriedades mecânicas do CAC; para tanto, faz-se necessária a utilização de modelos de empacotamento de partículas.

Como dito anteriormente, a matriz de concretos é composta por partículas finas (dominadas pelos fenômenos de superfície devido a sua grande área superficial) e agregados, compostos por partículas mais grosseiras (dominadas pelos fenômenos de massa).

Os modelos de empacotamento de partículas têm como finalidade adequar o coeficiente matriz: agregado de forma a melhorar o desempenho da mistura em função do comportamento esperado, em âmbito reológico, buscando o máximo empacotamento.

Modelos matemáticos para correlacionar a granulometria à reologia e ao empacotamento ideal foram desenvolvidos por Furnas, Andreasen e Alfred. Entretanto, saliente-se que não levam em consideração fatores relevantes para matérias-primas reais, tais como a porosidade das partículas, a densidade, a morfologia etc., e consideram apenas partículas com morfologia perfeitamente esféricas e densas (61).

Existem duas abordagens para os modelos de empacotamento, a **discreta** e a **contínua**:

- **Discreta:** as partículas do sistema são consideradas todas pertencentes a uma estreita faixa granulométrica. Ao se utilizarem partículas de diferentes diâmetros para aumentar o empacotamento, todas as partículas (esféricas e não esféricas) têm aproximadamente o mesmo tamanho ou diâmetro médio para sua faixa, como se fossem, por exemplo, coletadas de duas malhas sucessivas de peneiras.
- **Contínua:** a faixa granulométrica de distribuição de tamanhos é contínua em toda sua extensão. É uma consideração mais aplicável, uma vez que faixas granulométricas de matérias-primas não são definidas em faixas tão estreitas quanto a abordagem discreta exige, havendo partículas de diversos tamanhos médios dentro da faixa de distribuição.

Os principais modelos de empacotamento foram desenvolvidos por **Furnas (abordagem discreta)**, **Andreasen e Alfred (abordagens contínuas)**. Todos eles se baseiam na quantidade de partícula menores que determinado diâmetro (CPFT). É como se um conjunto de peneiras estivesse sob análise e o CPFT representasse a porcentagem de partículas que deveriam estar abaixo de cada peneira para a construção da curva ideal de cada modelo.

Vale observar que cada um dos pontos mencionados é feito em relação a determinada granulometria de partícula (o diâmetro médio da peneira, por exemplo), esclarecendo a qual diâmetro se refere. Também é importante introduzir o conceito do coeficiente de empacotamento (q) apresentado para entender melhor as equações dos modelos apresentadas a seguir. O coeficiente de empacotamento varia de 0,00 a 1,00 e altera a proporção matriz: agregado das misturas. Coeficientes mais altos resultam em uma quantidade maior de agregados, enquanto coeficientes mais baixos aumentam a porcentagem de matriz (69). A seguir, estão descritos os principais modelos de empacotamento de partículas utilizados para a construção e as curvas granulométricas do CAC.

2.5.6.5.1 Modelo de Furnas (abordagem discreta)

$$\frac{CPFT}{100} = \frac{D_P^{\log \bar{r}} - D_s^{\log \bar{r}}}{D_L^{\log \bar{r}} - D_s^{\log \bar{r}}}$$

Onde:
CPFT = porcentagem acumulada de partículas menores que D_P
$D_{P.}$ = diâmetro da partícula
D_S = diâmetro da menor partícula
D_L = diâmetro da maior partícula e é o quociente entre o volume das partículas retidas em uma malha de peneira e o volume na malha imediatamente inferior
$\bar{r}$ = razão entre o volume das partículas retidas em uma malha de peneira e o volume na malha imediatamente inferior

2.5.6.5.2 Modelo de Andreasen (abordagem contínua)

$$\frac{CPFT}{100} = \left(\frac{D_P}{D_L}\right)^q$$

Onde:
$D_{P.}$ = diâmetro da partícula
D_L = diâmetro da maior partícula
q = coeficiente de empacotamento

2.5.6.5.3 Modelo de Alfred (abordagem contínua)

$$\frac{CPFT}{100} = \left(\frac{D_P^q - D_s^q}{D_L^q - D_s^q}\right)$$

Onde:
$D_{P.}$ = diâmetro da partícula
D_S = diâmetro da menor partícula
D_L = diâmetro da maior partícula
q = coeficiente de empacotamento

Por meio de testes e simulações computacionais, valores de q menores ou iguais a 0,37 podem favorecer o empacotamento máximo das partículas, pois são verificados valores mais acentuados de porosidade residual quando aplicados coeficientes de empacotamento com valores acima de 0,37.

Foi apontado, também, que misturas com q abaixo de 0,30 apresentam melhor capacidade de escoamento, sendo que misturas com q abaixo de 0,25 são "autoescoantes". Recentemente, foi descoberto que os modelos propostos por Furnas e Andreasen, na verdade, podem ser entendidos como duas formas distintas de se expressar uma mesma coisa (65). Ambos os modelos foram testados e concluiu-se que convergiam para uma mesma equação, a descrita por Alfred, fazendo a equação de Alfred ser considerada um aperfeiçoamento das equações anteriores (61).

Mediante exaustivos testes e comparações entre as densidades obtidas com os diversos modelos, pesquisadores apontam que a máxima densidade de empacotamento para materiais densos pode ser obtida pela seguinte ordem: primeiro lugar Alfred, seguido pelos modelos de Andreasen e, em terceiro lugar, Furnas (61). Vale lembrar que esses modelos não consideram a morfologia das partículas e sabe-se que, quanto mais distante forem as partículas da forma esférica, menor será a densidade de empacotamento de uma suspensão com a mesma distribuição granulométrica. Isso se decorre da fricção intermolecular que surge pelo contato das superfícies irregulares das partículas entre si que impedem as partículas de se rearranjarem eficientemente na matriz da mistura.

Consequentemente, quanto mais finas e mais irregulares forem as partículas, menor será a densidade relativa do concreto, devido ao aumento de área superficial específica das partículas (Figura 2.142). Partículas mais densas, no geral, tendem a formar empacotamentos mais densos. A utilização de materiais ou partículas com acentuada diferença de densidade poderá resultar em segregação dos componentes durante a mistura e em perda na eficiência do empacotamento, como a introdução de fibras metálicas no CAC (57,61).

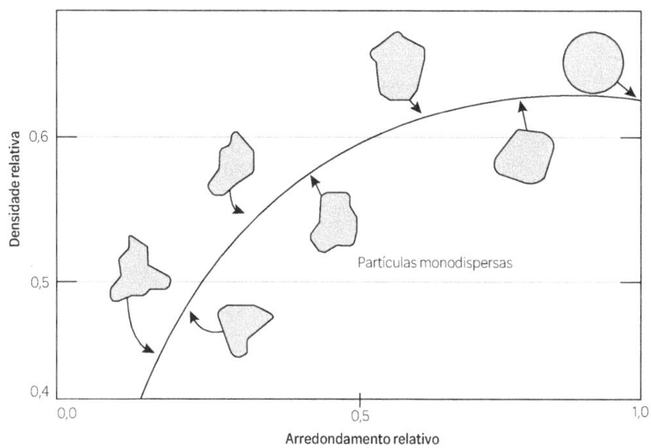

Figura 2.142 Morfologia de partículas *versus* facilidade de empacotamento.
Fonte: Adaptada de (61).

Cada classe de material refratário monolítico requer controles específicos durante cada etapa da sua produção, desde as matérias-primas até o produto. A Tabela 2.46 retrata de maneira simples como pode ser elaborado um plano de controle para as principais classes de monolíticos, visando tomada de decisão rápida, minimizando perdas e retrabalhos. Conforme amadurecimento das formas de controle, este poderá ter sua frequência dilatada ou reduzida, assim como poderão ser adicionados outros parâmetros específicos, por exemplo, para massas de tamponamento, não retratados nesse cenário.

Tabela 2.46 Tabela sugestiva de frequência para ensaios de rotina para monolíticos.

Linha de produtos	Produtos	Ensaios	Frequência
Massas básicas	Projetáveis, ligadas a cromatos, fosfatos, silicatos	Granulometria, umidade, PF-perda ao fogo, polimerização, RCTA	1ª mistura e após cada 10 misturas
Concretos	Baixo cimento Densos regulares Isolantes	Granulometria, umidade, % de adição de água, tempo de pega inicial de pega e tempo final de pega (TPI e TPF), reologia (consistência/fluência)	1ª mistura e após cada 10 misturas
		Densidade após moldagem, secagem e queima Resistência à compressão e à flexão Variação linear dimensional	1 a cada 50 toneladas
Argamassas	Úmidas e secas	Penetração, tempo de retenção de água, granulometria, umidade, força ligante	1 por mistura: demais, 1 a cada 10 toneladas
Pré-moldados	Inibidores de turbulência Barragens Retentores	% de água, reologia (fluência), sensoriais: visuais (trincas, cantos quebrados, acabamento), audição (som), medidas dimensionais, abaulamento, empeno, esquadrejamento	100% das peças

Fonte: Adaptada de (44).

A Figura 2.143 retrata as formas utilizadas para preparo dos corpos de prova para determinação da resistência à flexão e à compressão e para determinação da resistência à erosão em temperatura ambiente (62,63).

Figura 2.143 Imagem de formas metálicas para preparação de corpos de prova.
Fonte: Adaptada de (44).

A moldagem dos corpos de prova do CAC pode ser realizada com auxílio de mesa de vibração, conforme mostrado na Figura 2.144.

Figura 2.144 Moldagem de corpos de prova do CAC.
Fonte: Adaptada de (44).

Determina-se a resistência à abrasão/erosão pela determinação da diferença de massas inicial e final do corpo de prova, antes e depois do ensaio, respectivamente. O resultado é expresso em volume (cm^3), representando o volume perdido, que foi erodido. Para tanto, deve-se determinar previamente a densidade de cada corpo de prova a ensaiar (Figura 2.145).

Figura 2.145 Equipamento do erosímetro e corpos de prova após ensaios de abrasão/erosão.
Fonte: Adaptada de (44).

Outros ensaios muito utilizados para o CAC são o da densidade aparente (DA), porosidade aparente (PA), permeabilidade, resistência à flexão (RFTA) e compressão (RCTA), refratariedade sob carga e variação linear dimensional (VLD) após tratamentos térmicos em determinadas temperaturas de interesse. Os corpos de prova devem ter a forma de prisma reto, com dimensões aproximadas de 160 × 40 × 40mm, no caso de materiais refratários densos. No caso de materiais isolantes, suas dimensões devem ser aproximadamente de 229 × 114 × (76 ou 63)mm. Corpo de prova visivelmente defeituoso não deve ser ensaiado, sobretudo se apresentar falhas estruturais internas (2).

2.5.6.6 Pré-moldados

Durante o enchimento de um molde na fabricação de uma peça refratária pré-moldada, os componentes de um concreto refratário, matérias-primas pricipais, aditivos e sistemas ligantes, independentemente de quão bem sejam misturados, não estão distribuídos de modo homogêneo nem são compactados na densidade máxima possível porque o ar fica aprisionado na estrutura. Além disso, o material não se distribui igualmente no molde, em especial em geometrias mais complexas devido à fluidez (tixotropia) da mistura.

Torna-se necessário aplicar vibração, fonte de energia que moverá as partículas por forças dinâmicas, reduzindo o atrito entre elas seja rapidamente, o que proporciona um rearranjo granulométrico mais eficiente e uma maior densificação do sistema, diminuindo a porosidade e maximizando a resistência mecânica. A aplicação da vibração é frequente na indústria, principalmente em equipamentos para fornecer energia para movimento de partículas, para transporte ou compactação.

O moto vibrador é usado e pode ser descrito como um motor elétrico que tem acoplado no seu eixo um sistema de balancins (Figura 2.146) que, com a oscilação, promove a vibração no sistema. Esses balancins podem ser regulados de forma que se possa aumentar ou diminuir a amplitude de vibração, com a abertura ou fechamento do espaço entre os excêntricos, levando o conjunto a ter a resultante angular com o motor em movimento. No caso mais específico de fornecimento de energia de vibração para compactação de partículas, a necessidade é garantir a eficiência da transmissão de vibração do moto vibrador para o sistema que contém a massa de particulados.

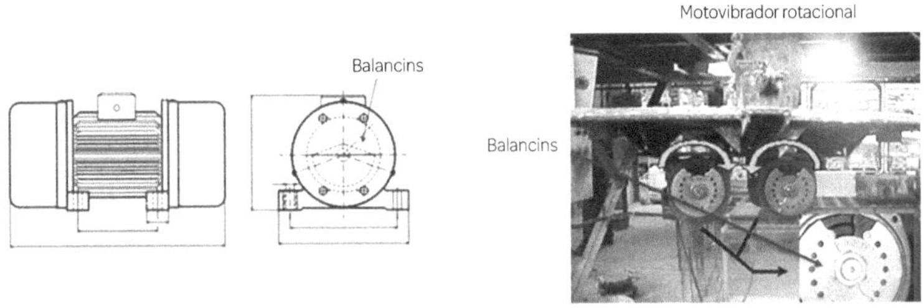

Figura 2.146 Imagem esquema de como regular os balancins.
Fonte: Adaptada de (44).

Esse sistema de vibração é usado em uma mesa vibratória com inversor de frequência, sendo mais eficiente que o sistema composto por vibradores de imersão, pois, além de permitir maior homogeneidade, evita segregação e diminui o risco de haver bolhas de ar aprisionadas dentro do concreto. A rigidez do sistema é necessária, seja pela confecção da forma com chapa mais grossa, seja pela colocação de nervuras de reforço para aumentar a eficiência de transmissão de vibração. O sentido da resultante das forças de vibração deve ser considerado em todo projeto de vibração.

A confecção de peças grandes em mesas de vibração de maior dimensão torna necessários o ajuste do balancim e a frequência dos motores, além da sintonia de vibração entre os motores, para gerar forças construtivas e tornar eficaz o conjunto dessas forças de vibração.

2.5.6.7 Secagem e cura

Após a concretagem, o CAC (concreto à base de aluminatos de cálcio) necessita das etapas de secagem e cura, sendo que o processo de hidratação é iniciado pela dissolução do cimento de aluminato de cálcio em água. Quanto maior for a solubilidade do aluminato de cálcio, maior será a concentração de íons na solução. Em uma solução com cimento, uma vez que ela esteja saturada com esses íons, ocorrerá a precipitação dos hidratos. Posteriormente, novos íons serão formados devido à dissolução adicional do cimento até que a saturação seja mais uma vez alcançada (princípio de Le Chatelier). Esse ciclo continua até que todo o cimento seja consumido como hidratos.

O consumo de água e a formação de fases hidráulicas asseguram a solidificação do concreto em consequência do crescimento dos cristais de hidratos que se ligam e se intertravam, conferindo resistência a verde ao concreto (Figura 2.147). As características de desidratação serão específicas para cada cimento, dependendo da quantidade relativa de cada fase hidráulica presente, além de depender fortemente da temperatura de cura. Isso significa que quanto maior a temperatura de cura, maior será a temperatura de desidratação. Esses fatores devem ser levados em conta durante a secagem de concretos refratários, tendo o cimento de aluminato de cálcio como ligante.

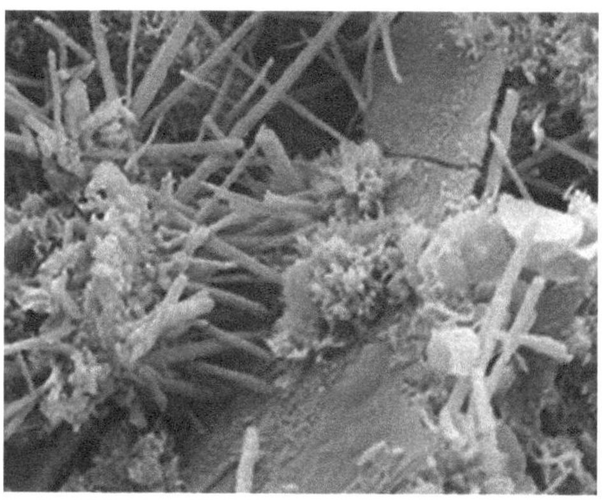

Figura 2.147 Micrografia ilustrando a hidratação de cimento CAC.
Fonte: Adaptada de (57).

As temperaturas de secagem devem ser consideradas em conjunto com outros parâmetros físicos, como a porosidade, a permeabilidade e a resistência do concreto. Todos esses fatores combinados ditarão a probabilidade de explosão do concreto durante a secagem; para tanto, torna-se necessária a utilização de fibras orgânicas, sintéticas ou de elementos metálicos como aditivos na formulação do CAC a fim de facilitar a eliminação da água livre adsorvida pelos capilares e a água quimicamente ligada.

A Figura 2.148 mostra a influência da temperatura de cura do CAC nas respectivas fases de desidratação. Quanto menor a temperatura de cura, maior a probabilidade de formação de fases mais hidratadas e quanto maior a quantidade de cimento, maior será a quantidade de fases formadas.

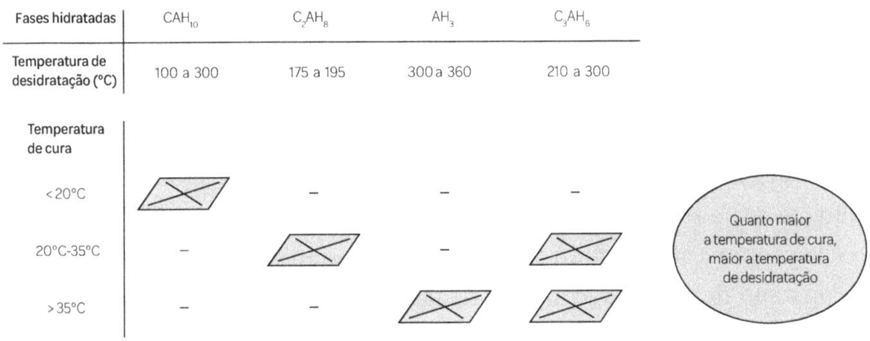

Figura 2.148 Desidratação de concretos à base de CAC.
Fonte: Adaptada de (64).

A redução do teor do cimento na composição do concreto é desejável, pois reduz o teor de CaO que reage com Al_2O_3 e SiO_2 formando fases com baixo ponto de fusão (~ 1345°C), como a anortita ($CaO.Al_2O_3.2SiO_2$) e a gelenita ($2CaO.Al_2O_3.SiO_2$), sendo que a presença dessas fases reduz consideravelmente a refratariedade do CAC.

Os hidratos formados se desidratam progressivamente, à medida que a temperatura aumenta. No entanto, os compostos formados são estáveis, mesmo em temperaturas mais elevadas, quando começam a reagir com os agregados refratários para formar novas fases estáveis. O entendimento das temperaturas de formação de fases hidratadas do cimento em função da temperatura de cura ajuda a explicar os danos causados na estrutura durante o aquecimento do CAC, norteando a utilização de mecanismos para aumentar a sua permeabilidade.

Outra linha de concretos é a **dos sem cimento**, para os quais já existem estudos desde a década de 1990. A sílica coloidal se apresenta como um promissor substituto do cimento de aluminato de cálcio para utilização em concretos refratários. O uso desse ligante promove adequada resistência mecânica a verde, facilita a secagem, inibe a formação de fases de baixo ponto de fusão, além de favorecer a formação de mulita *in situ* (57).

Sílica coloidal é uma dispersão coloidal aquosa de partículas de sílica. Consequente a sua natureza, apresenta uma elevada área superficial específica que é responsável pelas suas propriedades e ampla variedade de usos. Sílicas coloidais comerciais são geralmente disponíveis na forma de sol ou pó, em vários tamanhos de partículas e concentrações. Sílicas em pó consistem em aglomerados de nanopartículas que, ao serem dissolvidos em água, se dispersam em partículas individualizadas. Geralmente, partículas dc tamanhos maiores fornecem suspensões mais estáveis e podem ser usadas em maiores concentrações em virtude de menor energia superficial e, portanto, de maior estabilidade termodinâmica das partículas individuais (65).

A presença de CaO, proveniente do agente ligante no concreto de aluminato de cálcio (CAC), torna sua utilização limitada, tanto para aquecimentos rápidos como em relação a sua refratariedade, quando comparado a outros sistemas ligantes, como a sílica coloidal. Agentes ligantes à base de fosfatos e sílica coloidal não introduzem nenhum componente que reduza a aplicação do concreto. De fato, o uso de ligantes sol-gel fornece uma série de vantagens sobre outros tipos de ligantes, em especial sobre concretos à base de cimento (65):

- **Menor tempo de mistura durante instalação:** o tempo de mistura para concretos à base de CAC (BTC e UBTC) é geralmente entre 5 e 10 minutos, enquanto para concretos à base de sílica coloidal esse tempo é reduzido para 2 a 3 minutos, pois estes não têm aditivos químicos em sua composição, como acelerador ou retardador de pega, dispersantes, pós metálicos, entre outros.
- **Secagem com taxas de aquecimento mais rápida e segura:** por ser mais viscosa do que água, a sílica coloidal faz com que as partículas sólidas do sistema fiquem mais distantes, não existindo água quimicamente ligada na forma de hidratos em sua microestrutura, ou seja, toda a água do sistema se encontra em sua forma livre. Assim, a 110°C, cerca de 90% da água pode ser removida do concreto com ligantes a base de sílica coloidal e fosfatos. A estrutura nanoporosa formada após a sua gelificação torna a estrutura mais permeável, facilitando a eliminação da água, consequentemente, reduzindo os riscos de explosão e de formação de trincas. Estima-se uma redução do tempo de secagem em cerca de 30% a 70% do necessário para se secar um concreto BTC e UBTC.
- **Maior tempo de estocagem:** devido ao processo denominado "envelhecimento", que altera a reatividade do CAC e, consequentemente, as suas propriedades finais, como sua resistência mecânica. Além disso, os concretos tipo CAC não devem ser armazenados em ambientes úmidos, pois pode ocorrer a formação de fases hidráulicas, com empedramento, o que inviabiliza a sua aplicação.
- **Melhor refratariedade:** as nanopartículas de sílica coloidal no concreto se tornam altamente reativas, formando mulita no aquecimento, com a reação com as partículas de alumina presentes em sua matriz. Como se sabe, a

mulita tem elevada refratariedade (ponto de fusão de 1850°C), conferindo ao concreto excelentes propriedades a quente, principalmente quanto ao choque térmico, em virtude de sua microestrutura acicular.

- **Maior resistência química:** uma vez que materiais de concreto sem cimento formam mulita e não formam fases de baixo ponto de fusão, como a anortita ($CaO.Al_2O_3.2SiO_2$) e a gelenita ($2CaO.Al_2O_3.SiO_2$), resistem mais ao ataque químico quando comparados com materiais à base de CAC. Pode-se dizer que seu desempenho é melhor que o do CAC em virtude da combinação da boa resistência química, ao choque térmico e à oxidação, aumentando a sua durabilidade em condições de solicitações adversas. Entretando deve-se levar em consideração a relação custo: benefício, pois o custo da sílica coloidal é bem superior aos cimentos de aluminato de cálcio.

Observa-se no processo de produção, que as partículas de sílica coloidal podem se juntar ou se agregar por gelificação, coagulação ou floculação. Entretanto, existe uma diferença fundamental entre os processos da gelificação e coagulação ou floculação, apesar de todos eles envolverem agregação de partículas coloidais formando redes tridimensionais. Quando um sol é gelificado, primeiro ele se torna viscoso e, em seguida, desenvolve rigidez preenchendo o volume originalmente ocupado pelo sol.

Por sua vez, quando um sol é coagulado ou floculado se forma um precipitado. Num sol concentrado, o precipitado pode ser demasiado volumoso para se separar e permanecerá como uma massa tixotrópica; enquanto em um sol diluído, o precipitado se sedimentará.

É comum que os termos "coagulação" e "floculação" sejam usados indistintamente por alguns autores, no entanto existe uma pequena diferença entre esses dois processos de agregação. A Figura 2.149 esquematiza em detalhes as diferenças básicas entre os mecanismos de aglomeração. A gelificação ocorre em toda a estrutura, simultaneamente (A), já a coagulação é caracterizada pela formação de diversos coágulos em pontos diversos no sistema (B), enquanto a floculação envolve macromoléculas na formação dos flocos (C).

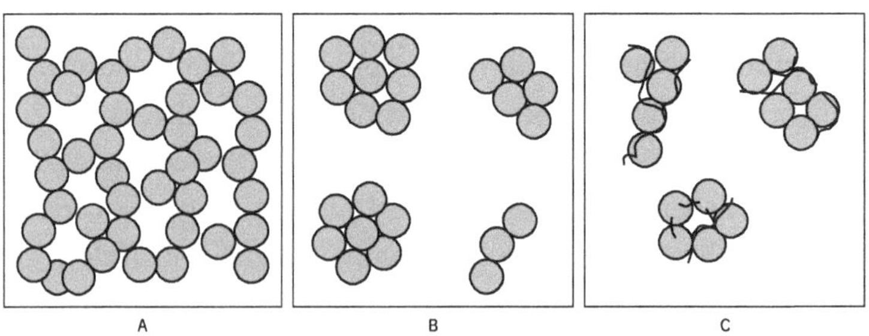

Figura 2.149 Mecanismos de agregação da sílica coloidal.
Fonte: Adaptada de (57).

No processo da gelificação (A), as partículas estão ligadas em cadeias ramificadas preenchendo todo o volume do sol, não havendo, dessa forma, aumento na concentração de sílica em qualquer região macroscópica no meio. Todo o meio torna-se viscoso e, em seguida, é solidificado por uma rede coesa de partículas que, por ação capilar, retém o líquido. As nanopartículas de sílica, quando em suspensão, se agregam formando um gel em que as partículas permanecem unidas por ligações primárias fortes. Com a secagem desse gel, forma-se um sólido de estrutura porosa em que um filme sólido é formado ao redor das partículas mantendo-as unidas (65).

O processo de gelificação ocorre quando os grupos silanol (Si-OH) presentes na superfície das partículas reagem entre si e condensam-se. Essa condensação forma uma ligação silano (-Si-O-Si-), com a saída de uma molécula de água, que une duas partículas após contato e as torna hidrofóbicas. Novas partículas unem-se a esse aglomerado e uma rede tridimensional permanente é formada (57).

A gelificação pode ser obtida por vários métodos, sendo o mais simples, o da elevação da temperatura que atua no aumento da quantidade de choques térmicos e ainda favorece a evaporação da água e aumenta a solubilidade dos eletrólitos. Outros fatores que podem influenciar a taxa de gelificação são: pH; adição de eletrólitos; e tamanho e concentração de partículas.

Já no processo de coagulação (B), as partículas se unem em agregados bem empacotados e isolados nos quais a sílica é mais concentrada do que no sol original, fazendo com que esse coágulo se decante como um precipitado relativamente denso. Esse coágulo é formado adicionando-se sal, ou agente coagulante, à suspensão, gerando cátions metálicos como Na+, K+, Li+, Mg+2, Ca+2, Al+3 e Fe+3. A quantidade, a valência e o tamanho dos cátions influenciam a taxa de formação do gel. Esses cátions são atraídos para a superfície das partículas que estão negativamente carregadas devido à presença de grupo OH-, diminuindo o potencial zeta, ou seja, neutralizam parte da carga negativa presente, diminuindo a repulsão e, portanto, favorecendo a aproximação das partículas e a formação da ligação silanol. A Figura 2.150 representa o processo da coagulação pelo efeito de cátions Na+.

No processo da floculação (C), as partículas são unidas por pontes do agente floculante, suficientemente longas, que mantêm a estrutura agregada aberta e volumosa. Nesses agrupamentos de partículas, a agregação resulta do ancoramento promovido pelas moléculas poliméricas de cadeias longas, ramificadas ou não, que apresentam sítios catiônicos.

Ocorrerá a atração de um sítio catiônico em uma região do polímero, pela superfície negativa de uma partícula, enquanto outras regiões também catiônicas da cadeia polimérica poderão se ligar a outras partículas, mantendo-as unidas por ancoramento. A Figura 2.151 ilustra o processo de floculação por cadeias ramificadas (A) e lineares (B).

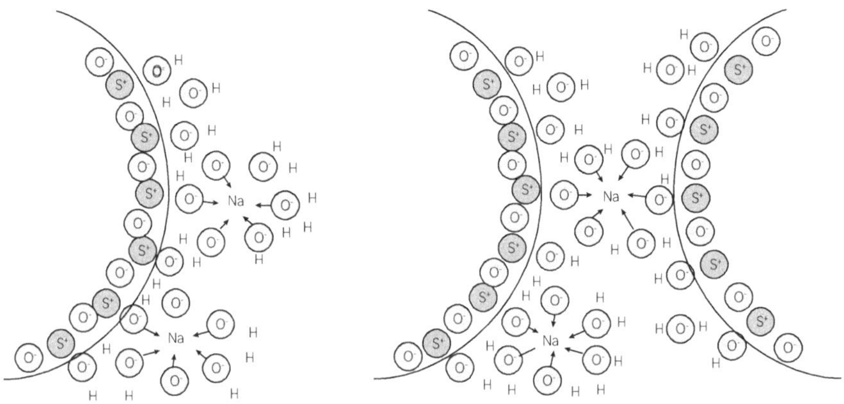

Figura 2.150 Processo de coagulação por adição de NaCl.
Fonte: Adaptada de (57).

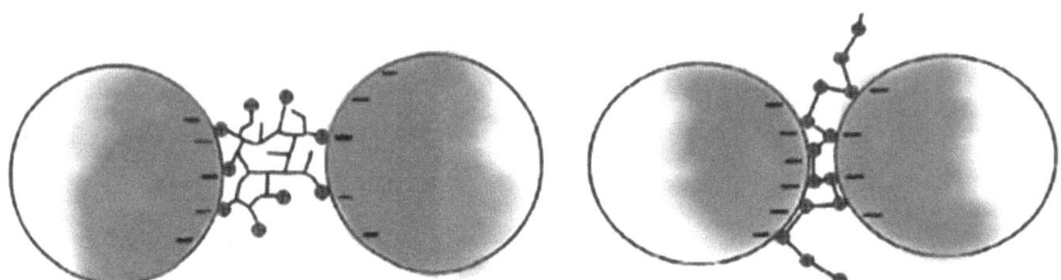

Figura 2.151 Representação esquemática do processo de floculação por adição de polímero.
Fonte: Adaptada de (57).

A floculação completa do sistema ocorrerá somente quando houver uma quantidade suficiente de agente floculante capaz de criar pontes com uma média de 3 pontos de contato por partícula para, assim, formar uma rede tridimensional. Nesse mecanismo, o agente floculante se mantém na estrutura do gel fazendo parte dela (57).

Assim como o CAC, os concretos com sílica coloidal poderão ser aplicados pelos métodos de vertimento/vibração ou projeção a úmido (*shotcrete*). A forma de aplicação de concretos refratários a ser adotada na manutenção de um equipamento específico dependerá de algumas variáveis como: tempo e custo previstos; técnica de aplicação mais adequada; mão de obra disponível; mecanismos de desgaste presentes; e durabilidade esperada.

O desempenho do concreto refratário está intimamente relacionado ao método escolhido e à qualidade de sua execução. Apesar de o método mais utilizado por esse segmento ser o de vibração, aplicações por projeção a seco (*gunning*) e a úmido (*shotcrete*) vêm sendo cada vez mais demandadas em consequência da maior velocidade do processo de aplicação e por não exigir formas. A seguir, será feita uma apresentação geral sobre esses três métodos de aplicação de concretos refratários.

2.5.6.8 Aplicação por vibração

Esse é o método mais utilizado na aplicação de concretos refratários, com a necessidade de utilização de fôrmas de madeira ou metálicas, com estanqueidade garantida para evitar a fuga de material, principalmente da matriz do concreto. Após a mistura do material, este é vertido para dentro das formas devidamente preparadas (bem vedadas e lubrificadas com desmoldantes) e vibrado por meio de vibradores de imersão ou externos compatíveis com a espessura do revestimento. Somente após o término da cura, é permitida a remoção das formas com o objetivo de conter o material até o término da pega.

O material é introduzido para o interior das fôrmas, sempre a favor da gravidade. A altura em que o material é despejado não deve ser excessiva, pois pode causar segregação do material e/ou preenchimento incorreto junto às ancoragens. Normalmente, não se recomenda aplicar de alturas superiores a 1,5 metro.

Durante a instalação por vibração, deve-se tomar cuidado com o tempo de aplicação entre misturas, respeitando-se o tempo de início de pega, visando evitar o aparecimento de juntas frias que reduzam a vida útil do revestimento ao facilitar a infiltração de voláteis, ou escórias.

Se a superfície do concreto, após a remoção das formas, mostrar-se extremamente lisa devido à nata do cimento formada junto a sua parede, deve-se torná-la rugosa por meio de escovamento ou jateamento visando facilitar a saída da água durante a secagem.

A vibração reduz o atrito entre os agregados, diminuindo os espaços vazios entre eles e aumentando o fator de empacotamento. Quanto maior o fator de empacotamento, superiores serão as propriedades físicas do material, como resistência mecânica, condutividade térmica e densidade.

Os vibradores de imersão são introduzidos no interior da massa de concreto a adensar, transmitindo diretamente os impulsos por um período de 30 a 60 segundos, tempo este suficiente para a expulsão do ar contido na massa. Podem ser deslocados com facilidade, respeitando-se a sobreposição de 1,5 vez seu diâmetro entre os espaços de cada imersão, de maneira a distribuir uniformemente a vibração por toda a massa. Os vibradores são inseridos em posição vertical até uma profundidade suficiente para a vibração de toda a camada e retirados lentamente de maneira a permitir a completa uniformidade do material, evitando a formação dos espaços vazios ou de buracos.

O término da vibração é verificado de maneira sensorial, quando não se observa mais o desprendimento de bolhas de ar, e sim o aparecimento de um brilho característico na superfície do concreto. A massa se acomoda e aparece uma fina camada de argamassa na superfície. Vibrações em excesso provocam a segregação de agregados no fundo da forma e finos na superfície, gerando heterogeneidade de propriedades no concreto refratário. Após o exposto, ressalte-se a importância da experiência do aplicador no acompanhamento visual da aplicação.

Esse método de aplicação apresenta as seguintes vantagens em relação ao método de projeção: grau de compactação superior aos demais métodos; não introduz descontinuidades no revestimento se corretamente aplicado; requer quantidade mínima de água para aplicação, além de proporcionar superiores propriedades mecânicas devido ao alto fator de empacotamento.

As indústrias vêm demandando concretos que aliem alta taxa de aplicação, custo reduzido e elevado desempenho. Nesse cenário, a aplicação de concretos refratários por projeção a úmido (*shotcrete*) vem ganhando espaço em razão de seu melhor custo: benefício em relação aos tradicionais concretos vibráveis.

O processo *shotcrete* consiste em bombear o material previamente misturado com a água até o local de aplicação. Na saída da tubulação, é acoplado um dispositivo (bocal de projeção) que tem uma entrada para ar comprimido (alta pressão) que acelera o concreto formando um jato de *spray* sobre a superfície do equipamento a ser revestido, resultando numa elevada taxa de instalação e numa eficiente compactação do material. Essa técnica dispensa o uso de moldes por causa da adição de aditivos aceleradores de pega e/ou coagulantes que reduzem rapidamente a fluidez do concreto sobre a superfície e exibe algumas vantagens em relação ao processo de projeção a seco (*gunning*), a saber: baixo índice de rebote (menor que 5%); minimiza a geração de poeira (bombeado a úmido); alta produtividade (4 a 7 toneladas/hora); propriedades mecânicas similares. Como inconvenientes, pode-se elencar: a necessidade contínua de comunicação entre o aplicador e o operador da bomba; o bocal ligeiramente mais pesado e mais difícil de manusear que o bocal de projeção a seco; além do custo elevado de mobilização e logística de instalação da bomba e tubulações, visando minimizar as perdas de carga durante o bombeamento, não sendo indicada para aplicações de pequenos volumes.

A Figura 2.152 descreve esquematicamente o processo de aplicação de concretos refratários por projeção a úmido, destacando as etapas de mistura, bombeamento e projeção. A Figura destaca quatro aspectos desse processo: bombeamento; bocal de projeção; *spray*; e consolidação na superfície.

A Figura 2.153 descreve o caminho percorrido pelo concreto misturado, umedecido, bombeado através da mangueira, até o bico de projeção, bem como as entradas de ar pressurizado e do aditivo modificador da reologia do concreto, formando uma névoa que se mistura à matriz fluidificada e alterando sua característica fluida em plástica (matriz modificada reologicamente) a qual, instantaneamente, é lançada contra a parede para se consolidar, obtendo-se um concreto projetado com menor índice de rebote.

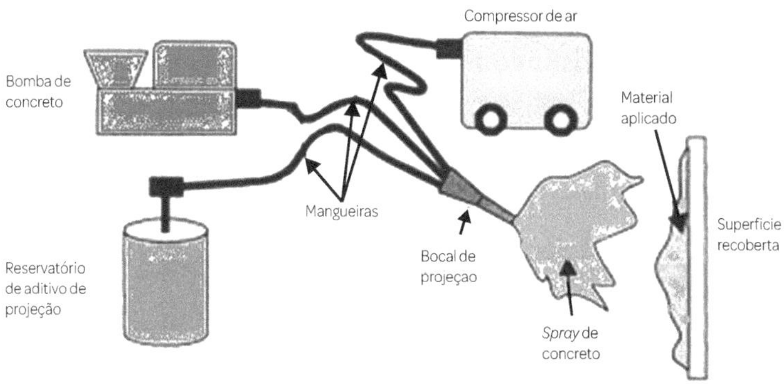

Figura 2.152 Representação esquemática do processo de aplicação por projeção a úmido.
Fonte: Adaptada de (44).

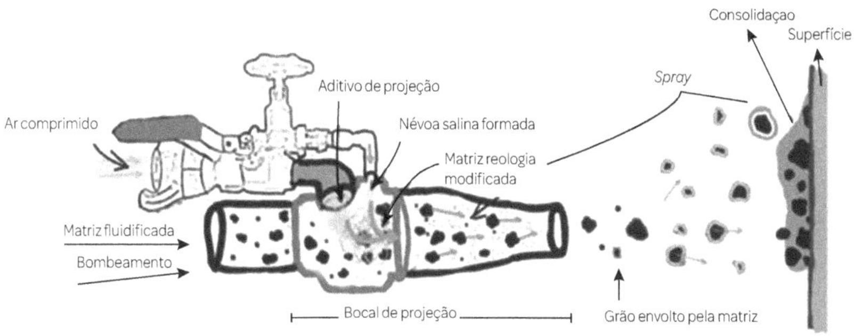

Figura 2.153 Desenho esquemático do sistema de transporte, transformações reológicas.
Fonte: Adaptada de (44).

A Figura 2.154 mostra um bico de projeção utilizado nesse sistema de projeção a úmido, com as respectivas entradas do concreto umidificado e bombeado, do ar pressurizado e do aditivo de projeção, devendo-se atentar para os diâmetros dos engates e da mangueira utilizados no bombeamento devido a restrições de espaço físico entre esses componentes do bico de projeção.

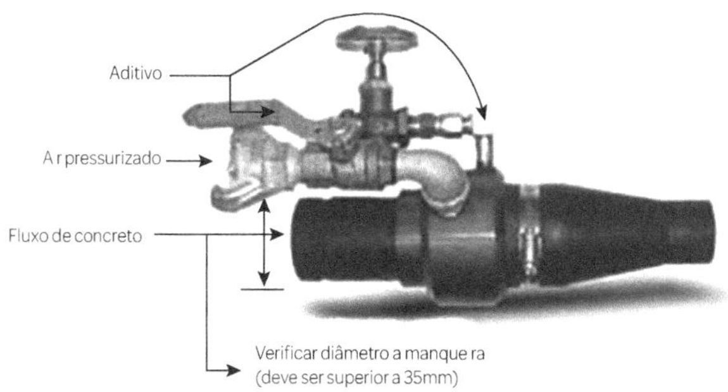

Figura 2.154 Foto ilustrativa de um bico de projeção para projeção a úmido.
Fonte: Adaptada da internet, 2024.

A aplicação tradicional por projeção a seco (*gunning*), até os dias de hoje, ainda é a mais corriqueira, consistindo na projeção da mistura seca impulsionada até o bico de projeção, onde recebe a água necessária para compor o concreto, que é, então, lançado, sob pressão, na superfície a ser revestida, onde deverá aderir conforme ilustrado pela Figura 2.155.

Figura 2.155 Foto ilustrativa – aplicação de concreto refratário por projeção a seco (*gunning*).
Fonte: Adaptada de (44).

Esse processo apresenta como vantagens uma ótima relação custo: benefício, boa compactação, possibilidade de interrupção da projeção a qualquer momento e não há necessidade de formas. Por outro lado, tem as seguintes desvantagens: devido ao baixo teor de umidade e consequente baixa coesão, ocorre grande reflexão (ou rebote), isto é, parte do material projetado é rebatida pela superfície e, portanto, perdida; forma grande quantidade de poeira; exige qualificação do profissional que executa a projeção; provoca muita variabilidade na umidificação da mistura que pode, então, causar laminações e variação na resistência do concreto.

De forma resumida, as principais macro diferenças entre esses dois métodos podem ser observadas na Figura 2.156.

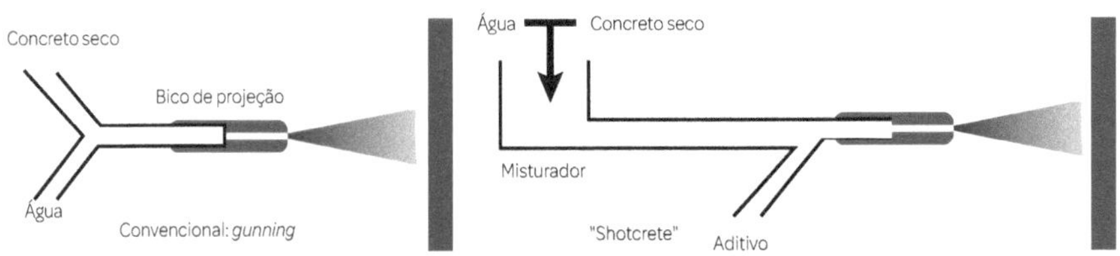

Figura 2.156 Esquema de aplicação por projeção a seco (*gunning*) tradicional e projeção a úmido (*shotcrete*).
Fonte: Adaptada de (57).

A secagem e o aquecimento dos materiais monolíticos são as últimas etapas que devem ser observadas para se garantir a boa performance dos monolíticos antes da operação do equipamento refratado. O processo de secagem depende de forma significativa da permeabilidade do material, pois é esse parâmetro que controla a velocidade com que o líquido ou vapor sai do material.

Portanto, um material de baixa permeabilidade será de difícil secagem, podendo provocar um aumento de tensão no material com o aumento da taxa de evaporação. Se a taxa de evaporação for maior que a de saída do vapor do material, a elevação nas tensões internas pode provocar rupturas ou, até mesmo, a explosão do material.

No processamento dos concretos, a secagem é de vital importância, uma vez que, nessa etapa, as características estruturais do material começam a se definir. Uma secagem inadequada pode, muitas vezes, trazer consequências desastrosas ao material, chegando ao extremo de ocasionar a explosão do corpo e causar perdas econômicas e problemas de segurança no trabalho.

Estudos foram realizados por diversos autores com o objetivo de se conhecerem as interações da saída d'água do concreto. As Figuras 2.157 e 2.158 retratam o comportamento segundo uma dada curva de aquecimento, sob condições controladas, da pressão interna gerada e a perda da água de mistura, de placas de concreto de 200mm de espessura, respectivamente. Como pode ser visto na Figura 2.157, a pressão máxima no poro acontece no primeiro patamar com a temperatura estabilizada a cerca de 140°C após cerca de 10 horas do início do aquecimento, evidenciando a saída da maior porção de água, que está livre.

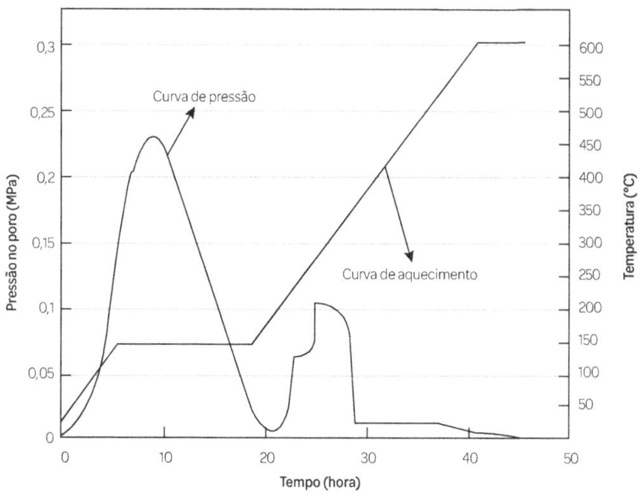

Figura 2.157 Pressão máxima no poro em função do tempo.
Fonte: Adaptada de (66).

Posteriormente, a pressão no poro volta a subir com dois picos característicos, cerca de 22 horas e 25 horas, quando a curva de aquecimento se aproxima dos 200°C, provavelmente liberando águas intersticiais adsorvidas fisicamente pelos

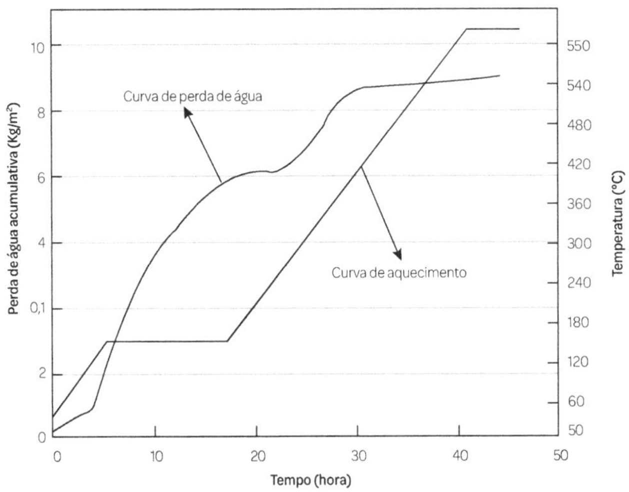

Figura 2.158 Perdas de água acumulativa para placas.
Fonte: Adaptada de (66).

poros; depois, volta a cair com o aumento da temperatura até 600°C. A partir de 28 a 40 horas de aquecimento até cerca de 370°C e cerca de 540°C, observa-se que ainda existe uma pressão mínima no poro, proveniente da quebra da cadeia dos hidratos formados pela pega hidráulica (decomposição de fases).

Já na Figura 2.158, verifica-se que a maior perda de água correspondente à água livre ocorre até as 20 horas, quando é eliminada em cerca de 6,3%, nesse período, com a temperatura de aquecimento chegando próximo dos 400°C. Pode-se afirmar que a perda de cerca de 2,3% da água restante é relativa às águas intersticial e combinada, pois estas começam a sair a partir dos 370°C e finaliza em cerca de 540°C.

Taxa de saída de água mais alta coincide com os períodos em que o corpo está em aquecimento. Consequentemente, são períodos em que a pressão no poro atinge seus valores mais elevados. Fica claro também que o momento que precede a retirada da água quimicamente ligada é aquele quando o processo chega ao final, pois, nesses instantes, a taxa de saída de água é praticamente nula.

O risco de explosão passar a existir quando a pressão gerada pelo vapor d'água, durante a secagem/aquecimento, exceder a resistência mecânica do concreto. A utilização de fibras de polipropileno tem sido um dos artifícios utilizados para minimizar o risco de explosão, pois tem a função de gerar caminhos preferencias para a saída de água.

Além da secagem e do aquecimento, a degradação dos concretos refratários por tensões termomecânico, conhecida também por "choque térmico", tem sido estudada por vários autores.

Materiais com menor coeficiente de expansão térmica e maior condutividade térmica apresentam superior resistência ao choque térmico. A expansão térmica dos refratários é importante na avaliação do seu comportamento quanto ao choque térmico. A falha do material por choque térmico ocorre quando gradientes térmicos elevados são aplicados a ele, causando tensões internas devido a expansões térmicas diferenciadas ao longo de sua estrutura (2).

No entanto, se o material é aquecido muito bruscamente, causará fissuras decorrentes de esforços de tração logo após a superfície, o que provoca fissuras na superfície e destacamentos. Assim, tanto o aquecimento como o resfriamento brusco podem levar a danos inesperados, não devendo o refratário ser submetido a tensões térmicas que excedam os limites permitidos por suas propriedades. Por isso, recomenda-se seguir rigorosamente as curvas de aquecimento e de resfriamento sugeridas pelos fornecedores de materiais refratários. Muitas vezes, essas curvas não são seguidas em campo, comprometendo a vida útil do revestimento por causa da pressa pelo retorno à operação.

Estudos mostram que concretos com sílica coloidal apresentam resistência ao choque térmico superior ao concreto de CAC. Esse resultado pode ser atribuído à elevada reatividade das nanopartículas de SiO_2, resultando em maior mulitização primária no sistema a partir 1200°C, o que o torna mais resistente ao choque térmico (67).

O CAC ainda é o ligante mais utilizado em concretos refratários para diversas aplicações, em equipamentos nas indústrias do cimento, aço, vidro, petroquímica, entre outras. Isso se deve, principalmente, a sua capacidade de desenvolver elevada resistência mecânica a verde após a aplicação (cerca de 6 a 24 horas) e ao fato de ter boa reprodutibilidade, versatilidade de utilização em diversos tipos de concretos e facilidade de aplicação.

Concretos convencionais, tendo como ligante o cimento Portland (CP), têm sido utilizados há muito tempo na indústria da construção. É universalmente aceito e utilizado para fins de construção de instalações residenciais, comerciais e industriais, em que a temperatura ambiente não exceda a 400°C. Quando aplicados em locais com temperatura acima da mencionada, eles se expandem, trincam e perdem suas propriedades mecânicas.

2.5.7 Massas de projeção

Massas refratárias de projeção são utilizadas na reconstrução e manutenção de revestimentos refratários em equipamentos como convertedores LD, fornos elétricos a arco, fornos de refino a vácuo, fornos de cimento, entre outros. Elas são projetadas para suportar altas temperaturas e para resistir a condições extremas de calor, choque térmico e corrosão química, características essenciais para ambientes industriais exigentes, como a indústria siderúrgica.

As massas de projeção mais comuns são as básicas e geralmente consistem em óxidos básicos como magnésia (MgO) e cálcio (CaO), combinados com outros materiais agregados e ligantes refratários. A proporção desses ingredientes pode variar dependendo das solicitações termomecânicas, químicas e demais condições operacionais dos reatores.

Essas massas devem apresentar alta resistência à erosão e à corrosão, boa estabilidade térmica, baixa expansão térmica, resistência ao choque térmico, além de uma boa aderência ao substrato, minimizando o rebote durante a sua aplicação.

A projeção das massas refratárias básicas, geralmente, é feita por meio de equipamentos de projeção a seco ou úmido, como as máquinas tipo Aliva ou MDGUN, em que o material é impulsionado a seco por pressão de ar comprimido, recebendo a água no bico do canhão de projeção (Figura 2.159A e B).

Figura 2.159 Ilustrações de máquinas utilizadas para projeção de massas, câmara simples (A) e câmara dupla (B).
Fonte: Adaptada de (44).

Essas massas são aplicadas diretamente na superfície do revestimento refratário existente, ainda rubro, visando a reconstrução da espessura dos tijolos desgastados pelas condições operacionais dos reatores, garantindo, assim, a integridade do revestimento, a segurança operacional e o desempenho ideal do equipamento.

A aplicação é iniciada com a verificação das condições da máquina de projeção e, posteriormente, com o carregamento da máquina de projeção pneumática de câmara pressurizada, tipo MD-GUN-1000 ou equivalente, em boas condições de aplicação. Recomenda-se utilizar a quantidade mínima necessária de água potável, regulando sua vazão no bocal localizado logo antes da lança metálica, com profissional devidamente qualificado.

O comprimento e o bico (extremidade) da lança metálica devem ser adequados às condições do local a ser reparado. Existe uma temperatura ideal da superfície a ser reparada a quente para cada massa, sendo que, à medida que a temperatura se afasta dessa condição, pode aumentar o índice de rebote. A melhor técnica de aplicação indicada para garantir boa sinterização e baixo índice de rebote se faz com a sobreposição de camadas de espessuras finas.

A Figura 2.160 apresenta de forma esquemática como se dá a aplicação de massas refratárias de projeção a seco em um convertedor LD.

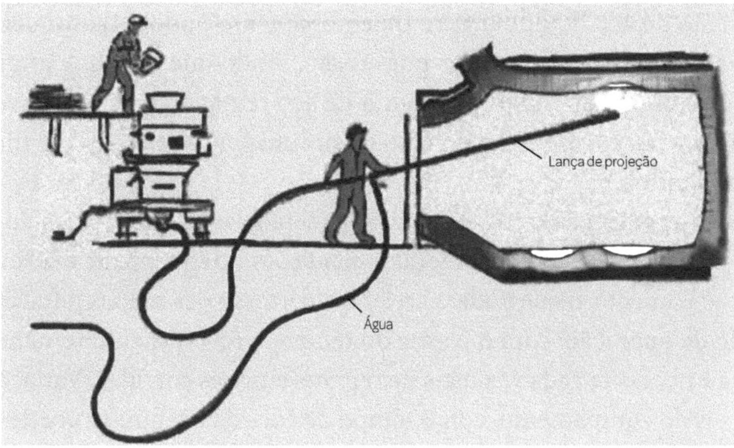

Figura 2.160 Esquema de aplicação de massas básicas em conversor.
Fonte: Adaptada de imagem do Google, internet 2024.

A frequência de projeção depende da vida do revestimento e das condições operacionais específicas de cada reator e, como se espera, o consumo aumenta significativamente ao fim da campanha do equipamento.

Para otimizar o desempenho das massas refratárias básicas em um conversor siderúrgico, por exemplo, é crucial considerar os fatores operacionais e as condições do revestimento a ser reparado, selecionando-se materiais adequados e implementando práticas de manutenção preventiva para prolongar a vida útil do revestimento. Além disso, o monitoramento regular das condições operacionais e o acompanhamento do desempenho das massas refratárias são essenciais para identificar problemas precocemente e tomar medidas corretivas conforme necessário.

Alguns fatores operacionais, com interferência direta no desempenho das massas de projeção a quente, são litados a seguir:

- **Temperatura:** a temperatura dentro do conversor varia significativamente durante o processo de refino do aço, sendo que elevadas temperaturas podem acelerar a degradação do revestimento, sobretudo pelo processo de corrosão.
- **Condições de refino:** o processo de refino no conversor siderúrgico pode envolver a adição de agentes desoxidantes, como o ferro silício (FeSi), agentes fluxantes como a fluorita, podendo resultar em condições termoquímicas

agressivas para as massas refratárias básicas devido a reações com os componentes, formando fases de baixa refratariedade, resultando na sua corrosão.

- **Choque térmico:** as variações de temperatura entre as corridas dos conversores podem provocar fissuras e trincas ao revestimento, comprometendo sua integridade estrutural e favorecendo a penetração de metal e escória.
- **Desgaste mecânico:** a manipulação das cargas de sucata e o processo de vazamento de aço líquido dentro do equipamento podem causar desgaste mecânico nas massas refratárias por erosão, sendo que uma boa prática operacional é trabalhar com o pé líquido de aço remanescente no conversor para receber a sucata que vem do cestão, minimizando seu impacto direto sobre os refratários.
- **Injeção de oxigênio:** o correto posicionamento das lanças de oxigênio e o tempo de sopro de oxigênio podem levar a condições extremamente oxidantes dentro do equipamento, o que poderá acelerar a corrosão das massas refratárias.
- **Ciclo de operação:** com o passar do tempo, o revestimento refratário se desgasta e necessita cada vez mais de reparos entre as corridas. Variações operacionais do equipamento, como tempo de corrida e temperatura de vazamento, interferem no encharque térmico do reator, gerando ciclos adversos de aquecimento e resfriamento que afetam o desgaste das massas, requerendo manutenções cada vez mais frequentes, o que leva à análise de viabilidade técnica e econômica de uma parada programada para reforma geral do equipamento para substituição dos tijolos refratários.

2.5.8 Massas de cobertura

2.5.6.1 Materiais de cobertura sobre revestimentos refratários

São materiais aplicados pela técnica de borrifamento (*spray*) por cima de um revestimento refratário permanente do equipamento, formando uma cobertura (*coating*), sendo uma proteção temporária.

Como exemplo, há as massas básicas para proteção do revestimento de trabalho dos distribuidores de aço, que são massas colapsáveis após uso, aplicadas após cada sequencial de corridas, com o objetivo de favorecer a limpeza do distribuidor pela sua cambagem livre, além de oferecer uma proteção temporária ao revestimento refratário do permanente.

Apesar das preocupações em relação ao *pick up* de hidrogênio nos aços especiais e consumo de gás de secagem mais elevado, essas massas ainda têm sido uma tecnologia predominante para revestimentos de distribuidores nas aciarias da América do Sul. Entretanto, outras tecnologias, a exemplo das massas granuladas secas de pega quente e as massas secas de auto endurecimento, vêm ganhando espaço nesse mercado, apresentando vantagens como eliminação água, redução do consumo de gás, aumento da disponibilidade de distribuidores. Isso se deve principalmente aos benefícios como flexibilidade, baixo custo, baixo consumo e alto isolamento térmico (68).

A Figura 2.161 representa de forma esquemática o perfil de um distribuidor de aço com seus materiais refratários, ilustrando uma aplicação a úmido. As massas de cobertura são normalmente especificadas pelo número de corridas sequenciais, tendo sempre a região de fundo e linha de escória espessuras superiores, podendo variar de 35mm na parede a 70mm na região da linha de escória e fundo.

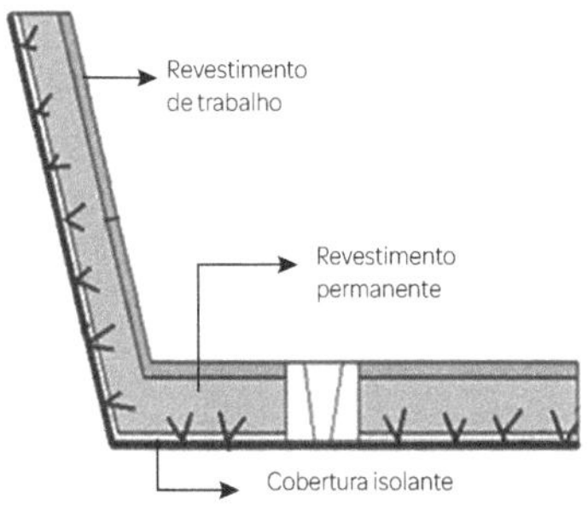

Figura 2.161 Representação esquemática da aplicação de massas de cobertura em distribuidores de aço.
Fonte: Adaptada de (68).

Como matérias-primas da linha úmida *spray*, pode-se citar o sínter de MgO, silicatos de magnésio, microssílica, fibras orgânicas e espumantes. Para a aplicação pela técnica de projeção a úmido "tipo *spray*", recomenda-se utilizar máquina de projeção dos tipos TG1500 e TM-14/M, ou outra similar de acionamento por motor elétrico e com bombeamento da mistura água/material por sistema do tipo "estator-rotor". A pressão de ar e água deve ser suficiente para garantir o funcionamento da máquina durante toda a projeção.

Após a verificação da boa condição operacional da máquina de projeção, inicia-se o carregamento com o concreto refratário. Recomenda-se que a água, a ser adicionada ao misturador, seja potável, se encontre em temperatura ambiente e em quantidade suficiente para que a mistura tenha boa consistência de bombeamento através do conjunto de mangueiras apropriadas até o bico de projeção. Na ponta da mangueira, onde se encontra a lança apropriada de projeção por *spray*, deve-se regular a vazão de ar comprimido para garantir um borrifamento regular durante toda a projeção. Essa aplicação deve ser realizada por profissional treinado e com a devida habilidade, sempre mantendo o bico de projeção na posição perpendicular à parede do distribuidor, a uma distância aproximada de 40 a 80cm. Dentro do distribuidor, a aplicação deverá ser realizada iniciando-se pelas paredes e no sentido do fundo para a borda, em movimentos de vai e vem, de aproximadamente 80cm a 1m de comprimento; esses movimentos devem ser realizados girando-se o bico de projeção na forma de pequenos *loops* circulares a fim de formar uma camada de aproximadamente 40 a 50mm de espessura (a camada é variável em função do número de sequenciais desejados e das condições do revestimento). Devem-se utilizar mestras de madeira, de espessura predeterminada, para garantir uma melhor uniformidade da espessura da parede. O fundo deverá ser a última região a ser recoberta, pois a massa, nesse estágio, não suporta o pisoteio (44).

A Figura 2.162 mostra a aplicação de uma massa ligada a silicato, a qual tem como um dos inconvenientes a mistura de três componentes na hora da aplicação pelo usuário, a saber: massa; ligante; e endurecedor.

Figura 2.162 Foto ilustrativa da aplicação de massas de cobertura em distribuidores de aço pega ao ar.
Fonte: Adaptada de (44).

A **aplicação de massa seca** em distribuidores de aço deve ser realizada da seguinte forma:

- Verter o material sobre o fundo do distribuidor devidamente preparado, desaerar, nivelar e compactar.
- Assentar a forma metálica sobre o material do fundo de modo centralizado, mantendo-se os espaçamentos previstos de projetos e realizar o seu travamento.
- Verter o material entre a forma metálica e a parede do distribuidor até o seu enchimento. Durante o enchimento, promover a desaeração, compactação conforme prática e ferramental disponíveis de cada usina.
- Colocar uma tampa antes de se iniciar o aquecimento para se obter a polimerização da resina (cura). Sugere-se o aquecimento até 180°C (a depender das características da resina), mantendo-se a esta temperatura por cerca de 3 horas após atingir essa temperatura. Temperaturas e tempos superiores poderão degradar a resina. A homogeneidade da temperatura, bem como a circulação de ar quente dentro do distribuidor, é de fundamental importância para se garantir uma correta polimerização da resina.

- Após aquecimento, deve-se retirar a forma com o devido cuidado para evitar danos na parede, pois a resistência desde tipo de massa é pequena, suficiente para manter a sua integridade durante o transporte e instalação na máquina de lingotamento. A Figura 2.163 ilustra algumas das etapas de assentamento das massas secas.

Figura 2.163 Foto ilustrativa da aplicação e cura de massa seca de cobertura em distribuidores de aço.
Fonte: Adaptada de (44).

2.5.8.2 *Materiais de cobertura sobre metais líquidos*

As massas de cobertura sobre metais líquidos são materiais refratários projetados para formar uma camada protetora sobre a superfície do líquido, podendo ser de natureza somente isolante ou exotérmica e expansiva. Sua principal função é isolar termicamente o metal líquido do ambiente externo, reduzindo a perda de calor, protegendo-o contra a oxidação e contra a absorção de gases indesejados.

Essas massas são, geralmente, compostas por uma mistura de agregados especiais, ligantes e aditivos específicos para promover a estabilidade térmica desejada. Nessa classe de massas de cobertura, pode-se elencar os condicionadores de escória, pós isolantes e pós exotérmicos.

As massas de cobertura são aplicadas na superfície do metal líquido antes ou durante processos de vazamento, refino ou transporte. Elas podem ser aplicadas manualmente, com o uso de ferramentas adequadas, ou por métodos automatizados, a depender da aplicação e das condições operacionais.

Além de proteger o metal líquido contra oxidação e perda de calor, as massas de cobertura também podem desempenhar outras funções específicas como:

- Redução de emissões de gases e odores indesejados.
- Melhoria da qualidade do metal líquido, reduzindo a inclusão de escória e impurezas.
- Estabilização da temperatura do metal líquido durante o transporte e o vazamento.

Existem diferentes tipos de massas refratárias de cobertura, projetadas para aplicações específicas a diferentes tipos de metais. Por exemplo, algumas são formuladas para uso em metais ferrosos, como ferro fundido e aço, enquanto outras são projetadas para metais não ferrosos, como alumínio e cobre.

A manutenção adequada das massas de cobertura é essencial para garantir sua eficácia contínua na proteção do metal líquido. Elas devem ser monitoradas regularmente quanto à espessura, integridade e qualidade da aplicação e substituídas conforme necessário visando a redução de perda térmica, proteção do metal líquido contra oxidação e contaminação, contribuindo, assim, para a produção de metais de alta qualidade.

2.5.9 Pinturas refratárias

A pintura refratária é um material aplicado na superfície de um revestimento refratário, como tijolos, blocos ou concretos, com o objetivo de fornecer proteção adicional contra oxidação, corrosão e desgaste. Um exemplo típico é a pintura usada para proteger revestimentos refratários contendo carbono contra sua oxidação, durante o aquecimento dos equipamentos. Normalmente, são formuladas à base de grafita e agregados refratários de granulação impalpável, tendo como diluentes uma solução alcoólica ou água.

No caso específico dos tijolos de magnésia carbono utilizados em panelas de aço, a pintura de proteção desempenha um papel importante devido às condições extremas encontradas durante o aquecimento do revestimento.

Alguns pontos sobre a necessidade e a função de uma pintura refratária de proteção são citados a seguir:

- **Proteção contra oxidação e corrosão:** durante o processo de produção de aço, as panelas são expostas a altas temperaturas e ambientes oxidantes.
  Os tijolos podem ser suscetíveis à oxidação e à corrosão, especialmente nas áreas expostas ao metal líquido e aos gases quentes. A pintura refratária cria uma barreira protetora entre os tijolos e o ambiente de processo, reduzindo a oxidação e prolongando a vida útil dos materiais refratários.
- **Redução do desgaste por erosão:** o contato direto com o metal líquido e o movimento das escórias podem causar desgaste e erosão nos materiais refratários. A pintura refratária pode ajudar a minimizar o desgaste, proporcionando uma superfície mais resistente e reduzindo a penetração de escórias nos poros ou trincas do material refratário.
  A pintura refratária pode melhorar a estabilidade térmica dos tijolos, ajudando a reduzir os gradientes de temperatura na superfície do revestimento. Isso pode ajudar a minimizar o risco de trincas e fraturas nos tijolos, especialmente durante os ciclos térmicos do processo.

A aplicação pode ser realizada usando-se métodos de pintura convencionais, como pulverização ou pincelamento, sendo seguida por um processo de cura para garantir a aderência e a resistência ao calor. Podem ser necessárias reaplicações periódicas, especialmente em áreas de maior desgaste ou exposição ao metal líquido, para garantir a proteção adequada dos materiais refratários, sobretudo os que contêm carbono. Para a proteção destes contra oxidação, corrosão, degradação superficial e erosão, as reaplicações desempenham papel importante, pois ajudam a prolongar a vida útil dos materiais refratários e a garantir um desempenho confiável durante o processo de produção.

2.5.10 Massas de injeção

São materiais refratários de granulometria fina planejados para serem aplicados por injeção, visando reparar revestimentos que apresentam desgaste localizado e que sejam de difícil acesso. Um exemplo de aplicação é a massa de injeção para altos-fornos.

À medida que a campanha do alto-forno aumenta, o revestimento refratário original pode atingir um grau de deterioração tal que pontos quentes se desenvolvem na carcaça metálica. Quando isso acontece, o operador dispõe de várias alternativas para amenizar essa condição e estender sua campanha. Opções podem envolver a mudança operacional e/ou prática de carregamento, a aplicação de borrifamento de água na carcaça, assim como reparos parciais do revestimento refratário, reparos por projeção a quente ou a frio ou, ainda, a manutenção por injeção de massas refratárias (69).

As massas de injeção são materiais refratários projetados para serem injetados diretamente nas paredes do alto-forno, especificamente em áreas onde ocorrem pontos quentes. Para tanto, devem ser realizados furos na carcaça, devidamente espaçados em função da necessidade e técnica de aplicação, ao longo da região da carcaça metálica a ser reparada e acoplar bocais e válvulas para realizar a injeção com máquinas pressurizadas.

A sistemática de injeção deve ser realizada de forma a garantir uma distribuição uniforme da massa refratária ao longo das paredes do alto-forno, cobrindo completamente as áreas afetadas pelos pontos quentes, que podem acarretar danos ao revestimento refratário, reduzindo a vida útil do alto-forno e afetando negativamente a operação. A massa injetada interage com a carga do alto-forno formando um bloco monolítico que recupera parcialmente a espessura do revestimento interno protegendo, assim, a carcaça e aumentando a vida útil do alto-forno (69).

Esses pontos quentes são provocados por fugas de calor de regiões do revestimento refratário do alto-forno, em que as temperaturas podem aumentar além do desejado, provocando danos à chaparia, o que pode levar a danos no revestimento e afetar a eficiência do processo siderúrgico.

As vantagens dessa técnica de reparo são:

- A reparação pode ser feita com segurança do lado externo do forno durante as paradas programadas para manutenção.
- Aplicável à quase todas as áreas do forno.
- Simplicidade, necessitando apenas de pequenas válvulas direcionais distribuídas nas regiões da carcaça, evitando a abertura de grandes áreas na carcaça com pequena equipe de trabalho.
- A bomba de injeção pode ser colocada em posições convenientes na casa de corrida ou na plataforma das ventaneiras, sem maiores transtornos (Figuras 2.164 e 2.165).

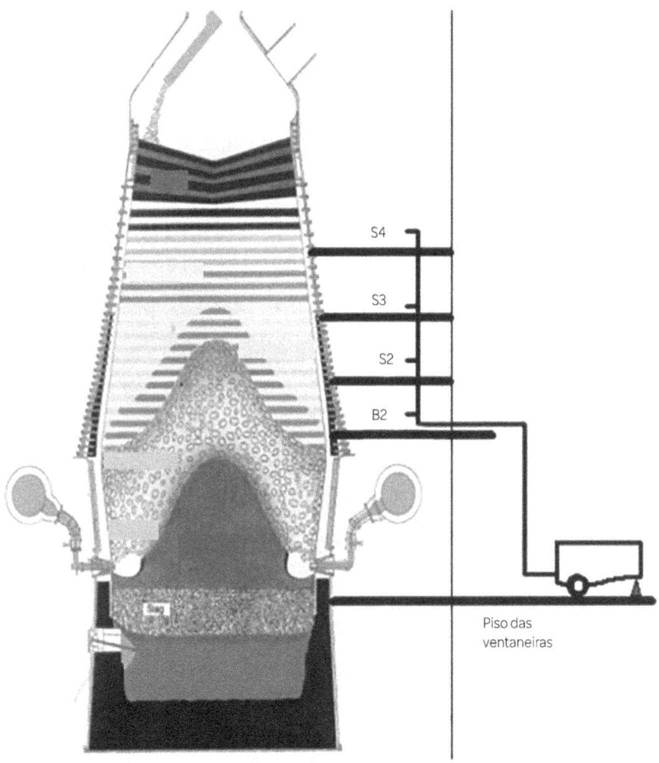

Figura 2.164 Técnica de reparo do revestimento do alto-forno por meio de injeção de massa refratária.
Fonte: Adaptada de (69).

A manutenção regular e a aplicação de massas de injeção em costados são necessárias para eliminar pontos quentes conforme eles surgem e para prevenir danos adicionais ao revestimento refratário. A frequência de aplicação depende das condições operacionais específicas de cada alto-forno e da gravidade dos pontos quentes identificados.

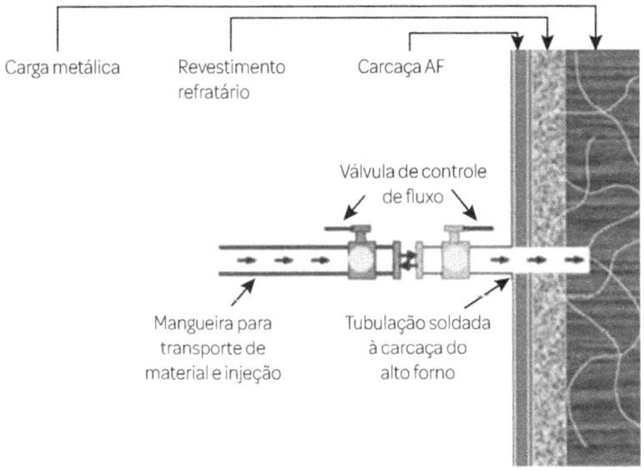

Figura 2.165 Esquema de acoplamento da mangueira para injeção de massa refratária e bomba típica utilizada na aplicação de massas de injeção em altos-fornos.
Fonte: Adaptada de (69).

Três critérios principais são importantes para o programa de injeção de massas: equipamento de injeção adequado; qualidade da massa de injeção; e técnica apropriada de instalação. As massas de injeção, normalmente, são formuladas a partir de uma mistura específica de agregados refratários, com granulação fina, plastificantes, ligantes hidráulicos, químicos ou resina, além de aditivos para garantir uma boa aderência às paredes do alto-forno, suportar as temperaturas extremas e as condições abrasivas encontradas nas paredes, devendo apresentar resistência ao calor e estabilidade térmica. A Figura 2.166 mostra o resultado de aplicação da massa por meio de um teste simulando a injeção da massa em uma câmara com coque incandescente.

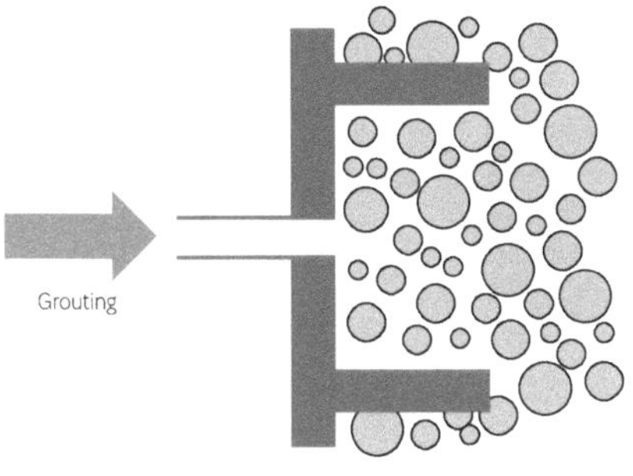

Figura 2.166 Teste de injeção da massa em uma câmara com coque incandescente.
Fonte: Adaptada de (69).

A Tabela 2.47 apresenta algumas características dessas massas de injeção por região a ser aplicada no alto-forno. Na região do cadinho, massas de injeção não aquosas são usadas.

Tabela 2.47 Características desejáveis de massa de injeção por região dos altos-fornos.

	Tipo não aquoso					Tipo aquoso		
	NA1	NA2	NA3	NA4	NA5	A1	A2	A3
Análise química (%)								
Al_2O_3				36	36	93	62	36
SiO_2				4	4	2	26	15
SiC				18	18			42
Carbono fixo	49	59	47	10	10			
Tamanho máximo (mm)	0,3	0,1	0,3	1	1	3	3	3
Tipo de ligante								
Cimento						0	0	0
Piche	0	0		0				
Resina		0	0	0	0			
Viscosidade (MPa.s)								
a 30°C	38000	34000	5300	5300	7000			
a 70°C	960	2.200	1400	2800	1750			
Após 500°C								
MEA (g/cm^3)	1,19	1,26	1,24	1,53	1,68	2,65	2,08	2,41
RCTA (MPa)	11,8	9,9	8,1	2,1	5,9	19,0	13,6	41,7
Instalação	Cadinho 70 a 90°C	Cadinho 70 a 90°C	Cadinho 25°C	25°C	25°C	Costa do *stave*	Costa do *stave*	Costa do *stave*

Fonte: Adaptada de (69).

Cada vez mais, são desenvolvidas pesquisas focadas no desenvolvimento de massas de injeção em costados, com melhorias nas propriedades de resistência ao desgaste, aderência e estabilidade térmica, visando prolongar a vida útil do revestimento refratário e garantir uma operação mais eficiente dos altos-fornos.

Acesse as imagens coloridas do capítulo.

REFERÊNCIAS

(1) MATOS JR., J. V. *Apresentação interna processos de fabricação de refratários. In:* Seminário Magnesita, 2009.

(2) DUARTE, A. K. *Fundamentos básicos em refratários*. Curso da ALAFAR; Santiago do Chile, outubro de 2015.

(3) REFRACTORIES Handbook. *Japan*: the technical association of refractories, 1998.

(4) ARAMAKI, S.; ROY, R. Revised phase diagram for the system Al_2O_3-SiO_2. *J. Am. Ceram. Soc.*, 1962;45(5): 229-242.

(5) OSBORN, E. F.; MUAN, A. *Revised and redrawn phase equilibrium diagrams of oxide systems*: diagrama de equilíbrio de fases Al_2O_3 - SiO_2 - Na_2O. Am. Ceram. Soc. and the Edward Orton, JR.; Ceramic Foundation, 1960.

(6) OSBORN, E. F.; MUAN, A. *Revised and redrawn phase equilibrium diagrams of oxide systems*: diagrama de equilíbrio de fases Al_2O_3 - SiO_2 - K_2O. Am. Ceram. Soc. and the Edward Orton, JR; Ceramic Foundation, 1960.

(7) OSBORN, E. F. e MUAN, A. *Revised and redrawn phase equilibrium diagrams of oxide systems*: diagrama de equilíbrio de fases Al_2O_3 - SiO_2 - FeO - Fe_2O_3. Am. Ceram. Soc. and the Edward Orton, JR; Ceramic Foundation, 1960.

(8) OSBORN, E. F.; MUAN, A. *Revised and redrawn phase equilibrium diagrams of oxide systems*: diagrama de equilíbrio de fases Al_2O_3 - SiO_2 - CaO. Am. Ceram. Soc. and the Edward Orton, JR.; Ceramic Foundation, 1960.

(9) OSBORN, E. F.; MUAN, A. *Revised and redrawn phase equilibrium diagrams of oxide systems*: diagrama de equilíbrio de fases Al_2O_3 - SiO_2 - MgO. Am. Ceram. Soc. and the Edward Orton, JR.; Ceramic Foundation, 1960.

(10) LEVIN, E. M.; ROBBINS, C. R.; McMURDIE, H. F. *Phase Diagram for Ceramists*: Al_2O_3 - SiO_2 - TiO_2. Am. Ceram. Soc., Westerville, Ohio, 1975.

(11) BUDNIKOV, P. P.; LITVAKOVSKIF, A. A. *Diagrama de equilíbrio de fases* Al_2O_3 - SiO_2 - ZrO_2. Doklady Akad. Nauk, 106, 268, 1956.

(12) FERREIRA, H. A.; DUARTE, A. K. Refratários para coqueria convencional. *In: Refratários para siderurgia*. São Paulo: Blucher, 2024. v. II: Refratários para a redução, cap. 3.

(13) FERREIRA, H. A.; G. NETO, J. Refratários para regeneradores de altos-fornos. *In: Refratários para siderurgia*. São Paulo: Blucher, 2024. v. II: Refratários para a redução, cap. 5.

(14) MATSUMURA, T. Refractoriness under load and hot creep measurements. *Taikabutsu Overseas*, 1987;39(4):203-206.

(15) PHILLIPS, B.; MUAN, A. Diagrama de equilíbrio de fases SiO_2 - CaO. *J. Am. Ceram. Soc.*, 1959;42(9):414.

(16) LEVIN, E. M.; ROBBINS, C. R.; McMURDIE, H. F. *Phase Diagram for Ceramists*: SiO_2 - FeO. Am. Ceram. Soc., Westerville, Ohio, 1975.

(17) DUARTE, A. K. *Fundamentos básicos em refratários*. Curso de Refratários da EEUFMG; Belo Horizonte, 2019.

(18) SHIMIZU, K.; MISHIMA, M.; HATAE, E.; YOSHITOMI, J.; ASANO, K.; OHTSUKA, K. Crystallizing behavior of amorphous silica material caused by annealing. *Taikabutsu Overseas*, v. 20, n. 3, p. 218, 2000.

(19) MUAN, A.; OSBORN, E. F. *Revised and redrawn phase equilibria among oxides in steelmaking*: diagrama de equilíbrio de fases Al_2O_3 - MgO. Reading, MA: Addison-Wesley, 1965. p. 45-46.

(20) BUNTING, E. N. Diagrama de equilíbrio de fases Al_2O_3 - Cr_2O_3. *Bur. Standards J. Research*, 1931:6(6):948.

(21) BONADIA, P.; NAVES, M. *Matérias-primas refratárias*. Refratários para siderurgia. São Paulo: Blucher, 2024. v. I: Fundamentos em refratários, cap. 4.

(22) DOMAN, R. C.; BARR, J. B.; McNALLY, R. N.; ALPER, A. M. Diagrama de equilíbrio de fases MgO - CaO. *J. Am. Ceram. Soc.* 1963:46(7):314.

(23) MUAN, A.; OSBORN, E. F. *Phase equilibria among oxides in steelmaking*. Reading, M. A.: Addison-Wesley, 1965. p. 2-94.

(24) PHILLIPS, B.; SOMIA, S.; MUAN, A. Diagrama de equilíbrio de fases MgO - Óxidos de ferro. *J. Am. Ceram. Soc.*, 1961;44(4):169.

(25) LEVIN, E. M.; ROBBINS, C. R.; McMURDIE, H. F. *Phase Diagram for Ceramists*: MgO - óxidos de manganês. Am. Ceram. Soc., Westerville, Ohio, 1975.

(26) PAGLIOSA, C.; ROCHA, L. Forno primário BOF/LD. *In: Refratários para siderurgia*. São Paulo: Blucher, 2024. V. III: Refratários para aciaria e fornos de laminação, cap. 1.

(27) CABRAL, S. *Seminário interno*. Magnesita SA, 2013.

(28) LENZ, Guilherme. *Seminário interno*. Magnesita SA, 2013.

(29) ICHIKAWA, K *et al*. Suppression effects of aluminum on oxidation of MgO-C bricks. *Taikabutsu Overseas*, v. 15, n. 2, *p*. 21-24, 1995.

(30) LEVIN, E. M.; ROBBINS, C. R.; McMURDIE, H. F. *Phase Diagram for Ceramists*: CaO - Fe_2O_3. Am. Ceram. Soc., Westerville, Ohio, 1975.

(31) LEVIN, E. M.; ROBBINS, C. R.; McMURDIE, H. F. *Phase Diagram for Ceramists*: CaO - Al_2O_3. Am. Ceram. Soc., Westerville, Ohio, 1975.

(32) ALPER, A. M.; McNALLY, R. N.; DOMAN, R. C.; KEILM, J. Diagrama de equilíbrio de fases MgO - Cr_2O_3. *J. Am. Ceram. Soc.*, 1964;47(1):30.

(33) LEVIN, E. M.; ROBBINS, C. R.; McMURDIE, H. F. *Phase Diagram for Ceramists:* FeO - Cr_2O_3. Am. Ceram. Soc., Westerville, Ohio, 1975.

(34) LEVIN, E. M.; ROBBINS, C. R.; McMURDIE, H. F. *Phase Diagram for Ceramists*: FeO - Al_2O_3. Am. Ceram. Soc., Westerville, Ohio, 1975.

(35) HARRIS, P. SiC's solar eclipse. *In: Industrial Minerals*, p. 38-45, October, 2008.

(36) DIAGRAMA de equilíbrio de fases Si-O-N a 1450°C. *Am. Ceram. Soc.*, Westerville, Ohio, 1975.

(37) LORID, D. Z; SELKREGG, K. R.; TAGAMI, Y. Alkali attack mechanisms on blast furnace refractories. *Taikabutsu Overseas*, v. 2, n. 1, p. 51-59, 1982.

(38) NDK - Produtos de carbono para Altos-Fornos. *In: Seminário Reframax*. Belo Horizonte, junho, 2014.

(39) LEVIN, E. M.; ROBBINS, C. R.; McMURDIE, H. F. *Phase Diagram for Ceramists*: ZrO_2 - SiO_2. Am. Ceram. Soc., Westerville, Ohio, 1975.

(40) FUKAI, S. *et al*. Alumina-zirconia material properties and application to refractoeries. *In: Taikabutsu Overseas*, v. 22, n. 3, p. 257, 2002.

(41) LEVIN, E. M.; ROBBINS, C. R.; McMURDIE, H. F. *Phase Diagram for Ceramists*: ZrO_2 - CaO. Am. Ceram. Soc., Westerville, Ohio, 1975.

(42) LEVIN, E. M.; ROBBINS, C. R.; McMURDIE, H. F. *Phase Diagram for Ceramists*: ZrO_2 – MgO. Am. Ceram. Soc., Westerville, Ohio, 1975.

(43) LEVIN, E. M.; ROBBINS, C. R.; McMURDIE, H. F. *Phase Diagram for Ceramists*: ZrO_2 – Al_2O_3 – SiO_2. Am. Ceram. Soc., Westerville, Ohio, 1975.

(44) FERNANDES, M. R. F. *Notas de aula. In: Curso de Especialização em Refratários*. Pontifícia Universidade Católica de Minas Gerais – PUC-BH. Belo Horizonte, 2022.

(45) ASSOCIAÇÃO BRASILEIRA DE NORMAS TÉNICAS. *ABNT – NBR 8826:* materiais refratários – terminologia. Rio de Janeiro: ABNT, 2014.

(46) FERNANDES, M. R. F. *Estudo das propriedades das argamassas refratárias úmidas com o tempo de estocagem*. Tese (Doutorado em Engenharia Metalúrgica, Materiais e de Minas) – Escola de Engenharia da Universidade Federal de Minas Gerais. Belo Horizonte, 207 f. 2012.

(47) ASSOCIAÇÃO BRASILEIRA DE NORMAS TÉNICAS. *ABNT – NBR 6946:* material refratário – determinação granulométrica por peneiramento de matérias-primas refratárias e refratários não conformados. Rio de Janeiro: ABNT, 1994.

(48) ASSOCIAÇÃO BRASILEIRA DE NORMAS TÉNICAS. *ABNT – NBR 8827:* materiais refratários – determinação do tempo de retenção de argamassas. Rio de Janeiro: ABNT, 2011.

(49) ASSOCIAÇÃO BRASILEIRA DE NORMAS TÉNICAS. *ABNT – NBR ISO 13765-4:* Argamassa refratária – determinação da resistência à flexão da junta. Rio de Janeiro: ABNT, 2012.

(50) ASSOCIAÇÃO BRASILEIRA DE NORMAS TÉNICAS. *ABNT NBR 6368:* material refratário plástico – determinação do índice de trabalhabilidade. Rio de Janeiro: ABNT, 2011.

(51) ASSOCIAÇÃO BRASILEIRA DE NORMAS TÉNICAS. *ABNT NBR 10957*: materiais refratários não conformados – preparação de corpos-de-prova de massa de socar, de projeção e plásticos. ABNT: Rio de Janeiro, 2010.

(52) ASSOCIAÇÃO BRASILEIRA DE NORMAS TÉNICAS. *ABNT NBR 11220*: Materiais refratários não conformados – preparação de corpos-de-prova de massas para tamponamento de furos de gusa de alto-forno. ABNT: Rio de Janeiro, 2010.

(53) ASSOCIAÇÃO BRASILEIRA DE NORMAS TÉNICAS. *ABNT NBR 9881:* material refratário – determinação da pressão e da velocidade de extrusão de massas para tamponamento de furo de gusa. ABNT: Rio de Janeiro, 2012.

(54) SEMINÁRIO Interno Magnesita S.A., 2008.

(55) BRUNO, M. B. A.; PACHECO, C.; GOMES, G.; FOLGUERAS, M. V. Universidade do Estado de Santa Catarina, PPCEM, Joinville, Brasil.

(56) LEE, W. E.; VIEIRA, W.; ZHANG, S.; GHANBARI A. K.; SARPOOLAKY, H.; PARR, C. Castable refractory concrete. *International Materials Reviews*, p. 145-167, 2001.

(57) TEIXEIRA, M. H. O. *Concretos refratários utilizados na indústria do cimento* - análise comparativa de desempenho em função do tipo de ligante e da forma de Aplicação. Dissertação (Mestrado em Construção Civil) - Escola de Engenharia da Universidade Federal de Minas Gerais - UFMG. Belo Horizonte, 2016.

(58) ASTM C401-91 - Standard Classification of Alumina and Alumina-Silicate Castable Refractories.

(59) PILEGGI, R. G.; PANDOLFELLI, V. C. Rheology and particle size distribution of pumpable refractory castables. *Am. Ceram. Soc. Bull.*, 2001;80:52-57.

(60) MAGLIANO, M. V. M.; PANDOLFELLI, V. C. Características da sílica coloidal e seus efeitos em concretos refratários. *Cerâmica*, v. 56, p. 141-147, 2010.

(61) GEROTTO, M. V.; PILEGGI, R. G.; PANDOLFELLI, V. C. Resistência mecânica a quente de concretos refratários aluminosos zero cimento autoescoantes contendo adições de microssílica e microssílica coloidal. *Cerâmica*, v. 46, n. 298, p. 91-96, 2000.

(62) ASSOCIAÇÃO BRASILEIRA DE NORMAS TÉNICAS. *ABNT - NBR 11222*: materiais refratários densos não conformados - determinação das resistências à flexão e à compressão à temperatura ambiente. Rio de Janeiro: ABNT, 2010.

(63) ASSOCIAÇÃO BRASILEIRA DE NORMAS TÉNICAS. *ABNT NBR 13185 (B)*: determinação da resistência à erosão à temperatura ambiente. Rio de Janeiro: ABNT, 2014.

(64) PARR, C.; SPREAFICO, S.; BIER, T.; MATHIEU, A. *Calcium aluminate cements (CAC) for monolithic refractories* - Lafarge calcium aluminates. *In:* 1st Monolithics Conference; Tehran, Iran; Reference F 97, 1997.

(65) BANERJEE, S. *Properties of refractories. In:* SCHACHT, C. A. *Refractories handbook.* Pennsylvania, USA Columbus Division, Battelle Memorial Institute and Department of Mechanical Engineering The Ohio State University Columbus, OhioEd. Marcel Dekker, Inc. New York Basel, cap. 1, p. 1-10, 2004.

(66) SALOMÃO, R.; PERET, C.M; PANDOLFELLI, V.C. Polymeric fibers as additives for the drying of refractory castables. *Taikabutsu Overseas, v.* 24, n. 2, p. 88-92, 2004.

(67) MAGLIANO, M. V. M. *Sílica coloidal como agente ligante e fonte mulitizadora em concretos refratários.* Dissertação (Mestrado em Engenharia de Materiais) - Escola de Engenharia da Universidade Federal de São Carlos-SP. São Carlos, 2009, 163f.

(68) CORREIA, A. M.; COSTA, E. A.; BORGES, R. N.; NASCIMENTO, R. A. D.; RESENDE, R. F. *Contribuição técnica ao 48º Seminário de Aciaria, Fundição e Metalurgia de Não Ferrosos,* parte integrante da ABM Week, realizada de 02 a 06 de outubro de 2017, São Paulo, SP, Brasil.

(69) DUARTE, A.K.; DOMICIANO, V.G. Uso de massas de injeção para o prolongamento da vida útil dos altos-fornos. *Contribuição técnica ao 43º Seminário de Redução de Minério de Ferro e Matérias-Primas da ABM.* Belo Horizonte, MG, setembro de 2013.

Capítulo 3
PROPRIEDADES DOS REFRATÁRIOS E SEUS MECANISMOS DE DESGASTE

Alamar Kasan Duarte
Aloyso de Oliveira Figueiredo Júnior

3.1 INTRODUÇÃO

O conhecimento das **propriedades dos materiais refratários** é fundamental para as atividades de desenvolvimento, aprimoramento, controle de qualidade e seleção dos produtos a serem usados em processos envolvendo altas solicitações térmicas, mecânicas e químicas. A avaliação das propriedades dos refratários mediante **testes** padronizados por normas internacionais é vital para a fabricação de produtos refratários de alta qualidade. Os engenheiros de produção e controle de qualidade caracterizam os produtos durante o processo de fabricação visando atender as especificações estabelecidas. As propriedades dos refratários são igualmente importantes no trabalho dos pesquisadores, que as usam como critério de decisão no desenvolvimento de novos produtos, assim como no aprimoramento de produtos existentes.

A comparação das propriedades dos materiais após uso, em relação ao seu estado original, ajuda a identificar o mecanismo de desgaste e as condições operacionais a que o refratário esteve sujeito. Esse tipo de análise, denominado **estudo *post mortem***, é útil na geração de informações para o aprimoramento dos produtos e melhorias das condições operacionais dos processos nos clientes.

As propriedades dos refratários não podem ser usadas isoladamente para se prever o desempenho do revestimento refratário nos equipamentos industriais dos clientes, mas são ferramentas usadas na escolha de materiais pelos projetistas e usuários refrataristas. O processo de seleção começa com a análise das condições operacionais do equipamento e com a vida desejada para o revestimento refratário. Os refratários escolhidos devem proteger o forno, térmica, mecânica e quimicamente dentro do tempo esperado pelo usuário.

3.2 MECANISMOS GERAIS DE DESGASTE EM REFRATÁRIOS (1)

Os mecanismos de desgaste em refratários podem ser classificados genericamente como térmicos, mecânicos e químicos. Em geral, não há apenas um único mecanismo atuando sobre o refratário, mas uma combinação entre eles. A correta identificação desses mecanismos é fundamental na busca do melhor desempenho do revestimento, com o consequente aumento da disponibilidade do equipamento.

Na maioria das aplicações de refratários ou isolantes, as propriedades individuais do material que está sendo usado são de extrema importância. É raríssimo, entretanto, encontrar uma aplicação em que somente um mecanismo de desgaste esteja presente e em que apenas uma propriedade deva ser considerada. É sempre importante, portanto, considerar todas as condições que possam afetar o revestimento refratário em uso. Quando isso é feito, torna-se possível escolher um produto com a melhor combinação de propriedades que possa ter o desempenho esperado pelo usuário.

Uma macro divisão dos tipos de solicitação a que o refratário está sujeito pode ser térmica, mecânica e química como ilustrado na Figura 3.1. O ponto p ilustra a proporção percentual em que cada tipo de solicitação está influenciando no desgaste, na qual os vértices têm peso 100 para cada mecanismo individual.

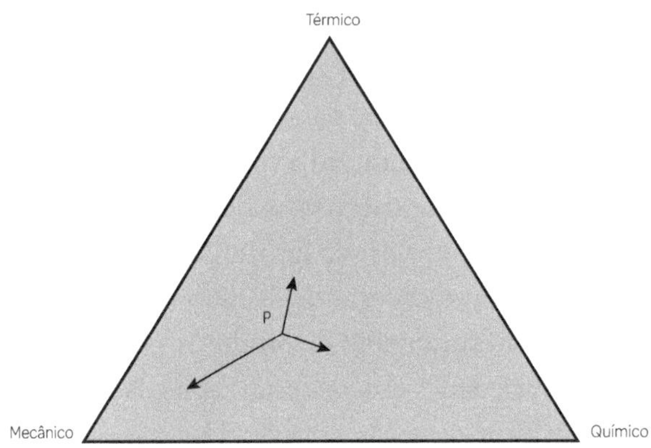

Figura 3.1 Tipos de solicitação em refratários.
Fonte: Desenvolvida pela autoria do capítulo.

É sempre importante analisar os fatores que afetam o desempenho do revestimento – que podem ser operacionais, de projeto e montagem – e os relacionados às propriedades dos materiais que estão sendo usados. Nessa análise, é importante considerar a interação entre os mecanismos e quais são os mais relevantes. Como os equipamentos são usados por um período longo, o tempo é um fator muito relevante.

Na relação entre o fabricante e o cliente do refratário, é importante ter em foco quais são os objetivos do usuário do refratário (Figura 3.2). A mais importante, sem dúvida, é a segurança operacional. Muitas vezes, a razão da escolha de um refratário é a de se ter a máxima disponibilidade do equipamento e a previsibilidade da campanha, ou a busca do mínimo consumo específico e o mínimo custo específico; e, algumas vezes, busca-se um refratário compatível com o seu processo.

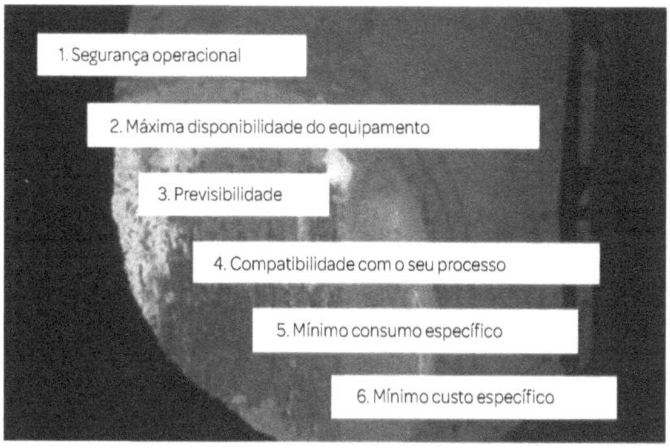

Figura 3.2 Objetivos do usuário do refratário.
Fonte: Desenvolvida pela autoria do capítulo.

Os fatores que podem afetar o desempenho do revestimento e dificultar o cumprimento desses objetivos do usuário podem ser operacionais, os ligados ao projeto e à montagem e, muitas vezes, ligados à qualidade do refratário, que não tem características adequadas ao tipo de solicitação em serviço. Esses fatores podem ser detalhados conforme descrito a seguir.

3.2.1 Fatores operacionais

- **Térmicos:** temperatura máxima; alternância de temperatura; fonte de calor; taxa de fornecimento e dissipação de calor; pontos quentes etc.
- **Químicos:** natureza do processo; ataque por escórias e metais líquidos; ataque por gases da operação e ou combustível; ataque por pós, cinzas e fumos; viscosidade da escória e ou metal líquido, variação da composição da escória; variação da atmosfera etc.
- **Mecânicos:** impacto da carga sólida; erosão por escória e ou metal líquido; vibração do equipamento; abrasão por pós etc.
- **Outros fatores:** frequência de operação; nível técnico da equipe etc.

3.2.2 Fatores ligados ao projeto e a montagem

- tipo de equipamento;
- volume e geometria do equipamento;

- projeto e dimensões das paredes, abóbodas e arcos;
- juntas de dilatação;
- aplicação de argamassa;
- tipo de construção refratária, tijolos ou monolíticos;
- isolamento térmico;
- assentamento do refratário;
- etc.

3.2.3 Fatores ligados ao refratário

- **Características em temperatura ambiente:** acabamento; uniformidade dimensional; resistência mecânica; composição e textura uniformes; formatos; densidade e porosidade aparentes; permeabilidade etc.
- **Características em elevadas temperaturas:** refratariedade simples; escoamento (*creep*); estabilidade volumétrica; expansão térmica reversível; resistência ao choque térmico; resistência mecânica; permeabilidade; resistência à corrosão etc.
- **Outros fatores:** estocagem etc.

Quando o fornecedor e o usuário buscam as causas pelas quais um revestimento refratário não está atendendo o desempenho esperado, é sempre importante analisar todas as condições operacionais e colher amostras do refratário usado e dos materiais que trabalharam em contato com ele. O levantamento de dados deve ser o mais completo possível, se possível com registros fotográficos da região considerada. Após estudo *post mortem* do refratário usado e dos materiais em contato com ele, assim como das informações colhidas no usuário, será possível diagnosticar os principais mecanismos de desgaste em ação.

Para que seja possível diagnosticar os mecanismos gerais de desgaste em refratário é importante o estudo de suas propriedades físicas, mecânicas, e térmicas, assim como dos fundamentos de choque térmico, erosão e corrosão. Além disto, é importante também o conhecimento dos testes e normas que são normalmente usados para se avaliar os refratários.

3.3 TESTES E NORMAS USADAS NA AVALIAÇÃO DE REFRATÁRIOS

As normas técnicas mais usadas na área de refratários no Brasil são as da ABNT (Associação Brasileira de Normas Técnicas), da ASTM (American Society for Testing and Materials), da DIN (Deutsches Institut für Normung) da Alemanha e da ISO (Sistema Internacional de Unidades). As normas ASTM são as mais completas e, normalmente, tomadas como referência.

As normas da ASTM e da ABNT sobre terminologia e classificação de refratários (Tabelas 3.1 e 3.2) são mostradas para comparação. As normas da ASTM sobre propriedades físicas, químicas, mecânicas e térmicas (Tabelas 3.3 a 3.6) e da ABNT sobre propriedades em geral (Tabela 3.7) são mostradas para comparação. As normas da ASTM e da ABNT sobre refratários monolíticos (Tabelas 3.8 e 3.9) são mostradas para comparação. As normas da ABNT aplicadas a equipamentos siderúrgicos são mostradas na Tabela 3.10.

Tabela 3.1 Normas ASTM: terminologia e classificação de refratários.

Terminology and Classification
C435-93(1999) Standard Classification Of Steel Pouring Pit Fireclay Refractories (Withdrawn 2001)
C71-12(2018) Standard Terminology Relating to Refractorios
C861-93(2020) Standard Practico for Dotormining Motric Dimonsions of Standard SoriOS Refractory Brick and Shapos
C545-97(2022) Standard Classification of Zircon Refractories
C673-97(2022) Standard Classification Of Fireclay and High-Alumina Plastic Refractories and Ramming Mixes
C909-18(2022) Standard Practice for Dimensions of a Modular Series of Refractory BriCk and Shapes
C899-79(2022) Standard Practice for Use of Metric Units of Measure for Reporting Propertios of Refractory Materials
C1190-18(2022) Standard Practice for Location Of Test Specimens from Magnesia-Carbon and Impregnated Burned Basic Brick
C1655-06(2022) Standard Classification of Fireclay and High-Alumina Mortars
C27-98(2022) Standard Classification of Firoclay and Highaumina Rofractory Brick
C155-97(2022) Standard Classification Of Insulating Firebrick
C401-12(2022) Standard Classification Of Alumina and Alumina-Silicate Castable Refractories
C416-97(2022) Standard Classification of Silica Refractory Brick
C455-07(2022) Standard Classification of Chrome, Chrome-Magnesia, Magnesia-Chrome, and Magnesia Brick
C1547-02(2022) Standard Classification for FusionCast Refractory Blocks and Shapes
C467-14(2023) Standard Classification of Mullite Refractories

Fonte: Adaptada de (2).

Tabela 3.2 Normas ABNT: terminologia e classificação de refratários.

ABNT 5022 – Produtos refratários conformados – amostragem e ensaios de aceitação
ABNT 5425 – Guia para inspeção por amostragem no controle e certificação de qualidade
ABNT 6114 – Inspeção por atributos
ABNT 8825 – Amostragem refratário monolítico
ABNT 9688 – Isolantes térmicos com mantas de fibra cerâmica
ABNT 10037 – Refratários luvas e sedes
ABNT 10358 – Material refratário para uso geral – características gerais e especificações
NR 10404 – Isolantes – flocos
NBR 10409 – Isolantes – placas silicato de cálcio e diatomito
NBR 10411 – Inspeção e amostragem – isolantes
NR 10662 – Isolantes – especificação silicato de cálcio
NR 11358 – Painéis isolantes – base de fibras cerâmicas
NR 11364 – Painéis isolantes – base de lã de rocha
ABNT 12601 – Formatos e dimensões
ABNT 13318 – Antiácidos – características gerais
ABNT 13319 – Refratários isolantes

Fonte: Adaptada de (3).

Tabela 3.3 Normas ASTM: Propriedades físicas de refratários.

Physical Properties
C1444-00 Standard Test Method for Measuring the Angle of Repose of Free-Flowing Mold Powders (Withdrawn 2005)
C210-95(2019) Standard Test Method for Reheat Change of Insulating Firebrick
C113-14(2019) Standard Test Method for Reheat Change of Refractory Brick
C577-19 Standard Test Method for Permeability of Refractories
C135-96(2022) Standard Test Method for True Specific Gravity of Refractory Materials by Water Immersion
C20-00(2022) Standard Test Methods for Apparent Porosity, Water Absorption, Apparent Specific Gravity, and Bulk
Density of Burned Refractory Brick and Shapes by Boiling Water
C92-95(2022)el Standard Test Methods for Sieve Analysis and Water Content of Refractory Materials
Standard Test Method for Bulk Density of Granular Refractory Materials
C914-09(2022)el Standard Test Method for Bulk Density and Volume of Solid Refractories by Wax Immersion
Standard Test Method for Abrasion Resistance of Refractory Materials at Room Temperature
C1407-23 Standard Practice for Calculating Areas, Volume, and Linear Change of Refractory Shapes
C134-95(2023) Standard Test Methods for Size, Dimensional Measurements, and Bulk Density of Refractory Brick and Insulating Firebrick
C604-18(2023) standard Test Method for True Specific Gravity of Refractory Materiais by Gas-comparison Pycnometer
C830-00(2023) Standard Test Methods for Apparent Porosity, Liquid Absorption, Apparent Specific Gravity, and Bulk

Fonte: Adaptada de (2).

Tabela 3.4 Normas ASTM: comportamento químico de refratários.

Chemical Behaviors
C768-99 Standard Practice for Drip Slag Testing Refractory Materials at High Temperature (Withdrawn 2004)
C288-20 Standard Test Method for Disintegration of Refractories in an Atmosphere of Carbon Monoxide
C607-88(2016) Standard Practice for Coking Large Shapes of Carbon-Bearing Materials
C874-20 Standard Test Method for Rotary Slag Testing of Refractory Materiais
C863-00(2022) Standard Test Method for Evaluating Oxidation Resistance of Silicon Carbide Refractories at Elevated Temperatures
C454-10(2022) Standard Test Method for Disintegration of Carbon Refractories by Alkali
C456-18(2023) Standard Test Method for Hydration Resistance of Basic Bricks and Shapes
C492-92(2023) Standard Test Method for Hydration of Granular Dead-Burned Refractory Dolomite
C831-18(2023) Standard Test Methods for Residual Carbon, Apparent Residual Carbon, and Apparent Carbon Yield in
Coked Carbon-containing Brick and Shapes
C544-18(2023) Standard Test Method for Hydration of Dead-Burned Magnesite or Periclase Grain

Fonte: Adaptada de (2).

Tabela 3.5 Normas ASTM: propriedades mecânicas de refratários.

Strength
C832-21 Standard Test Method for Measuring Thermal Expansion and Creep of Refractories Under Load
C16-03(2018) Standard Test Method for Load Testing Refractory Shapes at High Temperatures
C198-09(2019) Standard Test Method for Cold Bonding Strength of Refractory Mortar
C1099-07(2019) Standard Test Method for Modulus of Rupture of carboncontaining Refractory Materiais at Elevated Temperatures

(Continua)

Tabela 3.5 Normas ASTM: propriedades mecânicas de refratários. (*Continuação*)

Strength
C1419-14(2020) Standard Test Method for Sonic Velocity in Refractory Materials at Room Temperature and Its Use in Obtaining an Approximate Young's Modulus
C885-87(2020) Standard Test Method for Young's Modulus of Refractory Shapes by Sonic Resonance
C1548-02(2020) Standard Test Method for Dynamic Young's Modulus, Shear Modulus, and Poisson's Ratio of Refractory Materials by Impulse Excitation of Vibration
C583-15(2021) Standard Test Method for Modulus of Rupture of Refractory Materials at Elevated Temperatures
C133-97(2021) Standard Test Methods for Cold Crushing Strength and Modulus of Rupture of Refractories
C199-22 Standard Test Method for Pier Test for Refractory Mortars

Fonte: Adaptada de (2).

Tabela 3.6 Normas ASTM: propriedades térmicas de refratários.

Thermal Properties
CIIOO-88(1998) Standard Test Method for Ribbon Thermal Shock Testing Of Refractory Materials (Withdrawn 2005)
C417-21 Standard Test Method for Thermal Conductivity of Unfired Monolithic Refractories
C108-46(2018) Standard Symbols for Heat Transmission (Withdrawn 2023)
C1113/C1113M-09(2019) Standard Test Method for Thermal Conductivity of Refractories by Hot Wire (Platinum Resistance Thermometer Technique)
C182-19 Standard Test Method for Thermal Conductivity Of Insulating Firebrick
C202-19 Standard Test Method for Thermal Conductivity of Refractory Brick
C767-20 Standard Tost Method for Thermal Conductivity of Carbon Rofractories
C1171-16(2022) Standard Test Method for Quantitatively Measuring the Effect of Thermal Shock and Thermal Cycling on Refractories
C201-93(2022)e1 Standard Test Method for Thermal Conductivity of Refractories
C24-09(2022) Standard Test Method for Pyrometric Cone Equivalent (PCE) of Fireclay and High-Alumina Refractory Materials

Fonte: Adaptada de (2).

Tabela 3.7 Normas ABNT: propriedades físicas, químicas e mecânicas de refratários.

ABNT 5013 – Módulo de ruptura a quente
ABNT 5014 – Módulo de ruptura a temperatura ambiente
ABNT 6115 – DA isolantes
ABNT 6220 – Densidade aparente porosidade aparente
NBR 6945 – Materiais refratários – determinação do teor de umidade
NBR 6946 – Materiais refratários – determinação granulométrica
ABNT 9210 – Carbono fixo – refratários ligados a piche
ABNT 9640 – Antiácidos – determinação da resistência ao ataque por ácido sulfúrico ou por ácido clorídrico
NBR 9641 – Materiais refratários densos – determinação do ataque por escória pelo método estático
ABNT 8829 – Resistência à hidratação refratários básicos
NBR 10059-2 – Produtos refratários densos – determinação da resistência à compressão a frio
ABNT 13185 – Resistência à erosão
NBR 13202 – Materiais refratários – determinação de choque térmico pelo módulo de elasticidade residual
NBR 16661 – Densidade de massa aparente, porosidade aparente e absorção

Fonte: Adaptada de (3).

Tabela 3.8 Normas ASTM: aplicadas a refratários monolíticos.

Monolithics
C1446-19 Standard Test Method for Measuring Consistency of Self-Flowing Castable Refractories
C181-11(2018) Standard Test Method for Workability Index of Fireclay and High-Alumina Refractory Plastics
C1445-13(2018) Standard Test Method for Measuring Consistency of Castable Refractory Using a Flow Table
C1054-18 Standard Practice for Pressing and Drying Refractory Plastic and Ramming Mix Specimens
C179-14(2019) Standard Test Method for Drying and Firing Linear Change of Refractory Plastic and Ramming Mix Specimens
C860-15(2019) Standard Test Method for Determining the Consistency of Refractory Castable Using the Ball-In-Hand Test
C975-87(2020) Standard Practice for Preparing Test Specimens from Basic Refractory Ramming Products by Pressing
C862-16(2020) Standard Practice for Preparing Refractory Concrete Specimens by Casting
C903-15(2020) Standard Practice for Preparing Refractory Specimens by Cold Gunning
C973-87(2020) Standard Practice for Preparing Test Specimens from Basic Refractory Gunning Products by Pressing
C974-87(2020) Standard Practice for Preparing Test Specimens from Basic Refractory Castable Products by Casting
C865-22 Standard Practice for Firing Refractory Concrete Specimens
C1656-13(2023) Standard Guide for Measuring the Reactivity of Hydraulic Refractory Castables Using Exothermic Profile

Fonte: Adaptada de (2).

Tabela 3.9 Normas ABNT: aplicadas a refratários monolíticos.

ABNT 5738 – Procedimento para moldagem e cura de corpos de prova de concretos
ABNT 6368 – Índice de trabalhabilidade de plástico
ABNT 8382 – Preparação de corpos de prova de concretos para projeção, concretos isolantes, densos e de fluência livre
ABNT 8385 – Determinação da variação linear dimensional – monolíticos
ABNT 8827 – Tempo de retenção em argamassas
ABNT 9881 – Índice extrusão mud
ABNT 10957 – Preparação corpos de prova massa socar plástica e projeção
ABNT 11220 – Preparação corpos prova mud
ABNT 11221 – Densidade aparente não conformados
ABNT 11222 – RCTA e RFTA monolíticos
ABNT 11223 – Preparação corpos prova massas socar AF
ABNT 12173 – Granulados finos
NBR 13320 – Materiais refratários – determinação da fluidez de concretos refratários
ABNT 13765-4 – Resistência à flexão de juntas – argamassas

Fonte: Adaptada de (3).

Tabela 3.10 Normas ABNT: aplicadas a refratários na siderurgia.

ABNT 9634 – Materiais conformados para carros torpedo – requisitos gerais
ABNT 9635 – Refratários para panela de aço e gusa
ABNT 9636 – Refratários para LD
ABNT 9638 – Materiais refratários conformados para fornos elétricos a arco – requisitos
ABNT 10585 – Materiais refratários conformados para altos-fornos – requisitos
ABNT 10586 – Refratário para regenerador de alto-forno
ABNT 12983 – Refratários para RH

Fonte: Adaptada de (3).

3.4 PROPRIEDADES FÍSICAS DOS REFRATÁRIOS

As propriedades físicas mais comuns avaliadas na indústria de refratário são a densidade aparente (densidade de massa aparente), porosidade aparente, massa específica real, permeabilidade, distribuição de tamanho de poros, distribuição granulométrica e área superficial.

3.4.1 Densidade aparente ou densidade de massa específica aparente

A densidade aparente, ou densidade de massa aparente (DMA) como padronizada pela ABNT, é uma medida da relação entre o peso de um refratário e o volume que ele ocupa (g/cm^3). A densidade do refratário dá uma medida indireta de sua capacidade térmica ou habilidade para armazenar calor. Isso é particularmente importante em aplicações como regeneradores de calor. Dá também uma informação indireta sobre a resistência à corrosão e resistência mecânica dos materiais (Figura 3.3).

3.4.2 Porosidade aparente

A porosidade aparente, muitas vezes referida como porosidade aberta, é uma medida da proporção de poros abertos ou interconectados presentes no refratário. Essa característica dá uma informação importante sobre a habilidade do refratário em resistir à penetração de metais, escórias e fluxos, em geral. Outra informação importante é que quanto mais poroso for o material, maior é a sua capacidade de isolamento térmico e menor a sua resistência mecânica (Figura 3.3).

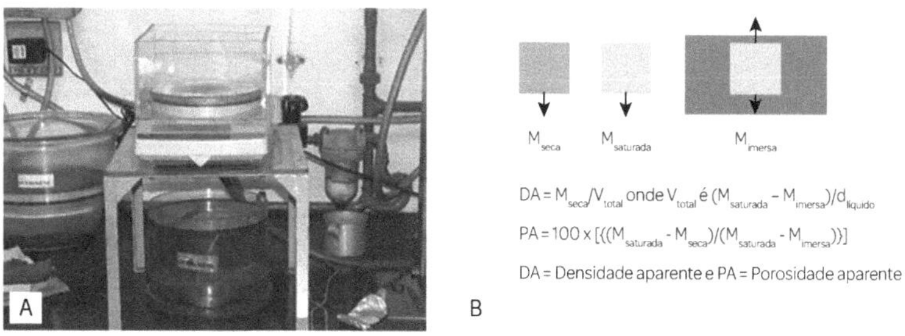

Figura 3.3 Determinação da densidade aparente e porosidade aparente do refratário.
Fonte: Acervo da Refralab (A) e desenvolvida pela autoria do capítulo (B).

A porosidade total do refratário é a soma da sua porosidade aberta, medida pela porosidade aparente, mais a sua porosidade fechada. Os poros fechados são aqueles localizados no interior da partícula, sem nenhuma comunicação com o exterior do material e, portanto, são de difícil determinação, sendo obtidos indiretamente por cálculos, a partir da sua massa específica real.

3.4.3 Massa específica real

Massa específica e densidade são, na prática, medidas da mesma propriedade. Entretanto, a definição rigorosa de massa específica é a relação entre a densidade do material e a densidade de um material-padrão, a água, cuja densidade é de 1,0g/cm^3 em temperatura ambiente. A medida da massa específica aparente de um material é a medida da massa pelo seu volume total, incluindo o volume dos poros abertos e fechados da amostra; a massa específica real é a medida da massa pelo volume ocupado apenas pelo material, não incluindo o volume dos poros.

A massa específica é geralmente usada na avaliação do grau de densificação (sinterização) ou de transformação cristalográfica ocorrida durante o tratamento térmico da amostra. Valores anormais indicam um tratamento térmico inadequado ou mostram a presença de grande quantidade de impurezas no material.

3.4.4 Permeabilidade

Esse teste indica a facilidade com que um gás, normalmente o ar, tem ao passar através de um material e tem relação com a quantidade e o formato dos poros abertos intercomunicantes na amostra (Figura 3.4). A permeabilidade, assim como a porosidade aparente, tem uma correlação com a resistência do material à penetração de metais, escórias e fluxos. É uma propriedade importante no controle de sistemas de injeção de gases e em aplicações nas quais o processo de corrosão é predominantemente via fase gasosa.

É importante observar que um material de baixa porosidade aparente não necessariamente apresenta baixa permeabilidade. A permeabilidade tem a ver com o grau em que a porosidade é contínua ou descontínua. Materiais com alta proporção de fase vítrea, em geral, apresentam baixa permeabilidade.

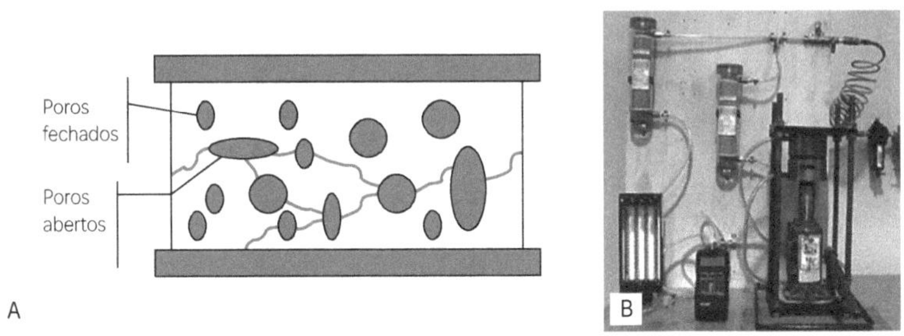

Figura 3.4 Influência dos poros abertos e dos canais comunicantes na permeabilidade.
Fonte: Desenvolvida pela autoria do capítulo (A) e adaptada de norma ASTM C-577 (B).

A permeabilidade é calculada pela seguinte fórmula:

$$\mu = 100.(Q.\eta.L)/(S.\Delta P)$$

onde:

μ = permeabilidade da amostra em centidarcys (cD)
Q = vazão do gás passando através da amostra (cm^3/s)
η = viscosidade dinâmica do gás (mPa.s)
L = comprimento da amostra (cm)
S = área da amostra (cm^2)
ΔP = diferença de pressão através da amostra (atm)

3.4.5 Distribuição do tamanho de poros

Esse teste determina a distribuição de poros no material refratário usando um equipamento denominado "porosímetro de mercúrio". O aparelho é capaz de determinar tamanhos de poros na faixa de 0,0058 a 177μm. A equação que correlaciona a pressão exercida sobre o fluido ao tamanho do poro é mostrada na Figura 3.5. Essa propriedade é também relacionada à capacidade do refratário em resistir à penetração de fluidos.

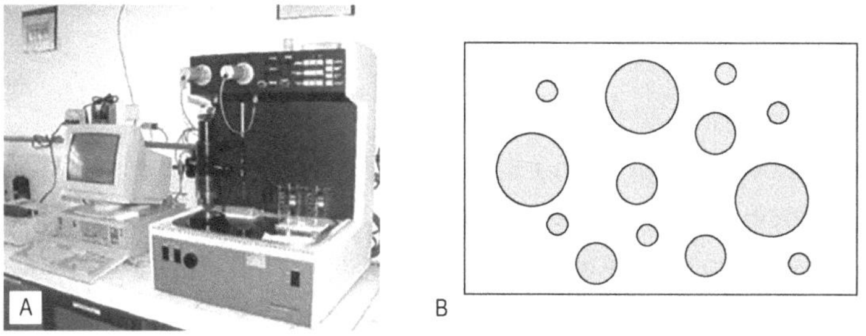

Figura 3.5 Distribuição de poros de tamanhos diferentes na amostra de refratários.
Fonte: Acervo da RHI Magnesita (A) e desenvolvida autoria do capítulo (B).

$$r.P = 2.\gamma_{LV}.COS\ \theta$$

r = raio do poro
P = pressão aplicada
γ_{LV} = tensão superficial do líquido
θ = ângulo de contato

3.4.6 Distribuição granulométrica

Essa informação é útil para se prever o grau de empacotamento do material e é importante na obtenção de densidades de refratários prensados ou monolíticos e pode ser medida por um conjunto de peneiras tal como ilustrado na Figura 3.6. A distribuição do tamanho de partículas muito pequenas, entretanto, é determinada por técnicas sofisticadas, como as baseadas em método de difração a *laser* ou velocidade de sedimentação em um líquido de propriedades conhecidas (Figura 3.7).

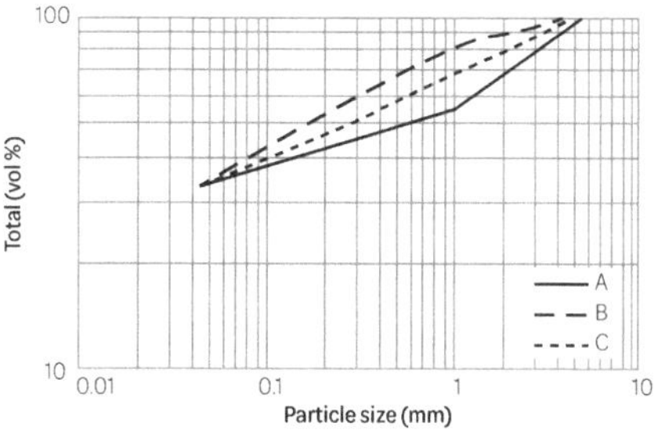

Figura 3.6 Equipamento para medição da distribuição de tamanho de partículas com peneiras.
Fonte: Acervo da RHI Magnesita.

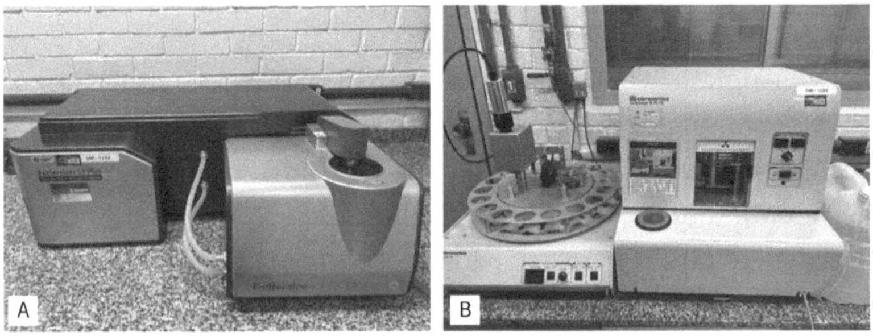

Figura 3.7 Equipamentos de medição de tamanho de partículas: A) método laser; B) método da sedimentação.
Fonte: Acervo da ACTECH.

3.4.7 Área superficial

A área superficial de um pó tem relação com o seu grau de reatividade e tem importância no processo de sinterização dos materiais, influenciando no desenvolvimento de diversas propriedades no seu processamento, tais como densidade aparente, porosidade aparente, resistência mecânica, erosão e corrosão.

O método mais comum em sua medição é o do BET (pesquisadores Brunauer, Emmett e Teller), que utiliza dados referentes à absorção de um gás, usualmente nitrogênio, na superfície das partículas (Figura 3.8). O resultado é dado em m^2/g.

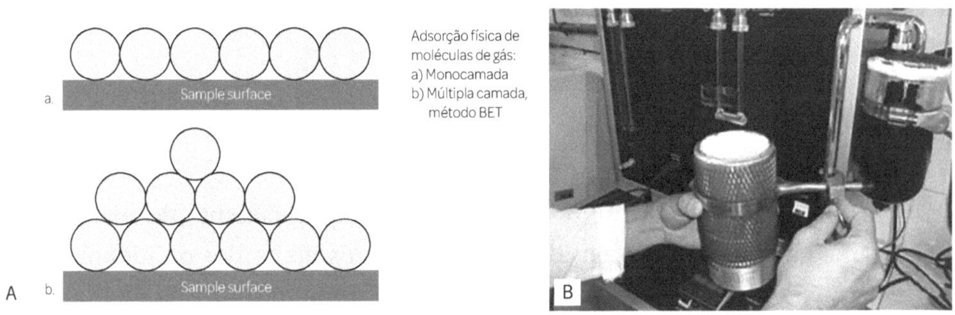

Figura 3.8 Método BET.
Fonte: Desenvolvida pela autoria do capítulo (A) e acervo da RHI Magnesita (B).

3.5 PROPRIEDADES MECÂNICAS

É muito comum esforços mecânicos atuarem sobre o refratário durante o seu uso. Por isso, a resistência mecânica é um dos parâmetros mais usados na avaliação de refratários. Ela pode ser medida em temperatura ambiente ou em qualquer temperatura em que haja equipamento adequado de avaliação. A resistência mecânica em temperatura ambiente não pode ser usada diretamente para se prever o desempenho do refratário, mas fornece uma boa ideia do grau de formação da ligação ocorrida durante o processo de fabricação. Ela indica, ainda, a habilidade do material em resistir ao manuseio e ao transporte e de suportar abrasão e impacto em temperaturas de aplicação próximas à do ambiente.

A resistência mecânica avaliada em altas temperaturas dá indicações sobre a capacidade do material de resistir a tensões causadas por expansão térmica, choque térmico e cargas mecânicas a quente. A resistência ao impacto e à abrasão na temperatura de uso depende também da resistência mecânica a quente do refratário. É também comum correlacionar resistência mecânica a quente com a resistência à erosão e à corrosão por metais e escórias, embora outras propriedades, como composição mineralógica e porosidade, sejam igualmente ou até mais importantes.

Em uso, os refratários devem suportar carga que no mínimo sejam iguais ao peso do revestimento acima do ponto de referência. A pressão exercida depende da altura do revestimento e da densidade do material. Portanto, é importante conhecer a capacidade do refratário em suportar cargas em altas temperaturas. É importante lembrar que materiais cerâmicos (refratários) são geralmente quebradiços até uma certa temperatura, apresentando pouca deformação antes de sua ruptura sob carga dentro do regime elástico (Figura 3.9). Uma trinca gerada por choque térmico ou mecânico pode se propagar catastroficamente. O que leva uma trinca a se formar e a se propagar é a energia elástica armazenada. Deformação plástica, geralmente, ocorre em altas temperaturas quando líquidos são formados e as tensões são aliviadas.

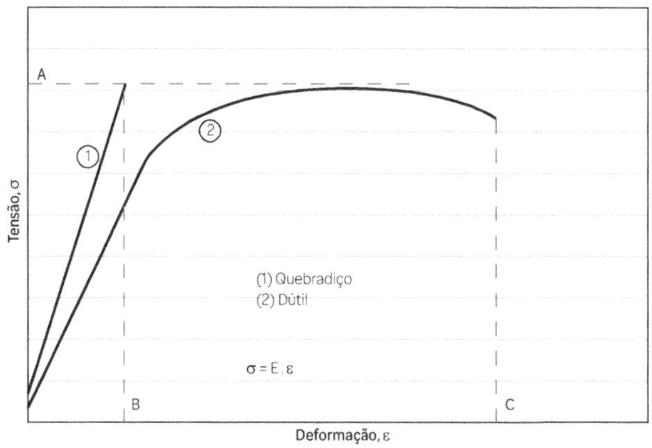

Figura 3.9 Curva tensão *versus* deformação para um refratário.
Fonte: Adaptada de (1).

As variáveis importantes que afetam o comportamento do material quanto à deformação sob carga são a composição mineralógica da fase ligante; a natureza, a concentração e a distribuição das fases; e a temperatura de queima do material. A formação de fases vítreas de baixa viscosidade leva à grande fluência ou escoamento (*creep*), enquanto fases ligantes cristalinas tendem a promover baixa fluência. A distribuição granulométrica dos agregados, que tem relação direta com a compactação e a porosidade do sistema, afeta o comportamento de fluência, com granulometrias grossas e baixas porosidades dando menor fluência em geral.

O termo "abrasão" é usado em situações em que sólidos atritam o refratário. Em muitas aplicações, os refratários são submetidos a impacto por pedaços de materiais pesados carregados no forno, ou por abrasão por sólidos metálicos ou não metálicos, ou a projeção direta de pós abrasivos ou gases em altas velocidades. Para se obter a maior resistência a este tipo de solicitação, os refratários precisam ser mecanicamente fortes e bem-ligados. Os materiais mais resistentes mecanicamente são, em geral, os que apresentam as maiores resistências à abrasão.

O termo "erosão" é usado para situações em que fluidos estão em movimento em relação a superfície do refratário. O termo "corrosão" é usado quando algum ataque químico acontece sobre o refratário. Em geral, os mecanismos de erosão e corrosão estão associados e são, normalmente, estudados em processos de corrosão.

Os testes que normalmente são usados para se prever comportamento mecânico dos refratários são:

- resistência à compressão a frio e a quente;
- resistência à flexão a frio e a quente;
- teste de carga, escoamento (*creep*) e refratariedade sob carga;
- densidade e porosidade aparentes;
- resistência mecânica das partículas;
- resistência à abrasão;
- resistência a impacto.

Em estudos após uso *(post mortem)*, quando o mecanismo de desgaste predominante é o mecânico, as amostras apresentam deformação na direção da carga ou trincas por excesso de carga.

3.5.1 Resistência à compressão e à flexão

A resistência mecânica dos refratários pode ser medida a temperatura ambiente ou em qualquer temperatura em que haja equipamento adequado de avaliação. A resistência à compressão é avaliada pela seguinte fórmula (Figura 3.10):

$$R_{\text{Compressão}} = p/A$$

onde:

$R_{\text{Compressão}}$ = resistência à compressão (MPa)
p = carga de ruptura (N)
A = área de aplicação da carga (m^2)

A resistência à flexão é avaliada pela seguinte fórmula (Figura 3.11):

$$R_{\text{Flexão}} = 3PL/2bd^2$$

onde:

$R_{\text{Flexão}}$ = resistência à flexão (MPa)
p = carga de ruptura (N)
L = distância entre os suportes (m)
b = largura da amostra (m)
d = espessura da amostra (m)

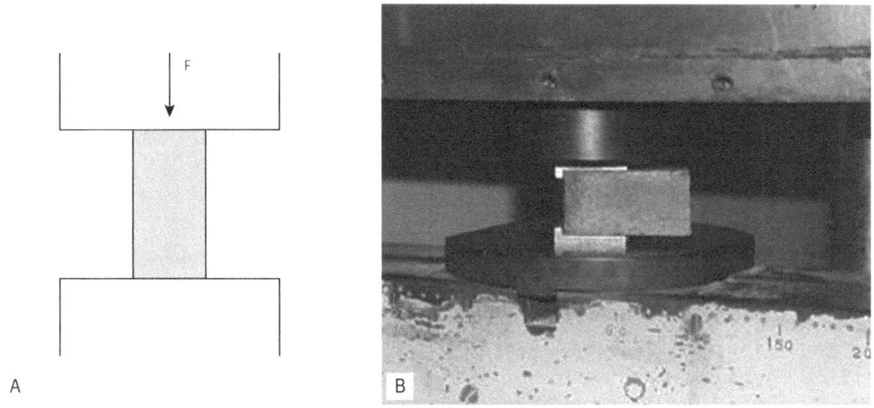

Figura 3.10 Teste de resistência à compressão.
Fonte: Desenvolvida pela autoria do capítulo (A) e acervo da Refralab (B).

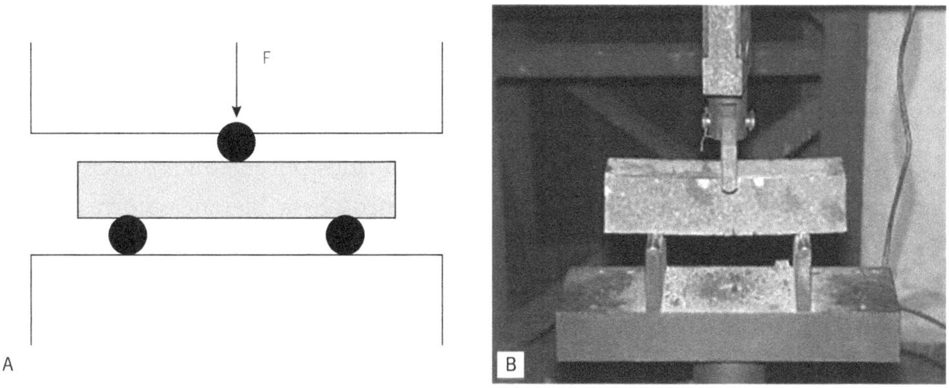

Figura 3.11 Teste de resistência a flexão.
Fonte: Desenvolvida pela autoria do capítulo (A) e acervo da Refralab (B).

As variáveis que mais afetam a resistência mecânica dos refratários são a ligação química, o seu grau de compactação, a temperatura de queima, sua porosidade e a resistência mecânica das partículas.

3.5.2 Módulo de elasticidade (dinâmico)

A medida do módulo de elasticidade de um material é útil na determinação de sua integridade estrutural. O resultado pode indicar o grau de ligação e a presença de macro trincas ou de laminações. Métodos dinâmicos de avaliação do módulo de elasticidade envolvem medidas da frequência de uma onda harmônica induzida em uma amostra (Figura 3.12). Os métodos dinâmicos usam duas principais fontes de excitação: técnicas sônicas e ultrassônicas que excitam continuamente a amostra; e técnicas de impulso que excitam a amostra de modo instantâneo. O cálculo de módulo de elasticidade envolve o conhecimento da densidade aparente da amostra e um fator de forma, baseado na geometria da amostra.

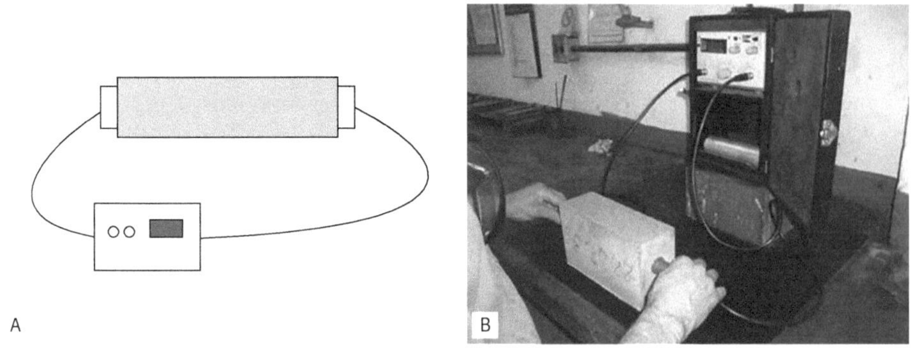

Figura 3.12 Teste de ultrassom em refratários.
Fonte: Desenvolvida pela autoria do capítulo (A) e acervo da RHI Magnesita (B).

$$E = V^2 . \rho . [(1 + \mu)(1 - 2\mu)/(1 - \mu)]$$

onde:
E = módulo de elasticidade (GPa)
V = velocidade ultrassônica (km/s)
ρ = densidade aparente (g/cm³)
μ = módulo de Poisson

Os valores de módulo de elasticidade determinados por métodos dinâmicos são, geralmente, muito maiores do que os valores estáticos. Essa diferença ocorre pelo fato de a amostra estar em um estado de tensão nulo durante a medida do módulo de elasticidade dinâmico. Por essa razão, é geralmente aceito que, valores medidos por métodos dinâmicos devem ser usados apenas como forma de caracterização dos materiais, e não para se prever sua capacidade de resistir a tensões durante o uso.

3.5.3 Tensão *versus* deformação

Quando um refratário está submetido a uma carga mecânica, ele se comprime (Figura 3.13). Esse comportamento pode ser quantificado pela seguinte equação:

$$\varepsilon = \sigma/E$$

onde:
ε = deformação (sem dimensão)
σ = tensão (MPa)
E = módulo de elasticidade (GPa)

A deformação é igual à compressão dividida pelo comprimento original:

$$\varepsilon = \Delta L/L$$

E a tensão é igual à força aplicada por unidade de área:

$$\sigma = F/A \ (N/m^2 = Pa)$$

O módulo de elasticidade, ou módulo de Young de um refratário, é uma constante para dados material e temperatura. Essa propriedade é muito importante em análises termomecânicas por projetistas de revestimentos refratários.

A Figura 3.13 ilustra uma curva típica de tensão-deformação. A parte inicial da curva é, geralmente, linear e chamada de "regime elástico". A inclinação da curva nessa região dá o módulo de elasticidade do material. O ponto onde a curva se torna não linear é chamado de limite de escoamento (*yield point*). Deformação adicional além desse ponto resulta em deformação permanente. Essa nova área da curva é conhecida como "região plástica". Deformação ainda maior do material resulta em sua falha.

Alguns materiais não mostram comportamento plástico em certas temperaturas e falham após a deformação elástica. A Figura 3.14 (A) ilustra um refratário se comportando apenas no regime elástico (material quebradiço) e a Figura 3.14 (B) mostrando um comportamento plástico (material dútil).

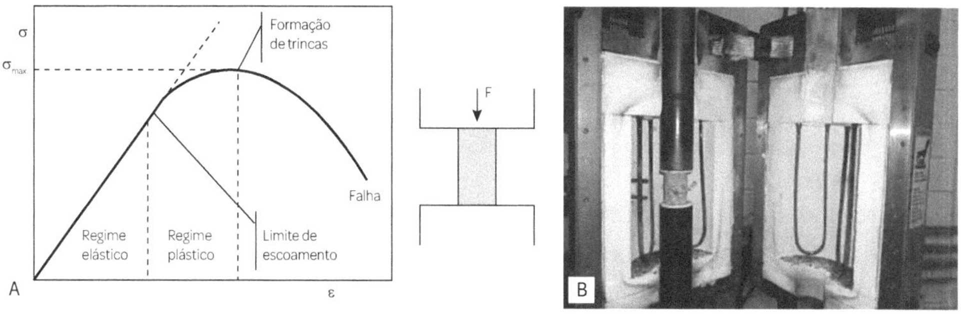

Figura 3.13 Curva tensão × deformação em refratários.
Fonte: Desenvolvida pela autoria do capítulo (A) e acervo da RHI Magnesita (B).

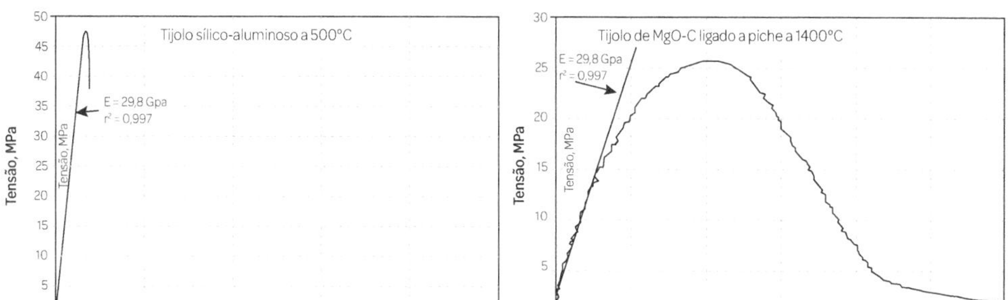

Figura 3.14 Comportamento elástico (A) e plástico (B) de refratários em diferentes temperaturas.
Fonte: Acervo da RHI Magnesita.

3.5.4 Fluência (escoamento) e expansão térmica sob carga

Em uso, os refratários devem suportar carga que, no mínimo, seja igual ao peso do revestimento acima do ponto onde estão. A pressão exercida depende da altura do revestimento e da densidade do material. Portanto, é importante conhecer a capacidade do material refratário em suportar cargas em altas temperaturas.

Um teste comum na avaliação dessa capacidade envolve a medida da variação dimensional de um material colocado sob carga, durante o aquecimento a uma certa temperatura, com a amostra mantida a essa temperatura por determinado tempo. As propriedades medidas durante esse teste são conhecidas como "expansão térmica sob carga" para a fase de aquecimento do teste e, "fluência" ou escoamento (*creep*), para a fase de patamar de temperatura (Figura 3.15).

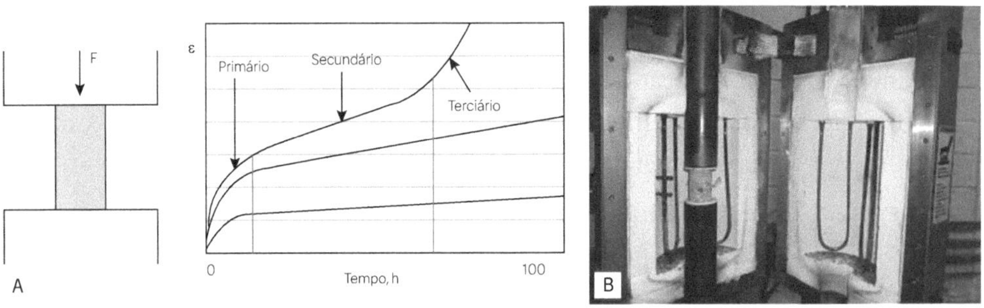

Figura 3.15 Curva de fluência em refratários.
Fonte: Desenvolvida pela autoria do capítulo (A) e acervo da RHI Magnesita (B).

Os materiais refratários mostram alguma fluência quando submetidos a cargas em altas temperaturas. A maioria dos refratários apresenta dois estágios típicos de escoamento. No primeiro estágio, denominado "escoamento primário", onde a taxa de deformação diminui gradualmente com o tempo. No estágio secundário, denominado "regime permanente" (*steady state*), onde a taxa de deformação é constante. Em elevadas temperaturas, o estágio secundário é, algumas vezes, seguido por um estágio terciário de escoamento, em que a taxa de deformação acelera e acarreta uma falha catastrófica. O escoamento primário é, em geral, de curta duração, enquanto o escoamento secundário pode ocorrer por um período muito longo. A fórmula que descreve esse comportamento é descrita a seguir:

$$\varepsilon = \varepsilon_o + \varepsilon_{ss} t + \varepsilon_{p.} (1 - e^{-t/\tau_k})$$

onde:

ε = fluência total

ε_{ss} = taxa de escoamento na região de regime permanente

ε_p = deformação total devido ao escoamento primário

t = tempo de teste

τ_k = constante de tempo

Essa equação fornece uma maneira de calcular o escoamento primário e secundário para os casos em que o estágio de escoamento primário tem duração significativa.

As variáveis importantes que afetam o comportamento do material quanto ao escoamento são a composição mineralógica da fase ligante e a sua temperatura de queima. A formação de fases vítreas de baixa viscosidade resulta em grande escoamento, enquanto fases ligantes cristalinas tendem a promover baixo escoamento. A distribuição granulométrica dos agregados e a porosidade afetam o comportamento do escoamento, com granulometrias grossas e baixas porosidades dando menor escoamento em geral.

3.5.5 Teste de carga e de refratariedade sob carga

Os testes de carga e de refratariedade sob carga são menos comuns que o de escoamento, porém têm aplicações bem específicas. O teste de carga equivale ao de escoamento, com a diferença de ser realizado em temperaturas mais altas e com menores tempos de aplicação de carga. O teste de refratariedade sob carga é feito com uma taxa constante de aquecimento em que se avaliam as temperaturas correspondentes a determinadas deformações predeterminadas da amostra (Figura 3.16). São testes que geram informações importantes para solicitações sob carga em altas temperaturas.

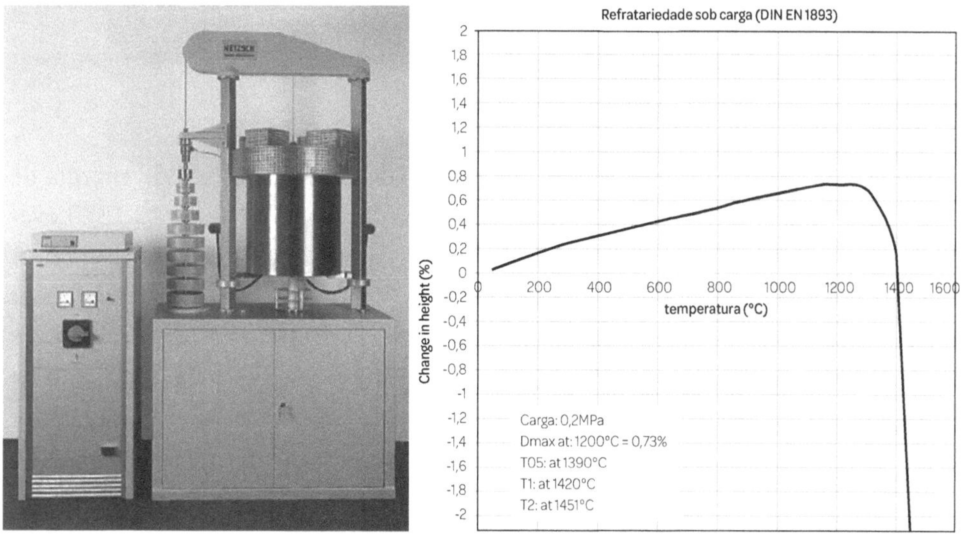

Figura 3.16 Curva típica de refratariedade sob carga de um refratário.
Fonte: Adaptada de (1).

3.5.6 Resistência à abrasão

Em muitas aplicações, os refratários são submetidos a impacto por materiais pesados carregados no forno, ou por abrasão por sólidos metálicos ou não metálicos, ou por projeção direta de pós abrasivos ou gases em altas velocidades. Para se obter a maior resistência a esse tipo de solicitação, os refratários precisam ser mecanicamente fortes e bem-ligados. Os materiais mais resistentes mecanicamente são, em geral, os que apresentam as maiores resistências à abrasão.

O teste de abrasão é geralmente feito em baixa temperatura (Figura 3.17). Ele é útil, portanto, em aplicações nessa faixa de temperatura, na qual pós ou gases são projetados sobre a superfície do refratário ou quando materiais são carregados sobre sua superfície.

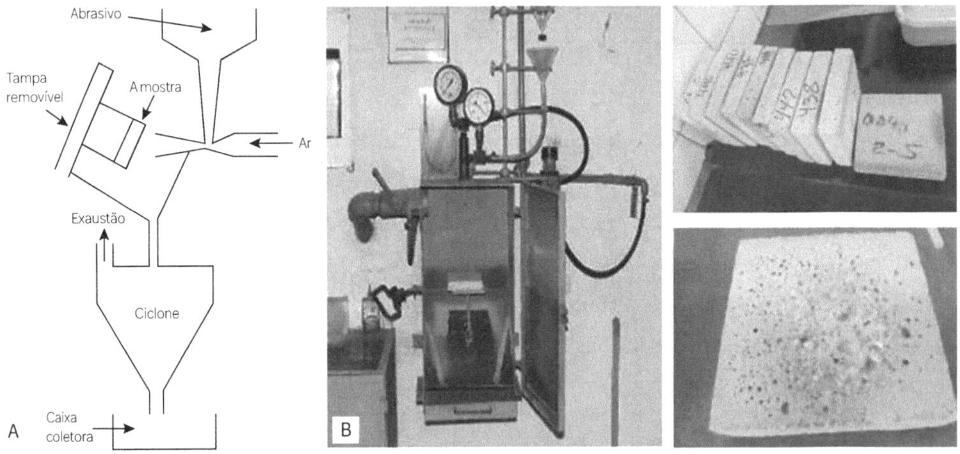

Figura 3.17 Equipamento de abrasão em refratários.
Fonte: Desenvolvida pela autoria do capítulo (A) e acervo de Refralab (B).

3.5.7 Resistência ao impacto

É importante considerar os conceitos de tensão, de deformação e o de energia de deformação em situações de solicitação mecânica por impacto (Figura 3.18). Levemos em conta uma sucata de peso p lançada sobre um refratário a uma altura h. À medida que a sucata cai, a energia potencial $E_{potencial} = m.g.h$ é transformada em energia cinética $E_{cinética} = m.v^2/2$. No impacto sobre o refratário, a energia cinética é transformada em energia de deformação. Assumindo que não haja dissipação de energia na forma de calor e que a sucata não será ricocheteada da estrutura refratária e que o diagrama tensão x deformação seja válido para uma solicitação de impacto, teremos:

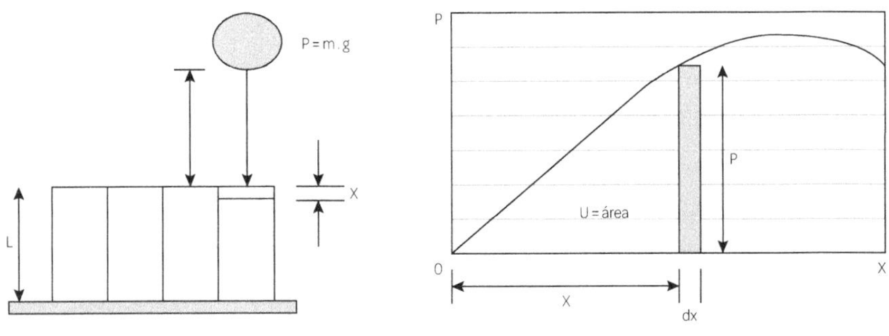

Figura 3.18 Impacto sobre refratário e tensão desenvolvida.
Fonte: Desenvolvida pela autoria do capítulo.

$$\sigma_m = (2\, U_m\, E/V)^{1/2} = (2.m.g.h.E/V)^{1/2}$$

onde:
σ_m = tensão máxima exercida sobre o refratário (MPa)
U_m = energia de deformação (J)
E = módulo de elasticidade do refratário (GPa)
V = volume do refratário que sofre a solicitação de impacto (m^3)

Quando σ_m alcançar valores iguais ao σ de ruptura, o material irá falhar. Portanto, o material refratário deve ter baixo módulo de elasticidade e alta resistência mecânica para resistir ao impacto. Do lado operacional, deve-se reduzir a massa do material que causará o impacto, diminuir a altura da queda, e distribuir o impacto sobre o maior volume V possível do refratário.

3.6 PROPRIEDADES TÉRMICAS

É comum se estabelecer uma temperatura máxima de uso para um determinado refratário. É importante se ter em conta que essa temperatura é válida para os casos em que esses materiais não sofram reações em uso. Caso isso aconteça, a sua refratariedade pode ser bastante alterada.

Os testes que normalmente são usados para se prever as propriedades térmicas do refratário são: temperatura de fusão e amolecimento, refratariedade, dilatação térmica reversível, variação dimensional permanente, calor específico e capacidade calorífica, emissividade térmica, condutividade térmica e difusividade térmica (1).

Amostras colhidas após uso (*post mortem*) apresentam sinais de contração, densificação e, algumas vezes, trincas de contração, quando o mecanismo de desgaste é por sobrecarga térmica apenas.

3.6.1 Temperatura de fusão

Os termos "temperatura de fusão" e "temperatura de amolecimento" se referem à transição de um material sólido para líquido sob a influência de calor. Uma temperatura de fusão real (ponto de fusão) é aquela em que as fases sólida e líquida de mesma composição química coexistem em equilíbrio. O termo "temperatura de amolecimento" se refere a uma fusão gradual que ocorre durante o aquecimento do material em uma faixa de temperatura.

A maioria dos materiais refratários não tem uma temperatura de fusão real, mas quando estes são aquecidos, fundem-se ou amolecem progressivamente em uma faixa de temperatura. Nessa faixa de temperatura, o refratário contém fases cristalinas e líquida. Não há uma temperatura definida que delimite a fase sólida e a líquida. A habilidade do refratário de permanecer estável volumetricamente em altas temperaturas depende não somente dos pontos de fusão de seus componentes cristalinos, ou dos eutéticos formados entre eles, mas também da quantidade e da viscosidade da fase líquida presente.

3.6.2 Refratariedade

O método-padrão de se avaliar o comportamento do refratário quanto ao amolecimento em alta temperatura é chamado "cone pirométrico equivalente" (CPE) no qual uma amostra do material a ser testado é moída e moldada na forma de cone de teste e montada em uma placa cerâmica com diversos cones-padrão de refratariedade conhecidos. A temperatura do cone-padrão que virar junto com a amostra sendo testada é reportada como o CPE da amostra (Figura 3.19).

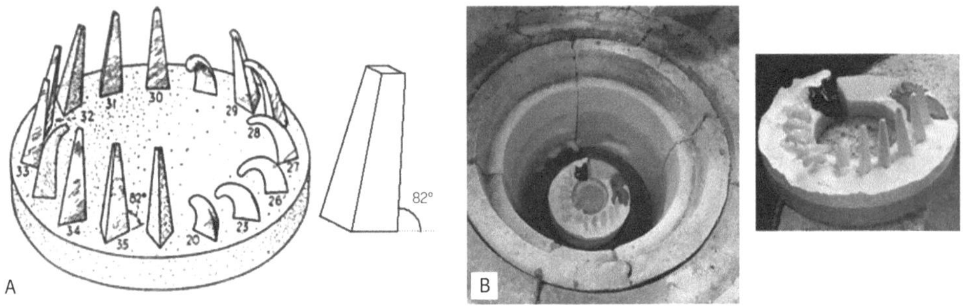

Figura 3.19 Determinação de cone pirométrico equivalente em refratários.
Fonte: Adaptada de (1) em (A) e acervo da Refralab em (B).

O CPE não indica um ponto de fusão definido porque o teste é apenas uma comparação do comportamento térmico da amostra em relação ao dos cones-padrão. O teste é, em geral, usado na avaliação da refratariedade do material, das matérias-primas e das escórias que entram em contato com os refratários.

3.6.3 Dilatação térmica reversível

Da mesma forma que acontece com outros materiais, os refratários apresentam a propriedade de se expandir no aquecimento e de se contrair no resfriamento. O conhecimento da expansão térmica reversível dos materiais refratários é fundamental para se projetar um revestimento refratário. Se o revestimento não tiver espaço para expansão durante o aquecimento do forno, aparecerão tensões que podem levá-lo a falhar. Nesses casos, o revestimento deve ser projetado de forma a se ter uma folga para expansão. O tamanho dessa folga, entretanto, não pode ser excessiva, pois pode causar instabilidade ao revestimento.

A expansão térmica dos refratários é também importante na avaliação do seu comportamento quanto ao choque térmico. A falha do material por choque térmico ocorre quando gradientes térmicos elevados são aplicados a ele, causando tensões internas devido a expansões térmicas diferenciadas ao longo de sua estrutura.

A expansão térmica de refratários queimados, em geral, é diferente da de refratários não queimados. Se nenhuma variação de natureza permanente ocorre durante o aquecimento, os refratários queimados retornam a suas dimensões originais quando esfriados. Essa característica é conhecida como "dilatação térmica reversível". Refratários aquecidos a temperaturas abaixo da de queima, em geral, apresentam esse tipo de comportamento. A expansão térmica de refratários quimicamente ligados ou monolíticos é, quase sempre, bastante mais complexa do que para os refratários queimados. Durante o aquecimento inicial, expansões ou contrações podem ocorrer em materiais não queimados como resultado de alterações em suas ligações, mudanças em sua mineralogia e sinterização.

Esse comportamento do material refratário é caracterizado por um parâmetro denominado "coeficiente de expansão térmica" (Figura 3.20). Esse parâmetro, conhecido pela letra α, é definido pela equação a seguir.

Figura 3.20 Determinação da expansão térmica reversível em refratários.
Fonte: Acervo da Magnesita (A) e desenvolvida autoria do capítulo (B).

$$L = L_o + \alpha L_o (T - T_o)$$

onde:
L = comprimento da amostra na temperatura T em mm
L_o = comprimento da amostra na temperatura T_o, em mm
T = temperatura da amostra em °C
T_o = temperatura inicial da amostra em °C
α = coeficiente de expansão térmica linear $°C^{-1}$

É importante lembrar que essa equação é válida apenas para materiais que apresentam curvas de expansão térmica aproximadamente lineares. Portanto, a faixa de temperatura válida deve ser especificada.

3.6.4 Variação dimensional permanente

Durante a queima de tijolos refratários, variações dimensionais permanentes, geralmente, ocorrem, alterando suas dimensões daquelas originais da prensagem. É desejável que essas variações sejam completadas durante a queima para se evitar novas alterações volumétricas do produto em uso. Entretanto, essas variações requerem tempo e ou temperatura para se completarem. À medida que se intensifica o tratamento térmico durante a queima, as variações volumétricas diminuem. É muito raro que, durante uma queima, o material se torne totalmente estável.

Durante o uso do refratário, portanto, se a temperatura do forno onde ele for instalado for alta o suficiente e mantida por um tempo suficientemente longo, pode haver variações adicionais em suas dimensões, geralmente pequenas, mas permanentes. Variações dimensionais excessivas em uso podem ser danosas ao revestimento, devido ao potencial efeito negativo sobre a estabilidade da estrutura do forno.

A habilidade do refratário em permanecer rígido em altas temperaturas depende não somente dos pontos de fusão de seus componentes cristalinos, ou dos eutéticos formados entre eles, mas também da quantidade e da viscosidade da fase líquida presente.

Testes de requeima são usados para se determinar a quantidade de variação dimensional permanente que pode ocorrer com o refratário em altas temperaturas (Figura 3.21). Esses testes podem fornecer informações sobre:

- Se o refratário foi queimado por tempo suficiente.
- Se o refratário foi queimado em temperatura suficiente.
- Se um refratário quimicamente ligado é estável volumetricamente em altas temperaturas.
- Se a composição do material é refratária o bastante e estável volumetricamente em altas temperaturas.

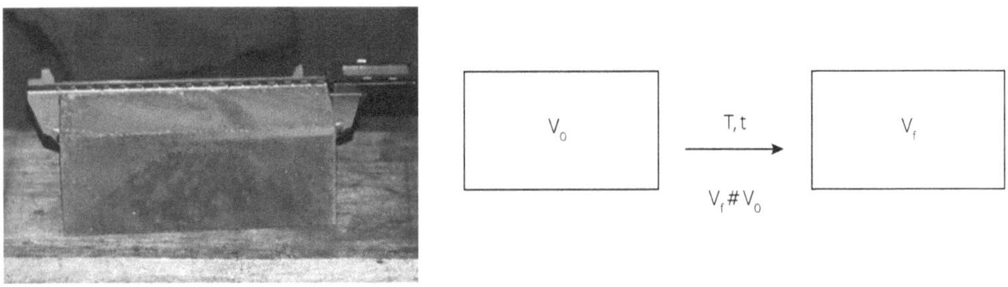

Figura 3.21 Teste de requeima em refratários.
Fonte: Acervo e desenvolvimento pela autoria do capítulo.

Os resultados desses testes devem ser usados com cuidado, pois a variação volumétrica durante o teste depende não somente da característica do material, mas também da temperatura e do tempo de tratamento térmico. As variações permanentes dos materiais refratários em altas temperaturas são resultantes de uma série de reações; entre as quais, a formação de novos minerais, transformações de minerais, expansão de gases dentro de uma fase líquida etc.

3.6.5 Calor específico e capacidade térmica

O calor específico de um material refratário indica a quantidade de calor necessária para mudar sua temperatura em uma certa quantidade. No sistema internacional de unidades, o calor específico é a quantidade de calor (J) que deve ser absorvida por 1kg de material para aumentar sua temperatura em 1 grau K.

O conteúdo de calor de um componente refratário a qualquer temperatura é função do seu calor específico e de seu peso. Pode ser calculado pela seguinte equação:

$$H = c\,d\,V\,(T - T_o)$$

onde:
H = conteúdo de calor do refratário na temperatura T (J)
c = calor específico médio do material entre T_o e T (J/kg.K)
d = densidade aparente do refratário (kg/m^3)
V = volume do refratário (m^3)

Como em geral o volume ocupado pelo revestimento refratário é conhecido, é interessante se conhecer sua capacidade térmica. O conhecimento do calor específico dos refratários é importante em muitas aplicações porque a quantidade de calor armazenada no revestimento durante seu aquecimento é muito significativa. Durante as fases de aquecimento e resfriamento dos fornos, grandes quantidades de calor são alternadamente armazenadas e liberadas.

Aplicações em que se desejam altos valores de calor específico são regeneradores de calor. Essas estruturas são especificamente projetadas para absorver e armazenar calor proveniente de gases quentes liberados no processo. O calor armazenado é, posteriormente, usado para pré-aquecer o ar de combustão.

3.6.6 Emissividade

Emissividade é o poder relativo de uma superfície de emitir calor por radiação. É expressa como uma fração da emissividade de um corpo negro (emissividade = 1) que tem o valor máximo possível. Um bom radiador é igualmente um bom absorvedor de calor. Um bom refletor, obviamente, é um mau absorvedor de calor e, consequentemente, um mau radiador. Um perfeito refletor de calor, que não existe na realidade, teria uma emissividade igual a zero (Figura 3.22).

A habilidade de radiar calor em determinados comprimentos de onda é referida como emissividade monocromática. A emissividade total se refere ao calor radiado em todo o espectro de comprimento de onda. A emissividade total da maioria dos refratários diminui com o aumento da temperatura, embora haja exceções.

Os fatores que mais influenciam na emissividade são a rugosidade da superfície, a distribuição granulométrica do material e a presença de compostos contendo metais pesados, como ferro e cromo. Altas emissividades ocorrem para grãos grosseiros e altas porosidades. O aumento da rugosidade tende a aumentar a emissividade. A emissividade da parte mais externa do forno determina a quantidade de calor radiada para o ambiente. A perda para o ambiente em uma condição de radiação sem obstrução é dada por:

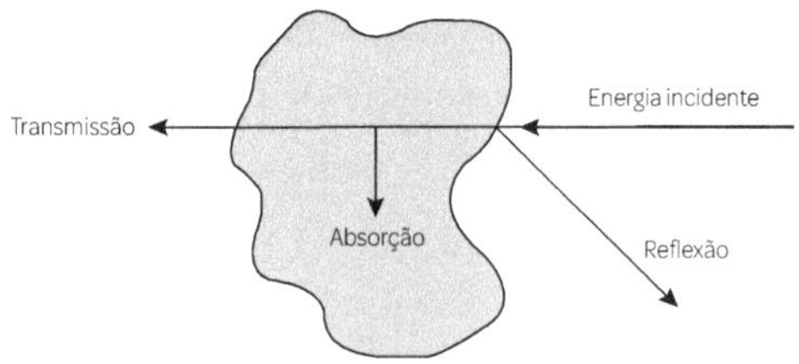

Absorção, reflexão e transmissão de radiação sobre um corpo

Absorção = Emissão = 1 - Reflexão

Materiais variados			
Asbesto			0,93-0,96
Tijolo			0,75-0,93
Carbono			0,927-0,967
Vidro liso			0,937
Material refratário			0,65-0,91
Metal	**Polido**	**Rugoso**	**Oxidado**
Alumínio	0,04	0,055	0,11-0,019
Inox 304	0,17	0,57	0,85
Inox 430	0,17	0,57	0,85
Aço	0,12-0,40	0,75	0,80-0,095
Inoxidável	0,11	0,57	0,80-0,095

Figura 3.22 Emissividade de alguns materiais de interesse.
Fonte: Adaptada de (1).

$$Q_r = \sigma\, \varepsilon\, (T_1^4 - T_2^4)$$

onde:
Q_r = calor radiado para o ambiente (W/m^2)
σ = constante de Stefan-Boltzmann ($W/m^2 . K^4$)
ε = emissividade da superfície refratária exposta ao ambiente (sem dimensão)
T_1 = temperatura da superfície refratária exposta ao ambiente (K)
T_2 = temperatura do ambiente (K)

3.6.7 Condutividade térmica

Quando um forno é aquecido, a energia térmica flui para a estrutura do refratário, causando uma diferença de temperatura entre as superfícies internas e externas do revestimento. Parte dessa energia térmica é armazenada na estrutura refratária e em sua fundação, e parte flui através das paredes, tetos e soleira e é perdida para o ar externo por radiação e convecção. Para se estimar a quantidade de calor que flui através do revestimento refratário, usamos um parâmetro conhecido como "coeficiente de condutividade térmica, para cada material envolvido em sua construção. Os valores de coeficiente de condutividade térmica variam não somente entre diferentes materiais, mas geralmente também para o mesmo material em diferentes temperaturas.

O coeficiente de condutividade térmica (k) é definido como a quantidade de calor que flui através de uma área unitária, em uma unidade de tempo, se o gradiente de temperatura através dessa área for unitário (W/m.K). O método mais aceito na determinação do coeficiente de condutividade térmica de materiais refratários é o do calorímetro. O fluxo de calor é determinado usando-se um calorímetro de cobre, localizado abaixo de um painel da amostra a ser testada por meio da equação da Figura 3.23.

A condutividade térmica é reportada na temperatura média ao longo da amostra. Os fatores que mais influenciam na condutividade térmica de um refratário são a sua composição mineralógica, a quantidade de fase amorfa (líquido ou vítrea) que ele contém, sua porosidade e sua temperatura. A condutividade térmica diminui com o aumento da porosidade. Para uma certa temperatura, a condutividade térmica da fase vítrea é consideravelmente menor do que a de materiais cristalinos de mesma composição. Com o aumento da temperatura, a condutividade da fase vítrea tende a aumentar, enquanto a da fase cristalina tende a diminuir.

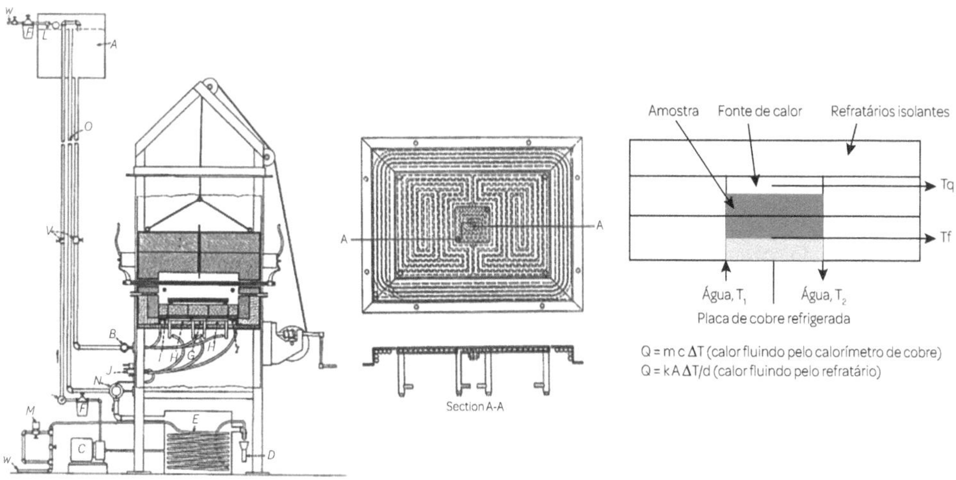

Figura 3.23 Determinação da condutividade térmica em refratários.
Fonte: Adaptada de Norma ASTM C-201 (A) e desenvolvida pela autoria do capítulo (B).

A condutividade térmica de um refratário em serviço em altas temperaturas varia, frequentemente, devido à alteração na quantidade da fase líquida e vítrea que ele contém. A condutividade térmica de um refratário muito poroso aumenta significativamente com o aumento da temperatura. Esse comportamento resulta principalmente do aumento do fluxo de calor por radiação através dos poros.

Altas condutividades térmicas são desejáveis para refratários usados em construções que exigem uma eficiente transferência de calor através do revestimento, como recuperadores, paredes de coquerias, cadinho de Alto-Forno etc. Na maioria dos equipamentos, entretanto, uma baixa condutividade térmica é desejável para se obter conservação de calor, mas outras propriedades podem ser mais importantes do que essa.

Em fornos que operam em uma temperatura constante por longo período, dois estágios de fluxo de calor ocorrem. Durante o estágio de aquecimento, denominado "regime transiente" (*unsteady state* ou *transient heat flow*), os refratários armazenam uma parte do calor absorvido e o restante é perdido para o ambiente. Como o refratário retém calor adicional, a temperatura dentro do revestimento se altera com o tempo. Após um período longo, que depende da espessura e composição do revestimento, os refratários não armazenam mais calor adicional e todo o calor absorvido é perdido para o ambiente. Isso marca o segundo estágio que é conhecido como "regime permanente" (*steady state*) ou "fluxo de calor em equilíbrio". Desde que os refratários não estejam armazenando calor adicional, a temperatura dentro do revestimento permanece constante com o tempo.

A quantidade de calor fluindo através do revestimento refratário sob condição de equilíbrio é expressa da seguinte forma:

$$Q = k\,(T_1 - T_2)\,A\,t/d,$$

onde:
Q = quantidade de calor fluindo através do revestimento (J)
k = condutividade térmica do refratário (W/m. K)
$T_1 - T_2$ = queda de temperatura da face quente para a face fria do refratário (K)
A = área da parede refratária (m^2)
t = tempo (s)
d = espessura do revestimento (m)

3.6.8 Difusividade térmica

O cálculo do fluxo de calor através do revestimento refratário em condições de regime transiente é muito complicado e envolve, na maioria das vezes, modelos matemáticos complexos para se alcançarem resultados mais precisos. É importante, para isso, introduzir outra propriedade dos materiais, denominada "difusividade térmica", que é normalmente usada nesses cálculos (Figura 3.24). A difusividade térmica tem uma relação com a velocidade em que a energia térmica difunde através do material e é expressa da seguinte forma:

$$\lambda = k/c\,\rho$$

onde:
λ = difusividade térmica (m^2/s)
k = condutividade térmica (W/m.K)
c = calor específico (J/kg.K)
ρ = densidade aparente (kg/m^3)

A taxa de calor que flui através de um revestimento refratário pode ser calculada apenas aproximadamente por várias razões:

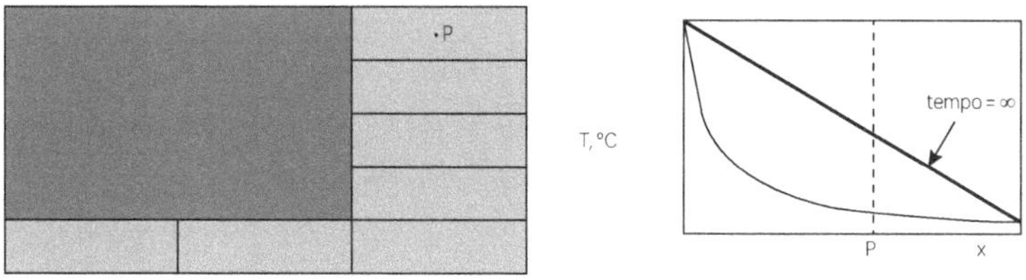

Figura 3.24 Conceito da difusividade térmica em refratários.
Fonte: Desenvolvida pela autoria do capítulo.

- A falta de precisão nos métodos de avaliação dos coeficientes de condutividade térmica.
- As temperaturas das faces quente e fria do revestimento são raramente conhecidas com exatidão.
- A condutividade térmica do refratário pode se alterar em serviço devido a alterações mineralógicas ou à vitrificação do refratário pela absorção de escórias, metais ou outros materiais.
- A espessura do revestimento se altera em uso, quer seja por desgaste, quer seja por adesão de materiais.
- A taxa de calor que flui ser influenciada pela pressão interna dos gases e pela permeabilidade do refratário. Uma pressão positiva tende a forçar os gases quentes a saírem através das paredes, enquanto uma pressão negativa tende a levar ar frio do ambiente para o interior do forno.
- A taxa de calor ser influenciada pela espessura das juntas e frestas entre os componentes do revestimento e pelo uso ou não de argamassa no assentamento dos tijolos.

Outros fatores importantes que afetam a quantidade de calor que flui através do revestimento refratário incluem a emissividade do refratário ou da carcaça, o tipo de gás presente no interior dos fornos e as correntes de convecção externas.

A estimativa do fluxo de calor através de refratários não queimados pode ser complicada. Esses materiais podem sofrer alterações físicas e químicas durante o aquecimento do forno, que podem ter um efeito grande e complexo na condutividade térmica dos materiais. Um fenômeno semelhante ocorre durante a determinação do coeficiente de condutividade térmica desses materiais usando-se o método do calorímetro.

3.7 CHOQUE TÉRMICO E TERMOCLASE

Choque térmico é o gradiente de temperatura que se aplica ao refratário e que pode ou não o levar a sofrer um dano estrutural. Termoclase é a perda de fragmentos das faces dos refratários por meio de um processo de formação e propagação de trincas em sua estrutura quando submetidos a um gradiente térmico (Figura 3.25).

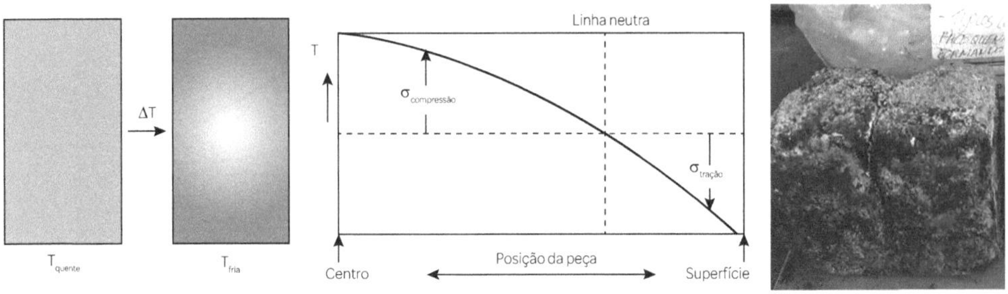

Figura 3.25 Distribuição de esforços em um tijolo durante o seu resfriamento.
Fonte: Desenvolvida pela autoria do capítulo.

Materiais refratários apresentam geralmente maior resistência à termoclase em choques térmicos durante processos de aquecimento do que em processos de resfriamento. A razão para esse comportamento é que as tensões geradas na superfície durante o aquecimento são de compressão enquanto, durante o resfriamento, são de tração (Figura 3.26). Esses materiais resistem mais a esforços de compressão do que a esforços de tração.

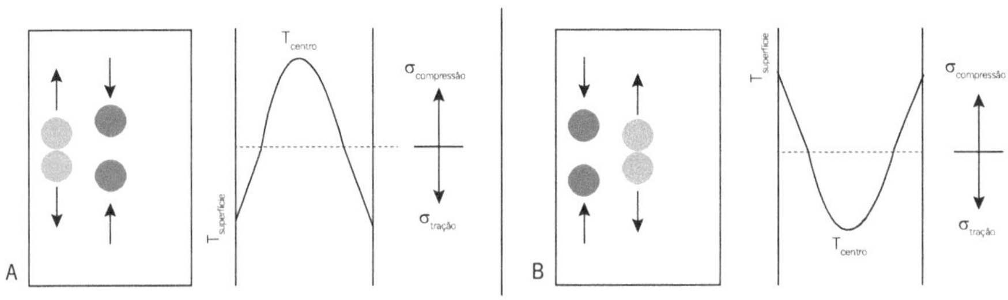

Figura 3.26 Distribuição de tensões no resfriamento (A) e no aquecimento (B).
Fonte: Desenvolvida pela autoria do capítulo.

Existem três tipos distintos de termoclase: térmica; mecânica; e estrutural (Figura 3.27). A termoclase térmica (Figura 3.28) é causada por tensões resultantes de taxas desuniformes de expansão ou contração entre diferentes partes do refratário, associadas com rápidas variações de temperaturas. A termoclase mecânica (Figura 3.29) é causada por tensões mecânicas que aparecem, como por exemplo, com falta de junta de dilatação em revestimentos, por aquecimento rápido de materiais etc. A termoclase estrutural (Figura 3.30) é causada por tensões geradas por alterações químicas na estrutura ao longo do refratário. Para os dois últimos tipos, uma rápida variação de temperatura contribui ainda mais para o aumento de tensão no refratário.

A termoclase mecânica ocorre com grande frequência em situações em que juntas de dilatação não são previstas adequadamente, e o refratário trinca por tensão excessiva na face quente durante o aquecimento do revestimento (Figura 3.31).

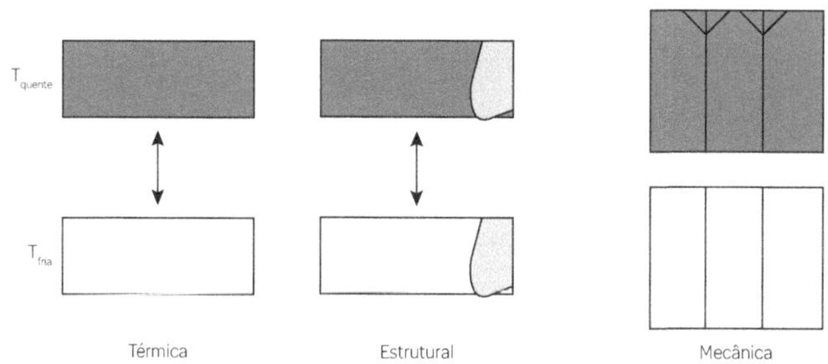

Figura 3.27 Termoclase em refratários.
Fonte: Desenvolvida pela autoria do capítulo.

Figura 3.28 Termoclase térmica no resfriamento de uma panela após o lingotamento do aço.
Fonte: Desenvolvida pela autoria do capítulo.

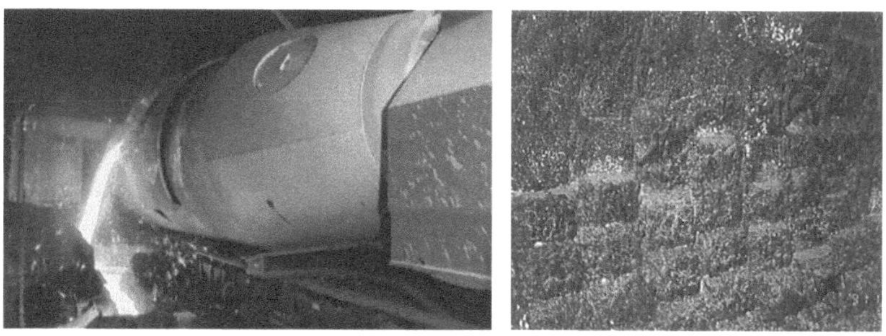

Figura 3.29 Termoclase mecânica no aquecimento rápido de um carro-torpedo ao receber o gusa do alto forno.
Fonte: Desenvolvida pela autoria do capítulo.

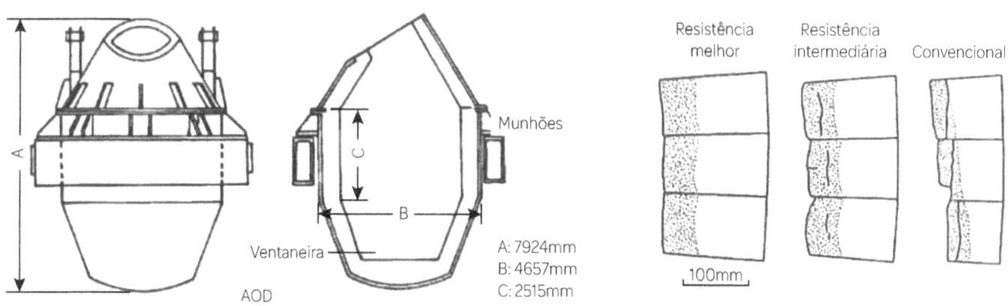

Figura 3.30 Termoclase estrutural em revestimento refratário de AOD.
Fonte: Adaptada de (1).

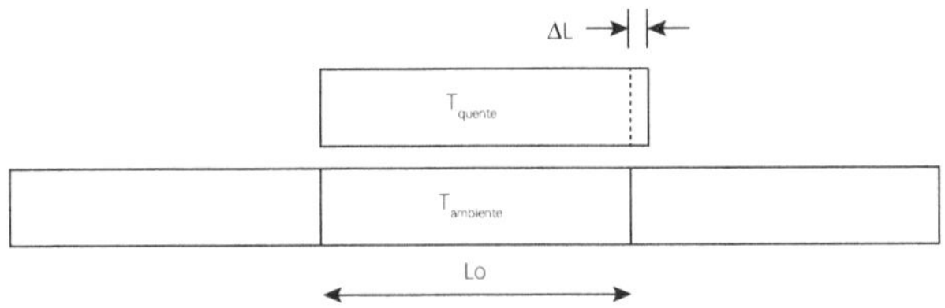

Figura 3.31 Termoclase mecânica durante o aquecimento de um revestimento.
Fonte: Desenvolvida pela autoria do capítulo.

Nessas situações, temos que:

$$\Delta L = L_o \, . \, \alpha \, . \, \Delta T \quad \text{e} \quad \varepsilon = \Delta L/L = \alpha \, . \, \Delta T$$

Da relação tensão *versus* deformação, temos que:

$$\sigma = E \, . \, \varepsilon \quad \text{e} \quad \varepsilon = \sigma/E$$

Portanto:

$$\sigma = E \, . \, \alpha \, . \, \Delta T$$

Quando σ alcançar o valor de σ_R (tensão de ruptura), o material irá falhar.

A termoclase mecânica pode ser determinada por uma prensa universal acoplada com um forno. Neste caso, a amostra é aquecida a uma determinada velocidade e a prensa deve aplicar uma força contrária, de forma a manter o corpo de prova na mesma posição original. Desse modo, a tensão desenvolvida na amostra pela falta de espaço para sua dilatação é medida até que haja sua termoclase.

A resistência à termoclase de um refratário é influenciada por vários fatores; entre os quais, sua composição mineralógica, inibidores de termoclase, geometria das peças, distribuição granulométrica das matérias-primas que o compõem e processo de fabricação. Para um determinado material, o projeto refratário, a sua instalação e as condições operacionais podem afetar o desempenho do refratário quanto à termoclase.

O mecanismo de termoclase envolve duas fases distintas, a da formação da trinca e a de sua propagação. Vários autores propuseram muitos parâmetros R para se prever o comportamento dos materiais quanto ao choque térmico (Figura 3.32). As principais equações que explicam esse fenômeno, onde R é proporcional a ΔT_c (c de crítico), o máximo gradiente térmico a ser aplicado ao material sem que haja danos, são descritas a seguir:

- Resistência à formação de trincas

$$R = \frac{\sigma_f (1 - \nu)}{E \, . \, \alpha} \qquad\qquad R' = R \, . \, k$$

- Resistência à propagação de trincas

$$R'''' = \frac{E \, . \, \gamma_{WOF}}{\sigma_f^2 (1 - \nu)} \qquad\qquad R_{ST} = \left(\frac{\gamma_{WOF}}{E \, . \, \alpha^2}\right)^{1/2}$$

Outro termo desenvolvido para se avaliar a resistência à termoclase que leva em conta a facilidade do material em transferir calor ao ambiente é "difusividade térmica" (λ):

$$\Delta T_c = \frac{\sigma_f \cdot \lambda}{E \cdot \alpha} \quad \text{e} \quad \lambda = \frac{k}{\rho \cdot C_p}$$

onde:

R e R' = máxima variação de temperatura sem que haja formação de trincas (K) e (J/m.s)

R"" = resistência ao dano por choque térmico, comprimento inicial da trinca é pequeno, trinca se propaga cineticamente (m)

R_{ST} = resistência ao dano por choque térmico, comprimento inicial da trinca é grande, propagação estável ($m^{1/2} \cdot K$)

σ_f = tensão de ruptura (MPa)

ν = módulo de Poisson

E = módulo de elasticidade (GPa)

α = coeficiente de expansão térmica (K^{-1})

k = coeficiente de condutividade térmica (W/m.K)

γ_{WOF} = trabalho de fratura (J/m^2)

λ = difusividade térmica (m^2/s)

ρ = densidade (kg/m^3)

C_p = capacidade calorífica

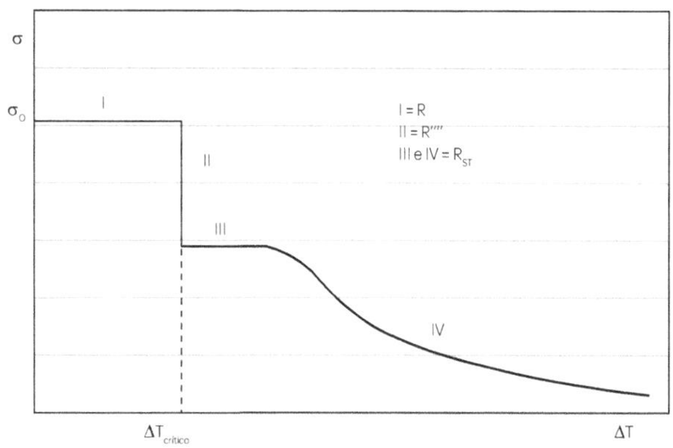

Figura 3.32 Estágios da evolução da trinca formada por choque térmico.
Fonte: Desenvolvida pela autoria do capítulo.

O tamanho e a geometria das peças têm influência na resistência dos materiais refratários ao choque térmico. Um índice para se prever essa influência é denominado "módulo de Biot", descrito a seguir.

$$\beta = a\, h/k$$

onde:

β = módulo de Biot

a = f (dimensão)

h = coeficiente de transferência de calor para o ambiente

e $\Delta T_c = \sigma_f/[(E\, f(\beta)]$

Por essa equação, tem-se que a resistência ao choque térmico é tanto maior quanto maior a resistência a ruptura do material, menor o seu módulo de elasticidade, menor o seu coeficiente de expansão térmica e menor o módulo de Biot.

Os testes que normalmente são usados para se prever o comportamento dos refratários quanto à termoclase são:

- expansão térmica;
- módulo de elasticidade;
- condutividade e difusividade térmica;
- trabalho de fratura;
- choque térmico.

Amostras colhidas após uso (*post mortem*) apresentam falta de pedaços ou trincas típicas quando o mecanismo de desgaste for por termoclase, como pôde ser visto nas Figuras 3.26 a 3.29.

A determinação da resistência ao choque térmico tem sido sempre trabalhosa e de resultados pouco repetitivos. Um método recente foi desenvolvido buscando contornar essas dificuldades (Figura 3.33), que consiste na avaliação do módulo de elasticidade residual da amostra após determinados números de ciclos de choque térmico entre temperaturas acima de 1000°C e a temperatura ambiente, medido por ultrassom (E dinâmico). A extrapolação da reta traçada entre esses pontos para o valor de módulo de elasticidade residual igual a zero dá um índice que, fisicamente, informa o número de ciclos de choque térmico necessários para se ter E igual a zero.

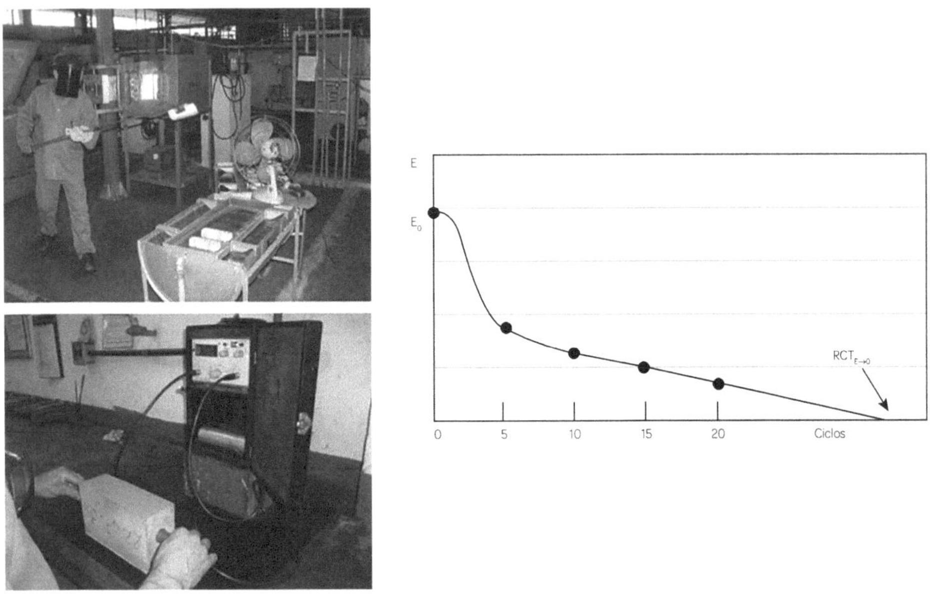

Figura 3.33 Determinação da resistência ao choque térmico em refratários.
Fonte: Acervo e desenvolvimento pela autoria do capítulo.

3.8 EROSÃO E CORROSÃO

Erosão é o movimento de um fluido, líquido ou gás, em relação à superfície do refratário. Corrosão se refere ao ataque químico que o refratário sofre em serviço. Em metalurgia, reações normalmente ocorrem entre o refratário, a escória fundida e os agentes fluxantes que estejam em contato com ele. A erosão do refratário, com frequência, acompanha o processo de corrosão. Algumas reações podem ser extremamente prejudiciais à vida do refratário, enquanto outras podem resultar em pequena ou nenhuma variação em seu desempenho.

A corrosão é um dos mais importantes mecanismos de desgaste presentes nos processos industriais. Para que haja corrosão, em primeiro lugar, tem de haver a presença de agentes corrosivos. O ataque químico, muitas vezes, é seguido por uma movimentação do líquido (erosão) em contato com o refratário.

O ataque químico pode ocorrer via fornecimento de agentes corrosivos nos estados sólido, líquido e gasoso. Para que haja corrosão, são necessárias três etapas, fornecimento dos agentes corrosivos, reação na interface com o refratário e remoção dos produtos formados. Caso se controle uma dessas etapas, o processo de corrosão será interrompido (Figura 3.34):

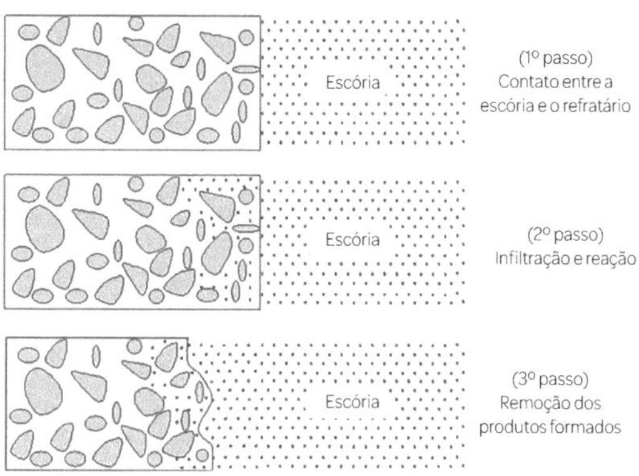

Figura 3.34 Processo de dissolução do refratário pela escória.
Fonte: Desenvolvida pela autoria do capítulo.

Uma das variáveis mais importantes que controlam o processo de corrosão é a tensão superficial entre o refratário, o líquido em contato e o gás presente no ambiente. As tensões superficiais entre um refratário, o líquido e o gás em contato, são mostradas na Figura 3.35 e estão em equilíbrio, conforme a seguinte equação:

$$\gamma_{SV} = \gamma_{SL} + \gamma_{LV} \cdot \cos\theta$$

A Figura 3.36 mostra três situações em que: a escória molha o refratário (ângulo de contato menor do que 90°), não molha (ângulo de contato maior do que 90°) e molha o refratário completamente (ângulo de contato = 0).

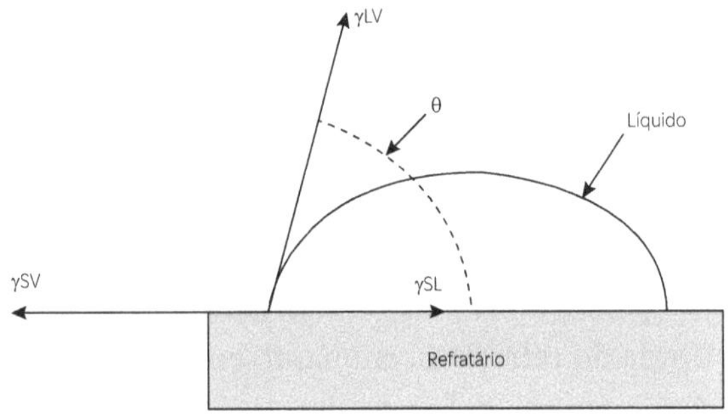

Figura 3.35 Tensão superficial entre sólido, líquido e gás.
Fonte: Desenvolvida pela autoria do capítulo.

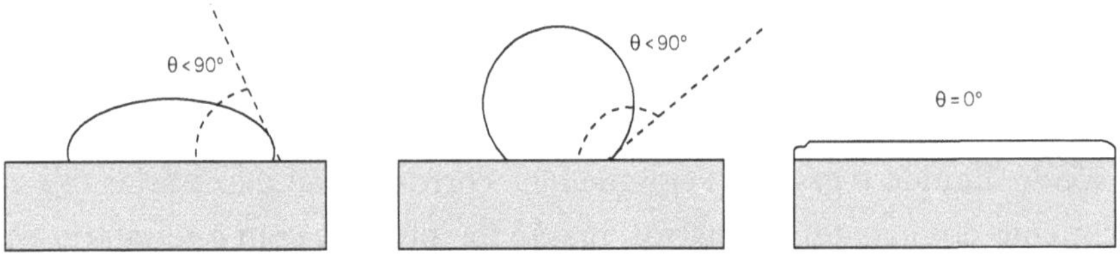

Figura 3.36 Umectabilidade de um substrato – a) umectável; b) não umectável; c) completamente umectável.
Fonte: Desenvolvida pela autoria do capítulo.

A Tabela 3.11 mostra valores de ângulo de contato, com o MgO, de alguns líquidos de interesse.

Tabela 3.11 Ângulo de contato de líquidos sobre um cristal de MgO.

Líquido	Temperatura (°C)	Ângulo de contato (θ)
Cu	1300	106
Fe	1600	59
Escória SiO_2-Al_2O_3-CaO (2:1:2)	1400	9

Fonte: Adaptada de (7).

Alguns materiais covalentes, como o carbono, apresentam grande importância na proteção do refratário contra corrosão. Esses materiais apresentam elevada tensão superficial com metais e escórias líquidas (Figura 3.37 e na Tabela 3.12). O carbono dificulta a penetração desses líquidos por apresentar baixa umectabilidade por eles.

Concentrações muito pequenas de impurezas podem ter grande influência sobre a tensão superficial de um líquido. A Tabela 3.13 mostra que pequenas concentrações de enxofre no ferro líquido provocam uma queda substancial na tensão superficial γ_{LV}, fazendo com que esse elemento se concentre na superfície do líquido. O carbono, na mesma concentração, não provoca nenhuma alteração na tensão superficial γ_{LV}, sendo que esse elemento se distribui homogeneamente no líquido.

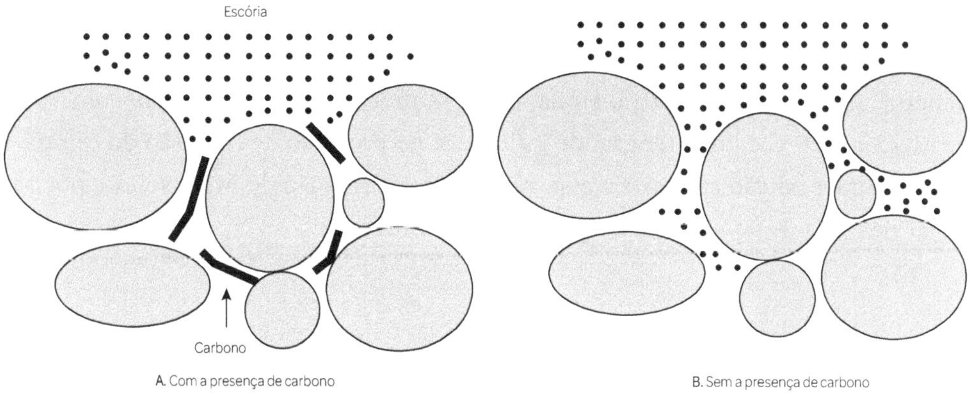

Figura 3.37 Efeito do carbono na umectação do MgO por escória.
Fonte: Desenvolvida pela autoria do capítulo.

Tabela 3.12 Ângulo de contato de líquidos sobre a grafita.

Líquido	Atmosfera	Temperatura (°C)	Ângulo de contato (θ)
Cu	H_2	1100	150
Ni	H_2	1500	68
Fe	H_2	1550	37
Si	Vácuo	1900	15
CaO-Al_2O_3-SiO_2 (2:1:2)	N_2	1330	160
CaO-Al_2O_3-SiO_2 (2:1:2)	N_2	1445	30

Fonte: Adaptada de (7).

Tabela 3.13 Influência de impurezas na molhabilidade do Fe (l).

Presença de enxofre		Presença de carbono	
Adição (ppm)	γ_{LV} (ergs/cm²)	Adição (ppm)	γ_{LV} (ergs/cm²)
100	1670	100	1710
1000	1210	1000	1710
10000	795	10000	1710

Fonte: Adaptada de (7).

Os poros abertos têm grande influência na penetração de líquidos no refratário. A penetração depende dos fenômenos de capilaridade e de molhabilidade. Quanto maior o tamanho do poro aberto, mais fácil se torna para o líquido de se infiltrar no refratário.

A Figura 3.38 mostra a influência do isolamento térmico sobre a extensão em que uma escória hipotética (100% de FeO) penetra em um refratário (100% de MgO) a 1650°C. As curvas a e b mostram o perfil térmico para o revestimento em que o refratário do permanente apresenta condutividades térmicas diferentes (k_a e k_b).

O material do permanente mais condutor provoca uma queda mais rápida de temperatura ao longo da espessura do refratário e diminui a extensão em que a escória penetra. A Figura 3.38 mostra, ainda, que a saturação da escória ocorre com 15% de MgO a 1650°C e pode ter grande influência no processo de corrosão do refratário. Qualquer adição superior a esse valor leva à formação de MgO sólido, por se situar na linha de *liquidus* do diagrama de equilíbrio.

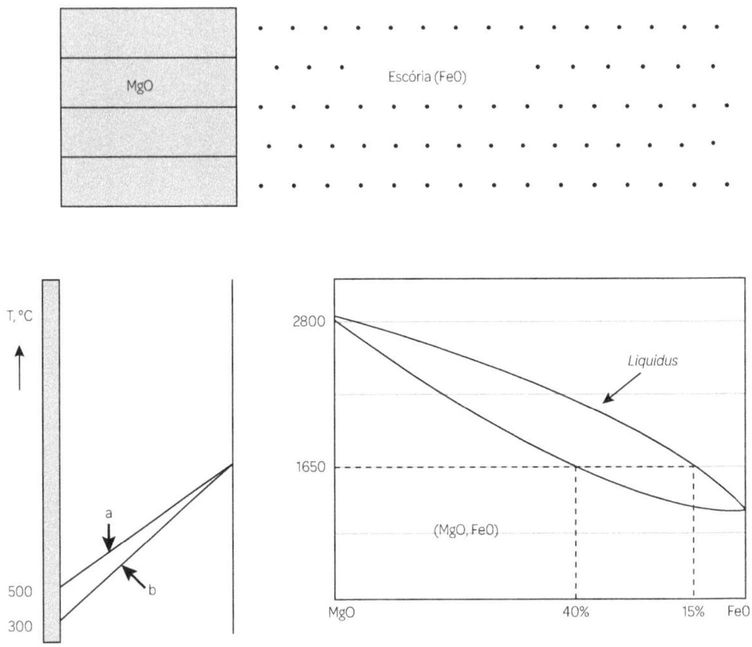

Figura 3.38 Influência da condutividade térmica do refratário sobre a penetração da escória.
Fonte: Desenvolvida pela autoria do capítulo.

A taxa de dissolução é função da velocidade em que ocorre o fornecimento dos agentes corrosivos, da reação desses com o refratário e da remoção dos produtos formados. A taxa de transferência de materiais é, em geral, muito mais importante do que a velocidade das reações em si.

As variáveis que influenciam o processo de corrosão são o gradiente químico, a temperatura, o tempo, a viscosidade, a movimentação do banho, o coeficiente de difusão etc. A transferência de material pode ocorrer em três formas distintas:

- difusão molecular;
- convecção natural;
- convecção forçada.

A taxa de corrosão por unidade de área, n/A, para o processo de dissolução controlado por difusão (Figura 3.39), é dada pela equação de Noyes-Nerst:

$$n/A = (n_s - n)\ (D/\delta_D{}^*)$$

onde:

n_s = é a concentração de saturação
n = é a concentração no meio do líquido
D = é o coeficiente de difusão
e $\delta_D{}^*$ é a espessura efetiva de difusão, definida pela tangente do perfil de concentração na interface

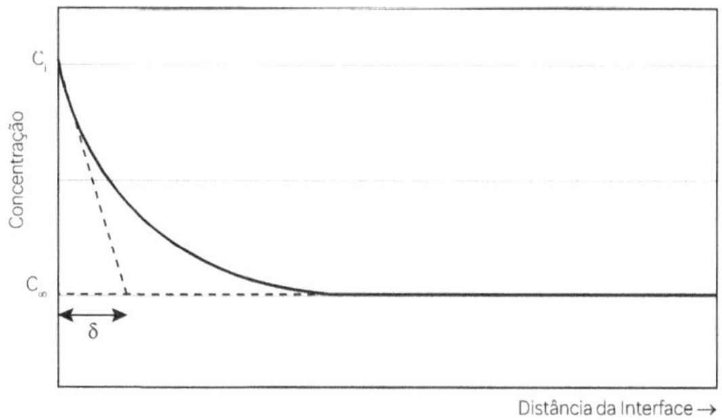

Figura 3.39 Processo de corrosão por conveção natural.
Fonte: Adaptada de (7).

As Figuras 3.40 e 3.41 mostram resultados de testes de corrosão para um refratário de Al_2O_3 em contato com uma escória de $CaO\text{-}SiO_2\text{-}Al_2O_3$ em que o processo de transferência de material foi o de difusão molecular. Quando o material refratário e os líquidos estão estacionários, a taxa de dissolução é governada pelo mecanismo de difusão molecular (Figura 3.39), quando a seguinte equação é válida:

$$\Delta R = f\ [(D\ t)^{1/2}]$$

onde:

$$D = D_o\ .\ \exp.\ (-Q/R\ .\ T)$$

Sendo que:
ΔR = taxa de dissolução (cm)
D e D_o = coeficientes de difusão (cm^2/s)
Q = energia de ativação
R = constante dos gases
T = temperatura (K)

Quando ocorre convecção natural, o líquido sofre instabilidade hidrodinâmica, influenciando a taxa de dissolução e o processo de erosão (Figura 3.41). A taxa de dissolução independe do tempo na convecção natural. A equação que governa todo o processo é dada por:

$$J = (dn/dt)/A = 0{,}726\ .\ D\ [g\ (\rho_i - \rho_\infty)/\nu\ D\ h\ \rho_\infty]^{1/4}\ (C_i - C_\infty)$$

onde:

J = taxa de dissolução = [moles/($s.m^2$)]
n = número de moles
t = tempo (s)
A = área de contato (m^2)
D = coeficiente de difusão efetivo (m^2/s)

g = aceleração da gravidade (m/s^2)
ρ_i = densidade do líquido junto ao refratário (kg/m^3)
ρ_∞ = densidade do líquido a uma grande distância (kg/m^3)
ν = viscosidade cinemática
h = altura do ponto em consideração (m)
C_i = concentração na interface refratário e escória
C_∞ = concentração no seio da escória
δ = camada de reação

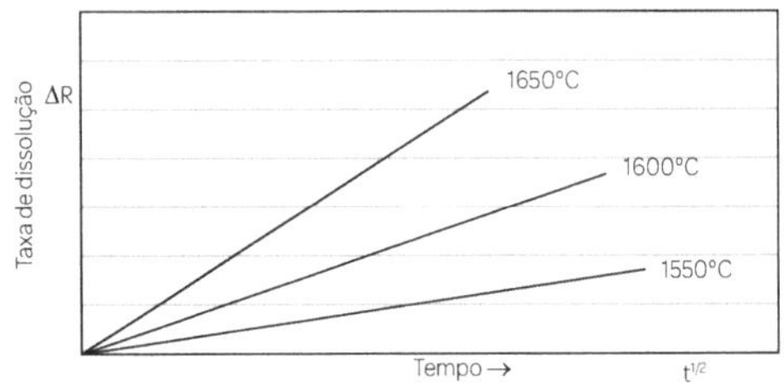

Figura 3.40 Processo de desgaste de Al_2O_3 por uma escória $CaO\text{-}SiO_2\text{-}Al_2O_3$ difusão molecular.
Fonte: Adaptada de (7).

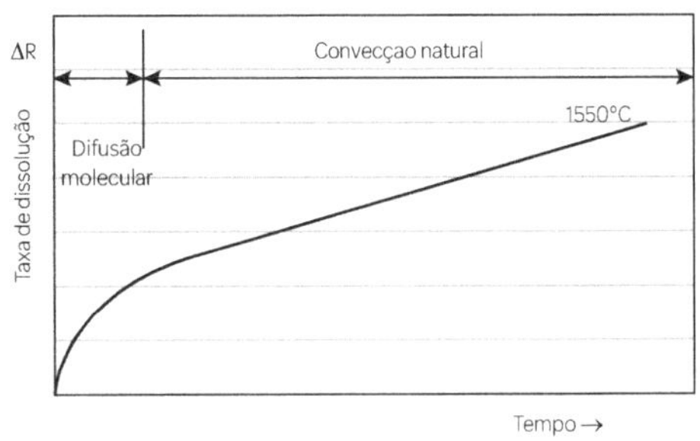

Figura 3.41 Corrosão *versus* tempo de Al_2O_3 em contato com uma escória de $CaO\text{-}SiO_2\text{-}Al_2O_3$.
Fonte: Adaptada de (7).

Quando ocorre convecção forçada, a taxa de dissolução é proporcional à velocidade angular do líquido em contato:

$$J = (dn/dt)/A = 0{,}62.\ D^{2/3\ -1/6}\ \omega^{1/2}\ [(C_i - C_{¥})/(1 - C_i\ V)]$$

onde:
ω = velocidade angular do líquido
V = volume molar

Os testes que normalmente são usados para se prever o comportamento do refratário quanto à corrosão e à erosão dos refratários são (1):

- análise química;
- análise mineralógica;
- porosidade aparente;
- permeabilidade;
- distribuição de tamanho de poros;
- testes de corrosão (escórias, gases etc.).

Amostras colhidas após uso (*post mortem*) apresentam infiltração de agentes estranhos, ou desgaste por erosão ou aderência de materiais quando o mecanismo de desgaste é de corrosão apenas.

3.8.1 Análise química

A composição química serve como base para a classificação dos refratários e como guia para as suas propriedades químicas e refratariedade. Outra importante aplicação da análise química está no controle de qualidade das matérias-primas e dos produtos acabados. Os componentes minoritários presentes nos refratários são, em muitos casos, os fatores que mais influenciam no desempenho dos refratários.

A composição química de um refratário não é isoladamente o fator mais importante na escolha de um refratário, pois produtos com praticamente a mesma composição química podem ter desempenho completamente diferentes, sob as mesmas condições operacionais. A análise química isoladamente não permite avaliar propriedades, como estabilidade volumétrica em altas temperaturas ou habilidade para suportar solicitações mecânicas, choque térmico ou ataque por escórias.

3.8.2 Análise mineralógica

O teste mais comum que se faz na identificação das fases mineralógicas presentes em matérias-primas e refratários usados e não usados é a difração de raios X. Técnicas auxiliares de congelamento de estruturas (*quenching*) ajudam a identificar a presença de fases líquidas em temperaturas predeterminadas. A consulta de diagramas de equilíbrio de fases de componentes químicos de interesse ajuda a compreender o comportamento dos refratários em diversas temperaturas.

Essas informações são importantes em todas as fases da tecnologia de refratários. A compreensão da mineralogia das matérias-primas, dos produtos finais e dos agentes corrosivos presentes em contato com o refratário auxilia na identificação de seu mecanismo de desgaste. Essa informação é importante na melhoria das condições operacionais no usuário do refratário.

3.8.3 Análise termogravimétrica

As análises, termogravimétrica (ATG) e termodiferencial (ATD), dão informações importantes na identificação de fases presentes, tanto para materiais inorgânicos como para os orgânicos (Figura 3.42). A ATG é realizada em um instrumento chamado de "termobalança", no qual alterações em massa da amostra são plotadas em função da temperatura. É um método importante para o estudo de fases que sofrem decomposição térmica, como muitos minerais e fases inorgânicas, assim como de polímeros orgânicos. A ATG pode ser usada ainda em interação de fases com atmosferas reativas, como na combustão. O método é quantitativo.

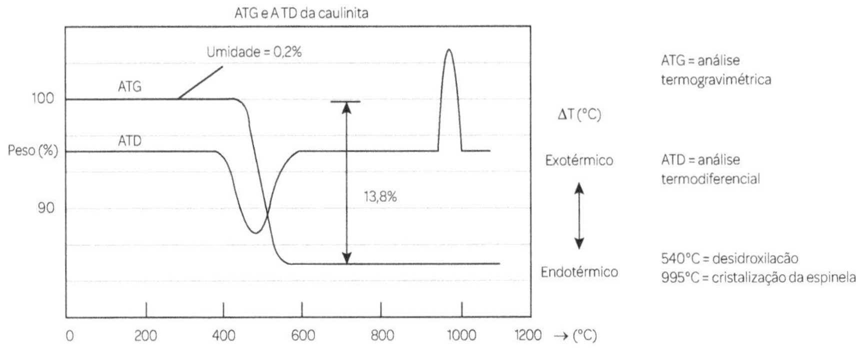

Figura 3.42 Análise termogravimétrica de uma amostra de caulinita.
Fonte: Adaptada por (1).

A ATD mede simultaneamente as temperaturas em dois pontos: na amostra em estudo e em um padrão, que é inerte termicamente na faixa de temperatura em que o ensaio é realizado. A ATD mostra os picos onde há absorção ou fornecimento de energia térmica em relação ao padrão inerte; assim, têm-se picos exotérmicos e endotérmicos das reações. É um ensaio qualitativo.

3.8.4 Resistência ao ataque de escórias

O ataque de escória se refere às reações químicas que corroem a superfície do revestimento refratário em serviço e às reações que acontecem entre a escória fundida, o refratário e os agentes fluxantes que tenham sido absorvidos. A erosão do refratário frequentemente acompanha o processo de corrosão. Em muitas aplicações industriais, o refratário está em contato com a escória ou metal durante o seu uso e uma reação química ocorre entre eles. Alguns produtos da reação podem ser extremamente prejudiciais à vida do refratário, enquanto outras reações podem resultar em pequena ou nenhuma variação de sua vida.

De forma a se determinar a resistência relativa de um refratário à presença de escória ou metal em uma aplicação industrial, vários testes de corrosão (escorificação) foram desenvolvidos. Entre os mais usados, estão o estático (Figura 3.43), o do forno rotativo de corrosão (Figura 3.44) e o do forno de indução (Figura 3.45). A escória usada nos testes pode ser uma escória sintética de composição química semelhante à usada pelo cliente ou a própria escória usada em seu forno.

O teste estático é talvez o mais fácil, rápido e barato entre todos os testes de corrosão. Ele é frequentemente usado como uma forma de avaliação preliminar, antes que se façam outros testes mais demorados. Nesse método, uma cavidade é aberta na superfície do refratário, e este é preenchido com a escória e o metal a serem testados. A amostra é, então, aquecida na temperatura desejada de teste e mantida por certo tempo. Após o teste, a amostra é cortada ao meio e são examinados o grau de reação e penetração.

Figura 3.43 Teste estático de corrosão em refratários.
Fonte: Adaptada de (1)

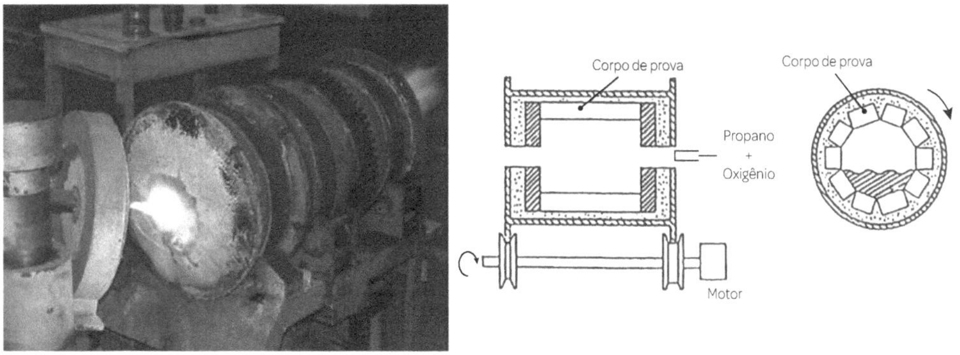

Figura 3.44 Teste de corrosão dinâmico em forno rotativo.
Fonte: Acervo da RHI Magnesita.

Figura 3.45 Teste de corrosão dinâmico em forno de indução.
Fonte: Acervo da RHI Magnesita.

As desvantagens desse método são que ele não sendo dinâmico, a amostra é toda encharcada na temperatura de teste, não apresentando um gradiente térmico como ocorre na prática, e a composição da escória é alterada com o tempo, não sendo renovada durante o teste.

O teste com o forno rotativo de corrosão é bastante usado, constituindo-se em um teste dinâmico. Um cilindro de aço é revestido com certo número de amostras de teste, em formato romboédrico. Um queimador é usado para aquecer as amostras até a temperatura do teste e a escória é alimentada periodicamente. Após o teste, as amostras são cortadas ao longo de seu comprimento, e o volume de material perdido da amostra original é determinado. As vantagens desse método são a sua natureza dinâmica e a contínua renovação de escória. As desvantagens são a sua dificuldade em manter uma temperatura uniforme, a dificuldade de se medir o volume perdido e a dificuldade de se testarem materiais contendo carbono em virtude de sua oxidação.

O teste com o forno de indução é o que apresenta os melhores resultados. Embora seja um equipamento caro e de custo operacional alto, é, sem dúvida, o teste que mais se aproxima das condições reais do cliente. O cadinho do forno é revestido com as amostras a serem testadas, sendo aquecido até a temperatura desejada com a colocação do metal a ser testado. Quando a temperatura desejada é alcançada, começa-se a se adicionar a escória. Ela é renovada periodicamente durante todo o tempo de execução do teste. Após o teste, as amostras são cortadas longitudinalmente e observadas quanto ao desgaste e à penetração.

Testes de corrosão envolvendo gases são também muito comuns. A Figura 3.46 mostra o teste de ataque álcalis (K_2CO_3) com cinco ciclos entre 1200°C x 5h e temperatura ambiente, com a amostra sendo envolvida por um leito de coque para se ter uma atmosfera redutora, quando o ataque do potássio é via fase gasosa. A Figura 3.47 mostra o teste de oxidação de tijolos de MgO-C a uma temperatura de 1000°C por 5 horas em atmosfera oxidante.

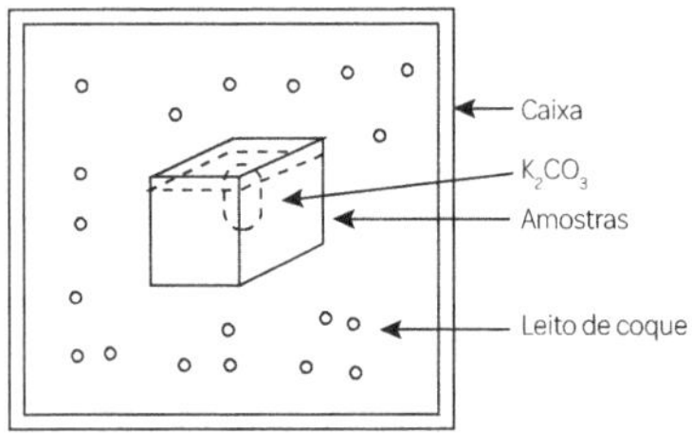

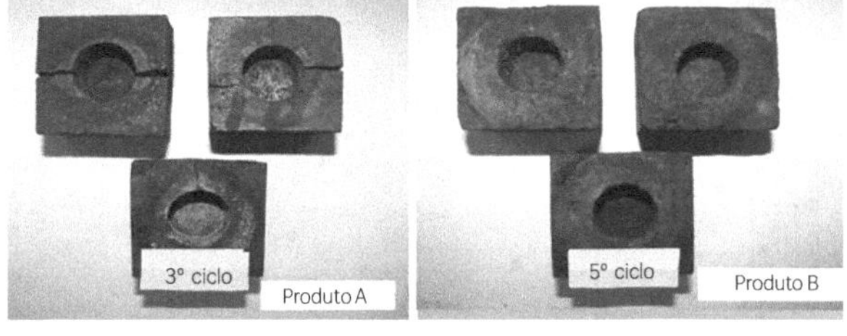

Figura 3.46 Teste de ataque de álcalis.
Fonte: Adaptada de (1).

Figura 3.47 Teste de oxidação de tijolos de MgO-C.
Fonte: Acervo da RHI Magnesita.

Acesse as imagens coloridas do capítulo.

REFERÊNCIAS

(1) DUARTE, A. K. *Fundamentos em materiais refratários*. Curso da Alafar. Santiago do Chile, out. 2015.

(2) ASTM STANDARDS. *Refractory standards*, 2024. v. 17.

(3) ASSOCIAÇÃO BRASILEIRA DE NORMAS TÉCNICAS. Normas ABNT. Rio de Janeiro: ABNT, 2024.

(4) MODERN Refractory Practice. USA: Harbison-Walker Refractories, 1992.

(5) REFRACTORIES Handbook. Japan: The Technical Association of Refractories, 1998.

(6) ROUTSCHKA, G. (Ed.). *Pocket manual.* Refractory materials. Essen: Vulkan-Verlag, 1997.

(7) KINGERY, W. D.; BOWEN, H. K.; UHLMANN, D. R. *Introduction to ceramics*. 2. ed. New York: John Wiley & Sons, 1976.

(8) TANIGUCHI, T.; ISHIKAWA, M. Deformation and fracture of monolithic refractories. *Taikabutsu Overseas*, v. 8, n. 2, p. 19-25, June 1988.

(9) NAKAYAMA, J.; ABE, H.; BRADT, R. C. Crack stability in the work of fracture test: refractory applications. *Journal of the Am. Cer. Soc.*, v. 64, n. 1, p. 671-675, Nov. 1981.

(10) KIM, S. H.; SEO, J. D. Slag viscosity and its wettability with respect to graphite. *ISS Transactions*, p. 51-57, Dec. 1999.

(11) ADAMSON, A. W. *Physical chemistry of surfaces*. 3. ed. New York: John Wiley & Sons, 1976.

Capítulo 4
MATÉRIAS-PRIMAS REFRATÁRIAS

Paschoal Bonadia Neto
Matheus Naves Moraes

4.1 INTRODUÇÃO

Os produtos refratários estão disponíveis nos mais diversos formatos, composições químicas, aspectos físicos e formas de aplicação. Apesar disso, a sua fabricação se dá a partir de um número limitado de matérias-primas, capazes de resistir a altas temperaturas, baseadas em óxidos de elementos químicos como alumínio, magnésio, cromo, cálcio, silício e zircônio, além de carbono elementar (principalmente na forma de grafita) e de alguns carbetos e nitretos (1). Adicionalmente, as formulações refratárias também são compostas por aditivos (por exemplo, pós metálicos antioxidantes, dispersantes e pós micro e nanométricos de óxidos, de carbono ou de carbetos), por ligantes à base de carbono e hidrocarbonetos (por exemplo, resinas, piches e óleos) e por ligantes químicos (por exemplo, cimentos hidráulicos, fosfatos e argilas). A Figura 4.1 mostra o consumo estimado das matérias-primas refratárias no mundo, com destaque para as argilas refratárias e a magnésia, as quais representam os maiores volumes.

Neste capítulo, serão abordadas as matérias-primas refratárias mais relevantes, com atenção especial a óxidos, carbeto de silício e grafita. Os materiais classificados como ligantes e aditivos não serão tratados aqui. Além disso, o capítulo dará uma visão geral sobre a reciclagem de refratários usados e sobre sua relevância para os

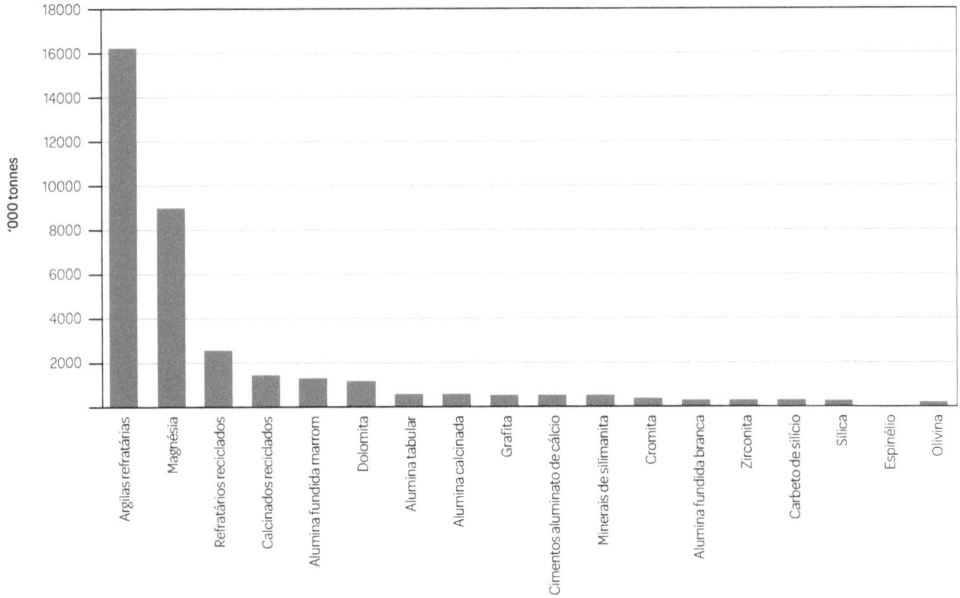

Figura 4.1 Consumo estimado de matérias-primas refratárias.
Fonte: Adaptada de (1).

objetivos de sustentabilidade e redução de emissões de CO_2 do setor industrial, juntamente com a descrição de algumas tecnologias que podem reduzir a pegada de carbono do processo de fabricação das matérias-primas.

4.2 MAGNÉSIA SINTERIZADA (Sínter)

O sínter de magnésia, chamado de *dead burned magnesia* (DBM), é uma das matérias-primas mais importantes da indústria de refratários, pois faz parte de suas principais linhas de produtos, tanto para o mercado siderúrgico como para o de cimento, vidro e metais não ferrosos. Cabe ressaltar que, no universo de matérias-primas, a magnésia (MgO) é uma das que apresentam maior ponto de fusão, em torno de 2800°C, sendo, portanto, extremamente refratária.

A magnésia pode ser obtida a partir do tratamento térmico da magnesita, cujo principal constituinte é o carbonato de magnésio ou $MgCO_3$. Contudo, há também processos que geram o hidróxido de magnésio, de fórmula química $Mg(OH)_2$, a partir de sais presentes na água do mar ou de salmouras, e sinterizam-no em altas temperaturas para o obter o sínter de MgO (2).

A Figura 4.2 mostra a capacidade mundial de produção de magnésia, por país, indicando que a China conta com uma posição dominante, respondendo por 71% do total. O Brasil, que tem uma produção significativa para o mercado de refratários, tem 3% de participação no total. A produção mundial situa-se em torno de 10 a 12 milhões de toneladas por ano (Figura 4.3), sendo dividida entre o sínter (maior volume) e a magnésia eletrofundida. A magnésia obtida pela rota sintética (a partir da água do mar ou de salmouras) corresponde a um volume anual de aproximadamente 1 milhão de toneladas e as reservas são consideradas praticamente infinitas. Em termos de recursos minerais para a magnesita, estima-se um volume de 13 bilhões de toneladas, distribuídas majoritariamente por China (26%), Coreia do Norte (23%), Rússia (21%), Eslováquia (10%), Austrália (7%) e Brasil (5%) (1,3).

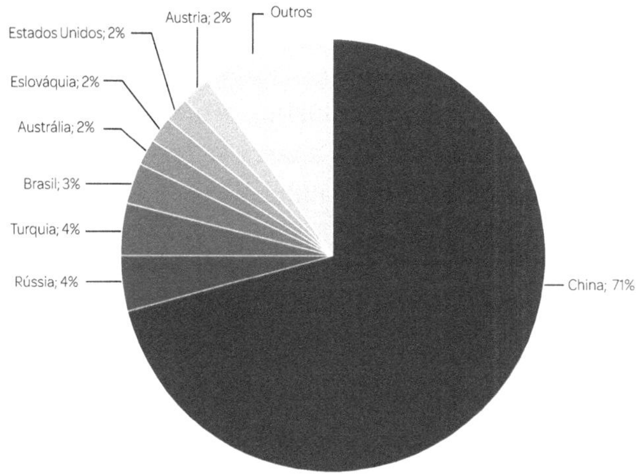

Figura 4.2 Capacidade de produção de magnésia por país.
Fonte: Adaptada de (3).

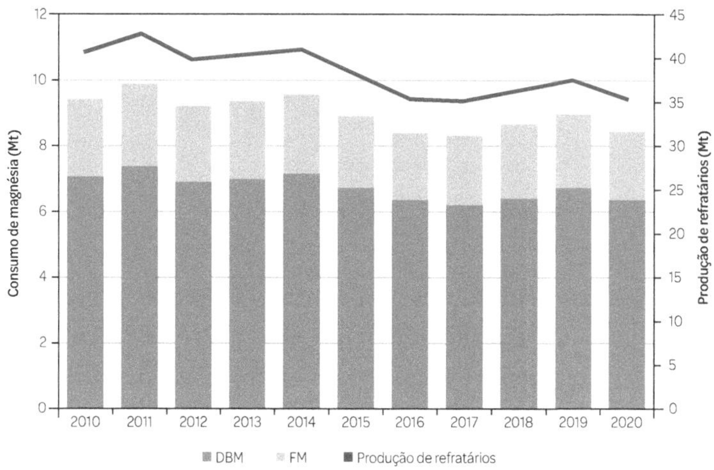

Figura 4.3 Consumo de magnésia e produção de refratários entre 2010 e 2020.
DBM: sínter de magnésia; FM: magnésia eletrofundida.
Fonte: Adaptada de (3).

A qualidade do sínter de magnésia é definida pela origem do minério e pelos tratamentos empregados na remoção de impurezas para a sua sinterização. Parâmetros importantes são o teor de MgO, a razão CaO/SiO_2, o teor de Fe_2O_3 e de MnO, a densidade e o tamanho de cristal de periclásio (fase cristalina do óxido de magnésio obtida após sinterização). Em geral, a magnésia obtida pela rota sintética é bastante pura devido à natureza do processo, apesar do teor mais elevado de B_2O_3, que pode ser problemático para algumas aplicações que exigem alta refratariedade.

A magnesita natural, em geral, pode ser dividia em macrocristalina e criptocristalina (Figura 4.4). A primeira é caracterizada pelos seus cristais grandes e visíveis a olho nu e por contaminantes como SiO_2, Fe_2O_3 e CaO, além de seus depósitos concentrarem grandes quantidades de minério, possibilitando a lavra a céu aberto ou subterrânea. Já a segunda se caracteriza por uma textura fina, com teor de contaminantes normalmente reduzido, ocorrendo em depósitos superficiais e relativamente pequenos, em que a lavra se faz normalmente por mina a céu aberto em decorrente de menor estabilidade geomecânica associada a esses depósitos (2,4).

Figura 4.4 Magnesita macrocristalina (esquerda) e criptocristalina (direita).
Fonte: Acervo da RHI Magnesita.

Há também diferenças marcantes no processamento dos minérios para a concentração da magnesita. Depósitos de magnesita macrocristalina podem ter seu minério extraído e diretamente enviados para os processos de calcinação e sinterização. Entretanto, caso produtos de alta pureza sejam desejados e o depósito tenha características adequadas, processos de concentração como a flotação podem ser adotados para atingir teores acima de 98% de MgO em base calcinada (5).

Já para a variedade criptocristalina, há muita diluição com as rochas encaixantes no minério na etapa de mineração. Por esse motivo, etapas de concentração como separação ótica e separação magnética são adotadas para segregar as partículas de minério. Contudo, não é possível aprimorar a qualidade dessas partículas além disso já que tanto a magnesita como os minerais acessórios (silicatos e carbonatos de cálcio) estão finamente distribuídos no grão, impossibilitando etapas adicionais de concentração como a flotação (4,6).

Após os estágios de processamento mineral, a produção do sínter magnesiano é feita mediante etapas de calcinação e sinterização, que podem ser condensadas em uma única operação ou separadas (7). Nessa fase, o carbonato de magnésio se decompõe em óxido de magnésio e CO_2 conforme a reação a seguir:

$$MgCO_3 \xrightarrow{\Delta} MgO + CO_2\,(g)$$

A queima em etapa única é adotada para sínteres que demandam menor temperatura de processamento para atingir as características requeridas, caso de minérios macrocristalinos com menor pureza e da magnesita criptocristalina. Essa queima pode ser realizada em fornos tipo *shaft* vertical (que requerem tamanhos de partícula maiores e minérios com baixo grau de crepitação) ou em fornos rotativos horizontais (que aceitam alimentação mais fina e/ou minérios que tendem a crepitar).

A dupla queima é utilizada para minérios mais puros, em que a calcinação é feita em um forno e a sinterização em outro, normalmente com etapas de moagem e aglomeração intermediárias. A calcinação pode ser feita em fornos verticais, rotativos ou de múltiplas câmaras, de acordo com as características da alimentação. A moagem tem a função de quebrar os pseudocristais de magnésia (gerados na calcinação) e a aglomeração objetiva aproximar as partículas e dar resistência mecânica ao aglomerado para ser processado na etapa seguinte. A sinterização pode ser realizada em fornos rotativos horizontais, mas quando se buscam altas densidades para minérios mais nobres, o forno vertical pressurizado é adotado, o qual possibilita atingir temperaturas próximas a 2300°C (8). A Figura 4.5 mostra os diferentes fornos para a produção de magnésia sinterizada.

Para o caso dos sínteres obtidos a partir de água do mar ou salmouras, é necessário realizar a extração do magnésio, que se encontra principalmente na forma de cloreto, por meio da sua reação com o óxido de cálcio. Esse último é, normalmente, gerado em um processo paralelo, integrado à unidade produtiva, a partir da calcinação da calcita ou da dolomita até a obtenção de um material de alta reatividade. As reações do cálcio, então, com as soluções salinas, dão origem ao cloreto de cálcio e ao hidróxido de magnésio, que, por sua vez é precipitado, concentrado por operações de sedimentação e desaguado por filtragem antes de ser calcinado, compactado e finalmente sinterizado em um processo de dupla queima. As magnésias obtidas por esse processo apresentam elevada pureza química e demandam um bom controle do teor de óxido de boro (presente na água do mar e nas salmouras) a fim de se evitar perda de refratariedade na matéria-prima final. As equações a seguir demonstram a sequência de reações do processo para o caso da extração do magnésio a partir do seu cloreto.

Figura 4.5 A) Forno vertical convencional; B) forno vertical pressurizado; C) forno rotativo.
Fonte: Acervo da RHI Magnesita.

$$\text{CaCO}_3\ (s) \rightarrow \text{CaO}\ (s) + \text{CO}_2\ (g)\ \text{(calcinação da calcita)}$$
$$\text{MgCO}_3.\text{CaCO}_3\ (s) \rightarrow \text{CaO.MgO} + 2\text{CO}_2\ (g)\ \text{(calcinação da dolomita)}$$
$$\text{CaO} + \text{H}_2\text{O} + \text{MgCl}_2 \rightarrow \text{Mg(OH)}_2 \downarrow + \text{CaCl}_2$$
$$\text{CaO.MgO} + 2\text{H}_2\text{O} + \text{MgCl}_2 \rightarrow 2\text{Mg(OH)}_2 \downarrow + \text{CaCl}_2$$
$$\text{Mg(OH)}_2 \overrightarrow{\Delta} \text{MgO} + \text{H}_2\text{O}$$

Os sínteres de maior pureza e densidade são, normalmente, adotados em tijolos básicos para aplicações diversas na produção de aço, cimento, vidro e metais não ferrosos. Já os sínteres de menor pureza são empregados sobretudo em massas refratárias básicas, as quais são utilizadas para reparos ou construção de estruturas de vida útil relativamente curta (por exemplo, revestimento de trabalho de distribuidores e rampa de fornos elétricos na produção de aço).

Apesar da alta refratariedade, mesmo os sínteres de alta pureza e densidade ainda têm algumas limitações em aplicação de alta performance devido ao reduzido tamanho de cristal de periclásio. Nesses casos, a magnésia eletrofundida é aplicada.

4.3 MAGNÉSIA ELETROFUNDIDA

A magnésia eletrofundida (MEF, também referida pela sigla FM, do inglês *fused magnesia*) pode ser obtida a partir de três principais tipos de matéria-prima: a magnesita ($MgCO_3$); a magnésia calcinada (cáustica); e a magnésia sinterizada (sínter). O produto eletrofundido obtido da magnesita costuma ser chamado de *one step* ou *single step*, pois há apenas uma etapa de tratamento térmico (a de fusão) em todo o processo. Já aquele derivado do óxido de magnésio, seja ele calcinado, seja ele sinterizado, é chamado de *two steps* ou *double step* uma vez que o minério passa pelas etapas de calcinação e/ou de sinterização antes de ser fundido.

A fusão se dá em fornos elétricos a arco que operam por batelada, também denominados "Higgins" (Figura 4.6), em que as temperaturas ultrapassam os 2800°C, fundindo totalmente o MgO, o qual é, depois, resfriado, solidificado, britado, moído e classificado granulometricamente (7). O processo tem por objetivo gerar um material com elevado tamanho de cristal de periclásio, alta densidade e baixa porosidade, o que melhora de modo significativo o seu desempenho em altas temperaturas, principalmente em relação à corrosão. A Figura 4.7 mostra duas micrografias, nas quais se observa a diferença no tamanho de cristal entre uma magnésia sinterizada e uma eletrofundida. Destaque-se que a magnésia *one step* apresenta, tipicamente, tamanhos de cristais inferiores a 1000μm, menores do que a *two steps*, que podem chegar a mais de 2000μm (apenas para comparação, os sínteres apresentam tamanho de cristal na faixa de 30 a 160μm).

Os tipos de MEF variam em função de sua composição química e de suas propriedades físicas (densidade, porosidade e tamanho de cristal), as quais são definidas pelas matérias-primas utilizadas e pelo processo de eletrofusão. A seleção dos materiais das diferentes regiões do bloco eletrofundido solidificado, que pode ser feita de forma manual (mais comum) ou automatizada, também gera produtos de diferentes qualidades. Normalmente, as purezas químicas variam de 95% a 99%; as densidades, de 3,35 a 3,55g/cm^3; as porosidades, de 2% a 5%; e os tamanhos de cristal, de 500μm até mais de 4000μm.

O processo de fusão gera blocos maciços que, na sua superfície, apresentam uma camada apenas parcialmente fundida, muitas vezes apenas sinterizada. Esse material (magnésia intermediária) pode também ser utilizado na produção de refratários, porém, sua porosidade, densidade, tamanho de cristal e pureza são inferiores às do produto totalmente eletrofundido.

Figura 4.6 Forno elétrico a arco para fusão de óxidos.
Fonte: Acervo da RHI Magnesita.

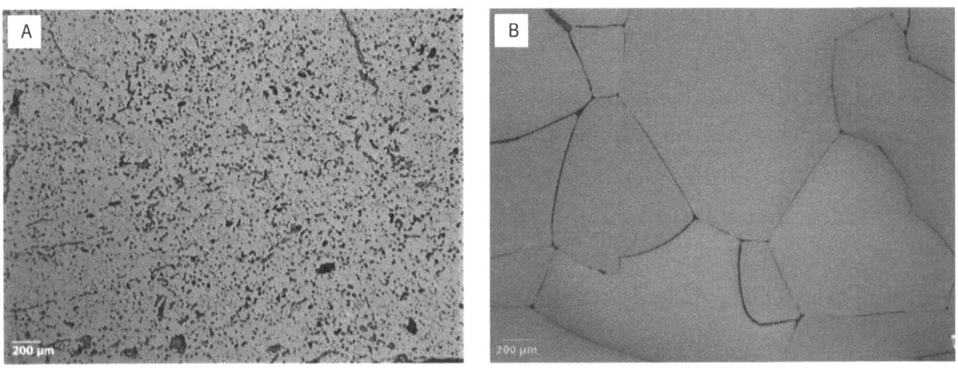

Figura 4.7 A) Micrografias de magnésia sinterizada (tamanho de cristal ~120μm); B) magnésia eletrofundida (tamanho de cristal ~2000μm).
Fonte: Acervo da RHI Magnesita.

Os principais insumos para a produção da magnésia eletrofundida são a energia elétrica e o eletrodo de grafita. Fábricas altamente otimizadas e com equipamentos estado da arte apresentam consumos específicos de energia e de eletrodo da ordem de 2500 a 2800kWh/t e 22 a 28kg/t, respectivamente (9,10). Já unidades menos modernas podem operar com valores de aproximadamente 3500 a 4500kWh/t e 30 a 60kg/t (9,10). Os fornos têm transformadores com potência que variam de 1,6 a 8MVA.

Atualmente, a grande maioria dos fornecedores de MEF se localiza na China, além de alguns fabricantes existentes na Rússia, Austrália, Europa, Turquia e Américas do Sul e do Norte.

4.4 DOLOMA

Juntamente com a magnésia, a doloma (MgO.CaO) é uma das matérias-primas principais para a indústria de refratários. Sua obtenção se dá a partir da sinterização da dolomita ($CaCO_3.MgCO_3$) em fornos rotativos ou do tipo *shaft* verticais, gerando um material com 40% de MgO, 58% de CaO e 2% de impurezas, principalmente SiO_2, Fe_2O_3 e Al_2O_3. É um desafio encontrar um depósito de dolomita com as condições exatas para gerar uma doloma com composição química, densidade, porosidade, tamanho de partícula e resistência a hidratação adequadas à aplicação refratária. Por isso, apesar de a dolomita ser um minério relativamente comum em várias regiões do globo, apenas algumas operações são dedicadas à produção dessa matéria-prima refratária. A Figura 4.8 mostra uma unidade produtora de doloma refratária integrada à mina.

Figura 4.8 Unidade produtora de doloma refratária (Chizhou – China).
Fonte: Acervo da RHI Magnesita.

Há diferentes qualidades de sínter de doloma, as quais podem ser divididas em dois grupos – um de alta pureza e de alta densidade, sinterizado a aproximadamente 1800°C, para uso principal em tijolos; e outro menos puro, mais rico em Fe_2O_3, queimado entre 1400 e 1700°C, comumente empregado em refratários não moldados. O óxido de ferro, até certos limites, serve como um aditivo que aumenta a densidade da doloma; porém, se estiver em excesso, prejudica as suas propriedades a altas temperaturas (11).

Uma característica muito importante da doloma, intrínseca a materiais com altos teores de óxido de cálcio (CaO), é a grande facilidade de hidratação, o que limita sua utilização. Quando hidratada, a doloma passa por um processo de expansão volumétrica, de tal modo que um grão exposto à umidade do ar pode se desfazer completamente com o tempo. Isso faz com que o manuseio dessa matéria-prima seja cercado de cuidados, assim como o dos refratários nos quais ela é utilizada.

As aplicações da doloma vão de tijolos para produção de aço e cimento a massas básicas para reparo e seu custo é bastante competitivo. A Europa é a maior produtora mundial de doloma refratária, à frente de Estados Unidos e China (12).

4.5 CROMITA

O mineral cromita é composto por uma mistura de espinélios, com composição variada a depender da gênese do depósito mineral, sendo sua composição química representada por $(Mg,Fe^{2+})O.(Cr,Al,Fe^{3+})_2O_3$. Diferentemente de outras matérias-primas sinterizadas ou eletrofundidas, trata-se de um material obtido por processos físicos de concentração, não passando por etapas de queima.

O grande uso da cromita (mais de 60%) é na indústria siderúrgica, como fonte do elemento cromo para a produção de aços de ligas especiais. A utilização refratária corresponde por aproximadamente 25% do volume (13).

O alto desempenho da cromita em aplicações refratárias se deve à presença de dois espinélios em sua composição, o $MgO.Cr_2O_3$ (temperatura de fusão de 2400°C) e o $FeO.Cr_2O_3$ (temperatura de fusão de 2160°C). Além da alta refratariedade, a cromita apresenta menor expansão térmica quando comparada ao óxido de magnésio, um dos principais problemas enfrentados por essa matéria-prima (14). Outro aspecto importante é a resistência ao ataque por escórias tanto básicas como ligeiramente ácidas.

Em geral, as cromitas são classificadas como refratárias quando atendem a algumas especificações como concentração de Cr_2O_3 acima de 45%, teor de Al_2O_3 + Cr_2O_3 em torno de 65%, característica física não friável, além de atender a requisitos mínimos de densidade e porosidade.

O processo para obtenção da cromita em grau refratário, normalmente, inclui a remoção de silicatos, principal contaminante presente nos minérios cromitíticos. Como a cromita apresenta densidade significativamente maior do que as impurezas, processos gravíticos (com a utilização de equipamentos como espirais, jigues e mesas) são amplamente utilizados para a sua concentração. A Figura 4.9 mostra uma planta de concentração de cromita que faz uso de espirais concentradoras.

As maiores produções de cromita estão localizadas na África do Sul (46%), Cazaquistão (17%), Índia (14%) e Turquia (8%). A produção brasileira representa apenas 1,2% do volume global, mas por ser um dos únicos produtores nas Américas, tem importância estratégica (15,16).

Figura 4.9 Planta de concentração de cromita (Bahia-Brasil).
Fonte: Acervo da RHI Magnesita.

No Brasil, a produção mais importante de cromita vem do estado da Bahia, que concentra 99,7% do volume, complementado por pequena produção no estado do Amapá. Um depósito de cromita no estado de Goiás já foi descrito, mas nunca entrou em operação (17,18). Além da produção nacional, tradicionalmente, a indústria brasileira de refratários importa cromita das Filipinas e da África do Sul.

4.6 MAGNÉSIA-CROMITA ELETROFUNDIDA

A magnésia-cromita eletrofundida é obtida a partir da fusão de uma composição de magnésia e cromita em fornos elétricos a arco. Assim como no caso de outros materiais eletrofundidos, o objetivo é obter uma matéria-prima com propriedades físicas diferenciadas (alta densidade, baixa porosidade e elevado tamanho de cristal primário).

Em relação à cromita, a magnésia-cromita é mais rica em MgO, tem densidade mais elevada e porosidade menor. Além disso, busca-se, por meio da seleção de matérias-primas adequadas, minimizar o teor de SiO_2, pois esse componente pode afetar negativamente a resistência à corrosão (19). Além dos parâmetros químicos e físicos tradicionais, a homogeneidade microestrutural e o ganho de massa por calcinação (medido pela perda/ganho ao fogo) são aspectos importantes da qualidade do material.

A Figura 4.10 mostra microestruturas típicas de uma amostra de magnésia-cromita. Ocasionalmente, podem ocorrer inclusões metálicas de ferro-cromo, que são observadas como pontos brilhantes durante a análise de microscopia ótica.

Essas inclusões decorrem da atmosfera redutora gerada durante o processo de eletrofusão, em que o carbono dos eletrodos de grafita reage principalmente com os óxidos de ferro e cromo contidos na cromita. Para minimizar esse tipo de ocorrência, tem de se garantir uma permeabilidade mínima na superfície da carga do forno (para que o oxigênio do ar possa reagir com o carbono advindo dos eletrodos), além de um ajuste correto dos parâmetros de tensão e corrente, gerando um arco elétrico não excessivamente curto. Em um material de boa qualidade, essas fases encontram-se distribuídas de forma homogênea e a presença de pontos metálicos é pequena.

A perda ao fogo é a variação de massa que o material sofre ao ser aquecido a uma temperatura de 1000ºC. Quando há presença de partículas metálicas, estas se oxidam durante o aquecimento e ganham massa. Assim, a magnésia-cromita apresenta uma perda ao fogo negativa, ou seja, apresenta um ganho ao fogo. Para aplicações refratárias, é interessante que esse ganho ao fogo seja o menor possível. Portanto, costuma-se limitar o ganho de massa, após calcinação, ao no máximo 0,50%. Tecnicamente, especifica-se que a perda ao fogo da magnésia-cromita seja maior do que menos 0,50% (-0,50%).

Como no caso de outras matérias-primas eletrofundidas, os principais itens do custo são a energia elétrica e o eletrodo. Atualmente, os fornecedores mais importantes de magnésia-cromita encontram-se na China.

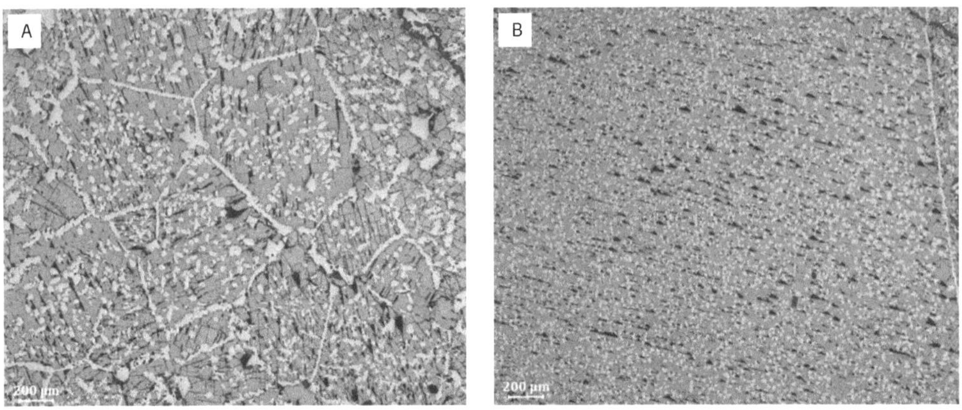

Figura 4.10 Microestruturas de grãos de magnésia-cromita eletrofundida (aumento de 50x) com (A) espinelas concentradas em torno dos cristais de periclásio; e (B) disseminadas no interior dos cristais.
Cinza escuro: magnésia (cristais de periclásio); cinza claro: cromita (espinelas de cromo).
Fonte: Acervo da RHI Magnesita.

4.7 CHAMOTES

O chamote é uma matéria-prima refratária composta por mulita ($3Al_2O_3.2SiO_2$), cristobalita (SiO_2), fase vítrea e, ocasionalmente, coríndon (Al_2O_3). Ele é produzido pela sinterização de argilas refratárias compostas, em sua maior parte, por caulinita [$Al_4(Si_4O_{10})(OH)_8$] e gibbsita [$Al(OH)_3$].

De acordo com a distribuição dessas fases, diferentes classes de produtos podem ser encontradas. Teores de Al_2O_3 mais próximos de 75% são ricos em mulita e apresentam certa quantidade de coríndon, proporcionado pela elevada quantidade de alumina na composição. Já materiais com concentrações de alumina próximas a 40% são constituídos majoritariamente por mulita, cristobalita e fase vítrea (20,21).

Os principais contaminantes para definição da qualidade de um chamote são os teores de álcalis (K_2O e Na_2O), Fe_2O_3 e TiO_2. A presença elevada de quartzo na argila refratária (em geral > 2%) leva à formação de cristobalita no processo de queima do chamote, elevando a porosidade da matéria-prima e prejudicando as propriedades refratárias do produto final (22). Os álcalis, por sua vez, influenciam a quantidade de fase vítrea formada, facilitando a ceramização da matéria-prima, mas impactando negativamente a refratariedade e a resistência ao choque térmico. Já teores elevados de Fe_2O_3 e TiO_2 prejudicam a refratariedade e, no caso do óxido de ferro, reduzem a resistência do material ao ataque por monóxido de carbono (23).

O processo produtivo do chamote pode passar pela simples lavra da argila refratária, seguida de compactação e sinterização, ou pode haver uma etapa intermediária para remoção do quartzo da argila.

A lavra é realizada a céu aberto por tiras ou abertura de cava de acordo com o depósito. A remoção de quartzo é realizada em processo a úmido, em que a argila é empolpada e o quartzo é removido em processos que o separam em virtude de sua elevada granulometria (acima de 75µm) quando comparado à das partículas de argila (menores que 1µm). Para isso, são adotadas peneiras em processos com baixa taxa mássica ou hidrociclones e centrífugas para processos de maior produtividade. Após o beneficiamento, a argila é desaguada utilizando-se filtro-prensa ou processos de secagem natural. A Figura 4.11 mostra uma unidade de extração de argila e uma planta de beneficiamento.

Figura 4.11 Unidade produtora de argila refratária (Minas Gerais – Brasil).
Fonte: Acervo da RHI Magnesita.

Para a etapa de queima, primeiramente, a argila é aglomerada utilizando-se processos como extrusão ou briquetagem, podendo ser seca antes de se alimentar o forno para aumentar a resistência mecânica dos aglomerados (24). A sinterização da argila é realizada em fornos rotativos, variando a temperatura entre 1400 e 1600ºC a depender da qualidade do chamote.

4.8 BAUXITO

Praticamente 90% do bauxito extraído no mundo é destinado à produção de alumina (Al_2O_3) e de alumínio (uso metalúrgico), sendo que a maior parte dos 10% restantes é utilizada em aplicações refratárias. O bauxito refratário é composto majoritariamente por gibbsita ou diásporo, a depender da região de ocorrência, e tem especificações químicas muito mais restritivas do que o metalúrgico, especialmente em relação aos teores de Fe_2O_3 e TiO_2, que, em geral, devem ser menores do que 2% e 4%, respectivamente. Além disso, é desejável que a concentração de SiO_2 esteja abaixo de 10%, enquanto o teor de álcalis ($Na_2O + K_2O$) não pode ultrapassar 0,6%. Tipicamente, a pureza (teor de Al_2O_3) fica entre 80% e 90% em base calcinada.

Após a lavra, o bauxito pode passar por alguns processos simples de beneficiamento para extração de impurezas como o quartzo livre ou outros contaminantes como minerais ferrosos. Cumprida essa etapa, o minério costuma ser sinterizado em fornos rotativos, muito embora a China ainda tenha materiais queimados em fornos estáticos que operam em regime de batelada, já ultrapassados, denominados *shaft* e *round*. A etapa de queima é a que incorpora mais custos ao bauxito, pois as temperaturas empregadas no processo variam entre 1400 e 1700ºC.

As principais fases presentes no bauxito são o coríndon e a mulita. A presença de álcalis sequestra parte da sílica para formar uma fase vítrea (em vez de mulita), o que prejudica a refratariedade do material. Por esse motivo, os óxidos de sódio e potássio são mantidos no menor teor possível (25-27). Além disso, compostos como MgO e CaO também são formadores de fases de baixo ponto de fusão e devem ser minimizados na composição do bauxito refratário.

A densidade do bauxito é determinada pela eficiência da sinterização, sendo que o produto obtido dos fornos rotativos tende a apresentar mais constância entre um lote de produção e outro. No mercado, podem ser encontrados materiais com densidades variando de 2,9 a 3,4g/cm^3 (27).

Quanto mais alto o valor de densidade, mais eficiente é a queima do bauxito e maior é a sua estabilidade térmica, ou seja, ele tenderá a sofrer menos transformações quando for novamente submetido a altas temperaturas durante o uso na composição de materiais refratários.

A produção do bauxito refratário é altamente concentrada na China, havendo alguns fornecedores também na Guiana e na Índia, além de produtores cativos em alguns outros países como o Brasil.

4.9 ALUMINA CALCINADA

A alumina calcinada é obtida a partir do refino do bauxito pelo processo Bayer (Figura 4.12), seguido de uma etapa de calcinação (28). O principal objetivo desse processo é eliminar as impurezas do bauxito metalúrgico (SiO_2, Fe_2O_3, TiO_2 etc.) e, assim, extrair o composto de interesse que é o hidróxido de alumínio, ou $Al(OH)_3$.

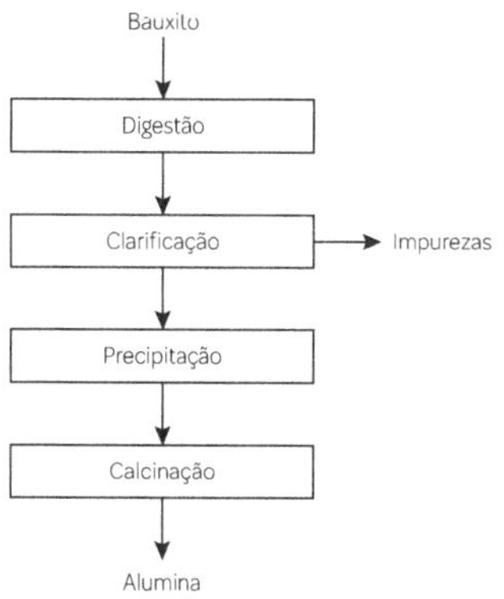

Figura 4.12 Fluxograma simplificado do processo Bayer.
Fonte: Desenvolvida pela autoria do capítulo.

O fluxograma apresentado na Figura 4.12 ilustra as principais etapas do processo Bayer. O bauxito *in natura* passa por uma etapa inicial de moagem, a fim de se reduzir sua granulometria, e segue para a digestão, na qual recebe adições de hidróxido de sódio (NaOH), também conhecido como "soda cáustica", sob condições controladas de pressão e temperatura. A soda é responsável por formar uma solução líquida com o hidróxido de alumínio contido no bauxito, denominada "aluminato de sódio". Essa solução, por sua vez, pode ser separada das impurezas, que permanecem na fase sólida, por meio de filtragem ou decantação (etapa de clarificação).

Uma vez livre das impurezas, a solução de aluminato de sódio é resfriada e recebe a adição de sementes de cristalização para que o hidróxido de alumínio se precipite (etapa de precipitação). A polpa com o hidróxido precipitado e a solução de soda cáustica passam, então, por um filtro, de tal modo que o líquido rico em NaOH retorna para o início do processo e o $Al(OH)_3$ segue para a calcinação.

O refino do bauxito gera um resíduo cáustico, concentrado em impurezas, conhecido como "lama vermelha" ou "resíduo de bauxito". Para cada 4 a 5 toneladas de bauxito, são geradas aproximadamente 2 toneladas de alumina, e a maior parte das perdas se dá na forma de lama vermelha e o restante, na desidroxilação do $Al(OH)_3$ durante a calcinação. Toda refinaria de alumina, portanto, gera grandes quantidades desse resíduo de bauxito que, muitas vezes, não tem aplicação a não ser a destinação a aterros especialmente projetados para conter esse material alcalino.

Após o refino, o hidróxido de alumínio segue para a etapa de calcinação, em que é submetido a temperaturas da ordem de 950°C em fornos rotativos ou de leito fluidizado. Nessa fase, o $Al(OH)_3$ sofre a desidroxilação e transforma-se em Al_2O_3, que é o óxido de alumínio, também denominado "alumina grau metalúrgico" (conhecido pela sigla SGA, do inglês *smelter grade alumina*). O contaminante mais importante da SGA é o óxido de sódio (Na_2O), proveniente da soda cáustica utilizada no processo, normalmente limitado entre 0,4% e 0,5%.

O hidróxido de sódio e o combustível usado na calcinação exercem forte influência sobre o custo do hidróxido de alumínio e da alumina. É prática comum no mercado, entretanto, atrelar o preço de comercialização da alumina a um percentual do preço do alumínio metálico, determinado internacionalmente pela LME (London Metals Exchange), a bolsa de metais de Londres.

É rara a utilização da alumina SGA diretamente em formulações refratárias, servindo, na maioria das vezes, como matéria-prima para a produção de grãos eletrofundidos, a exemplo da alumina eletrofundida branca, do espinélio eletrofundido e da mulita eletrofundida, entre outros.

Há também tipos especiais de aluminas calcinadas, produzidas especificamente para uso em refratários. Estas se diferenciam sobretudo em relação à área superficial, à granulometria e ao teor de óxido de sódio. Por serem fabricadas por processos especiais e em volumes muito menores do que a SGA, apresentam valor agregado bastante elevado.

A Figura 4.13 mostra como a área superficial da alumina varia em função da temperatura de calcinação, destacando-se esquematicamente os pontos referentes às aluminas grau metalúrgico (em torno de 950°C) e a alumina alfa (chamada assim por ser composta pela fase alfa, formada acima de 1100°C). Essa é a forma mais estável do óxido de alumínio, portanto é a que encontra maior utilização em refratários.

Existem aluminas alfa com diferentes características, dependendo da sua função no refratário. Há aquelas finamente moídas ou micronizadas (até abaixo de 1 μm) para conferir maior grau de densificação após a queima do produto refratário. Outras têm uma distribuição granulométrica bimodal ou mesmo polimodal (com concentração de partículas em dois ou mais diâmetros) para melhorar o desempenho de concretos refratários e há, ainda, as que contêm baixo teor de sódio para melhorar a refratariedade, entre outras.

A produção de alumina calcinada é relativamente bem distribuída ao redor do mundo, com fabricantes presentes em países e regiões como Japão, Austrália, China, Índia, Rússia, Europa, América do Norte e Brasil.

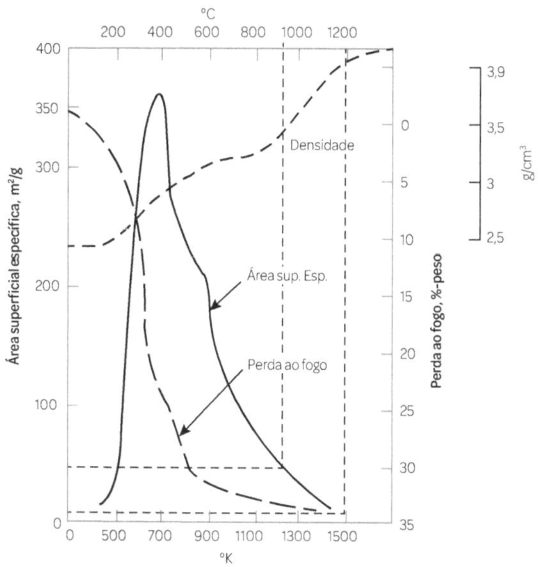

Figura 4.13 Área superficial em função da temperatura de calcinação da alumina.
Fonte: Adaptada de (29).

4.10 ALUMINA TABULAR

A produção de partículas grossas de alumina, muito importantes para compor a distribuição granulométrica dos produtos refratários, somente é possível após um processo de sinterização ou eletrofusão da alumina calcinada. A alumina sinterizada é comumente denominada "alumina tabular" por causa do formato dos seus cristais primários observados em microscópio.

O fluxograma de fabricação da alumina tabular é mostrado na Figura 4.14. A alumina grau metalúrgico, única matéria-prima do processo, é moída em um moinho a bolas até uma granulometria bastante fina (com partículas da ordem de 3 a 4μm) e, em seguida, é pelotizada (ou granulada) com adição de água em um tambor especialmente desenvolvido para esse fim. Depois da granulação, as pelotas são secas e entram no forno de sinterização vertical, denominado "convertedor", no qual são submetidas a temperaturas da ordem de 1850°C. O material sinterizado passa, então, por etapas de britagem, moagem e peneiramento para que sejam gerados produtos com diferentes granulometrias. Os itens que mais oneram o custo da alumina tabular são a matéria-prima (alumina SGA) e os insumos consumidos na sinterização.

A alumina tabular apresenta elevada pureza química, em torno de 99,5%, (sendo o óxido de sódio o principal contaminante), com valores de densidade e porosidade em torno de 3,60g/cm³ e 3%, respectivamente. O seu tamanho de cristal é relativamente pequeno se comparado ao da alumina fundida branca, como pode ser observado na Figura 4.15. Essa característica pode afetar negativamente a sua resistência ao ataque químico ou por escória, porém sua microestrutura composta por poros

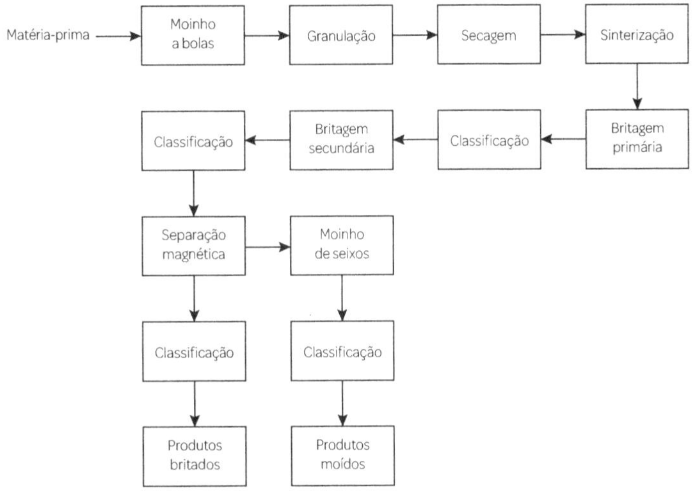

Figura 4.14 Processo de fabricação da alumina tabular.
Fonte: Adaptada de (30).

fechados homogeneamente distribuídos contribui para a deflexão de trincas, melhorando as propriedades termomecânicas, por exemplo, a resistência ao choque térmico. Apesar disso, a prática mostra que as aluminas, tabular e eletrofundida, são intercambiáveis em boa parte das aplicações, de modo que, na maioria dos casos, os fatores que definem o uso de uma ou de outra são o custo e a disponibilidade. Os principais fornecedores estão situados nos Estados Unidos, Europa, Rússia, China e Japão.

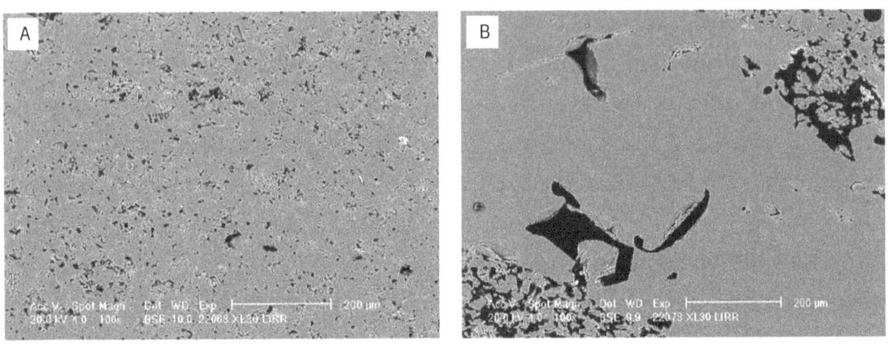

Figura 4.15 A) Micrografias das aluminas tabular; B) fundida branca.
Fonte: Adaptada de (30).

4.11 ALUMINAS ELETROFUNDIDAS

Embora haja diversos tipos de alumina eletrofundida, geralmente denominados em função de sua cor predominante, as principais são a branca, derivada da fusão da alumina calcinada grau metalúrgico, e a marrom (ou escura), obtida a partir da fusão redutora do bauxito calcinado ou sinterizado. Ambas são produzidas em fornos elétricos arco, que podem ser estáticos ou basculantes (Figura 4.16). Esses últimos operam de maneira semicontínua, vertendo o material fundido em moldes de tempos em tempos, são mais produtivos e costumam contar com transformadores mais potentes, de 3500 a 16000kVA, contra 1000 a 3700kVA dos estáticos.

A alumina eletrofundida branca (AEB) costuma apresentar uma pureza da ordem de 99,5%, sendo que o principal contaminante é o óxido de sódio (Na_2O) em teores na faixa de 0,3% a 0,5%. O tamanho de cristal típico é de 2500μm; a densidade, de 3,60 a 3,70g/cm^3; e a porosidade, em torno de 5% a 8%. O principal componente do seu custo é a matéria-prima, a alumina calcinada, seguida da energia elétrica e do eletrodo. Para a produção de 1 tonelada de alumina fundida branca, são consumidos de 1250 a 1500kWh de energia elétrica e aproximadamente 6kg de eletrodo de grafita.

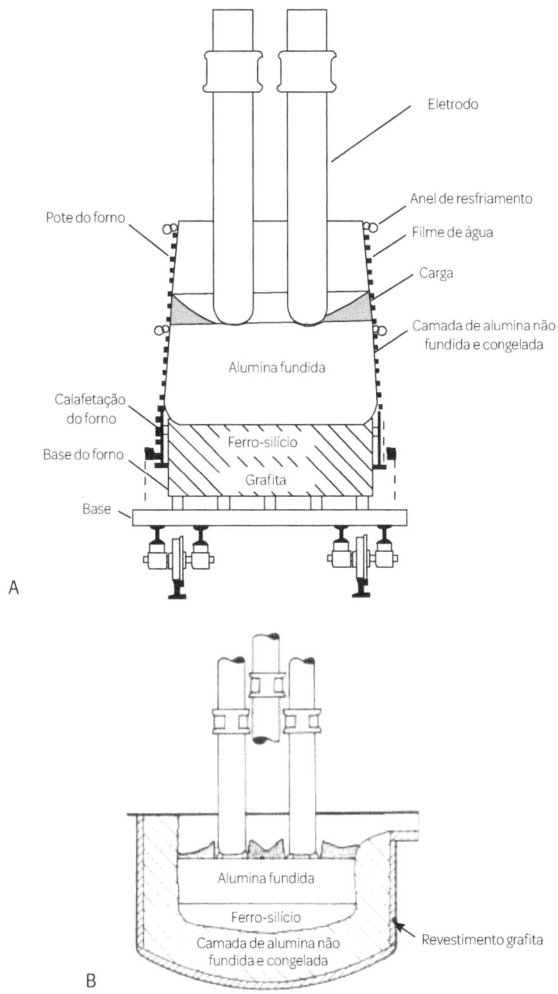

Figura 4.16 A) Fornos de eletrofusão estático (do tipo Higgins); B) basculante (do tipo *tilt*).
Fonte: Adaptada de (28).

Na fabricação da alumina eletrofundida escura (AEE), o bauxito calcinado (ou sinterizado) é fundido juntamente com um agente redutor, normalmente coque de petróleo ou carvão vegetal, de tal modo que a sua pureza química é elevada entre 80% e 85% para 95% a 97% (31). Os principais contaminantes presentes em sua composição são eliminados conforme as reações a seguir:

$$Fe_2O_3 + 3C = 2Fe\downarrow + 3CO\uparrow$$
$$SiO_2 + 2C = Si\downarrow + 2CO\uparrow$$
$$TiO_2 + 2C = Ti\downarrow + 2CO\uparrow$$

Esses elementos (Fe, Si e Ti) formam uma liga metálica, denominada "ferro-silício", que, por ser mais densa do que a alumina, decanta no fundo do forno ao longo do processo de fusão. Para que essa liga tenha características magnéticas, há também a adição de uma pequena quantidade de ferro metálico à carga do forno a fim de ajustar a sua composição química, limitando o teor de Si na liga a 15%. Dessa forma, ao fim, obtém-se um bloco de alumina com uma porção metálica em sua base, a qual é facilmente separada durante o estágio de quebra do bloco solidificado e destinada a outras aplicações. Contudo, uma pequena parte dessa liga de ferro-silício fica disseminada na alumina e é extraída durante as etapas de britagem e moagem por meio de separadores magnéticos. Além de uma pureza de 95% a 97%, a alumina escura apresenta uma densidade em torno de 3,9g/cm^3; porosidade, de 2%; e um tamanho de cristal variando de 600 a 1000μm.

Assim como no caso da magnésia eletrofundida, o bloco de alumina fundida escura apresenta uma região intermediária de material parcialmente fundido e de menor pureza, a qual pode ser segregada do restante e comercializada como um produto de menor valor agregado.

Ao contrário da AEB, a AEE tem como principal componente do seu custo a energia elétrica, de tal modo que 1 tonelada de produto fundido pode consumir de 1900 a 3000kWh de energia. Além disso, o eletrodo também compõe uma fração importante do custo, pois o seu consumo é da ordem de 11kg/t. As diferenças entre os consumos específicos de energia e de eletrodo, quando se comparam os dois tipos de alumina, são explicadas pelas condições de fusão. No caso da alumina branca, como não há necessidade de uma fusão redutora, os fornos operam com arcos elétricos longos (tensões elevadas e correntes baixas); enquanto no caso da escura, arcos mais curtos são necessários para que as reações de redução ocorram de forma efetiva. Isso, por sua vez, reduz a produtividade e resulta em maiores consumos de energia e de eletrodo.

O principal produtor de alumina eletrofundida escura é a China, porém também há volumes relevantes produzidos na América do Norte, Europa, Rússia, Índia e Brasil, entre outros. A produção de alumina fundida branca se concentra principalmente na China, Europa, Índia, Rússia, Oriente Médio e Brasil, além de alguns outros países.

4.12 ESPINÉLIO SINTERIZADO E ELETROFUNDIDO

Tipicamente, o espinélio usado em refratários é aquele composto por alumina e magnésia ($Al_2O_3.MgO$) utilizando como matérias-primas a alumina grau metalúrgico e uma das fontes de MgO citadas no item 4.2 Magnésia sinterizada.

O espinélio sinterizado é produzido em um processo semelhante ao da alumina tabular, gerando grãos com tamanho de cristal em torno de 30μm, densidade na casa de 3,3 a 3,4g/cm^3 e porosidade de 1,8% a 2%. Já o eletrofundido, fabricado em fornos elétricos a arco, apresenta cristais com tamanhos muito maiores, aproximadamente 1000μm, com densidade entre 3,4 e 3,5g/cm^3 e porosidade de cerca de 2%.

No mercado, há diferentes tipos de espinélio disponíveis em função da composição química, a exemplo do rico em magnésia (34% MgO/66% Al_2O_3), o estequiométrico (28% MgO/72% Al_2O_3) e o rico em alumina (24% MgO/76% Al_2O_3). O primeiro é utilizado principalmente em refratários para fornos de cimento, podendo ser sinterizado ou eletrofundido, enquanto os demais são empregados na siderurgia.

No caso do material sinterizado, os principais itens de custo são a matéria-prima e o combustível utilizado no forno de sinterização (que pode ser rotativo ou *shaft*). O eletrofundido também é muito onerado pela matéria-prima, cujo item de maior custo é a alumina grau metalúrgico, porém também apresenta mais um componente significativo que é a energia elétrica, demandando cerca de 1500 a 2200kWh por tonelada de produto. A eletrofusão do espinélio se dá em condições semelhantes às da alumina fundida branca.

A China é um produtor importante de espinélio, porém há fabricantes importantes também em outros lugares do mundo como Europa e Estados Unidos. O Brasil apresenta um pequeno volume de produção, porém cativo.

4.13 MULITA ELETROFUNDIDA

Assim como outras matérias-primas eletrofundidas, a mulita ($3Al_2O_3.2SiO_2$) é fabricada em fornos elétricos a arco. Seus principais componentes são a alumina grau metalúrgico e o quartzo, os quais são combinados para gerar um produto com composição química final variando entre 72% e 78% de Al_2O_3 e entre 22% e 27% de SiO_2. Os valores de densidade e porosidade são da ordem de 3g/cm^3 e 2,5%, respectivamente.

A mulita é reconhecida pela sua estabilidade dimensional quando aquecida, dada pelo seu coeficiente de expansão térmica relativamente baixo, o que a confere alta resistência ao choque térmico. Além disso, é uma matéria-prima que, devido ao formato acicular dos seus cristais, promove resistência à fluência sob carga e temperatura.

A fusão da mulita requer fornos de menor potência do que aqueles utilizados para a alumina ou o espinélio. O consumo específico de energia situa-se na casa de 1400 a 1800kWh/t, ao passo que o de eletrodo fica entre 7 e 12kg/t. Os volumes de produção são relativamente pequenos e espalhados em diferentes regiões do mundo. Em tese, qualquer planta de eletrofusão que tenha acesso à alumina SGA e à fonte de sílica pode produzir a mulita eletrofundida sem maiores problemas.

4.14 ANDALUZITA, CIANITA E SILIMANITA

A andalusita pertence aos minerais do grupo da silimanita, juntamente com a cianita. São materiais compostos principalmente por alumina (Al_2O_3) e sílica (SiO_2) e sua principal característica é a formação de mulita ($3Al_2O_3.2SiO_2$), além de quartzo residual, durante o uso, em temperaturas na faixa de 1300 a 1500°C. Em razão dessa característica, é uma matéria-prima bastante utilizada em aplicações que demandam alta resistência ao choque térmico, com a vantagem de ser mais barata do que a mulita eletrofundida (32).

A obtenção da andalusita a partir do seu minério envolve apenas processos físicos de beneficiamento, dispensando a etapa de queima. Apesar de o rendimento ser baixo, entre 4% e 8%, o seu custo é menor quando comparado, por exemplo, ao do bauxito. Algumas das principais fontes de andalusita encontram-se na África do Sul, França e China. Contudo, há também depósitos de andalusita refratária na América do Sul, no Peru.

A cianita é um polimorfo da andalusita e silimanita, ou seja, tem a mesma composição química, mas com arranjo cristalino distinto, como ilustrado na Figura 4.17. Quando submetida a processos térmicos, também gera a mulita com as propriedades de alta resistência a choque térmico e de estabilidade termomecânica. Entretanto, pelo seu arranjo cristalino diferenciado, no processo de aquecimento, a cianita passa por uma expansão volumétrica irreversível, o que, associado ao hábito prismático dos grãos, confere propriedades únicas para sua aplicação. Assim, a cianita é adotada como agente expansor para balancear a contração de tijolos, concretos e massas de tamponamento (33,34).

A vasta maioria da produção de cianita é localizada no estado da Virgínia, nos Estados Unidos. O Brasil detém reservas modestas nos estados de Goiás e Minas Gerais, com produções, em pequenos volumes, apenas nesse último (34). As etapas de concentração da cianita consistem em métodos magnéticos para separação de magnetita e pirrotita e em métodos gravíticos para remoção de quartzo e moscovita (35).

A silimanita apresenta características semelhantes às da andalusita e também é empregada diretamente em refratários para formação de mulita, mas com baixa expansão térmica. Apesar de aplicações semelhantes, a silimanita é menos utilizada em decorrência de sua disponibilidade reduzida no mercado, com produção principalmente na África do Sul, Índia e China (36).

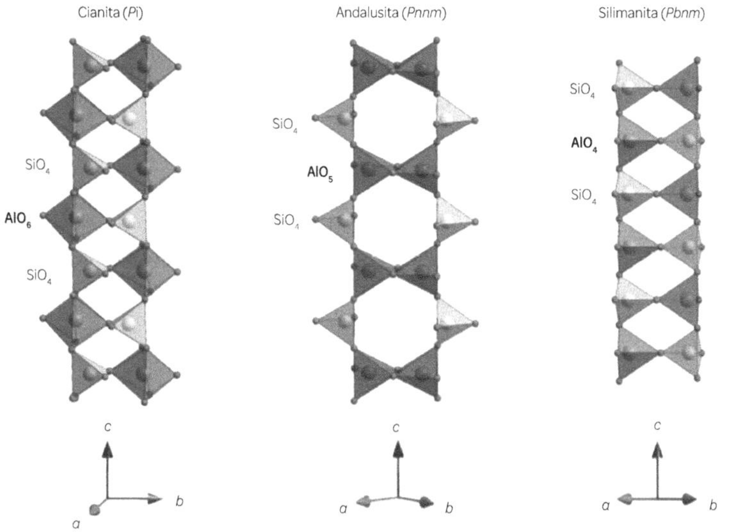

Figura 4.17 Arranjos cristalinos da cianita, andalusita e silimanita.
Fonte: Adaptada de (33).

A Figura 4.18 ilustra os principais depósitos e produção dos três polimorfos do grupo da silimanita.

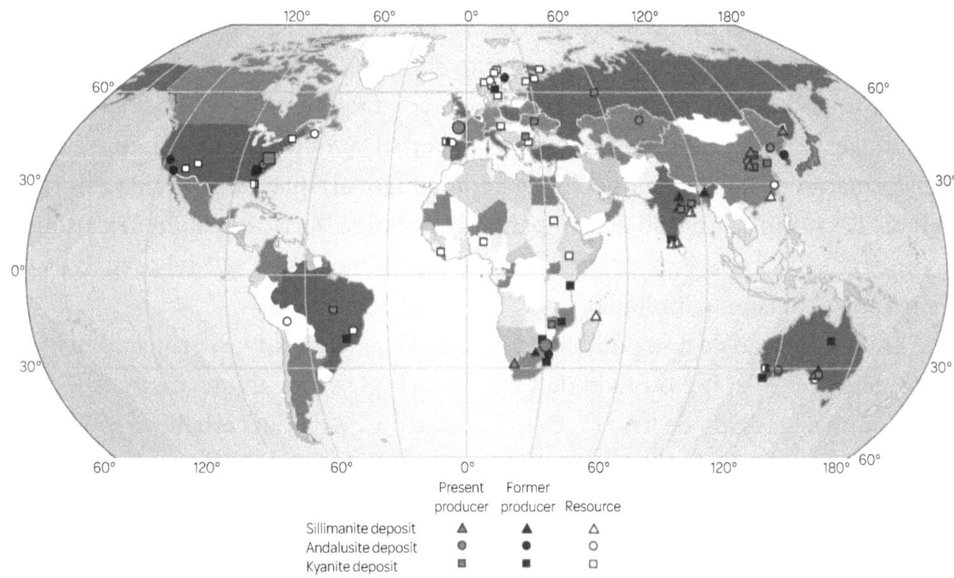

Figura 4.18 Depósitos e produtores de silimanita, andalusita e cianita.
Fonte: Adaptada de (36).

4.15 ZIRCONITA

A zirconita é um silicato de zircônia ($ZrSiO_4$) com depósitos encontrados na Austrália (41%), África do Sul (20%), Ucrânia (8%), Estados Unidos (8%) e Brasil (5%).

Esses depósitos estão normalmente associados a outros minerais pesados, como ilmenita ($FeTiO_3$), rutilo (TiO_2) e cassiterita (SnO_2). Para sua concentração, são utilizados métodos gravíticos e magnéticos, podendo a zirconita ser o produto principal ou o subproduto dos minerais acessórios (37).

A zircônia (ZrO_2) é muito utilizada por causa de sua alta estabilidade térmica, excelente resistência à corrosão, baixa condutividade térmica e resistência a ataque de escórias. Além disso, a zircônia é muito adotada em tijolos e concretos para melhorar a resistência ao choque térmico. Entretanto, devido ao altíssimo custo das fontes naturais e sintéticas de ZrO_2, a zirconita é uma alternativa adotada, mas com limitação de adição em razão do aporte de sílica ao refratário (38). Além disso, a zirconita é uma das matérias-primas para a produção da zircônia eletrofundida.

4.16 ZIRCÔNIA ELETROFUNDIDA

A zircônia (ZrO_2) eletrofundida é produzida a partir de um processo muito semelhante ao da alumina e da magnésia eletrofundidas, em fornos elétricos a arco. Sua obtenção pode partir de duas matérias-primas diferentes – a badeleíta (óxido de zircônio natural) e a zirconita.

Quando utilizada a badeleíta, o processo envolve apenas a fusão. Já a zirconita exige também o uso de aditivos redutores, assim como no caso da alumina fundida escura, a fim de se eliminar a sílica (SiO_2).

A zircônia tem um ponto de fusão muito alto (2500°C), além de baixa molhabilidade, o que lhe confere elevada resistência ao ataque por escórias siderúrgicas. Contudo, essa matéria-prima tem uma característica muito particular, que é a sua transformação de fase (de monoclínica para tetragonal) quando aquecida acima de 1000°C. Essa transformação é acompanhada por uma variação volumétrica súbita da ordem de 7% a 8%. Assim, sua aplicação em situações em que há oscilações de temperatura é bastante limitada.

A transformação de fase pode ser evitada pelo uso de aditivos, principalmente o óxido de cálcio (CaO) e o óxido de magnésio (MgO). Em alguns casos especiais, usa-se também o óxido de ítrio (Y_2O_3). A adição de 5% de CaO estabiliza totalmente a fase cúbica da zircônia, eliminando o problema da variação volumétrica. Contudo, há aplicações nas quais se prefere utilizar a zircônia parcialmente estabilizada, com adições de cerca de 3,5% de CaO, o que melhora a sua resistência ao choque térmico (39).

A característica de transformação cristalina da zircônia em função da temperatura também pode ser utilizada como um artifício para a tenacificação de refratários e cerâmicas compostos predominantemente por alumina ou outros óxidos. Quando utilizada em pequenas quantidades, sob condições controladas, essa matéria-prima promove um microtrincamento da estrutura ao passar pela transformação de fases, tornando o material mais resistente à propagação de trincas causadas por choque térmico ou por solicitações mecânicas (40).

Os principais produtores de zircônia eletrofundida localizam-se nos Estados Unidos, Europa, Japão e África do Sul. Essa é uma matéria-prima de custo elevado, portanto sua utilização se dá apenas em produtos refratários altamente especializados.

4.17 SÍLICA FUNDIDA

A sílica (SiO_2) fundida é produzida em fornos elétricos a partir de quartzo de alta pureza química. Existem diversos tipos de fornos para a fusão do quartzo, cada um com uma tecnologia específica. Esses equipamentos, contudo, têm uma concepção distinta dos fornos elétricos a arco utilizados para matérias-primas eletrofundidas.

O objetivo da fusão é obter uma sílica totalmente amorfa (não cristalina). Na fase amorfa, a sílica apresenta um coeficiente de expansão térmica muito baixo, o que a torna indicada para uso em aplicações a temperaturas intermediárias (~1100ºC), mas que exijam uma extrema resistência ao choque térmico (41).

Após a fusão, o bloco de sílica fundida passa por um processo de remoção manual de todo o material mal fundido localizado nas suas regiões mais periféricas. Essa tarefa é fundamental para garantir a qualidade do produto, pois essas regiões concentram sílica cristalina (cristobalita), o que é indesejável.

A etapa de fusão é bastante intensa em energia e representa uma fração significativa do custo. A sílica fundida é uma matéria-prima bastante especial e de preço elevado. Os principais produtores concentram-se nos Estados Unidos e na Europa.

4.18 CARBETO DE SILÍCIO

O carbeto de silício (SiC) é obtido por meio da reação do quartzo com o coque de petróleo em fornos do tipo Acheson (Figura 4.19), que operam com um princípio totalmente diferente do da eletrofusão. Trata-se de um processo extremamente intensivo em energia elétrica, porém de eficiência relativa, consumindo entre 6000 e 12000kWh por tonelada de produto para um valor teórico de 2200kWh/t (42). Os fornos normalmente têm potência na faixa de 4 a 12MVA e operam em batelada. É comum haver mais de um forno, às vezes até quatro, conectado a um transformador, pois a sua operação ocorre de forma intercalada, já que o processo pode ser dividido entre as etapas de carregamento, aquecimento (forno ligado), resfriamento e descarregamento. O ciclo completo, entre o carregamento e o descarregamento, pode levar vários dias. Os fornos apresentam duas configurações principais: uma em forma de leito, com paredes laterais e eletrodos de grafita em suas extremidades (Figura 4.19a); e outra, também conhecida como "tecnologia ESK", em que os eletrodos são posicionados no solo, em dois pontos diferentes, e a carga é arranjada a partir deles em forma de pilha (Figura 4.19b), que pode ou não ser coberta para a coleta dos gases da reação.

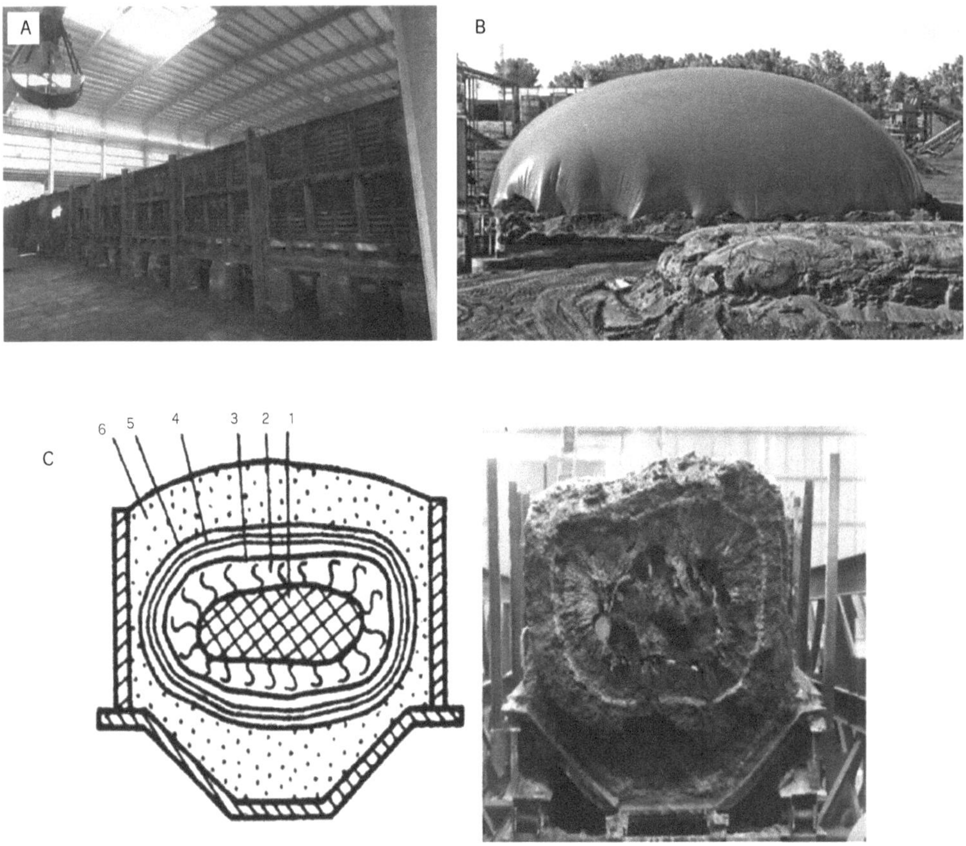

Figura 4.19 A) Forno Acheson de leito; B) ESK para produção de carbeto de silício; C) seção transversal após o processo de reação concluído.

1) alma de grafita; 2) carbeto de silício cristalino (produto, utilizado em refratários); 3) carbeto de silício amorfo (subproduto, utilizado na siderurgia); 4 e 5) materiais semi-reagidos; 6) materiais não reagidos.

Fonte: Adaptada de (B) (43); (A) e (C) (44).

A montagem da carga é feita a partir de uma pré-mistura de coque e quartzo, que é empilhada até o nível ou a posição dos eletrodos, dependendo da configuração do forno. Nesse ponto, é adicionada grafita em pó para conectar os eletrodos, formando a chamada "alma de grafita". Na sequência, novas camadas da mistura de quartzo e coque são adicionadas até que a carga do forno esteja completa. A grafita atua como elemento de aquecimento, gerando calor por efeito Joule causado pela passagem de corrente elétrica entre os eletrodos. Durante a operação, a temperatura na alma de grafita varia de aproximadamente 1800 a 2500°C (42).

Como os fornos são abertos, a carga também tem o papel de isolamento térmico, a fim de prover as temperaturas necessárias para que as reações ocorram.

As reações de formação do carbeto de silício se dão a partir da alma de grafita em direção ao exterior, ou seja, das zonas mais quentes para as mais frias, mas somente até o ponto em que haja temperatura e condições termodinâmicas suficientes para que ocorra a formação do material. A temperatura mínima para a reação é reportada como 1515°C (1788°K) (42), ou seja, abaixo dessa isoterma não haveria condições para a formação do carbeto. Desse modo, conforme mostrado na Figura 4.19c, há uma região da carga, mais próxima ao centro (indicada com o número 2), em que há a formação de cristais bem desenvolvidos de SiC (considerado o produto refratário), uma segunda área (indicada com o número 3) de um material chamado de "amorfo" (usualmente utilizado como carburante em processos siderúrgicos) e, finalmente, uma zona composta por materiais intermediários e carga não reagida, os quais são coletados e adicionados à mistura de coque e quartzo para serem utilizados em bateladas subsequentes.

A sequência de reações que ocorre entre a fase gasosa SiO, gerada pela redução da sílica (SiO_2), e o carbono sólido (C) do coque, é a seguinte:

$$SiO_2 + C \rightarrow SiO\ (g) + CO\ (g)$$
$$SiO\ (g) + C \rightarrow Si + CO\ (g)$$
$$Si + C \rightarrow SiC$$

Existem dois tipos básicos de carbeto de silício: o preto, de uso mais comum em refratários, com pureza em torno de 97,5%; e o verde, mais puro (99,5%), geralmente destinado ao mercado de abrasivos. O primeiro apresenta uma densidade de cerca de $3 g/cm^3$ e uma porosidade de 6,5%.

As principais propriedades do SiC são a sua elevada temperatura de decomposição (não apresenta temperatura de fusão), em torno de 2700°C, e a alta condutividade térmica, o que o torna um material altamente refratário e bastante resistente ao choque térmico. Além disso, seu alto grau de dureza torna esse material bastante resistente à abrasão. A sua sinterização, quando da produção de produtos refratários queimados, contudo, é difícil, demandando processos de queima na presença de aditivos e, em muitos casos, em atmosferas especiais. Normalmente, sua utilização se dá em refratários monolíticos e curados.

A China é um grande produtor de carbeto de silício, porém há também volumes importantes produzidos no Brasil, Estados Unidos, Europa, Rússia e Japão.

4.19 GRAFITA

A grafita é uma das formas alotrópicas do carbono, assim como o diamante e o carvão. Basicamente, há dois tipos de grafita utilizados na indústria: a natural; e a sintética. Essa última, entretanto, tem custo muito elevado e destina-se a aplicações bastante especiais. O mercado de refratários consome majoritariamente a grafita natural (45).

A grafita natural pode ser subdividida em três tipos distintos, a microcristalina (também conhecida como "amorfa"), a cristalina e a *flake*. Dessas três, a *flake* é a que tem melhor desempenho em materiais refratários, utilizada tipicamente com granulometrias que variam de um máximo de 70% abaixo de 100 mesh (~150μm), para os materiais mais finos, a um mínimo de 80% acima de 80 mesh (~180μm) para os mais grossos.

O processo de concentração da grafita envolve diversas etapas de moagem e flotação, as quais permitem a liberação e a concentração estagiada do mineral, buscando preservar os *flakes* e elevando a sua concentração de 4% a 20% para algo em torno de 94% a 96%. A partir desse ponto, tratamentos químicos são capazes de gerar produtos com purezas superiores a 99%. Quanto maiores a pureza e o tamanho dos *flakes*, maior a qualidade o preço do material.

As principais características que tornam a grafita atrativa para uso refratário são a elevada temperatura de decomposição (não há fusão, mas apenas sublimação), a alta condutividade térmica (que contribui para melhorar a resistência ao choque térmico) e a baixa molhabilidade (que impede a infiltração de escória), entre outras. Por outro lado, a sua principal deficiência é a baixa resistência à oxidação, ou seja, na presença de oxigênio e de temperaturas a partir de aproximadamente 700°C, a grafita reage e forma CO e CO_2 gasoso.

Os refratários à base de magnésia-carbono, doloma-carbono, alumina-magnésia-carbono e alumina-carbeto de silício-carbono, além de certos monolíticos básicos e aluminosos, são os principais consumidores de grafita. Alguns desses produtos, utilizados em processos que demandam alto desempenho (por exemplo, convertedores LD), incorporam aditivos, a exemplo de pós metálicos e carbetos, para proteger a grafita da oxidação e, assim, estender a vida útil dos refratários (46).

Os maiores produtores de grafita são China (59%), Moçambique (11%) e Brasil (9%) (47), e uma série de projetos está em fase de estudos para aumentar a produção desse mineral, principalmente atentos ao mercado de baterias de íons de lítio para carros elétricos e armazenamento de energia. Esses mercados têm potencial para mudar o balanço de oferta e demanda de grafita, afetando a precificação dessa matéria-prima no futuro. A Figura 4.20 mostra as projeções de demanda de grafita e outros materiais com a evolução da produção de baterias para veículos elétricos (48).

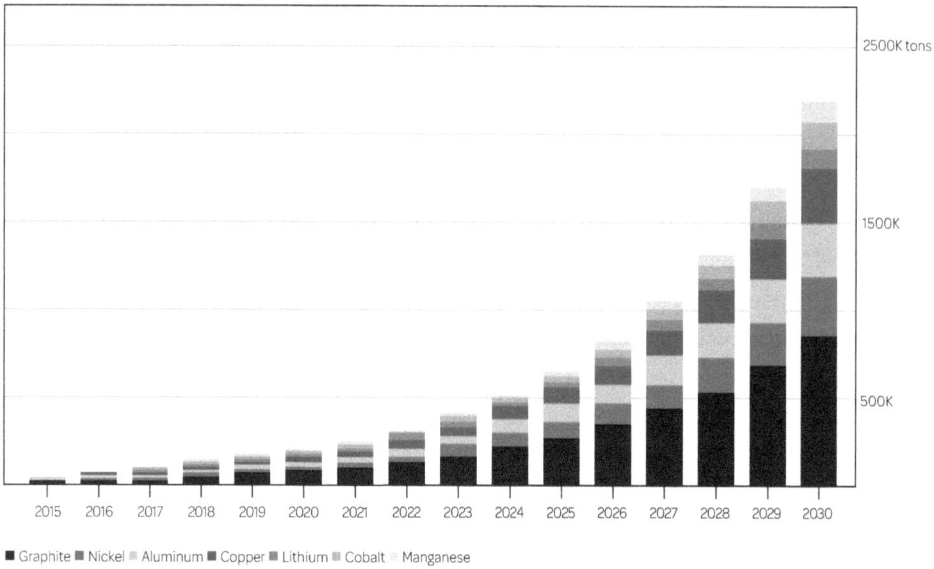

Figura 4.20 Evolução da demanda de grafita com o mercado de baterias de íons de lítio para carros elétricos.
Fonte: Adaptada de (48).

4.20 MATÉRIAS-PRIMAS RECICLADAS

As matérias-primas recicladas, ou seja, aquelas obtidas a partir do beneficiamento dos produtos refratários após a sua utilização, vêm se tornando cada vez mais importantes, não só por questões econômicas, mas também ambientais. Uma das principais forças motrizes para esse movimento é a redução das emissões de CO_2, pauta relevante para diversos setores da economia. Além disso, tendo em consideração que os principais usuários de refratários como os produtores de aço e de cimento, estão entre os maiores emissores dos gases de efeito estufa no setor industrial, há um esforço muito grande de pesquisa e desenvolvimento por parte desses segmentos no sentido de zerar suas emissões líquidas até aproximadamente o ano de 2050 a fim de contribuir com o atingimento das metas do acordo de Paris.

Nesse contexto, a indústria de refratários como parte da cadeia produtiva desses e de outros materiais, tem atuado para reduzir suas emissões por meio da reutilização dos produtos usados e do aprimoramento de processos de fabricação de matérias-primas. Todavia, o processo para reciclagem de refratários tem desafios técnicos que ainda devem ser contornados para que um bom nível de circularidade seja atingido na indústria (49,50).

Os processos e os desafios começam na demolição dos revestimentos refratários dos equipamentos após a sua vida útil. Normalmente, várias classes de produtos com composições distintas são utilizadas para montar um mesmo equipamento (por exemplo, revestimento de segurança, linha de metal, linha de escória etc.).

Caso simplesmente misturadas após demolição, sua separação para posterior utilização é muito dificultada. Se um desmonte controlado for efetuado, esse problema pode ser bastante reduzido, mas isso normalmente compete com as metas de disponibilidade operacional dos equipamentos.

O segundo passo, após o desmonte, é a separação das classes. Esse processo começa com a classificação por tamanho das peças, normalmente assistida pela cominuição dos pedaços maiores. Nesse processo, as partículas finas são, usualmente, descartas, já que não há métodos de separação disponíveis para a sua seleção, o que leva a perdas consideráveis no processo.

Após a classificação por tamanho, as partículas com granulometria adequada para seleção são classificadas de acordo com as classes de produtos refratários (por exemplo, magnesiano, magnésia-espinélio, magnésia-carbono, sílico-aluminoso, aluminoso etc.). Essa classificação é predominantemente feita por inspeção visual e catação manual, observando-se características como cor, brilho, aspecto de fratura, densidade e som a partir de impacto. As empresas com estratégia para aumentar seu nível de reciclagem vêm investindo em tecnologias para automatizar o processo, melhorando a produtividade e a assertividade dessa separação, uma vez que estas também limitam a posterior utilização.

Algumas classes de produto também necessitam de tratamentos específicos para remoção de contaminantes antes do uso. Um dos exemplos é o magnésia-espinélio, usualmente empregado em fornos de cimento, que apresenta contaminação de sais alcalinos devido à infiltração de clínquer durante o uso. Já o magnésia-carbono com pós metálicos antioxidantes, que se transforam em carbetos ao longo da sua utilização, levará à expansão e ao trincamento do tijolo com reciclados se esses carbetos não forem estabilizados em etapa previa à reutilização.

Após seleção e remoção de contaminantes, os reciclados são adequados granulometricamente para sua utilização nas formulações refratárias, que devem ser desenvolvidas ou adaptadas para receber esse material com características distintas das matérias-primas virgens.

Os benefícios da utilização de reciclados podem ser tanto ambientais como econômicos. Do ponto de vista ambiental, a utilização de reciclados, além de evitar sua disposição e ocupação de solo, substitui matérias-primas virgens que têm alta pegada de carbono. Um bom exemplo é o caso do sínter magnesiano, que, quando substituído por reciclado compatível, leva a uma redução de pegada de carbono de até 1,8t por tonelada de matéria prima virgem substituída. A magnésia eletrofundida é um desafio técnico maior, mas caso substituída pode ter uma redução superior a 3,5t de CO_2 para cada tonelada de matéria-prima original. A Figura 4.21 mostra a pegada de carbono estimada na produção de diversas matérias-primas, o que se reflete no potencial de redução de pegada de carbono que cada uma tem ao ser reciclada (51).

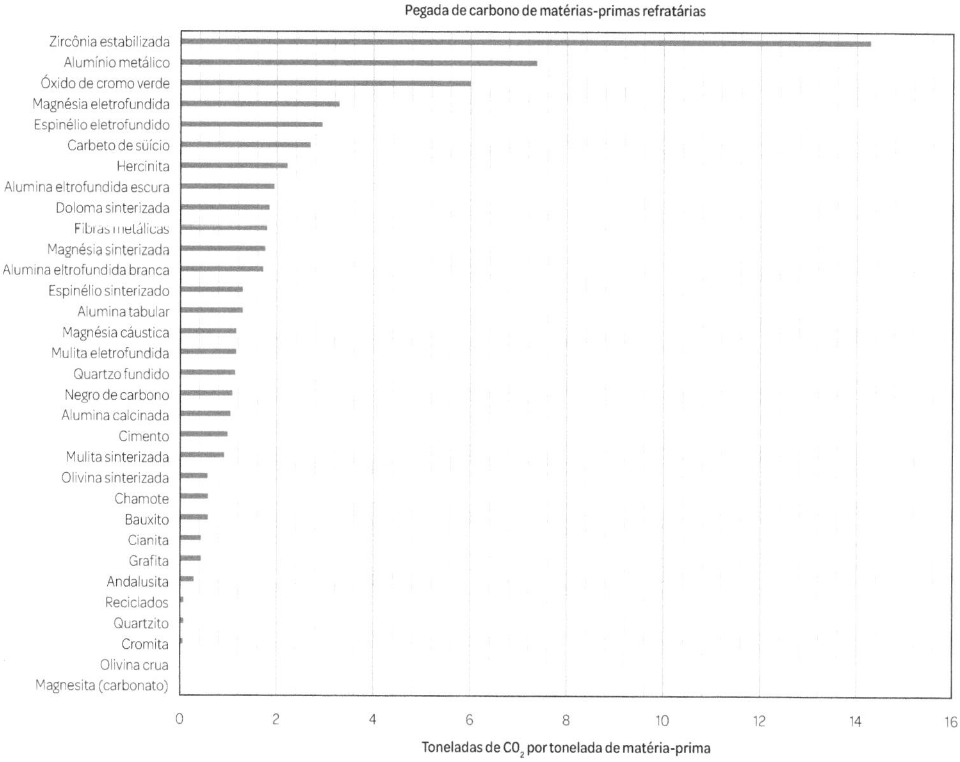

Figura 4.21 Emissões estimadas de CO_2 para diferentes matérias-primas.
Fonte: Acervo da RHI Magnesita.

4.21 EMISSÕES DE CO_2 E MATÉRIAS-PRIMAS REFRATÁRIAS

À medida que as mudanças climáticas e os seus efeitos se tornam cada vez mais visíveis no mundo inteiro, indústrias, governos e sociedades vêm tratando temas relativos ao aquecimento global de forma mais séria. A fim de mitigar os efeitos derivados desse fenômeno, o acordo de Paris definiu a meta de limitar o aquecimento do planeta a 2°C, em relação aos níveis pré-industriais, até o final do século XXI (52). Várias empresas de setores que emitem grandes volumes de gases causadores de efeito estufa têm estabelecido objetivos para reduzir as suas próprias emissões nos próximos anos. Para a indústria de refratários não é diferente, sendo que a produção de matérias-primas é a fase da cadeia de suprimentos que mais emite CO_2. Como exemplo, a Figura 4.21 ilustra as emissões de carbono por tonelada de algumas das matérias-primas mais utilizadas.

As estratégias para reduzir as emissões de CO_2 na produção de matérias-primas no curto prazo incluem, além da utilização de materiais reciclados, o emprego de combustíveis renováveis ou de menor geração de CO_2 por unidade de energia gerada, o uso de energia elétrica de fontes renováveis, a melhoria na eficiência energética dos equipamentos, entre outros. Já para o médio e longo prazo, o desenvolvimento e a adoção de tecnologias ligadas à captura e à utilização e/ou estocagem de CO_2 (também conhecidas pela sigla CCUS, do inglês *carbon capture, utilization and storage*) são fundamentais para que o impacto na pegada de carbono dos produtos refratários seja relevante. Além disso, processos de fabricação inovadores, intrinsicamente menos emissores, também fazem parte da pauta de longo prazo (51).

A captura de carbono consiste no tratamento dos gases emitidos dos fornos industriais, de modo a se obter um CO_2 de alta pureza, o qual pode ser utilizado diretamente em algumas aplicações (por exemplo, cultivo de vegetais, crescimento de algas e recuperação de petróleo), convertido em outros produtos (por exemplo, polímeros e combustíveis) ou, então, armazenado em ocorrências geológicas subterrâneas ou em poços exauridos de petróleo (tanto no continente como sob os oceanos). Já há tecnologias maduras para a captura de CO_2 (por exemplo, absorção química por amina), porém seu custo ainda é elevado para muitas indústrias e, acima de tudo, o maior desafio é encontrar uma rota economicamente viável e em escala para a utilização, a conversão ou o armazenamento do gás capturado. Mercados de crédito de carbono, já bastante desenvolvidos na Europa e crescentes em outros países como Coreia do Sul, Canadá, China, Japão e Estados Unidos (alguns estados) (53), certamente contribuirão para a viabilidade econômica de alguns projetos de CCUS no futuro.

Novas tecnologias de fornos para a produção de matérias-primas como o MgO e a doloma também vêm sendo estudadas pela indústria de refratários (51). Além de processos inteiramente inovadores ainda em fase de pesquisa e desenvolvimento, dois exemplos práticos são: (i) o forno de separação direta, que permite a coleta a baixo custo e elevada pureza do CO_2 derivada da decomposição dos carbonatos de magnésio e de cálcio, além de possibilitar a substituição dos combustíveis fósseis por energia elétrica renovável; e (ii) a tecnologia *oxyfuel*, que diminui o custo operacional associado à captura de CO_2 em relação à absorção química.

Assim, o desenvolvimento de processos inovadores e a redução de custo das novas tecnologias de fornos e de captura de carbono, somados às políticas de taxas de carbono e pressão de investidores e da sociedade, provavelmente moldarão a forma como as matérias-primas refratárias serão produzidas no futuro.

Acesse as imagens coloridas do capítulo.

REFERÊNCIAS

(1) INDUSTRIAL Minerals. Disponível em: https://www.indmin.com/Article/3375904/Raw-materials-trends-in-refractories.html. Acessado em: jul. 2021.

(2) DRNEK, T.; MORAES, M. N.; BONADIA, P. Overview of magnesite. *RHI Magnesita Bulletin*, p. 14-22, 2018.

(3) SAXBY, A. *Global trade and demand for dead and fused magnesia. In:* Magforum 2021, 29-30 de junho de 2021, Conferência online.

(4) ZACHMANN, D. W.; JOHANNES, W. *Cryptocrystalline magnesite.* Monograph series on mineral deposits, 28, p. 15-28, 1989.

(5) MORAES, M. N.; BONADIA, P.; MATOS, C. F.; MAZZINGHY, D.B. *Improvement of magnesite ore reverse flotation by changing the grinding circuit. In:* Proceedings of 14th International Mineral Processing Conference. Santiago, Chile, 2018.

(6) ECE, O. I. *Genesis of hydrothermal stockwork-type magnesite deposits associated with ophiolite complexes in the Kütahya-Eskiehir region.* Turkey. Neues Jahrbuch für Mineralogie, 2005. p. 191-205.

(7) SHAND, M. A. *The chemistry and technology of magnesia.* Hoboken, New Jersey, USA: John Wiley & Sons, Inc., 2006.

(8) GUO, Z.; MA, Y.; RIGAUD, M. *Sinterability of macrocrystalline and cryptocrystalline magnesite to refractory magnesia.* Ceramic Engineering and Science, p. 303-309, 2020.

(9) LI, J. *et al.* Comparative life cycle assessment of conventional and new fused magnesia production. *Journal of Cleaner Production.* 2015. doi:0.1016/j.jclepro.2014.12.043.

(10) GUO, Z. *et al. Manufacturing principles of refractory magnesia in China.* Refractories World Forum 13, 2021.

(11) RICHMOND, C. Doloma refractories. *Refractories Handbook*, p. 183-199, 2004.

(12) FEYTIS, A. *Refractory dolomite emerges from the shadow.* 2010. Disponível em: https://www.indmin.com/Article/2719335/Magnesia-Features/Refractory-dolomite-emerges-from-the-shadow.html.

(13) MIKAMI, H. M. *Chromite. In:* Industrial Minerals and Rocks. American Institute of Mining, Metallurgical and Petroleum Engineers. 4. ed. New York, 1975. p. 501-517.

(14) McEWAN, N.; COURTEY, T.; PARRY, R. A.; KNUPFER, P. *Chromite* – a cost-effective refractory raw material for refractories in various metallurgical applications. Southern African Pyrometallurgy, 2011. p. 359-372.

(15) SAMPAIO, J. A.; ANDRADE, M. C.; PAIVA, P. R. P. *Cromita. In:* Rochas e Minerais Industriais. 2005, p. 351-373.

(16) KOLELI N.; DEMIR A. *Chromite. In:* Environmental Materials and Waste, p. 245-263, 2016.

(17) RAMOS, M. A. F. Cromo – Sumário Mineral 2014. DNPM, 2014.

(18) FIGUEIREDO, A. N. Depósitos de cromita de Goiás e Campo Formoso (BA) – Diagnose e análise comparativa. *Revista Brasileira de Geociências*, 7, 1977, p. 73-83.

(19) M. Ogata *et al.* Effect of Chemical Composition on the Properties of Fused Magnesia-chrome Raw Materials. *Taikabutsu Overseas*, v. 15, n. 3.

(20) DANAA K.; SINHAMAHAPATRAA S.; TRIPATHIA H. S.; GHOSH, A. Refractories of alumina-silica system. *Transactions of the Indian Ceramic Society*, 2014, 73, 1, p. 1-13.

(21) LIU K.; THOMAS, G.; CABALLERO, A.; MOYA J. S.; AZA, S. Mullite formation in kaolinite-e-alumina. *Acta Metallurgica et Materialia*, 42, 2, p. 489-495, 1993.

(22) DJANGANG C. N.; ELIMBI, A.; MELO, U. C.; LECOMTE, G. L.; NKOUMBOU, C.; SORO J.; BONNET, J. P.; BLANCHART, P.; NJOPWOUO, D. Sintering of clay-chamotte ceramic composites for refractory bricks. *Ceramics International*, 34, p. 1207-1213, 2008.

(23) SKINNER K. G.; COOK, W. H.; POTTER, R. A.; PALMOUR, H. Effect of TiO2, Fe2O3, and alkali on mineralogical and properties of mullite-type and mullite forming A12O3--SiO2 mixtures. *Journal of American Ceramic Society*, 36, 11, p. 349-356, 1953.

(24) KHUDYAKOV A. I.; VASHCHENKO, S. V.; BAYUL, K. V.; SEMENOV, Y. S. Kaolin raw material briquetting for lump. chamotte production. *Refractories and Industrial Ceramics*, 59, 4, p. 14-19, 2018.

(25) PASCOAL, C.; PANDOLFELLI, V. C. Bauxitas refratárias: composição química, fases e propriedades – Parte I. *Cerâmica 46* (298) 2000.

(26) PASCOAL, C.; PANDOLFELLI, V. C. Bauxitas refratárias: composição química, fases e propriedades – Parte II. *Cerâmica 46* (299) 2000.

(27) SEPULVEDA, P.; et. al. Characterization and properties of refractory bauxite. *Interceram 48* (6) 1999.

(28) HART, L. D. (ed.). *Alumina chemicals: science and technology handbook*. Westerville: American Ceramic Society, 1991.

(29) WEFERS, K; BELL, GM. Oxides and hydroxides of aluminum. Technical Paper n. 19. Pittsburg: ALCOA Research Laboratories, 1972.

(30) BÜCHEL, G.; LIU, G. X.; BUHR, A.; DUTTON, J. *Review of tabular alumina as high-performance raw material*. Interceram Refractories Manual, 2007.

(31) BONADIA, P. *Aluminas eletrofundidas*: desenvolvimento de processo e produto. Dissertação (Mestrado Ciência e Engenharia de Materiais) – Universidade Federal de São Carlos. UFSCar, 2002.

(32) DUBREUIL, P.; FILARI, E.; SOBOLEV, V. M. Use of andalusite refractories in ferrous metallurgy. *Refractories and Industrial Ceramics*, 40, 6, p. 27-34, 1999.

(33) FORTES, A. D. Thermal expansion of the Al2SiO5 polymorphs, kyanite, andalusite and sillimanite, between 10 and 1573 K determined using time-offlight neutron powder diffraction. *Physics and Chemistry of Mierals*, 46, p. 687-704, 2019.

(34) JOFFILY, C. M. L. C.; OLIVEIRA, C. G. *Cianita refratária. In:* Rochas e minerais industriais. 2. ed. 2008. p. 389-402.

(35) GEISE, G.; LAGALLEY, E.; KREKELER, M. P. S. Mineralogical and geochemical investigations of silicate-rich mine waste from a kyanite mine in central Virginia: implications for mine waste recycling. *Environmental Earth Sciences*, 62, p. 185-196, 2011.

(36) IHLEN, P. M. Utilization of sillimanite minerals, their geology, and potential occurrences in Norway – an overview. *Norges Geologiske Undersøkelse Bulletin*, 436, p. 113-128.

(37) BERTOLINO, L. C.; PALERMO N.; SAMPAIO J. A.; FRANÇA, S. C. A. *Zirconita. In:* Rochas e minerais industriais. 2. ed. 2008. p. 917-930.

(38) BINGQIANG, L.; YAO, S.; WENBIN, D.; JINGKUN, Y. Effect of zirconia, zircon, and zircon mullite additives on the properties of alumina castable. *Applied Mechanics and Materials*, 151, p. 346-349, 2012.

(39) GARVIE, R. C.; NICHOLSON, P. S. Structure and thermomechanical properties of partially stabilized zirconia in the CaO-ZrO_2 system. *Journal of American Ceramic Society*, v. 55, n. 3, 1972.

(40) BUTLER, E. P. *Transformation-toughened zirconia ceramics*. Materials Science and Technology, v. 1, June 1985.

(41) CRISS, G. H. *Fused silica refractories for industrial applications*. Materials Science Forum, v. 34-36, p. 689-694, 1988.

(42) KUMAR, V. P.; GUPTA, G. S. Study of formation of silicon carbide in the Acheson process. *Steel Research*, 73, n. 2, 2002.

(43) ROVNER, S. L. From sand to ceramic. *Chemical and Engineering News*. Disponível em: https://cen.acs.org/articles/87/i30/Sand-Ceramic.html. Acessado em: 15 nov. 2021.

(44) YOLKIN, K.; *et. al.* The production of silicon carbide and achievements in the field of furnace gases collection and purification. *KnE Materials Science*, 2020;6(1):70-77. https://doi.org/10.18502/kms.v6i1.8046.

(45) SAMPAIO, J. A.; BRAGA, P. F. A.; DUTRA, A. J. B. *Grafita. In:* Rochas e minerais industriais. 2. ed. 2008. p. 527-549.

(46) RESENDE, W. S. *et. al.* Key features of alumina/magnesia/graphite refractories for steel ladle lining. *Journal of the European Ceramic Society*, 20, p. 1419-1427, 2020.

(47) U.S. Geological Survey, Mineral Commodity Summaries, 2021.

(48) SHANKLEMAN, J. *The electric car revolution is accelerating*. Bloomberg Businessweek, 2017. Disponível em: https://www.bloomberg.com/news/articles/2017-07-06/the-electric-car-revolution-is-accelerating.

(49) MORAES, M. N.; NOGUEIRA, G. G. R.; LEITNER, A.; ZOCRATTO, B. W. Technical challenges for recycling processing and utilization ramp-up. *Proceedings: Unified International Technical conference on Refractories (Unitecr)*. Frankfurt am Main, Alemanha, 2023. p. 89-92.

(50) MORAES, M. N., LEITNER, A., NOGUEIRA, G. G. R., ZOCRATTO, B. W., MUEHLHAEUSSER, J. technical challenges for refractory recycling and innovative processing solutions. The journal of refractory innovations, 2023, p. 33-38.

(51) RIBEIRO, T.; BONADIA, P.; GUEGUÉN, E.; MAIER, F.; DRNEK, T. Alternatives to reduce the carbon footprint in refractory raw material production processes. *RHI Magnesita Bulletin*, p. 16-21, 2021.

(52) UNITED NATIONS ORGANIZATION – UNO. The Paris Agreement. Disponível em: https://unfccc.int/process-and-meetings/the-paris-agreement/the-paris-agreement. Acesso em: 23 jan. 2022.

(53) THE WORLD BANK. Carbon Pricing Dashboard. Disponível em: https://carbonpricingdashboard.worldbank.org/. Acesso em: 23 jan. 2022.

Capítulo 5

FABRICAÇÃO DE PRODUTOS REFRATÁRIOS

José Vale de Matos Júnior

Pitágoras Gomes Lanna

5.1 INTRODUÇÃO

Há quem diga ser a indústria refratária propulsora das demais indústrias, ou seja, teria sido ela a primeira indústria. Talvez. Na verdade, historiadores relatam que, em 3000 a.C., quando o homem começou a dominar o fogo, logo descobriu que a queima de argilas permitia que formas estáveis fossem obtidas com essa matéria-prima, as pessoas cavavam fornos primitivos no chão para queimar porcelanas (canecas, tigelas etc.). O conceito industrial do refratário só veio muitos anos depois, não se sabe quem fez o primeiro refratário, mas acredita-se que tenham sido os fenícios ou os chineses, com os minerais extraídos diretamente da crosta terrestre *in natura* para confecção dos tijolos, que foram usados para fazer fornos já em 2000 a 500 a.C., na Idade do Metal. Somente ao fim do século XVIII a meados do XIX, de 1760 a aproximadamente 1840, teve início uma transformação drástica da manufatura associada ao trabalho artesanal, que afetaria a indústria refratária. O produtor era, normalmente, o responsável por todos os estágios do processo produtivo, que eram predominantemente manuais. Os maquinários eram muito simples e a maior parte do trabalho ainda dependia da técnica, do conhecimento e da habilidade produtiva dos trabalhadores.

As mudanças vieram a partir de meados do século XIX, quando se aprimorou o processo de produção do aço. O novo conhecimento permitiu que as pessoas criassem outras coisas e muitos esforços científicos foram possíveis, aços cada vez mais específicos e nobres foram criados desde então. Uma diferente indústria refratária também nasceu com a metalurgia, tendo acompanhado passo a passo a evolução do setor siderúrgico e, hoje, dois séculos mais tarde, os refratários são manufaturados a partir de um variado elenco tecnológico de matérias-primas, milhares de formatos e composições químicas, viabilizando, dessa forma, processos modernos de manufatura que utilizam altas temperaturas, equipamentos de alta precisão, processos e gestão automatizados, entre outros, com os quais são fabricados refratários de elevada tecnologia, pureza, resistência à corrosão, à abrasão e ao choque térmico para praticamente todos os tipos de metais, aços, vidros, químicos, petroquímicos, cerâmicos e outros.

O fluxo de produção de refratários inicia-se na preparação das matérias-primas que podem ser *in natura*, industrializadas ou artificiais. Dependendo do estágio em que se encontra a matéria-prima, os processos podem envolver as fases britagem, moagem e classificação ou a matéria-prima pode ser adquirida pronta para uso. Após essas etapas, as matérias-primas são estocadas em silos, para uma posterior dosagem nas quantidades especificadas para cada produto. Em sequência, as matérias-primas são misturadas. Os agregados, aditivos e ligantes são homogeneizados compondo uma única estrutura, uma massa monolítica. A etapa que vem a seguir depende da classe de refratário a ser produzida: aqueles que não necessitam de conformação, os não moldados ou também chamados de "monolíticos", são embalados em baldes, sacos ou *big bags* e já estão prontos para o uso. A outra classe de refratários denominados "conformados", que são os pré-moldados ou moldados, passa pela fase de conformação, que lhe dará forma, dimensão e atingimento de determinadas propriedades físicas; em seguida, há a fase de tratamento térmico, da qual raríssimos casos de produtos moldados não necessitam. Durante o tratamento térmico, ocorrem transformações nos refratários, aos quais elas proporcionaram propriedades físicas e químicas objetivadas. Na maioria das vezes, após o tratamento térmico, os refratários se encontram prontos para serem embalados e expedidos, mas existem alguns casos especiais em que há necessidade de algum tratamento superficial antes de os refratários serem embalados, como: pintura, impregnação, usinagem (corte, retifica, furação, fresagem etc.) e pré-montagem.

A fabricação de um refratário é composta de diferentes etapas de processamento e utiliza um número considerável de matérias-primas, insumos e energéticos. Em cada uma dessas etapas, existem variáveis de controle de processos utilizadas para garantir que todo o nível de qualidade desejado, naquela fase, tenha sido atingido e o material esteja apto (aprovado) para a etapa seguinte de processamento. Ao fim das etapas de processamento, são recolhidas amostras dos produtos refratários e ensaios atributivos, físicos e químicos são realizados para controle e aprovação da qualidade final do lote de produção.

As etapas de fabricação também podem ser chamadas de "operações unitárias", transformações físicas e ou químicas sofridas por matérias-primas e insumos para obtenção do produto daquela fase unitária. A combinação sequencial de operações unitárias define um processo industrial (Figura 5.1).

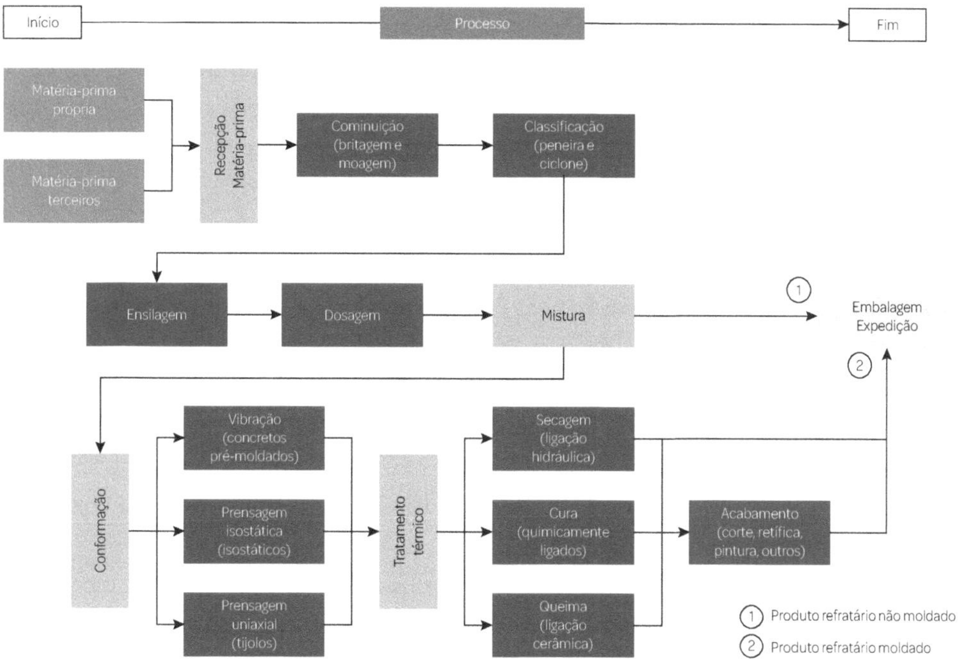

Figura 5.1 Fluxo de fabricação de produtos refratários moldados e não moldados.
Fonte: Desenvolvida pela autoria do capítulo.

Neste capítulo, abordaremos as seguintes operações unitárias de industrialização de um produto refratário:

- cominuição (britagem e moagem);
- peneiramento e classificação dimensional;
- ensilagem (estocagem de material sólido);
- mistura (homogeneização de sistema particulados);
- conformação (pré-moldagem e prensagem);
- tratamento térmico (secagem, cura e queima);
- acabamento (processos especiais);
- embalagem.

A combinação das operações unitárias com as classes de matéria-prima definirá a família e o tipo de produto refratário (moldado ou não moldado), como também o grau de verticalização da indústria.

5.2 COMINUIÇÃO

Cominuição é o ato ou ação de cominuir; fragmentar, espedaçar, definindo-se um conjunto de operações de redução de tamanhos de partículas minerais, executado de maneira controlada e de modo a cumprir um objetivo dimensional predeterminado. Isso inclui as exigências de controlar o tamanho máximo das partículas e de evitar a geração de quantidades excessivas de material fino. Métodos específicos para redução de tamanho de partículas são aplicados mediante pressão (compressão), criação de impacto cinético entre a matéria-prima e corpo moedor (impacto) ou pelo atrito da superfície de partículas com a superfície dos corpos moedores (atrição) (1). A operação unitária de cominuição está presente na maioria dos empreendimentos industriais.

Quando uma partícula é submetida a esforços mecânicos superiores a sua resistência física, ou a sua resistência à ruptura, ocorrem a propagação de trincas já existentes e a iniciação de novas trincas em seu interior, o que causa a fragmentação da partícula (2).

A resposta de qualquer sólido à aplicação desses esforços se dá na forma de deformações inelásticas, gerando fragmentação. Esses esforços de fragmentação são classificados em três mecanismos de fratura – compressão, impacto e atrição – e sendo que cada um deles gera produtos com diferentes distribuições de tamanho de partícula e forma, a saber (Figura 5.2):

- **Compressão:** método em que a força é aplicada de forma constante e permite que, com o aparecimento e a propagação da fratura, o esforço seja aliviado. Para que ocorra a fratura a força de compressão aplicada deve ser ligeiramente superior à resistência à ruptura do material. Esse tipo de fratura é comumente empregada em britadores de mandíbulas, cônicos e rolos, gerando uma curva de distribuição descontínua de tamanho de partículas, com concentração de fragmentos finos em uma extremidade e grandes em outra (3).
- **Impacto:** método em que a força é aplicada de forma rápida e em intensidade muito superior à resistência de ruptura da partícula. Esse tipo de fratura é o que comumente se emprega em britadores de impacto e produz uma curva de distribuição contínua de tamanho de partículas (do fino ao grosso) ao longo da curva granulométrica (3).
- **Atrição:** resultado do atrito entre as partículas de minério e corpos moedores que provoca o aparecimento de pequenas fraturas na superfície do grão. Esse tipo de fratura é o que comumente se usa em moinhos e produz uma

curva de distribuição descontínua de tamanho de partículas, com concentração de fragmentos finos em uma extremidade e muito grandes em outra (3).

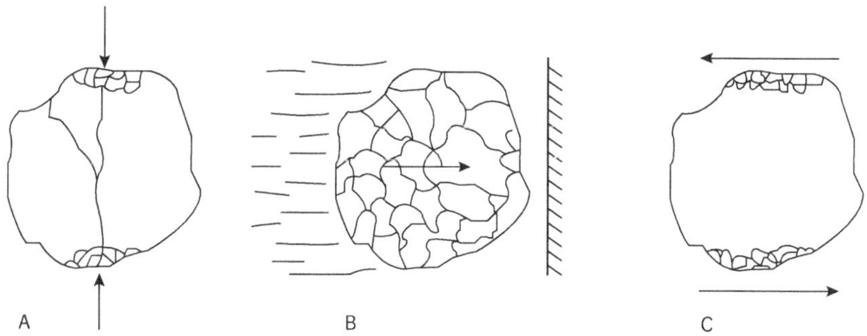

Figura 5.2 Mecanismos de fratura: A) compressão; B) impacto; C) atrição.
Fonte: Desenvolvida pela autoria do capítulo.

Em resumo, a combinação desses mecanismos gera duas operações comumente conhecidas como "britagem" e "moagem". A britagem é a operação primária que fragmenta blocos de grande, médio e pequeno tamanho e como existe diferentes taxas de redução de tamanhos, essa operação deve ser repetida diversas vezes, mudando-se o equipamento, quando necessário, até se obter um material de tamanho adequado ao processo de industrialização desejado. Já a moagem é a operação de fragmentação fina, obtendo-se, nessa etapa, um produto de distribuição de tamanho muito fino, adequado à constituição da matriz do refratário. Para cada estágio de cominuição, em função do tamanho da partícula final objetivada, é indicado um tipo de equipamento diferente. A seleção do equipamento, além do tamanho final da partícula objetivada, também deve considerar a forma do grão, a produtividade da operação, a abrasividade do material, o consumo energético e a energia de fragmentação.

5.2.1 Britagem

Britagem é a operação da quebra de partículas principalmente pela ação de esforços compressivos ou de impacto. Os esforços compressivos são aplicados, em geral, por meio do movimento periódico de aproximação e afastamento de uma superfície móvel contra outra fixa. Esse é o caso dos britadores de mandíbulas, britadores giratórios, britadores cônicos e britadores de rolos. Nos britadores classificados como de impacto, os esforços para quebrar as partículas são resultantes da projeção destas contra elementos móveis do britador ou do seu revestimento, ou contra o próprio material no caso dos britadores autógenos. Assim, os britadores podem ser classificados conforme o mecanismo usado, seja ele compressão, seja ele de impacto, e a aplicação de um determinado tipo de britador está vinculada ao tipo de material, à capacidade e à razão de redução desejada (5).

Uma importante aplicação dos processos de britagem é na produção de agregados para produtos refratários. De modo geral, na indústria refratária, são utilizados britadores de mandíbulas, giratórios e cônicos, principalmente esses últimos porque apresentam alta produtividade, baixo custo de operação, manutenção e limitada taxa de desgaste dos revestimentos. Entre os principais equipamentos utilizados na indústria refratária para os diferentes estágios de britagem, taxas de redução, formato dos grãos etc., estão os seguintes britadores: mandíbula; cônico; rolos; impacto; e autógeno.

- **Britador de mandíbula:** classificam-se em dois tipos, quanto ao acionamento da mandíbula móvel, britadores de um eixo e dois eixos. Nos britadores de dois eixos, a mandíbula móvel tem movimento pendular, enquanto os de um eixo, têm movimento elíptico. Em termos de custos de capital, os dos britadores de dois eixos são cerca de 50% mais elevados que os de um eixo, sendo indicados para materiais mais abrasivos e de difícil fragmentação. O britador de um eixo é o mais utilizado e seu princípio de funcionamento é relativamente simples: o eixo excêntrico provoca um movimento que aproxima a mandíbula móvel da mandíbula fixa, ao mesmo tempo que se move para baixo, com uma trajetória elíptica. Essa operação esmaga o material e força-o para baixo (2).
- **Britador cônico:** a fragmentação das partículas no britador cônico é realizada pelo movimento de aproximação e distanciamento do cone em relação a carcaça do equipamento. O movimento excêntrico do cone girando em torno de um eixo central, que não é o do próprio cone, faz com que toda a área da carcaça seja utilizada para fragmentar as partículas, proporcionando maior eficiência de fragmentação se comparada à de britadores de mandíbulas. O equipamento apresenta longa vida útil, ou seja, baixo desgaste, e quanto mais paralelo ao perfil do revestimento da carcaça ao do cone, mais fina será granulometria do produto (1).
- **Britador de rolos:** consiste basicamente em um rolo tracionado e um rolo livre, o qual pode ser ou não tracionado, sendo os eixos destes rolos presos a uma carcaça. O rolo livre com auxílio de cilíndricos hidráulicos (britagem de alta pressão) ou molas (britagem padrão) exerce uma força de compressão sobre o rolo tracionado, comprimindo um rolo contra o outro. É a distância entre os rolos que definirá o tamanho desejado da partícula britada. O movimento giratório do rolo provoca a compressão e cisalhamento do material entre os rolos. Os britadores de rolos têm emprego limitado devido ao grande desgaste da capa de revestimento dos rolos, uma vez que esta é sensível à abrasão.
- **Britador de impacto:** nesse tipo de britador, a fragmentação é feita por impacto em vez de compressão. Por meio do movimento das barras e ou de martelos fixados ao eixo central, que gira a uma rotação de 500 até 2000rpm, parte da

energia cinética é transferida para o material, projetando-o sobre as placas fixas de impacto, dentro do britador, onde ocorre a fragmentação. Entre suas principais características de britagem, destacam-se a alta taxa de redução de tamanho e a capacidade de gerar partículas com forma discoide (3). As desvantagens do uso desse equipamento são o elevado custo de manutenção e o grande desgaste, não sendo aconselhável seu uso no caso de rochas abrasivas e de materiais com presença de sílica equivalente ou superior a 15% na composição.

- **Britador autógeno:** enquanto a maioria dos britadores usa peças metálicas para fragmentar o material, o britador autógeno utiliza a própria pedra que alimenta a máquina para fragmentar a si mesma. Esse processo de britagem autógena produz um agregado de formato mais discoide. O impacto provocado pela alta velocidade de projeção do material alcançada no rotor fragmenta por impacto as partículas, reduzindo a lamelaridade destas e facilitando a tarefa de peneiramento.

5.2.2 Moagem

Considerada um dos últimos estágios do processo da fragmentação, na moagem as partículas são reduzidas a tamanhos mínimos adequados ao uso final objetivado. Cada minério tem uma malha ótima para ser moído, a depender de muitos fatores incluindo-se a distribuição do mineral e o processo de separação que será usado em seguida.

Os processos de moagem são usualmente classificados em dois grupos:

- **via úmida:** o material é misturado com água de modo a formar uma polpa.
- **via seca:** o material sofre o processo de redução a seco (mais utilizado para produtos refratários).

Moinhos cilíndricos: são constituídos de uma carcaça cilíndrica metálica, revestida internamente com placas de aço especial, cerâmica ou borracha, que gira sobre mancais e contém, no interior, uma carga de corpos moedores: barras de aço, bolas de ferro, bolas de aço especial, ou bolas cerâmicas. Os corpos moedores são elevados pelo movimento de rotação da carcaça até certo ponto do qual caem, seguindo uma trajetória parabólica, sobre os outros corpos moedores que estão na parte inferior do cilindro e sobre o minério que ocupa os interstícios. Os corpos moedores acompanham o movimento da carcaça enquanto impelidos pela força centrífuga. (6). Se a força centrífuga [$Fc = mv^2/r$] for maior que a da gravidade [$F = mg$], os corpos moedores permanecem nessa trajetória circular. No momento que o componente da força da gravidade, que se opõe à força centrífuga, for maior que esta, os corpos moedores abandonam a trajetória circular e passam a seguir uma trajetória parabólica, que poder ser descrita pela resultante das forças que atuam sobre elas (Figura 5.3).

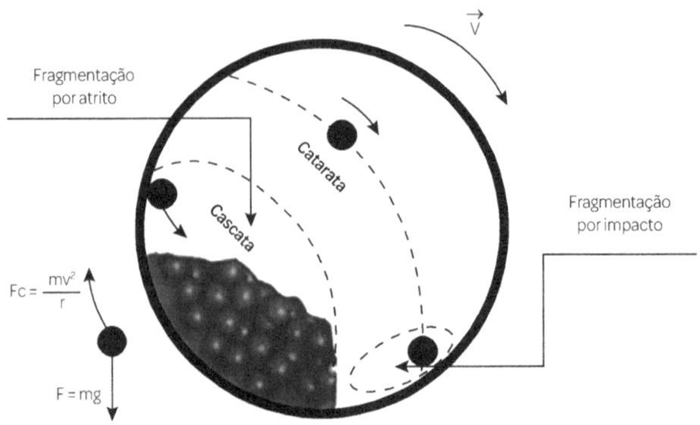

Figura 5.3 Regiões de fragmentação do moinho (desenho esquemático).
Fonte: Desenvolvida pela autoria do capítulo.

Os corpos moedores de um moinho em operação apresentam quatro movimentos descritos a seguir.

- **Rotação:** os corpos moedores giram em torno de si mesmos e produzem uma fragmentação por compressão. Esse efeito é pequeno dentro do moinho.
- **Translação:** movimento circular de acompanhamento da carcaça do moinho até certa altura. Esse movimento não promove nenhuma fragmentação e é responsável pelo gasto excessivo de energia na moagem.
- **Deslizamento:** movimento contrário ao sentido de rotação do moinho. As várias camadas de corpos moedores deslizam umas sobre as outras e sobre a superfície interna do moinho, dando origem à fragmentação por atrito. Esse efeito é acentuado quando a velocidade de rotação do moinho é baixa.
- **Queda:** movimento resultante dos corpos moedores pela força da gravidade e que dará origem à fragmentação por impacto. Este efeito aumenta com a velocidade de rotação do moinho até atingir a velocidade crítica, velocidade na qual a força centrifuga será sempre maior que a gravitacional, e é o maior responsável pelo processo de fragmentação dentro do moinho. (6).

Moinho de rolos vertical: indicado ultimamente para moagem de matérias-primas refratárias, pois apresenta excelente eficiência de moagem combinada com alta capacidade de produção. A alimentação do moinho é feita por intermédio de uma comporta que alimenta a mesa de moagem giratória. Devido às forças centrífugas, os materiais fluem com um movimento em espiral pela mesa de moagem e abaixo dos rolos, que são pressionados hidráulica e/ou pneumaticamente contra a mesa moendo a matéria-prima, que se encontra entre os rolos e a mesa por uma combinação de forças de compressão e cisalhamento, que é mais eficiente energeticamente que a trituração por impacto, observa nos moinhos cilíndricos. Na extremidade da mesa, o material triturado transborda sobre um anel de contenção utilizado para controlar a camada de material e é recolhido pelo fluxo de ar que entra por baixo da mesa e transporta o material moído até um sistema de classificação. O *oversize* retorna ao moinho para completar o processo de moagem e o *undersize* é direcionado aos ciclones e ou para os filtros de modo para completar o processo de classificação. Os moinhos de rolos verticais são apropriados para a moagem fina de materiais com baixa a média dureza (7).

Moinho de jato: embora as técnicas avançadas das moagens fina e ultrafina já sejam aplicadas industrialmente no beneficiamento de minerais industriais, ainda há pouca divulgação sobre o moinho de jato, também denominado "micronizador" por causa de sua capacidade de moer partículas ultrafina. O moinho de jatos a ar é capaz de moer materiais ultrafino praticamente sem contaminação nenhuma, um conceito de moagem totalmente autógeno. Jatos de gás por si só criam a energia da moagem e não há desgaste de ferramentas. Um classificador dinâmico integrado ao moinho pode ser ajustado para a classificação dimensional desejada do produto.

5.3 PENEIRAMENTO E CLASSIFICAÇÃO

O peneiramento e a classificação têm como objetivo a separação de um material em duas ou mais frações com partículas de tamanhos distintos. No peneiramento, tem-se uma separação apenas segundo o tamanho geométrico das partículas, enquanto, na classificação, a separação é realizada tomando-se como base a velocidade com que os grãos atravessam um meio fluido.

5.3.1 Peneiramento

Entende-se por peneiramento a separação de um material em duas ou mais classes dimensionais, estando cada uma destas classes limitadas a uma dimensão superior máxima e outra inferior mínima. O material a ser peneirado, quando lançado sobre a superfície de peneiramento, perde seu componente vertical, sofrendo alterações em sua direção de deslocamento. Por vibração, a camada de material tende a desenvolver um estado fluido, o qual favorece o processo de separação. O peneiramento baseia-se na seleção dimensional das partículas sobre uma superfície perfurada, denominada "tela" ou "malha", com base no princípio do "passa não passa". O material retido acima da tela, não passante, recebe a denominação de *oversize* e o material não retido, passante, *undersize* (13).

O princípio do peneiramento é a estratificação (separação), processo que ocorre na camada de material por efeito do movimento vibratório da superfície de peneiramento (tela ou malha de classificação). Ao se deslocarem sobre a superfície de peneiramento, as partículas menores escoam através dos vãos criados pelas partículas maiores (movimento de percolação), encaminhando-se para a parte inferior da camada, indo de encontro com a superfície de peneiramento, enquanto as partículas maiores tendem a se deslocar para a parte superior da camada de material. A estratificação pode ser afetada pelos seguintes fatores:

- Forma e percurso do material (forma do grão, espessura da camada e inclinação da peneira);
- Características do funcionamento (amplitude, direção, rotação, tipo de movimento e frequência da peneira);
- Umidade superficial das partículas.

Em um peneiramento industrial, uma separação perfeita, aquela que tem 100% de eficiência de classificação, não é comercialmente praticável, porque a partir da estratificação inicial, a probabilidade de as partículas passarem através da abertura por tentativas repetitivas se torna extremamente baixa. Em teoria, para uma separação perfeita, a peneira deveria ser infinitamente longa. No processo de peneiramento "industrial", é normalmente considerado uma eficiência da ordem de 85% a 95% (14).

Peneiras vibratórias: constituem-se por um chassi robusto, apoiado em molas ou balancins, um mecanismo acionador do movimento vibratório e um, dois ou três suportes para as telas (*decks*). Quando o material a ser peneirado é muito fino e desprende grande quantidade de particulado em suspensão, é necessário encapsular ou confinar o equipamento. O movimento vibratório é caracterizado por impulsos rápidos, normais à superfície, de pequena amplitude (1,5 e 25mm) e de alta frequência (600 a 3600rpm), produzido por mecanismos mecânicos (massas excêntricas) ou elétricos. (5) As peneiras podem ser horizontais ou inclinadas, em princípio, sendo que as peneiras inclinadas, do ponto de vista industrial, são as mais utilizadas por apresentarem alta taxa de produtividade quando comparadas as horizontais. Considerando a mesma área de classificação, as peneiras horizontais em média são 40% menos produtivas que as inclinadas.

5.3.2 Classificação

No processo de classificação, a separação é realizada tomando-se como base a velocidade com que os grãos atravessam um meio fluido, que pode ser água ou ar. Basicamente, o processo de classificação segue dois princípios:

- **Sedimentação em queda livre:** refere-se ao movimento da partícula imersa em um fluido e que tende, sob a ação da gravidade, a percorrer uma distância teoricamente infinita. Ela é válida quando a percentagem de sólidos for menor que 15% em peso.

- **Sedimentação em queda impedida (ou queda retardada):** caracteriza-se pelo movimento de uma partícula em um fluido, em que com o aumento da densidade da polpa, o movimento de sedimentação de cada partícula é influenciado pelo movimento das demais e pelo deslocamento do fluido através dos espaços entre as partículas, tendo como resultado uma velocidade de sedimentação menor que a de queda livre (2).

Ciclones: são classificadores em meio fluido de alta eficiência, cuja maior aplicação é em circuitos fechados de moagem, diferindo pela maior capacidade de classificação. O princípio básico de separação empregado nos ciclones é a sedimentação centrífuga. O desempenho de um ciclone é influenciado por suas dimensões, pelas variáveis operacionais e pelas propriedades físicas dos sólidos no fluido alimentado. Os ciclones apresentam as seguintes vantagens: capacidade elevada de produção em relação a seu volume, controle operacional relativamente simples, custo de investimento baixo (2).

5.4 ENSILAGEM DE MATERIAIS SÓLIDOS

No processo de fabricação de produtos refratários, a maior parte das matérias-primas utilizadas encontra-se na forma de materiais sólidos, grãos, daí a importância de conhecer seu comportamento reológico durante as etapas de carga e descarga desses materiais nos locais de armazenamento (tipicamente silos). Silos são recipientes de formatos diversos, cuja função é manter confinado o material desejado por determinado período sem que ele sofra alterações físicas. Os silos podem fazer parte de processos industriais, como elemento de estoque intermediário, parte de um sistema de dosagem, e ou simplesmente um recipiente (15).

Dentro dos silos, o comportamento reológico dos materiais na forma de grãos é tão complexo que não pode ser tratado como o dos líquidos ou suspensões. Isso gera, frequentemente, problemas em seu manejo como segregações, interrupções no fluxo durante a descarga, descarga descontrolada, entre outros, que podem afetar negativamente o processo produtivo. Esses problemas decorrentes da ensilagem de sólidos podem ser minimizados, se a descarga dos materiais for feita de forma adequada (15). A descarga do material granulado de dentro de um silo pode ser feito segundo dois regimes: fluxo tubular "caminho de rato", e fluxo mássico (Figura 5.4).

A existência de um tipo ou outro de fluxo dependerá da natureza do material, da forma e tamanho das partículas, bem como da geometria do recipiente que o contém. Como consequência, para projetar um silo com determinado tipo de fluxo, são consideradas conjuntamente as características do material e do próprio silo (15).

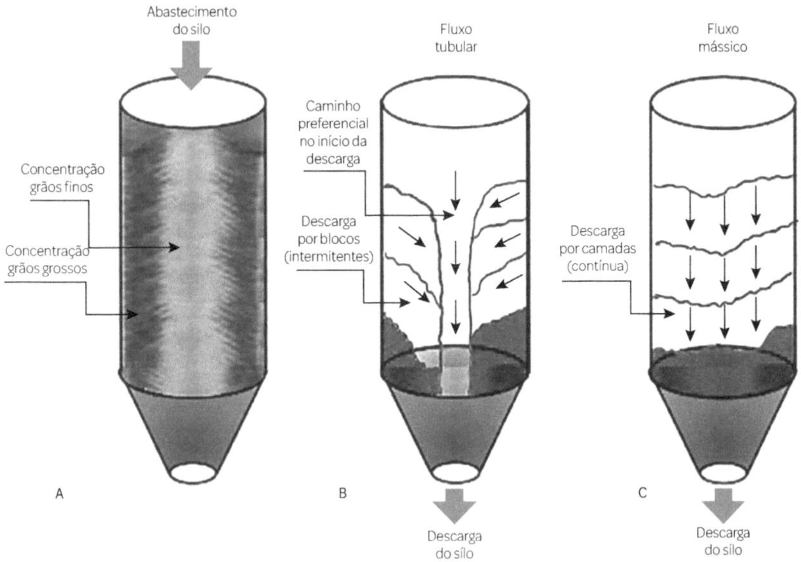

Figura 5.4 Desenho esquemático dos regimes de alimentação e descarga de um silo: A) distribuição de grãos no interior de um silo após o carregamento; B) fluxo tubular; C) fluxo mássico.
Fonte: Desenvolvida pela autoria do capítulo.

- **Carregamento de um silo:** durante o carregamento de um silo com uma matéria-prima granulada, grãos com fluidez, podem ocorrer segregações e a distribuição de tamanhos ficar bastante heterogênea. No carregamento de um silo a partir de um ponto fixo, que é a situação mais comum, o material se acumula no ponto de queda, formando uma pilha. Os grãos menores são freados pelos interstícios, que se formam entre as partículas maiores, formando uma coluna de partículas menores abaixo do ponto de queda, região central do silo. Por sua vez, os grãos maiores continuam a deslizar, chegando até os extremos do silo, concentrando-se junto às paredes dele. Esse processo gera uma segregação dentro do silo, natural de qualquer material sólido, que pode ou não ser prejudicial à qualidade, isso dependerá da forma como a matéria-prima será descarregada do silo.
- **Descarga de um silo – fluxo tubular:** tipo de regime de descarga de um silo que consiste na formação de um canal central preferencial, também chamado de "caminho de rato", alinhado com a boca de saída do silo, rodeado por uma zona na qual o material permanece inicialmente estático. Durante a descarga do silo, se o material é pouco coeso, a parte mais alta, em contato com as paredes, vai desmoronando e alimentando o canal central. Se o material é muito coeso, o esvaziamento do silo pode chegar a ser interrompido, com a formação de um canal central vazio, cercado por material estático (15). Na descarga de um silo pelo mecanismo de fluxo tubular, o material não se

move todo de uma vez, sendo descarregado primeiro o material do centro do silo, o que impede que o material tenha uma distribuição uniforme de tamanhos de partícula, pois os grãos mais finos tendem a se aglomerar no centro do silo e os grãos grossos na extremidade, próximo à parede do silo. Nesse tipo de descarga, há desequilíbrio do controle de processos, gerando perda de qualidade e dificuldade de automação devido à segregação ao longo da descarga e ao fluxo intermitente do material na boca do silo.

- **Descarga de um silo – fluxo mássico:** tipo de fluxo caracterizado pelo fato de todo o material se mover de forma conjunta durante a operação de descarga. Particularmente, o material em contato com as paredes desliza sobre elas, fluindo junto com o resto. Desde o início da descarga, nenhuma partícula ou aglomerado permanece em sua posição original, movendo-se conjuntamente e impedindo a formação de zonas mortas e ou caminhos preferenciais. O material que entra primeiro é o primeiro a sair, *first in – first out*, o que tende a manter constante o tempo de residência ou permanência do material no silo em um processo contínuo (15). Não se observa descontrole de processo e ou perda de qualidade nesse tipo de fluxo de descarga, uma vez que tanto o material localizado na área central, como o da extremidade do silo se movem em conjunto para serem homogeneizados próximo à boca de descarga do silo, neste tipo de fluxo a segregação é praticamente eliminada no momento da descarga. Ideal para projetos que têm processo de dosagem automatizados.

5.5 MISTURA: HOMOGENEIZAÇÃO DE SISTEMAS PARTICULADOS

A mistura é uma operação mecânica em que se busca a homogeneização química e física de dois ou mais elementos, que envolvem transporte de massa entre eles. Misturas de sólidos, dado o tamanho finito das partículas, são heterogêneas quando examinadas numa escala menor que a menor partícula do sistema. Além disso, grãos têm propriedades intrínsecas a exemplo da densidade, forma e resistência mecânica que, quando associadas, desenvolvem propriedades derivadas como distribuição granulométrica, densidade aparente, fluidez ou compressibilidade.

No início de um processo de mistura, as matérias-primas estão totalmente segregadas química e fisicamente e, ao fim da mistura, é esperada uma uniformidade química e física dos componentes. Uma mistura causada por um fluxo aleatório dos componentes produzirá, na melhor das hipóteses, uma mistura totalmente aleatória dos componentes em parte dispersos. Embora misturados de modo aleatório, seu grau de segregação é maior que o de uma mistura totalmente dispersa, que deixa de ser aleatória. A intensidade de segregação indica o desvio relativo das características físicas e químicas quando um componente de um tipo é disperso por entre componentes de outro tipo (16).

Mecanismos de mistura: as operações mecânicas de mistura em sistemas particulados sempre envolvem o transporte de material (partículas) para produzir a homogeneização desejada, o qual se denomina "transporte de massa". Esses mecanismos são agrupados em três processos (Figura 5.5):

- **Convecção:** movimento observado quando grupos de partículas se deslocam em um movimento conjunto dentro de um vaso (misturador). Esse mecanismo é geralmente observado no início de um processo de mistura, quando as matérias-primas adicionadas dentro do misturador começam a se movimentar devido à ação de uma energia externa, via de regra, gerada por agitadores, pás, raspadeiras etc.
- **Cisalhamento:** movimento observado quando blocos (porções) de matérias-primas deslizam em planos superpostos, dividindo-se em blocos menores e assim sucessivamente. Observa-se esse mecanismo quando a energia aplicada sobre os blocos de matéria-prima, pelas ferramentas do misturador, torna-se maior que a energia de atração das partículas. Considerado uma fase intermediária do processo de mistura, o cisalhamento é muito eficaz no sentido de mudar a configuração do sistema. É necessário observar, nesse mecanismo, que a condição prévia para permitir o movimento de cisalhamento é que ocorra a expansão da massa, o que requer espaço suficiente dentro da cuba do misturador; caso contrário, não haverá a separação das matérias-primas.
- **Difusão:** movimento individual das partículas que mudam de posição umas em relação às outras, dada sua posição de equilíbrio instável ou pela neutralização de cargas eletrostáticas, por exemplo. Esse tipo de mecanismo se aproxima daquele das moléculas dos fluidos e é característico de um processo de mistura eficiente, em que é necessário que ocorra a percolação das pequenas partículas por meio das mais grossas. Considerada por muitos a fase final do processo de mistura, a difusão é responsável pela distribuição homogeneamente aleatória das partículas. O nível de compactação e ou umidade da mistura influenciará a difusão das partículas e misturadores de alta intensidade tornam-se necessários nesses casos (17).

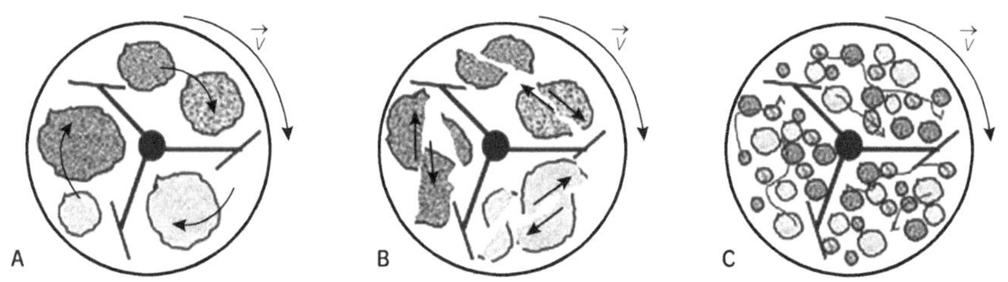

Figura 5.5 Representação esquemática dos diferentes mecanismos de mistura: A) convecção; B) cisalhamento; C) difusão.

Fonte: Desenvolvida pela autoria do capítulo.

Energia específica de mistura: a mistura é um processo industrial crítico, pois a qualidade do produto e seus atributos são derivados da qualidade do processo de mistura e de seus equipamentos. A intensidade de mistura, que é função do tipo de misturador, define se uma massa refratária atingirá suas propriedades e em quanto tempo, além de determinar a capacidade de uma unidade fabril (produtividade) (20). A energia específica da mistura é melhor explicada como a energia transmitida durante o processo de homogeneização, que é capaz de garantir que os mecanismos de mistura: convecção, cisalhamento e difusão, funcionem integralmente no menor tempo possível. Na Tabela 5.1, podemos observar a energia específica de mistura por classe de material.

Tabela 5.1 - Energia específica de mistura por classe de material.

Material refratário	Energia específica de mistura (KW/100kg)	Umidade (%)
Mistura líquidos	0,1 a 1,0	100%
Mistura seca*	2,0 a 5,0	< 0,5
Mistura semiúmida	4,0 a 10,0	< 10%
Mistura plástica	9,0 a 18,0	> 10%

* Massa sem presença de fibras orgânicas ou metálicas.

Parâmetros de mistura: existem muitos parâmetros que têm efeito decisivo no processo de mistura e podem ser considerados itens de controle da rotina diária desse processo. Alguns desses exemplos são mencionados a seguir:

- **Sequência de mistura:** constituída pelas etapas de adição dos componentes (matérias-primas) e alterações de velocidade do misturador ao longo do tempo. O chamado "sequenciamento da mistura" é utilizado quando se deseja promover um encharcamento prévio dos grãos com ligante líquido e posterior adição dos pós finos para recobrimento dos grãos maiores, é normalmente utilizado quando se deseja maior eficiência de mistura.
- **Distribuição granulométrica da massa:** distribuição de tamanhos das partículas (grãos) dentro da mistura. Essa distribuição segue uma regra para definição do empacotamento da massa, distribuição de poros e compacidade. Quando as massas apresentam distorções da granulometria, ou seja, massa muito fina ou muito grossa em relação ao desejado. As condições de empacotamento e ou a eficiência de prensagem são influenciadas e podem gerar defeitos cuja consequência é o não atendimento das características físico-químicas do produto refratário;
- **Tempo de mistura:** tempo necessário para que toda a massa esteja homogênea, durante o qual os mecanismos de mistura (convecção, cisalhamento e difusão) garantiram o atingimento das propriedades de qualidade como:

distribuição granulométrica, fluência, plasticidade etc. O tempo de mistura é função do tipo de misturador, da temperatura da mistura, das características das matérias-primas e do ligante.

- **Dosagem de ligante:** peso ou volume de ligante necessário para que a massa apresente fluência, plasticidade ou índice de granulação necessário para aplicação. Valores divergentes do ideal causam problemas de qualidade no refratário, em que dosagens acima do percentual especificado poderão, em algumas condições, facilitar a fluência, conformação do refratário e o atingimento da densidade geométrica, porém com grande risco de produzir refratários com elevada porosidade, longo tempo de pega, trincas e laminações. Quantidade abaixo do percentual, recomendado, poderá, no entanto, comprometer as características do refratário com baixa fluência, dificuldade de atingir a densidade geométrica na conformação, maior gasto energético e geração de defeitos como segregação.
- **Temperatura:** temperatura medida no final da mistura; as massas deverão ter sua temperatura de mistura controlada, pois seu superaquecimento acelera a liberação de voláteis e com o consequente ressecamento da massa, o que poderá também resultar em peças refratárias com trincas, menor plasticidade e redução da resistência mecânica a verde (19).

Seja qual for o objetivo, o processo de mistura tem o papel fundamental de garantir que determinada propriedade refratária seja obtida, repetidamente, mediante a combinação adequada de diversos componentes e ou de ajustes no processo de fabricação.

Equipamentos de mistura: o objetivo da mistura de particulados não é só obter uma mistura homogênea, mas também uma mistura estável e a repetibilidade entre lotes distintos. Na indústria de refratários, o processo de mistura pode estar relacionado a cada uma das seguintes necessidades: produção de massas secas (argamassas e concretos); produção de massas para conformação (moldagem por vibração ou prensagem); produção de massas plásticas (argamassas, *runners* e *tapholes*), massas granuladas (peças especiais e produtos isostáticos), entre outras aplicações (18).

Cada sistema de mistura listado requer também uma consistência particular e, para isso, o processo envolve equipamentos com diferentes capacidades de transferência de energia, mas também parâmetros de qualidade e produtividade do processo de mistura devem ser considerados no processo de seleção do equipamento de mistura.

Os misturadores são classificados pelo mecanismo de mistura preponderante: convecção, cisalhamento, difusão, e pelo sistema de agitação empregado, o que determina sua concepção mecânica, a saber:

- **Misturadores de cuba móvel:** aqueles em que o corpo do misturador gira em torno do próprio eixo, normalmente são compostos apenas da carcaça, mas existem algumas aplicações específicas que requerem um agitador interno acoplado ao eixo central para aumentar a energia de mistura. Entre os principais modelos, podemos destacar: misturadores de tambor, misturadores duplo cone e misturadores em V (Figura 5.6).

Figura 5.6 Misturador de cuba móvel do tipo V.
Fonte: Acervo da RHI Magnesita.

- **Misturadores planetários:** esses misturadores são compostos de uma carcaça (cuba) que pode ser fixa ou móvel, gira ao redor do próprio eixo, e com ferramentas de mistura pás e agitadores, que vão dentro da cuba. Dividem-se os misturadores em dois grupos: misturadores de baixa intensidade, que são misturadores de palhetas (pás) planetários, *pan mixer*, misturadores de mós, *muller mixers*, e misturadores de alta intensidade, que são aqueles de cuba móvel com sistemas de agitação múltipla, pás e agitador de grande potência. (Figura 5.7).

Figura 5.7 Misturador de alta intensidade: A) cuba rotativa de mistura; B) ferramenta de mistura (agitador); C) raspador de fundo e parede.
Fonte: Acervo da RHI Magnesita.

5.6 CONFORMAÇÃO

De maneira simplificada, a conformação pode ser definida como um método, ou conjunto de métodos, com objetivo de dar, à massa refratária, uma forma com resistência mecânica suficiente e compatível com as operações de manuseio, estocagem e transporte das peças antes de seguir para os processos posteriores de tratamento térmico. As peças, após a conformação, recebem o nome de "peças a verde", peças frágeis com baixa resistência mecânica, pois ainda não foram submetidas a nenhum tratamento térmico visando a consolidação das propriedades físico-químicas. Nas peças a verde, as partículas estão unidas entre si por ação de um ligante orgânico ou químico e por forças de Van der Waals. A conformação é extremamente importante do ponto de vista dimensional e físico da peça refratária.

Para obtenção do corpo conformado, as matérias-primas são misturadas com diferentes aditivos, em geral orgânicos, que visam melhorar o processo de conformação. Esses aditivos podem ser ligantes, plastificantes, dispersantes, aglomerantes etc. e devem estar distribuídos uniformemente na massa. Uma das funções dos aditivos é tornar a mistura homogênea e com uma distribuição uniforme, para que possa ser conformada. Também conferem uma resistência mecânica maior às peças, permitindo que o corpo possa ser manuseado (movimentado e empilhado), melhoram as propriedades plásticas (compacidade), impedem a segregação etc. (21).

5.6.1 Fases da conformação

Quando o volume de massa refratária contida no interior de uma matriz (rígida ou flexível) é submetido a uma energia de compactação externa vibração ou compressão (unidirecional ou multidirecional) suficientemente elevada, podem se instalar os seguintes processos, fenômenos ou trocas:

- Consolidação permanente do material, ou seja, um aumento na compactação do corpo que persiste depois de retirada a carga. Esse processo implica basicamente a reordenação, a deformação plástica e a destruição das partículas no interior do molde.
- Compressão elástica das partículas, ligantes e lubrificantes líquidos, bem como do gás presente no interior da massa. Essa deformação se desfaz quando a energia de compactação externa é eliminada, sendo responsável pela expansão do material.
- Fluxo viscoso de líquidos e gases através dos poros abertos da peça decorrente de gradientes de pressão estabelecidos ao longo dos distintos pontos da peça.
- Fricção entre as partículas e entre estas e as paredes do molde, promovendo uma distribuição heterogênea da pressão de compactação no volume da peça.

- Redução do volume e do tamanho dos poros intergranulares por deformação plástica e/ou destruição dos grãos, dependendo das características mecânicas do grão (dureza, deformabilidade, resistência mecânica) (22).

5.6.2 Processos de conformação

A etapa de conformação é fundamental, uma vez que é nela que o material adquire a forma e as características estruturais pretendidas, no entanto é importante saber que o processo de conformação deve ser usado para que as propriedades desejadas do refratário sejam atingidas. As peças verdes refratárias podem, então, ser conformadas segundo três mecanismos: por vibração; por prensagem uniaxial; e por prensagem isostática (Tabela 5.2).

Tabela 5.2 - Comparação dos processos de conformação.

Processo de conformação	Vantagens	Desvantagens
Vibração	Processo simples, de fácil aplicação, baixo investimento	Baixa produtividade, produção unitária, ciclos longos
Prensagem uniaxial	Peças uniformes, alta produtividade, alto índice de compactação	Elevado custo de molde, processo complexo, alto investimento
Prensagem isostática	Produção de peças complexas, alta uniformidade de densidade, baixo custo de molde	Ciclos longos, processo altamente complexo, elevado custo operacional

Fonte: Desenvolvida pela autoria do capítulo.

- **Conformação por vibração:** amplamente utilizada na indústria refratária, principalmente para fornecer energia de movimento de partículas para transporte ou compactação. No caso mais específico de fornecimento de energia de vibração para compactação de partículas, a eficiência da transmissão de vibração dependerá do sistema de vibradores e do molde que contém a massa refratária. A vibração torna-se necessária para gerar energia que moverá as partículas pelas forças dinâmicas, de forma que o atrito mútuo entre partículas é rapidamente reduzido e um novo rearranjo é obtido, gerando uma estrutura em que a densidade é mais alta que a da massa refratária inicialmente vertida. Durante o enchimento do molde, é importante que o atrito entre as partículas seja reduzido e as partículas possam mover-se "livremente" para uma estrutura densa desejada. O maior ou menor esforço de adensamento tem relação direta com a composição do concreto refratário. Portanto, cada composição de concreto refratário terá certa compacidade, podendo depender dos seguintes fatores:
  - relação volume de água/volume de concreto;
  - distribuição de tamanho de partículas (granulometria);
  - forma e rugosidade dos agregados.

- **Conformação por prensagem uniaxial:** técnica de conformação de peças mais empregada no processamento de tijolos refratários. Consiste na compactação de uma massa refratária aglomerada contida em uma cavidade rígida (molde), mediante a aplicação de pressão em apenas uma direção axial mediante um ou dois punções rígidos. A cavidade rígida é composta pela base móvel denominada "punção inferior" e pelas paredes fixas denominadas "matriz do molde". As técnicas de prensagem se diferenciam pela movimentação dos elementos básicos do molde: o punção superior, o punção inferior e o molde (23). A conformação por prensagem uniaxial é muito utilizada pela indústria refratária por apresentar elevada produtividade, facilidade de automação, capacidade de produzir peças de tamanhos e formas variadas com alta tolerância dimensional. O sentido de aplicação de pressão no processo de prensagem uniaxial é dividido em ação simples e ação dupla (Figura 5.8):
  - **Ação simples:** a pressão é aplicada por meio do punção superior, que é introduzido na cavidade que contém a massa, enquanto o punção inferior permanece fixo. A fricção entre as partículas da massa e entre elas e a superfície do molde impede que a pressão aplicada em uma superfície da peça seja uniforme e integralmente transmitida a todas as regiões da peça, o que gera grandes gradientes de densidade ao longo da peça. Esse processo de prensagem é indicado a tijolos de pequena espessura e geometria é simples.

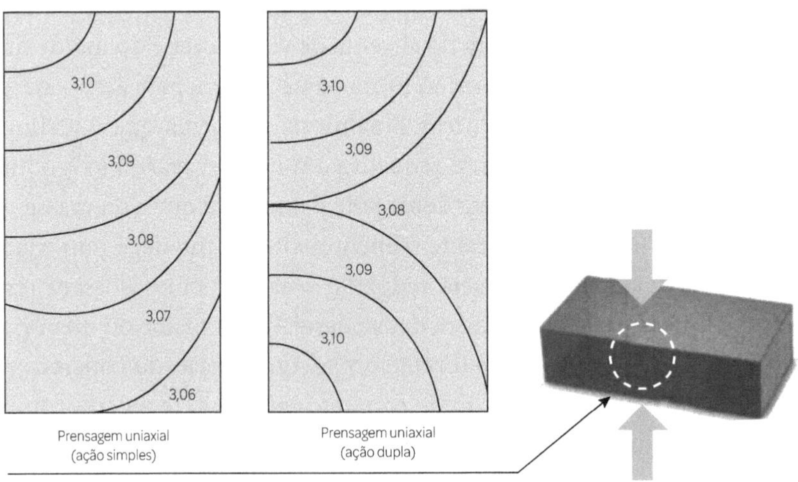

Figura 5.8 Gradiente de densidade ao longo da espessura do tijolo em função do sentido de aplicação da força: ação simples ou ação dupla.

Fonte: Desenvolvida pela autoria do capítulo.

- **Ação dupla:** a pressão é aplicada simultaneamente por meio dos punções superior e inferior. Enquanto o pistão superior é introduzido na cavidade que contém a massa, o punção inferior é introduzido por intermédio de mecanismos de deslocamento do pistão e ou do deslocamento do molde em relação ao pistão inferior, denominado "molde flutuante". Nesse caso, a influência da fricção entre as partículas da massa e entre elas e a superfície do molde é reduzida, minimizando a distorção dos gradientes de densidade ao longo da peça. Nesse processo de prensagem, os tijolos apresentam uma densidade mais uniforme, indicada para tijolos de grande espessura e de geometria complexa. Uma vez compactada a peça, o punção superior é retirado e o deslizamento do punção inferior permite a extração da peça para fora do molde (25).

- **Conformação por prensagem isostática:** a prensagem isostática é capaz de aplicar pressão em todas as direções da peça e consegue alcançar uma grande uniformidade na compacidade das partículas, independentemente de sua forma. Na prensagem isostática, a compactação da massa se dá no interior de um molde flexível, sobre o qual atua um fluido pressurizado. Esse procedimento assegura uma distribuição homogênea da pressão sobre a superfície do molde. É empregado na fabricação de peças de formas complexas, que apresentem relevos em duas ou mais direções, ou em peças em que uma das dimensões é muito maior que as demais, como os tubos e tampões (24). A massa é introduzida no interior de um molde flexível e impermeável ao fluido pressurizado. Uma vez fechado, o molde é submerso no líquido (geralmente água) contido na câmara de pressão. Na fase de compactação, o líquido, que é pressurizado por uma bomba hidráulica, deforma o molde flexível e transmite uniformemente a pressão isostática à massa. Completado o ciclo de compactação, à medida que é reduzida a pressão do líquido, ocorre uma expansão tanto do molde como da peça, o que facilita a remoção desta. Ainda que qualquer fluido incompressível possa ser empregado, o mais empregado é a água. O molde flexível é um elastômero, como o poliuretano. A etapa mais crítica da operação continua ser o preenchimento do molde. As principais vantagens dessa técnica são: a obtenção de peças com uma distribuição de compacidade praticamente homogênea, grande versatilidade de formas, e baixo custo do molde. As principais desvantagens são: a excessiva duração do ciclo de prensagem da ordem de minutos ou mesmo dezenas de minutos; a dificuldade de se automatizar a operação, e o elevado custo de mão de obra (Figura 5.9) (25).

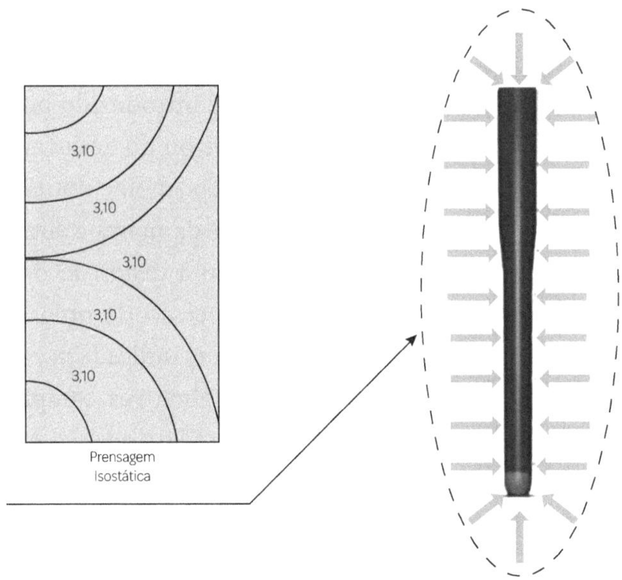

Figura 5.9 Gradiente de densidade ao longo da peça – prensagem isostática.
Fonte: Desenvolvida pela autoria do capítulo.

5.6.3 Equipamentos de conformação

Os equipamentos de conformação são específicos do processo de conformação a saber:

Equipamentos de vibração: a transmissão da força de vibração à massa refratária varia em função do projeto (formato do molde) e do tipo de massa. Para cobrir todas essas variáveis, existe uma gama de diferentes tipos de equipamentos de vibração, entre eles os mais aplicados na indústria refratária são (Figura 5.10):

- **Vibradores de imersão:** denominam-se normalmente "vibradores de imersão", "agulhas" e/ou "bananas". São os mais comuns, utilizados em moldagem de canais, fundos de equipamentos, abóbadas e blocos. Uma vez inseridos no concreto refratário fresco, induzem a fluência e o adensamento por meio das ondas de oscilações. Os vibradores de imersão se classificam de acordo com as características mecânicas da vibração e com base nos diâmetros do elemento que transmite a vibração ao concreto. Durante a vibração, a maior eficiência se alcança utilizando-se agulhas com diâmetros compatíveis com as dimensões da peça que será conformada.
- **Vibradores de contato:** também denominados "vibradores externos", ao contrário dos vibradores de imersão, agem indiretamente sobre o concreto fresco, isto é, as vibrações são transmitidas através das paredes dos moldes (formas) onde são fixados. As formas, em geral, são montadas sobre apoios flexíveis vibrando tanto a forma como o concreto, consequentemente parte

da energia de vibração é perdida na vibração da forma. O princípio do vibrador externo é o mesmo do de imersão, porém é necessário se trabalhar com frequências de vibração mais altas para se obter o completo preenchimento de vazios.

- **Mesas vibratórias:** consiste em uma mesa de aço com vibradores externos fixados em sua estrutura e apoiada sobre amortecedores, que poderão ser de neoprene ou de outro material amortecedor de vibrações. Os resultados obtidos com mesa vibratória são, geralmente, menos consistentes e de interpretação mais difícil do que os obtidos com os outros processos. O efeito do adensamento é determinado pela aceleração da mesa devido à força centrífuga. Nas mesas vibratórias, tanto o concreto refratário como a forma vibram em ressonância.

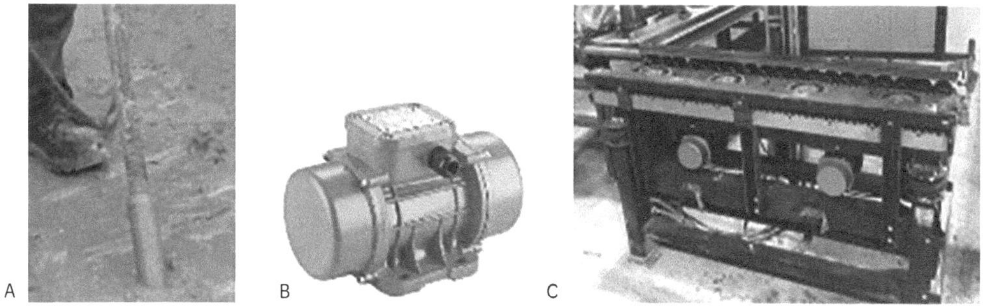

Figura 5.10 Vibradores para concreto refratário: A) vibrador de imersão; B) vibrador de contato; C) mesa vibratória.
Fonte: Acervo da RHI Magnesita.

Prensas a fricção: princípio de funcionamento de uma prensa a fricção baseia-se na atrição entre um volante, fixado a um parafuso, e um disco, fixado a um motor elétrico (Figura 5.11). Por intermédio de um sistema de embreagem, o disco, quando em contato com o volante, movimenta o parafuso que vai de encontro à massa a ser conformada dentro do molde. O volante é uma roda de aço com uma grande massa, que armazena energia conforme a velocidade, fazendo o parafuso começar a girar e um mecanismo excêntrico transforma o giro no movimento de descer e subir do martelo fixado à ponta do parafuso. Quando o martelo toca a massa, transfere-se uma parte da energia. Segundo a literatura, em torno de 60% da energia armazenada é usada no trabalho de prensagem da peça, depois de uma série de impactos, o martelo, então, sobe para a posição de descanso, encerrando o ciclo (26).

As prensas à fricção foram largamente utilizadas na indústria de refratários até meados dos anos 1990, quando perderam espaço para as prensas hidráulicas. As baixas taxas de produtividade, pouca automação e consequente dependência humana contribuíram para a redução do número desses equipamentos nas fabricas de

Figura 5.11 Prensa à fricção.
Fonte: Acervo da RHI Magnesita.

refratários. As prensas à fricção apresentam alto poder de impacto e ainda são utilizadas para a produção de peças especiais.

Prensas hidráulicas: o funcionamento de uma prensa hidráulica baseia-se no princípio de Pascal. Um conjunto motobomba gera pressão de óleo para o funcionamento da prensa. O controle hidráulico comanda os movimentos do pistão superior, do pistão inferior e do molde; uma válvula de preenchimento permite o movimento rápido desse sistema a fim de reduzir o tempo morto durante a produção. As prensas hidráulicas são conhecidas por apresentarem alta taxa de produtividade. A prensa hidráulica tem alta energia e sua força hidráulica pode ser usada ao longo de todo o curso disponível do pistão, conforme dimensão do cilindro. No circuito hidráulico, existe uma limitadora de pressão que não permite que a força exceda a força nominal da prensa. Dessa forma, se algo impedir o movimento de descida do pistão, ao atingir a pressão de regulagem máxima, o sistema para. É possível ajustar a força e o curso do pistão e ter controle total do deslocamento deste. É comum o uso de robô associado a uma prensa hidráulica para empilhamento dos tijolos, pois as prensas hidráulicas permitem alto nível de automação, como alimentação do molde, dimensão de prensagem, ajustes automáticos de pressão, deslocamento do pistão, retirada do tijolo etc., que permitem que essas prensas sejam mais produtivas e de maior uniformidade de qualidade que as fricção (Figura 5.12).

Figura 5.12 Prensa hidráulica.
Fonte: Acervo da RHI Magnesita.

Prensas isostáticas: baseiam-se na pressurização hidráulica de um fluido, no interior de um vaso hermeticamente selado, que age simultaneamente em todas as direções. A prensagem isostática é particularmente aplicada a produtos que apresentam formas cilíndricas com ou sem vazios internos, que podem ser obtidos com a adição de um núcleo metálico. Esses núcleos podem apresentar roscas e ou escalonamentos no diâmetro cujos detalhes são transferidos para a peça refratária. O núcleo metálico juntamente com a massa refratária é montado no interior de um molde flexível (elastomérico) e posteriormente selado (estanque) antes de ser colocado no interior do vaso da prensa hidráulica, onde ocorre o processo de conformação isostática (Figura 5.13).

5.6.4 Moldes

Considerado uma ferramenta, o "molde" é responsável por dar forma à peça (bloco ou tijolo), conter a massa que será conformada e definir as dimensões da peça. Existem diferentes tipos de moldes (formas), desde os mais simples de elemento construtivo em madeira até os mais complexos compostos de aços especiais ou ligas de carbeto.

- **Moldes para peças vibradas:** são os mais simples, produzidos em madeira ou aço, podem ou não conter os vibradores acoplados a sua estrutura. De dimensões variadas, os moldes podem chegar a centenas de centímetros e podem ser parte integrante da peça refratária final (Figura 5.14).

Figura 5.13 Prensa isostática.
Fonte: Acervo da RHI Magnesita.

Figura 5.14 Molde metálico para conformação de peça vibrada.
Fonte: Acervo da RHI Magnesita.

- **Moldes para peças prensadas:** a forma é composta por um conjunto de elementos: caixa, placas de desgaste e estampo. A caixa comporta-se como um sistema hiperestático em que as forças atuantes no material não são só decorrentes de ações externas, mas também das deformações elásticas do material. As placas de desgaste têm a função de dar forma e dimensões finais do tijolo, resistir à abrasão dos grãos e permitir baixo coeficiente de atrito. Os estampos são os elementos que transferem, à massa, a força de prensagem e podem ser maciços ou compostos (Figura 5.15).

Figura 5.15 Elementos de moldes para prensagem de tijolos: caixa, placa desgaste e estampo, da esquerda para a direita.
Fonte: Acervo da RHI Magnesita.

5.7 TRATAMENTO TÉRMICO

O tratamento térmico é uma etapa específica do processo de fabricação de refratários, dedicada à secagem de peças pré-moldadas (ligadas a cimento), cura de tijolos (quimicamente ligados) e queima de tijolos (liga cerâmica), as reações que ocorrem no tratamento térmico garantirão o atendimento a propriedades específicas como: densidade, porosidade aparente, resistência mecânica e formação de fases cerâmicas secundárias. As temperaturas, taxas de aquecimento, resfriamento e equipamentos são função do tipo de processo. Podemos dizer que o tratamento térmico começa em temperatura ambiente, quando as peças, após conformadas, passam pela secagem ao ar, fase em que se realiza a evaporação de líquidos que estão depositados nos poros abertos (capilares), como a água. Ainda nessa fase, há os primeiros ganhos de resistência mecânica da peça, função do ligante utilizado na composição. Diferenciamos o tratamento térmico, pela temperatura em que ocorrem, em:

- **Secagem:** tratamento térmico no qual ocorre a reação de eliminação da água excedente acima de 110°C, aquela que não participou do processo de hidratação do cimento, garantindo, assim, taxas controladas, o que evita trincas e fissuras. Em média, 30% da resistência mecânica da peça pré-moldada é atribuída a um bom processo de secagem.
- **Cura:** tratamento térmico no qual as reações ocorrem no ligante (polimerização), as temperaturas são mais baixas variando de 200 a 600°C. São utilizadas estufas de convecção, câmara simples ou dupla. Os mecanismos de troca de calor são condução e convecção, sendo que, nessa última, o ar quente passa entre as peças trocando calor, requerendo atenção especial ao espaçamento entre as peças.
- **Queima:** tratamento térmico no qual as reações ocorrem entre as partículas que compõem o refratário (sinterização). As temperaturas podem variar de 1100 a 1850°C. São utilizados fornos de batelada ou fornos túneis, associados

a secadores quando há presença de água no ligante na peça. Os mecanismos de troca de calor são convecção, radiação e condução.

5.7.1 Secagem de pré-moldados

A secagem é o processo de remoção das fases líquidas, como a água, de um meio ou material, pela aplicação de uma força motriz, proveniente de gradientes de pressão ou térmicos que envolvem a transferência de massa e energia. Os produtos pré-moldados são produzidos com concreto refratário e água, que atua como componente da fase cimentante e garante as propriedades mecânicas mínimas do refratário. A remoção da água é fundamental para a garantia de qualidade estrutural e obtenção das propriedades mecânicas da peça refratária. A retirada da água durante a secagem é composta por vários estágios, mecanismos de transporte envolvidos e suas cinéticas de reação. Nos momentos que antecedem o início da secagem, em geral, pode-se observar um filme contínuo de água que recobre a superfície do meio poroso. Sua presença revela que a fração de água presente no material foi suficiente para recobrir toda a área superficial das partículas presentes e garantir que todas as reações de hidratação das fases cimentantes tenham ocorrido. É a partir da remoção desse filme que se inicia o processo de secagem. O primeiro estágio envolve a retirada da água presente nas camadas mais próximas à superfície do material de forma adiabática. Como não há grandes obstáculos à remoção da água, sua velocidade será limitada pela pressão parcial de vapor na atmosfera, temperatura e pressão ambiente (27).

A secagem de concretos refratários não se realiza em condições estacionárias, diferentemente de processos convencionais, nos quais a água é liberada isotermicamente por evaporação, mas sob aquecimento contínuo, de uma fonte de calor externa, até temperaturas acima do ponto de ebulição da água, à medida que a temperatura se aproxima de 100°C a pressão de vapor da água aumenta (Figura 5.16).

As etapas que sucedem os estágios de secagem são assim denominadas:

- **Evaporação:** ocorre entre 25 ~ 100°C, com perda de massa na faixa de 30% ~ 35%;
- **Ebulição:** ocorre entre 110 ~ 300°C; nessa etapa, é observada a maior perda de massa, chegando a valores de 90% ~ 95% de perda. É durante o estágio de ebulição que há a fase mais crítica do processo de secagem, na qual a evolução da pressão de vapor d'água pode chegar a valores acima da resistência mecânica a verde das peças e provocar pequenos defeitos estruturais ou, até mesmo, um dano catastrófico;
- **Decomposição de hidratos:** ocorre em temperaturas acima de 300°C enquanto existirem hidratos.

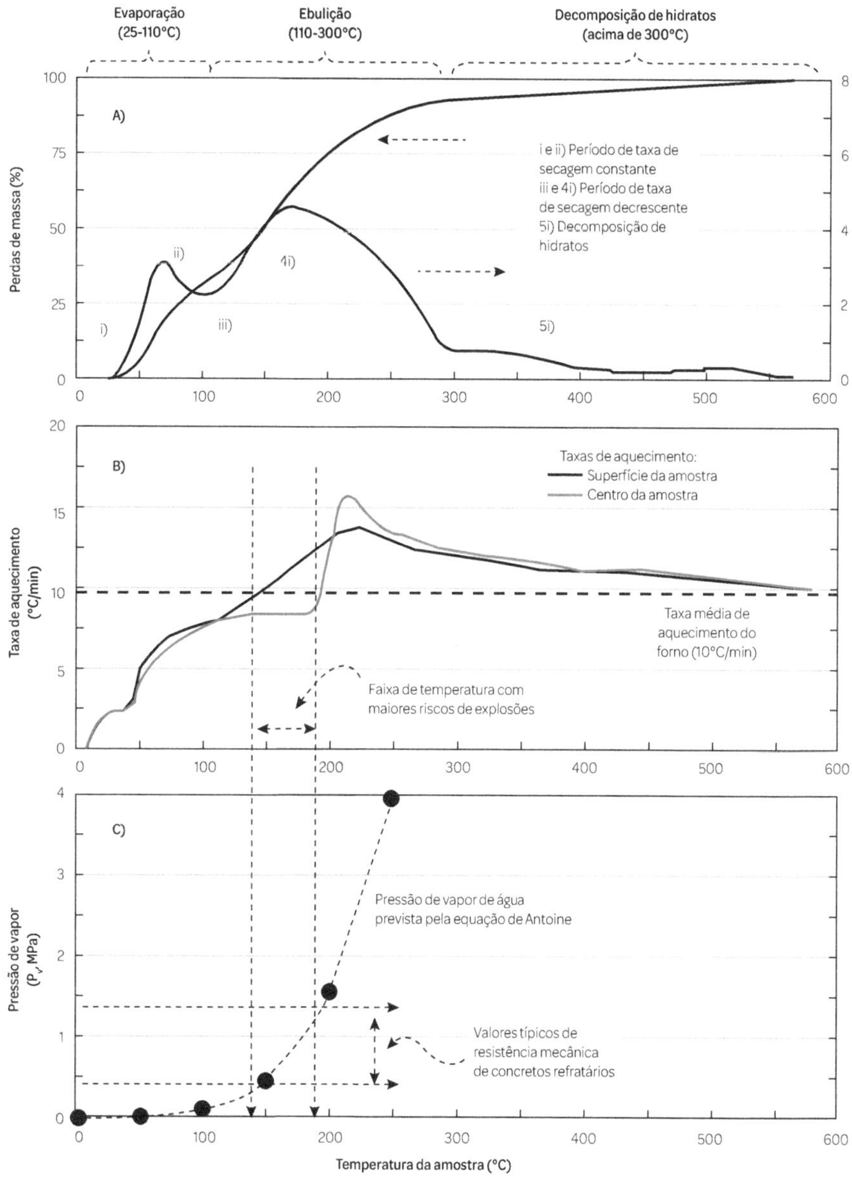

Figura 5.16 A) Termogravimétrica dos estágios de secagem de concretos refratários; B) taxa de aquecimento da superfície e centro de concretos refratários durante os vários estágios de secagem; C) evolução da pressão de vapor da água em função da temperatura (equação de Antoine).
Fonte: Adaptada de (27).

5.7.2 Cura de tijolos

"Cura" é um termo, na Química, que se refere ao endurecimento de um polímero por reticulação. Seu início pode se dar por aditivos químicos, calor ou luz ultravioleta, no caso de refratários a cura é por calor. Ocorre em estufas, em temperaturas de 200 a 600ºC, que podem ser estufas de convecção com câmara simples ou dupla.

Os mecanismos de troca de calor envolvidos são a condução e a convecção. O ar aquecido em uma câmara de combustão é injetado na estufa e passa entre as peças (tijolos refratários) com as quais troca calor, requer atenção especial ao espaçamento entre essas peças. Nesse processo, polimeriza-se polímeros complexos termoendurecíveis cujas unidades de repetição são ligadas por grupos lineares. A cura é um processo de várias etapas em que, inicialmente, há uma reação entre grupos reativos endurecedores para que moléculas um pouco maiores sejam formadas na cura de alguns termorrígidos, como as resinas fenólicas. Durante o processo, os agentes formam ligações cruzadas entre as cadeias do polímero, fazendo com que adquiram uma estrutura tridimensional. A cura é um processo destinado a tijolos ligados à resina, também conhecidos como "tijolos quimicamente ligados". Nessa linha de refratários, durante a fase de tratamento térmico, não há interação entre as partículas, todo o ganho de resistência mecânica é atribuído à polimerização do ligante utilizado, que é responsável pela união das partículas que compõem o refratário. Entre os principais produtos dessa linha, destacam-se os tijolos de magnésio-carbono e os de alumina-carbono, que utilizam, em sua composição, resinas fenólicas. Estas são obtidas da polimerização por condensação de fenol e formaldeído, da qual, dependendo da proporção utilizada e do tipo de catálise, dois grupos de resinas fenólicas podem ser obtidos: resol e novolac. As resinas de resol são obtidas usando-se uma razão formaldeído/fenol > 1 e após uma polimerização catalisada por uma base. No entanto, as resinas novolac são obtidas usando-se uma razão formaldeído/fenol < 1 e sob polimerização catalisada por um ácido, em que essa falta de formaldeído favorece a formação de polímeros termoplásticos de baixo peso molecular. As resinas novolac podem ser transformadas em um termofixo, como a resol, após reagir com um endurecedor, como a hexametilenotetramina (HMTA). Os termofixos fenólicos têm uma ótima estabilidade dimensional e elevada resistência: à fluência, à umidade, química, mecânica e térmica. Uma vez que os termofixos fenólicos são muito duros e quebradiços, o uso dessas resinas deve ser associado a produtos termoelásticos, como piches ou grafitas, quando empregadas em refratários para aplicações com elevado choque térmico (Figura 5.17).

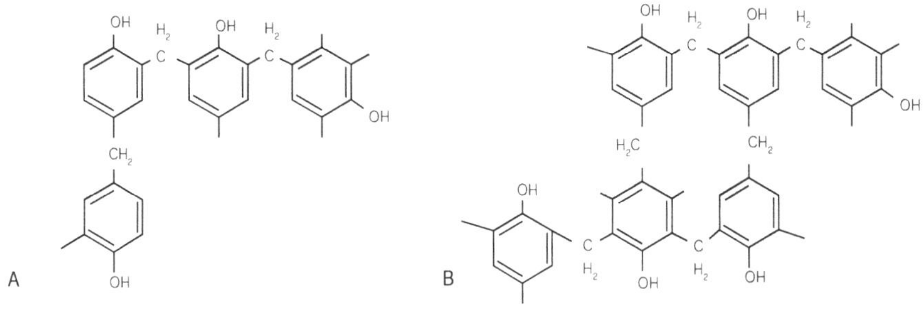

Figura 5.17 Fórmula estrutural: A) resina fenólica novolaca; B) resina fenólica resol.
Fonte: Adaptada de (34).

5.7.3 Queima de tijolos

Essa etapa do processo de fabricação é destinada à linha de tijolos queimados, em que as propriedades físicas e até mesmo químicas são atribuídas às ligações cerâmicas formadas. O objetivo principal do processo de queima é a sinterização das partículas que compõem o refratário. A temperatura em que essa reação ocorre é função da composição química de cada tipo de tijolo refratário. Normalmente, os tijolos são divididos em grupos químicos e estes, por curva de queima. A temperatura objetivada durante o ciclo de queima é função do principal elemento que compõe a formulação, do teor de contaminantes e da distribuição granulométrica da massa. Todos esses elementos são importantes para definição da curva de queima ideal para cada família de produto. A curva de queima de um refratário não é apenas a temperatura em que a queima é feita, mas sim um conjunto de variáveis que comporão o que chamamos de "esquema de queima", incluindo-se: taxa de aquecimento, temperatura, tempo de patamar ou patamares, taxa de resfriamento, taxa de alimentação, atmosfera da queima, tipo de combustível e pressão interna. A queima de um tijolo refratário pode ser realizada em fornos do tipo batelada (estático), no qual o forno vai da temperatura ambiente à temperatura de patamar retornando à temperatura ambiente por ciclo de queima, ou fornos túneis (contínuo), em que estes são divididos por zonas de tratamento térmico com temperaturas definidas por onde os refratários passam, sendo o forno túnel mais produtivo e de menor custo.

O forno túnel recebe esse nome devido a seu formato, um túnel com comprimento de 80 a 150 metros, que os carros de queima (vagonetas) atravessam sobre trilhos transportando os tijolos que serão queimados (Figura 5.18). Esse equipamento é

Figura 5.18 Forno túnel (carro de queima e tijolos refratários após o tratamento térmico).
Fonte: Acervo da RHI Magnesita.

composto de vários periféricos, como: sondas e sensores para monitorar gases e pressão interna, termopares para controle de temperatura, queimadores para geração de calor, contravec, insuflador e exaustor para controle e circulação de gases ao longo do forno, alvenaria (metálica ou cerâmica), tijolos refratários (estrutura do forno), carros de queima e um secador. A combinação desses equipamentos definirá a capacidade do forno (volume de produção) e carga térmica (temperatura de operação).

O forno túnel é basicamente um equipamento de troca de calor, em que um fluxo de gases percorre o forno em contracorrente, em sentido oposto, à direção dos carros de queima. O ar ambiente é insuflado na saída do forno em direção à entrada, o ar insuflado, quando, em contato com os tijolos que estão no sentido oposto, saindo do forno, troca calor com estes aquecendo o ar e resfriando os tijolos já queimados, essa região do forno denomina-se "zona de resfriamento". Esses gases agora aquecidos são direcionados à "zona de queima" e auxiliam o processo de combustão, aumentando a eficiência da queima e gerando temperaturas ainda mais altas nessa região em que a radiação é o mecanismo de transferência de calor dominante. Os gases egressos da zona de queima, superaquecidos, são, agora, direcionados para a entrada do forno para trocar calor com os tijolos crus (peças verdes) nos carros de queima que acabaram de entrar no forno, nessa troca os tijolos são aquecidos, essa região é denominada "zona de pré-aquecimento" (29).

A operação de um forno túnel baseia-se no equilíbrio entre o balanço de massa e o balanço térmico, porém fornos túneis não são trocadores perfeitos de calor, pois há perdas, uma vez que nem todo o ar entra em contato com a carga e nem toda energia gerada é absorvida pelos tijolos. Os mecanismos de transferência de calor presentes em um forno túnel são: condução; convecção; e radiação (Figura 5.19).

- **Condução:** mecanismo responsável por conduzir o calor da superfície do tijolo refratário até o seu interior. A condução de calor está associada à transferência de calor efetuada em âmbito molecular e é função de cada composição de cada tijolo refratário. Essa transferência é efetuada no sentido de fora para dentro do tijolo. A lei fundamental que descreve a condução térmica é a de Fourier (Joseph Fourier, 1768-1830). O calor transferido por unidade de tempo, ou a velocidade de transferência de calor, é proporcional à área de transferência perpendicular ao fluxo de calor e ao gradiente de temperaturas (dT/dx).
- **Convecção:** mecanismo responsável por conduzir todo o calor através do forno para aquecer ou resfriar os tijolos. Os gases em movimento no forno túnel aceleram o processo de transferência de calor quando um fluido mais frio (Tf) ficar em contacto com uma superfície mais quente (Tq) ou vice-versa. Essa transferência ocorre simultaneamente com a transferência de calor em âmbito molecular (por condução), sendo, no entanto, mais eficaz. O movimento dos gases ao longo de forno é provocado por agentes externos:

contravec, insuflador e exaustor. Em geral, a convecção de calor é definida de forma mais abrangente, associando-se o fenômeno da condução e o da transferência de calor em presença de movimento macroscópico do fluido, que se torna mais ou menos complexo em função do arranjo e do espaço entre os tijolos ao longo do forno.

- **Radiação:** principal mecanismo de transferência de calor em um forno túnel, dominante a partir de 800°C, responsável pelo patamar de queima, faixa de temperatura em que ocorre a sinterização. A radiação térmica é a energia emitida na gama de comprimentos de onda λ 0,1 a 100μm do espectro eletromagnético. Resulta da emissão e da propagação de ondas eletromagnéticas (ou fotões) por alteração na configuração eletrônica de átomos e moléculas. A transferência de calor por radiação térmica ocorre em meio físico ou no vácuo. Qualquer corpo com uma temperatura superior a 0K emite energia radiante dada pela lei de Stefan-Boltzmann (Josef Stefan 1835-1893, Ludwig Boltzmann 1844-1906), segundo a qual, a energia emitida é proporcional à 4ª potência da temperatura absoluta (28).

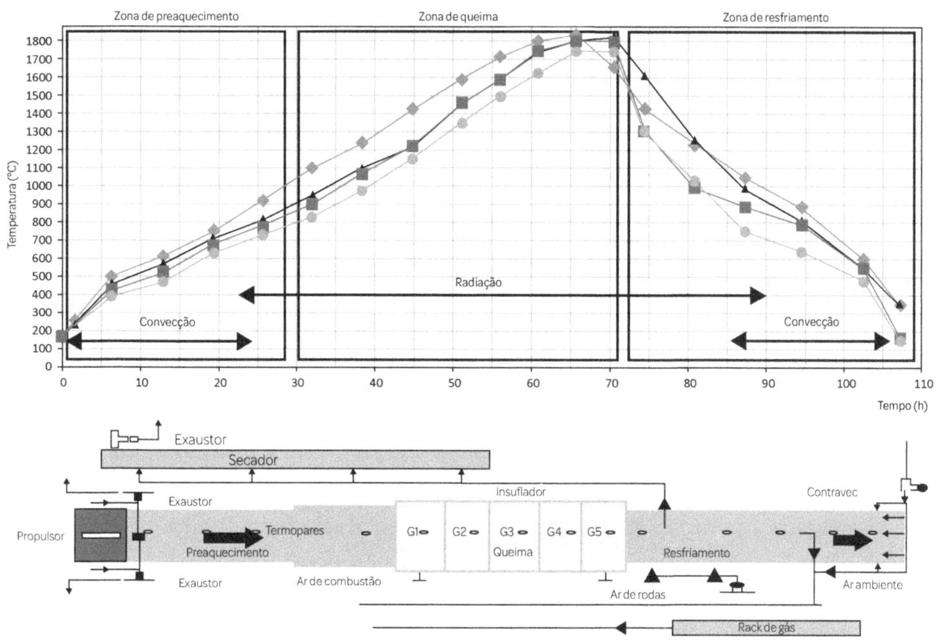

Figura 5.19 Esquema forno túnel, regiões e mecanismos de transferência de calor dominantes.
Fonte: Adaptada de (29).

5.8 ACABAMENTO: PROCESSOS ESPECIAIS

O tratamento térmico é considerado a etapa fabril final para a maioria das peças refratárias, mas existe uma pequena parcela dessas peças que necessita de alguns passos a mais de processamento fabril para acabamentos superficiais e ou pré-montagem utilizados para garantir melhor aplicabilidade desses refratários em campo. A seguir, detalhamos alguns desses processos especiais:

- **Banho de solução de antiderrapante:** tem como finalidade evitar que as peças que contenham grafita em sua composição escorreguem, deslizem umas sobre as outras, durante montagem dos equipamentos, normalmente é utilizado em tijolos > 500mm da linha magnésia-carbono resinado.
- **Impregnação:** tem como finalidade fechar os poros superficiais, reduzir a permeabilidade, diminuir a molhabilidade, aumentar a resistência mecânica, resistência à hidratação e à oxidação do material.
- **Pintura como junta de dilatação:** tem como finalidade conferir uma folga entre os tijolos, durante a montagem, para compensar a expansão térmica dos tijolos após aquecimento e evitar *spalling*. Uma tinta, que evapora durante o uso, é aplicada na superfície do tijolo, a espessura da camada formada por ela garante o espaçamento entre os tijolos na montagem.
- **Placas como junta de dilatação:** tem a mesma finalidade da pintura, conferir uma folga entre os tijolos, durante a montagem, para compensar a expansão térmica dos tijolos após aquecimento e evitar *spalling*. As placas, normalmente de papelão, material combustível, são fixadas com cola na superfície do tijolo.
- **Chapeamento com placas metálicas:** tem com finalidade conferir adesão entre as peças, após aquecimento do equipamento no cliente, as chapas metálicas se fundem, garantindo maior ancoragem dos tijolos no fim de campanha, não se desprendendo facilmente da carcaça do equipamento. As placas são fixadas aos tijolos com colas especiais.
- **Chapeamento com placas *comolding*:** da mesma forma que o chapeamento com placas metálicas, o chapeamento *comolding* tem como finalidade conferir adesão entre as peças. Após aquecimento do equipamento no cliente, as chapas metálicas se fundem, garantindo maior ancoragem dos tijolos no fim de campanha, não se desprendendo facilmente da carcaça do equipamento. A diferença no chapeamento *comolding* é que, neste, a parte metálica é prensada em conjunto com a massa do refratário, garantindo maior interação da massa com o metal.
- **Usinagem:** operação que confere ao tijolo refratário forma, dimensões, acabamento superficial ou, ainda, uma combinação destes, mediante a remoção de material superficial. A remoção de material é feita por meio da interferência entre ferramenta (broca, disco de corte, disco de retifica, fresa etc.) e tijolo refratário, sendo a ferramenta constituída de um material de dureza e resistência muito superiores aos dos grãos que compõem o tijolo refratário (30).
- **Pré-montagem:** tem a finalidade de montar as peças refratárias dentro das especificações do projeto final, identificando a sequência na qual essas peças devem ser colocadas, para facilitar e agilizar a montagem no cliente, muitas vezes, é necessário usinar e ajustar os tijolos durante a montagem (Figura 5.20).

Figura 5.20 Exemplo de peças pré-montadas.
Fonte: Acervo da RHI Magnesita.

5.9 EMBALAGEM

As embalagens estão presentes em todos os produtos refratários, com formas e funções variadas. Elas vêm acompanhando a evolução das tecnologias utilizadas para sua criação, que as têm tornado cada vez mais eficientes e práticas. A embalagem é um item de grande importância para a logística, pois é essencial para atingir o objetivo logístico de disponibilizar o produto no tempo certo, com qualidade adequada e com o menor custo possível. Uma embalagem tem como obrigação cumprir quatro funções vitais: proteção, conservação, informação e a função associada ao serviço ou à conveniência na utilização e consumo final do produto. Conter, proteger e viabilizar o transporte dos produtos são as funções básicas. Com a evolução da tecnologia de fabricação dos refratários e o aumento das atividades econômicas, foram incorporadas novas funções às embalagens: informar ao consumidor padrões de uso, movimentação, dados fiscais, lote, volume e garantir a identificação visual do produto (Figura 5.21) (31-32).

Figura 5.21 Embalagens utilizadas para produtos refratários moldados e não moldados.
Fonte: Acervo da RHI Magnesita.

Diversos são os insumos de embalagem utilizadas para produtos refratários, mas dois destacam-se por sua importância: paletes e *big-bags*.

- **Paletes:** projetados em função da necessidade de aplicação, usualmente em madeira. Não se recomenda o uso de qualquer palete sem que se conheça, previamente, sua aplicação. No desenvolvimento dos paletes, são utilizados softwares específicos que auxiliam o projeto seguro do palete. O projeto de um palete leva em consideração cálculos matemáticos, simulação computacional e ensaios mecânicos para determinação do projeto final do palete, como: tipo de madeira, espessura, número de barrotes, tamanho, quantidade e formato dos pregos (Figura 5.22) (33).

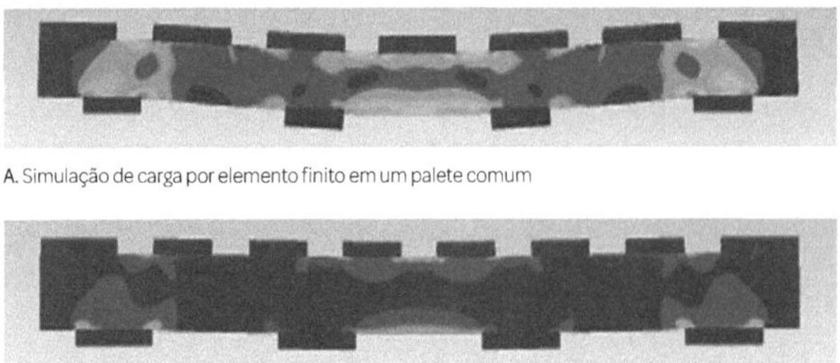

A. Simulação de carga por elemento finito em um palete comum

B. Simulação de carga por elemento finito em um palete projetado para tijolos refratários

Figura 5.22 Resultado de simulação computacional por elemento finito em paletes de madeira utilizados para transporte de tijolos refratários.
Fonte: Adaptada de (33).

- ***Big bag*:** como os paletes, os *big bags* são projetados em função do uso. Testes físicos e de simulação matemática são realizados para definir gramatura, trama, costura, formato e quantidade de alças de um *big bag*. Usualmente, nos testes físicos, as cargas são no mínimo cinco vezes a carga máxima de solicitação em uso dos *bags* para que sejam aprovados (Figura 5.23) (32).

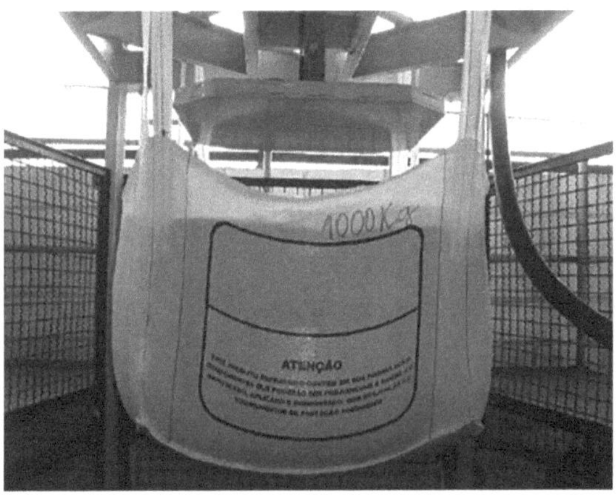

Figura 5.23 Ensaio de carga em um *big bag* para refratário não moldado.
Fonte: Adaptada de (32).

Acesse as imagens coloridas do capítulo.

REFERÊNCIAS

(1) CHAVES, A. P. Britagem – um manual para o usuário. *Revista M&T – Mercado e Tecnologia*, 1999. Disponível em: https://www.revistamt.com.br/Materias/Exibir/um-manual-para-o-usuario. Acesso em: jun. 2017.

(2) LUZ, A. B.; SAMPAIO, J. A.; FRANÇA, S. C. Tratamento de minérios. *CETEM/MCT*, 5. ed., 2010, 965p.

(3) FREITAS, L. S. *Avaliação dos minérios itabiritos compactos e semicompactos em um circuito de britagem da Samarco Mineração S/A*. Dissertação (Mestrado em Engenharia Metalúrgica e de Minas) – Universidade Federal de Minas Gerais (UFMG). Belo Horizonte, 2014. p. 28-40.

(4) METSO MINERALS. *Manual de Britagem*. Grafilinea, Sorocaba, 6. ed., 2005.

(5) HONÓRIO, O. *Estudo de aumento de capacidade da planta de britagem da Usina I de Germano – Samarco Mineração S.A. UFOp*. Pós-graduação *lato sensu* em Beneficiamento Mineral – Universidade Federal de Ouro Preto. Ouro Preto, 2010. 72p.

(6) UZ, A. B.; ALMEIDA, S. L. M.; BRAGA, P. F. A. Cominuição: britagem e moagem. *In: Tratamento de minérios*. 6. ed. Rio de Janeiro: CETEM/MCTIC, 2018. Cap.4.2, p. 135-183. Disponível em: http://mineralis.cetem.gov.br/handle/cetem/2175. Acesso em: set. 2022.

(7) WELLENKAMP, Franz-Josef. Moagens fina e ultrafina de minerais industriais: uma revisão. Rio de Janeiro: Cetem, 1999. p. 3-44. Disponível em: http://mineralis.cetem.gov.br/handle/cetem/124. Acesso em: set. 2022.

(8) MATOS JR., J. V. *Relatório* – testes de moagem do sínter M-10 e M-30 em roller press. Magnesita Refratários, Contagem, 2004.

(9) ISENMANN, A. F. Operações unitárias na indústria química. 2. ed. *CEFET-MG*, p. 7-30, 2013.

(10) MATOS JR., J. V. *Testes de britagem com impactores metso* – moinho de Martelos. Magnesita Refratários, Contagem, 2006.

(11) ROCHA, A. A. *Cominuição e classificação* – curso técnico em mineração. EEEP-CE. Sec. de Educação – Governo do Estado do Ceará, 2007. p. 3-121.

(12) CATÁLOGO GEBR. *Pfeiffer, moinho vertical de rolos MPS*. Disponível em: https://www.gebr-pfeiffer.com/pt/produtos/moinho-vertical-de-rolos-mps. Acesso em: jan. 2022.

(13) CARRISSO, R. C. C.; CORREIRA, J. C. G. Classificação e peneiramento – tratamento de minérios. 4. ed. *CETEM*, 2004, p. 197-238.

(14) OP. UNIT. DE QUANTIDADE DE MOVIMENTO. Separação Sólido – Sólido. Depto. de Eng. Química e de Eng. de Alimentos, Turma 645. UFSC. Florianópolis. Disponível em: https://sistemas.eel.usp.br/docenter/arquivos/5817712/OUEI/Peneiramento07.pdf. Acesso em: out. 2022.

(15) AMORÓS, J. L.; MALLOL, G.; SÁNCHES, E.; GARCÍA, J. Projeto de silos para o armazenamento de materiais na forma de pó – problemas associados à etapa de descarga. *Cerâmica Industrial*, jan./fev. 2002.

(16) LANNA, P. G. *Curso fundamentos do processamento cerâmico* – mistura. Seminário Interno. Magnesita Refratários, Contagem, 2006. p. 15.

(17) LABASTIE, M. Considerações sobre misturas de pós farmacêuticos. *Revista Brasileira de Farmácia*, v. 76. 1995, p. 82-88.

(18) LEOBE, R. Applications for EIRICH intensive mixers in the refractory industry. Paper, Eirich, Hardheim, 2021.

(19) MATOS JR., J. V. *Procedimento para definição e codificação do processo de mistura*. Seminário Interno. Magnesita Refratários, Contagem, 2005.

(20) NOLD, P. *High-Performance Mixing and Plant Technologies for Refractories*. *In:* III Encontro de Refrataristas e Usuários de Refratários. Associação Brasileira de Cerâmica. São Paulo, novembro 2003.

(21) ZORZI, J. E. *Conformação de cerâmicas de alta tecnologia com formas complexas*. Dissertação (Mestrado em Engenharia Metalúrgica e de Materiais) – Universidade Federal do Rio Grande do Sul (UFRS). Porto Alegre, 1996. p. 8-25.

(22) ALBERTO, J. L. A. A Operação de prensagem: considerações técnicas e sua aplicação industrial parte II: a compactação. *Cerâmica Industrial*, p. 14-20, nov./dez. 2000.

(23) FREITAS, C. S. R.; PEREIRA, I. A. F. S.; PEREIRA, M. L. G.; SIMÕES, T. C. R.; FERREIRA, A. A. L. Influência de diferentes processos de conformação nas características finais de produtos cerâmicos. *Cerâmica Industrial*, p. 15-18, maio/jun. 2009.

(24) ALBERTO, J. L. A. A operação de prensagem: considerações técnicas e sua aplicação industrial parte I: o preenchimento das cavidades do molde. *Cerâmica Industrial*, p. 23-28, set./out. 2000.

(25) ALBERTO, J. L. A. A operação de prensagem: considerações técnicas e sua aplicação industrial parte V: descrição da etapa de prensagem. *Cerâmica Industrial*, p. 26-32, maio/jun. 2001.

(26) MATOS JR., J. V. *Procedimento para definição e codificação do processo de prensagem*. Seminário Interno. Magnesita Refratários, Contagem, 2006.

(27) SALOMÃO, R.; BITTENCOURT, L. R. M.; PANDOLFELLI, V. C. Aditivos de secagem para concretos refratários: pó de alumínio e fibras poliméricas. *Cerâmica*, v. 54, p. 259-267, 2008.

(28) PORTAL ENGENHARIA QUÍMICA. *Transferência de calor*. Disponível em: http://labvirtual.eq.uc.pt/siteJoomla/index.php?option=com_content&task=view&id=248&Itemid=422. Acesso em: jan. 2022.

(29) LIMA FILHO, P. S. *Tecnologia de queima*. RHI Magnesita. Seminário Interno. Magnesita Refratários, Contagem, 2006.

(30) STOETERAU, R. L. *Fundamentos dos processos de usinagem*. Escola Politécnica da Universidade de São Paulo, PMR 2202. p. 2-73.

(31) SPEJORIM, W. *Embalagens logísticas*: proteção do produto na movimentação e armazenagem. Junho, 2020. p. 229-243. Disponível em: https://gkofrete.com.br/blog/embalagem-na-logistica/. Acesso em: set. 2022.

(32) MATOS JR., J. V. *Embalagens para refratários*. Operation Summit. Magnesita Refratários, Hagen, 2010.

(33) MATOS JR., J. V.; BARROS, F. A. *Relatório técnico*: estudo do palete para refratários. Magnesita Refratários. Contagem, 2010.

(34) HUANG, Y.; JIANPING, Y.; CAI, H.; ZHAI, Y.; FENG, D.; DENG, Y.; TU, B.; ZHAO, D. Acuring agent method to synthesize ordered mesoporous carbons from linear novolac phenolic resin polymers. *Journal of Materials Chemistry*, 2009, v. 19, p. 6536-6541.

Capítulo 6

FABRICAÇÃO E APLICAÇÃO DE REFRATÁRIOS ISOLANTES

Magno Levi Araujo Mendes
José Carlos Belotti

6.1 INTRODUÇÃO

Refratários isolantes são materiais com baixa condutividade térmica. Como a condutividade térmica do ar é baixa, poros são intencionalmente introduzidos na estrutura dos refratários isolantes. São materiais muito leves, com porosidades normalmente acima de 50% do volume total. Como consequência, via de regra, são materiais fracos da perspectiva mecânica. Podem ser usados em uma ampla faixa de temperatura. Vários processos diferentes são usados na fabricação de materiais isolantes. Podem ser classificados em duas categorias: tijolos isolantes e materiais fabricados a partir das fibras isolantes.

6.2 TIJOLOS ISOLANTES

Os tijolos isolantes são fabricados a partir de várias matérias-primas, como sílica diatomácea, argilas refratárias, materiais de alta alumina, cordierita, espinélios, entre outros. Um dos processos mais antigos para se tornar o tijolo muito poroso e isolante é o de misturar argila com uma fonte de material combustível, como a serragem, moldar, queimar e, após o tratamento térmico, serrar o material no formato e nas dimensões desejadas.

Os tijolos isolantes são normalmente classificados em função da sua temperatura máxima de operação, densidade, resistência mecânica e condutividade térmica. A Tabela 6.1 mostra a classificação japonesa JIS R 2611-1992 para tijolos isolantes.

Tabela 6.1 Classificação JIS para tijolos isolantes.

Classe	Código	Variação linear dimensional < 2% a (°C)	Densidade aparente (g/cm³); Máx.	Resistência à compressão (MPa); Mín.	Condutividade térmica a 350 ± 10°C (W/m.K); Máx.
Grupo A	A1	900	0,50	0,49	0,15
	A2	1000	0,50	0,49	0,16
	A3	1100	0,50	0,49	0,17
	A4	1200	0,55	0,78	0,19
	A5	1300	0,60	0,78	0,20
	A6	1400	0,70	0,98	0,23
	A7	1500	0,75	0,98	0,26
Grupo B	B1	900	0,70	2,4	0,20
	B2	1000	0,70	2,4	0,21
	B3	1100	0,75	2,4	0,23
	B4	1200	0,80	2,4	0,26
	B5	1300	0,80	2,4	0,27
	B6	1400	0,90	3,0	0,31
	B7	1500	1,00	3,0	0,36
Grupo C	C1	1300	1,10	4,9	0,35
	C2	1400	1,20	6,9	0,44
	C3	1500	1,25	9,8	0,52

Fonte: Acervo da Alkegen – Unifrax Brasil.

O grupo A reúne os tijolos isolantes para temperaturas entre 900 e 1500°C, incluindo as menores densidades e as menores condutividades térmicas entre eles. São usados quando resistências mecânicas podem ser baixas e baixas condutividades térmicas são desejadas. O grupo B abrange os tijolos isolantes para temperaturas entre 900 e 1500°C, com maiores resistências mecânicas e maiores condutividades que os do grupo A. São bastante usados com um ótimo custo-benefício.

O grupo C cobre os tijolos isolantes para temperaturas entre 1300 e 1500°C, incluindo as maiores resistências mecânicas, densidades condutividades térmicas que os dos grupos A e B. São usados quando maiores resistências mecânicas são desejadas.

Muitos outros produtos não se enquadram nessa classificação; por exemplo, os tijolos isolantes à base de alumina bolha, que podem alcançar temperaturas de até 1800°C, com maiores condutividades térmicas, mas que apresentam ótima estabilidade volumétrica até essa temperatura.

6.2.1 Revestimentos mais utilizados

- tijolos isolantes;
- placas isolantes;
- concretos isolantes;

- mantas de fibra cerâmica;
- módulos de fibra cerâmica.

		Tijolo refratário	Concreto refratário	Concreto isolante	Fibra cerâmica
Composição química (%)	Al_2O_3	73	58	57	72
	SiO_2	23	37	35	28
Densidade (g/cm^3)		2,45	2,53	1,55	0,09 - 0,12
Condutividade térmica $W.m^{-1}.K^{-1}$		3,35	2,43	0,67	0,18
Módulo de ruptura MPa		22,5	17,5	8,5	-
Resistência ao *spalling* térmico		O	Δ	Δ	◎

Fonte: Acervo da Alkegen - Unifrax Brasil.

6.3 FIBRAS ISOLANTES

Os isolantes térmicos, fabricados a partir da utilização de fibra cerâmica, podem ser considerados uma das principais ferramentas para se alcançarem as metas de redução de consumo energético, aumentar a eficiência do equipamento e, consequentemente, aumentar a produtividade em equipamentos industriais que operam em altas temperaturas. Pode-se considerar três produtos pertencentes à classe das fibras inorgânicas refratárias de conhecimento do mercado, são elas: fibras cerâmicas refratárias (FCR); fibras de silicato de metais alcalino-terrosos (AES); e fibras policristalinas (PCW).

Durante a concepção de um projeto de revestimento refratário para equipamentos industriais, três aspectos básicos devem ser levados em consideração: eficiência energética/produtividade; emissão de CO_2; e saúde/segurança ocupacional. Avaliando essas três exigências do mercado, os isolantes térmicos fibrosos apresentam importantes características que tornam esses produtos de alto valor agregado para as indústrias. Nesse contexto, este sobre fibras isolantes, visou apresentar e discutir os três cenários citados, utilizando três classes de fibras e comparando-as a revestimentos refratários comumente empregados no ramo siderúrgico.

A utilização de isolantes térmicos à base de fibras refratárias merece destaque no setor metalúrgico, em especial no ramo siderúrgico. Nesse processo industrial, esses materiais são utilizados em diversos equipamentos, sendo alguns deles: sistema de distribuição de ar quente dos altos-fornos; canal de corrida; regeneradores de calor; carro torpedo; tampas de panelas de aço e de gusa; distribuidor de aço; fornos de reaquecimento de placas; e tratamento térmico. A importância desses produtos refratários nas unidades industriais citadas está diretamente ligada a três pilares de sustentabilidade das atividades fabris. O primeiro está relacionado ao cenário econômico, pelo qual se configuram reduções no consumo de energia e aumento da disponibilidade dos equipamentos para a área produtiva; o segundo diz respeito à questão ambiental, vinculada à redução da emissão de CO_2; e o terceiro relaciona-se aos quesitos de saúde e segurança, ou seja, escolha de materiais que não tragam preocupações ocupacionais.

Os isolantes térmicos fibrosos são utilizados como revestimento refratário, objetivando isolar equipamentos, e são expostos a temperaturas de trabalho que podem variar entre 500 e 1700°C. As razões do emprego dos isolantes térmicos à base de fibra cerâmica estão diretamente ligadas ao conjunto de propriedades químicas, físicas e térmicas. Entre essas propriedades, destacam-se: baixa condutividade térmica; baixa capacidade calorífica; alta resistência ao dano por choque térmico; baixa densidade; alta resiliência; e flexibilidade. Esses atributos fazem com que esses materiais sejam utilizados não só como revestimento permanente de segurança, mas também como revestimento de trabalho. Por apresentarem baixa condutividade térmica, a perda de energia (calor) através do revestimento refratário é minimizada e, por consequência, a eficiência energética do equipamento é potencializada. Adicionalmente, avaliando-se em conjunto os três parâmetros – condutividade térmica, capacidade calorífica e densidade –, estes estão diretamente relacionados ao controle da energia interna do equipamento.

Como são necessários ajustes de temperatura no forno durante o tratamento de diferentes materiais (qualidade distinta de aços), os isolantes térmicos fibrosos respondem com uma menor inércia térmica quando comparados a outros refratários; dessa forma, o consumo de energia é otimizado. Avaliando-se o aspecto de produtividade, por apresentarem alta resistência ao dano por choque térmico, essa propriedade permite o emprego de altas taxas de resfriamento e aquecimento nos fornos após paradas de manutenção e/ou de operação, aumentando a disponibilidade do equipamento para o processo produtivo. Os outros dois fatores – alta resiliência e flexibilidade – são importantes durante o processo de instalação e de montagem do revestimento. Essas características permitem a realização de intervenções de manutenção em tempos reduzidos, aumentando a disponibilidade do equipamento para a produção.

Dependendo de sua aplicação, cada material refratário pode apresentar vantagens e desvantagens tecnológicas, ambientais e econômicas. Principalmente durante as etapas de investimento e/ou otimização de equipamentos industriais que trabalham em altas temperaturas, critérios econômicos e aspectos ambientais serão decisivos e colocados nas pautas de discussão, uma vez que leis, diretrizes e políticas exigem melhorias relacionadas a esses fatores. Um exemplo que retrata bem as diretrizes e políticas demandadas pelo mercado, relacionadas diretamente aos critérios econômico e ambiental, é o plano da Comissão Europeia, conhecido como "Europa 2020". Esse Programa tem como uma de suas estratégias garantir que as seguintes metas sejam alcançadas: a) redução em 20% de emissões de gases de efeito de estufa relativas aos níveis de 1990; b) incremento em 20% da quota de utilização de energias renováveis no consumo final energético; c) incremento de 20% em eficiência energética. Dentro dessas premissas de sustentabilidade, grande parte dos usuários de materiais refratários tem desenvolvido indicadores particulares para avaliar o desempenho desses produtos, levando-se em consideração o consumo específico e a temperatura de face fria. De forma geral, as avaliações compreendem análises macroscópicas e a busca pelo entendimento da base de ciência dos materiais, que é a correlação entre a microestrutura, propriedades finais e processo de fabricação. Na maioria das vezes, as avaliações ficam sob a responsabilidade do fornecedor dos insumos, tornando as unidades fabris dependentes e vulneráveis.

Assim, a busca por um melhor entendimento entre a microestrutura e as propriedades desses produtos e por melhores tecnologias disponíveis no mercado pode resultar em grandes benefícios para as demandas industriais por diminuição no consumo de energia (gás e elétrica) e, consequentemente, redução equivalente na emissão de CO_2 no caso da utilização de combustíveis fósseis.

Nesse contexto, um tipo de isolamento térmico merece destaque: as fibras minerais artificiais ou fibras artificiais inorgânicas. Entre esses materiais, pode-se destacar a fibra de vidro, a de lã de rocha, a de escória, as fibras cerâmicas refratárias (FCR), as de silicato de metais alcalinoterrosos (AES) e as policristalinas (PCW). Para as fibras policristalinas, por conta da sua estrutura cristalina, praticamente não há modificações microestruturais e morfológicas significativas em altas temperaturas que possam contribuir na redução de seu desempenho físico e térmico. As fases geralmente encontradas nas fibras PCW em temperaturas próximas a 1500°C são mulita e coríndon, praticamente as mesmas identificadas no material *in natura*. Contudo, a exposição prolongada das fibras, em especial as vítreas FCR e AES, em temperaturas superiores a 900°C, gera modificações microestruturais e morfológicas que contribuem diretamente na redução de suas vidas úteis. Outro ponto que merece destaque é o aspecto dos riscos ocupacionais. As fibras FCR foram consideradas possivelmente patogênicas para a espécie humana por diversas entidades reguladoras como: Agência de Proteção ao Meio Ambiente dos Estados Unidos (EPA); Agência Europeia de Produtos Químicos (ECA); e Agência Internacional de Pesquisa sobre Câncer (IARC). De acordo com a IARC, há evidências do risco ocupacional, das FCR, em animais (estudos experimentais em ratos). Contudo, as evidências que poderiam comprovar o potencial de patogenicidade dessas fibras na espécie humana não são conclusivas. Para as fibras AES, nenhuma evidência patológica em animais foi estabelecida, considerando-se experimentos com as fibras *in natura*, ou seja, conforme recebidas. Contudo, ao expor esses materiais a determinados tempos e temperaturas, modificações em suas microestrutura e morfologia são identificadas, podendo ocasionar a formação da fase cristobalita. Essa fase polimórfica da sílica cristalina apresenta uma preocupação em potencial uma vez que há evidências comprovadas do seu risco ocupacional em animais (estudos experimentais em ratos) e na espécie humana. Já para as fibras PCW, esses materiais não foram classificados, até o momento, por nenhuma regulamentação e/ou diretiva europeia, de acordo com o seu grau de patogenicidade. Os fabricantes das fibras PCW creditam essa falta de classificação ao controle mais preciso das dimensões das fibras durante a fabricação. O controle gera um produto com menor quantidade de material particulado considerado respirável, segundo os critérios da Organização Mundial de Saúde (OMS).

O foco deste capítulo é direcionado para as três últimas fibras isolantes refratárias mencionadas, escolhidas por apresentarem características físicas e químicas únicas, tornando-as vantajosas nos aspectos ambiental e econômico, frente às composições de revestimentos térmicos comercialmente empregados nas indústrias de maneira geral.

As fibras isolantes refratárias são utilizadas como revestimento térmico objetivando-se isolar equipamentos que operam em temperaturas elevadas (> 600°C). Características como baixa condutividade térmica, baixa capacidade calorífica, alta resistência ao dano por choque térmico, baixa densidade, alta resiliência e flexibilidade fazem com que esses materiais sejam utilizados não só como revestimento permanente, mas também como camada de trabalho. Um exemplo dessa última utilização são os fornos de tratamento térmico das indústrias siderúrgicas, que utilizam essas fibras no teto, paredes; e, é possível, mediante processos específicos, utilizar a fibra cerâmica na fabricação de peças especiais moldadas a vácuo, que confere propriedades intrínsecas, de modo a permitir, por exemplo, a fabricação de blocos queimadores, cunha de selagem, *gaskets*, selos etc.

As fibras podem ser classificadas, de acordo com as suas características, em naturais ou artificiais, orgânicas ou inorgânicas; bem como em relação ao seu grau de cristalinidade. Na Figura 6.1, é apresentada uma visão global da classificação das fibras.

Entre as fibras naturais orgânicas, destacam-se as vegetais, como algodão, linho, juta, cânhamo e sisal. Para as fibras naturais inorgânicas, têm-se alguns exemplos minerais: sepiolita; atapzulgita; erionita; wollastonita; e asbesto. Em particular, esse último mineral apresenta importantes características como alta resistência térmica, durabilidade em meios ácidos e em outros meios químicos e baixa densidade aparente. Para as fibras artificiais orgânicas, alguns exemplos são as de carbono, celulose, poliéster, náilon, *kevlar* etc. Para as fibras minerais artificiais, artificiais inorgânicas ou inorgânicas feitas pelo homem, destacam-se fibras de vidro, lã de rocha, escória, FCR, AES e PCW. Para as fibras minerais artificiais, o foco desse trabalho

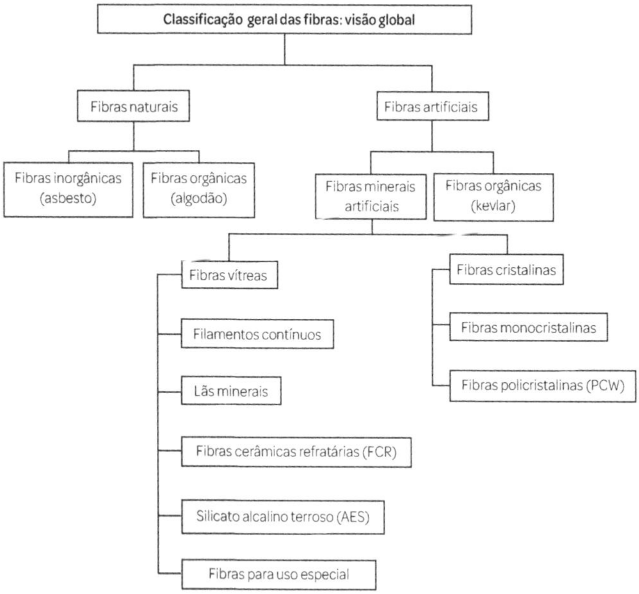

Figura 6.1 Classificação geral das fibras.
Fonte: Acervo de prof. Alamar Kasan Duarte.

está direcionado para três tipos de materiais: FCR; AES; e PCW. De acordo com padrões europeus, esses produtos refratários também podem ser classificados como: HTIW – lãs isolantes para alta temperatura; HTW – lãs para altas temperaturas; MMMF – fibras minerais feitas pelo homem; e MMVF – fibras vítreas feitas pelo homem. Para esse último caso, especificamente para esse artigo, apenas os materiais FCR e AES fazem parte dessa nomenclatura.

Na Tabela 6.2, é descrita a composição química das fibras estudadas.

Tabela 6.2 Composição química das fibras estudadas.

Tipo de fibra	Componente	Fração em massa (%)
AFCR (*aluminosilicate wool*)	Al_2O_3 SiO_2 Outros óxidos	46 a 56 44 a 54 < 1
ZFCR (*alumino zirconium silicate wool*)	Al_2O_3 SiO_2 ZrO_2 Outros óxidos	< 37 > 48 < 20 < 1
AES (*alkaline earth silicate*)	(CaO + MgO) SiO_2 $(Al_2O_3 + TiO_2 + ZrO_2)$ Outros óxidos	18 a 43 50 a 82 < 6 < 1
PCW (*polycrystalline wool*)	Al_2O_3 SiO_2 Outros óxidos	72 a 97 3 a 28 < 0,1

Fonte: Acervo da Alkegen – Unifrax Brasil.

6.4 PROCESSO DE FABRICAÇÃO DE FIBRAS ISOLANTES

Os processos de manufatura dos isolantes térmicos fibrosos FCR, AES e PCW podem ser divididos entre os métodos de sopro (*blowing*), centrifugação (*spinning*) e sol-gel, sendo que os dois primeiros são utilizados para a produção dos produtos vítreos e o último é empregado para os materiais policristalinos. Não se recomenda produzir isolantes fibrosos policristalinos utilizando-se os dois primeiros métodos porque o percentual em massa de alumina presente nesse material é superior a 60%. Esse fato faz com que o produto fundido apresente baixa viscosidade e alta tensão superficial, dificultando a confecção das fibras. Além desses dois fatores, há também o incremento da temperatura de fusão das matérias-primas, tendo como consequência maior potencial de consumo de energia. Os isolantes térmicos fibrosos AES e FCR são produzidos de acordo com o mesmo processo tecnológico, fusão da matéria-prima em forno elétrico. A diferença básica entre o processo de fabricação está na temperatura de fusão de seus compostos químicos. Para o produto AES, a temperatura de fusão é de aproximadamente 1600°C. Já para os materiais à base de FCR, esse valor chega a aproximadamente 2000°C. As etapas de fabricação dos produtos não cristalinos AES e FCR são apresentadas na Figura 6.2, e o material fundido pode prosseguir pela metodologia de sopro ou de centrifugação.

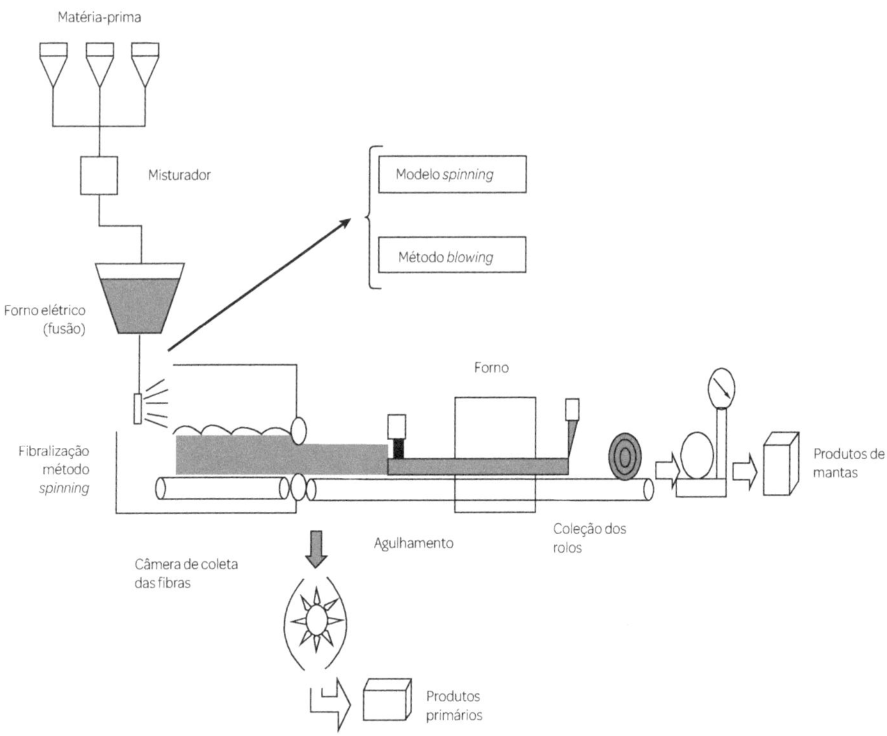

Figura 6.2 Etapas de fabricação dos isolantes térmicos fibrosos FCR e AES.
Fonte: Acervo da Alkegen – Unifrax Brasil.

- **Método de sopro (*blowing*):** nesse método, a produção das fibras é baseada no efeito de arraste pelo fluxo de ar insuflado. O sopro gerado pela injeção de ar comprimido ou de vapor separa o material fundido em pequenas gotas, acelerando-as e transformando-as em fibras não ordenadas e com razões variadas entre suas dimensões, comprimento e diâmetro. Geralmente, o valor do diâmetro médio das fibras varia entre 2,5 e 3,5μm. Os métodos convencionais são os de sopro horizontal e sopro paralelo.
- **Método de centrifugação (*spinning*):** nesse método, o material fundido flui para rodas metálicas instaladas abaixo do forno elétrico de fusão das matérias-primas. O processo de fibralização (formação das fibras) é desempenhado pela rotação em alta velocidade de rodas metálicas dispostas em sequência. A força centrífuga gerada durante o impacto do material fundido nas rodas faz com que este seja separado em pequenas gotas, as quais são transformadas, em seguida, em fibras não ordenadas e com razões variadas entre suas principais dimensões, comprimento e diâmetro. Geralmente, o valor do diâmetro médio varia entre 3 e 5μm.

Nos dois processos apresentados (sopro e centrifugação), pequenos grãos (formato globular ou de meia-lua) de vidro que não são transformados em fibras recebem a denominação de *shot*. Esse produto tem um diâmetro médio próximo ou superior a 60μm. A presença desse material não fibralizado contribui negativamente na resistência mecânica e no poder de isolamento do produto. Durante o processo de formação das fibras, alguns *shots* rompem-se das fibras, sendo, então, coletados e fundidos novamente. A quantidade de *shot* no produto difere significativamente dependendo do fabricante, processo de manufatura e qualidade da matéria-prima. Esse item é um fator importante no controle de qualidade. As fibras individuais produzidas durante o processo são direcionadas para uma esteira de malha localizada na câmara de coleta e uma teia de fibras é formada. Esta pode ser embalada como lãs ou processada. Caso o produto fabricado seja manta, as lãs seguem o fluxo produtivo, passando pelo processo de agulhamento. Esse procedimento tem como objetivo fornecer maior entrelaçamento entre as fibras e, consequentemente, aumentar a resistência mecânica do produto. Por fim, o material é levado ao forno para a retirada dos ligantes orgânicos.

- **Processo de rotação – *spun* (Figura 6.3):** características das fibras:
  - diâmetro 3 a 5 mícrons;
  - comprimento 150 a 200mm aproximadamente;
  - resistência à tração – 9psi.
- **Processo de sopro – *blow* (Figura 6.4):** características das fibras:
  - diâmetro de 2 a 3 mícrons;
  - comprimento de 50 a 100mm aproximadamente;
  - resistência à tração – 3,5psi.

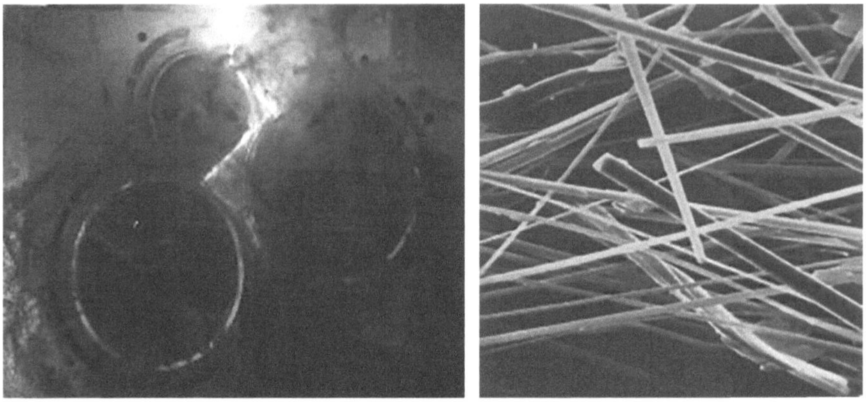

Figura 6.3 Etapas de fabricação dos isolantes térmicos fibrosos: processo *spun*.
Fonte: Acervo da Alkegen – Unifrax Brasil.

Figura 6.4 Etapas de fabricação dos isolantes térmicos fibrosos: processo *blow*.
Fonte: Acervo da Alkegen – Unifrax Brasil.

6.4.1 Fabricação dos isolantes térmicos fibrosos – adição de zircônia

Deve-se destacar a existência de um produto, introduzido no mercado na década de 1980, cujas características e comportamento são ideais para aplicações de uso contínuo em 1400°C: são as fibras cerâmicas para alta temperatura, concebidas a partir de misturas contendo zircônia (ZrO_2). Obtida pelo processo de sopro ou rotação, já descritos, essa nova categoria de fibras cerâmicas apresenta formulação baseada no diagrama Al_2O_3 – ZrO_2 – SiO_2.

O emprego da zircônia nas composições refratárias para fibras iniciou-se em 1985, em razão das especiais contribuições ao processo de fabricação e das propriedades finais, gerando um produto de performance térmica e química de superior qualidade.

A zircônia aumenta a resistência química da fibra em elevadas temperaturas, controla o processo de devitrificação, diminuindo sensivelmente a retração causada pela transição de fases, e contribui para o aumento de refratariedade da durabilidade química aos ataques ácidos e alcalinos. Além disso, a zircônia diminui a condutibilidade térmica, produzindo maior efeito isolante.

As mantas produzidas a partir dessas fibras apresentam ótima resistência mecânica, baixa retração, baixo calor armazenado e elevada resistência ao choque térmico. Assim, as fibras à base de zircônia suprem o mercado para temperaturas de até 1400°C, encontrando aplicações comprovadas em fornos petroquímicos, de forjaria, forno de reaquecimento de placas, lingotes, selos para fornos poço e caldeiras, tampas para panelas de transporte de aço, fornos cerâmicos e muitas outras situações que exigem elevadas solicitações e performance térmica.

6.4.1.1 Fabricação dos isolantes térmicos fibrosos PCW – fibra policristalina

- **Método sol-gel:** genericamente, o processo sol-gel constitui-se na síntese química de óxidos envolvendo sais hidrolisáveis (orgânicos ou inorgânicos) que podem passar pela transição sol-gel. O termo "sol" é, geralmente, empregado para definir uma dispersão de partículas coloidais (dimensão entre 1 e 100nm) estável em um fluido, enquanto o gel pode ser visto como o sistema formado pela estrutura rígida de partículas coloidais (gel coloidal) ou de cadeias poliméricas (gel polimérico) que imobiliza a fase líquida nos seus interstícios.

Nesse processo, são utilizados precursores como alcóxidos metálicos ou sais inorgânicos, que passam por reações de hidrólise e polimerização para formar um sistema coloidal ou sol. O ajuste do pH do meio e/ou a desidratação desse sistema leva à formação de um gel. Por esse processo, podem ser obtidos materiais amorfos ou cristalinos, dependendo do precursor, das etapas de fabricação e dos tratamentos térmicos aos quais os materiais são submetidos.

Na fabricação dos isolantes térmicos fibrosos policristalinos, os precursores de alumina são soluções aquosas viscosas de sais básicos de alumínio, $AlX_n(OH)_{3-n}$, onde X pode ser um radical inorgânico (Cl_{3-}, NO_{3-}) ou orgânico (HCOOH-). A centrifugação do precursor produz um gel (fibra), o qual é seco e, posteriormente, aquecido. A decomposição do precursor induz a precipitação de hidróxidos de alumínio como a boemita. Nessa etapa, variações volumétricas e porosidade devem ser cuidadosamente controladas. Acima de 400°C e próximo de 1000°C, a fibra é composta por grãos na faixa de 10 a 100nm e de fases de transição da alumina. Acima de 1100°C, a fase estável α-alumina nucleia, ocorrendo um rápido crescimento de seus grãos para dimensões micrométricas, juntamente com a coalescência dos poros. Nessa etapa, as fibras tornam-se bastante frágeis, impossibilitando a sua utilização. Logo, para que esse material possa ser utilizado, precursores de sílica são adicionados às fibras.

O método sol-gel na fabricação de isolantes térmicos fibrosos policristalinos de alumina inclui três etapas principais: a produção do sistema coloidal ou sol; a fibralização (normalmente pelo método do disco giratório); e o tratamento térmico. Essa última etapa é considerada crucial para as características dos produtos, pois influencia diretamente propriedades importantes, como resistência à tração e capacidade de isolamento térmico (Figura 6.5).

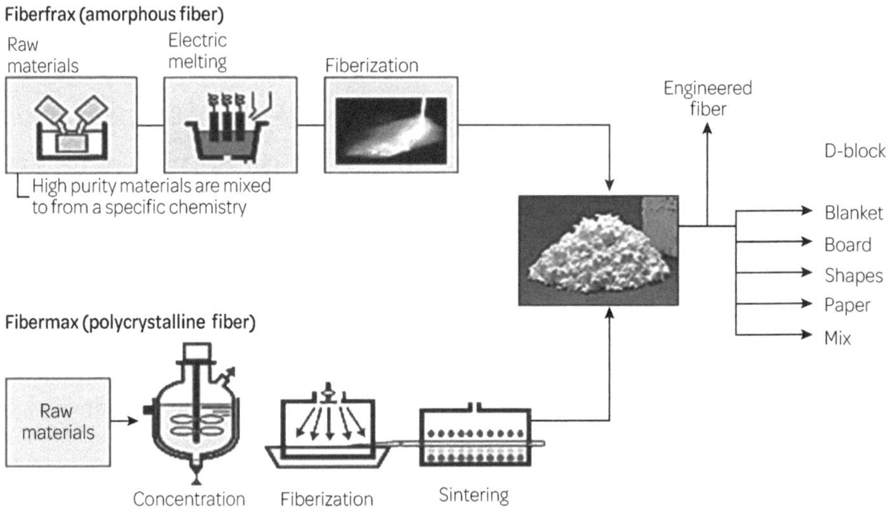

Figura 6.5 Etapas de fabricação dos isolantes térmicos fibrosos: processo PCW.
Fonte: Acervo da Alkegen – Unifrax Brasil.

Exemplos de materiais isolantes à base de fibras refratárias (Figura 6.6).

Principais características da fibra cerâmica:

- baixa condutividade térmica;
- baixa capacidade calorífica;
- alta resistência o dano por choque térmico;
- alta resiliência e flexibilidade;
- resiliência – capacidade de retornar ao valor da dimensão original após espessura original após compressão de 50% de sua espessura;
- temperaturas de trabalhos de 500 a 1700°C;
- podem ser utilizadas como revestimento permanente ou de trabalho;
- menor inércia térmica (vantagem nos ajustes de temperatura em fornos industriais).

No caso específico de materiais moldados a vácuo, a utilização do sistema de VF (*vacuum form*) permite o fornecimento de produtos com desenhos das mais variadas formas e que, adaptados a partir do desenvolvimento de projetos específicos, esses produtos estão aptos a atender a solicitação do cliente.

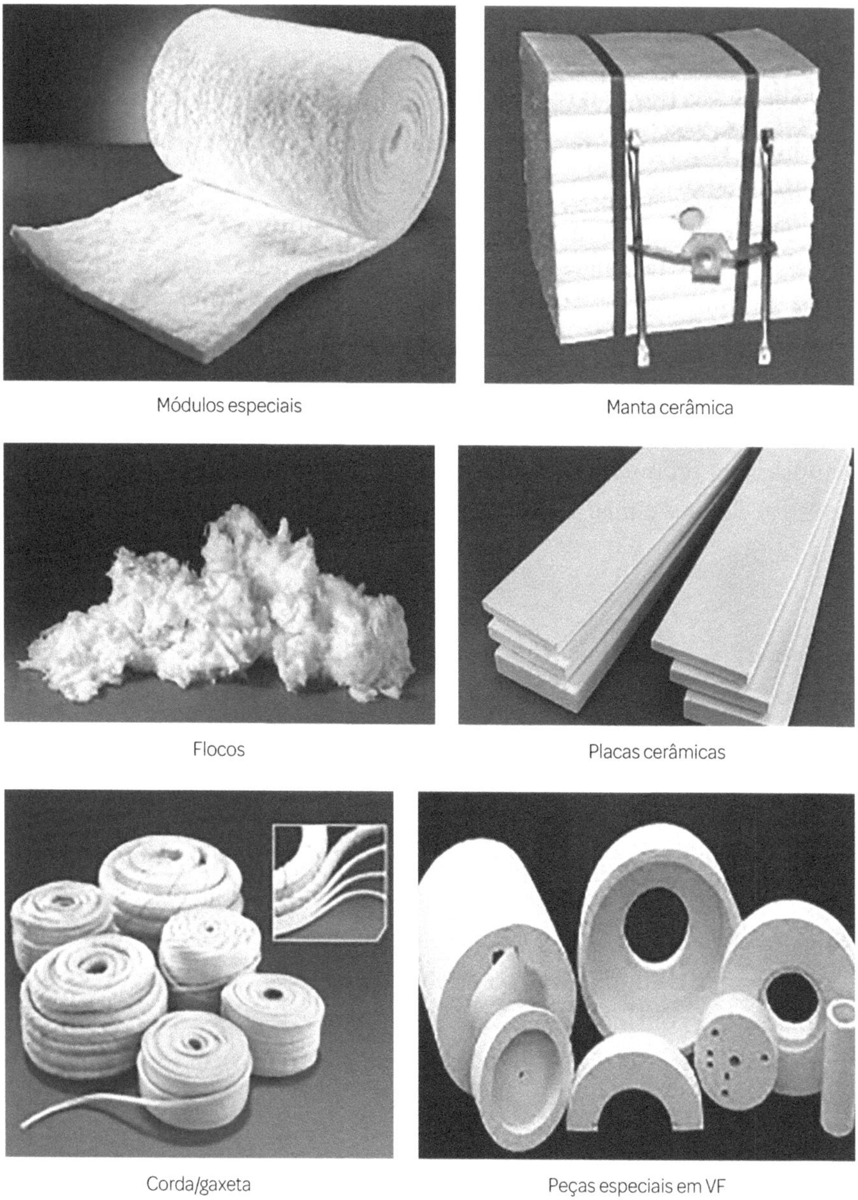

Módulos especiais — Manta cerâmica — Flocos — Placas cerâmicas — Corda/gaxeta — Peças especiais em VF

Figura 6.6 Exemplos de isolantes térmicos fibrosos.
Fonte: Acervo da Alkegen – Unifrax Brasil.

6.5 MÉTODOS DE TRANSFERÊNCIA DE CALOR NAS FIBRAS ISOLANTES TÉRMICAS

A transferência de calor global na matriz de materiais fibrosos pode ser descrita como o somatório das contribuições térmicas através da fibra e do meio. Essas contribuições envolvem mecanismos combinados de transporte de energia por condução na parte sólida das fibras, condução gasosa ou convecção natural nos espaços entre as fibras e troca de radiação térmica com o meio participante. Para reduzir a transferência de calor global em materiais fibrosos, é necessário encontrar o equilíbrio entre a diminuição da fração sólida, com o intuito de se reduzir a condução, enquanto se deve prover fibra suficiente para prevenir a convecção e reduzir o efeito da radiação. Adicionalmente, outras propriedades, como a resistência mecânica, também devem ser levadas em consideração.

No desenvolvimento matemático da conservação de energia para um problema de transferência térmica nas fibras, as seguintes premissas foram adotadas: convecção natural ínfima dado o reduzido tamanho dos poros entre as fibras; fluxo de calor unidimensional e entre duas superfícies planas e paralelas; radiação e condução acopladas em meio participante; regime estacionário; e geração de energia interna nula. Esse modelo está representado pela equação A, a qual descreve o fluxo de calor trocado entre as fibras e o meio mediante processos de difusão molecular e radiativo:

Equação A:

$$d\,(kc\ dT - qr) = 0$$

onde: kc refere-se ao coeficiente de condutividade térmica relacionado à condução na parte sólida das fibras (ks) e no gás (kg) aprisionado entre as fibras [W/(m.°K)]. Uma formulação analítica para explicar a condução térmica na parte sólida pode ser aproximada por meio da equação B. Esse modelo correlaciona a condutividade térmica da fibra isolante (ks) à condutividade térmica do material constituinte da fibra (ks*). Além disso, é definido que ks é independente do diâmetro das fibras e varia com a fração volumétrica de material sólido (fv, %) elevada a uma potência (b), tipicamente entre 1 e 3. Fs é uma propriedade adimensional global que relaciona efeitos microestruturais como o entrelaçamento das fibras e o contato entre elas. Esse parâmetro é considerado independente da variação da temperatura. Geralmente, os parâmetros b e Fs são determinados em condições extremas (vácuo e ambiente criogênico).

Equação B:

$$ks.(T) = F.fb.k^{*}(T)$$

Com relação à condução térmica do gás aprisionado entre as fibras, essa pode ser considerada dependente apenas da temperatura e independente da pressão de acordo com a termodinâmica clássica. Contudo, a troca de calor entre as moléculas do gás e as superfícies das fibras pode ser influenciada pela pressão do ambiente em atmosferas rarefeitas e regimes de transporte de transição de movimento. Estes regimes estão diretamente ligados ao efeito Knudsen, que explica o porquê da redução da condutividade do gás por intermédio da diminuição do tamanho do poro do material.

Cabe ressaltar que essa abordagem foi desenvolvida para os regimes de transporte de transição de movimento descritos, direcionado s para equipamentos industriais, tendo como exemplo fornos de tratamento térmico cuja pressão de trabalho é aproximadamente igual à atmosférica. Assim, o comportamento da condução do gás segue as premissas da termodinâmica clássica, ou seja, este depende da temperatura e pode ser estimado pela teoria cinética dos gases. Quanto à troca de radiação térmica com o meio participante, a condutividade térmica radiativa pode ser descrita pela aproximação de Rosseland, a qual tem uma abordagem similar à da lei de Fourier (difusão de calor) e à da lei de Fick (difusão de massa), dada por:

$$kr = 16n2\sigma T\ 33\beta r$$

Por meio da distribuição de temperaturas descrita pela equação K, é possível calcular o coeficiente global de condutividade térmica, aplicando-se a lei de Fourier. Grande parte dos métodos desenvolvidos para a determinação dessa propriedade física utiliza essa lei e considera as seguintes premissas para o cálculo do kt: processo de condução unidimensional; regime permanente; sem geração de energia; e entre superfícies planas. Dessa forma, o fluxo de energia térmica por unidade de área pode ser descrito por (o sinal negativo é consequência do fato de a energia ser transferida na direção de decréscimo da temperatura):

$$q = -\ kl\ \Delta T$$

onde: kt representa o coeficiente global de condutividade térmica [W/(m.°K)], ΔT é a diferença entre as temperaturas, T2-T1 [°K], e L é a dimensão característica pela qual a energia se propaga de forma majoritária [m]. Por fim, pode-se representar o coeficiente global de condutividade térmica, por meio do somatório de suas contribuições individuais. Essa propriedade física é descrita por:

$$kt = ks + kg + kr$$

Dessa forma, demonstra-se que, por meio da resolução do modelo matemático proposto, os coeficientes de condutividade térmica podem ser determinados. Esses valores estão representados na Figura 6.7. Observa-se que, para menores valores de densidade aparente e maiores temperaturas, tanto a radiação como a condução através do gás são consideradas modos dominantes de transferência de calor. A última é incrementada com o aumento da temperatura e da pressão estática no meio. Já a primeira torna-se dominante com o aumento da temperatura uma vez que a radiação pode ser emitida em uma taxa proporcional à terceira potência da temperatura absoluta da superfície ou meio. Os outros dois modos de transferência de energia, condução e convecção são proporcionais, em grande parte dos casos, à primeira potência da temperatura. A componente da radiação pode ser reduzida com o acréscimo no valor da densidade aparente do material fibroso. Essa afirmação parece ser contraditória uma vez que, para materiais isolantes porosos, o aumento do valor da condutividade térmica é proporcional ao aumento da densidade aparente.

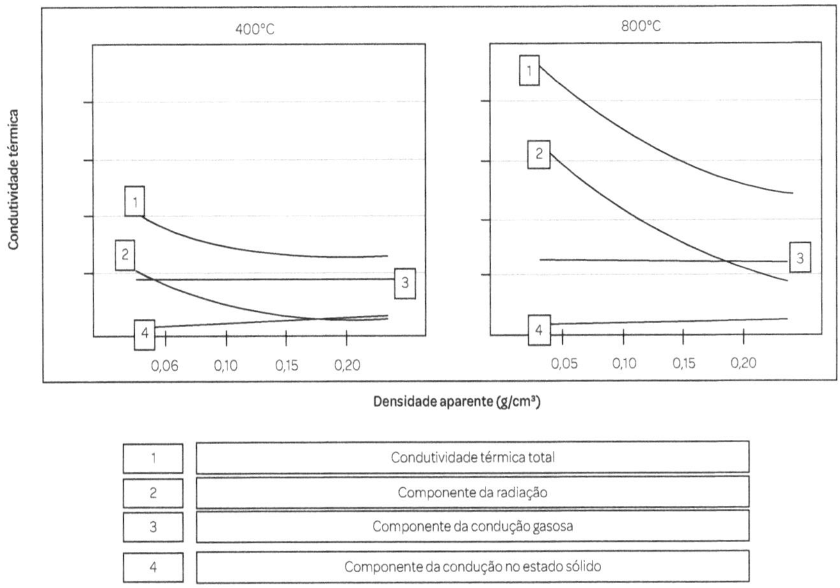

Figura 6.7 Separação dos valores de condutividade térmica.
Fonte: Acervo da Alkegen – Unifrax Brasil.

No caso específico das fibras isolantes térmicas, com valor limítrofe de densidade aparente de até 250kg/m^3, massa específica da fibra próxima a 2500kg/m^3 e porosidade superior a 90%, as fases gasosa e sólida podem ser consideradas contínua e descontínua, respectivamente. Tendo como base essa configuração, a condutividade térmica da fase majoritária é dominante até que a fração volumétrica da fase sólida ultrapasse o valor aproximado de 10%, podendo assim, ser considerada uma fase contínua e, consequentemente, contribuir para o aumento do valor da condutividade térmica global. Cabe ressaltar que outros parâmetros microestruturais, como distribuição do diâmetro das fibras, quantidade de material não fibrilizado, composição química, orientação das fibras e grau de cristalinidade, também devem ser levados em consideração quando comparações referentes à condutividade térmica global desses materiais forem efetuadas. Dessa forma, é importante discutir fisicamente como os mecanismos combinados de transporte de energia térmica interagem com a microestrutura de materiais fibrosos.

6.5.1 Condução

A condução térmica é a transferência de calor de uma parte de um corpo com uma temperatura mais elevada para outra parte do mesmo corpo a uma menor temperatura ou para outro corpo com uma menor temperatura e que tenham contato físico. A lei empírica da condução de calor é conhecida como lei de Fourier, a qual enuncia que a taxa de fluxo de energia por condução é dada por (o sinal negativo é consequência do fato de a energia ser transferida na direção de decréscimo da temperatura):

$$qk = - k\nabla T$$

onde:
qk = fluxo de calor por condução por unidade de área [W/m^2]
k = condutividade térmica [W/(m.K)]
T = temperatura [K]
∇ = operador del ou nabla

A condução térmica em meios fibrosos pode ocorrer pela parte sólida (fibra) e pelo ar aprisionado nos espaços vazios entre as fibras. O processo de condução na parte sólida das fibras pode ser explicado pela interação entre os fônons, que são vibrações atômicas ordenadas envolvendo o transporte de energia de moléculas mais energéticas para aquelas que têm menor nível de energia. O comportamento da condução por fônons em relação ao aumento da temperatura pode ser interpretado por meio de:

$$k = 1 \int \omega \; c\,(\omega) v 1\,(\omega).d\omega$$

onde:
J = velocidade média de propagação dos fônons
c(ω) = capacidade calorífica específica [J/(kg.K)]
l(ω) = tempo de relaxação dos fônons
ω = frequência de vibração dos fônons

O tempo de relaxação é proporcional ao livre caminho médio dos fônons (l). Esse último é definido como a distância média que uma onda eletromagnética pode trafegar sem sofrer nenhum tipo de atenuação ou espalhamento.

Inicialmente, a capacidade calorífica aumenta com a temperatura, mas se aproxima de um valor constante. A velocidade de propagação dos fônons permanece relativamente constante e o livre caminho médio é inversamente proporcional à temperatura. Para os materiais refratários cristalinos, nos quais as vibrações do retículo cristalino são modos primários de condução de energia, o efeito do livre caminho médio é dominante e a condutividade térmica diminui com o aumento da temperatura. Esse processo se instala mediante interações fônon-fônon, que ocasionam a atenuação das ondas elásticas térmicas devido ao aumento da desordem atômica. Quando se trata de fibras não cristalinas, em virtude de sua estrutura atômica já ser considerada desordenada, o valor do livre caminho médio não se altera significativamente com o aumento da temperatura. Assim, para esses materiais, a capacidade calorífica tem maior efeito na transferência de energia, e o valor da condutividade térmica na parte sólida das fibras aumenta com a temperatura.

Já o processo de condução no gás aprisionado entre as fibras está relacionado ao livre caminho médio ou à distância média percorrida entre duas colisões sucessivas das moléculas do gás. Esse processo pode ser estimado pela teoria cinética dos gases (equação E), por meio da qual se pode prever o valor do livre caminho médio entre as colisões das moléculas do gás estudado. Para as fibras e de acordo com os locais de instalação, apenas a temperatura é importante nesse contexto, uma vez que a pressão é constante e próxima a 1atm.

À medida que o valor de temperatura é incrementado, a distância média percorrida entre duas colisões sucessivas das moléculas do gás também é aumentada. Logo, pode-se concluir que as ondas eletromagnéticas percorrem um maior caminho antes de serem atenuadas e, consequentemente, os valores registrados de condutividade térmica gasosa são superiores quando comparados aos resultados anotados para temperaturas inferiores. Esse fato é verdadeiro, caso esse percurso for livre. Para a microestrutura do material estudado, em que se tem a presença de um emaranhado de fibras, se a distância entre suas paredes apresentar valores inferiores em relação ao livre caminho médio de colisão entre as moléculas do gás, o resultado da condutividade do gás aprisionado entre elas pode ser atenuado.

Na Figura 6.8, é apresentado um exemplo típico da microestrutura das fibras estudadas. Portanto, para que as contribuições do modo de transferência de calor por condução sejam minimizadas, tanto na fração sólida das fibras como no gás aprisionado entre as fibras, deve-se, primeiro, gerar materiais com maior fração de espaços vazios (porosidade) e, segundo, garantir que as distâncias entre as paredes das fibras sejam menores do que o livre caminho médio de colisão entre as moléculas do gás.

Figura 6.8 Microestrutura típica das fibras isolantes refratárias.
Fonte: Acervo da Alkegen – Unifrax Brasil.

6.5.2 Convecção

Esse modo de troca térmica está relacionado à transferência de calor de uma superfície restrita a um fluido em movimento ou relacionado à transferência de calor ao longo da posição do fluxo dentro do interior do fluido em movimento. Se essas trocas de energia forem induzidas por um soprador ou ventilador, o processo é denominado "convecção forçada". Se a movimentação do fluido decorrer da diferença de densidade produzida pela diferença de temperatura, o processo se denomina "convecção livre" ou "convecção natural". Quando a energia térmica ocorre entre a superfície de um sólido e o seu fluido adjacente, a taxa do fluxo de calor pode ser descrita pela lei de resfriamento de Newton, representada por:

$$qh = h \,.\, (Tw - Tf) = h \,.\, \Delta T$$

onde:
qh = fluxo de calor convectivo por unidade de área [W/m^2]
h = coeficiente de transferência de calor ou coeficiente de película [$W/(m^2.°K)$]
Tw = temperatura da parede [°K]
Tf = temperatura do fluido [°K]

A convecção em materiais porosos pode ser separada em dois eventos: convecção natural dentro dos poros fechados; e convecção natural e/ou forçada através dos poros abertos e intercomunicados. Quanto à microestrutura das fibras isolantes refratárias, não faz sentido falar em poros fechados, mas sim em uma possível subdivisão do gás (ar) aprisionado pelas fibras em poros considerados suficientemente pequenos (micrométricos), abertos e intercomunicados. Esse raciocínio é válido para materiais fibrosos com densidades iguais ou superiores a 20kg/m^3, nos quais a contribuição de transferência térmica por convecção natural pode ser negligenciada. Essa conclusão está evidenciada em outras pesquisas. Assim, considerou-se uma situação em que o gradiente de temperatura foi gerado na mesma direção da gravidade. Logo, para que a convecção natural ocorra, a força gravitacional deve ultrapassar o valor da resistência viscosa ocasionada pelas paredes das fibras. Essa relação entre as duas forças descritas é frequentemente caracterizada pelo número de Rayleigh, representado por:

$$Ra = \rho g \,.\, g \,.\, \chi g \,.\, L \,.\, \eta 1 \,.\, cpg \,.\, \Delta T \; vg\lambda g$$

onde:
ρg = densidade do gás [kg/m^3]
g = aceleração da gravidade [m^2/s]
χg = coeficiente de expansão térmica do gás [1/K]
L = espessura do material poroso [m]
$\eta 1$ = permeabilidade Darciana [m^2]
cpg = calor específico do gás [J/(kg.K)]
DT = diferença entre as temperaturas de face quente e face fria medidas na espessura do material poroso [K]
ν g = viscosidade cinemática do gás [m^2/s]
λ g = condutividade térmica do gás na ausência de convecção [W/(m.K)]

O número de Rayleigh crítico, para um meio poroso, acima do qual espera-se a ocorrência do processo de convecção natural, apresenta valor igual a $4\pi 2$.

Para comprovar ou não o efeito da convecção natural, foi adotado como exemplo um forno industrial que opera a 1000°C, pressão atmosférica (1atm) e que tem como revestimento de trabalho uma fibra cerâmica refratária (FCR) instalada na parede plana com as seguintes características: densidade aparente de 128kg/m^3; temperatura de classificação de 1260°C; e valores de condutividade térmica [W/(m.K)] próximos a 0,06 (200°C), 0,10 (400°C), 0,15 (600°C), 0,20 (800°C) e 0,27 (1000°C). Além desses pontos, considerou-se que o revestimento tem espessura de 203mm, é suportado por uma carcaça metálica e que, externamente a esta, ocorre convecção natural, radiação (emissividade da chaparia igual a 0,90) e temperatura ambiente de 30°C. Aplicando-se a lei de Fourier para uma condução unidimensional, regime estacionário, entre superfícies planas e sem geração de energia interna, a temperatura de face fria calculada é de 70°C. Dessa forma, considerando-se uma temperatura média entre as faces quente e fria do revestimento de 535°C, podem-se obter as propriedades do gás, que, para esse caso, é o ar. Esses valores estão apresentados na Tabela 6.3. Para a permeabilidade darciana, foi utilizado o valor de 1.10 a 10m^2. Por meio da equação Q, calculou-se o valor do número de Rayleigh igual a 0,02062.

Dessa forma, conclui-se para revestimentos em fibra isolante refratária, instalados em equipamentos que operam em altas temperaturas e pressões próximas à atmosférica, o efeito da convecção natural pode ser desprezado. Já quando a convecção for forçada através dos poros abertos e intercomunicados, esta pode ser gerada pela diferença de pressão ao longo da espessura do material devido à utilização de alguma força motriz natural (vento) ou induzida (ventilador). Julgando essa contribuição para os testes de condutividade térmica ou fornos siderúrgicos, como ambos são conduzidos em pressões próximas à atmosférica, esse fator pode ser desprezado uma vez que não há diferença entre as pressões interna e externa nesses equipamentos e, consequentemente, entre a espessura do revestimento refratário.

Tabela 6.3 Propriedades do ar na temperatura de 535°C e pressão de 1atm.

ρg (kg/m^3)	χg (10^{-3} 1/K)	cpg (J/kg.K)	νg (10^{-4} m^2/s)
0,4353	1,154	1099	0,8498

Fonte: Acervo da Alkegen – Unifrax Brasil.

6.5.3 Radiação

Neste capítulo, o foco para a explicação dos modos de contribuição de transferência térmica em meios fibrosos está direcionado para equipamentos industriais que operam em altas temperaturas, mais especificamente entre 600 e 1400°C. Esse fato torna a radiação térmica dominante uma vez que a condutividade radiativa (kr) representada pela aproximação de Rosseland, na equação G, varia com a temperatura elevada à 3ª potência. Em contrapartida, as componentes de condução nas fibras e no gás são dependentes da temperatura elevada à 1ª potência. Outro ponto que deve ser avaliado na transferência de energia por radiação térmica é o coeficiente de extinção médio de Rosseland (βr). Fisicamente, esse parâmetro representa a taxa de atenuação do fluxo de energia térmica passando através do material, ou seja, para o caso das fibras isolantes refratárias, é a porção de energia transmitida através desses revestimentos após parte dessa radiação ter sofrido um processo de absorção e espalhamento, também conhecido como "extinção". Dessa forma, compreender como esses dois efeitos interagem com a microestrutura das fibras, dentro da faixa de temperatura descrita, pode contribuir para explicar os baixos valores das condutividades térmicas registrados para esses produtos. Avaliando-se a microestrutura das mantas de fibras isolantes refratárias, estas apresentam valores de porosidade superiores a 95%. Assim, o julgamento da contribuição referente à radiação térmica é dividido em duas fases: a parte relativa à fração sólida; e outra em relação aos espaços vazios preenchidos por ar, como se fossem considerados poros. A metodologia adotada neste capítulo é a mesma para a fase sólida e para a fase de vazios.

Considerando-se a parte sólida (fibras) como se fossem pequenas partículas, as ondas eletromagnéticas ou fótons que propagam pelo meio podem ser transmitidos, refletidos ou absorvidos. Adicionalmente, a interação da radiação térmica com as fibras pode mudar a direção de propagação do fóton. Isso pode se efetivar por meio de três mecanismos distintos: difração (alteração do caminho do fóton sem colidir com a fibra); reflexão (mudança da direção do fóton após colisão com a fibra); refração (fóton penetra na fibra, mudando a sua direção). Os três mecanismos juntos são denominados "espalhamento". Logo, na presença dos processos de absorção e espalhamento, a transmissividade do material deve ser incrementada de acordo com:

$$T\eta = e\text{-}(K\eta + \sigma s\eta)\ .\ L$$

onde:

$T\eta$ = transmissividade espectral [-]

$\kappa\eta$ = coeficiente de absorção espectral [cm^{-1}]

$\sigma\eta$ = coeficiente de espalhamento espectral [cm^{-1}]

L = espessura do material [cm]

O somatório dos dois parâmetros é conhecido como "coeficiente de extinção espectral".

O processo de espalhamento pode ser determinado pelo tamanho relativo das partículas (fibra ou poros) comparado ao comprimento de onda da radiação térmica. Três critérios distintos podem ser avaliados e estão representados por: i) $\pi d/\lambda >> 1$, partículas grosseiras – óptica geométrica; ii) $\pi d/\lambda << 1$, partículas finas – espalhamento de Rayleigh; e iii) $\pi d/\lambda = 1$, espalhamento de Mie, onde d é o diâmetro efetivo da partícula [m] e λ é o comprimento de onda do fóton [m]. Utilizando-se os valores dos comprimentos de ondas calculados referentes aos picos de emissão a 600 e 1300°C, o provável regime que representa essas condições é o de espalhamento de Mie. Este descreve o resultado da interação de uma onda eletromagnética plana com partículas de formato esférico cuja distribuição de diâmetros e cujos índices de refração sejam conhecidos. Essa solução pode ser aplicada mesmo para partículas não esféricas, se a microestrutura do material for composta por partículas aleatoriamente orientadas, como é se observa nas fibras isolantes térmicas estudadas. Para calcular os coeficientes de espalhamento para cada comprimento de onda, foi utilizada uma página da web interativa, na qual é possível utilizar a solução de Mie. Para estes cálculos, foram considerados os dois comprimentos de onda, 1,8415μm (1300°C) e 3,3178μm (600°C), porosidade das fibras de 95% e valor do índice de refração do meio de 1,027. Cabe ressaltar que, como a fração volumétrica de vazios é dominante, essa avaliação foi realizada para esse parâmetro e, posteriormente, a mesma linha de raciocínio foi adotada para a parte sólida, e que os espaços entre as fibras foram considerados como se fossem poros. Os valores dos coeficientes de espalhamento *versus* a distância entre as paredes das fibras, para os comprimentos de onda da radiação térmica a 1300 e 600°C, estão representados na Figura 6.9.

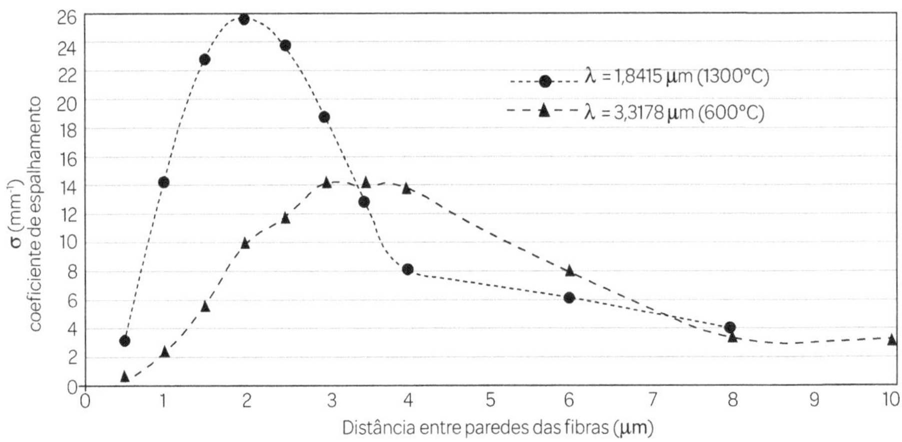

Figura 6.9 Coeficiente de espalhamento *versus* distância entre as paredes das fibras para λ = 3,3178μm (600°C) e λ = 1,8415μm (1300°C).
Fonte: Acervo da Alkegen – Unifrax Brasil.

Para o comprimento de onda de 3,3178μm (600°C), os coeficientes de espalhamento apresentam maiores valores para distância entre as paredes das fibras compreendida no intervalo de 1 a 3μm. Já para o comprimento de onda de 1,8415μm (1300°C), esta faixa encontra-se entre 2 e 6μm. Dessa forma, dentro do intervalo de temperatura de utilização das fibras isolantes refratárias, neste capítulo, para que o modo de contribuição de transferência de energia por intermédio da radiação térmica seja atenuado, os espaços entre as fibras devem apresentar dimensões variando entre 1 e 6μm. Cabe ressaltar que esses espaços foram considerados como se fossem pequenos poros esféricos com gás (ar) aprisionado. Outra constatação retirada da Figura 6.9 é que o processo de atenuação se torna mais intenso à medida que a temperatura é incrementada. Essa conclusão está ancorada na Figura 6.7, na qual os resultados de cada contribuição dos modos de transferência de energia térmica nas fibras estão estratificados para duas temperaturas distintas. Após a compreensão da interação da microestrutura de meios fibrosos com os fótons, é possível apresentar parâmetros relevantes das fibras que as tornam vantajosas comercialmente quando comparadas a outros materiais refratários comumente empregados nas indústrias.

6.5.4 Parâmetros e propriedades físicas dos materiais

- **Massa específica e densidade aparente das fibras:** os valores de massa específica da fibra por categoria são FCR 2,6-2,7g/cm^3 e AES 2,5g/cm^3. Para as PCW, têm-se para as fibras de mulita 2,9-3,3g/cm^3 e, para as fibras de alumina, 3,3-3,9g/cm^3. Os valores da densidade aparente para as três categorias de materiais aqui apresentados variam conforme o método de fabricação, tipo e formato do produto. Para o formato em manta, os valores típicos da densidade aparente das fibras FCR e AES são 64, 96, 128, 160 e 192kg/m^3. Já para a PCW, têm-se valores de 60, 100 e 120kg/m^3. Logo, por essas fibras apresentarem baixo valor de densidade aparente quando comparadas a outros tipos de refratários, uma menor quantidade de energia é demandada para atingir o equilíbrio térmico ao longo de todo revestimento.

Essa característica apresenta duas vantagens no cenário de produtividade em relação aos demais isolantes. A primeira está ligada a uma menor quantidade de material necessária para cumprir a finalidade de conservação de energia como revestimento térmico. Exemplificando, enquanto as fibras PCW utilizadas em temperatura constante de 1500°C têm valor médio de densidade aparente próximo a 100kg/m^3, tijolos isolantes que podem ser expostos à mesma temperatura de trabalho sem a perda de suas propriedades físicas têm valores próximos a 1000kg/m^3. Dessa forma, esses tijolos isolantes apresentam 10 vezes mais massa a ser aquecida quando comparados às fibras de mesma refratariedade. Com isso, toda a estrutura mecânica e civil do equipamento revestido com esses produtos pode ser menos robusta e, consequentemente, o custo inicial de instalação é menor. Outra vantagem é a quantidade de energia e tempo gastos para promover o encharque do revestimento. Como a massa total do revestimento é no mínimo 10 vezes inferior à do outro produto, em processos intermitentes e/ou em ajustes nas temperaturas de tratamento térmico de diferentes produtos, o forno industrial tem maior disponibilidade produtiva. Além disso, a densidade aparente fornece uma medida indireta da capacidade de absorção de calor na forma de energia e esses dois parâmetros podem ser utilizados em conjunto para se obterem as frações volumétricas das porções sólida (VS) e de vazios (Vv).

- **Porosidade total:** a porosidade total de materiais refratários é dita como o somatório entre as partes consideradas abertas (quantidade de poros abertos ou interconectados acessíveis ao preenchimento por algum fluido e são majoritários na microestrutura dos refratários) e fechadas (inacessíveis ao preenchimento). Valores de porosidade encontrados na literatura para as mantas de fibras isolantes refratárias são, em geral, superiores a 90% e algumas pesquisas trazem valores superiores a 95%. Considerando valores de densidade aparente próximos a 128kg/m^3, os resultados de porosidade esperados para as três classes de fibras são FCR e AES próximo a 95% e PCW próximo a 97%.
- **Diâmetro médio das fibras:** os valores dos diâmetros médios das fibras por categoria são aproximadamente 1 a 3μm para a FCR, 2 a 4μm para a AES, 3a 6μm para PCW (mulita) e 3 a 0μm para PCW (alumina). Avaliando-se esse parâmetro em relação ao espalhamento da radiação térmica, verifica-se que os valores médios registrados se encontram dentro da faixa dos espectros do infravermelho próximo (λ = 0,78-2,5μm) e médio (λ = 2,5-5,0μm).
- **Comprimento das fibras:** os valores dos comprimentos das fibras por categoria, mesmo não apresentando resultados exatos, podem ser assim representados: FCR e AES variando entre μm e cm e PCW (mulita e alumina) na ordem de centímetros.
- **Materiais não fibralizados:** pequenos grãos de vidro (formato globular ou de meia-lua) que não são transformados em fibras recebem a denominação de *shot*. Esse produto tem um diâmetro médio próximo ou superior a 60μm. Os valores de *shot* para as três categorias de produtos estudados podem variar para: FCR entre 20% e 45%; AES entre 35% e 40%; e PCW próximo a 30%. Contudo, esses valores diferem significativamente dependendo do fabricante, processo de manufatura e qualidade da matéria-prima. O *shot* para fibras policristalinas à base de mulita pode alcançar valores próximos a 5%, sendo que a presença desse material não fibralizado contribui negativamente para as propriedades físicas dos produtos. Avaliando-se o aspecto ligado à resistência mecânica, assumindo-se que uma manta em fibra isolante apresente densidade aparente de 128kg/m^3 e tenha teor de 50% em *shot*, a sua nova densidade aparente seria 64kg/m^3. Logo, o valor de sua resistência à tração seria compatível ao de uma fibra de densidade aparente igual a 64kg/m^3. Já em relação ao aspecto térmico, é o valor da sua dimensão

característica, o diâmetro médio, que influencia negativamente. Como os valores dessa grandeza são superiores quando comparados ao diâmetro médio das fibras, essa característica torna o produto menos eficiente em relação ao espalhamento da radiação térmica nos espectros do infravermelho próximo ($\lambda = 0{,}78\text{-}2{,}5\mu m$) e médio ($\lambda = 2{,}5\text{-}5{,}0\mu m$).

- **Orientação das fibras:** todas as três classes de materiais são consideradas um aglomerado não direcional de fibras com distribuições variadas de diâmetro e comprimento. A não direcionalidade das fibras, também descrita como orientação randômica no espaço ou no plano ou mesmo alinhada em determinados planos, pode atenuar a radiação térmica em maiores ou menores proporções. Para as fibras, consideradas partículas cilíndricas infinitas (comprimento muito superior ao diâmetro) e apresentando orientação randômica no espaço, o ângulo máximo de espalhamento também pode ser adotado igual a π.
- **Condutividade térmica:** os valores típicos de condutividade térmica das três categorias de fibras estudadas estão representados na Tabela 6.4. Esses produtos apresentam as seguintes características: formato de manta; densidades aparentes de $128kg/m^3$ para as fibras AES e FCR e $100kg/m^3$ para as fibras PCW; e temperatura de classificação de 1300°C (AES), 1425°C (FCR) e 1600°C (PCW). A metodologia adotada na obtenção dos coeficientes de condutividade térmica seguiu as premissas da norma American Society for Testing and Materials, a ASTM-C-201 (*Standard Test Method for Thermal Conductivity of Refractories*). Na Figura 6.10, estão representados os materiais refratários que apresentam os melhores desempenhos como isolantes térmicos em altas temperaturas, comumente empregados nos setores industriais.

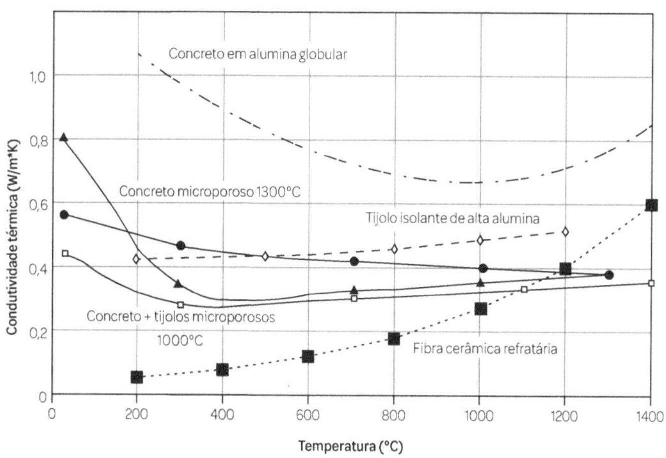

Figura 6.10 Condutividade térmica de materiais refratários isolantes para altas temperaturas.
Fonte: Acervo da Alkegen – Unifrax Brasil.

Observa-se que as fibras cerâmicas refratárias apresentam menores valores de condutividade térmica abaixo de 1000°C, sendo superadas apenas por materiais microporosos após temperaturas próximas a 1100°C.

Tabela 6.4 Valores típicos de condutividade térmica, K [W/(m.K)], de três categorias de fibras.

T(°C)	AES	FCR
200	0,04	0,06
400	0,08	0,10
600	0,14	0,15
800	0,23	0,20
1000	0,34	0,27
1200	0,48	0,32

Fonte: Acervo da Alkegen – Unifrax Brasil.

6.5.5 Considerações gerais

As fibras isolantes térmicas, mais precisamente as três classes de materiais FCR, AES e PCW, têm características particulares que garantem a sua utilização como revestimento de trabalho em fornos industriais que operam em altas temperaturas. Os três principais modos de contribuição de transferência de energia térmica através da microestrutura de meios fibrosos são condução na parte sólida das fibras, condução gasosa nos espaços entre as fibras e troca de radiação térmica com o meio participante. Para o primeiro fenômeno e em relação às fibras PCW, como as vibrações do retículo cristalino são consideradas os modos primários de condução de energia e o efeito do livre caminho médio é dominante, a condutividade térmica diminui com o aumento da temperatura. Já para as fibras FCR e AES, devido ao seu arranjo atômico ser constituído de forma desordenada, a capacidade calorífica produz maior efeito na transferência de energia. Logo, o valor da condutividade térmica é incrementado com o aumento da temperatura. Quanto à condução no gás e conforme estabelece a termodinâmica clássica, a condutividade térmica do ar aprisionado entre as fibras aumenta com o incremento da temperatura. Contudo, esse valor pode ser atenuado à medida que as distâncias entre as paredes das fibras são reduzidas a valores inferiores à distância média percorrida entre duas colisões sucessivas das moléculas do ar (lar). Exemplificando, para temperaturas próximas a 1050°C, o lar é igual a 0,4508μm. Dessa forma, se a distância entre as fibras for inferior a esse valor, o coeficiente de condução térmica do gás é reduzido, uma vez que o ar não se move livremente. Cabe ressaltar que a contribuição gasosa é diretamente proporcional ao aumento da temperatura. A presença das fibras exerce um efeito de atenuação nesse modo de transferência de energia térmica. Em relação à troca de energia térmica em meios fibrosos considerados participantes, a radiação pode ser emitida em uma taxa proporcional à 3ª potência da temperatura absoluta da superfície ou meio. Assim, sua contribuição para o aumento da condutividade térmica global é incrementada com a elevação da temperatura. Outro comportamento particular desses materiais está relacionado à quantidade de fração de vazios. Para valores de porosidade superiores a 90%, o aumento da fração sólida até valores de densidade aparente próximos a 250kg/m^3 reduz a contribuição da radiação térmica na transferência de energia. Isso se deve a três fatores: o primeiro considera que, para valores de porosidade próximos e/ou superiores a esse percentual, a fração volumétrica de vazios pode ser considerada uma fase contínua e a fração volumétrica da porção sólida pode ser adotada como descontínua. Dessa forma, a fase composta por vazios é julgada como dominante no processo de radiação térmica. O segundo fator avalia como a presença de espaços vazios interage com os fótons. Considerando-se equipamentos industriais que operam na faixa de temperatura de 600 a 1300°C, caso a distância entre as paredes das fibras esteja compreendida entre os valores dos comprimentos de onda dos espectros do infravermelho próximo (λ = 0,78-2,5μm) e do infravermelho médio (λ = 2,5-5,0μm), a radiação térmica tende a ser atenuada mediante o processo conhecido como espalhamento. O terceiro e último fatores estão relacionados à parte sólida. Dentro da mesma linha de raciocínio adotada anteriormente para a fração vazia, diâmetros de fibras compreendidos entre 1 e 6μm também contribuem na atenuação do efeito radiativo. Somado a esse fator, a aleatoriedade da orientação das fibras também contribui para o espalhamento da radiação. Dessa forma, quando os princípios físicos básicos que regem a transferência de energia térmica em meios fibrosos são descritos, ao se apresentarem os parâmetros microestruturais das fibras, fica mais fácil compreender a razão de seu baixo valor de condutividade térmica e de sua importância para o alcance de metas vinculadas à eficiência energética e à produtividade nos meios industriais.

Durante a concepção de um projeto de revestimento refratário para equipamentos industriais, três aspectos básicos devem ser levados em consideração: eficiência energética/produtividade; emissão de CO_2; e saúde/segurança ocupacional. Avaliando-se essas três exigências do mercado, os isolantes térmicos fibrosos apresentam importantes características que fazem com que esses produtos tenham alto valor agregado para as indústrias. Nesse contexto, este capítulo buscou apresentar as três classes de fibras comparando-as a revestimentos refratários comumente empregados no ramo siderúrgico.

6.6 APLICAÇÕES DE ISOLANTES

Já é uma realidade a utilização de materiais constituídos em fibra cerâmica na parede, no teto e nos *skids* dos fornos de reaquecimento de placas (Figura 6.11).

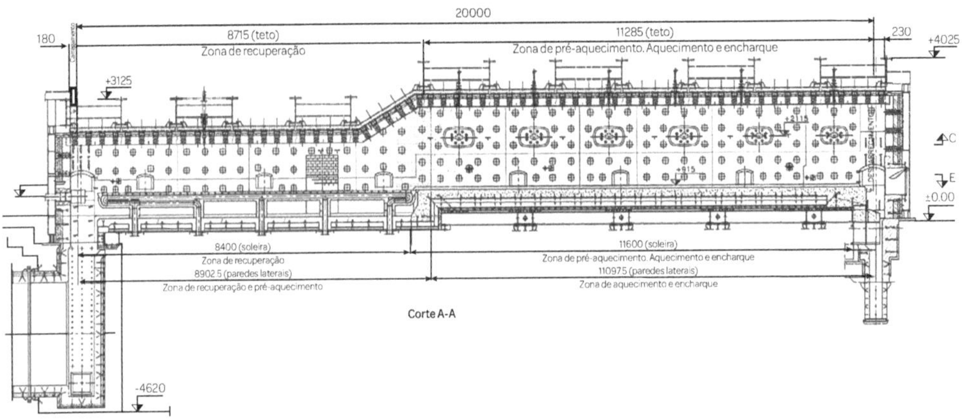

Figura 6.11 Fornos de reaquecimento de placas mistas de *walking beam* e *walking hearth*.
Fonte: Acervo da Alkegen – Unifrax Brasil.

Figura 6.12 Fornos de reaquecimento de placas (região teto).
Fonte: Acervo da Alkegen – Unifrax Brasil.

Figura 6.13 Fornos de reaquecimento de placas (região paredes).
Fonte: Acervo da Alkegen – Unifrax Brasil.

Figura 6.14 Fornos de reaquecimento de placas-*skids* moldadas em FC.
Fonte: Acervo da Alkegen – Unifrax Brasil.

Figura 6.15 Fornos de aquecimento-lintel utilizando módulos especiais.
Fonte: Acervo da Alkegen – Unifrax Brasil.

Figura 6.16 Fornos de aquecimento – porta.
Fonte: Acervo da Alkegen – Unifrax Brasil.

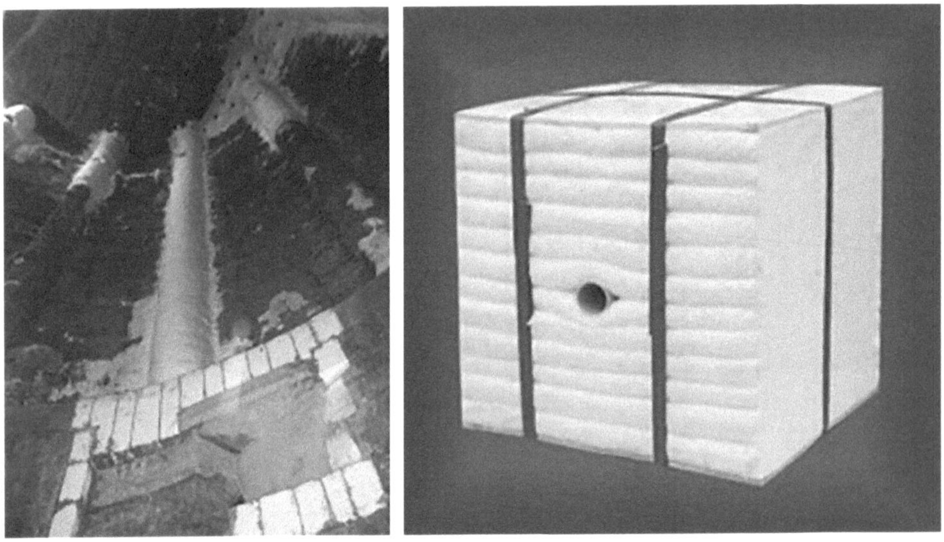

Figura 6.17 Fornos de recozimento utilizando módulos especiais.
Fonte: Acervo da Alkegen – Unifrax Brasil.

Figura 6.18 Fornos de recozimento utilizando módulos especiais.
Fonte: Acervo da Alkegen – Unifrax Brasil.

Figura 6.19 Placas em fibra cerâmica – isolamento térmico de distribuidores.
Fonte: Acervo da Alkegen – Unifrax Brasil.

Figura 6.20 Placas em fibra cerâmica – isolamento térmico de panelas de aço.
Fonte: Acervo da Alkegen – Unifrax Brasil.

Figura 6.21 Placas em fibras cerâmicas – isolamento térmico em convertedor LD.
Fonte: Acervo da Alkegen – Unifrax Brasil.

Acesse as imagens coloridas do capítulo.

REFERÊNCIAS

(1) REFRACTORIES Handbook. Japan: the technical association of refractories, 1998.

(2) NIPPON STEEL TECH. *Report 98*, p. 110-115, 1998.

(3) AM. SOC. TEST. MATER. ASTM C892. *Standard specification for high-temperature fiber blanket thermal insulation*. Estados Unidos, 1993.

(4) BELLMANN, B.; SCHAEFFER, H. A.; MUHLE, H. *Ann. Occup. Hyg.* 46, p. 166-169, 2002.

(5) BROWN, R. C.; BELLMANN, B.; MUHLE, H.; ERNST, H.; POHLMANN, G.; SÉBASTIEN, P. *Ann. Occup. Hyg.* 46, p. 102-104, 2002.

(6) COMODI, P.; CERA, F.; GATTA, G. D.; ROTIROTI, N.; GARAFONI, P. *Ann. Occup. Hyg.* 54, p. 893-903, 2010.

(7) GUALTIERI, A. F.; FORESTI, E.; LESCI, I. G.; ROVERI, N.; GULATIERI, M. L.; DONDI, M.; ZAPPAROLI, M.; HAZARD, J. *Mater.* 162, p. 1494-1506, 2009.

(8) BINDE, G.; BOLENDER, T. Gefahrst. *Reinhalt. L.* 62, 6, p. 273-278, 2002.

(9) DYSON, D. J.; BUTLER, M. A.; FISHER, R.; HUGHES, R. J.; HICKS, G. W. *Ann. Occup. Hyg.* 41, 5, p. 561-590.

(10) EUR. COMM. STANDARDIZATION. EN 1094-1. *Insulating refractory products – terminology, classification and methods of test for high temperature insulation wool products.* Bruxelas, 2008.

(11) BUNDESANSTALT FÜR ARBEITSSCHUTZ UND ARBEITSMEDIZIN. *Technical rules for hazardous substances, TRGS 619, Substitute materials for aluminium silicate wool products.* Alemanha, 2007.

(12) INST. AÇO BRASIL. Aço Brasil. Disponível em: http://www.acobrasil.org.br. Acesso em: 15 maio 2014.

(13) PLANO DA COMISSÃO EUROPEIA. Europa 2020, 30. Plano da Comissão Europeia, Europa 2020. Disponível em: http://ec.europa.eu/europe2020index_en.htm. Acesso em: 20 jun. 2014.

(14) MENDES, M. L. A. *Fundamentos da ciência e engenharia de aplicação* – materiais fabricados em fibra cerâmica. São Paulo: EPUSP, 2004.

(15) MATSUMOTO, T.; ITAKUSU, M.; IMAGAWA, H. *Reinforcement of the support structure for ceramic fiber blocks in a reheat furnace.* UNITECR 2019 – 16th Biennial Worldwide Congress. Yokohama, Japão, 2019.

(16) SILVA, D. G. M; VASCONCELOS, W. L. S. Isolante térmico fibroso: motivos de sua utilização como revestimentos de trabalho em equipamentos industriais que operam em altas temperaturas. Revisão da literatura – parte I. *Cerâmica.* 2017.

(17) DUARTE, A. K. *Curso fundamentos em refratários.* Belo Horizonte, 2018.

(18) MENDES, M. L. A.; BELOTTI, J. C. *Materiais constituídos à base de fibra cerâmica.* 1. ed. Vinhedo; São Paulo.

Capítulo 7
PROJETOS DE REVESTIMENTOS REFRATÁRIOS

Elson Sorrente Coutinho (in memoriam)
Guilherme Machado Pedrosa
Giocondo Zago Neto
Caiuã Melo

7.1 OBJETIVOS

Este capítulo abordará os princípios básicos para um projeto de revestimento refratário, abrangendo de forma geral os diferentes conceitos em termos de formatos e elementos construtivos, bem como detalhes típicos de construção. Portanto, sem entrar em aplicações específicas, a finalidade do capítulo será a de proporcionar uma visualização mais próxima de um projeto de revestimento refratário. Dessa forma, com os conhecimentos absorvidos, será possível encontrar soluções por meio de especificações, desenhos e quantificação de materiais.

O capítulo enfocará o projeto de revestimento refratário considerando concluída a engenharia básica, permitindo seu desenvolvimento, cuja finalidade será a proteção dos equipamentos contra a agressividade imposta pelos processos industriais. Com as informações apresentadas pelos projetos de engenharia básica, juntamente com as características dos materiais envolvidos, serão elaborados os projetos de revestimentos refratários que fornecerão as orientações básicas para a montagem.

Os projetos de engenharia básica normalmente apresentam o perfil interno do revestimento e, em alguns casos, sugerem a composição completa do revestimento, bem como a especificação dos materiais (Figuras 7.1 a 7.3).

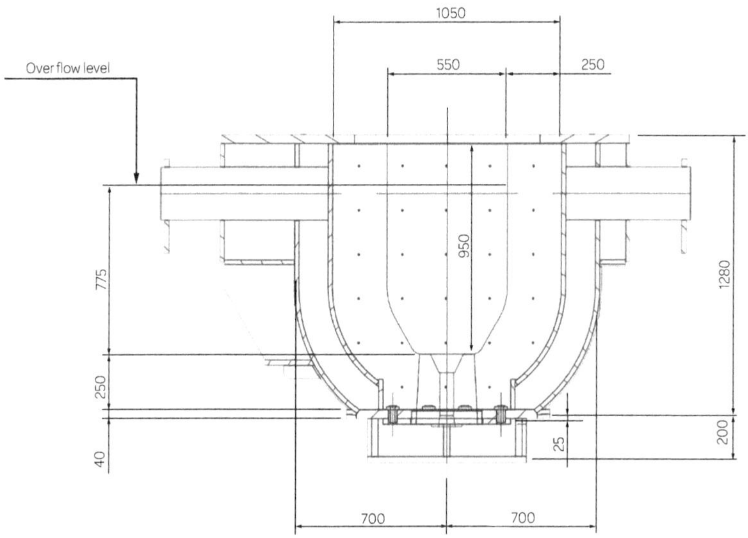

Figura 7.1 Seção típica de um distribuidor.
Fonte: Acervo da RHI Magnesita.

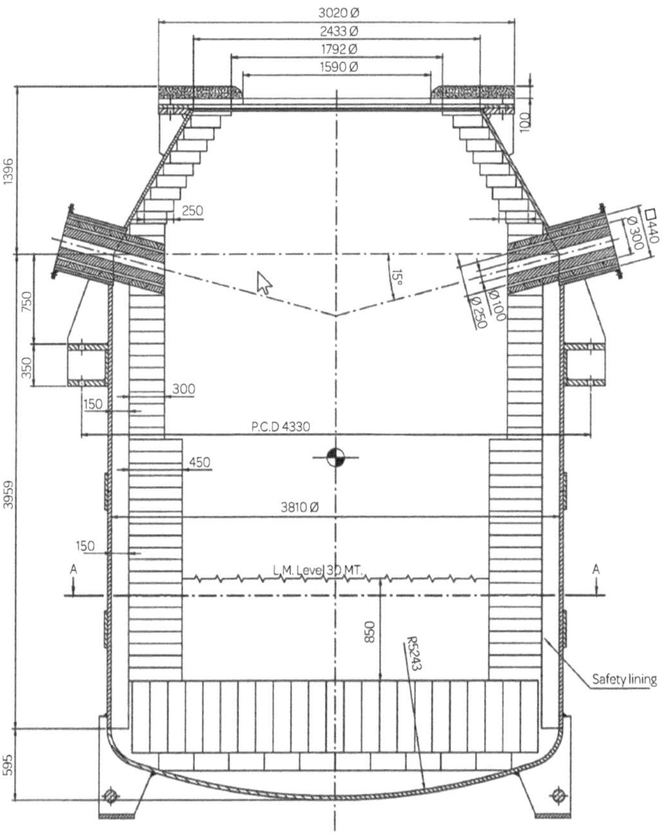

Figura 7.2 Arranjo geral de um convertedor MRP-L.
Fonte: Acervo da RHI Magnesita.

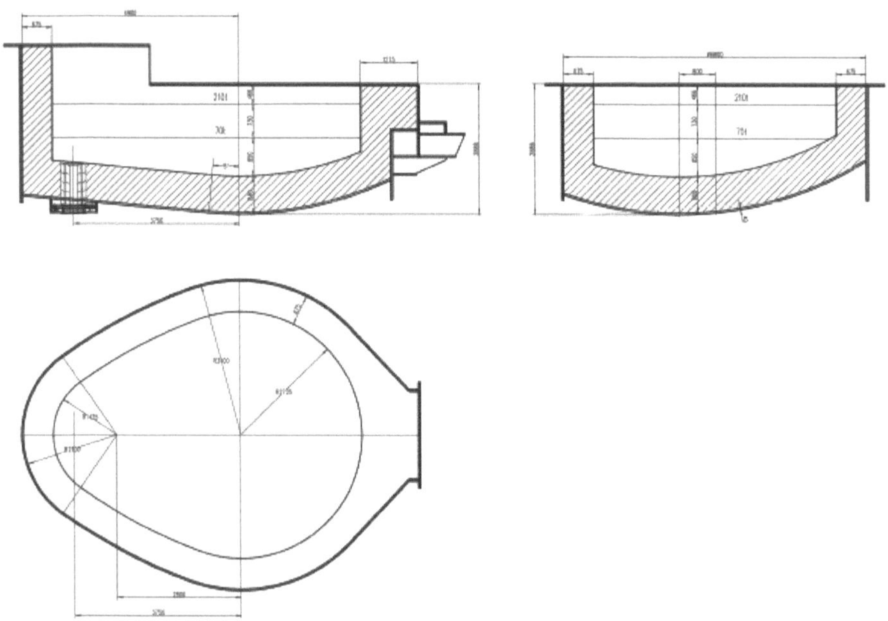

Figura 7.3 Vistas principais de um forno elétrico a arco (FEA).
Fonte: Acervo da RHI Magnesita.

7.2 QUAL A FINALIDADE DE UM PROJETO DE REVESTIMENTO REFRATÁRIO?

O projeto de revestimento refratário consiste na concepção, especificação e quantificação, com o uso dos distintos tipos e classes de materiais refratários envolvidos num equipamento, que venham a refletir numa adequação técnica e econômica às condições específicas desse equipamento e de suas solicitações operacionais.

Esse projeto deve ser útil para permitir a aprovação técnica de um conceito, a elaboração de um orçamento para fornecimento, a fabricação das peças refratárias e a montagem do conjunto de refratários.

Um projeto de revestimento refratário poderá ser apresentado em etapas preliminares para a aprovação e orçamento, ou em caráter definitivo para montagem.

7.2.1 Projeto preliminar

É apresentado, na Figura 7.4, um projeto preliminar com detalhes mínimos para visualização genérica do perfil e marcas dos produtos e com lista de materiais para orçamento e aprovação.

7.2.2 Projeto definitivo

É apresentado, na Figura 7.5, um projeto definitivo com todos os detalhes suficientes para uma boa interpretação e visualização do equipamento, detalhes para fabricação, listagem completa dos materiais e detalhes para montagem.

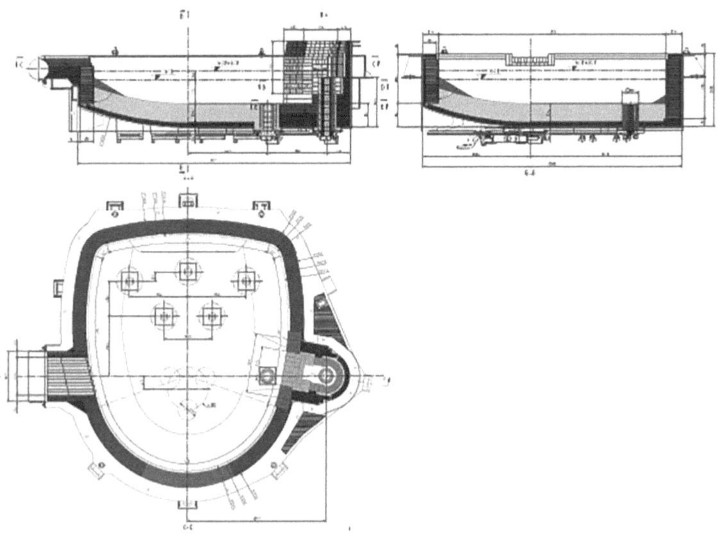

Figura 7.4 Exemplo de projeto preliminar.
Fonte: Acervo da RHI Magnesita.

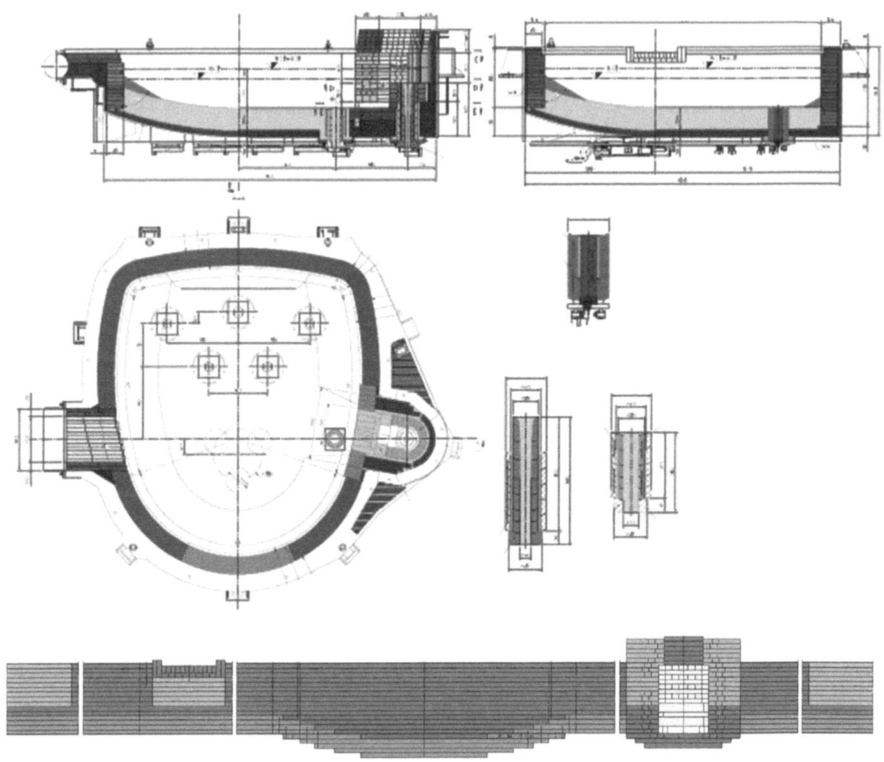

Figura 7.5 Exemplo de projeto definitivo.
Fonte: Acervo da RHI Magnesita.

7.3 ETAPAS DE UM PROJETO DE REVESTIMENTO REFRATÁRIO

- **Obtenção de dados:**
  - análise crítica da documentação recebida;
  - identificação do escopo;
  - solicitação das informações faltantes.
- **Identificação dos principais parâmetros:**
  - Operacionais:
    - função do equipamento;
    - material processado;
    - ataques químicos e físicos;
    - continuidade operacional;
    - fontes de calor;
    - temperaturas internas.
  - Refratários:
    - peças refratárias prensadas, moldadas, queimadas, curadas;
    - uso de monolíticos, peças pré-moldadas;
    - padronização de formatos;
    - manuseio;
    - características físicas;
    - propriedades químicas.
  - Projeto e construção:
    - geometria e volume do equipamento;
    - concepções e dimensões de paredes, pisos e tetos;
    - cargas localizadas no equipamento;
    - locais das fontes de calor;
    - locais de interferências no equipamento;
    - necessidade de isolamento térmico;
    - construção com tijolos e/ou monolíticos;
    - estabilidade do revestimento;
    - condições mecânicas das regiões;
    - juntas de expansão e argamassas.
  - Econômicos:
    - custos de transporte e montagem;
    - uso de formatos padronizados e especiais;
    - vida útil e garantias.

7.4 FORMATOS PADRONIZADOS

Os formatos padronizados inicialmente introduzidos no Brasil tiveram a sua origem nos padrões norte-americanos da norma da American Society for Testing and

Materials (ASTM). Suas dimensões foram convertidas de polegadas para milímetros pela norma da Associação Brasileira de Normas e Técnicas (ABNT). Essa padronização estabeleceu dimensões adequadas às construções refratárias para uso generalizado.

Inicialmente, houve uma concentração no uso exclusivo dos formatos padronizados pela norma ABNT e, depois, com a padronização oriunda de outras fontes, como as normas ISO, series p. e Mini Key, que são de origem europeia, foi ampliada a padronização.

Os formatos padronizados podem ser distribuídos em quatro geometrias básicas denominadas "paralelo", "arco", "cunha" e "radial" (Figuras 7.6 a 7.9).

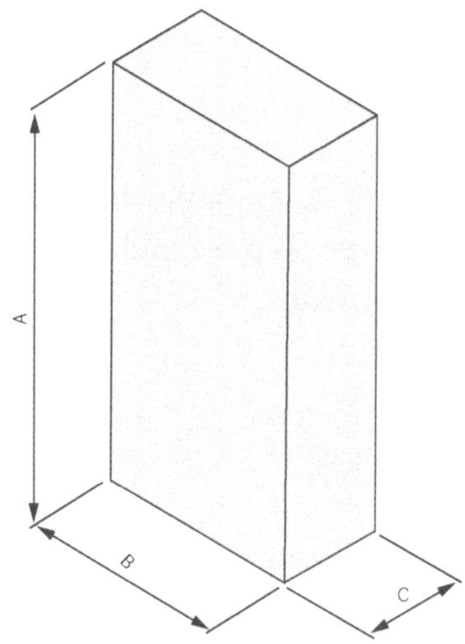

Figura 7.6 Formato paralelo.
Fonte: Acervo da RHI Magnesita.

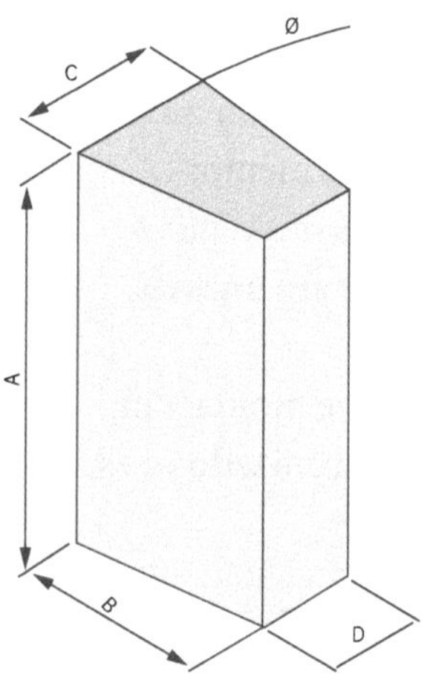

Figura 7.7 Formato arco.
Fonte: Acervo da RHI Magnesita.

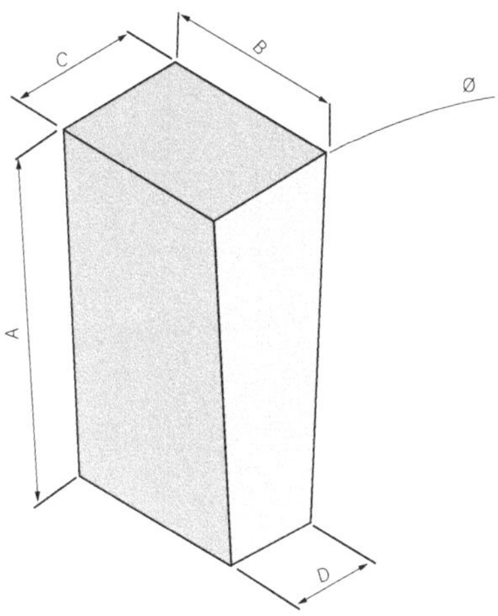

Figura 7.8 Formato cunha.
Fonte: Acervo da RHI Magnesita.

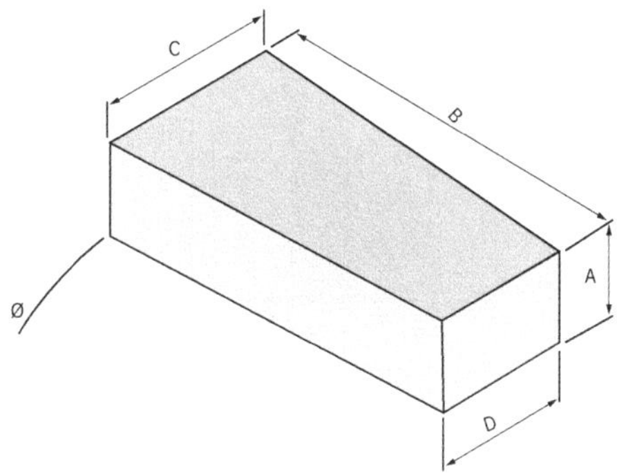

Figura 7.9 Formato radial.
Fonte: Acervo da RHI Magnesita.

7.4.1 Como diferenciar arco, cunha e radial

Os formatos arco, cunha e radial têm algumas semelhanças geométricas e são diferenciados por meio de algumas regras básicas (Figura 7.10):

- **Arco:** altura (A) da peça é maior que a espessura (B) e o fechamento no sentido da espessura.
- **Cunha:** a relação entre altura e espessura é igual ao do arco, mas o fechamento está no sentido da altura (A).
- **Radial:** a espessura (B) é maior que a altura (A) e o fechamento está no sentido da espessura.

Entre as diversas normas existentes, os formatos padronizados seguem tipicamente dois padrões de formação das geometrias. Formatos que têm a corda externa constante, na chamada face fria do tijolo (Figura 7.11) e os formatos que têm volume constante para tijolos com a mesma espessura de revestimento (Figura 7.12).

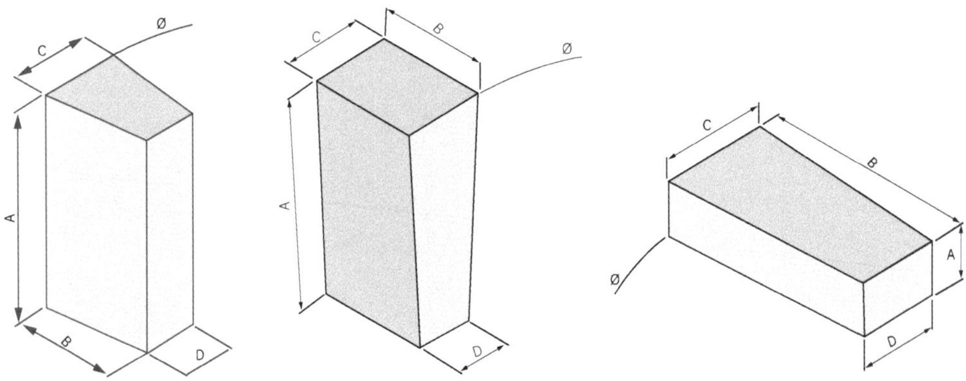

Figura 7.10 Formatos arco, cunha e radial.
Fonte: Acervo da RHI Magnesita.

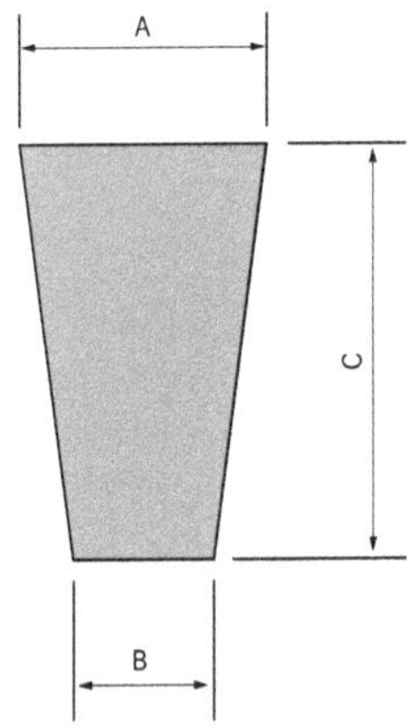

Figura 7.11 Formatos com volumes variáveis.
Fonte: Acervo da RHI Magnesita.

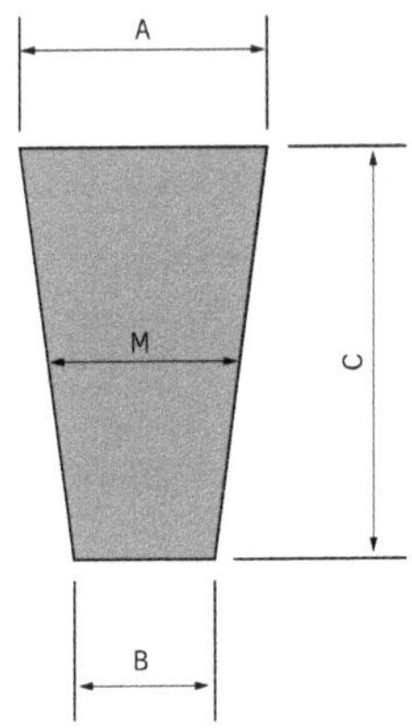

Figura 7.12 Formatos com volumes iguais.
Fonte: Acervo da RHI Magnesita.

Na primeira regra, constam as normas ASTM e ABNT e tem-se a dimensão "A" constante e as dimensões "B" e "C" variáveis.

Na segunda regra, as dimensões “A”, “B” e “C” são variáveis, sendo a dimensão “M” constante e, consequentemente, os volumes para tijolos com a mesma dimensão “C”, espessura do revestimento refratário, são iguais.

7.4.2 Formatos ASTM e ABNT

Nas normas ABNT e ASTM, encontram-se as maiores diversidades de formatos em todas as quatro geometrias básicas. Originalmente, as dimensões dos formatos partiram em polegadas e em múltiplos de 3 (3, 6, 9, 12, 15 etc.) e foram convertidas em milímetros com os devidos arredondamentos (76, 152, 229, 305, 381 etc.).

As nomenclaturas dos formatos ABNT são estabelecidas conforme os seguintes exemplos:

- PA + 3 dimensões na ordem inversa de grandeza:

PA 229 × 114 × 76

- An seguido de “maior dimensão” × “2ª maior dimensão” × “corda maior” – “corda menor”:

A1 343 × 152 × 76-70

- Cn seguido de “maior dimensão” × “2ª maior dimensão” × “corda maior” – “corda menor”:

C1 343 × 152 × 76-70

- Rn seguido de “maior dimensão” × “corda maior” – “corda menor” × “menor dimensão”:

R2 305 × 152-127 × 102

As nomenclaturas dos formatos ASTM são estabelecidas conforme os seguintes exemplos e são bem similares aos da norma ABNT:

- S + 3 dimensões em ordem inversa de grandeza em polegadas:

S9 × 41/2 × 3

- “A” (do termo em inglês *arch* – arco) seguido de “maior dimensão” × “2ª maior dimensão” × “corda maior” – “corda menor”:

A131/2 × 6 × 3-23/4

- “W” (do termo em inglês *wedge* – cunha) seguido de “maior dimensão” × “2ª maior dimensão” × “corda maior” – “corda menor”:

W131/2 × 6 × 3-23/4

- “K” (do termo em inglês *key* – radial) seguido de “maior dimensão” × “2ª maior dimensão” × “corda maior” – “corda menor”:

K131/2 × 4 × 6-5

7.4.3 ISO e Mini-key

As normas ISO e Mini-key (MK) desenvolveram uma maneira de formação das geometrias de tijolos paralelos e radiais garantindo sempre o mesmo volume para peças que tenham a mesma espessura de revestimento refratário.

Para a linha MK, as espessuras variam entre 4" e 9" e, para os formatos isso, variam entre 250 e 1200mm com intervalos de 50mm.

A corda central de todos os formatos será sempre constante e igual a 150mm e a altura das fiadas será 100 ou 76mm, muito utilizada no mercado norte-americano para os formatos mini-key.

A nomenclatura será conforme o seguinte:

- Formatos ISO (Figura 7.13):
  - dois primeiros dígitos da espessura/diferença entre as cordas maior e menor;
  - 30/20;
  - 300mm de espessura;
  - corda maior – corda menor = 20mm.

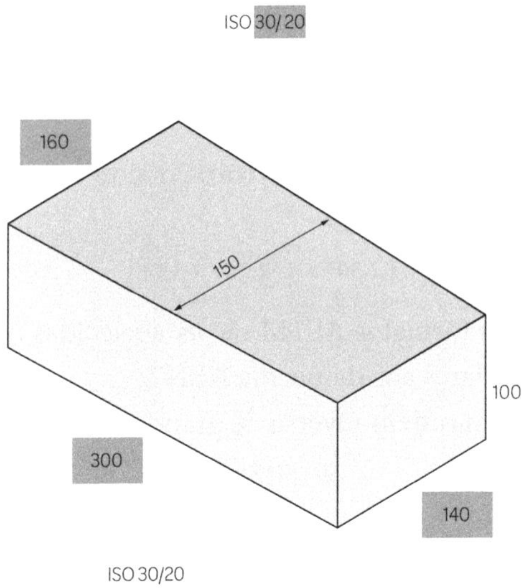

Figura 7.13 Formato ISO.
Fonte: Acervo da RHI Magnesita.

- Formatos MK (Figura 7.14):
  - MK + espessura em polegadas/diferença entre as cordas maior e menor em mm;
  - MK 7/16;
  - 178mm (7") de espessura;
  - corda maior – corda menor = 16mm.

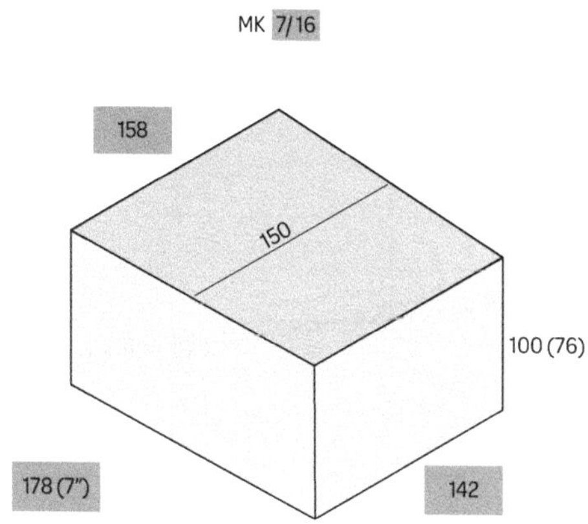

Figura 7.14 Formato MK.
Fonte: Acervo da RHI Magnesita.

A norma alemã prevê uma linha de arcos e paralelos que também têm volume constante, havendo sete opções de espessuras de revestimentos que variam entre 90 e 280mm. A corda central constante será igual a 125mm para as duas menores espessuras e igual a 100mm para as demais espessuras. A altura da peça será sempre igual a 250mm. Os formatos da norma p. são muito utilizados na Europa, especialmente, na Alemanha (Figura 7.15 e Tabela 7.1).

As nomenclaturas são:

- número identificador (1-7) + p. + diferença entre as cordas maior e menor;
- 5P8;
- 220mm de espessura;
- corda maior – corda menor = 8mm.

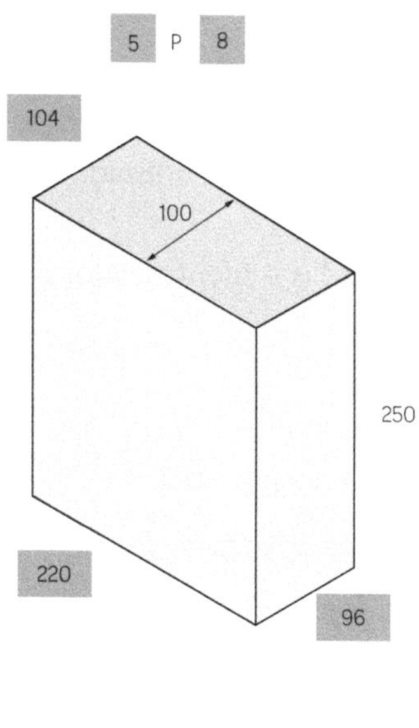

Figura 7.15 Formato p.
Fonte: Acervo da RHI Magnesita.

Tabela 7.1 Espessuras dos formatos p.

Prefixo	Dimensão
1	90
2	124
3	155
4	187
5	220
6	250
7	280

7.4.4 Semiuniversal (SU)

A linha de formatos semi-universais não segue os padrões de paralelos, arcos, cunhas e radiais e foi criada para revestimentos de panelas de aço utilizando uma montagem em espiral e sem o uso de peças de fecho a cada fiada (Figura 7.16).

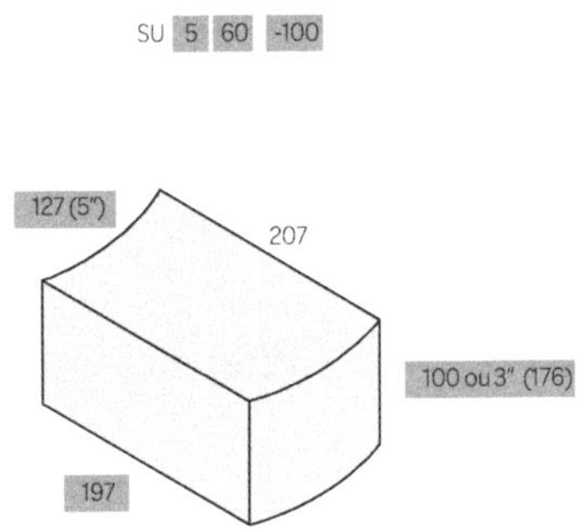

Figura 7.16 Formato SU.
Fonte: Acervo da RHI Magnesita.

Para a montagem desses formatos, não se usa tipicamente combinações de diferentes geometrias e as espessuras disponíveis variam entre 4" e 9" com alturas de 76 ou 100mm. Essa linha de tijolos é amplamente utilizada no mercado norte-americano.

As nomenclaturas são:

- SU + espessura em polegadas + identificador do número médio de peças por fiada (30, 45 ou 60);
- SU560;
- 127mm (5") de espessura;
- 60 = número médio de peças por anel.

7.4.4.1 Dimensões nominais dos formatos

As dimensões nominais são adotadas como critério nos projetos de revestimentos refratários tanto dos formatos como dos equipamentos, não se considerando as tolerâncias dimensionais.

Para formatos padronizados, os desenhos das peças, tipicamente, não indicam as tolerâncias de fabricação que, via de regra, são definidas por normas específicas e, quanto aos formatos especiais, os desenhos das peças podem indicar tolerâncias para casos específicos.

A definição de uma tolerância de fabricação inadequada pode comprometer todo o projeto de revestimento refratário durante a montagem, sabendo-se que alguns parâmetros podem acarretar variação de quantidades calculadas, como:

- variações de carcaça;
- variações nas dimensões dos tijolos;
- variações nas espessuras das juntas de argamassa.

7.5 ELEMENTOS CONSTRUTIVOS

As formas geométricas dos equipamentos são as referências básicas indispensáveis para o desenvolvimento dos projetos de revestimentos refratários.

As combinações de geometrias básicas formam os distintos revestimentos refratários (Figuras 7.17 a 7.24).

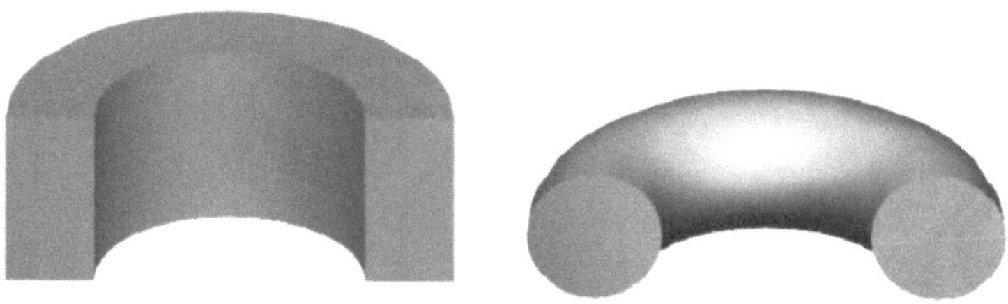

Figura 7.17 Sólidos por revolução em um eixo.
Fonte: Acervo da RHI Magnesita.

7.5.1 Geometrias básicas

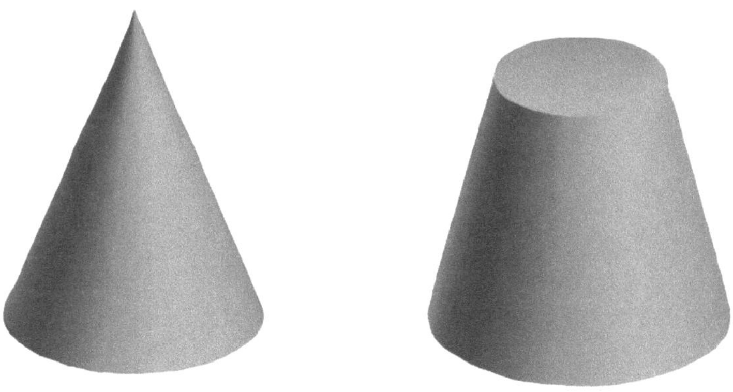

Figura 7.18 Cone e tronco de cone.
Fonte: Acervo da RHI Magnesita.

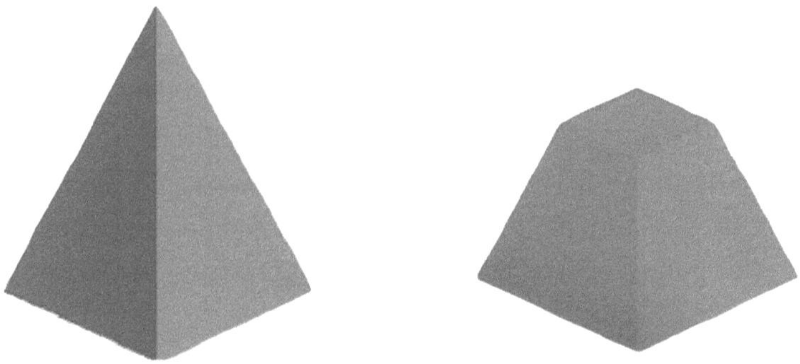

Figura 7.19 Pirâmide e tronco de pirâmide.
Fonte: Acervo da RHI Magnesita.

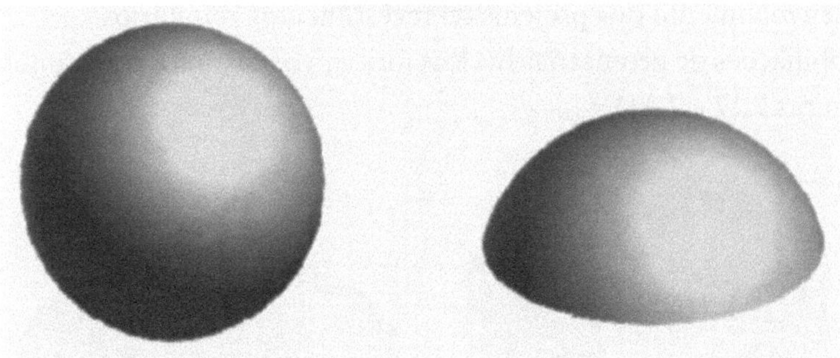

Figura 7.20 Esfera e calota esférica.
Fonte: Acervo da RHI Magnesita.

Figura 7.21 Cilindro e paralelepípedo.
Fonte: Acervo da RHI Magnesita.

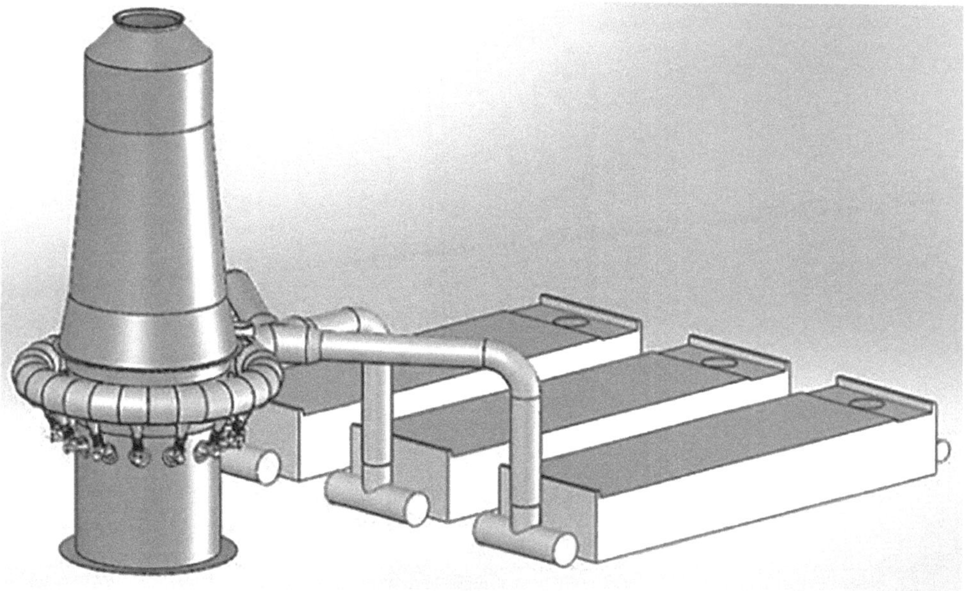

Figura 7.22 Junção de formas. Alto-forno e Glendon.
Fonte: Acervo da RHI Magnesita.

Figura 7.23 Junção de formas – desgaseificador RH.
Fonte: Acervo da RHI Magnesita.

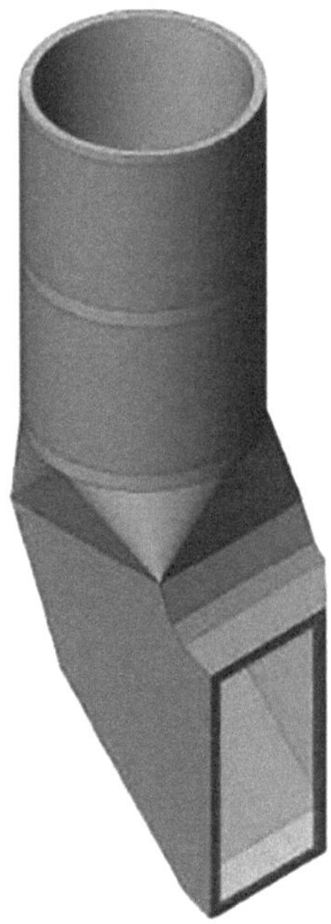

Figura 7.24 Transição retangular para cilindro.
Fonte: Acervo da RHI Magnesita.

7.5.2 Espessura de revestimento

A espessura de um revestimento refratário é dada pela distância entre as faces fria e quente, ou seja, a dimensão que se reduzirá em razão do desgaste ao longo da vida útil do revestimento.

Da mesma forma, a espessura do tijolo não será obrigatoriamente a menor dimensão da peça, mas a distância entre as faces fria e quente.

7.5.2.1 Revestimentos planos

Entre os sólidos apresentados, o paralelepípedo e o tronco de pirâmide são os que mais se apresentam em equipamentos ou em partes destes, como revestimentos planos em superfícies verticais, horizontais ou inclinadas. O uso de formatos padronizados nos revestimentos planos estará concentrado principalmente no paralelo, restringindo-se a paredes verticais e pisos, uma vez que, para tetos ou abóbadas, serão necessários sistema de sustentação especiais, tanto refratário como metálico.

Em paredes de grandes dimensões, também é necessário prever sistema de ancoragens com dispositivos metálicos para fixação (Figura 7.25).

A quantificação dos tijolos envolvidos num revestimento plano dependerá da concepção adotada em função das dimensões do formato utilizado, da espessura do revestimento e da forma geométrica da parede.

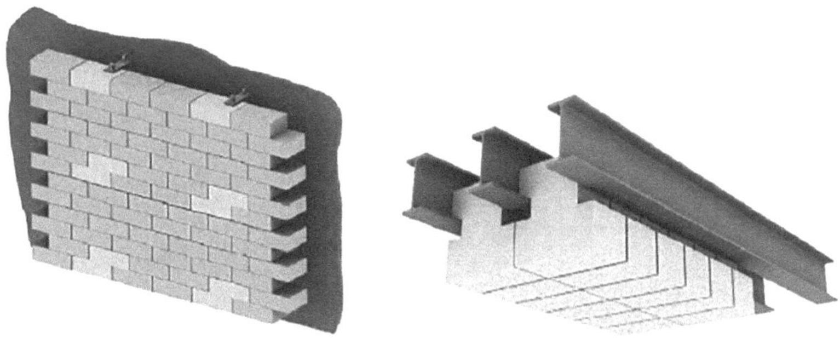

Figura 7.25 Fixação em paredes planas e tetos.
Fonte: Acervo da RHI Magnesita.

7.5.2.2 Superfícies retangulares

A forma de se encontrar a quantidade de paralelos em superfícies retangulares é o cálculo das quantidades inteiras de peças nos sentidos horizontal e vertical (Figura 7.26).

Figura 7.26 Formatos paralelos em paredes planas.
Fonte: Acervo da RHI Magnesita.

7.5.2.3 Superfícies planas irregulares

Em qualquer superfície, uma maneira prática e rápida de cálculo de quantidade de tijolos é a divisão da área total da superfície pela área de assentamento do tijolo. Outra forma é a contagem dos tijolos ocupados na área total da superfície (Figuras 7.27 e 7.28).

O revestimento do contorno das superfícies circulares ou irregulares, normalmente, é feito com preenchimento de concreto ou massa de socar. Deve-se observar a espessura mínima a ser mantida no contorno dos tijolos para permitir a aplicação do refratário não moldado.

Figura 7.27 Superfície irregular.
Fonte: Acervo da RHI Magnesita.

Figura 7.28 Contorno de superfície irregular.
Fonte: Acervo da RHI Magnesita.

O cálculo do volume é feito por meio da identificação da área ocupada multiplicada pela altura do tijolo.

7.5.2.4 Revestimentos cilíndricos

Os revestimentos cilíndricos são muitos utilizados tanto em anéis completos de 360º como em arcos com ângulos menores, podendo se apresentar em posições horizontal, vertical ou outras (Figuras 7.29 e 7.30).

Os formatos padronizados mais utilizados são arcos, cunhas e radiais, sendo que para aplicações específicas também podem ser utilizados os semiuniversais.

Construções com revestimentos cilíndricos apresentam algumas diferenças em função dos formatos padronizados que as compõem (Figura 7.31).

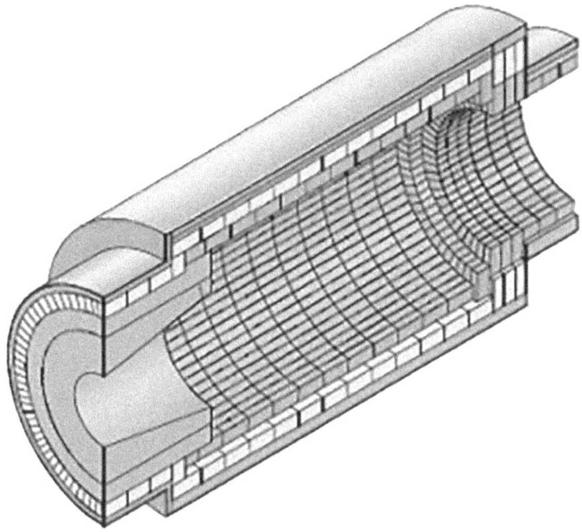

Figura 7.29 Revestimento cilíndrico.
Fonte: Acervo da RHI Magnesita.

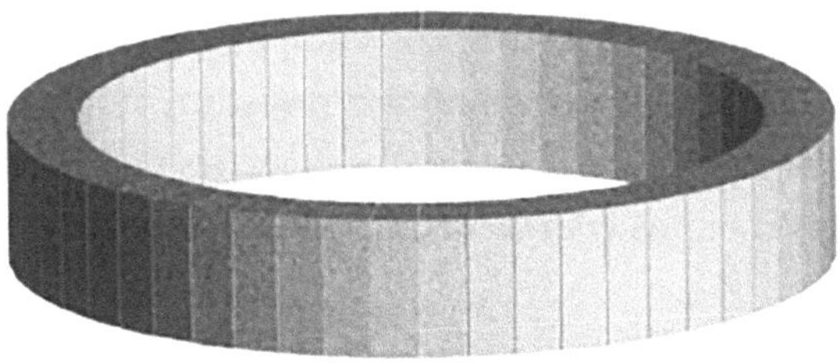

Figura 7.30 Anel cilíndrico.
Fonte: Acervo da RHI Magnesita.

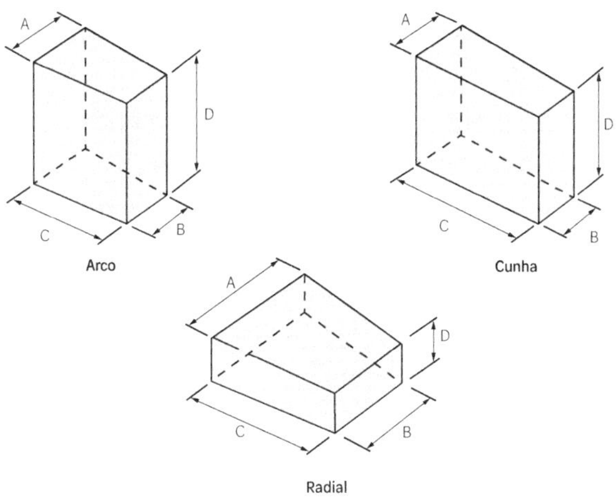

Figura 7.31 Formatos comuns em revestimentos cilíndricos.
Fonte: Acervo da RHI Magnesita.

Vale ressaltar, entretanto, que, entre os formatos padronizados, suas dimensões não definem somente a espessura de revestimento e comprimento ou altura de anéis, mas também os diâmetros de fechamento de cada formato (Figura 7.32).

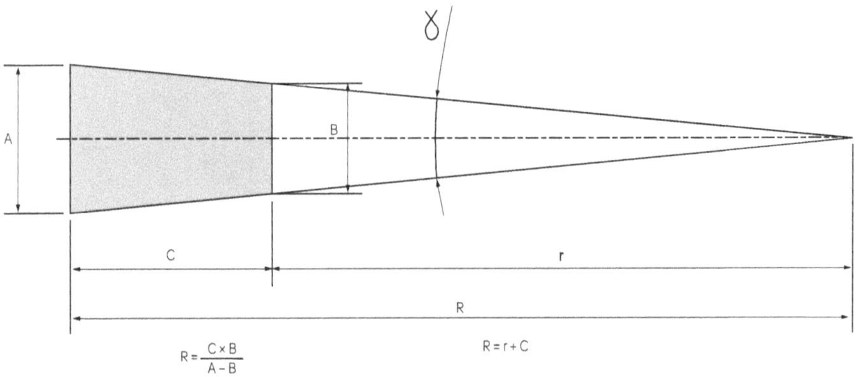

Figura 7.32 Cálculo do diâmetro de fechamento de um formato.
Fonte: Acervo da RHI Magnesita.

7.5.3 Cálculo de composição de anel cilíndrico

Para atender a variação de diâmetros dos equipamentos, é necessário encontrar uma combinação de formatos para compor o revestimento de cada diâmetro.

Por intermédio de um sistema simples de equações de 1º grau e com as devidas dimensões dos equipamentos e formatos, é possível se obter a composição das peças em um anel.

Atualmente, a utilização de recursos de planilhas eletrônicas permite agilizar e automatizar todos esses cálculos.

O travamento ou fechamento de cada anel (fiada), quase sempre, é realizado usando-se peças chamadas de "fecho". Uma alternativa ao uso destas é a montagem em espiral com emprego do conjunto de arranque, alternativa muito utilizada para peças semiuniversais (SU).

Existem formatos SU com a metade do comprimento típico para permitir a defasagem de juntas verticais nas montagens em espiral.

A montagem em espiral evita cortes das peças de fecho e agiliza o processo de montagem devido à utilização de um conjunto de peças especiais chamado de "arranque". Porém, assim que esse tipo de formato se desgastar mais do que a metade de sua espessura, sua instabilidade fica comprometida devido à perda do fechamento dele (Figuras 7.33 e 7.34).

A quantificação de formatos para os revestimentos cilíndricos será obtida com a multiplicação dos formatos da combinação pela quantidade de anéis.

Como critério de cálculo, considera-se a combinação do anel composta somente por peças inteiras, fazendo-se o arredondamento necessário (Figura 7.35).

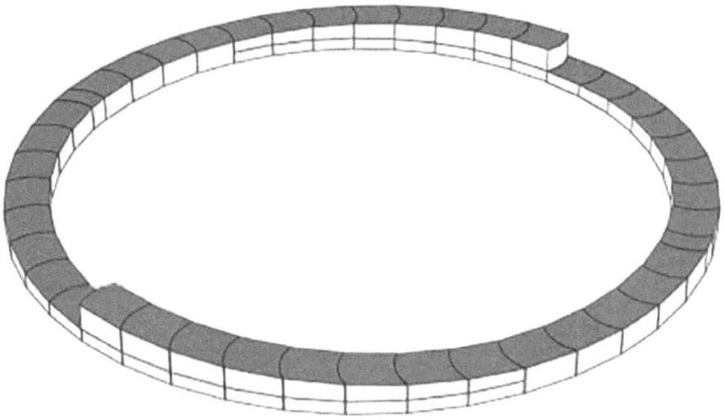

Figura 7.33 Arranque de montagem em espiral.
Fonte: Acervo da RHI Magnesita.

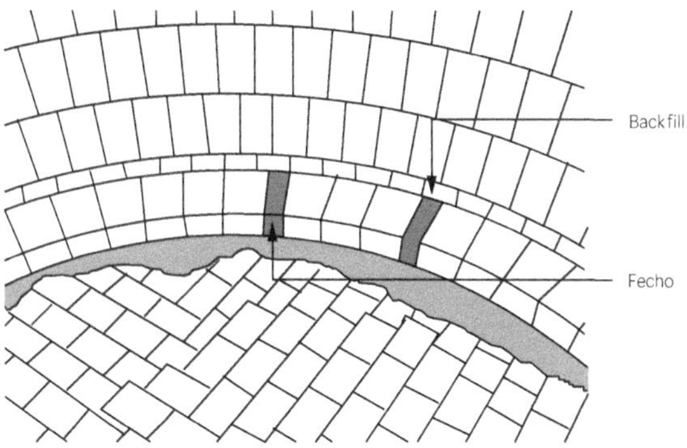

Figura 7.34 Montagem com peça de fecho.
Fonte: Acervo da RHI Magnesita.

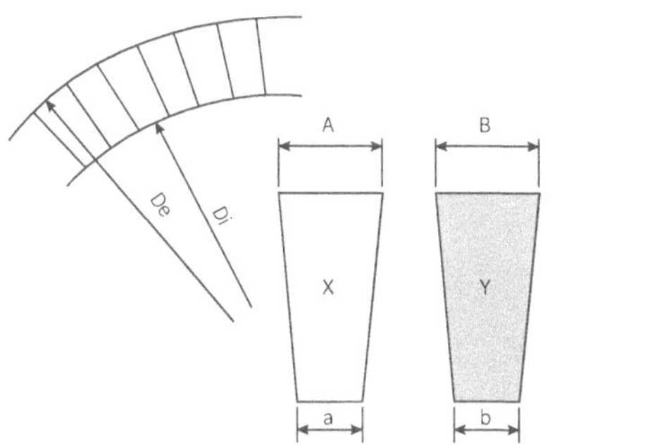

1° caso: A ≠ B a > b

$$Nx = \frac{\pi \cdot (Di \cdot B - De \cdot b)}{B \cdot a - A \cdot b}$$

$$N = \frac{(De \cdot \pi - Nx \cdot A)}{B}$$

2° caso: A = B a > b

$$Nt = \frac{\pi \cdot De}{A}$$

$$Ny = Nt - Nx$$

$$Nx = \frac{\pi \cdot Di - Nt \cdot b}{a - b}$$

Obs.: Havendo junta nos tijolos, acrescer o valor desta às dimensões A, B, a e b

Figura 7.35 Cálculo da composição de anéis cilíndricos.
Fonte: Acervo da RHI Magnesita.

Os cálculos para revestimentos perfilados envolvem a junção de combinações de anéis distintos. O perfil do revestimento apresenta-se sob a forma de degraus, ou de rebaixos e ressaltos, formados pelas diferenças de alturas das peças (Figura 7.36).

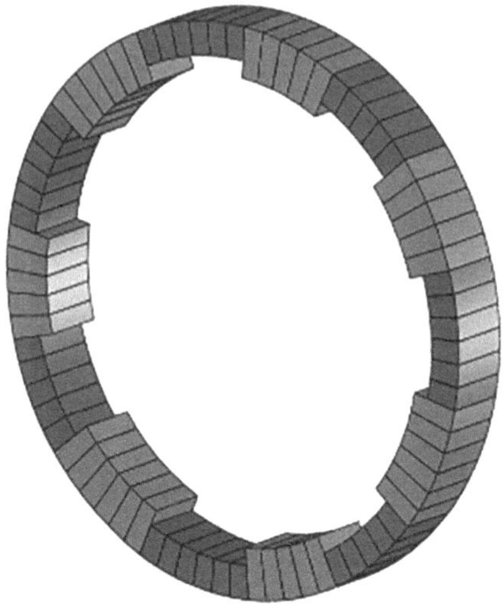

Figura 7.36 Revestimento cilíndrico perfilado.
Fonte: Acervo da RHI Magnesita.

O cálculo é feito primeiramente para os ressaltos, cuja quantidade vem predefinida pelo cliente, e o restante é subdividido equitativamente entre os rebaixos.

7.5.3.1 Revestimentos cilíndricos compostos

São formados por revestimentos em forma de elipse associados a setores de anéis cilíndricos ou, ainda, com paredes planas. A quantificação é obtida pelo cálculo das combinações individuais para cada setor (Figura 7.37).

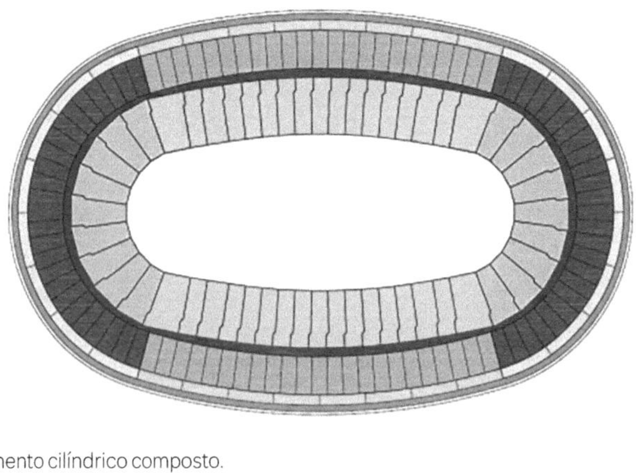

Figura 7.37 Revestimento cilíndrico composto.
Fonte: Acervo da RHI Magnesita.

7.5.3.2 Revestimentos troncocônicos

Os revestimentos troncocônicos se apresentam numa grande quantidade de equipamentos, quase sempre associados a outros (Figuras 7.38 a 7.43).

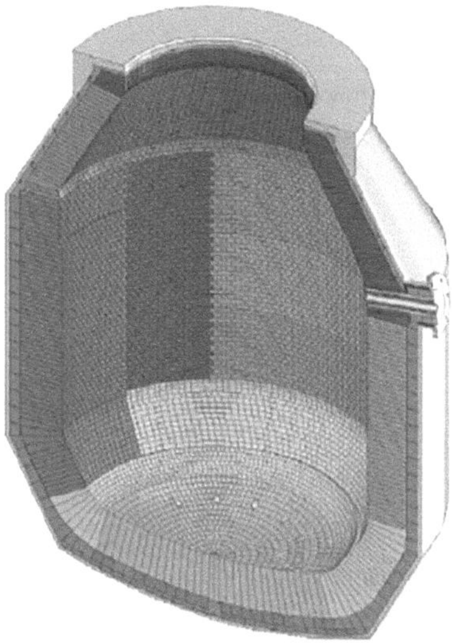

Figura 7.38 Convertedor LD.
Fonte: Acervo da RHI Magnesita.

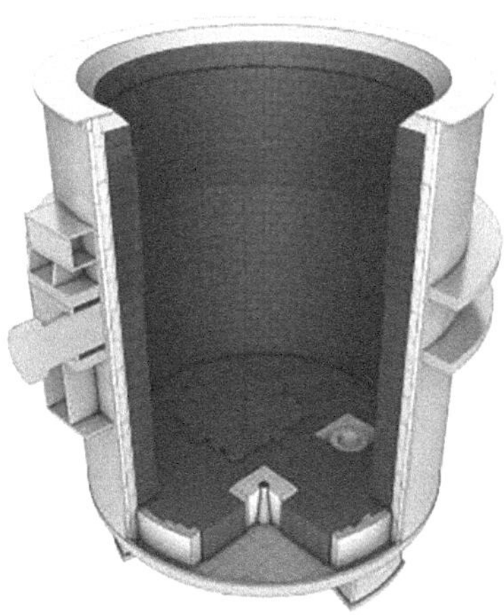

Figura 7.39 Panela de aço.
Fonte: Acervo da RHI Magnesita.

Os formatos padronizados para construção de revestimentos troncocônicos são os mesmos usados nos revestimentos cilíndricos por meio da justaposição concêntricas dos anéis, com o uso de arcos, cunhas, radiais ou a combinação desses. As combinações dos anéis troncocônicos variam conforme o ângulo de conicidade e os diâmetros externos e internos de cada anel.

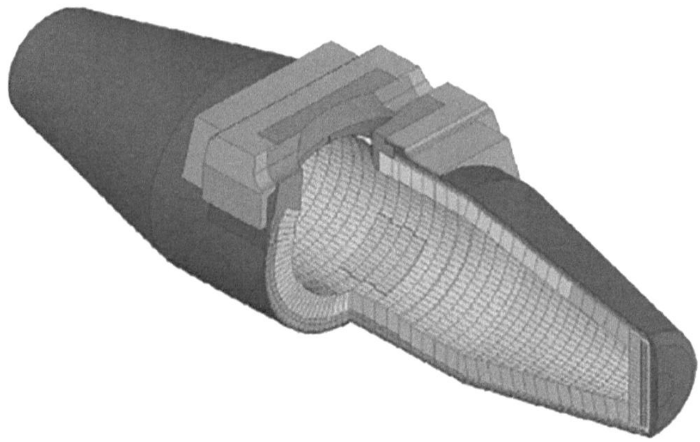

Figura 7.40 Carro torpedo.
Fonte: Acervo da RHI Magnesita.

A montagem com anéis compostos entre arcos e cunhas, por exemplo, forma uma combinação com pelo menos três tipos de peças e, dependendo da espessura do revestimento, tem-se o predomínio de arcos ou cunhas.

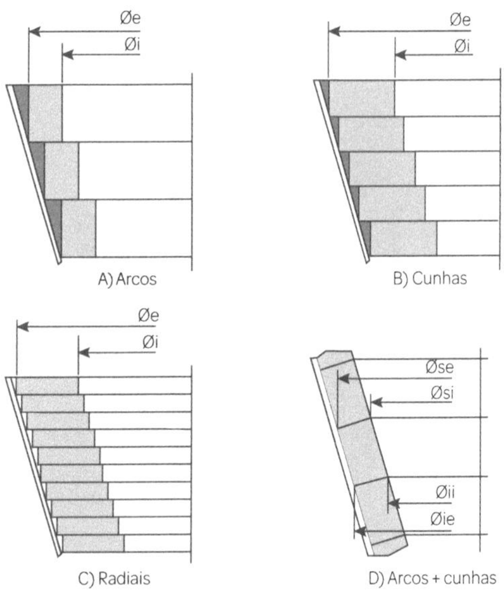

Figura 7.41 Opções de montagens de equipamentos troncocônicos.
Fonte: Acervo da RHI Magnesita.

A depender das dimensões dos radiais e do ângulo de conicidade, não é necessária uma terceira peça para formação de um anel composto.

Conforme o ângulo de conicidade do equipamento e das dimensões radiais dos tijolos, é possível fazer a montagem de um anel composto sem aplicação de uma terceira peça.

Figura 7.42 Montagem de superfície troncocônica com radiais.
Fonte: Acervo da RHI Magnesita.

Figura 7.43 Montagem de superfície troncocônica composta de arcos e cunhas.
Fonte: Acervo da RHI Magnesita.

7.5.3.3 Cálculo de composições troncocônicas

Para a obtenção da combinação de um anel troncocônico, é necessário, primeiramente, calcular os diâmetros envolvidos (Figuras 7.44 e 7.45).

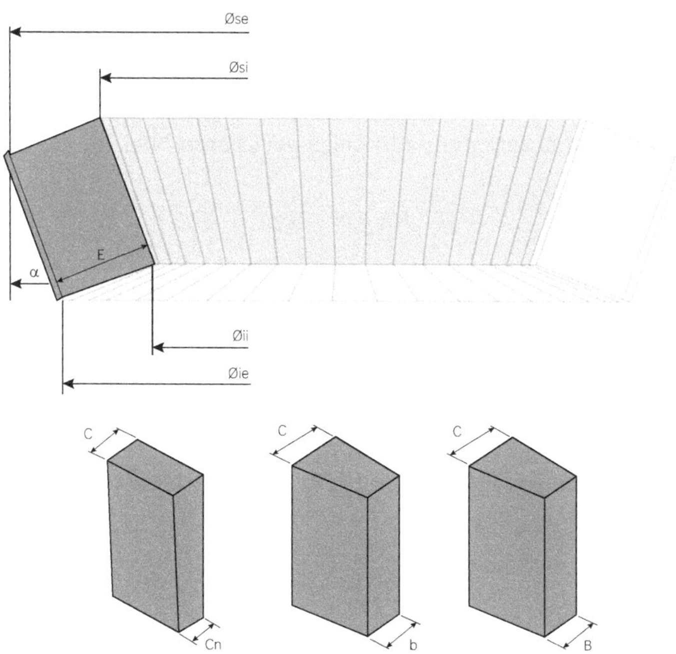

Figura 7.44 Diâmetros de uma superfície troncocônica.
Fonte: Acervo da RHI Magnesita.

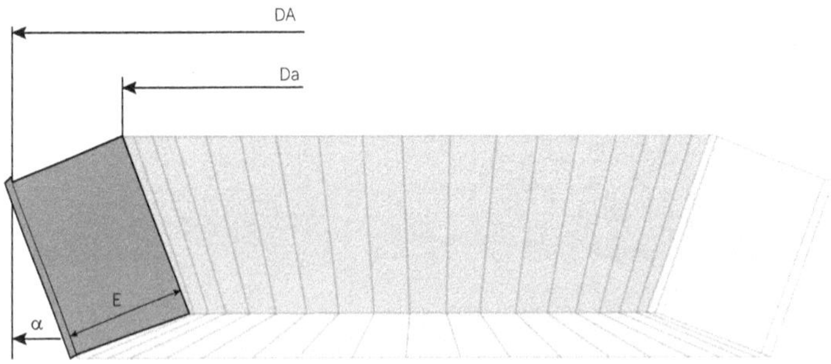

Figura 7.45 Cálculo da quantidade de arcos em uma superfície troncocônica.
Fonte: Acervo da RHI Magnesita.

7.5.4 Número total de peças do anel

$$N_T = \frac{\pi \, Ø \, se}{C}$$

Como a dimensão Cn pode assumir valores distintos, de acordo com a série a ser utilizada, obtêm-se quantidades diferentes para cada tipo de cunha.

$$N_{Cn} = \frac{\pi \, (Øse - Øie)}{C - Cn}$$

A determinação da quantidade de cunhas dependerá da quantidade total de peças no anel e sua conicidade, considerando-se que o número de cunha deverá ser o mais próximo de 1/3 da quantidade total de peças no anel.

Considerando-se que o anel troncocônico já tem a quantidade de cunhas necessárias, o restante do anel será ocupado pelas peças arco NA.

$$NA = N_T - N_{cn}$$

$$DA = \frac{\pi \, Øse - N_{Cn} \cdot C}{\pi}$$

$$Da = DA - 2 \cdot E\cos \cdot \alpha$$

De posse dos diâmetros DA externo e Da interno, calcula-se a combinação dos formatos arcos pelas fórmulas:

$$N_x = \frac{\pi \, (Da \cdot C - DA \cdot b)}{C \cdot B - C \cdot b}$$

$$N_y = NA - N_x$$

Para se obterem quantidades mais precisas das combinações dos anéis, os valores para NA, DA e Da não devem ser arredondados durante os cálculos. Somente o número de cunhas deverá ser arredondado. O número de arcos deverá ser arredondado na obtenção de NX e NY. A quantificação é obtida multiplicando-se os formatos da combinação pelo número de anéis.

7.5.5 Revestimentos troncocônicos com peças especiais

Para revestir uma região troncocônica com peças especiais, devem-se observar os seguintes passos (Figura 7.46):

- Subdividir axialmente a região em partes iguais que definirá o número de anéis a serem usados.
- Extrapolar os diâmetros maior e menor em dois anéis em cada extremidade da região.
- Definir as dimensões das cordas maiores das peças nas extremidades, de modo a atender as necessidades do projeto.
- Definir as dimensões das duas peças das extremidades.
- Calcular as combinações dos anéis considerando-se os diâmetros máximos e mínimos de cada anel.

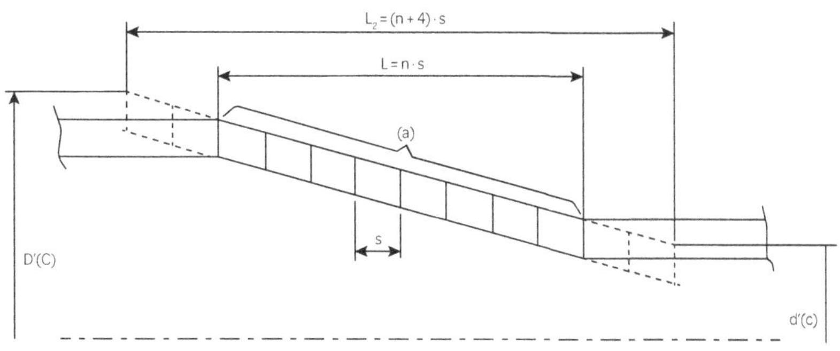

Figura 7.46 Composição troncocônica com peças especiais.
Fonte: Acervo da RHI Magnesita.

7.5.6 Revestimentos esféricos

Os revestimentos em segmentos esféricos estarão nos equipamentos associados a revestimentos cilíndricos ou troncocônicos sob a forma de fundos e calotas laterais (Figuras 7.47 a 7.49).

Os revestimentos esféricos podem utilizar os formatos padronizados, exceto em abóbadas e domos. Portanto, nas posições verticais e em fundo, são usados formatos padronizados.

Os formatos mais utilizados são os radiais em virtude de suas pequenas espessuras, as quais formam menores degraus entre peças adjacentes comparando-as aos demais formatos padronizados.

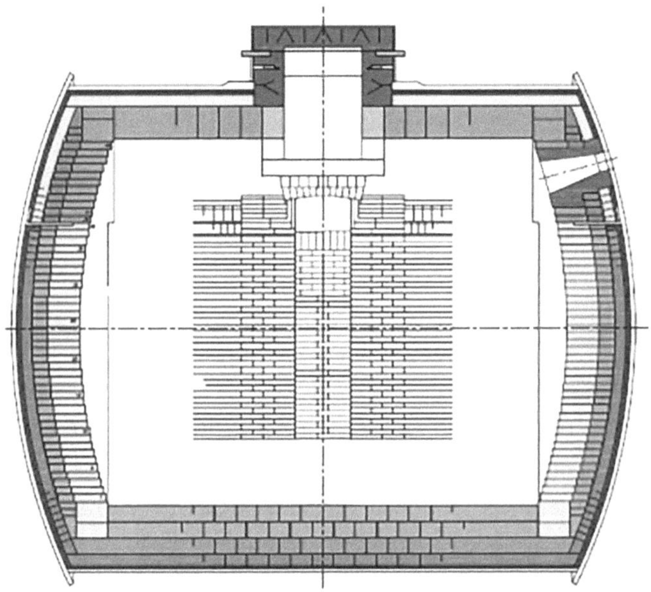

Figura 7.47 Misturador de gusa.
Fonte: Acervo da RHI Magnesita.

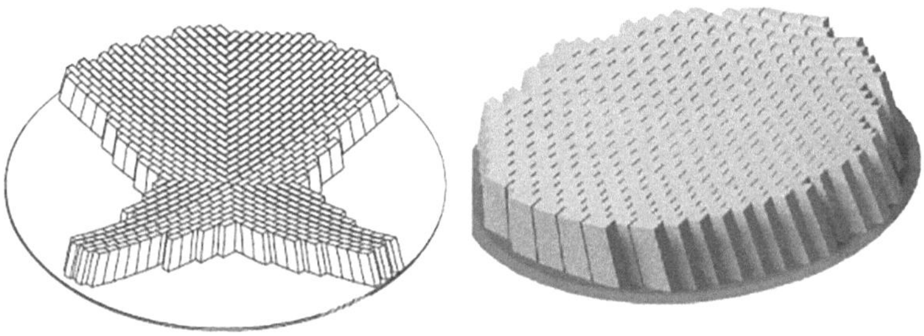

Figura 7.48 Cálculo de fundo esférico em espinha de peixe e em linha.
Fonte: Acervo da RHI Magnesita.

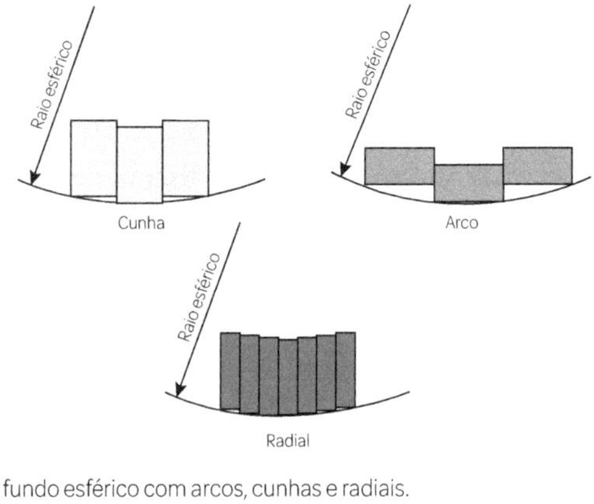

Figura 7.49 Montagem de fundo esférico com arcos, cunhas e radiais.
Fonte: Acervo da RHI Magnesita.

7.5.6.1 Cálculo das combinações esféricas

Inicialmente, calcula-se a composição do anel central a partir do raio esférico RE e do ângulo equivalente ao arco central (Figura 7.50).

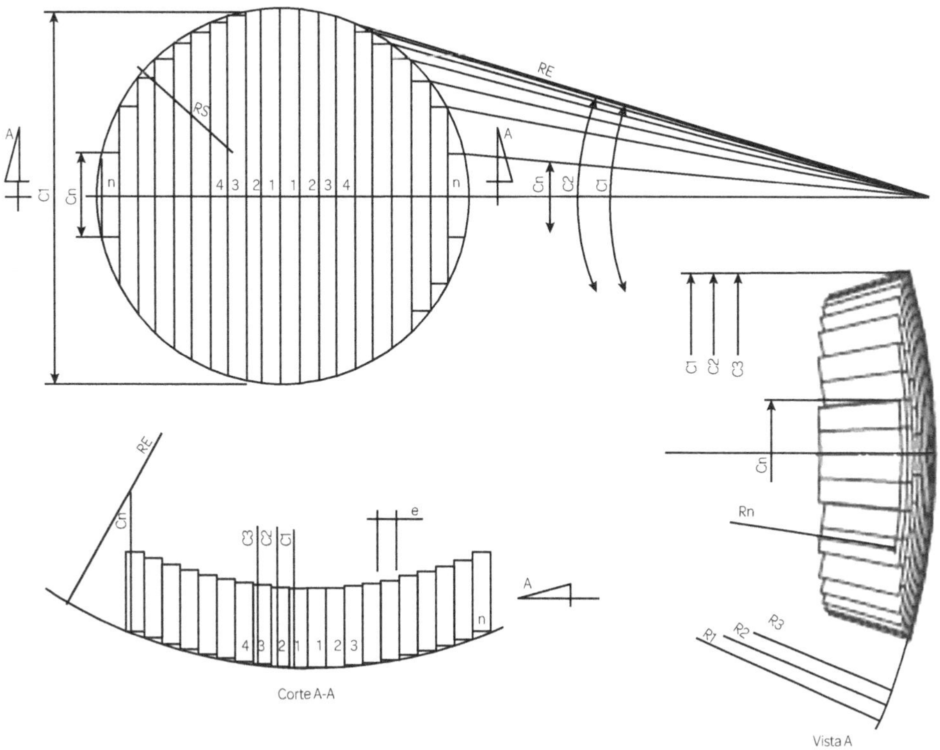

Figura 7.50 Cálculo de combinação esférica.
Fonte: Acervo da RHI Magnesita.

$$\alpha_1 = (\text{arc.seno}\ \frac{R_S}{R_E}) \times 2$$

Para a obtenção das composições dos demais arcos, calculam-se os raios Rn, as cordas Cn, os ângulos an e os raios restantes.

De posse dos raios Rn, calculam-se as combinações para cada arco do corte A-A da Figura 7.50.

$$R_1^2 + e^2 = R_E^2 \rightarrow R_1 = \sqrt{R_E^2 - e^2}$$

$$R_2 = \sqrt{R_E^2 - (2e)^2}$$

$$\vdots$$

$$R_n = \sqrt{R_E^2 - (ne)^2}$$

$$R_n = \sqrt{R_E^2 - (ne)^2}$$

Cálculo das cordas Cn:

$$\left(\frac{C_1}{2}\right)^2 + e^2 = R_S^2 \rightarrow C_1 = 2\sqrt{R_S^2 - e^2}$$

$$C_2 = 2\sqrt{R_S^2 - (2e)^2}$$

$$\vdots$$

$$C_n = 2\sqrt{R_S^2 - (ne)^2}$$

$$C_n = 2\sqrt{R_S^2 - (ne)^2}$$

Cálculo dos ângulos an:

$$\alpha_1 = (\text{arc.seno}\ \frac{C_1/2}{R_1}) \times 2$$

$$\alpha_2 = (\text{arc.seno}\ \frac{C_2/2}{R_2}) \times 2$$

$$\vdots$$

$$\alpha_n = (\text{arc.seno}\ \frac{C_n/2}{R_n}) \times 2$$

$$\alpha_n = (\text{arc.seno}\ \frac{C_n/2}{R_n}) \times 2$$

Após os cálculos, a quantificação dos formatos envolvidos será obtida com o somatório de cada tipo encontrado em cada combinação. Outras formas de cálculo também podem ser adotadas como:

- cálculo utilizando-se a área da superfície da calota pela área da combinação do arco central;
- cálculo utilizando-se a quantidade total a partir do arco central ajustando-se a forma de quadrada para redondo (PI/4).

7.5.6.2 Revestimentos esféricos com peças especiais

Para revestimentos esféricos com formatos especiais, devem-se levar em consideração os seguintes pontos (Figura 7.51):

- primeiramente, define-se o projeto do revestimento e dos formatos envolvidos;
- a partir do projeto já definido, calcula-se a combinação de cada anel;
- para quantificação, faz-se a somatória das peças envolvidas.

Para sua quantificação, calcula-se a combinação de cada anel com a utilização dos formatos específicos (dupla ou tripla conicidade) para cada espessura de revestimento.

No exemplo acima, foram utilizadas três séries para o revestimento de trabalho: WLA, WLB, para os anéis centrais; e K para os anéis do leque.

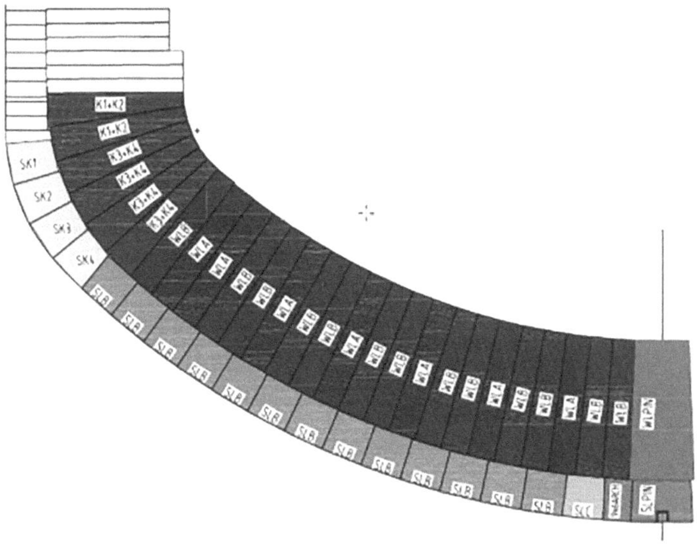

Figura 7.51 Fundo de convertedor LD com peças especiais.
Fonte: Acervo da RHI Magnesita.

7.5.6.3 Revestimentos em interseções

As interseções em revestimentos refratários são normalmente encontradas em todo tipo de equipamento. Essas interseções poderão variar sob toda a forma secundária das variantes de interseção (Figuras 7.52 e 7.53).

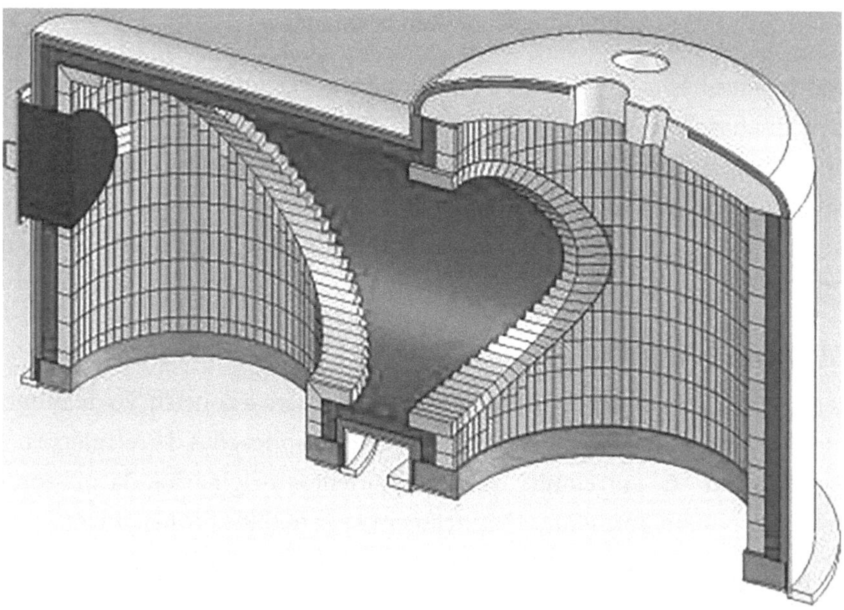

Figura 7.52 Desgaseificador RH – hot-off-take.
Fonte: Acervo da RHI Magnesita.

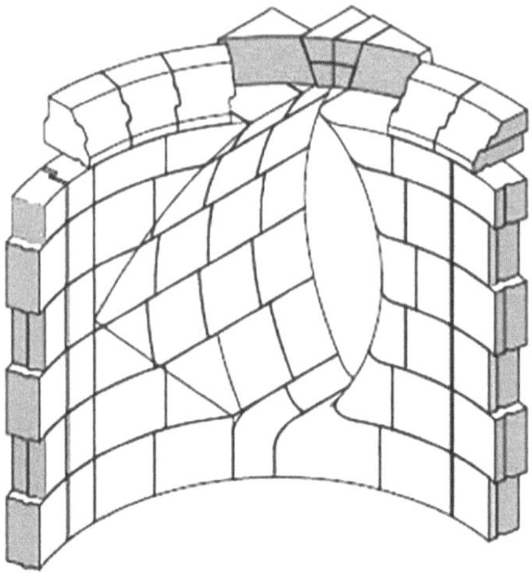

Figura 7.53 Regenerador de ácido – interseção tangencial.
Fonte: Acervo da RHI Magnesita.

Formas geométricas básicas de equipamentos:

- paralelepípedos;
- cilindros;
- tronco de cone;
- tronco de pirâmide;
- toros;
- esferas;
- sólidos formados por interseções em revolução.

Essas formas básicas poderão se posicionar na vertical, na horizontal e em posições inclinadas.

Por sua vez, as formas secundárias poderão interceptar a forma básica de um equipamento, segundo diversos ângulos de posições.

Nas interseções, os revestimentos também serão compostos de formatos padronizados.

7.6 DETALHES TÍPICOS DE CONSTRUÇÃO

Esta seção abordará apenas alguns detalhes típicos para a construção de montagens refratárias em razão da diversidade de opções e de aplicações de refratários.

Deve-se observar, entretanto, que equipamentos originários da mesma engenharia básica podem apresentar distinção em seus detalhes construtivos.

7.6.1 Conceitos gerais

Alguns conceitos são importantes para definir as melhores opções de montagem dos tijolos para cada aplicação garantindo a devida amarração (Figuras 7.54 e 7.55).

- **Fiada:** camada de tijolos na horizontal de uma parede (Figura 7.55).
- **Anel:** camada de tijolos de forma circular (Figura 7.56).
- **Arco:** fração do anel (Figura 7.57).
- **Tijolos em espelho ou de cutelo:** tijolos posicionados de forma que sua largura seja a altura da fiada e a sua espessura seja também a do revestimento (Figura 7.58).
- **Tijolos em linha ou lateral ou meio tijolo:** tijolos posicionados de forma que sua espessura seja a altura da fiada e sua largura seja a espessura do revestimento (Figura 7.59).
- **Tijolos de cabeça, tição ou um tijolo:** tijolos posicionados de forma que a sua espessura seja a altura da fiada e o seu comprimento seja a espessura do revestimento (Figura 7.60).
- **Tijolo de rolo:** tijolos posicionados de forma que sua largura seja a altura da fiada e seu comprimento seja a espessura do revestimento (Figura 7.61).
- **Tijolos de pé em linha:** tijolos posicionados de forma que seu comprimento seja a altura da fiada e sua largura seja a espessura do revestimento (Figura 7.62).
- **Tijolo de pé em espelho:** tijolos posicionados de forma que o seu comprimento seja a altura da fiada e a sua espessura seja também a espessura do revestimento (Figura 7.63).

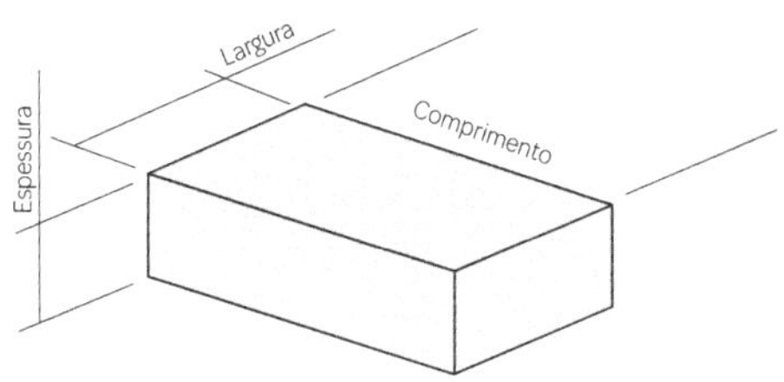

Figura 7.54 Dimensões de um tijolo paralelo.
Fonte: Acervo da RHI Magnesita.

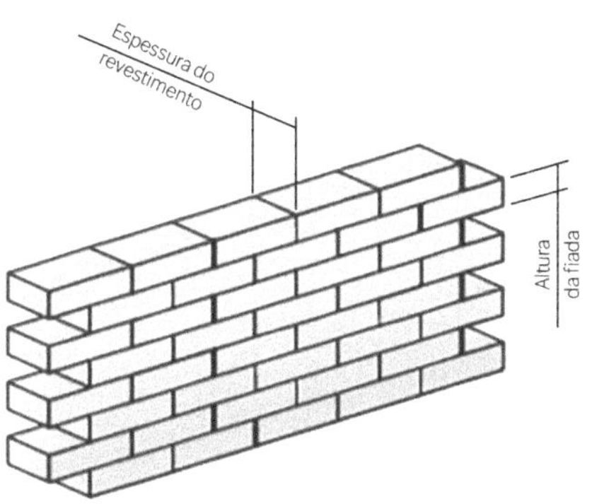

Figura 7.55 Espessura do revestimento e altura da fiada.
Fonte: Acervo da RHI Magnesita.

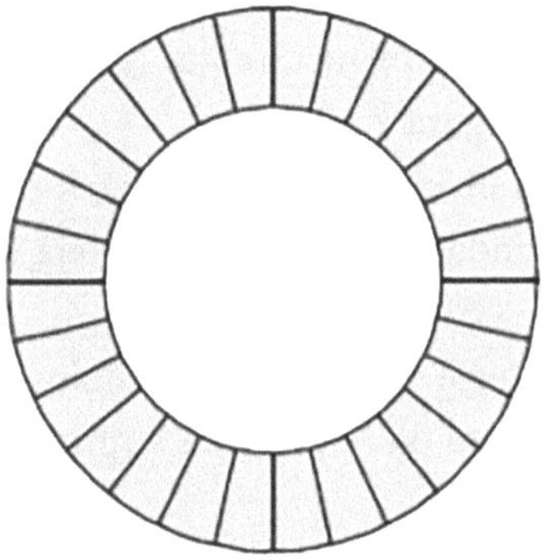

Figura 7.56 Anel.
Fonte: Acervo da RHI Magnesita.

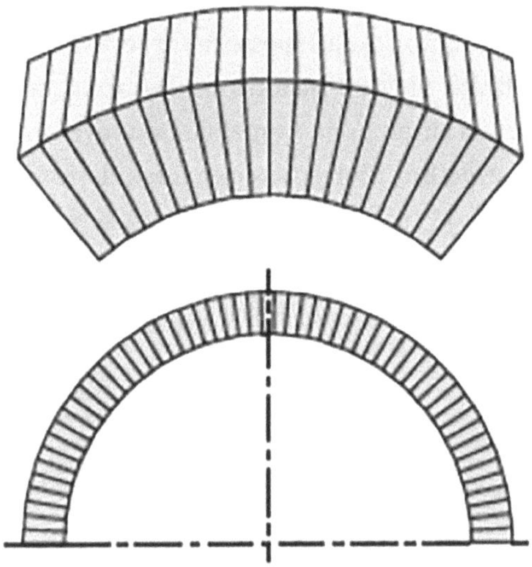

Figura 7.57 Arco.
Fonte: Acervo da RHI Magnesita.

Figura 7.58 Tijolo em espelho.
Fonte: Acervo da RHI Magnesita.

Figura 7.59 Tijolos em linha.
Fonte: Acervo da RHI Magnesita.

Figura 7.60 Tijolos de cabeça.
Fonte: Acervo da RHI Magnesita.

Figura 7.61 Tijolo de rolo.
Fonte: Acervo da RHI Magnesita.

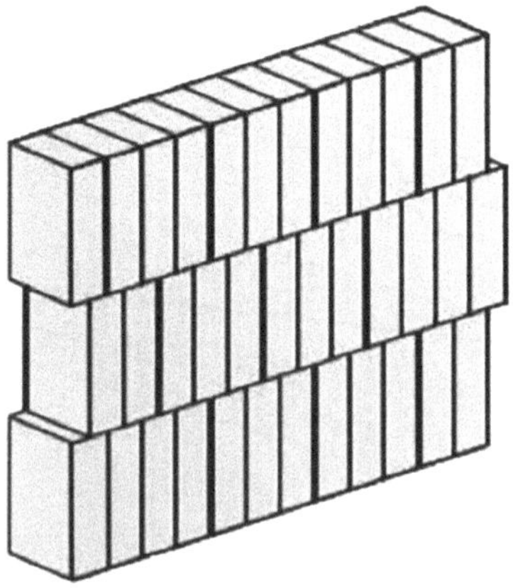

Figura 7.62 Tijolo de pé em linha.
Fonte: Acervo da RHI Magnesita.

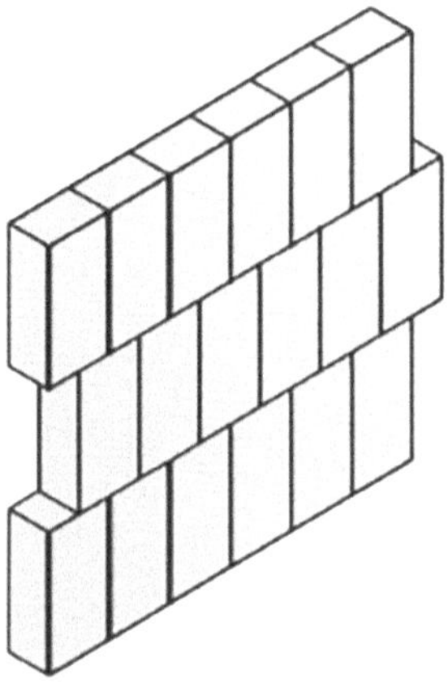

Figura 7.63 Tijolos de pé em espelho.
Fonte: Acervo da RHI Magnesita.

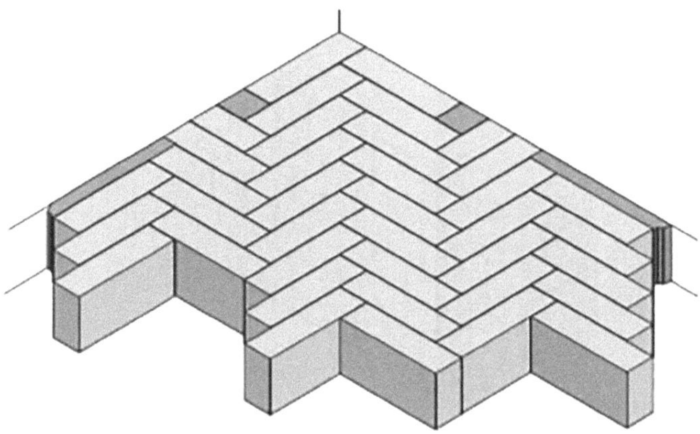

Figura 7.64 Piso em espinha de peixe ortogonal.
Fonte: Acervo da RHI Magnesita.

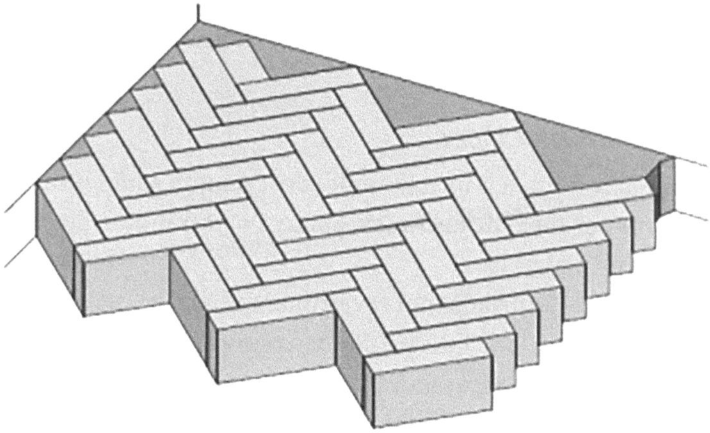

Figura 7.65 Piso em espinha de peixe em ângulo.
Fonte: Acervo da RHI Magnesita.

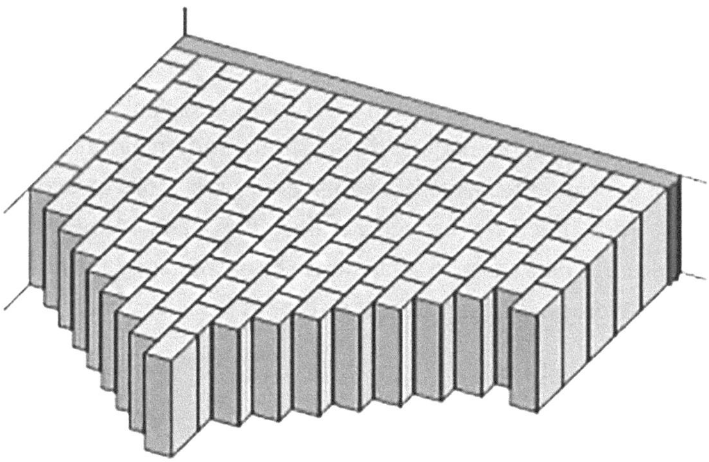

Figura 7.66 Piso com tijolos em pé.
Fonte: Acervo da RHI Magnesita.

7.6.2 Sistemas de ancoragens

Em toda construção refratária, independentemente de sua forma, haverá a necessidade de um sistema que assegure sua estabilidade. Diversos recursos podem ser utilizados para garantir essa estabilidade como a própria geometria das peças por meio de sua conicidade, encaixes do tipo macho e fêmea e peças criadas especificamente para a função de travamento denominadas "âncoras", entre outros.

As peças denominadas "âncoras" podem ser, basicamente, de dois tipos quanto ao seu material básico: cerâmicas (refratárias); ou metálicas. Essas peças podem ser criadas para cada aplicação específica ou podem ser escolhidas entre alguns padrões criados por cada fabricante.

O número de âncoras, posicionamento, materiais e dimensões são determinados conforme o tipo de material refratário a ser aplicado, a espessura do revestimento e as condições operacionais.

7.6.2.1 Ancoragens metálicas

Nos revestimentos com materiais não moldados, sempre serão utilizados os sistemas de ancoragem por meio de âncoras metálicas ou cerâmicas ou por um sistema misto com ambos os materiais.

As âncoras metálicas utilizadas em revestimentos com materiais não moldados, normalmente, são obtidas por intermédio da conformação de aços laminados ou fundidos, dependendo da aplicação a que se destinam. Essas âncoras geralmente são usadas para espessuras de revestimento até 250mm, e as temperaturas às quais estarão expostas definirão os tipos de aço a serem utilizados.

Diversos tipos de aços podem ser selecionados, porém deve-se fazer uma análise criteriosa do custo-benefício, sabendo-se que quanto maior a temperatura em que o aço resiste, maior deverá ser seu custo. Além disso, a vida do equipamento também é um fator crítico na escolha do tipo de aço, pois a âncora não precisa ter uma durabilidade maior que o próprio revestimento no qual está aplicada.

A Tabela 7.2 lista uma diversidade de aços, que podem ser utilizados em âncoras, no entanto, tipicamente, são utilizados o aço-carbono e os aços inox do tipo AISI 304 e 310. Para aplicações específicas nas quais não se leva em consideração apenas a temperatura de aplicação, mas também outros aspectos como a presença de agentes corrosivos, podem ser utilizados outros tipos de aços.

Tabela 7.2 Tipos de aços para ancoragem.

Tipo	Ti máx. °C (no ar)	C (%)	Si (%)	Mn (%)	Cr (%)	Ni (%)	Mo (%)
Aço-carbono	590	0,25	0,2	0,8 a 1,2			
AISI 304	800	0,08	1	2	18 a 20	8 a 10,5	
AISI 304L	800	0,03	1	2	18 a 20	8 a 12	
AISI 309	1000	0,2	1	2	22 a 24	12 a 15	
AISI 309S	1000	0,08	1	2	22 a 24	12 a 15	
AISI 310	1150	0,25	1,5	2	24 a 26	19 a 22	
AISI 310S	1150	0,08	1,5	2	24 a 26	19 a 22	
AISI 316	900	0,08	1	2	16 a 18	10 a 14	2 a 3
AISI 316L	900	0,03	1	2	16 a 18	10 a 14	2 a 3
AISI 330	1100	0,15	1 a 2	2	14 a 17	34 a 37	
AISI 410	705	0,15	1	1	11,5 a 13,5	0,6	
AISI 410S	705	0,08	1	1	11,5 a 13,5	1,25 a 2,5	
AISI 430	845	0,12	1	1	16 a 18		
INCONEL 601	1200	0,15	0,5	1	21 a 25	58 a 64	AL = 1 a 1,7

Fonte: Desenvolvida pela autoria do capítulo.

Os tipos de âncoras metálicas mostrados na Figura 7.67 ilustram a gama de opções existentes, e a maioria dos tipos é obtida por meio da conformação de aços laminados de seção circular.

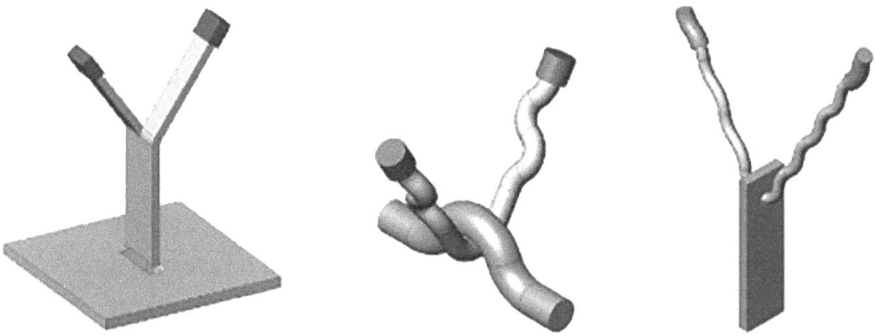

Figura 7.67 Âncoras metálicas.
Fonte: Acervo da RHI Magnesita.

7.6.2.2 Comprimento das âncoras metálicas

O comprimento das âncoras metálicas é função direta da espessura do revestimento, e a prática determina que esse comprimento estará entre 75% e 80% da espessura do revestimento monolítico.

Em aplicações específicas, o comprimento das âncoras poderá ser reduzido para até 50% da espessura do revestimento refratário devido à pequena massa de refratário em relação ao volume metálico aplicado que gera tensões termomecânicas que, por sua vez, prejudicam a performance do equipamento.

7.6.2.3 Espaçamento entre âncoras metálicas

O espaçamento entre âncoras metálicas é função das posições de aplicação do refratário – em tetos, pisos ou paredes – e da espessura do revestimento (Tabela 7.3).

Tabela 7.3 Espaçamento típico (mm) para âncoras metálicas.

Espessura do revestimento	Teto	Parede	Piso
50	75	100	175
75	100	150	250
100	125	175	325
125	175	225	400
150	200	275	475
175	225	300	550
200	250	350	625
225	300	400	700
250	300	425	775

Novamente devem ser observados critérios específicos para aplicações em equipamentos especiais cujo objetivo, além da ancoragem do refratário, seja garantir que não haja excesso de metálicos no conjunto da peça. O espaçamento também poderá ser revisto em função de especificações do cliente.

Após a definição do espaçamento adotado, a quantificação das âncoras é obtida multiplicando-se o número de espaços no sentido vertical pelo número de espaços no sentido horizontal.

7.6.2.4 Aplicação das âncoras metálicas

As âncoras metálicas tipicamente são fixadas mediante processos de soldagem na estrutura metálica do equipamento em que será aplicado o revestimento refratário. Essa atividade deverá seguir alguns cuidados específicos para garantir a integridade de todo o revestimento.

a) As soldas nas âncoras deverão ser feitas de acordo com as normas indicadas e executadas por profissionais qualificados.
b) Sempre testar as âncoras após a soldagem, com golpes de martelo, para assegurar sua fixação.
c) Em diversos casos, as âncoras metálicas são compostas por duas partes que permitem a movimentação relativa do material refratário que elas estão sustentando, portanto sua aplicação deve ser adequada, garantindo esses graus de liberdade.
d) Todas as âncoras deverão estar revestidas com material que permita sua dilatação em operação, podendo ser fibras cerâmicas ou fitas adesivas e com proteção plástica nas pontas.
e) As âncoras deverão estar em posições defasadas por meio de giros angulares, evitando-se planos preferenciais de formação de trincas.
f) Usualmente, as âncoras deverão ter pernas com alturas diferentes também para evitar a formação de planos de laminação.
g) Além da escolha do material, as âncoras poderão variar a seção transversal dos perfis metálicos que as compõem, o que garante resistência adequada à aplicação.

7.6.2.5 Ancoragens cerâmicas

As âncoras cerâmicas se apresentam em diversas formas, dependendo principalmente do local de aplicação (Figuras 7.68 e 7.69).

Normalmente, sua utilização é recomendada em equipamentos cuja temperatura interna seja a partir de 1200°C e cuja espessura do revestimento ultrapasse 200mm.

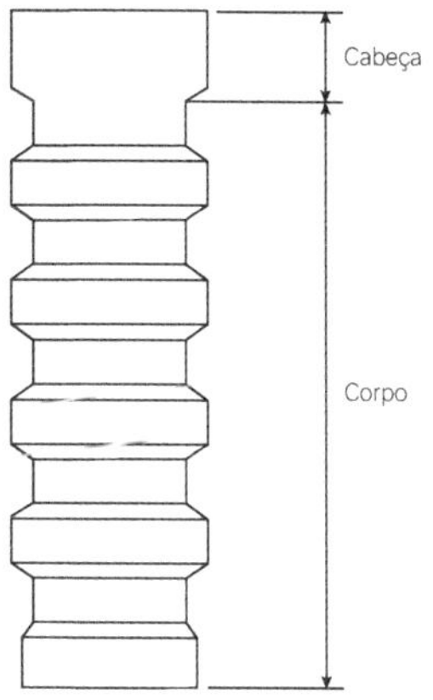

Figura 7.68 Divisões de uma âncora metálica típica.
Fonte: Acervo da RHI Magnesita.

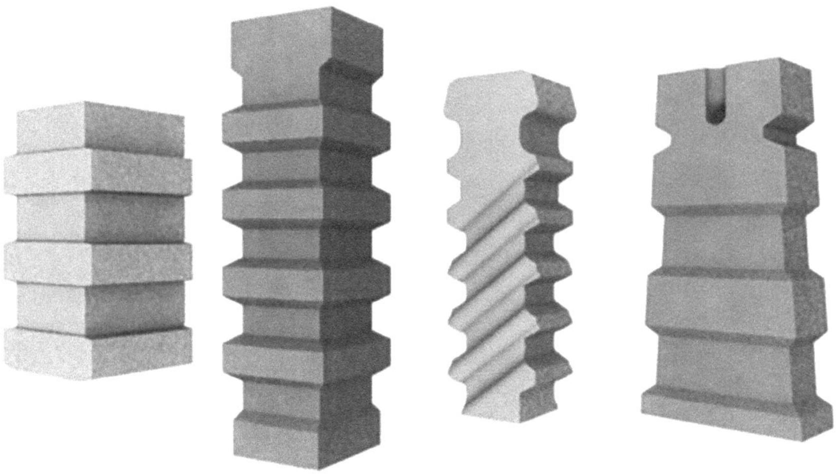

Figura 7.69 Âncoras cerâmicas.
Fonte: Acervo da RHI Magnesita.

As âncoras cerâmicas típicas apresentam duas regiões distintas:

a) **Cabeça:** onde estarão aplicados os acessórios metálicos de fixação.
b) **Corpo:** onde estará aderido o material refratário por meio de ranhuras ou dentes.

A experiencia demonstra que a região entre a cabeça e corpo da âncora deve ter uma seção que garanta uma resistência à tração mínima de 45 MPa.

As âncoras, normalmente, têm seções retangulares e/ou quadradas e são montadas em conjunto com peças metálicas para permitir sua fixação à carcaça do equipamento. A peça metálica que faz a sustentação do corpo cerâmico da âncora é denominada "castanha" (Figuras 7.70 e 7.71).

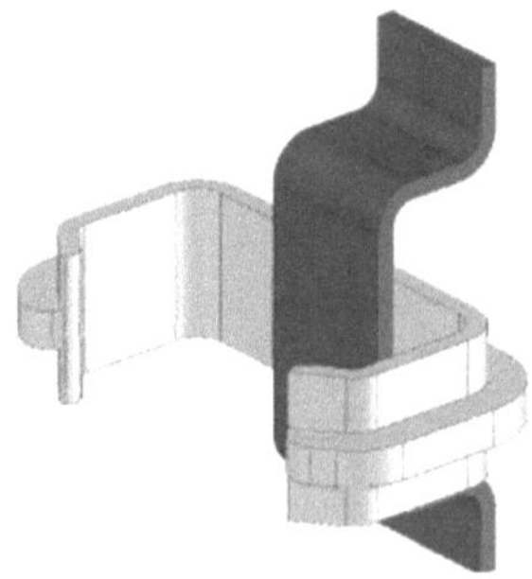

Figura 7.70 Castanha metálica.
Fonte: Acervo da RHI Magnesita.

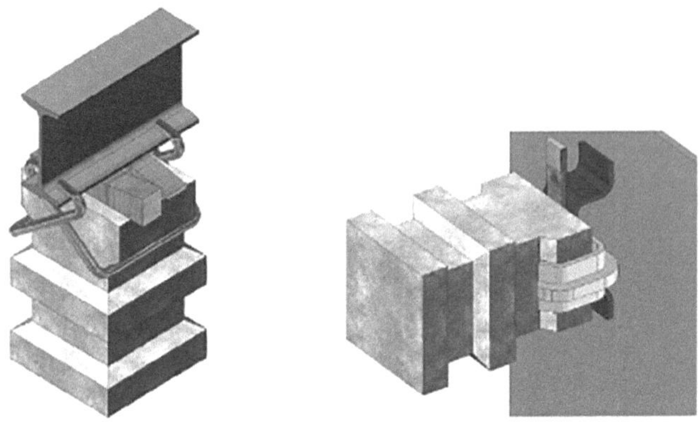

Figura 7.71 Fixação de âncoras cerâmicas.
Fonte: Acervo da RHI Magnesita.

7.6.2.6 Comprimento das âncoras cerâmicas

O comprimento das âncoras cerâmicas será sempre calculado de forma que a face quente da âncora seja nivelada com a face quente do revestimento refratário onde no qual está montada. Deve-se observar que esse comprimento engloba, além da própria âncora, todos os acessórios metálicos necessários a sua fixação.

7.6.2.7 Espaçamento das âncoras cerâmicas

Da mesma forma que as âncoras metálicas, o espaçamento de montagem das âncoras cerâmicas é função de sua posição na montagem, parede ou teto, espessura do revestimento e geometria/formato (Tabela 7.4).

Tabela 7.4 Espaçamento típico (mm) para âncoras cerâmicas.

Local	Espessura do revestimento (mm)									
	150	175	200	225	250	275	300	325	350	375
Teto	300	300	300	300	300	300	300	300	300	300
Parede	375	375	375	375	375	375	450	450	450	600

Fonte: Desenvolvida pela autoria do capítulo.

A quantificação das âncoras cerâmicas é obtida multiplicando-se o número de espaços no sentido vertical pelo número de espaços no sentido horizontal.

Deve-se observar, na elaboração da lista de materiais, que o número de âncoras cerâmicas determinará também o número de acessórios metálicos para sua fixação. Da mesma forma que para as metálicas, a montagem das âncoras cerâmicas nas castanhas metálicas deve seguir procedimentos adequados de isolamento térmico e de dilatação, bem como permitir as movimentações previstas em projeto (Figuras 7.72 e 7.73).

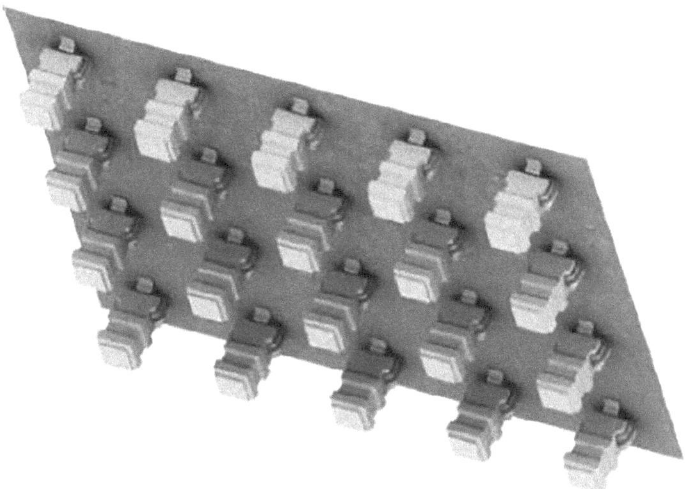

Figura 7.72 Superfície com montagem típica de âncoras cerâmicas.
Fonte: Acervo da RHI Magnesita.

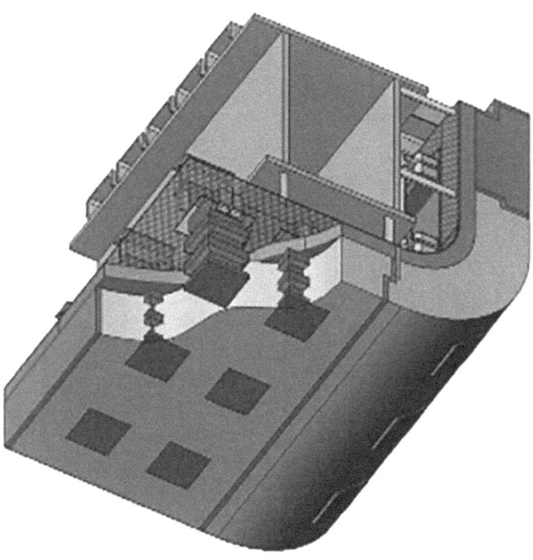

Figura 7.73 Revestimento monolítico com âncoras cerâmicas.
Fonte: Acervo da RHI Magnesita.

7.6.3 Ancoragem com peças moldadas especiais

As montagens de peças refratárias em superfícies planas como tetos e paredes verticais de grandes dimensões ou em regiões específicas como interseções exigem um planejamento cuidadoso dos sistemas de ancoragem. Diversas tecnologias e peças especiais são desenvolvidas no intuito de garantir a estabilidade dessas regiões, bem como sua facilidade de montagem e manutenção (Figuras 7.74 a 7.77).

Paredes planas verticais utilizam sistemas simples adaptados aos tijolos paralelos como mostrado na Figura 7.77 para aumentar a estabilidade do revestimento e evitar o arqueamento da estrutura ao longo da campanha do equipamento. Esses paralelos especiais são aplicados aos pares e, tipicamente, são utilizados três conjuntos a cada metro quadrado.

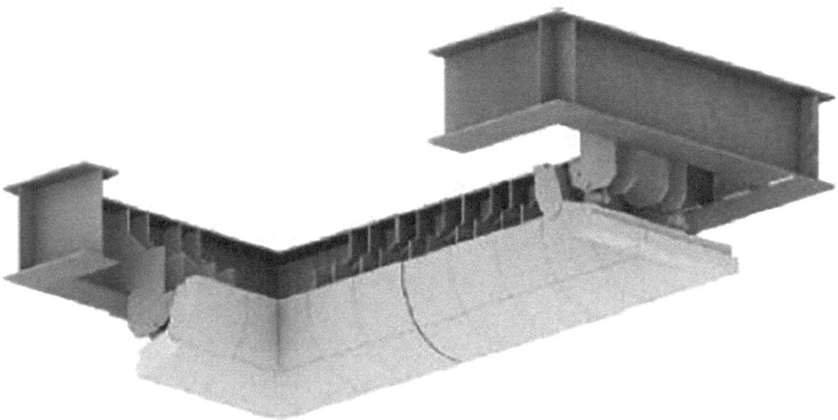

Figura 7.74 Forno de reaquecimento: saída do canal de fumaça.
Fonte: Acervo da RHI Magnesita.

Figura 7.75 Ancoragem de teto tipo Detrick.
Fonte: Acervo da RHI Magnesita.

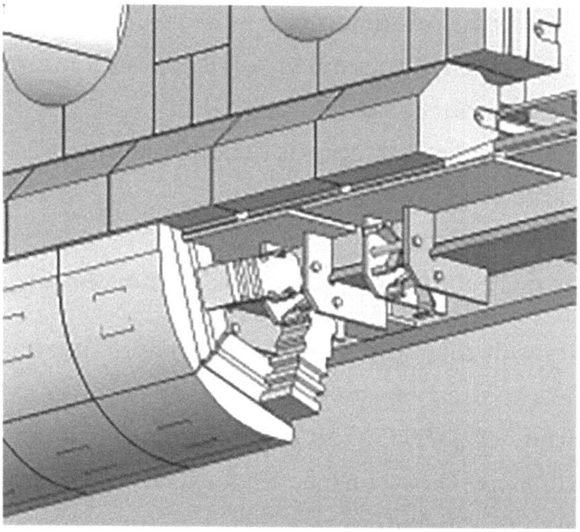

Figura 7.76 Peças pré-moldadas com ancoragem cerâmica em interseção.
Fonte: Acervo da RHI Magnesita.

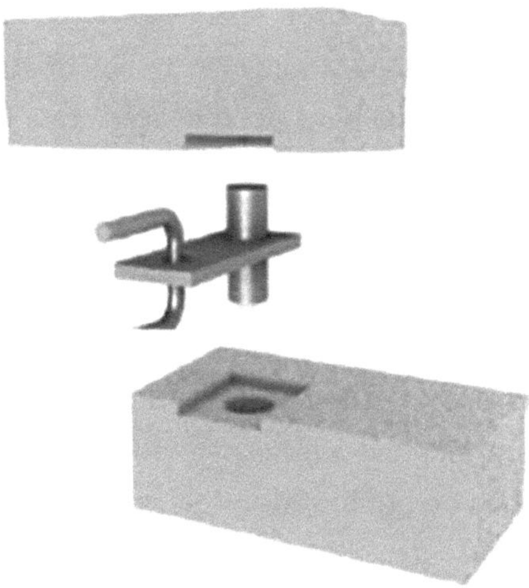

Figura 7.77 Ancoragem típica de paredes verticais planas.
Fonte: Acervo da RHI Magnesita.

7.7 JUNTAS DE DILATAÇÃO

Devido aos processos a que estão sujeitos os equipamentos nos quais estão instalados os revestimentos refratários, haverá sempre movimentações decorrentes de dilatações térmicas, químicas e por esforços mecânicos externos. Para garantir a integridade do refratário sob essas condições, deve-se sempre prever juntas que permitam sua movimentação. Essa previsão deve ser em todos os sentidos de montagem dos refratários. A especificação das juntas e de seu tamanho, a distribuição e o material dependerão do tipo de refratário e da temperatura de operação do equipamento.

Deve-se, ainda, levar em consideração:

- os materiais refratários e isolantes envolvidos e suas informações técnicas;
- o gradiente térmico da região;
- geometria e material das carcaças dos equipamentos;
- experiências anteriores;
- processos operacionais;
- características dos equipamentos, se fixos ou móveis.

O cálculo das juntas de dilatação fornece valores aproximados em relação à real necessidade da aplicação uma vez que é difícil se obterem, com precisão, todas as condições de contorno necessárias a um resultado teórico perfeitamente adequado às condições operacionais. Dessa forma, a adoção de valores obtidos na prática, sempre que possível, será a melhor opção.

Nas regiões onde estiverem localizadas as juntas, devem-se assentar os tijolos a seco ou com argamassa de pega cerâmica ou a quente, para permitir a movimentação do revestimento.

Existem equipamentos em que os tijolos são assentados suficientemente distanciados de modo a fornecer espaço para sua dilatação. Esse espaço decorre da aplicação de argamassas ou em função das próprias deformidades de fabricação dos tijolos. Já em outros fornos, não se admite espaço para expansão das paredes; assim, os tijolos são assentados justapostos entre si e prevê-se uma junta total para a movimentação da parede.

7.7.1 Materiais usados em juntas de dilatação

Os materiais para preenchimento das juntas são usados para evitar a penetração de gases e de materiais sólidos ou líquidos do processo fabril no qual o refratário está aplicado.

Existem vários tipos de materiais para aplicações específicas:

- **Compressíveis combustíveis:** materiais colocados nas juntas, mantendo-se uma folga após se queimarem em baixa temperatura. Exemplos: papelão, papelão alcatroado e papelão corrugado.
- **Compressíveis não combustíveis:** materiais geralmente não metálicos e fibrosos utilizáveis em temperaturas compatíveis com seu ponto de fusão. Nesses materiais, incluem-se a lã mineral (400°C), silicatos de cálcio (815°C), sílica diatomácea (1040°C) e as fibras cerâmicas para diversas temperaturas e com diversas densidades (900, 1260, 1400, 1500 e 1600°C).

Algumas características práticas devem ser observadas para definição das juntas de dilatação (Figura 7.78):

- Tijolos de sílica, normalmente, mantêm sua dilatação térmica em qualquer ponto em temperaturas acima de 500°C e cerca de 2/3 de sua dilatação até 260°C.
- Juntas em paredes compostas por mais de uma camada de refratário devem ser defasadas.
- Tijolos básicos em paredes planas são assentados normalmente a seco, usando-se papelão como junta.
- Quando se deseja estanqueidade no revestimento, entre os tijolos, permanecem apenas as juntas constituídas pelas irregularidades de suas faces, sendo as juntas adicionais levadas para os extremos da construção ou se utilizam montagens com detalhes do tipo macho e fêmea.

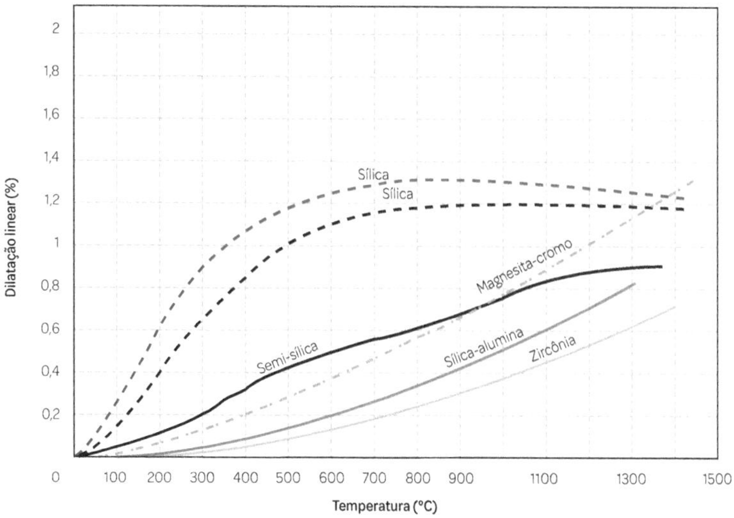

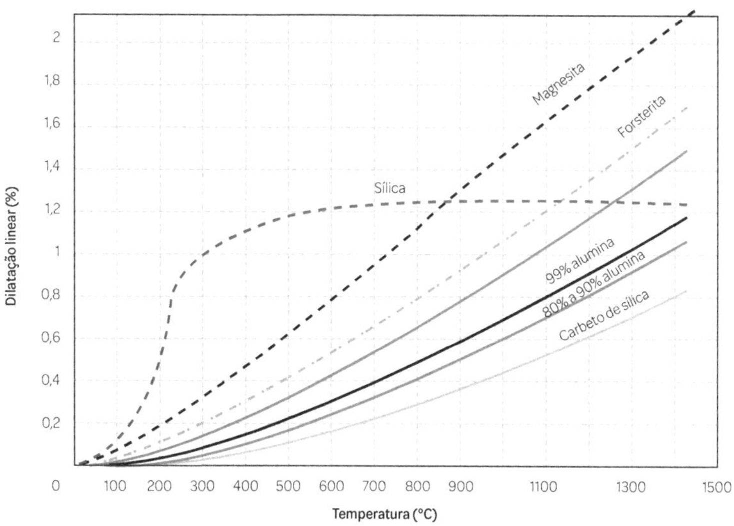

(Continuação)

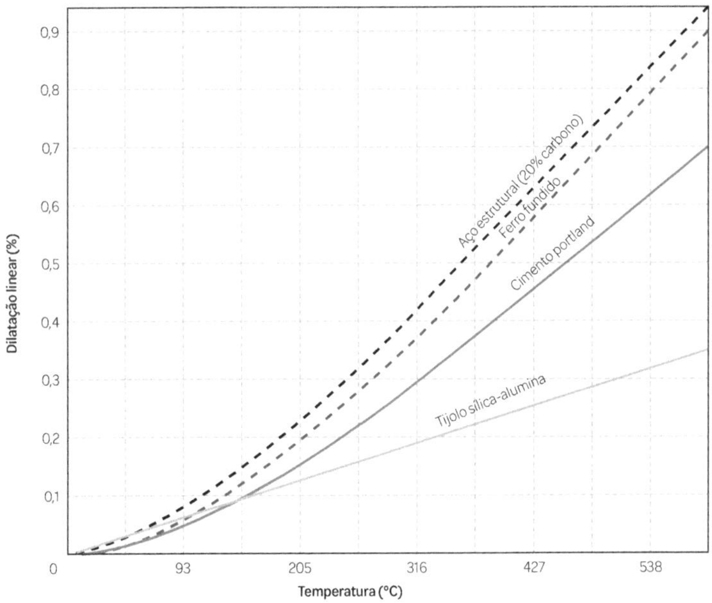

Figura 7.78 Curvas típicas de dilatação linear.
Fonte: Acervo da RHI Magnesita.

7.7.2 Tipos de juntas de dilatação

Existem diversas opções de geometrias para distribuição das juntas ao longo de um revestimento refratário. Basicamente, as juntas podem ser contínuas, quando formam um único plano ao longo da mesma camada do revestimento e, descontínuas, quando não se observa esse plano. A descontinuidade pode ser necessária para evitar a infiltração de materiais (Figuras 7.79 a 7.83).

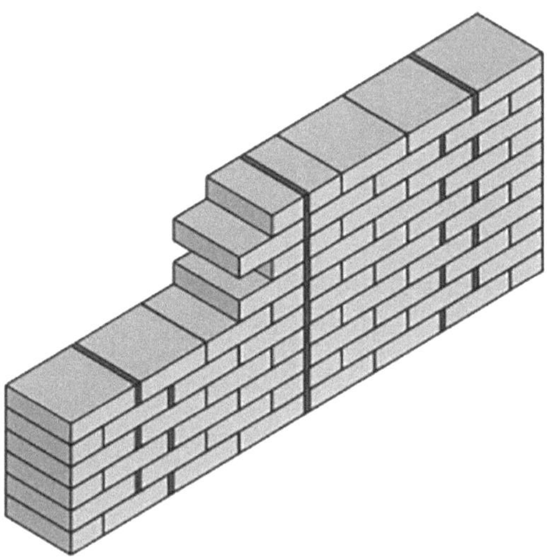

Figura 7.79 Juntas contínuas e descontínuas.
Fonte: Acervo da RHI Magnesita.

Figura 7.80 Juntas descontínuas.
Fonte: Acervo da RHI Magnesita.

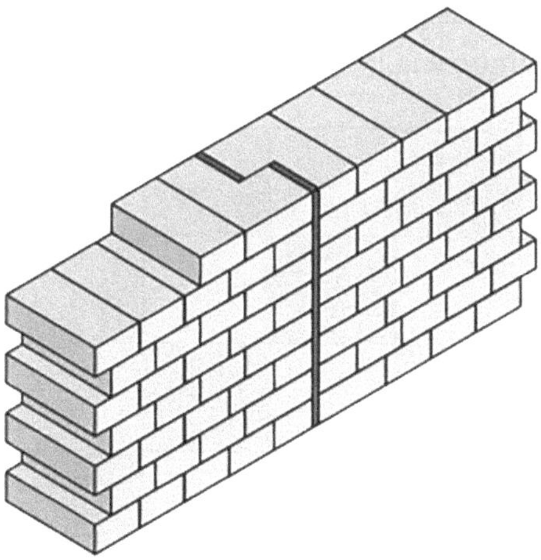

Figura 7.81 Juntas contínuas com formatos especiais.
Fonte: Acervo da RHI Magnesita.

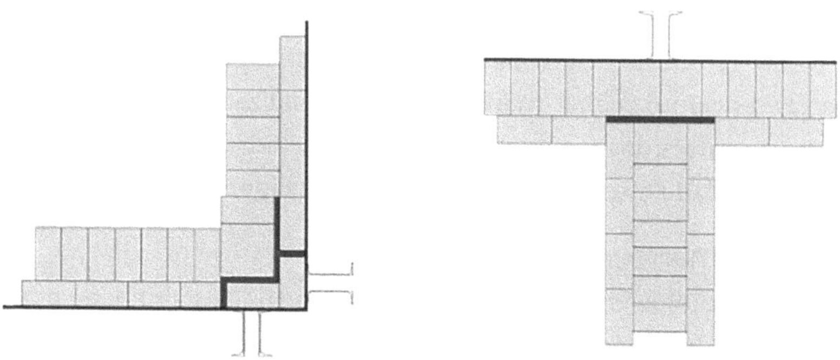

Figura 7.82 Juntas de extremidades.
Fonte: Acervo da RHI Magnesita.

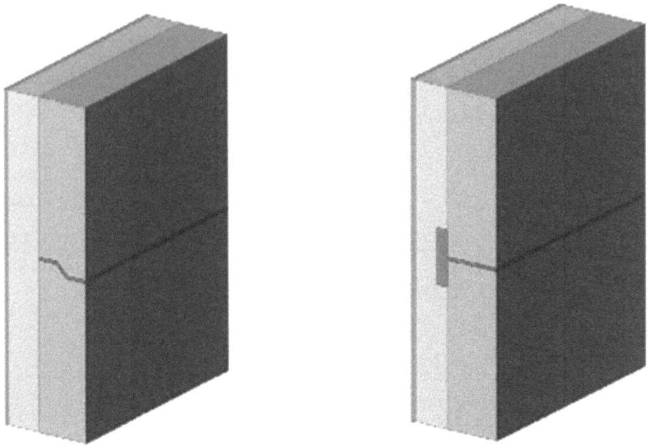

Figura 7.83 Juntas em "S" e com bloqueio.
Fonte: Acervo da RHI Magnesita.

Nas montagens de grandes áreas concretadas, utilizam-se painéis subdivididos para formação de juntas frias ou secas para absorver dilatações e direcionar a formação de trincas, reduzindo sua incidência aleatória (Figuras 7.84).

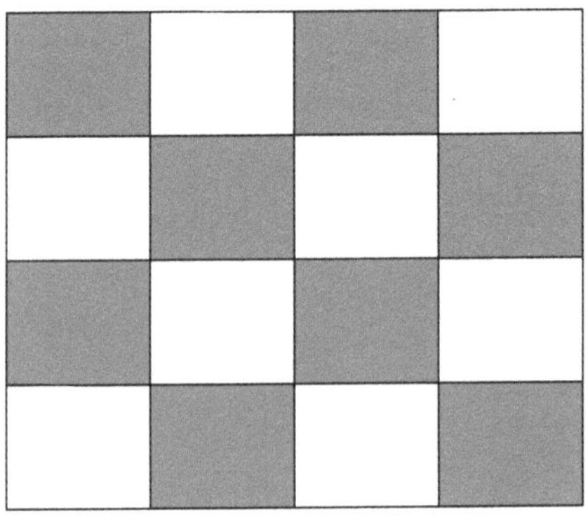

Figura 7.84 Painéis com juntas secas em concreto.
Fonte: Acervo da RHI Magnesita.

7.8 AMARRAÇÃO DE TIJOLOS

O revestimento refratário de fornos, em geral, é uma especialidade das construções de alvenarias, portanto requer mão de obra especializada para montagem. Dessa forma, todas as partes dos fornos deverão ser projetadas e construídas de forma a garantir a estabilidade estrutural do equipamento (Figuras 7.85 a 7.88).

7.8.1 Tipos de amarrações

A amarração dos tijolos visa, portanto, garantir a devida estabilidade por intermédio da montagem de forma alternada dos tijolos, evitando-se, sempre que necessário, a formação de planos contínuos das juntas entre tijolos e fiadas. A escolha do tipo de amarração dependerá de alguns fatores, como:

a) projeto do equipamento;
b) espessura da parede;
c) necessidade de estanqueidade do revestimento;
d) condições operacionais;
e) facilidade de manutenção.

Figura 7.85 Parede de meio tijolo.
Fonte: Acervo da RHI Magnesita.

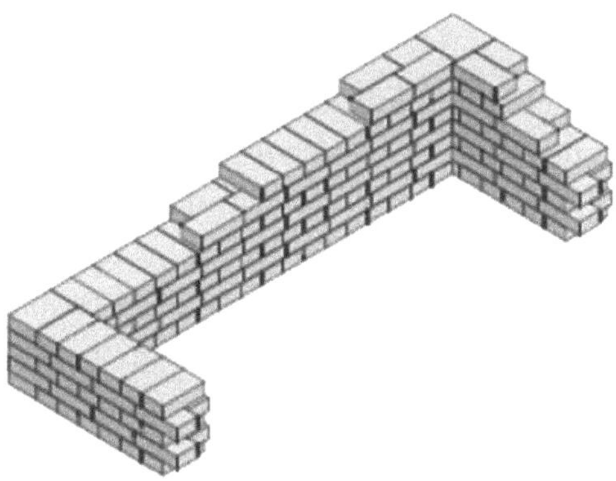

Figura 7.86 Parede de um tijolo.
Fonte: Acervo da RHI Magnesita.

Figura 7.87 Paredes de um tijolo e meio e dois tijolos.
Fonte: Acervo da RHI Magnesita.

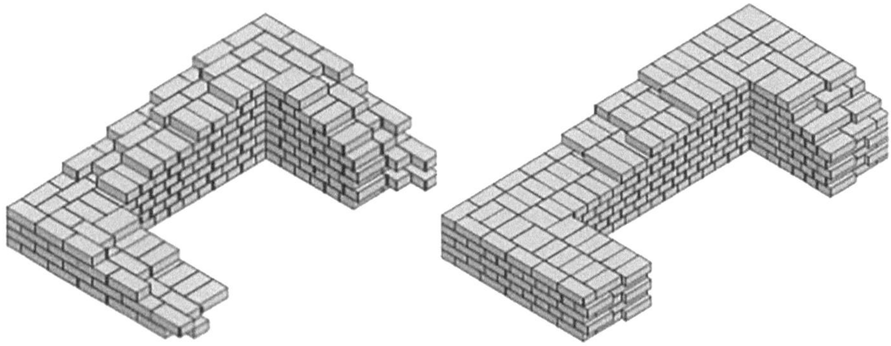

Figura 7.88 Paredes de um tijolo e 2x meio tijolo independente e de dois tijolos e meio alternadas.
Fonte: Acervo da RHI Magnesita.

7.8.2 Encaixes tipo macho-fêmea

As peças com encaixes tipo macho e fêmea são formatos especiais adequados para garantir a estabilidade do revestimento e a sua estanqueidade. Portanto, em locais de difícil utilização de sistema de ancoragem padronizado e em aplicações nas quais a estanqueidade, principalmente, de gases é um fator crítico, faz-se o emprego de peças macho e fêmea.

Esses formatos não devem ser utilizados sem uma avaliação muito criteriosa quanto a sua necessidade, pois exigem maior grau de precisão na fabricação para garantir o encaixe dos machos. As âncoras padronizadas também podem ser consideradas formatos com ressaltos e rebaixos do tipo macho e fêmea.

Alguns exemplos de aplicação de peças com encaixes macho e fêmea são em domos de grandes diâmetros, paredes extensas, camisas cilíndricas de pequenas espessuras e grandes raios etc. (Figura 7.89).

Figura 7.89 Regenerador: saída de ar quente.
Fonte: Acervo da RHI Magnesita.

7.8.3 Tipos de macho e fêmea

Os tipos de macho e fêmea dependem da concepção e conveniência de cada fabricante. Dessa forma, encontram-se tipos de seções semicirculares e trapezoidais (Figuras 7.90 e 7.91).

Os tipos machos e fêmeas poderão estar dispostos lateralmente, nas faces de apoio, de forma simples, dupla ou cruzada.

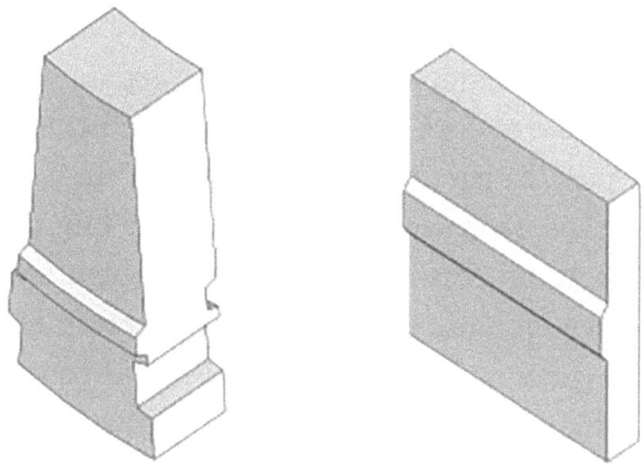

Figura 7.90 Encaixe macho e fêmea trapezoidal.
Fonte: Acervo da RHI Magnesita.

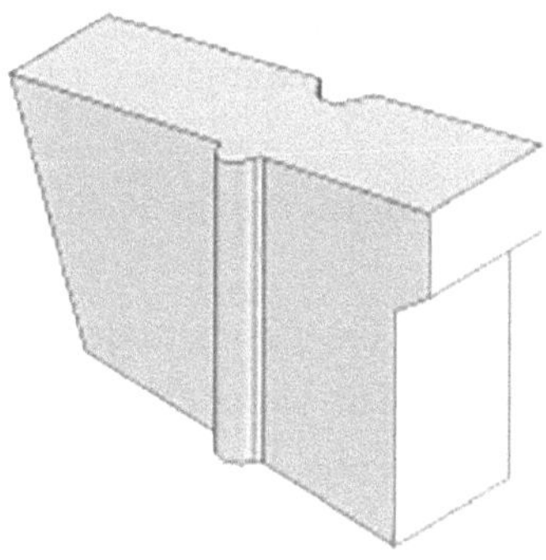

Figura 7.91 Encaixe macho e fêmea tipo semicircular.
Fonte: Acervo da RHI Magnesita.

7.9 ANÁLISE DE FLUXO DE CALOR

A principal análise térmica realizada em projetos de revestimentos refratários é o chamado "gradiente térmico" que avalia a distribuição de temperaturas ao longo da espessura de um determinado revestimento a partir do fluxo de calor gerado no processo.

O cálculo de gradientes térmicos é uma ferramenta muito utilizada na elaboração de projetos de revestimentos refratários, pois fornece subsídios importantes para a definição de uma solução mais adequada ao cliente, do ponto de vista do processo e da performance do refratário.

7.9.1 Transferência de calor

Este capítulo não pretende abordar as teorias de transferência de calor, porém alguns conceitos serão brevemente descritos para permitir o entendimento básico das análises realizadas nos estudos de gradientes térmicos em revestimentos refratários.

Os fenômenos da transferência de calor têm grande importância na resolução de muitos problemas industriais que envolvem processos de condução, convecção e de radiação e estão ligados ao projeto de sistemas térmicos como um forno.

Quando há aquecimento em um equipamento (forno ou vaso), o calor flui pelo revestimento refratário, movendo-se da face quente para a fria. Parte do calor é absorvido pelo refratário e outra é dissipada para o ambiente.

A fração de calor perdida para o ambiente pode ser muito importante, uma vez que, na maioria dos casos, representa perda de energia que, por sua vez, configura uma perda econômica no processo. Além disso, a temperatura na superfície externa do equipamento deve ser baixa o suficiente para garantir funcionalidade e segurança e, sobretudo, o sucesso do processo definido no equipamento depende de que seja mantida internamente uma temperatura adequada.

Experimentos mostram que o fluxo de calor através de uma parede é proporcional à forca motriz (diferença de temperatura entre as faces quente e fria) e inversamente proporcional à espessura do revestimento. Essa proporcionalidade pode ser convertida em uma equação multiplicando-se por uma constante k, cujo valor depende do material da parede. O "k" é chamado "condutividade térmica" e é uma propriedade de cada material.

Os principais mecanismos de transferência de calor são: condução; convecção e radiação.

a) **Condução:** processo pelo qual o calor flui de uma região de alta temperatura para outra de temperatura mais baixa dentro de um meio sólido, líquido ou gasoso ou entre meios diferentes em contato físico direto. A condução é o mecanismo mais importante de transferência de calor em meios sólidos.

b) **Convecção:** processo de transferência de calor de um meio fluido (líquido ou gasoso) para um meio sólido. Quando a movimentação do fluído ocorre apenas pela diferença de densidade causada pelo gradiente de temperatura no fluído, tem-se a chamada "convecção natural". Quando o movimento do fluído é induzido por algum agente externo, por exemplo, um ventilador, passa a ter a convecção forçada. A presença de convecção natural ou forçada influenciará significativamente no processo de transferência de calor.

c) **Radiação:** processo pelo qual o calor flui de um corpo para outro com temperatura mais baixa através do espaço ou mesmo do vácuo. Para corpos com altas temperaturas, a transferência por radiação se torna muito significativa, pois é função da temperatura na 4ª potência.

7.9.2 Cálculo do fluxo de calor

Existe uma diversidade de ferramentas para cálculo de gradiente térmico em que estão embutidas as principais equações de transferência de calor com as devidas simplificações que permitem análises rápidas do projeto em questão. O capítulo se aterá, nesta seção, aos principais dados de entrada e a seus respectivos resultados (Figura 7.92).

Essas ferramentas são mais focadas na resolução de problemas unidimensionais de transferência de calor e em regime permanente através de uma parede. Parte-se do princípio de que o fluxo de calor através do revestimento (condução) é igual ao fluxo de calor para o ambiente (convecção + radiação). A partir dos dados de entrada, resolve-se o problema por meio de um método iterativo, iniciando-se com certo valor de temperatura de face fria, sendo adotado o próprio valor de temperatura ambiente, até que se atinja um valor de temperatura em que se igualem os fluxos de calor (condução = convecção + radiação).

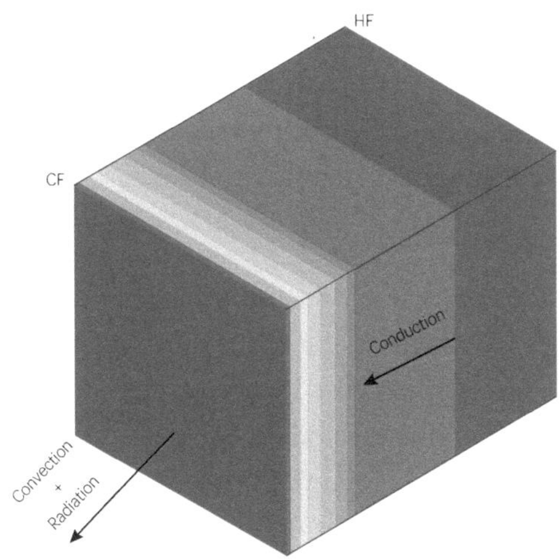

Figura 7.92 Fluxos de calor através do refratário e para o ambiente.

7.9.3 Dados de entrada

Devido a todas as simplificações adotadas, a principal informação dos materiais refratários que se utiliza para os cálculos é o coeficiente de condutividade térmica que, preferencialmente, deve ser conhecido para várias temperaturas. Além das condutividades, outro dado muito importante é a temperatura máxima de utilização do material. Ela dirá se, nas interfaces, está havendo excesso de utilização.

Além da condutividade térmica, é necessário informar alguns dados de entrada que permitirão o cálculo desejado:

- **Número de camadas:** materiais, refratários ou isolantes, que compõem o revestimento.

- **Temperatura de face quente (°C):** temperatura interna estimada do equipamento, desconsiderando-se as variações que podem ocorrer nesse meio, ou seja, para um equipamento a 1550°C, será adotada a mesma temperatura para a face quente do revestimento como um todo.
- **Temperatura ambiente (°C):** temperatura externa ao equipamento.
- **Velocidade do vento (m/s):** velocidade do vento externo ao equipamento. Para ambientes fechados, em geral, utiliza-se 0m/s. Essa consideração, inclusive, é a mais conservadora em termos de temperatura de face fria. Para equipamentos em ambientes abertos, devem-se avaliar as condições locais, por exemplo, plantas em regiões litorâneas costumam sofrer incidência de ventos que alteram os cálculos.
- **Emissividade da carcaça:** emissividade do material da carcaça, em geral, utiliza-se 0,85 para o aço.
- **Tipo de superfície:** tipo de superfície em estudo e, via de regra, três opções estão disponíveis – teto, parede ou fundo.
- **Nome do produto:** nome de cada uma das marcas dos produtos que compõem o revestimento.
- **Espessura de cada material (mm):** espessura de cada um dos produtos de acordo com suas respectivas marcas.

7.9.3.1 Resultados

Após a entrada dos dados mencionados, teremos os seguintes resultados:

- **Temperaturas de interface (°C):** temperaturas na transição entre materiais. É importante sempre verificar esse item e garantir que essas temperaturas não ultrapassem as temperaturas máximas de uso dos respectivos materiais.
- **Temperaturas médias (°C):** temperatura média em cada um dos materiais que compõem o revestimento.
- **Condutividades térmicas (W/m.K):** condutividade térmica em temperatura média e que foi utilizada para o cálculo.
- **Fluxo de calor (W/m^2):** fluxo de calor através do revestimento.
- **Temperatura de carcaça (°C):** temperatura da carcaça do equipamento sob as condições informadas.
- **Perfil térmico:** representa o perfil térmico do revestimento.

Essas ferramentas fornecem uma aproximação útil da perda de calor, e não o valor real, porque, além das simplificações adotadas pelo modelo, raramente a temperatura no interior do equipamento é conhecida com precisão e, sobretudo, a espessura do revestimento varia com a utilização do refratário.

Deve-se destacar que não são considerados dois aspectos importantes na montagem física: resistências térmicas de contato entre as superfícies; e as juntas que podem oferecer um caminho preferencial ao fluxo de calor. Além disso, variáveis como emissividade da carcaça, temperatura do ar ambiente e vento influenciam todos os cálculos e podem não ser adequadamente conhecidas. No caso de materiais refratários não moldados, a condutividade térmica também depende das condições de aplicação; no entanto, a quantidade de calor através do revestimento pode ser estimada com precisão suficiente para a maioria das propostas de engenharia.

A adequada utilização das ferramentas de cálculo de gradiente térmico exige experiência e conhecimento sobre os conceitos embutidos nos cálculos de forma que se faça a correta escolha dos dados de entrada, bem como uma análise consistente dos dados de saída. Entre essas análises, deve-se observar:

- **Temperatura de carcaça:** se está dentro dos limites permitidos para o aço usado no equipamento em questão, seja devido a perdas térmicas excessivas, seja por segurança operacional.
- **Temperatura de interface das camadas refratárias:** se cada camada não está exposta a uma temperatura que exceda seu limite de utilização, tanto com o revestimento novo como após uso ou se a temperatura em determinada interface pode gerar algum tipo de reação entre os materiais que a compõem.
- **Fluxo de calor total:** verificar se o processo do equipamento em questão exige algum tipo de limite para o fluxo de calor perdido para o ambiente que possa ocasionar prejuízo significativo ao processo.

7.10 USO DE ELEMENTOS FINITOS EM PROJETOS REFRATÁRIOS

Os projetos mecânicos com refratários exibem similaridades com estruturas da construção civil, como estruturas em blocos ou em pedra. No entanto, os equipamentos com refratários estão sujeitos a condições mais complexas de carregamento termomecânico (2). O ambiente severo de altas temperaturas cria um desafio à integridade estrutural de equipamentos como panelas de aço, conversores LD, distribuidores etc.

Em altas temperaturas, os materiais refratários podem ter um comportamento de tensão e deformação não linear, com suas propriedades normalmente variando com a temperatura. Em outras palavras, as altas temperaturas têm grande influência nas propriedades dos materiais refratários. Como consequência, a investigação termoestrutural desses equipamentos requer o uso de simulações numéricas que podem lidar com os aspectos complexos das físicas envolvidas (térmica e estrutural) e com as sofisticadas estruturas. Como exemplo, na Figura 7.93, é apresentado o campo de temperaturas calculado pelo método dos elementos finitos em uma panela de aço no momento em que o equipamento está carregado com o metal líquido (3).

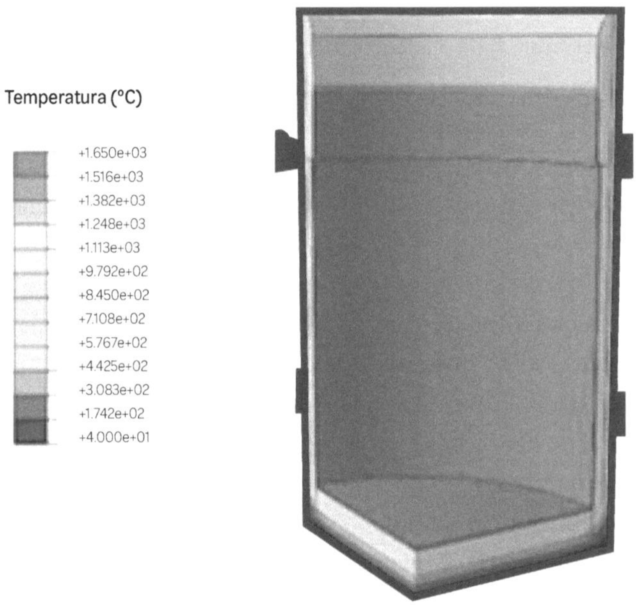

Figura 7.93 Campo de temperaturas obtido por elementos finitos para uma panela de aço.
Fonte: Adaptada de (3).

As simulações numéricas têm ganhado muita popularidade nas últimas décadas em razão do maior acesso a recursos computacionais e a softwares de simulação. A simplificação e otimização das interfaces gráficas dos softwares de simulação têm também contribuído para a disseminação dessa técnica de cálculo em mais setores da engenharia. Diversos métodos numéricos podem ser aplicados para projetos com materiais refratários; entre eles, o método dos elementos finitos é o mais popular.

7.10.1 Método dos elementos finitos

Para a grande maioria dos problemas de engenharia, as equações diferenciais parciais, que regem o comportamento físico na aplicação, não podem ser resolvidas com abordagens analíticas. Em vez disso, podemos aproximar essas equações utilizando métodos numéricos e estratégias de discretização da geometria.

Assim, as soluções que obtemos são também uma aproximação da solução real para essas equações diferenciais. O método dos elementos finitos é uma técnica que subdivide um espaço ou domínio complexo em um número finito de partes menores denominadas "elementos" cujo comportamento pode ser descrito por equações comparativamente mais simples. Cada elemento é definido por uma geometria simples, como um triângulo, quadrilátero, tetraedro ou hexaedro, dependendo da dimensionalidade do problema. Esses elementos são conectados por nós (vértices das formas geométricas citadas anteriormente) para formar uma malha. Um exemplo de malha de uma panela de aço pode ser visto na Figura 7.94.

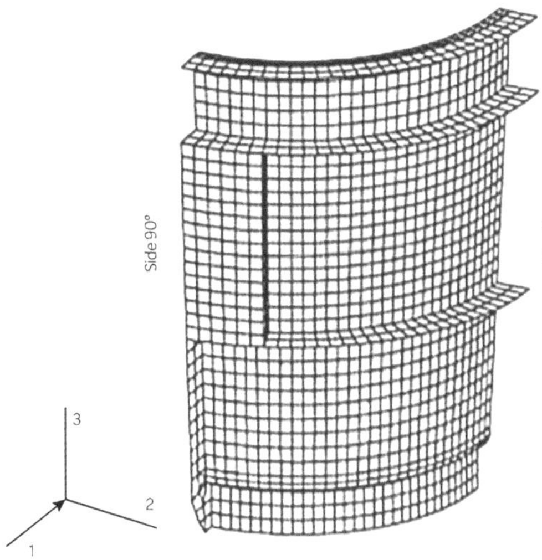

Figura 7.94 Malha para análise em uma panela de aço.
Fonte: Adaptada de (4).

Uma análise em elementos finitos para revestimento refratário é, normalmente, composta por duas partes. A primeira é uma avaliação da resposta térmica do equipamento, que pode ser em estado estacionário ou transiente. A primeira resposta de interesse é a distribuição de temperaturas no revestimento. A perda de calor e outros aspectos da análise da transferência de calor podem ser de interesse em alguns casos. A segunda parte da investigação do revestimento consiste em avaliar a expansão térmica, as deformações e as tensões térmicas no equipamento.

Tanto as propriedades térmicas dos materiais como suas propriedades mecânicas são necessárias para realizar uma análise termomecânica. Frequentemente, essas propriedades são sensíveis à temperatura. Por conseguinte, a avaliação dessas propriedades dos materiais deve levar em conta os efeitos térmicos. As propriedades dos materiais necessárias para a análise térmica são a condutividade térmica, o calor específico e a densidade. Se se tratar apenas de uma análise em regime permanente, então as duas últimas propriedades térmicas do material não são necessárias.

As propriedades mecânicas do material necessárias são o coeficiente de expansão térmica, a densidade (se for necessário considerar o peso próprio da estrutura) e o comportamento tensão/deformação (para análises mais simples, apenas o módulo de elasticidade pode caracterizar esse comportamento) (5). Na maioria dos equipamentos com refratários, as tensões relacionadas à expansão térmica são, em geral, consideravelmente maiores do que as tensões resultantes do peso próprio da estrutura. Logo, a densidade é de menor importância para esse tipo de análise mecânica.

7.10.2 Exemplo de aplicação: análise termomecânica de uma válvula coletora

A válvula coletora, posicionada na saída da panela de aço, é um dos componentes importantes para o processo siderúrgico. Nesse componente, a propagação de trincas decorre de tensões térmicas excessivas, o que influencia sua vida útil. Para esse refratário, Rong e colaboradores (6) propuseram uma nova estrutura composta para a válvula coletora, que consiste em dois materiais com propriedades diferentes.

Nesse estudo, foram realizadas uma análise térmica transiente e uma análise estrutural com o campo de temperaturas para estimar as tensões térmicas. Na Figura 7.95, são apresentados o campo de temperaturas no começo do processo (a) e as tensões máximas principais resultantes da expansão térmica (b).

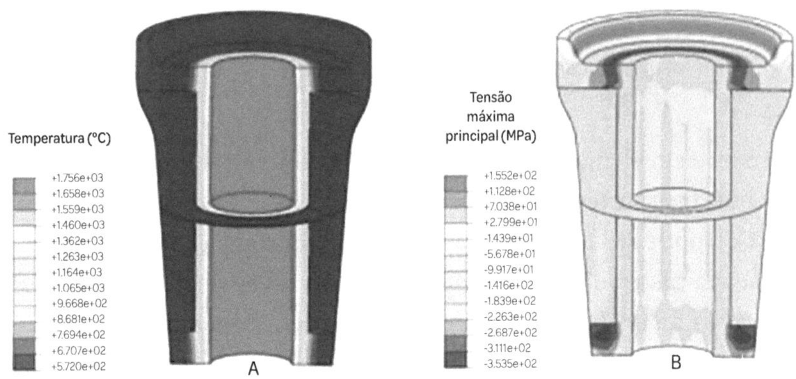

Figura 7.95 Campo de temperatura e tensões para uma válvula coletora.
Fonte: Adaptada de (5).

O campo de tensão é majoritariamente compressivo, ou seja, com tensões negativas como consequência da expansão das partes cerâmicas com altas temperaturas e a restrição gerada pela carcaça metálica em temperaturas menores. Observa-se uma região com tensões de tração (em tons mais escuro) devido à interação de contato com o mecanismo de válvula gaveta, localizado na parte superior do componente em análise. Os materiais refratários, em geral, apresentam menor resistência mecânica em relação a tensões de tração, o que destacaria essa concentração de tensão como uma região de atenção.

7.10.3 Outros métodos numéricos: método dos volumes finitos

Para fluidodinâmica, o método dos volumes finitos é uma técnica numérica muito popular. Assim como o método dos elementos finitos, essa técnica é utilizada para resolver equações diferenciais parciais que descrevem o comportamento de fluidos em sistemas físicos. Esse método divide o domínio do problema em volumes finitos denominados "células ou elementos" e aplica as leis de conservação (como conservação de massa, momento e energia) em cada uma dessas células.

Um exemplo de aplicação do método dos volumes finitos a análise do fluxo de metal líquido dentro de um equipamento como o distribuidor. Nessa linha de estudo, Resende e colaboradores (7) analisaram os efeitos da geometria do inibidor de impacto no fluxo do distribuidor, quando o jato incidente atinge o inibidor fora do seu centro. Essa situação pode causar curtos-circuitos, temperaturas não homogêneas e maior tendência à formação de vórtices. Com análises fluidodinâmicas, esse estudo otimizou a geometria de um inibidor de impacto para melhorar seu desempenho mesmo nessas condições adversas.

7.10.4 Outros métodos numéricos: método dos elementos discretos

O método dos elementos discretos é uma técnica numérica utilizada para simular o comportamento de sistemas compostos por partículas individuais. Ao contrário de métodos que tratam o material como um contínuo, essa técnica modela cada partícula individualmente, considerando-se interações entre elas como as colisões, os atritos e o contato.

A avaliação da microestrutura de materiais refratários é uma das tendências do uso dessa técnica (8), os elementos da microestrutura como inclusões, microtrincas, porosidades etc. podem ser representados por partículas (elementos discretos) e suas interações. Com essa representação, é possível obter propriedades macroscópicas como o módulo de elasticidade do material e também investigar fenômenos de propagação de trincas no material.

Acesse as imagens coloridas do capítulo.

REFERÊNCIAS

(1) COUTINHO, E. C. *Fundamentos de projetos refratários*. Magnesita Refratários, nov. 2008.

(2) SCHACHT, C. *Refractory linings*: thermomechanical design and applications. CRC Press, 2017.

(3) ALI, M. *et al.* Transient thermo-mechanical analysis of steel ladle refractory linings using mechanical homogenization approach. *Ceramics*, v. 3, n. 2, p. 171-189, 2020.

(4) SCHMITT, N. *et al.* Damage of monolithic refractory linings in steel ladles during drying. *British Ceramic Transactions*, v. 103, n. 3, p. 121-133, 2004.

(5) SCHACHT, C. A. Needed fundamental thermomechanical material properties for thermomechanical finite element analysis of refractory structures. *Fundamentals of Refractory Technology*, v. 125, p. 93-101, 2006.

(6) RONG, Z. *et al.* Thermal stress analysis and structural optimization of ladle nozzle based on finite element simulation. *Materials Research Express*, v. 9, n. 4, p. 45-601, 2022.

(7) RESENDE, A. *et al.* Avoiding asymmetric flows caused by off-centre pouring into the tundish: a novel impact pot design. *RHI Magnesita Bulletin*, 2023.

(8) MOREIRA, M. H. *et al.* Discrete element modelling – a promising method for refractory microstructure design. *Am. Ceram. Soc. Bull*, v. 99, p. 22-28, 2020.

Capítulo 8

CONTRATOS DE MANUTENÇÃO E DE INSTALAÇÃO REFRATÁRIA

Mauricio Ferreira de Pinho

Horácio Ávila Ferreira

8.1 TIPOS DE SERVIÇO DE INSTALAÇÃO REFRATÁRIA

Várias denominações são usadas para se definir o tipo de instalação refratária a ser usado em um projeto:

- **Reparo, *revamping* ou *repair*:** trabalhos desenvolvidos em um equipamento, de forma localizada, nos quais partes deste serão trocadas, com ou sem melhorias nas características dos itens trocados.
- **Reforma ou *relining*:** trabalhos desenvolvidos em um equipamento, de forma mais ampla, nos quais partes deste serão trocadas, com ou sem melhorias nas características dos itens trocados.
- **Construção:** implantação de um novo equipamento.
- **Manutenção:** trabalhos desenvolvidos em um equipamento, de forma localizada ou ampla, nos quais partes deste serão trocadas, sem melhorias nas características dos itens trocados.
- **Preservação da vida útil (PVU):** denominação que pode ser utilizada para uma unidade fabril ou um equipamento e caracterizada por gerar controles, metodologias e serviços que visam preservar ou prolongar a vida útil.

Essas denominações são normalmente utilizadas para se definir determinado escopo de trabalho atribuído a um projeto de instalação refratária. Vamos exemplificar considerando um alto-forno (Figura 8.1):

- **Reparo de um alto-forno:** como exemplo de escopo, poderíamos ter a troca dos refratários das três últimas fiadas do cadinho, mantendo o mesmo projeto inicial; a troca parcial dos refratários da parede do cadinho, substituindo os blocos de carbono danificados por tijolos de carbono; a troca dos *staves* da rampa e quatro *staves* do ventre, mantendo o mesmo projeto.
- **Reforma de um alto-forno:** como exemplo de escopo, poderíamos ter a troca da carcaça do forno e região das ventaneiras até a cuba superior, mantendo o projeto inicial; a troca de todos os *staves*, substituindo os *staves* de ferro fundido da rampa por cobre; a troca total dos refratários do forno, mantendo o mesmo projeto de blocos de carbono da soleira, mas alterando o projeto dos refratários das paredes (blocos de carbono por tijolos de grafita, semigrafita e carbono).
- **PVU de um alto-forno:** como exemplo de escopo, poderíamos ter o acompanhamento da evolução de trincas e fissuras na carcaça; o acompanhamento da temperatura na carcaça do cadinho.

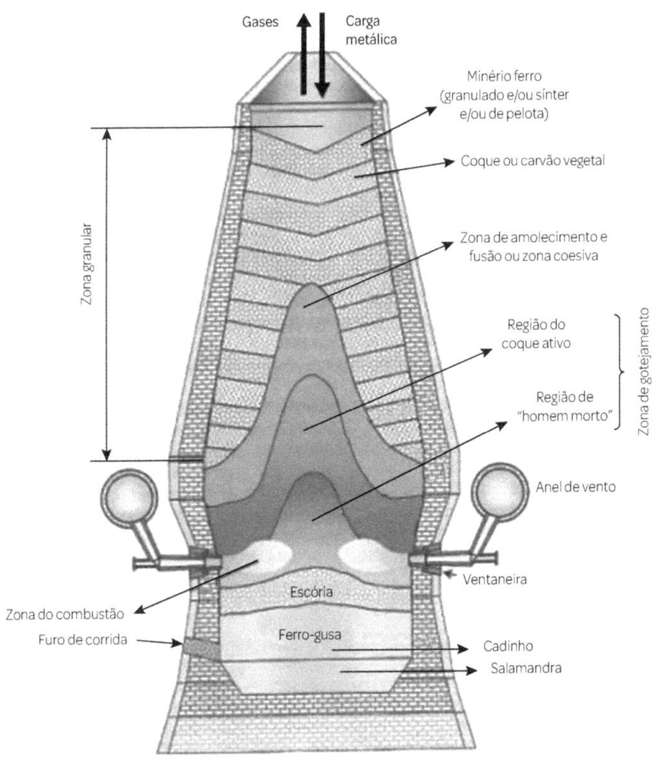

Figura 8.1 Alto-forno.
Fonte: Adaptada de (14).

8.2 CONCEITOS E MODELOS DE CONTRATOS DE DESEMPENHO

Os modelos de aquisição de refratários têm se modificado ao longo dos tempos e cada cliente tem escolhido o modelo mais conveniente entre aqueles que mais se aproximam com a sua estratégia e mediante a situação em que vive.

O processo de compra de refratários, apesar de aparentemente simples, envolve uma série de etapas que, de uma forma ou de outra, impactam no custo geral desse item na cadeia de produção, e frente a todo processo de produção industrial – como o de uma siderúrgica, uma indústria de vidro, uma fábrica de cimento, uma fundição ou uma indústria de papel e celulose etc.

Algumas características são determinantes na metodologia escolhida pelas empresas nos processos de aquisição de refratários e elas dependem, entre outros aspectos, por exemplo, de:

- Volume de refratários consumido.
- Equipe técnica qualificada, envolvida nos processos de seleção, controle da qualidade e acompanhamento de instalação, utilização e avaliação de desempenho.
- Equipe de instalação (própria, subcontratada ou fornecida dentro do contrato).
- Equipamentos alvo de produção para aplicar os diferentes modelos de contrato.
- Estabilidade operacional da usina, bem como o domínio das condições operacionais.

Os contratos de desempenho originalmente se propuseram a apresentar uma solução simples aos clientes, quando alguns dos processos passaram a ser responsabilidade do fornecedor, tendo o cliente mais foco na fabricação de seu produto fim – a exemplo de aço, cimento, vidro etc. Dessa forma, alguns modelos de contratos foram criados e sofreram uma evolução:

1. **Preço por peça/peso (PMT)**: metodologia de compra "tradicional" em que o departamento de compras executa a aquisição de materiais de acordo com as especificações desses produtos e o vendedor tem uma lista de preços ($/tonelada ou $/peça). Nessa metodologia, não existem serviços por parte do fornecedor em relação ao ciclo de vida dos refratários – eventualmente a assistência técnica pode estar presente, mas apenas como uma extensão do valor do produto. Vez ou outra, o fornecedor poderá oferecer o estoque em consignação como maneira de se diferenciar comercialmente da concorrência.
2. **Custo por tonelada (CPT)**: contratos conhecidos por "custo por tonelada" são aqueles em que as vendas são faturadas com base na produção do cliente, ou seja, o fornecedor recebe em R$/tonelada de produto fabricado sem

compromisso de melhoria de desempenho. São discutidos inicialmente os principais indicadores de consumo e o fornecedor terá 80% a 100% do mercado para uma área específica em troca de um custo mais baixo por produto fabricado do que quando adquirido por peça ou peso. Nesse caso, o controle de estoque (geralmente em consignação) entrará em vigor e será de responsabilidade do fornecedor de refratários. Nesse modelo de contrato, a responsabilidade do fornecedor se resume a um bom controle logístico e, em geral, não tem relação com o ciclo de vida dos refratários. Esses contratos podem representar um risco ao fornecedor devido à eventual falta de envolvimento do usuário no sentido de se manter ou de se reduzir o consumo específico.

3. **CPT com bônus/penalidades:** são contratos em que, inicialmente, são avaliadas e discutidas todas as condições operacionais da usina, englobando parâmetros operacionais, compatibilidade de materiais, desempenhos dos refratários utilizados (consumos específicos), oportunidades de melhorias etc. Com base nessas avaliações, são estabelecidas metas de desempenho considerando consumo e custo específico. Nessa situação, o fornecedor é remunerado em R$/tonelada de produto fabricado e, quanto melhor o desempenho, melhor será a remuneração, porém se houver uma queda de desempenho, o cliente poderá impor uma penalização ao fornecedor. Nesse caso específico, a meta é oferecer o melhor produto para determinada operação de produção. O que diferencia esse modelo do anterior é o papel que exercem, nesse modelo CPT com bônus/penalidades, a pesquisa e o desenvolvimento e a assistência técnica do fabricante de refratários, oferecendo novos produtos, tecnologias e controlando os diversos fatores que influenciam o desempenho do refratário – seleção de materiais, instalação, secagem, aquecimento, reparos intermediários e, ao fim, com a demolição e análise *post mortem*.
4. **CPP ou FLS (*full lining service*):** são os conhecidos "contratos de custo por desempenho" em que o cliente e o fornecedor de refratários estão empenhados em melhorar o processo operacional, ajustar projetos de equipamentos, especificar os melhores produtos refratários etc. a fim de obter o máximo desempenho refratário e os menores custo e consumo específicos. Nesse caso, existe uma intensa participação da equipe de assistência técnica (incluindo um time de especialistas nos equipamentos produtivos) e da pesquisa e desenvolvimento juntamente com o time de operações do cliente, em que ambas as equipes trabalham em sintonia. Assim como no modelo anterior, os bônus e penalidades são compartilhados e, em alguns casos, o cliente renuncia a sua parte no bônus como um incentivo ao fornecedor para

investir em P&D com foco no desenvolvimento de produtos para melhoria de desempenho. As vendas são faturadas com base na produção do cliente e, em geral, o fornecedor terá 100% do mercado. Todos os serviços relacionados ao ciclo de vida dos refratários são realizados pelo fornecedor.

5. **Compromisso custo total (TCO):** esse modelo de contrato representa o compromisso total do fornecedor de refratários com a operação e resultados do cliente, com foco não somente na redução de custo/consumo específicos relacionados com os refratários, mas também nas condições de segurança operacional (equipamentos e colaboradores), consumo de energia, qualidade do produto fabricado (por exemplo, aço limpo), meio ambiente etc. Todo esse processo envolve pesados investimentos por parte do fornecedor de refratários em pesquisa e desenvolvimento, equipamentos de monitoramento, de instalação e de reparos, recursos humanos etc., para garantir o menor custo/consumo específico geral e além, vislumbrar a redução do custo geral com vistas à redução de perda de energia, à proteção ao meio ambiente, à garantia de segurança dos colaboradores e dos ativos operacionais e, finalmente, a garantir a disponibilidade operacional dos equipamentos de forma programada. Os serviços de refratários como instalação, demolição e reciclagem podem ou não estar envolvidos nesses contratos, mas devem ser bem-monitorados pelo fabricante de refratários.

8.3 SELEÇÃO DO TIPO DE CONTRATO MAIS ADEQUADO PARA CADA USINA

Selecionar e comprar refratários é uma parte muito interessante do negócio total. A questão-chave é como se deve comprar o refratário: por peso? Por peça? Pelo custo por tonelada de aço produzida ou por algum outro critério, conforme discutido na seção anterior deste capítulo?

Todas essas são questões-chave que o cliente e o fornecedor também devem levar em consideração para obter o contrato correto que conduzirá uma relação ganha-ganha entre as duas partes e levará a um melhor desempenho do cliente.

Deve-se notar que a seleção do tipo de contrato e de fornecedor é feita em combinação com um grupo de pessoas, incluindo:

- pessoal de operações que usa os materiais refratários;
- pessoal de manutenção ou aplicação que instala os materiais;
- compradores que lidam com contratos, logística, estoques etc.;
- pessoal técnico que tenta combinar materiais refratários aos processos operacionais;
- o próprio fornecedor de refratários.

Cada um desses grupos tem uma função a desempenhar, no entanto deve-se observar que a decisão final normalmente caberá aos gerentes de produção/processo, pois eles são responsáveis pela segurança, produção e custos dentro da empresa. Vamos falar agora sobre as diferentes estratégias de compra usadas, seus pontos fortes e quando usá-las:

- **PMT:** metodologia de compra "tradicional" regular sobre onde o departamento de suprimentos compra de acordo com as especificações do produto e o vendedor tem uma lista de preços (R$/tonelada ou R$/peça).
  - **Significado:** essa metodologia de compra tem a abordagem de transformar os refratários em um tipo de *commodity* para o negócio, envolvendo essencialmente a compra com base no peso do material a ser adquirido e multiplicando-o por um preço tabelado. A força dessa estratégia está na fácil logística para fazer pedidos, mas não adiciona nenhum real valor ao processo como um todo, principalmente se o papel do material selecionado não puder ser compreendido/estimado.
  - **Quando usar essa estratégia:** essa abordagem é útil em algumas circunstâncias:
    - Ao comparar o preço pago pelo mesmo produto em duas unidades de produção diferentes; é útil para garantir que esteja sendo usado o mesmo nível de preços.
    - Quando são alteradas as dimensões de uma peça e, por consequência, seu peso, sem alterar o material; garante que o fornecedor não esteja usando essa mudança como uma oportunidade para aumento de preços.
    - Quando existirem produtos de diferentes fornecedores, com a mesma especificação técnica e que oferecem desempenho bastante próximos.
    - Em processos de compra de tijolos, peças pré-fabricadas ou qualquer refratário com formatos-padrão.
- **Contratos CPT (sem compromisso de desempenho e o fabricante de refratários recebe R$/tonelada)**
  - **Significado:** essa é a estratégia de comprar refratários do fornecedor e pagá-los com base no volume de produção – por exemplo, de aço que é produzido no equipamento em questão. É uma estratégia excelente do ponto de vista de que mantém os custos sob controle e relacionados ao volume de produção – e da própria planta. Também é adequado do ponto de vista do fluxo de caixa, pois o faturamento dos refratários ocorre somente no final de qualquer período de produção. A estratégia representa um risco para o fabricante de refratários, como problemas operacionais ou instabilidade nos equipamentos que podem levar a um maior consumo – ainda assim, eles são pagos apenas na base do volume de produção, mas a custo de um aumento de consumo específico dos refratários.

  - **Quando usar a estratégia:** é geralmente usada quando o equipamento objeto do contrato envolve vários setores e diversos tipos de materiais - limita-se, assim, o número de responsáveis pelo desempenho - ou seja, vários fornecedores. Deve ser usada sempre que possível, no entanto, a ressalva é que os fornecedores de refratários só concordarão, desde que a planta tenha operações estáveis e controladas. Muitas vezes, o consumo aumenta à medida que o pessoal operacional passa a atender outras prioridades urgentes - o consumo e o custo se tornam um problema do fornecedor. Um processo eficiente deve ser utilizado para garantir que isso não aconteça se essa abordagem for escolhida.
- **Contratos de CPT:** com bônus e penalidades relacionados às metas de desempenho e resultados.

  O fabricante, nesse formato de contrato, recebe em R$/tonelada de aço produzido, bem como lucros e perdas referentes à performance. O objetivo aqui é oferecer o produto mais adequado para uma operação estabelecida.
  - **Significado:** essa estratégia tem a mesma visão com base no volume de produção, mas com uma motivação compartilhada adicional. As metas são desenvolvidas e implementadas de forma que, se for possível obter um desempenho extra, essas economias sejam compartilhadas; do mesmo modo, se o desempenho for pior, os custos extras são divididos

    É uma estratégia que mantém os custos sob controle e relacionados ao volume da produção, o que é mais adequado para o controle dos custos da própria usina. A estratégia coloca o risco compartilhado tanto no fornecedor como na usina, o que garante o foco.
  - **Quando usar essa estratégia:** com esforço compartilhado entre usuário e fornecedor, é uma estratégia para ser usada para impulsionar resultados de maneira rápida e eficiente. Pode ser a mais econômica de todas as estratégias e as metas podem se concentrar na redução não apenas em termos de R$/tonelada dos refratários, mas também dos custos gerais da usina. Assim como nos contratos CPT simples, recomenda-se um acompanhamento adequado para garantir que os custos e ganhos sejam compartilhados de forma adequada. Observe-se que esses custos compartilhados devem ser apenas para o refratário e, normalmente, não incluem produtividade ou economia de rendimento.
- **Contratos CPP:** produtor de aço e o fabricante de refratários engajados na previsibilidade/aumento de desempenho dos refratários por intermédio da melhoria do processo operacional e monitoramento de desgastes a fim de obter o menor consumo específico.

- **Significado:** nesse modelo, as metas de desempenho são estabelecidas, desenvolvidas e implementadas em conjunto, de forma que, se a combinação de fornecedor e operador for capaz de obter uma economia além de um limite estabelecido, esta é investida de volta na área de P&D das empresas de refratários para ganhos adicionais. É uma estratégia excelente porque adiciona uma motivação compartilhada adicional, com o risco em conjunto tanto no lado do fornecedor como no do usuário, o que garante um foco comum entre eles.
- **Quando usar essa estratégia:** deve ser usada sempre que houver ganhos operacionais importantes a serem obtidos como eficiência operacional, qualidade final do aço ou ganhos de produtividade que exijam maior nível de investimento por parte do fornecedor. Um esforço baseado em equipe entre operadores e fornecedores pode impulsionar os projetos de maneira rápida e eficiente.

- **TCO:** um compromisso total do fornecedor de refratários em todas as áreas em que esse material é usado ou, ainda, que poderá impulsionar redução de custos para o usuário final.

  Demanda um grande investimento do fornecedor de refratários em equipamentos, materiais, recursos humanos etc., para garantir o menor custo/consumo específico geral e prever a redução geral do custo. Os serviços relacionados com os refratários, como armazenamento, logística, instalação, demolição e/ou reciclagem podem ou não estar envolvidos nesses contratos e devem ser bem monitorados pelo fornecedor.
  - **Significado:** todos processos relacionados com refratários e isolamento térmico passam a ser de responsabilidade do fornecedor – suprimentos, materiais, estoque, logística, instalação, demolição etc. É uma estratégia muito interessante do ponto de vista da facilidade para o usuário e para que ele dedique todos seus esforços para se concentrar na atividade-chave, sua produção, mas nem sempre gerará o menor custo/tonelada. A razão é que dificilmente existe uma empresa que seja a melhor em todas as linhas de produtos e, portanto, não é necessariamente a estratégia preferida, embora para algumas usinas siderúrgicas esta possa ser uma estratégia fácil de se implementar e monitorar.
  - **Quando usar essa estratégia:** em geral, essa estratégia coloca os refratários sob total administração do fornecedor que, a seu critério e conhecimento, poderá utilizar os materiais, equipamentos e pessoal mais convenientes para cada aplicação. Essa estratégia é idealmente aplicada em usinas menores (< 500 mil t/ano); mas mediante uma boa gestão compartilhada, pode ser aplicável em usinas de maior porte e até nas

grandes usinas integradas. É evidente que a usina, por meio desse modelo de contrato, poderá obter resultados extras que nem sempre são inicialmente identificados nos custos de aquisição – por exemplo, melhoria na qualidade do produto final, redução de consumo de energia, aumento da segurança pessoal e operacional, destinação adequada de resíduos e redução de contenciosos ambientais etc.

8.4 EQUIPAMENTOS ALVO DE CONTRATOS E COMO MEDIR O DESEMPENHO

Todos esses tipos de contrato são aplicáveis e dependem da situação em que cada operação se encontra e, principalmente, é claro, se o modelo se encaixa na visão dos gestores da operação de cada usina. Nesta seção, discutem-se algumas orientações sobre o modelo de contrato mais apropriado para cada tipo de operação, embora cada planta e cada operação seja diferente. Portanto, apenas uma análise local detalhada poderá identificar a mais adequada.

A Figura 8.2 mostra o quão vasta é uma usina siderúrgica e os muitos lugares onde os refratários são usados. Serão mostrados, a seguir, os equipamentos mais importantes como exemplos de análise.

Como forma de oferecer uma visão mais apurada a respeito dos modelos de contrato mais recomendados frente aos principais equipamentos de uma usina, são relacionados alguns desses equipamentos e, a seguir, tabelados os modelos mais aplicáveis.

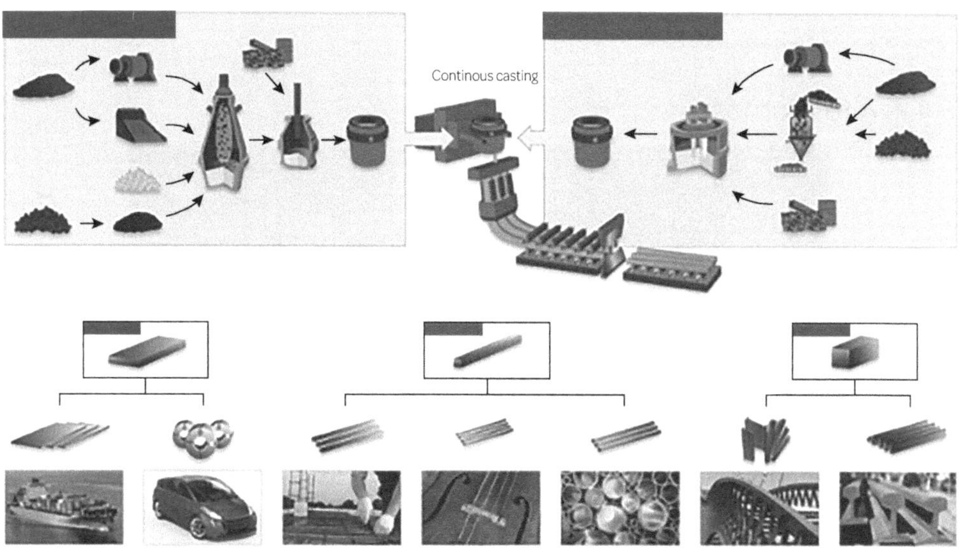

Figura 8.2 Fluxo de aço em uma usina integrada.
Fonte: Acervo da WorldSteel Association.

8.4.1 Coquerias

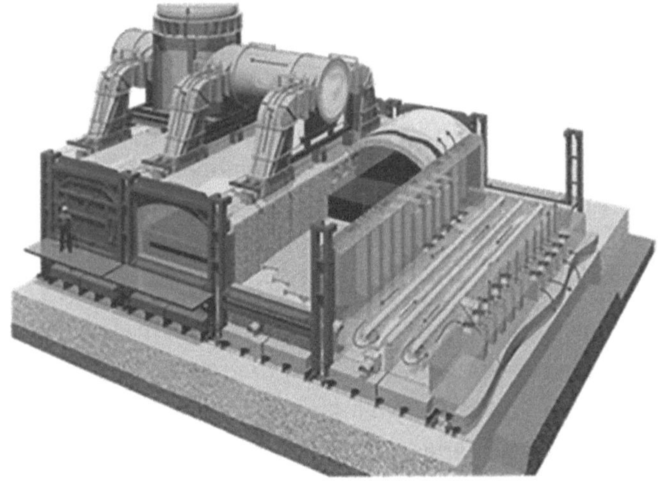

Figura 8.3 Coqueria heat recovery.
Fonte: Acervo da Sun Coke Energy.

Tabela 8.1 Modelos de contrato na Coqueria.

Tipo de contrato	Comentários
PMT – Preço por peça/peso	Normalmente usado para plantas de coque devido à vida extremamente longa da planta (agora, mais de 25 anos esperado)
CPT- Custo por tonelada	Normalmente não utilizado
CPT – Com bônus/penalidades	Normalmente não utilizado
CPP – Custo por desempenho	Normalmente não utilizado
TCO – Compromisso custo total	Normalmente não utilizado

Fonte: Desenvolvida pela autoria do capítulo.

8.4.2 Altos-fornos

Figura 8.4 Ala de corrida de um alto-forno.
Fonte: Acervo da TRB Refractories.

Tabela 8.2 Modelos de contrato no alto-forno.

Tipo de contrato	Comentários
PMT - Preço por peça/peso	Usado para o revestimento do alto-forno e para regeneradores devido à longa vida dos refratários
CPT- Custo por tonelada	Pode ser usado para canais de corrida, bem como para os carros torpedo
CPT - Com bônus/penalidades	Pode ser usado para contratos de canais de corrida
CPP - Custo por desempenho	Recomendado para melhoria de processos operacionais
TCO - Compromisso custo total	Pode ser usado para canais de corrida, bem como para os carros torpedo, se a manutenção refratária (materiais e mão de obra), *gunning* e/ou *shotcreeting* estiverem envolvidos

Fonte: Desenvolvida pela autoria do capítulo.

8.4.3 Convertedores LD

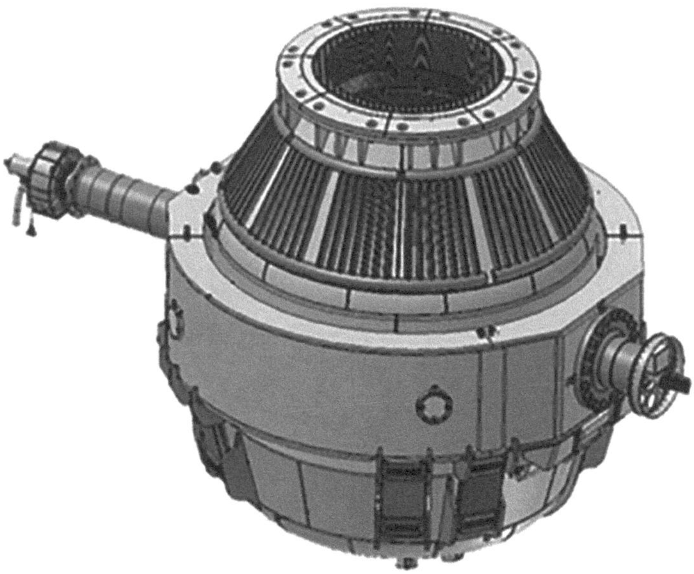

Figura 8.5 Convertedor LD.
Fonte: Acervo da Danieli.

Tabela 8.3 Modelos de contrato no convertedor LD.

Tipo de contrato	Comentários
PMT - Preço por peça/peso	Normalmente usado para o revestimento do LD, uma vez que a vida pode ser superior a 20 mil corridas – principalmente se *slag splash* for usado
CPT- Custo por tonelada	Pode ser usado para tijolos e/ou massas de projeção, dependendo da operação
CPT - Com bônus/penalidades	Pode ser usado para tijolos e/ou massas de projeção, dependendo da operação
CPP - Custo por desempenho	Recomendado para melhoria de processos operacionais
TCO - Compromisso custo total	Pode ser usado todo convertedor, se a manutenção refratária (materiais e mão de obra), *gunning* estiverem envolvidos

Fonte: Desenvolvida pela autoria do capítulo.

8.4.4 Fornos elétricos a arco

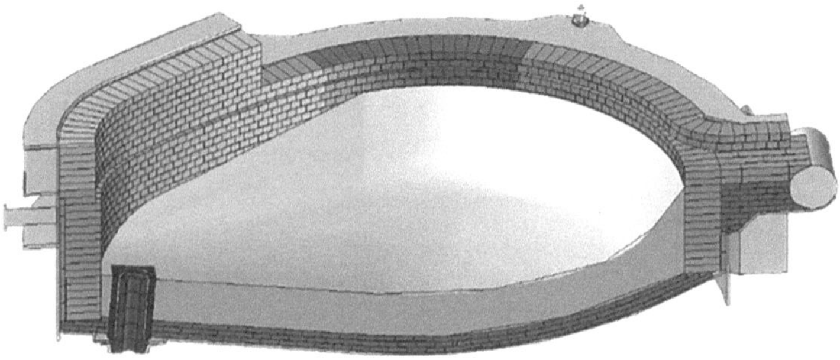

Figura 8.6 Forno elétrico a arco.
Fonte: Acervo da Haznedar Refractories.

Tabela 8.4 Modelos de contrato no forno elétrico a arco.

Tipo de contrato	Comentários
PMT - Preço por peça/peso	Normalmente usado para tijolos e delta porque a vida é muito variável devido aos parâmetros operacionais
CPT- Custo por tonelada	Normalmente não utilizado
CPT - Com bônus/penalidades	Pode ser usado, desde que os parâmetros operacionais estejam sob controle
CPP - Custo por desempenho	Pode ser usado, desde que os parâmetros operacionais estejam sob controle ou, ainda, para melhoria de processos operacionais
TCO - Compromisso custo total	Recomendado nos casos em que a manutenção refratária (materiais e mão de obra) e reparos por *gunning* estiverem envolvidos

Fonte: Desenvolvida pela autoria do capítulo.

8.4.5 Panelas de transporte

Figura 8.7 Panela de aço.
Fonte: Acervo da Primetals.

Tabela 8.5 Modelos de contrato na panela de aço.

Tipo de contrato	Comentários
PMT – Preço por peça/peso	Usado para revestimento de segurança de panela de aço. Também usado para plugues porosos e controle de fluxo de panela
CPT– Custo por tonelada	Se a operação for estável, pode ser usado para linha de escória, parede e fundo
CPT – Com bônus/penalidades	Se a operação for razoavelmente estável, pode ser usado para linha de escória, parede e fundo, assim como para o controle de fluxo da panela, uma vez que a determinação visual da vida é um parâmetro-chave
CPP – Custo por desempenho	Pode ser usado, desde que os parâmetros operacionais estejam sob controle ou, ainda, para melhoria de processos operacionais
TCO – Compromisso custo total	Recomendado nos casos em que a manutenção refratária (materiais e mão de obra) e reparos por *gunning* estiverem envolvidos

Fonte: Desenvolvida pela autoria do capítulo.

8.4.6 Desgaseificador RH

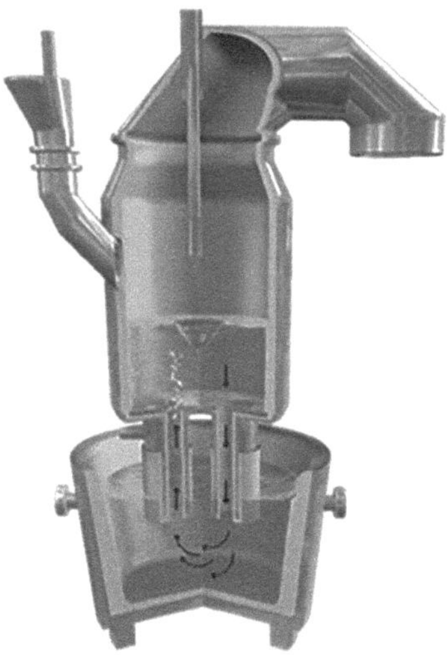

Figura 8.8 Desgaseificador RH.
Fonte: Acervo da Leybold USA.

Tabela 8.6 Modelos de contrato para o desgaseificador RH.

Tipo de contrato	Comentários
PMT – Preço por peça/peso	Usado para tijolos RH e *snorkels* normalmente, pois a vida é muito variável devido aos parâmetros operacionais
CPT– Custo por tonelada	Se a operação for estável, pode ser usado para vasos superior e inferior
CPT – Com bônus/penalidades	Se a operação for estável, pode ser usado para vasos superior e inferior
CPP – Custo por desempenho	Pode ser usado, desde que os parâmetros operacionais estejam sob controle ou, ainda, para melhoria de processos operacionais
TCO – Compromisso custo total	Pode ser usado para refratários de RH completo se a manutenção refratária (materiais e mão de obra) de *gunning* e/ou de *shotcreting* estiver envolvida

Fonte: Desenvolvida pela autoria do capítulo.

8.4.7 Controle de fluxo

Figura 8.9 Controle de fluxo.
Fonte: Acervo da RHI Magnesita.

Tabela 8.7 Modelos de contrato para o controle do fluxo do aço.

Tipo de contrato	Comentários
PMT - Preço por peça/peso	Usado para revestimento do distribuidor, bem como sistemas de controle de fluxo, dependendo da estabilidade operacional
CPT- Custo por tonelada	Pode ser usado para todas as áreas se a operação for razoavelmente estável
CPT - Com bônus/penalidades	Pode ser usado para todas as áreas se a operação for razoavelmente estável
CPP - Custo por desempenho	Pode ser usado, desde que os parâmetros operacionais estejam sob controle ou, ainda, para melhoria de processos operacionais - com foco na qualidade final do aço e na produtividade do lingotamento contínuo
TCO - Compromisso custo total	Pode ser usado para partes ou em todo o lingotamento contínuo desde que a manutenção refratária (materiais e mão de obra) de projeção e/ou pulverização estiver envolvida; e as operações são bastante estáveis

Fonte: Desenvolvida pela autoria do capítulo.

8.5 CONHECIMENTO E DOMÍNIO SOBRE INDICADORES OPERACIONAIS DA USINA E EQUIPAMENTOS

Para se avaliar o desempenho dos refratários, enquanto esses materiais estiverem em serviço, é necessário avaliar os parâmetros operacionais no equipamento em que estão sendo usados. Em uma usina siderúrgica, forno de cimento ou forno de vidro, as condições operacionais desempenham grande papel na taxa de desgaste dos refratários. Estima-se que aproximadamente 80% da variação do desgaste está ligada à estabilidade operacional. Para melhor compreender isso, precisamos nos concentrar no controle de todas as variáveis operacionais presentes em uma operação. Para fins de ilustração, usaremos uma panela de aço-padrão como exemplo, conforme mostrado na Figura 8.10.

No exemplo da Figura 8.10, é possível ver as inúmeras variáveis a serem controladas e rastreadas durante a vida útil de uma panela de aço. Deve-se notar que a vida útil média esperada de uma panela pode variar ao redor de 60 a 150 corridas,

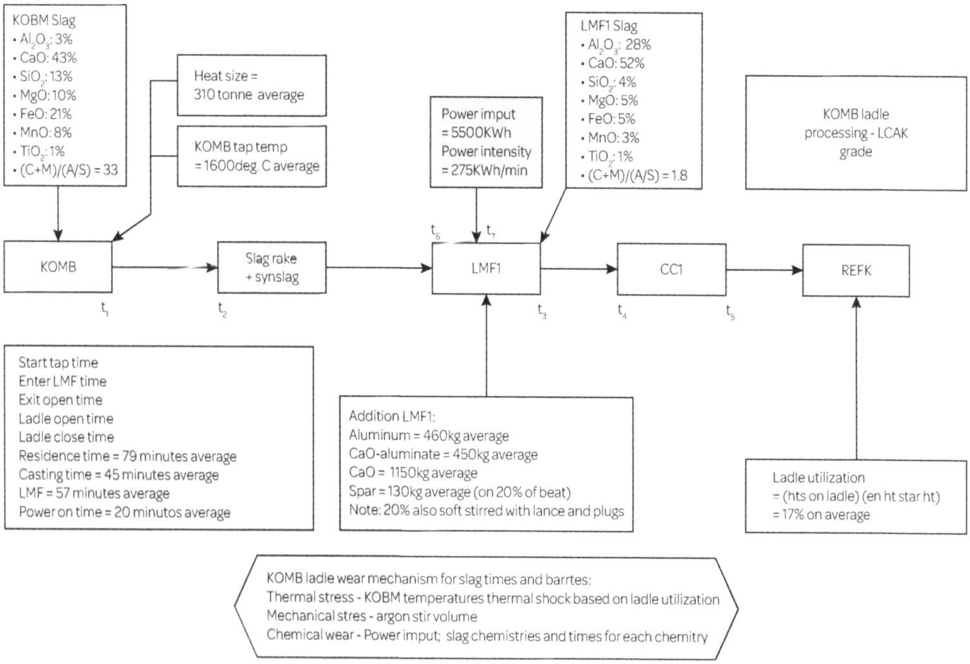

Figura 8.10 Controle dos parâmetros operacionais na panela de aço.
Fonte: Adaptada de (4).

com cerca de 4 a 5 corridas por dia. Portanto, é considerado um prazo de vida entre 20 e 25 dias de ciclo de produção. Isso variará consideravelmente dependendo do tipo de equipamento usado para tratamento do aço e das condições em cada etapa de tratamento. Por exemplo, o uso de um forno panela com aquecimento e agitação por eletrodos causará um desgaste muito maior na linha de escória da panela, quando comparado ao uso de um forno CAS-OB em que a linha de escória é protegida.

Durante a vida útil da panela, é necessário acompanhar:

- tempos de processo;
- temperaturas, ciclagens e carga térmicas;
- evolução da química da escória, incluindo adição de ligas e outras adições;
- volume de corrida;
- limpeza do revestimento;
- preaquecimento e gestão térmica.

8.5.1 Tempos de processo

Quais são todos os momentos-chave para os eventos durante toda operação? Horário de início do vazamento do forno, tempo de enchimento da panela, tempo para se chegar até a estação de processamento da panela, tempo de tratamento em cada um dos equipamentos, tempo para adições de elementos de liga, tempo de retirada da escória, de adição de uma nova escória, de saída do processamento da panela, de chegada no lingotamento, de abertura da panela, de fechamento da panela, tempo para remoção a escória, para chegar à estação de reparo da panela, para reparar, tempo de volta ao preaquecedor, de volta ao convertedor, hora do próximo vazamento etc.

Esses tempos são críticos e influenciam diretamente os mecanismos de desgaste. Uma questão importante é o tempo em que a panela permanece vazia, quando a oxidação dos materiais pode ocorrer, *versus* o tempo em que ela está cheia de aço líquido.

8.5.2 Temperaturas, ciclagens e carga térmicas

O choque térmico é provavelmente um dos mecanismos de desgaste mais importantes, e o acompanhamento térmico da panela é a chave para entendê-lo. O perfil de temperatura da panela deve ser acompanhado ao longo do ciclo, começando do primeiro preaquecimento até a última corrida. As temperaturas de pico são importantes porque podem ser extremamente altas, sobretudo no caso de se usar um forno panela, em que os eletrodos (se não protegidos pela escória espumante) podem ter temperaturas acima de 2000°C e "eliminar" qualquer refratário em seu caminho. No entanto, ainda mais importante é a ciclagem dos refratários. A temperatura da face quente do refratário pode facilmente variar de 20 até mais de 1700°C. Não apenas a máxima temperatura deve ser conhecida, mas também quantas vezes isso acontece ao longo da vida da panela. A ciclagem térmica pode facilmente induzir microfissuras, que são pontos frágeis importantes para o ataque por infiltração e corrosão.

Com relação à carga térmica (quanto especificamente a um forno panela), é importante saber quanta energia é fornecida e quando ocorre. Uma carga de energia menor por período mais longo é preferível à utilização de alta potência em curto período, o que, geralmente, leva a uma escória localizada em alta temperatura, com alta fluidez e que pode ter um fator corrosivo muito alto. Observe-se que, muitas vezes, a fluidez da escória oferece um mecanismo mais agressivo que propriamente sua análise química.

8.5.3 Evolução da química da escória, incluindo adição de ligas e outras adições

A escória que entra em contato com o refratário da panela é, geralmente, a principal razão para a ocorrência de corrosão e, portanto, é necessário conhecê-la em detalhes. Muitas vezes, considera-se uma análise química de escória e que ela permanece o tempo todo inalterada na panela; no entanto, nada poderia estar mais longe da realidade. A escória evolui desde a primeira vez que o aço é carregado na panela até que finalmente seja vazado após a corrida. Ao vazar o aço do convertedor, é fundamental saber a química e a quantidade inicial da escória, pois aí se inicia todo o processo. Uma escória agressiva pode causar muito dano e é de difícil correção, a não ser que sejam feitas adições de correção, porém poderá ser tarde demais. Também é fundamental saber se a escória vazada é modificada com oxidantes como alumínio ou silício no vazamento e, a seguir, como essa química evolui conforme segue para a estação de processamento da panela. A escória é retirada na estação de panela? Nova escória é adicionada? É sintética ou é de materiais reciclados que têm sua própria variabilidade e quão variável é?

Quando as ligas são adicionadas, afetam a escória? Há outra adição feita durante o processamento que modifique a química, a viscosidade e/ou a espessura da escória? Fios de cálcio e alumínio são aditivos essenciais que fazem a diferença e devem ser rastreados.

Esses parâmetros devem ser conhecidos para se verificar o efeito sobre o desgaste corrosivo.

8.5.4 Volume de corrida

Os volumes de corrida de aço podem variar dependendo do volume da panela de aço e dos parâmetros de processamento. Um bom exemplo é uma usina que opera com um sistema de panelas que tratam o aço com desgaseificadores. Nesse caso, é possível ter volumes de corridas para panelas desgaseificadas que são menores do que volumes de corridas para panelas que não são desgaseificadas. Isso pode resultar em duas linhas de escória diferentes, dois mecanismos de desgaste diferentes e dois possíveis pontos fracos, a depender da porcentagem de corridas desgaseificadas executadas em uma panela em particular.

O mesmo pode ser dito a respeito de empresas que operam RH para algumas corridas, e não para outras. Diferentes níveis de pesos de vazamento podem criar incógnitas no processo.

8.5.5 Limpeza do revestimento

As panelas de aço podem ter escória e/ou acúmulo de aço – é o chamado "bode", que deve ser removido antes do uso seguinte. Se a remoção for executada com um equipamento, existe um sério risco de se remover não apenas o aço e/ou a escória, mas também os refratários. Além disso, a remoção pode retirar uma camada de sacrifício que protegia o refratário do ataque direto por escórias agressivas. Acompanhar a frequência e o vigor da limpeza também é fundamental para compreender totalmente o ciclo de vida da panela.

8.5.6 Preaquecimento e gestão térmica

Outro item importante, que é um subconjunto do controle térmico, é o gerenciamento térmico do equipamento. A panela é colocada em preaquecimento entre os ciclos de operação – em qual temperatura e por quanto tempo? Ao longo do processo operacional, é utilizada tampa para preservar a temperatura e evitar grandes amplitudes térmicas? Todos os itens são críticos para expor o equipamento à oxidação e ao surgimento de microfissuras que podem causar maior desgaste.

Esse foi apenas o exemplo de uma panela de aço com o qual procuramos fornecer uma visão ampla das variáveis que estariam envolvidas na determinação dos mecanismos de desgaste. Todo esse controle é importante para se saber não somente como/por que o revestimento se desgasta, mas também para se saber se os parâmetros operacionais podem ser alterados para melhorar o desgaste. Assim, pode-se optar por mudanças nos materiais ou nos parâmetros operacionais de forma a encontrar a melhor solução técnica/econômica. Esse controle também é estratégico para se compararem vários testes sob os mesmos parâmetros operacionais; assim, materiais diferentes podem ser testados nas mesmas condições operacionais e, então, determina-se qual o melhor material, com base apenas em suas propriedades físico-químicas.

8.6 LOGÍSTICA

8.6.1 Seu papel nos contratos de desempenho

A logística exerce um papel muito importante em qualquer um dos contratos de desempenho, seja pela garantia de disponibilidade de materiais para execução dos revestimentos nas datas programadas, seja pela relação do custo que representa a movimentação de cargas. Em qualquer processo de aquisição de materiais, sempre haverá o envolvimento de alguns personagens e elementos: pessoas (compradores, motoristas, almoxarifes etc.); equipamentos de movimentação e transporte (caminhões, empilhadeiras etc.); armazéns de estocagem e, finalmente, o elemento financeiro, ou o capital de giro representado pelo material estocado.

Nos contratos de desempenho, em geral, o controle de estoques e a programação de entregas são realizados por um colaborador que diariamente verifica os níveis de estocagem e, com base nas informações de programação de manutenção, garante os pontos de reabastecimento a fim de assegurar a disponibilidade de materiais.

Ultimamente, vemos que a grande maioria dos contratos de desempenho considera o controle de estoques – e, por consequência, os custos de estocagem – uma atribuição do fornecedor de refratários que, de uma forma ou de outra, também impactam o custo final do contrato.

De outra forma, algumas empresas de refratários desenvolveram os seus próprios sistemas de reabastecimento, com comunicação on-line (via softwares específicos) com seus *customer services*, estabelecendo formas seguras de garantir que os diversos materiais envolvidos na reposição de estoques sejam providenciados em tempo hábil para transporte, armazenamento e utilização nos revestimentos.

De qualquer forma, persiste a demanda em uma estrutura (recursos humanos) capaz de fazer o acompanhamento de consumos × comparação com estoques × programação de produção e que deverá ser capaz de coordenar o ritmo de consumos × produção de materiais × reposição de estoques.

Mais recentemente, com o uso da inteligência artificial e de plataformas de tecnologia de *blockchain*, foram elaborados sistemas que se baseiam em algoritmos comportamentais e que dão início ao processo de reabastecimento de forma totalmente independente e de forma virtual – à prova de erros, por exemplo, de itens faltantes, volumes diferentes, datas de entrega trocadas etc. Esse processo se baseia na previsibilidade dos desgastes dos equipamentos envolvidos nos contratos de desempenho e nas consequentes necessidades de materiais para reposição, obedecendo os tempos necessários para o ciclo produtivo de cada material refratário.

Essa evolução do processo logístico envolve um investimento significativo, mas se justifica como parte de um pacote de solução integrada de um contrato de desempenho. Ao mesmo tempo, permite uma descentralização de processos, maior transparência de informações e melhor visão de custos com base em uma compreensão mais precisa dos consumos.

8.7 EQUIPAMENTOS DE MONITORAMENTO DE DESGASTE E GERENCIAMENTO DE DESEMPENHO

O próximo ponto chave em relação ao gerenciamento de refratários é medir o desgaste durante e após o processo. É essencial saber se o desgaste é contínuo ou não, e em caso de se confirmar um desgaste contínuo, deve-se evidenciar quais são os fatores causadores de tal desgaste.

Como forma de garantir que os refratários constantes nos contratos de desempenho atendam os requisitos para os quais foram especificados, além de aumentar a previsibilidade de manutenção, cada vez mais estão sendo utilizados sensores, câmeras de *laser* e radares com monitoramento de desgaste e gerenciamento de desempenho.

Em princípio, esses equipamentos são utilizados como meios de se fazer a leitura das velocidades de desgaste e predizer qual será a vida dos refratários. Ao mesmo tempo, são elementos fundamentais de segurança, pois são capazes de antecipar riscos de potenciais problemas que podem causar um acidente – o que gera custos incalculáveis, além dos custos de reparos de ativos ou mesmo paradas de produção e, inclusive, com afastamento de colaboradores.

Além disso tudo, esses equipamentos são essenciais para se poder avaliar as velocidades de desgaste em função de alterações de processos operacionais e também como forma de se agregar inteligência e estabilidade operacional aos processos produtivos.

Nos primórdios, a técnica mais utilizada era a de se fazer a medição do revestimento e/ou perfuração com serra-copo para se obterem amostras do refratário para acompanhar os desgastes e avaliar as condições finais do revestimento. De forma geral, esse processo considera o equipamento já fora de produção, em condições de temperatura que permitam acesso e execução dessas operações. Como pontos positivos, podemos considerar que esse processo é de execução relativamente fácil, avalia o próprio refratário em uso, a amostra pode ser retirada para análise laboratorial e finalmente – é "barato". Os pontos negativos dessa abordagem é que só pode ser feita após o serviço e em estado "frio" e não é preditiva de vida.

Um dos principais equipamentos que foram foco inicial (em início/meados dos anos 1980) nesse monitoramento é o convertedor LD, que recebeu equipamentos que fazem a medição a *laser* por meio da "leitura" e do registro do desgaste dos refratários com um índice de precisão bastante razoável (Figura 8.11).

Figura 8.11 Monitoramento do desgaste do LD pelo *laser*.
Fonte: Acervo da Minteq.

Com base na filosofia de redução geral de custos, outros equipamentos produtivos mereceram a mesma atenção e, assim, esses equipamentos de *laser* foram aplicados em outros equipamentos produtivos, como carros torpedo, fornos elétricos a arco e panelas de transporte. Outros tipos de sensores e equipamentos de monitoramento foram introduzidos verificando-se desde as temperaturas de carcaça por infravermelho até os mais diversos tipos de monitoramento por termopares de última geração, pastilhas radioativas, radares de monitoramento de desgaste dotados de microssensores para altas temperaturas, equipamentos de endoscopia e *laser scan* com o modelamento digital das taxas de desgaste e alarmes de segurança.

Em seguida, veremos outras aplicações:

- canais de corrida de altos-fornos;
- câmera térmica em panelas de trânsito.

8.7.1 Canais de corrida de altos-fornos

Nota-se que o perfil é perfeitamente determinado, com possibilidades de intervenção e com a determinação do melhor momento de parada do equipamento, seja para drenagem, seja para se fazerem os devidos reparos.

Mas não só com o uso *laser* (Figura 8.12) que se fazem esses monitoramentos – pode-se mencionar as câmeras térmicas como exemplo de monitoramento de um revestimento de panela e com alarmes de temperatura (Figura 8.13).

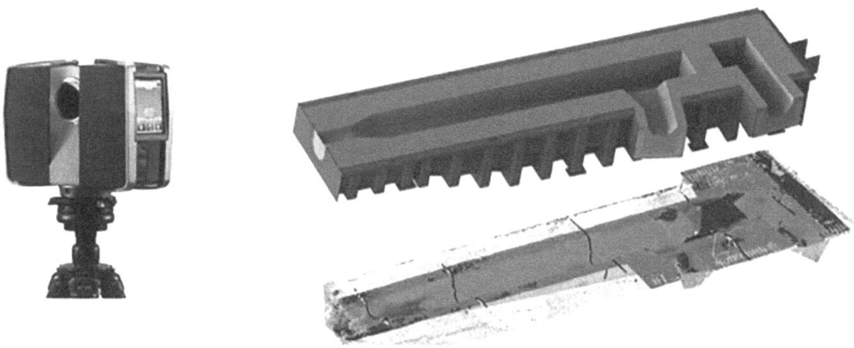

Figura 8.12 Medição a *laser* em canais de altos-fornos.
Fonte: Acervo da TRB Refractories.

Figura 8.13 Câmera térmica em panelas em trânsito.
Fonte: Acervo da TRB Refractories.

Assim como há a aplicação no corpo humano, quando existe uma dificuldade de acesso ao equipamento e com este ainda em operação, existe também a opção de se realizar a endoscopia a quente (Figura 8.14) – as coquerias e os fornos que trabalham em operação contínua (por exemplo, fornos de pelotização etc.) são bons exemplos nos quais essa aplicação é a mais recomendada.

Figura 8.14 Endoscopia em câmera de combustão de fornos de pelotização.
Fonte: Acervo da Termojet.

E, por fim, pode-se também falar sobre modelamento matemático como forma de incrementar o desempenho dos refratários e, por consequência, a redução dos consumos específicos.

Apenas para ilustrar o leque de oportunidades para captura de valores usando-se modelamento matemático, é possível considerar o exemplo do fundo de panelas monolíticos (Figura 8.15). Nesse caso, o objetivo é a de redução de vórtex e consequente *carry-over* de escória. Considerando-se o modelo da estratégia de TCO, fica evidente a oportunidade de redução de custos por melhoria da qualidade, mas que não é facilmente detectável. Esses fundos têm uma geometria especialmente definida para redução de vórtex durante o vazamento e têm também um sistema digital que auxilia na detecção de escória e interrupção do fluxo, de maneira que o benefício (TCO) se concentrará na qualidade/limpeza do metal líquido. O refratário é projetado considerando-se o uso de ferramentas de fluidodinâmica computacional (CFD, do inglês *computational fluid dynamics*) e o comportamento do sistema metal-escória durante o vazamento.

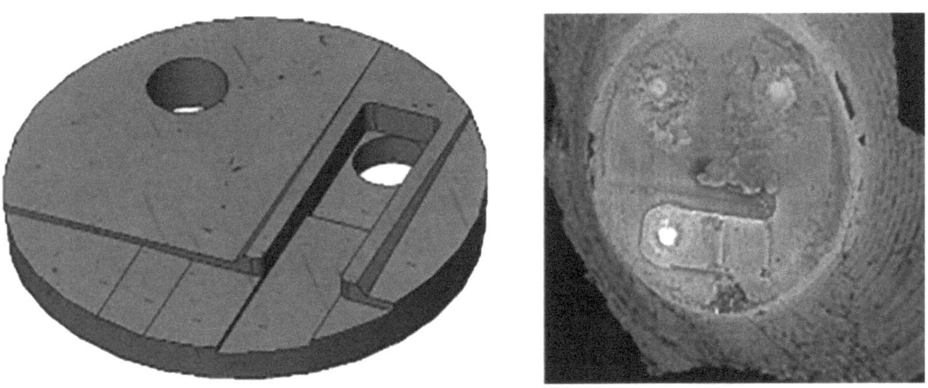

Figura 8.15 Ferramenta CFD aplicada ao fundo da panela de aço.
Fonte: Acervo da Vesuvius.

8.8 ASPECTOS ECONÔMICOS DE REFRATÁRIOS E CONTRATOS DE DESEMPENHO

O ciclo de vida dos refratários em um equipamento produtivo consiste de várias etapas, desde a compra dos materiais, transporte e armazenamento, instalação dos refratários no equipamento, utilização do equipamento, demolição, remoção até a destinação dos resíduos.

Quando se analisam os custos de refratários, em geral, consideram-se apenas os custos relacionados diretamente com a aquisição dos materiais, impostos, transporte e a mão de obra de instalação. Entretanto, esses são apenas os custos diretos e são apenas uma parte do custo total. Quando considerados os outros custos relacionados ao refratário, pode-se dizer que esses custos diretos correspondem a apenas 40% a 60% do custo total (Tabela 8.8).

Tabela 8.8 Custos envolvidos com refratários na usina.

Custos diretos	Produto refratário propriamente dito Transporte desde o fabricante Mão de obra para demolição e instalação
Custos relativos	Recursos humanos para execução de processos Secagem e aquecimento Reparos nos revestimentos e mecânicos Segurança, ambiente e saúde ocupacional
Valores capturados	Aumento de capacidade de produção Aumento na disponibilidade de equipamentos Redução de perdas térmicas e de consumo de energia Qualidade do produto fabricado

Fonte: R. Siebring, S. Sinnema, W. Tesselaar – Refractories World Forum.

Além desses custos diretos e dos custos de aquisição correlacionados (recursos humanos usados nos processos de compras, controle da qualidade, logística de transporte e estocagem etc.), existem também os efeitos das especificações feitas em refratários que, de uma forma ou de outra, têm impacto significativo nos processos produtivos, gerando ganhos que, a princípio, não seriam percebidos, mas que são perfeitamente mensuráveis, como o aumento da capacidade média de produção, a redução do consumo de energia, o aumento da disponibilidade de equipamentos, a melhoria nas condições de ambiente/conforto térmico, segurança operacional, qualidade do produto produzido etc.

Quando se leva em consideração todos esses fatores e faz-se uma análise do valor em uso dos refratários, é plausível dizer que os custos diretos podem representar apenas de 20% a 35% do custo global ou do TCO.

Para melhor entendimento de cada um desses componentes, são detalhados, a seguir, os aspectos mais relevantes dos seus papéis e os consequentes custos correlacionados.

8.8.1 Aquisição dos materiais refratários

O preço de venda de um material refratário é função dos custos de produção do fabricante (matérias-primas + custos de conversão), custos indiretos, margem de lucro, impostos e custos de transporte. Do lado do usuário, para aplicações específicas, estes adotam a prática de realizar os ensaios de controle da qualidade para garantir um desempenho constante e confiável. De qualquer forma, é um custo adicional.

Dentro do processo de compra e venda, existe um fator de significativa importância que é relativo às condições de pagamento. Nesse caso, o juro correlacionado a um pagamento mais estendido, pode significar uma perda financeira ou redução nas margens de lucro e deve ser considerado com muito critério.

8.8.2 Transporte e armazenamento

Depois de chegar às instalações no cliente, o material refratário deverá ser armazenado em um depósito. Além do custo referente ao espaço de armazenamento, existem outros custos associados, por exemplo, utilização de empilhadeiras, operadores, administração e transporte até as áreas onde os materiais deverão ser instalados.

Existe, além disso, o custo da estocagem dos materiais, que impacta no capital de giro da empresa. Uma alternativa muito utilizada pelo lado do usuário é de reduzir esse custo em capital de giro, solicitando um estoque em consignação ou também um estoque de segurança para eventuais paradas em emergência. Nesse caso, a vantagem para o usuário é que o risco e o custo do estoque são transferidos para o fornecedor, porém pode-se esperar que, em determinado momento, isso se reflita no preço dos produtos.

8.8.3 Instalação dos refratários

Para instalação dos materiais refratários, é de extrema importância utilizar mão de obra qualificada, que pode ser da força de trabalho do próprio usuário ou de empresas subcontratadas. Somam-se a isso as eventuais manutenções e reparos mecânicos nas carcaças que deverão receber os refratários – fundamental para um bom assentamento dos materiais. Além disso, existem os custos de secagem e aquecimento, bem como os custos de energia para execução desses serviços. Pode-se inferir que quanto menor o desempenho dos refratários nesse equipamento, proporcionalmente será maior o custo relativo desses serviços.

8.8.4 Operação do equipamento e início do processo de produção

Após a instalação dos refratários, com o equipamento devidamente seco e realizado o aquecimento, ele entra em operação. Os materiais refratários selecionados e o perfil do projeto afetam as perdas de energia e, como consequência, a carga térmica sobre os refratários, a profundidade de reação do meio sobre os refratários, a taxa de desgaste dos refratários e, portanto, a capacidade/disponibilidade (média) do equipamento, a qualidade do material produzido, saúde, meio ambiente e outros problemas relacionados com a segurança. Nessa condição, a seleção de materiais tem papel fundamental e a especificação dos materiais refratários e/ou projeto podem ter um efeito enorme nos custos e nos benefícios para o processo do usuário. A redução de perdas térmicas por um projeto mais adequado, em alguns casos, poderá ter uma significativa economia no consumo de combustíveis ou energia elétrica para sobreaquecer a carga e compensar eventuais tempos de espera nos processos produtivos.

8.8.5 Demolição, remoção e destinação de resíduos

Após o uso em processo e com o eventual desgaste, o revestimento refratário ficará danificado e precisará ser trocado - equipamentos e mão de obra especializados são necessários para se realizar essa operação. Em algumas situações, os resíduos removidos dos equipamentos poderão ser reciclados e utilizados internamente. Em outros casos, podem ser vendidos gerando receita, ou podem ser descartados, correspondendo a um custo a mais para o usuário.

8.8.6 Modelo de contrato ideal e conclusão

Existem muitas variáveis que podem (e devem) ser otimizadas nos processos de aquisição de refratários e, sem dúvida alguma, o modelo ideal de contrato de desempenho dependerá de inúmeras condições, inclusive do atual estágio de conhecimento de seus equipamentos e processos produtivos por parte do usuário.

Os contratos de desempenho mais abrangentes, com o pacote completo de serviços, são bastante tentadores, pois trazem mais comodidade ao usuário, que poderá se concentrar em sua operação e em seus processos produtivos, porém há que se considerar que, em determinado espaço de tempo, há um grande risco da perda do conhecimento sobre os refratários e suas influências no processo.

Existem formas de se captarem sinergias em algumas etapas desse processo, como na operação logística (caminhões transportando em sua capacidade máxima e com vários tipos de refratários em vez de caminhões parcialmente carregados, de diferentes fornecedores), recursos humanos (representante do fornecedor atendendo em tempo integral e colaboradores com a possibilidade de atender múltiplas áreas sem a necessidade de redundância), controle dos estoques (eliminação do capital de giro e melhor pagamento condizente com o consumo - fornecedor controlando e organizando entrada/saída de todos os itens), demolição, destinação e remoção de resíduos (com a possibilidade de reutilização de materiais que se encontram ainda em condição de uso).

Uma vantagem importante de se fazer o controle sobre os refratários é a possibilidade de desenvolver boas opções de TCO, com a possibilidade de escolher as melhores opções de refratários de vários fornecedores e combinando os pontos fortes de desenvolvimento de cada fabricante.

Qualquer que seja a filosofia a ser implementada pelo usuário, é fundamental que exista uma relação de cooperação entre este e os fornecedores de refratários.

Em várias situações, pode acontecer de os fabricantes de refratários se sentirem desprestigiados (desvalorizados) por seus desenvolvimentos, serviços, conselhos e esforços. Isso tem muito a ver com a diferença no valor percebido pelo usuário na solução oferecida ou na proposta elaborada pelo fabricante de refratários. Para se obter a melhor percepção do valor oferecido, a qualidade da solução deve ser alta, mas o nível de apreciação pelo usuário também precisa ser alto. Dessa forma, a qualidade e o nível de comunicação entre ambos devem ser bastante afinados e, quanto mais mensuráveis esses ganhos (por exemplo, R$/ton de aço produzido por aquele equipamento), mais fácil será a percepção por ambas as partes.

Finalmente, para decidir o modelo ideal de contrato de desempenho, deve ser feita uma análise mais profunda de processos, equipamentos e de adequação dos refratários e cabe ao usuário em uma cooperação próxima e de confiança com os fabricantes.

Acesse as imagens coloridas do capítulo.

REFERÊNCIAS

(1) KUBAL, S.; KIRCHHOFF, S.; THOMAS, G. *Total cost of ownership of converter refractories aided by laser scanning technology.* – TATA Steel, Port Talbot, Wales; MINTEQ International GmbH FERROTRON DIVISION, Duisburg, Germany.

(2) SAWAI, S.; HASHIMOTO, K.; SHIOKAWA, M.; YAMADA, Y. *Methods of evaluating the damage of steelmaking refractories.* Nippon Steel Corporation. Nagoya Works – Nippon Steel Technical Report, December 2020.

(3) SHULTZ, R. L. *Steel industry refractories* – what next? *In:* Proc. of the Int. Symposium on Advances in Refractories for the Metallurgical Industries. Winnipeg, Canada 8, 1987. p. 1-10.

(4) VERT, T. Refractory material selection for steelmaking. Hoboken, NJ, 2016, 15-20.

(5) TESSELAAR, W.; HOGENBOOM, M.; SIEBRING, R. *Quality control of refractories at Tata Steel Europe. In:* Proc. of the 59th Int. Colloquium on Refractories, Aachen, Germany, 2016.

(6) Panel discussion during, Vienna.

(7) VERT, T. Refractory material selection for steelmaking. Hoboken, NJ, 2016, 354-358.

(8) SLEEPER, S. D.; COLON, M.; FRUEHA, R.J. *Steel plant* - relationship. I&SM, March 2000, 73-78.

(9) SIEBRING, R.; TESSELAAR, W. *Refractories in a rapidly changing steel economy. In:* Proc. of the 59th Int. Colloquium on Refractories, Aachen, Germany, 2016, p. 11-16.

(10) SIEBRING, R. *Economics in refractory usage. In:* Refractory Technology - Applications and Wear Mechanism. The VDEh Steel Academy.

(11) JANKOVITS, E.; CHETLAPALLI, S.; CAPPEL, J. *High value added refractories for high quality steelmaking -*. IREFCON, 2016, Hyderabad - India.

(12) SABOLSKY, E. *Smart refractory bricks for high temperature applications.* West Virginia University.

(13) SABOLSKY, E. M.; SABOLSKY, K.; YAKABOYLU, G. A.; BUZZO, B. *Fabrication and testing of smart refractory for energy system monitoring in harsh-environments.* XV International Scientific Conference on Optoelectronic and Electronic Sensors. Warsaw, Poland, 2018.

(14) RIZZO, E. M. S. *Processo de fabricação de ferro-gusa em alto-forno.* ABM, 2009.

Capítulo 9
PLANEJAMENTO DA MANUTENÇÃO E INSTALAÇÃO DE REFRATÁRIOS

Jove Gontijo Neto
Alexander Rabello Ollmann

9.1 INTRODUÇÃO

É importante esclarecer que, na abordagem que este livro faz de planejamento, não estão contemplados todos os fundamentos de um curso de gerenciamento de projetos e nem tampouco áreas de conhecimento e grupos de processos contemplados no PMBOK (*Project Management Body of Knowledge*), mas esses ensinamentos serão usados para uma aplicação prática e real dos projetos de refratários em geral.

Neste capítulo, faremos uma abordagem sucinta dos tipos de instalações refratárias. É importante ressaltar que discutiremos uma situação de análise e planejamento do ponto de vista de uma empresa de montagem de refratários, ou seja, serão descritas as principais fases que se devem seguir para se fazer um bom planejamento de montagem.

A correta aplicação dos materiais refratários, seguindo com critério os projetos, os procedimentos, normas e fichas técnicas, será determinante para o bom desempenho do material e, consequentemente, para a vida útil de cada equipamento em questão; por isso, a análise criteriosa do escopo de serviço e a execução de um planejamento adequado são primordiais para o sucesso de qualquer empreendimento.

Com base na Figura 9.1, são utilizadas algumas ferramentas do PMBOK para exemplificar nosso planejamento.

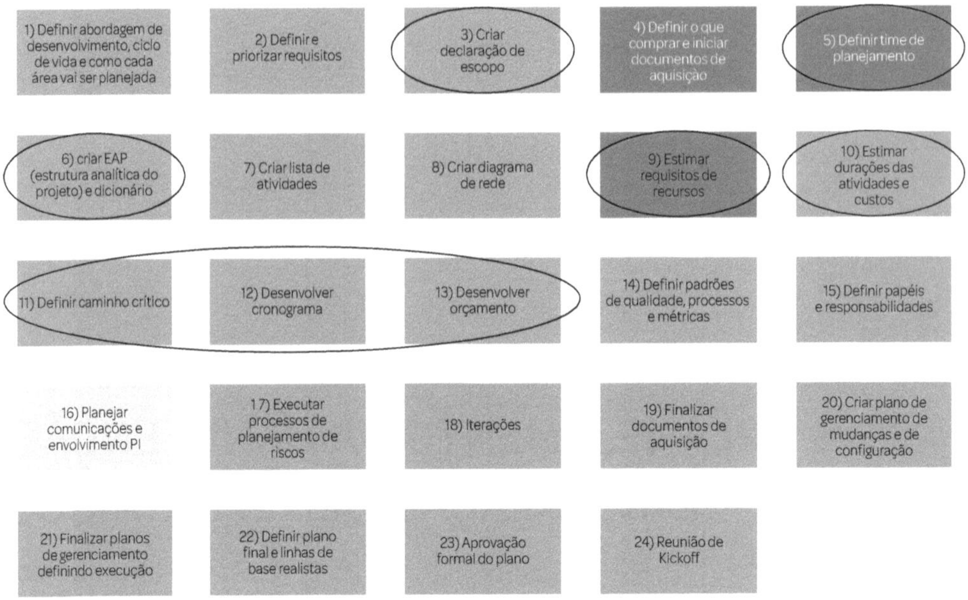

Figura 9.1 Exemplo de planejamento com ferramentas PMBOK.
Fonte: Adaptada de (1).

9.2 ESCOPO

A análise criteriosa do escopo é o que determinará o bom planejamento de um projeto. É nela que se definem a qualidade do serviço, a segurança, a entrega no tempo determinado e também a saúde financeira do projeto. Saber analisar os desenhos, procedimentos e normas, os tipos de refratários que foram definidos para aquele determinado projeto, o tipo de aplicação desses materiais refratários e os tipos de equipamentos que serão utilizados para a execução do projeto será crucial para o sucesso do projeto em questão. Por isso, é muito importante ter um profissional com esse conhecimento e experiência para orientar essa análise.

Quando afirmamos que a análise do escopo deve ser muito criteriosa, é simplesmente porque esta é a fase em que serão levantados todos os recursos necessários para a execução do projeto e, consequentemente, os custos envolvidos. Por isso, é de suma importância dedicar-se com muito critério, tempo e atenção a todos os detalhes do escopo.

Por definição, de acordo com o PMBOK (Figura 9.2), gerenciamento de escopo de um projeto "inclui os processos necessários para assegurar que o projeto inclua todo o trabalho, e apenas o necessário, para que termine com sucesso. O gerenciamento do escopo do projeto está relacionado principalmente com definir e controlar o que está e o que não está incluído no projeto".

As referências das áreas de conhecimento e dos grupos de processos citados na Figura 9.2 são somente para exemplificar a importância dessa área, *escopo*, na fase de um projeto, ou seja, existe uma área de conhecimento na disciplina do curso de gerenciamento de projeto somente dedicada a ela.

Áreas de conhecimento	Grupos de processos de gerenciamento de projetos				
	Grupo de processos de iniciação	Grupo de processos de planejamento	Grupo de processos de execução	Grupo de processos de monitoramento e controle	Grupo de processos de encerramento
4. Gerenciamento de integaração do projeto	4.1 Desenvolver o termo de abertura do projeto	4.2 Desenvolver o plano de gerenciamento do projeto	4.3 Orientar e gerenciar o trabalho do projeto 4.4 Gerenciar o conhecimento do projeto	4.5 Monitorar e controla o trabalho do projeto 4.6 Realizar o controle integrado de mudanças	4.7 Encerrar o projeto ou fase
5. Gerenciamento do escopo do projeto		5.1 Planejar gerenciamento do escopo 5.2 Coletar os requistos 5.3 Definir o escopo 5.4 Criar a CAP		5.5 Validar o escopo 5.6 Controlar o escopo	
6. Gerenciamento do cronograma do projeto		6.1 Planejar o gerenciamento do cronograma 6.2 Definir as atividades 6.3 Sequenciar as atividades 6.4 Estimar as durações das atividades 6.5 Desenvolver o cronograma		6.6 Controlar o cronograma	
7. Gerenciamento do custos do projeto		7.1 Planejar o gerenciamento dos custos 7.2 Estimar os custos		7.3 Controlar os custos	

Figura 9.2 Áreas de conhecimento – PMBOK, 2016.
Fonte: Adaptada de (1).

9.3 PLANEJAMENTO ORÇAMENTÁRIO

A primeira fase do planejamento se desenvolve a partir do momento em que são recebidos e analisados o escopo e os documentos técnicos do projeto. Esses documentos são, geralmente, enviados na fase orçamentária, quando se abre uma licitação e são feitas as propostas técnicas e comerciais. Essa é a fase denominada "planejamento orçamentário".

Para se fazer um orçamento assertivo e competitivo, do ponto de vista de qualidade técnica e de valores comerciais, é de extrema importância se fazer um excelente planejamento nessa fase. Isso será determinante para o sucesso não só da contemplação de um projeto, mas também do sucesso de sua execução no futuro.

Para se fazer uma proposta competitiva e assertiva a empresa que for contemplada para executar o projeto, deverá fazer uma análise criteriosa dos desenhos recebidos, para se saber qual tipo de equipamento será usado, se a execução do projeto será em um equipamento vertical ou horizontal, pois do ponto de vista logístico é importante na hora de dimensionar os recursos de abastecimento de materiais. Qual tipo de material refratário será aplicado (monolítico, formado ou misto), quais os procedimentos e normas serão contemplados nesse projeto, se é um projeto novo ou se se trata de uma reforma, se haverá demolição ou não etc...

Um cronograma e um histograma *macro* será elaborado nessa fase como parte do planejamento. Somente depois de contemplada como empresa responsável pela execução do projeto é que se inicia a elaboração do cronograma e histograma *detalhado*.

Em alguns casos, quando se trata de projetos novos, ou seja, da montagem de uma planta nova de altos-fornos, um forno de reaquecimento, ou uma planta nova de coqueria etc., exige-se que se apresente, nessa fase orçamentária, a "metodologia de montagem".

Essa metodologia contemplará a logística adotada de fornecimento de materiais refratário e o método de montagem dos refratários. Geralmente, esse método segue as recomendações dos procedimentos e normas enviados pela empresa que elaborou o projeto.

9.3.1 Desenhos, procedimentos e normas

A análise dos "desenhos" deve ser muito criteriosa, pois nela estão todas as informações e os detalhes dos tipos de materiais que serão aplicados – se são, em sua maioria, tijolos, peças especiais ou concretos; a quantidade de juntas de dilatação, onde e quando ocorrem mudanças de qualidade e/ou tipo de materiais etc.; a logística de abastecimento que se deve adotar; se se trata de um projeto vertical, como altos-fornos, regeneradores e até coquerias ou se é horizontal como um forno de reaquecimento.

Como exemplo, para um projeto vertical, vamos considerar um regenerador de alto-forno (Figura 9.3).

A Figura 9.3 mostra um arranjo geral de um regenerador de câmara interna com domo alto sustentável, denominado modelo *mushroom* ou "cogumelo". temesse arranjo traz uma noção geral de todas as fases contempladas no projeto, todos os tipos de materiais refratários identificados pelas diferentes cores, cada cor refere-se a um tipo de qualidade.

O conjunto geral dos desenhos, os cortes e o detalhamento de cada região devem ser analisados e feito o levantamento dos recursos necessários para cada fase e região, considerando, para isso, recursos de equipamentos e efetivo de mão de obra.

Juntamente com o conjunto de desenhos, é fornecido também, em sua maioria, quando se tratando de novos projetos, os "procedimentos de montagem". Esses procedimentos nada mais são do que um manual que as empresas de projeto entregam à empresa de montagem, juntamente com os pacotes de desenhos, para assegurar que esta siga à risca os passos para a devida montagem de modo que a

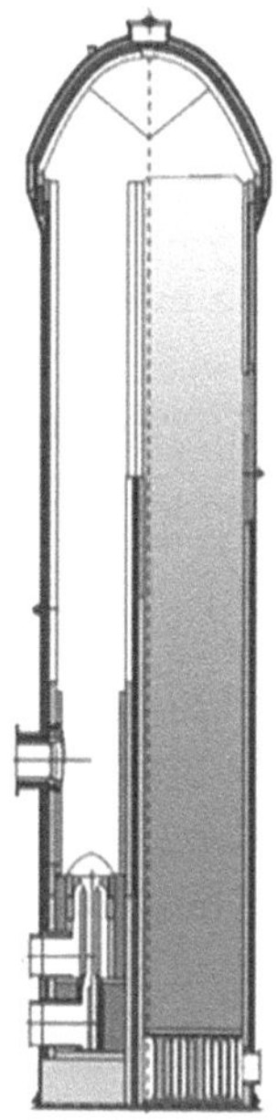

Figura 9.3 Regenerador de câmara de combustão interna.
Fonte: Adaptada de (2).

empresa de montagem possa dar a garantia necessária da vida útil daquele equipamento, daí a importância em analisar e considerar todos os detalhes fornecidos.

Todos os tipos de projetos são regidos por "normas", sejam, em sua maioria, por normas internacionais, por exemplo, as da Sociedade Americana de Testes e Materiais (ASTM, American Society for Testing and Materials), da Sociedade Americana de Soldagem (AWS, American Welding Society), da Organização Internacional Normalização (ISO, International Organization for Standardization) e as do Instituto Alemão de Normatização (DIN Deutsches Institut für Normung); sejam pelas brasileiras como Norma Técnica Brasileira/Associação Brasileira de Normas Técnicas (NBR/ABNT), Petrobras e, em questões de segurança, as Normas Regulamentadoras (NR). É de suma importância se ter o conhecimento dessas normas, pois, geralmente, todos os projetos novos serão montados de acordo com elas.

No caso dos refratários, na maioria os monolíticos, seja concreto, sejam argamassas, são fornecidas as fichas de dados técnicos (FDT) ou, em inglês, *technical data sheet* (TDS), geralmente fornecidas pelo fabricante dos materiais refratários. Na FDT, como o próprio nome sugere, estarão todos os dados de composição físico-químicas do produto, assim como a quantidade de água e o tempo de mistura do material. Essas informações são essenciais para a empresa de montagem, pois ela deverá fazer as misturas de concretos e argamassas de acordo com a FDT para que possa garantir que o material tenha sido misturado conforme a orientação do fabricante.

9.3.2 Tipos de materiais refratários

Ao analisar o projeto, seja na fase orçamentária, seja na fase de planejamento de obra, é importante saber que tipo de material refratário será aplicado no projeto. Há um capítulo neste livro dedicado exclusivamente a esse tema, mas somente para efeito de estudo do escopo, trabalharemos, neste capítulo, com **moldados** e **não moldados/monolíticos** do ponto de vista de seus formatos:

- **moldados:** todos os tijolos padronizados e peças especiais;
- **não moldados ou monolíticos:** todos os concretos, argamassas e massas plásticas.

9.3.2.1 Tijolos padronizados

A maioria das peças utilizadas em montagens refratárias é chamada de "formatos padronizados". Existem diversas séries padronizadas com diferentes formatos: ASTM; ISO; P (tipo de refratário padronizados); VDZ (Verein Deutcher Zementwerke - comumente usado na indústria de cimento); MK (mini-Key); SU (semiuniversal) etc.

Os principais formatos utilizados são o paralelo, o arco, a cunha e o radial. Os cálculos com peças padronizadas são baseados em relações geométricas. São aplicáveis a diferentes geometrias como planas, cilíndricas, troncocônicas, esféricas, interseções etc. A diferença entre arco, cunha e radial é que, no arco, a altura da peça (A) é maior que sua espessura (B) e o fechamento é no sentido da espessura. Na cunha, a relação entre altura e espessura é igual ao arco, mas o fechamento é no sentido da altura. No radial, a espessura é maior que a altura e o fechamento é no sentido da espessura, como podemos ver na Figura 9.4.

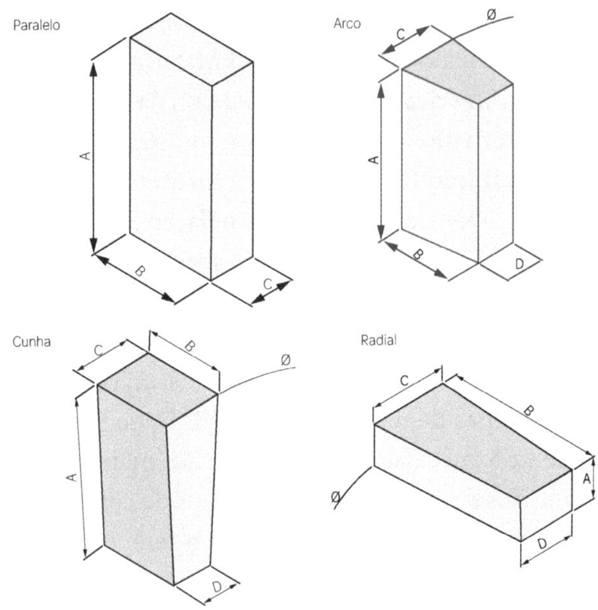

Figura 9.4 Tijolos padronizados.
Fonte: Adaptada de (3).

9.3.2.2 Peças especiais

São formatos e peças fabricados especialmente de acordo com a necessidade de cada projeto, ou seja, são peças que não fazem parte da linha de produção de um processo fabril de refratários, como o padronizado, e a empresa fabricante de refratários tem de produzir formas especiais de acordo com a necessidade do projeto do cliente e produzir determinada peça especialmente para atender determinada demanda, daí o nome de "especial" (Figura 9.5).

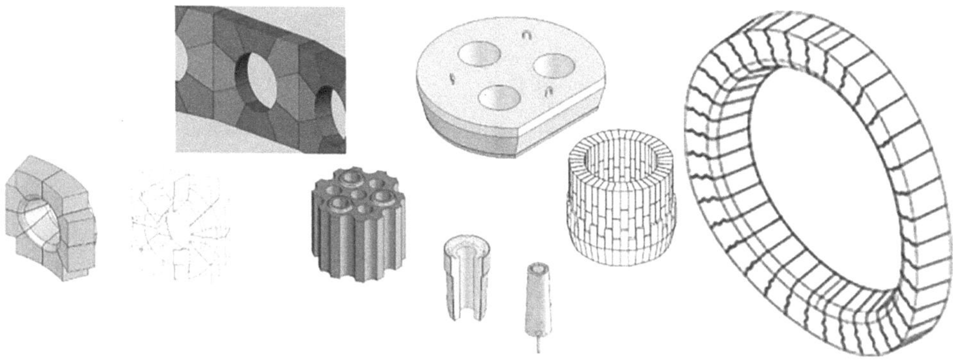

Figura 9.5 Formatos especiais.
Fonte: Adaptada de (3).

9.3.2.3 Âncoras

Para aplicação de concreto em grandes áreas monolíticas e em posições estratégicas, faz-se necessária a utilização de uma ancoragem adequada. Entende-se por âncora todo suporte, adequadamente preparado e dimensionado, que tenha a finalidade de aumentar a sustentação da estrutura do concreto refratário na chaparia ou na carcaça do equipamento a ser revestido. Podem-se utilizar vários tipos de âncoras que podem ser cerâmicas (consideradas peças especiais), metálicas ou mistas, como indicado nas Figuras 9.6 e 9.7.

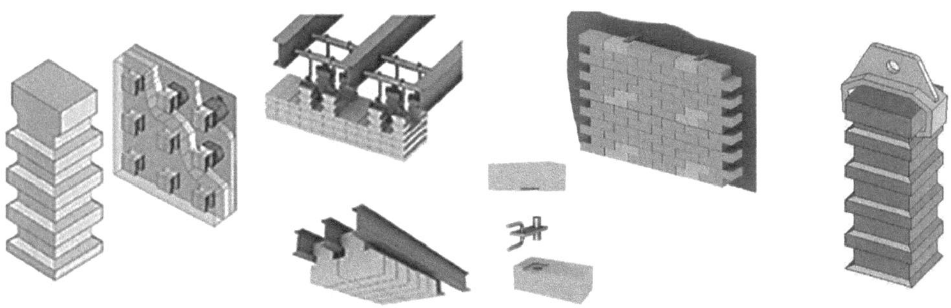

Figura 9.6 Âncoras cerâmicas.
Fonte: Adaptada de (3).

As âncoras metálicas utilizadas em revestimento com materiais modulares, normalmente, são obtidas por meio da conformação de aços laminados ou fundidos, dependendo da aplicação a que se destinam. Essas âncoras, geralmente, são usadas para espessuras de revestimentos inferiores a 250mm, sendo que a temperatura à qual estarão expostas definirá o tipo de aço a ser empregado. Normalmente, usam-se ancoras de aço inox AISI.

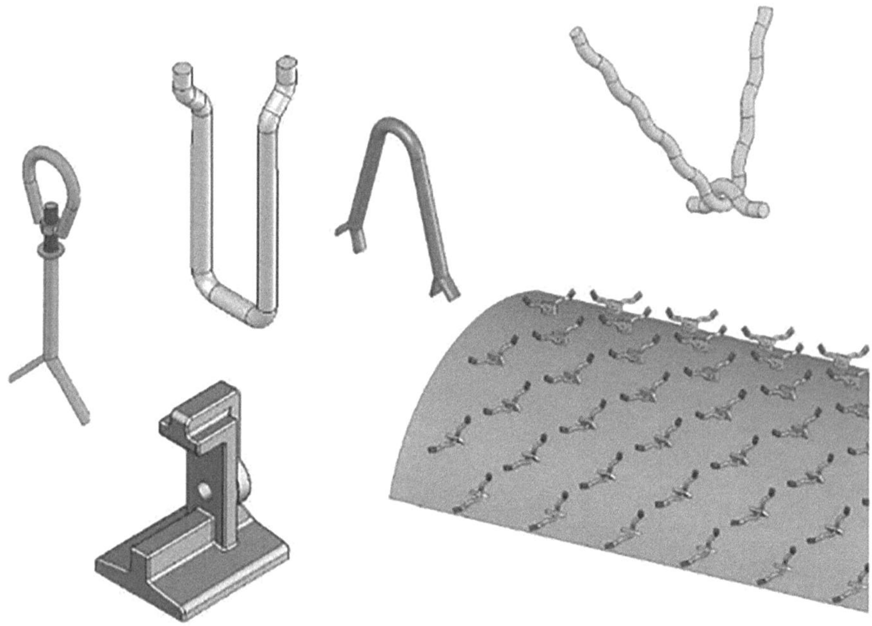

Figura 9.7 Âncoras metálicas.
Fonte: Adaptada de (3).

9.3.3 Tipos de aplicação

Após tomarmos conhecimento dos tipos de materiais refratários abordaremos, agora, os tipos de aplicações. Esse tema é extremamente necessário para iniciarmos uma análise prévia e/ou detalhada para com vistas aos dimensionamento e planejamento de uma eventual aplicação. Em outras palavras, essa é a fase inicial de dimensionamento de recursos e de cronograma para determinado escopo. Basicamente, os tipos de aplicações se resumem em novos projetos, reparos ou manutenção.

9.3.3.1 Assentamento de peças

- tijolos (paralelos, arcos, cunhas, radiais, macho e fêmea, paredes, abóbodas, quantidade de fiadas etc.);
- blocos especiais de teto, carbono, grafita etc.;
- placas isolantes;
- argamassas.

9.3.3.2 Monolíticos/concretos

- vertido/derramamento com ou sem vibração;
- projetado (*gunning* ou *shotcrete*);
- fluência livre;
- formas e âncoras.

9.3.4 Tipos de equipamentos

Nessa fase dc planejamento, é de máxima importância conhecer os tipos de aplicações para se dimensionarem bem os recursos que serão alocados, seja de quantitativo de mão de obra, seja dos "equipamentos, máquinas e ferramentas".

Uma análise crítica se faz necessária nesse item, pois, dependendo do tipo de equipamento e do tempo pelo que ele será alocado, a decisão de alugá-lo ou de adquiri-lo é determinante para a saúde financeira do projeto. Mesmo se a empresa de montagem tiver em seu patrimônio tais equipamentos e máquinas, um cálculo de depreciação e reposição de sobressalentes é mandatório nessa situação.

Alguns exemplos de equipamentos e máquinas:

- misturadores de concretos;
- argamassadeiras;
- máquinas de injeção/bombear;
- máquinas de projeção (Figura 9.8);
- máquinas de corte de tijolos (Figura 9.9);
- vibrador;
- máquinas manuais;
- outros equipamentos especiais (guindastes e elevadores).

Figura 9.8 Máquina de projeção.
Fonte: Adaptada de (4).

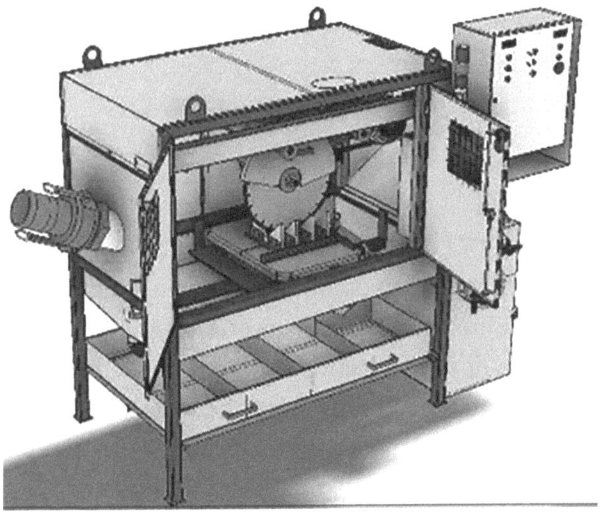

Figura 9.9 Máquina de corte de tijolos.
Fonte: Adaptada de (4).

9.4 PLANEJAMENTO DE OBRA

Após levantarmos todas informações e detalhes do projeto é que teremos condição de dimensionar e alocar os recursos necessários para cada tipo de situação de acordo com o tempo de execução do projeto, ou seja, o cronograma, e só assim estaremos prontos para fazer um planejamento do empreendimento em questão. Essa fase do planejamento da obra é aquela em que se gasta o maior tempo possível para se fazer uma boa execução. No caso de reparos, principalmente de paradas programadas, nas quais os equipamentos e/ou fornos têm de ficar um curto período parados, devido à interrupção na produção de ferro-gusa e/ou de aço, o planejamento deve ser feito com muito critério e dedicação.

Há exemplos típicos usados nas corridas de Fórmula 1, que são as trocas dos pneus, o famoso *pitstop*. Nessa tarefa, que envolve diretamente cerca de 20 pessoas e outras tantas indiretamente, cada uma tem sua função definida e todas têm de trabalhar de forma sincronizada e sem nenhum, mas nenhum mesmo, tipo de erro. Milésimos de segundos são determinantes para se ganhar uma corrida ou perdê-la.

Então, como esses profissionais conseguem ser tão perfeitos e harmoniosos na hora da troca dos pneus dessa máquina? A resposta é simples: planejamento e treinamento, muito treino.

As equipes de *pitstop* treinam exaustivamente 8 horas por dia durante 30 a 40 dias para fazer uma troca de pneus, no dia da corrida, que levará segundos. Na última corrida registrada em novembro de 2023, a equipe da *RedBull* fez uma troca em exatos 2,897 segundos.

O mesmo ocorre com atletas olímpicos que treinam durante 4 anos, exatos 1.460 dias sem falhar nem 1 dia, para correr uma prova de 9 segundos, os 100m rasos. Nessa prova, 1 milésimo de segundo pode fazer todos aqueles esforços de 4 anos terem sido em vão e pôr a perder a tão sonhada medalha de ouro.

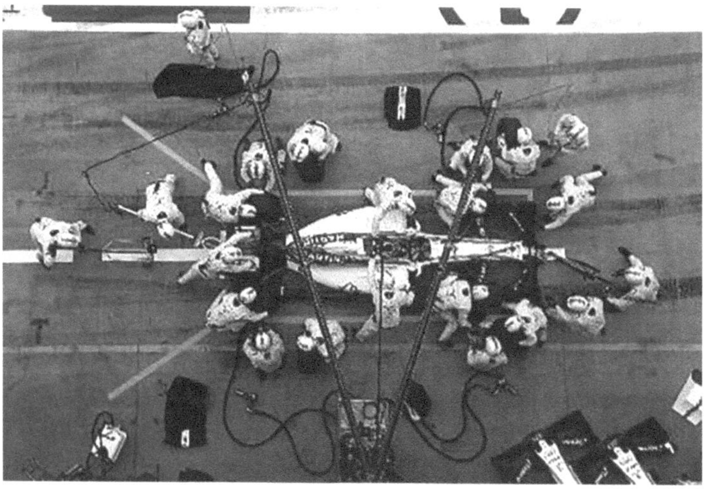

Figura 9.10 *Pitstop* de Fórmula 1.
Fonte: Adaptada de (5).

Isso é planejamento. A analogia se encaixa ainda melhor quando se fala de uma parada programada, ou seja, quando se dedica um tempo grande, cerca de 30 dias (em várias situações, são meses), para se fazer uma parada de reforma de refratários em determinado equipamento que durará apenas 72 horas. Portanto, o que determinará o sucesso dessa parada ou de qualquer empreendimento em questão será o período dedicado ao planejamento.

Na Figura 9.11, apresentamos uma linha do tempo em que houve dois tempos de planejamento antes do início de uma determinada atividade: o que dedicou mais tempo ao planejamento se iniciou e terminou exatamente no prazo, já o que dedicou menos tempo no planejamento atrasou a finalização no dobro do período de execução.

Figura 9.11 Planejamento na linha do tempo.
Fonte: Acervo da JGC consultoria.

9.4.1 EAP, histograma e cronograma

A "estrutura analítica do projeto" (EAP) pode ser elaborada de várias formas e modelos, não importa por qual software ou em qual formato ela será elaborada, mas o importante é, sim, levantar todas as principais tarefas e suas subtarefas para se ter clareza de tudo que precisa ser organizado antes da execução do projeto. É importante também que cada tarefa tenha definidos a data de início e término de cada atividade predeterminada e o responsável pela atividade, do qual trataremos com detalhes mais à frente, no cronograma da obra.

A Figura 9.12 mostra um diagrama de Ishikawa, no qual se fez a estrutura analítica do projeto para a organização prévia da montagem de um regenerador esporádico.

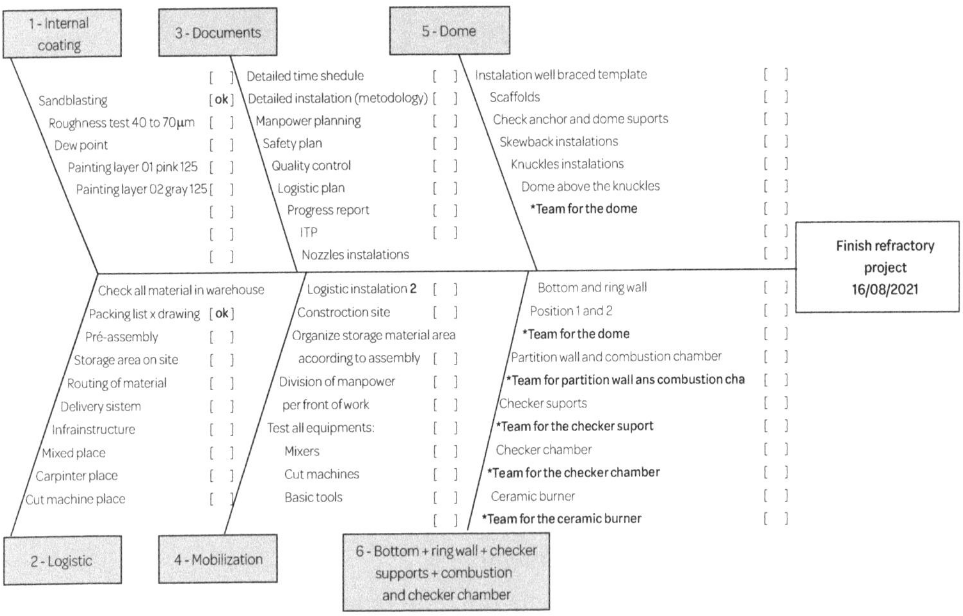

Figura 9.12 Diagrama de Ishikawa.
Fonte: Adaptada de (6).

O "histograma", elaborado no período do planejamento orçamentário, agora, deverá ser detalhado e distribuído no período da execução do projeto (Figura 9.13). O histograma nada mais é do que um levantamento dos recursos de mão de obra necessários para a execução do projeto de acordo com a metodologia de montagem e dentro de um período de modo que esses recursos de mão de obra sejam mobilizados e desmobilizados de acordo com a necessidade do projeto.

A metodologia de montagem determinará a distribuição dos recursos de mão de obra por frentes de trabalhos e, assim, obter-se-á a quantidade total de mão de obra para esse período de execução. Na Figura 9.14, podem ser vistas uma

Functions	Documentions/mobilization/ preparations				Refractory works																																													
	Março 2021				Abril 2021								Maio 2021								Junho 2021								Julho 2021								Agosto 2021								Setembro 2021					
	Sem. 1	Sem. 2	Sem. 3	Sem. 4	Sem. 6		Sem. 7		Sem. 8		Sem. 9		Sem. 6		Sem. 7		Sem. 8		Sem. 9		Sem. 6		Sem. 7		Sem. 8		Sem. 9		Sem. 10		Sem. 11		Sem. 12		Sem. 13		Sem. 14		Sem. 15		Sem. 16		Sem. 17		Sem. 18		Sem. 19		Sem. 20	
	D	D	D	D	D	N	D	N	D	N	D	N	D	N	D	N	D	N	D	N	D	N	D	N	D	N	D	N	D	N	D	N	D	N	D	N	D	N	D	N	D	N	D	N	D	N	D	N	D	N
Indirect team																																																		
Engineer	1	1	1	1	1	0	1	0	1	0	1	0	1	0	1	0	1	0	1	0	1	0	1	0	1	0	1	0	1	0	1	0	1	0	1	0	1	0	1	C										
Coordinator	1	1	1	1	1	0	1	0	1	0	1	0	1	0	1	0	1	0	1	0	1	0	1	0	1	0	1	0	1	0	1	0	1	0	1	0	1	0	1	0										
Refractory supervisor	1	1	1	1	2	1	2	1	2	1	2	1	2	1	2	1	2	1	2	1	2	1	2	1	2	1	2	1	2	1	2	1	2	1	2	1	2	1	2	1										
Logistic supervisor	1	1	1	1	1	1	1	1	1	1	1	1	1	1	1	1	1	1	1	1	1	1	1	1	1	1	1	1	1	1	1	1	1	1	1	1	1	1	1	1										
Planning technician	1	1	1	1	1		1		1		1		1		1		1		1		1		1		1		1		1		1		1		1		1		1											
Security technician	1	1	1	1	1	1	1	1	1	1	1	1	1	1	1	1	1	1	1	1	1	1	1	1	1	1	1	1	1	1	1	1	1	1	1	1	1	1	1	1										
	6	6	6	6	7	3	7	3	7	3	7	3	7	3	7	3	7	3	7	3	7	3	7	3	7	3	7	3	7	3	7	3	7	3	7	3	7	3	7	3	0	0	0	0	0	0	0	0	0	0
Direct team																																																		
Refractory foreman	2	2	2	2	4	4	4	4	4	4	4	4	4	4	4	4	4	4	4	4	4	4	4	4	4	4	4	4	4	4	4	4	4	4	4	4	4	4	4	4										
Foreman supply	2	2	2	2	2	1	2	1	2	1	2	1	2	1	2	1	2	1	2	1	2	1	2	1	2	1	2	1	2	1	2	1	2	1	2	1	2	1	2	1										
Carpinter	2	2	2	2	6	4	6	4	6	4	6	4	6	4	6	4	6	4	6	4	6	4	6	4	6	4	6	4	6	4	6	4	6	4	6	4	6	4	6	4										
Bricklayer/stonemason	8	8	8	8	16	16	16	16	16	16	16	16	16	16	16	16	16	16	16	16	16	16	16	16	16	16	16	16	16	16	16	16	16	16	16	16	16	16	16	16										
Cutter	1	1	1	1	2	2	2	2	2	2	2	2	2	2	2	2	2	2	2	2	2	2	2	2	2	2	2	2	2	2	2	2	2	2	2	2	2	2	2	2										
Driver	2	2	2	2	3	3	3	3	3	3	3	3	3	3	3	3	3	3	3	3	3	3	3	3	3	3	3	3	3	3	3	3	3	3	3	3	3	3	3	3										
Helper	8	8	8	8	16	16	16	16	16	16	16	16	16	16	16	16	16	16	16	16	16	16	16	16	16	16	16	16	16	16	16	16	16	16	16	16	16	16	16	16										
Welder	2	2	2	2	2	2	2	2	2	2	2	2	2	2	2	2	2	2	2	2	2	2	2	2	2	2	2	2	2	2	2	2	2	2	2	2	2	2	2	2										
Topografher	0	0	0	0	1		1		1		1		1		1		1		1		1		1		1		1		1		1		1		1		1		1											
Mechanic	2	2	2	2	6	6	6	6	6	6	6	6	6	6	2	2	2	2	2	2	2	2	2	2	2	2	2	2	2	2	2	2	2	2	2	2	2	2	2	2										
Electrician	1	1	1	1	1	1	1	1	1	1	1	1	1	1	1	1	1	1	1	1	1	1	1	1	1	1	1	1	1	1	1	1	1	1	1	1	1	1	1	1										
	30	30	30	30	59	55	59	55	59	55	59	55	59	55	55	51	55	51	55	51	55	51	55	51	55	51	55	51	55	51	55	51	55	51	55	51	55	51	55	51	0	0	0	0	0	0	0	0	0	0
Indirect team	6	6	6	6	7	3	7	3	7	3	7	3	7	3	7	3	7	3	7	3	7	3	7	3	7	3	7	3	7	3	7	3	7	3	7	3	7	3	7	3	0	0	0	0	0	0	0	0	0	0
Direct team	30	30	30	30	59	55	59	55	59	55	59	55	59	55	55	51	55	51	55	51	55	51	55	51	55	51	55	51	55	51	55	51	55	51	55	51	55	51	55	51	0	0	0	0	0	0	0	0	0	0
Complete team	36	36	36	36	66	58	66	58	66	58	66	58	66	58	62	54	62	54	62	54	62	54	62	54	62	54	62	54	62	54	62	54	62	54	62	54	62	54	62	54	0	0	0	0	0	0	0	0	0	0

Figura 9.13 Modelo de histograma.

Fonte: Adaptada de (7).

distribuição de efetivo de mão de obra e a sequência de montagem esperada para aquela quantidade determinada de pessoas por frente de trabalho.

Dome - Manpower per shift									
Occupation	Q1 (dense)	Q2 (dense)	Q3 (dense)	Q4 (dense)	Q1 (dense)	Q2 (dense)	Q3 (dense)	Q4 (dense)	Total
Supervisor-QAQC	1								1
Foreman	2								2
Bricklayer	1	1	1	1	1	1	1	1	8
Heper	1	1	1	1	1	1	1	1	8
Cutter	1								1
Carpinter	4								4

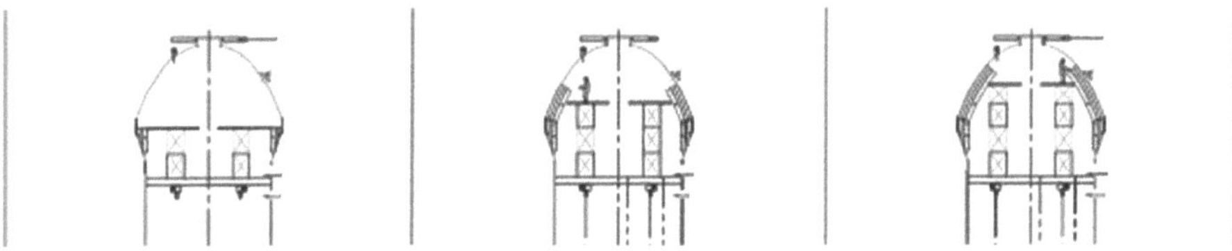

Figura 9.14 Modelo de metodologia de montagem.
Fonte: Adaptada de (2).

Um profissional de planejamento se faz indispensável nessa tarefa, ele é quem gerenciará todos esses recursos de acordo com o histograma e o cronograma (Figura 9.14).

O "cronograma" é, sem dúvida, a ferramenta mais importante nessa fase de planejamento, é ele que garantirá que todas as tarefas sejam contempladas e executadas dentro do prazo. Na verdade, quem garantirá que as atividades sejam executadas no campo será a mão de obra, mas o trabalho em equipe, nesse momento. se faz indispensável para que tudo seja feito dentro do planejado, e o cronograma, seus analistas e gerente de projetos somente terão ajudado, e muito, na execução dessas tarefas.

Na fase orçamentária, é elaborado o cronograma macro como explicado anteriormente, ou seja, somente com as principais atividades. Já no período de planejamento de obra, todas atividades principais são subdivididas em inúmeras atividades detalhadas para se garantir que nada seja esquecido ou ignorado (Tabela 9.1).

106080. Воздухонагреватель №9. Hot Stove #9

ID	№	Наименование работ	Name of Work	Performer / Исполнитель	% Compl	% Plan	Actual Start	Actual Finish	Actual Day	Plan Start DC	Plan Finish DC	Plan Day	Delay, day	Plan % Delay	Current Delay, Day	Delay Sched % Activities
0	0	**106080. ДП-3. Воздухонагреватель №9 S18-I-083**	**106080. BF-3. Hot Stove #9 S18-I-083**		93%	91,95	05.04.18	10.09.21	1254 d	05.04.18	10.09.21	1254 d	0	1,05	13,19	4
1	1	Одобрение IAC	IAC approval	AMT	100%	100	05.04.18	05.04.18	0 d	05.04.18	05.04.18	0 d	0	0	0	0
2	2	Заключение контракта DC (IAC 05.04.18-16.04.18)	Contracting Daniell Corus	DC	100%	100	05.04.18	26.06.18	82 d	05.04.18	16.04.18	82 d	-71	0	0	0
3	3	Базовый инжиниринг DC (IAC - 16.04.18-16.07.18)	Basic engineering DC	DC	100%	100	26.06.18	25.09.18	91 d	26.06.18	25.09.18	91 d	0	0	0	0
4	4	Детальное проектирование DC (IAC - 11.07.18-11.10.18)	Detail engineering DC	DC	100%	100	01.08.18	31.01.20	548 d	01.08.18	31.01.20	548 d	0	0	0	0
5	5	**Поставки основным поставщиком DC по контракту (IAC - 11.07.18-12.02.19)**	**Supplies by main vendor DC**	DC	**100%**	**100**	**27.08.18**	**15.01.20**	**506 d**	**27.08.18**	**30.08.19**	**368 d**	**-138**	**0**	**0**	**0**
24	6	Выдача ТЗ на инжиниринг	Issuance of technical specifications for engineering	AMT	100%	100	31.01.20	31.01.20	0 d	20.05.19	20.05.19	0 d	-256	0	0	0
25	7	Заключение контракта на инжиниринг для адаптации проекта DC	Conclusion of a contract for engineering for Adaptation the DC project	AMT	100%	100	31.01.20	18.08.20	200 d	20.05.19	03.06.19	200 d	-442	0	0	0
26	8	Адаптация детального инжиниринга DC (Гипропром, Украина)	Adaptation of DC detailed Engineering	Contractor	100%	100	18.08.20	27.11.20	101 d	18.08.20	19.10.20	101 d	-39	0	0	0
27	9	Выдача заявок на поставку, объёмов на услуги (монтаж)	Issuance of applications for delivery, volumes for services	AMT	100%	100	27.03.20	03.04.20	7 d	15.07.19	22.07.19	7 d	-256	0	0	0
28	10	Поставка AMT	AMT supplies	AMT	100%	100	03.04.20	31.01.21	302 d	03.04.20	31.01.21	302 d	0	0	0	0
29	11	Остановка воздухонагревателя	Остановка воздухонагревателя	AMT	100%	100	06.04.19	06.04.19	0 d	26.02.19	26.02.19	0 d	-39	0	0	0
30	12	Контракт на демонтаж	Place order for dismantling	AMT	100%	100	15.04.19	29.05.19	44 d	06.03.19	08.04.19	44 d	-51	0	0	0
31	13	**Демонтажные работы. Контракт 4200012367 от 29.05.19г ТОО "Темирстрой"**	**Disassembly work. Contract 4200012367 dated 29.05.19 of Temirstroy LLP**		**100%**	**100**	**10.06.19**	**28.11.19**	**171 d**	**10.06.19**	**30.10.19**	**142 d**	**-29**	**0**	**0**	**0**
40	14	Обследование кожуха воздухонагревателя (Барлау Казахстан)	Inspection of the casing Hot Stove	AMT	100%	100	16.09.19	18.10.19	32 d	08.07.19	09.08.19	32 d	-70	0	0	0
41	15	Инжиниринг AMT по результатам обследования	Engineering AMT according to the survey	AMT	100%	100	30.12.19	13.01.20	14 d	09.08.19	23.08.19	14 d	-143	0	0	0
42	16	Выдача заявок, объёмов (доп.)	Issuance of applications, volumes	AMT	100%	100	13.01.20	20.01.20	7 d	23.08.19	30.08.19	7 d	-143	0	0	0
43	17	Контракт на монтаж	Contracting for erection	AMT	100%	100	20.01.20	12.02.20	23 d	30.08.19	20.09.19	21 d	-145	0	0	0
44	18	**Форс-мажор карантин**	**Force majeure quarantine.**	AMT	100%	100	17.03.20	17.06.20	92 d	17.03.20	17.06.20	92 d	0	0	0	0
45	19	**Воздухонагреватель №9. Монтаж. Контракт 4200013662 от 29.01.20г ТОО "Темирстрой"**	**Hot Stove #9. Erection. Contract 4200013662 dated 29.01.20 of Temirstroy LLP**		**59%**	**62,98**	**29.06.20**	**26.08.21**	**423 d**	**29.06.20**	**26.08.21**	**423 d**	**0**	**-3,98**	**-16,83**	**4**
46	19.1	Подготовительные работы подрядчика	Statement of work preparation by contractor	Темирстрой	100%	100	29.06.20	21.07.20	22 d	29.06.20	21.07.20	22 d	0	0	0	0
47	19.2	**Монтаж донышка**	**Installation of the bottom**		**100%**	**100**	**01.07.20**	**29.09.20**	**90 d**	**01.07.20**	**29.09.20**	**90 d**	**0**	**0**	**0**	**0**
65	19.3	Сварка кольцевых пластин и фиксация	Ring plate welding and fixing	Темирстрой	100%	100	13.10.20	14.11.20	32 d	13.10.20	14.11.20	32 d	0	0	0	0
66	19.4	Латки дымового клапана (2шт)	Waste gas valve patch	Темирстрой	100%	100	14.10.20	14.11.20	31 d	14.10.20	14.11.20	31 d	0	0	0	0
67	19.5	Демонтаж м/к опор и опорных плит	Dismantling of metal supports and base plates	Темирстрой	100%	100	02.12.20	16.12.20	14 d	02.12.20	16.12.20	14 d	0	0	0	0
68	19.6	Устройство временных подмостей согласно ПОР на уровне площадок отм.+7.300, отм.+14,000, отм.+19,300, отм.+26,000, отм.+31,000,	Arrangement of temporary scaffolds according to the ERP at the level of sites elev. + 7,300, elev. + 14,000, elev. + 19,300, elev. + 26,000, elev. + 31,000, elev. + 37,310	Темирстрой	100%	100	07.12.20	03.01.21	27 d	07.12.20	03.01.21	27 d	0	0	0	0
69	19.7	Изготовление платформы безопасности	Safety platform manufacturing	Темирстрой	100%	100	25.12.20	10.01.21	16 d	25.12.20	10.01.21	16 d	0	0	0	0
70	19.8	Демонтаж временных подмостей	Dismantling of temporary scaffolds	Темирстрой	0%	100	18.01.21	05.02.21	18 d	18.01.21	05.02.21	18 d	0	-100	-18	1
71	19.9	Получение решения по дополнительным анкерам от DC	Receive a solution for additional anchors from DC	DC	100%	100	11.12.20	11.12.20	0 d	11.12.20	11.12.20	0 d	0	0	0	0
72	19.10	Укрупнительная сборка I-IV поясов	Assembly	Темирстрой	100%	100	06.11.20	21.01.21	76 d	06.11.20	21.01.21	76 d	0	0	0	0
73	19.11	Обварка кожуха нового корпуса каупера (ярус №1,2,3,4)	Welding of the new dome rings (tier No. 1,2,3,4)	Темирстрой	100%	100	02.12.20	08.02.21	68 d	02.12.20	21.01.21	50 d	-18	0	0	0
74	19.12	Изготовление сегментов нижнего пояса кожуха в Курылысмет	Manufacturing of segments of the lower belt of the casing in Kurylysmet	AMT	100%	100	08.01.21	15.01.21	7 d	08.01.21	15.01.21	7 d	0	0	0	0
75	19.13	Монтаж нижнего пояса кожуха	Mounting the lower belt of the casing	Темирстрой	100%	100	15.01.21	24.01.21	9 d	15.01.21	24.01.21	9 d	0	0	0	0
76	19.14	Вырезание отверстий в существующем кожухе и установка штуцеров	Cutting holes in the existing casing and installing fittings	Темирстрой	20%	100	27.02.21	25.03.21	26 d	21.01.21	16.02.21	26 d	-37	-80	-20,8	1
77	19.15	**Монтаж площадок и купола**	**Installation of platforms and domes**		**100%**	**100**	**11.12.20**	**01.04.21**	**111 d**	**11.12.20**	**12.03.21**	**91 d**	**-20**	**0**	**0**	**0**

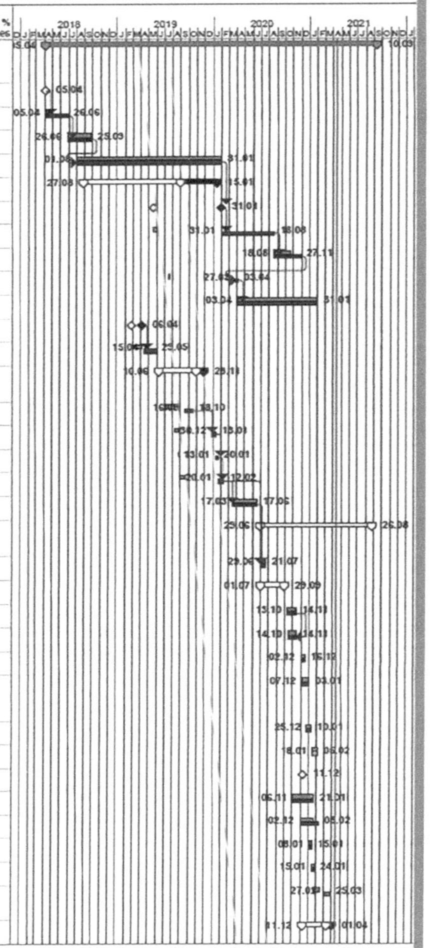

Kirzun Yevgeniy 1 106080 14.04.21 Hot Stove-9 BF-3 schedule

Fonte: Adaptada de (2).

Os softwares mais usados no mercado, hoje, são o MS-Project, da Microsoft; o Primavera; e em alguns casos, pode se usar o Excel, mas o mais usado no mundo é o MS-Project.

Para grandes paradas e projetos, consideram-se analistas de planejamentos para ficar 24 horas monitorando a execução das atividades e atualizando o *status* do andamento do projeto.

O gerente de projeto, juntamente com os analistas de projetos, acompanha a execução das atividades e vão atualizando, no cronograma, o *status* da porcentagem executada e também se usa uma curva de acompanhamento, denominada "curva S", em que se acompanha visualmente o andamento e o *status* do projeto (Figura 9.15).

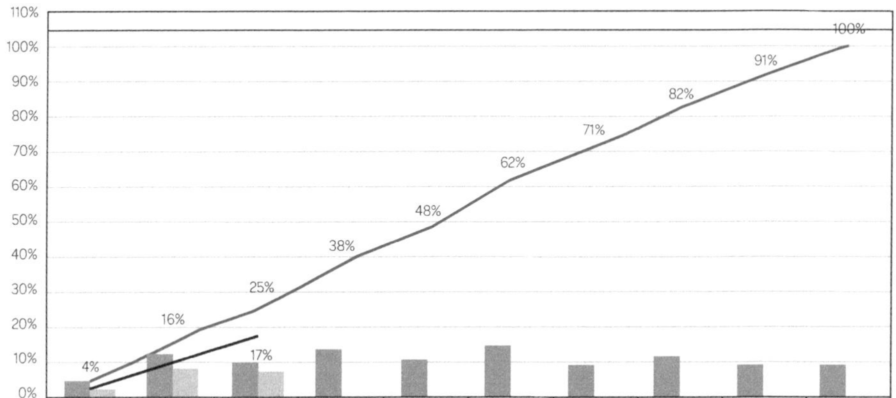

	10/04/2021	30/04/2021	15/05/2021	31/05/2021	15/06/2021	30/06/2021	15/07/2021	31/07/2021	15/08/2021	31/08/2021
	Abril		Maio		Junho		Julho		Augusto	
Forecast	4%	12%	9%	13%	10%	14%	9%	11%	9%	9%
Acum. Daily	2%	8%	7%	0%	0%	0%	0%	0%	0%	0%
Acum. forecast	4%	16%	25%	38%	48%	62%	71%	82%	91%	91%
Real acum.	2%	10%	17%							

Figura 9.15 Modelo de curva S.
Fonte: Adaptada de (2).

Acesse as imagens coloridas do capítulo.

REFERÊNCIAS

(1) PMBOK. 6. ed. 2017.

(2) Projetos Danieli Corus.

(3) Treinamento de Refratários. RHI Magnesita, 2009.

(4) Catálogo Improvement Refractory Maintenance Solutions.

(5) JGC Consultoria e Engenharia.

Capítulo 10
TÉCNICAS DE APLICAÇÃO E EQUIPAMENTOS NA MANUTENÇÃO E NA INSTALAÇÃO DE REFRATÁRIOS

Alexander Rabello Ollmann
Ricardo Israel do Couto

10.1 INTRODUÇÃO

Os materiais refratários são projetados para resistir a altas temperaturas, corrosão e desgaste e são essenciais em fornos, caldeiras e em outros equipamentos que operam sob condições extremas (Figura 10.1). A aplicação adequada de refratários desempenha um papel crucial na eficiência e durabilidade dos equipamentos em diversos setores industriais. São vários os fatores decisórios para definição da metodologia de aplicação dos materiais refratários. Entre estes, pode-se citar os principais que serão descritos a seguir:

- condições operacionais;
- definição do material refratário;
- tempo de aplicação;
- custo dos materiais;
- especialização da mão de obra;
- projeto do equipamento.

10.1.1 Condições operacionais

Uma análise abrangente das condições de operação do equipamento é fundamental para a escolha e aplicação do material refratário. Temperatura de trabalho, o tipo de atmosfera do forno e a natureza dos materiais processados são algumas variáveis que devem ser avaliadas. Essa análise fornece informações valiosas para a seleção do material refratário mais adequado e para a definição da estratégia específica para sua aplicação.

Figura 10.1 Canal de corrida de alto-forno.
Fonte: Adaptada de (1).

10.1.2 Definição do material refratário

A escolha dos materiais deve ser baseada nas condições operacionais previamente analisadas. Cada aplicação demanda refratários com características específicas. Refratariedade, resistência a ataques químicos, resistência ao dano por choque térmico, porosidade e capacidade de isolamento térmico são algumas das propriedades que devem ser levadas em conta na definição do material correto (Figura 10.2).

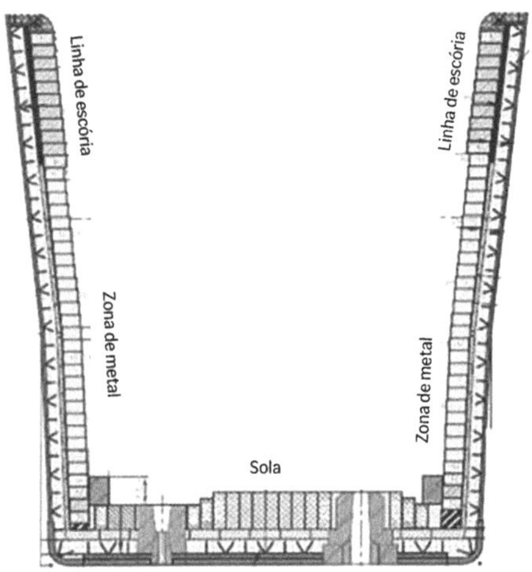

Figura 10.2 Definição de tipos de materiais diferentes, por região, de uma panela.
Fonte: Adaptada de (1).

10.1.3 Tempo de aplicação

Os equipamentos industriais são cada vez mais exigidos em desempenho e disponibilidade. Por isso, a avalição das técnicas a serem empregadas deve passar pela avaliação dos tempos de aplicação.

10.1.4 Custo dos materiais

As matérias-primas utilizadas na fabricação dos materiais refratários estão cada vez mais escassas, pressionando os custos de aquisição. Por isso, a definição do tipo de material a ser utilizado deve passar por uma avaliação do custo de implantação; do contrário, inviabiliza-se o projeto.

10.1.5 Especialização da mão de obra

Aplicações com maior nível de mecanização e robotização têm requerido maior especialização da mão de obra utilizada nas aplicações. Por sua vez, aplicações de materiais moldados requerem uso intensivo de mão de obra qualificada, cada mais vez mais escassa em quantidade e qualidade.

10.1.6 Projeto do equipamento

O projeto do equipamento definirá quais os tipos de materiais a serem aplicados em cada equipamento. A análise das solicitações termomecânicas e os mecanismos de desgaste envolvidos são avaliados para orientar o melhor projeto de revestimento (Figura 10.3).

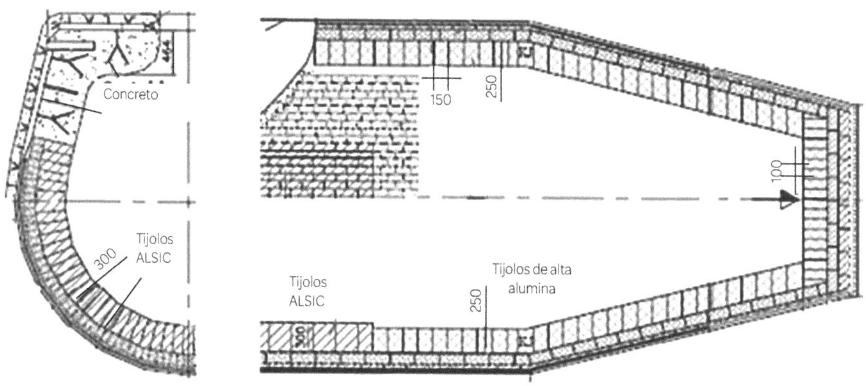

Figura 10.3 Projeto de revestimento de um carro torpedo.
Fonte: Adaptada de (1).

10.2 DEMOLIÇÃO

Normalmente, em equipamentos novos, a única atividade relacionada aos materiais refratários está relacionada à instalação, uma vez que a carcaça metálica é nova, necessitando somente ser revestida com os materiais que compõem o projeto do revestimento refratário.

Considerando equipamentos industriais que já se encontram em operação, mais duas atividades relacionadas aos refratários são necessárias, antecipadamente à instalação dos materiais: demolição; e limpeza. Segurança, qualidade, prazo e custo são os pilares que sempre têm de ser avaliados para se definirem a melhor maneira, o melhor momento e as melhores condições gerais de se executar aquela reforma do equipamento, independentemente de ela ser de pequeno, médio ou grande porte.

Antes de descrever o processo de demolição de refratários, é fundamental comentar a importância de um processo de resfriamento bem-realizado para permitir que o colaborador possa entrar no equipamento e executar a sua atividade da maneira mais segura e melhor possível.

Sobretudo para as atividades de reparações intermediárias, em que o equipamento está em operação e para é necessária uma parada para alguma intervenção (programada preferencialmente ou não), devem-se usar ventiladores de elevada vazão para agilizar o processo de resfriamento do revestimento refratário ou, até mesmo, para manter a temperatura ambiente de maneira que a mão de obra executiva da reparação tenha condições salubres de poder realizar suas atividades.

Como maneira adicional de melhorar a condição ambiente para essa mão de obra, alguns equipamentos de ar-condicionado industrial (10, 20, 40 TR's – toneladas de refrigeração, que são medidas de potência de refrigeração) também podem ser utilizados. Nas Figuras 10.4 e 10.5, há exemplos de ventilador industrial de alta

Figura 10.4 Ventilador industrial de elevada vazão.
Fonte: Acervo da Reframax Engenharia.

vazão e ar-condicionado industrial normalmente utilizados nas reparações intermediárias de canais de corrida de altos-fornos, fornos de sinterização, pelotização e de reaquecimento de placas/tarugos/blocos entre outros.

Figura 10.5 Ar-condicionado industrial.
Fonte: Acervo da Reframax Engenharia.

A atividade de demolição caracteriza-se fundamentalmente pela quebra ou desmontagem do revestimento refratário que será substituído. Isso pode ser realizado tanto por intermédio da operação direta manual de colaboradores como com o auxílio de equipamentos de pequeno, médio e grande porte.

Em se tratando de demolição manual, pode-se destacar o uso de marteletes elétricos ou pneumáticos (preferencialmente), de diferentes capacidades de demolição. Em geral, estes são definidos quanto ao seu peso em quilogramas. Além dos marteletes, várias outras ferramentas para demolição são utilizadas em menor ou maior escala: alavancas; marretas; martelos etc.

Ao longo dos anos, vários equipamentos têm sido desenvolvidos e ofertados ao mercado visando expor cada vez menos os colaboradores a condições adversas (temperatura, material particulado, acesso, ergonomia etc.), aumentando, inclusive, a produtividade das atividades (Figuras 10.6 a 10.8).

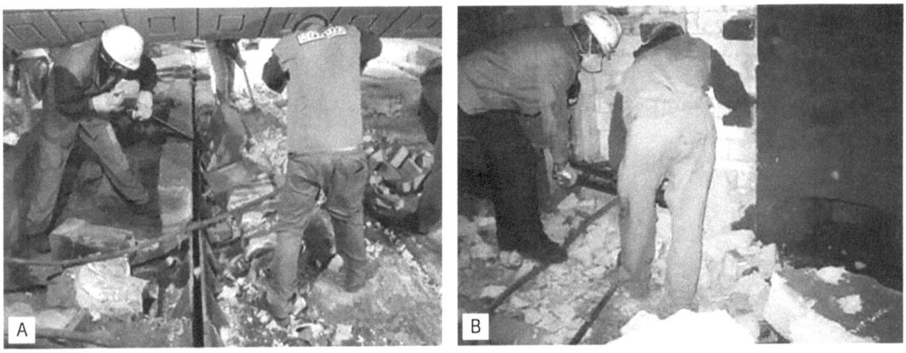

Figura 10.6 A) Demolição manual de refratários com marteletes pneumáticos e alavancas; B) demolição manual de refratários com marteletes pneumáticos e alavancas.
Fonte: Acervo da Reframax Engenharia.

Figura 10.7 Máquina de demolição cabinada.
Fonte: Acervo da Reframax Engenharia.

Figura 10.8 Máquina de demolição remota.
Fonte: Acervo da Reframax Engenharia.

Por óbvio, cada intervenção para reparo deve ser cuidadosamente analisada quanto à possibilidade, por exemplo, de se trabalhar com equipamentos em função de fatores como o acesso/entrada ao local das atividades, a disponibilidade do(s) equipamento(s) para realizar a atividade conforme o cronograma planejado da reforma etc.

Mas é evidente, nas atividades de demolição refratário, o uso cada vez maior e mais intenso de equipamentos de demolição, tanto aqueles com os operadores dentro de cabines (máquinas cabinadas) como aqueles com os equipamentos denominados "remotos" ou "equipamentos de demolição remota", que podem ser operados a certa distância.

10.3 LIMPEZA

"Não basta ser ágil na demolição sem que a limpeza a acompanhe".

É fundamental estar disponível uma logística de retirada de material demolido equiparada com o ritmo da demolição ou, até mesmo, mais ágil. Dependendo do acesso, ergonomia do colaborador etc., podem ser utilizados meios manuais para a retirada dos materiais: baldes; carrinhos de mão etc. (Figura 10.9).

Figura 10.9 Carregamento de carrinho de mão.
Fonte: Acervo da Reframax Engenharia.

Com o passar dos anos, esteiras rolantes (Figura 10.10) têm sido cada vez mais usadas buscando-se menor exposição dos colaboradores, aumentando a produtividade, principalmente quando a demolição é realizada com máquinas específicas.

Figura 10.10 Uso de esteiras para acelerar o processo de limpeza.
Fonte: Acervo da Reframax Engenharia.

10.4 APLICAÇÃO DE MATERIAIS MOLDADOS (TIJOLOS, BLOCOS E PEÇAS)

A aplicação de materiais moldados como tijolos e blocos remonta aos primórdios da utilização de refratários pelo homem junto ao desenvolvimento da metalurgia. O assentamento manual de tijolos é uma técnica de instalação tradicional já consolidada. Alguns pontos devem ser observados na aplicação de materiais moldados:

- **Uso intensivo de mão de obra:** por ser uma técnica com pouca robotização, o assentamento de tijolos e de blocos demanda maior quantidade de pessoas para instalação. Em regiões com menor disponibilidade de mão de obra qualificada este fator deve ser analisado com critério.
- **Tempo de aplicação:** as taxas de aplicação dos materiais moldados são bem menores quando comparadas às de aplicações de materiais monolíticos, normalmente com maior mecanização na aplicação.
- **Características dos materiais e do projeto:** a definição das juntas de dilatação, formatos dos tijolos, tratamentos térmicos são fatores a serem avaliados na instalação. As premissas dadas pelo projeto do equipamento devem ser seguidas (Figura 10.11).

Na montagem do revestimento refratário de um forno, muita atenção deve ser dada para que os objetivos do projetista sejam atingidos; por exemplo, que a estrutura tenha a estanqueidade desejada abaixo do nível do metal líquido e as portas, teto, aberturas de carga etc. sejam construídas de forma a suportarem as cargas que lhe são impostas em operação e durem pelo tempo estimado de campanha.

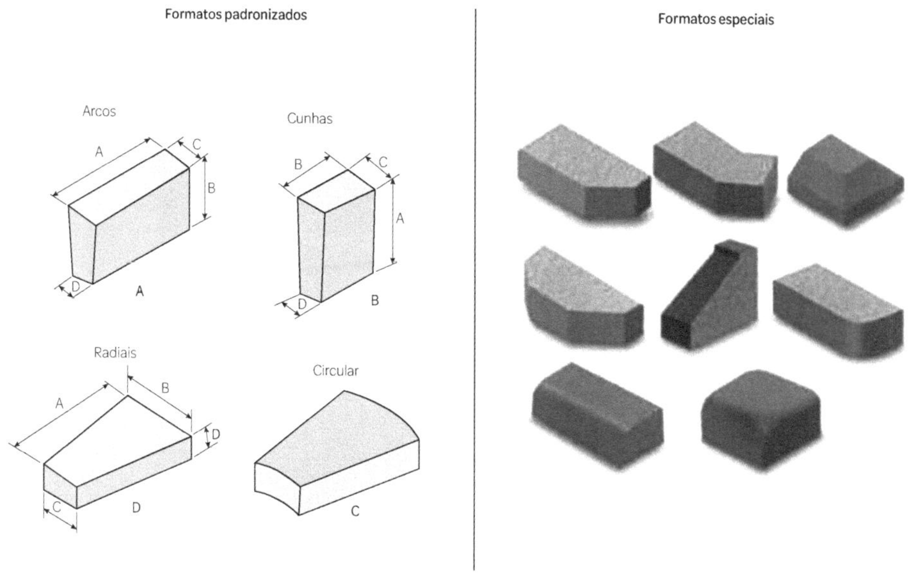

Figura 10.11 Formatos dos tijolos refratários.
Fonte: Adaptada de (12).

Alguns equipamentos utilizados para o assentamento ou instalação desses materiais refratários são:

- argamassadeiras (Figura 10.12);
- batedeiras planetárias (Figura 10.13);
- máquinas de corte móveis, usualmente para atendimento a obras (Figura 10.14);
- máquinas de corte fixas, usualmente para atendimento a contratos de longo prazo (Figura 10.15);
- bancas pneumáticas para fornos rotativos; entre outros (Figura 10.16).

Figura 10.12 Argamassadeira.
Fonte: Acervo da Reframax Engenharia.

Figura 10.13 Batedeira planetária.
Fonte: Acervo da Reframax Engenharia.

Figura 10.14 Máquina de corte móvel.
Fonte: Acervo da Reframax Engenharia.

Figura 10.15 Máquina de corte fixa.
Fonte: Acervo da Reframax Engenharia.

Figura 10.16 Banca pneumática para fornos rotativos.
Fonte: Acervo da Reframax Engenharia.

10.5 APLICAÇÃO DE MATERIAIS MONOLÍTICOS

Com o desenvolvimento das tecnologias dos materiais refratários e das técnicas de aplicação, a utilização de materiais monolíticos ganhou espaço nos últimos anos. A mecanização das aplicações fez diminuir a dependência em relação à mão de obra, aumentando a produtividade e a padronização das aplicações. A utilização de robôs para aplicação de concretos refratários já é realidade em algumas indústrias, permitindo o acesso a fornos com segurança e menor tempo de reparo. As principais e mais utilizadas técnicas de aplicação de materiais monolíticos são:

- projeção pneumática (*gunning*);
- bombeamento;
- shotcrete;

- vertimento;
- socagem;
- injeção;
- solda cerâmica;
- robôs.

10.5.1 Projeção pneumática (*gunning*)

O *gunning* se trata de um processo largamente utilizado em todo o mundo e que consiste basicamente no arremesso mecânico contínuo de um material refratário contra as superfícies a serem revestidas, arremesso este feito por máquinas especiais, capazes de transportar continuamente o material por uma mangueira através da qual ele é projetado com o uso de um bico (2).

Esse transporte do material é devido ao meio pneumático (ar comprimido), daí a necessidade de se haver disponível um compressor de ar ou, em algumas situações especiais, a própria linha de ar comprimido disponível na planta industrial, desde que haja condições de se fornecer um ar isento de contaminações, o abastecimento ser regula, ou seja, sem variações, apresentar pressão de 7 bar etc.

Também conhecido como "projeção por via seca", nessa aplicação, o concreto refratário é transportado em estado seco e, próximo ao ponto de aplicação, é misturado com água ou com outro ligante específico com a utilização de uma máquina específica (Figuras 10.17 a 10.19).

Figura 10.17 Máquina típica rotativa (Piccola) de projeção pneumática.
Fonte: Adaptada de (3).

Figura 10.18 Máquina típica de dupla câmara de projeção pneumática.
Fonte: Acervo da Reframax Engenharia.

Figura 10.19 Exemplo de bico e mangueira para aplicação por projeção pneumática.
Fonte: Acervo da Reframax Engenharia.

10.5.1.1 *Vantagens da aplicação por* gunning

- Eliminação da montagem de formas.
- Simplicidade dos equipamentos utilizados.
- Taxas elevadas de aplicação.
- Menor necessidade de mão de obra.
- Tempo de aplicação reduzido.

10.5.1.2 *Desvantagens da aplicação por* gunning

- Geração de poeira.
- Necessárias altas quantidades de água em materiais ligados a cimento. O descontrole na quantidade pode trazer prejuízos para as propriedades do material aplicado.
- Controle da dosagem da água nas mãos do operador. Demanda conhecimento do operador para uma boa aplicação.
- Altas taxas de rebote (material que não fica aderido no substrato).

Vale comentar que, via de regra, existe uma etapa prévia à aplicação do material refratário por *gunning* que denominamos "homogeneização" e "pré-umidificação" (Figura 10.20). Com isso, algumas vantagens são obtidas (2):

- Confere melhor plasticidade à massa, facilitando sua aderência e compactação.
- Proporciona certa fluidez ao material, facilitando seu transporte pela mangueira.
- Redução da emissão de pós durante a aplicação, melhorando as condições de aplicação para o colaborador.
- Reduz a perda por rebote (material que não fica aderido ao local de aplicação).

Figura 10.20 Misturador de pré-umidificação.
Fonte: Acervo da Reframax Engenharia.

10.5.2 Bombeamento

Trata-se de uma aplicação em que se necessita, normalmente, de misturadores de alta capacidade e intensidade (Figura 10.21 a 10.23), aliados a bombas (geralmente de pistão hidráulico), que realizam o bombeamento do concreto refratário de determinado ponto a outro, que pode estar a vários metros de distância, tanto na horizontal como na vertical. Para transportar o material da bomba até o local de aplicação, são utilizados tubos, curvas e reduções metálicas e mangotes de borracha especiais, de diferentes diâmetros (3 a 4 polegadas). Além da opção de misturador e bomba separados, existe no mercado a opção de bomba com o misturador acoplado. Vantagens e desvantagens dos dois sistemas têm de ser devidamente analisadas pelas empresas prestadoras de serviço de aplicação, pois, normalmente são elas que possuem estes equipamentos. Em alguns poucos casos as usinas podem ter disponibilidade de alguns equipamentos.

A taxa de aplicação é bastante elevada, chegando, em algumas situações, a superar as 20 t/hora de material aplicado, dependendo, obviamente, da bomba e da logística de abastecimento desta pelo(s) misturador(es).

Figura 10.21 Misturador utilizado em bombeamento de concretos.
Fonte: Acervo da Reframax Engenharia.

Figura 10.22 Bomba (elétrica ou diesel) utilizada em bombeamento de concretos.
Fonte: Acervo da Reframax Engenharia.

Bomba de concreto com misturador
(MR2200)

Figura 10.23 Bomba com misturador acoplado.
Fonte: Adaptada de (3).

Na aplicação por bombeamento, o material refratário, após sua homogeneização, é bombeado até o ponto de aplicação através de bombas de alta pressão com a utilização de tubos e mangueiras (Figura 10.24). Pontos importantes nesse tipo de aplicação:

- Requer utilização de formas para recomposição do perfil de revestimento.
- Empregar método com taxas elevadas de aplicação.
- Apresentar reduzido tempo de aplicação quando comparado ao tempo de métodos manuais.
- Requer utilização de equipamentos complexos (misturadores e bombas).
- Exige atenção para controles da aplicação (tempo de pega, fluidez, utilização de vibradores etc.).

Figura 10.24 A) Bombeamento de painéis de concreto; B) bombeamento de painéis de concreto.
Fonte: Acervo da Reframax Engenharia.

Além das opções mencionadas, existe a possibilidade de se fazer o bombeamento de concreto úmido por meio de ar comprimido (Figura 10.25), com um equipamento que recebe, através de um funil superior, o concreto seco, direcionando-o a um vaso em que se adiciona água e em que constem umas pás, tipo raspadeiras, que realizam a mistura do concreto com a água, conforme orientação do fabricante do material. Uma vez terminada a mistura, a bomba, através de um sistema do tipo diafragma, bombeia o material por pulsações intermitentes, levando-o até o local de aplicação. Como se trata de um equipamento que trabalha pressurizado durante o bombeamento, existe todo um sistema de controle automatizado de válvulas de alívio e pressurização.

Figura 10.25 Bomba pneumática.
Fonte: Adaptada de (4).

10.5.3 *Shotcrete*

Na aplicação por *shotcrete*, o concreto refratário é homogeneizado em misturadores de alta capacidade e direcionado para uma máquina de bombeamento. Nela, o concreto é enviado através de tubos e mangueiras até o ponto de aplicação. No bico de projeção, o ar comprimido pulveriza o concreto no substrato juntamente com aditivos para a consolidação imediata do material (Figura 10.26).

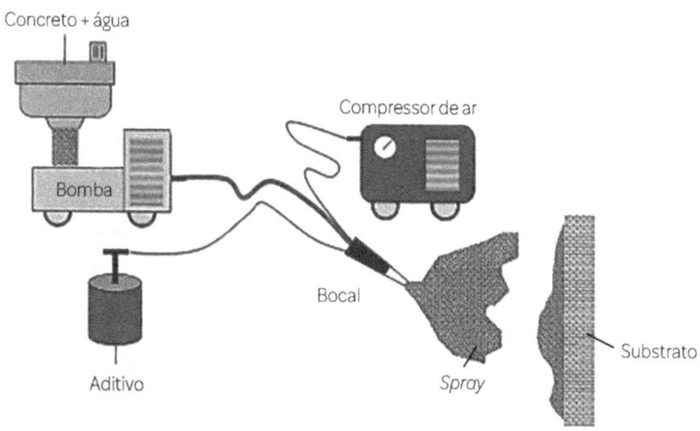

Figura 10.26 Esquematização da aplicação por *shotcrete*.
Fonte: Adaptada de (1).

O *shotcrete* (também conhecido como *shotcasting* ou *shotcreting*) segue fundamentalmente as mesmas necessidades de equipamento e acessórios do bombeamento (misturadores, bombas, tubos metálicos, mangotes etc.), com a diferença que, na extremidade final do mangote de bombeamento de material, é instalado um bico de projeção especial em que existem basicamente duas entradas (uma de ar, para projetar o material na superfície de aplicação; e outra de aditivo ou acelerador ou aglutinante, para iniciar o processo de consolidação do concreto).

A taxa de aplicação também é elevada (4 a 7 ou 8t/hora) quando comparada com aplicações por *gunning*. O limitador é o peso do bico que o colaborador tem de segurar durante a aplicação (Figuras 10.27 e 10.28). No caso do bombeamento, a extremidade do mangote pode ficar simplesmente apoiada no local em que o material será aplicado ou poderá ser fixada também, mas sem a necessidade de um colaborador ficar segurando o bico. Como no bombeamento, a taxa de aplicação em um *shotcrete* dependerá da bomba e da logística de abastecimento desta pelo(s) misturador(es).

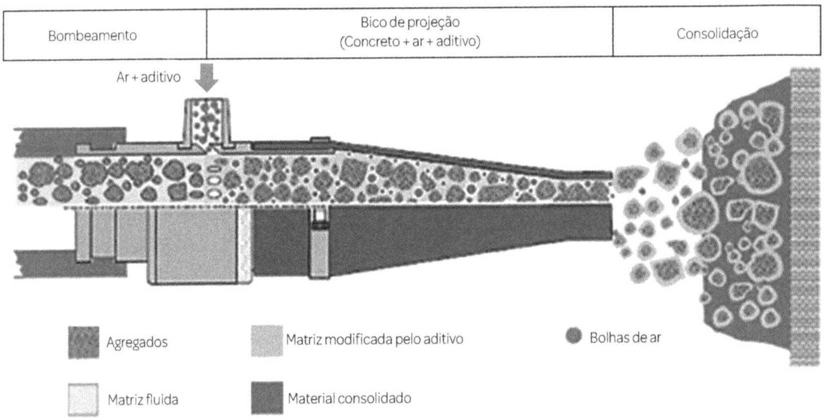

Figura 10.27 Bico de *shotcrete* destacando os aspectos de bombeamento, bocal de projeção, *spray* e consolidação.
Fonte: Adaptada de (5).

Figura 10.28 *Shotcrete* em painéis de concreto.
Fonte: Acervo da Reframax Engenharia.

10.5.3.1 *Vantagens da aplicação por* shotcrete

- Eliminação da montagem de formas.
- Eliminação da poeira durante a aplicação.

- Melhora das propriedades finais do material aplicado, pois a adição do ligante é feita no misturador com menor dependência do controle humano.
- Taxas elevadas de aplicação (maiores taxas comparadas ao *gunning*).
- Tempo de aplicação reduzido.
- Baixas taxas de rebote (menor desperdício de material).
- Propriedades finais (densidade, porosidade, compactação) do material projetado se aproximam do material vertido.

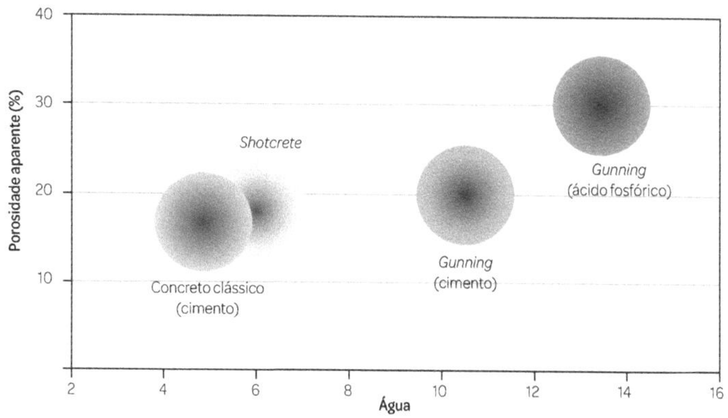

Figura 10.29 Comparativo da porosidade de concretos aplicados por *gunning* e *shotcrete*.
Fonte: Adaptada de (1).

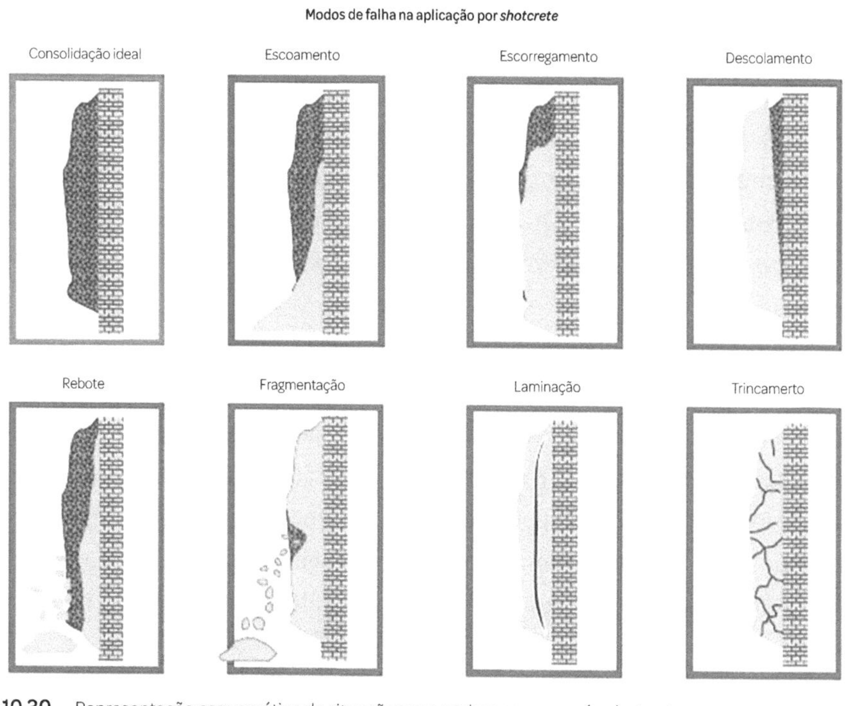

Figura 10.30 Representação esquemática de situações que podem ocorrer após *shotcrete*.
Fonte: Adaptada de (6).

10.5.3.2 *Desvantagens da aplicação por* shotcrete

- Necessidade de equipamentos mais complexos quando comparado ao *gunning* (misturadores, bombas, compressores).
- Necessário de maior qualificação da mão de obra.
- Necessário maior cuidado na preparação dos equipamentos e materiais.

Pontos de atenção para aplicação por *shotcrete* quanto ao concreto que será aplicado:

- Tempo de pega/consolidação do concreto, pois influencia diretamente na trabalhabilidade deste e depende, não somente da qualidade do produto, como também de fatores externos, principalmente da temperatura (ambiente, do concreto seco, do concreto úmido, do equipamento etc.).
- Fluidez.
- Granulometria adequada para bombeamento.
- Uso de aditivo coagulante (aditivo de *shotcrete*) adequado e em boas condições.

10.5.4 Vertimento

Uma das práticas mais difundidas e correntes de aplicação de um concreto refratário é, uma vez adicionada a quantidade de água necessária e aguardado o tempo de mistura recomendado pelo fabricante do material, simplesmente vertê-lo entre formas ou painéis. Estes deverão ser fabricados de madeira ou chapa metálica, que permitem conter o material refratário entre eles. No caso da madeira, deverão receber, antes da utilização, uma impermeabilização ou camada de óleo que impregne perfeitamente as formas, impedindo, assim, que haja absorção de água de hidratação do concreto utilizado. Além disso, a impregnação do óleo permite a fácil desmontagem das formas, de vez que não haja concreto aderido a elas na hora da sua retirada (2).

Uma vez vertido o material, usam-se vibradores (pneumáticos ou elétricos, preferencialmente) com o objetivo de se adensar o material, de se obter uma estrutura homogênea, de se liberarem bolhas de ar que estejam dentro da massa, de se evitar a segregação do material e de melhorar a resistência mecânica da massa. Em algumas situações, a vibração de peças ou, até mesmo, em regiões de alguns equipamentos que serão revestidos com concreto pode ser executada com o uso de vibradores externos, que estarão fixos na estrutura metálica das formas ou na carcaça de algum equipamento (Figuras 10.31 e 10.32).

Figura 10.31 A) Misturador de pás raspadeiras ou galga; B) misturador de pás raspadeiras ou galga.
Fonte: Acervo da Reframax Engenharia.

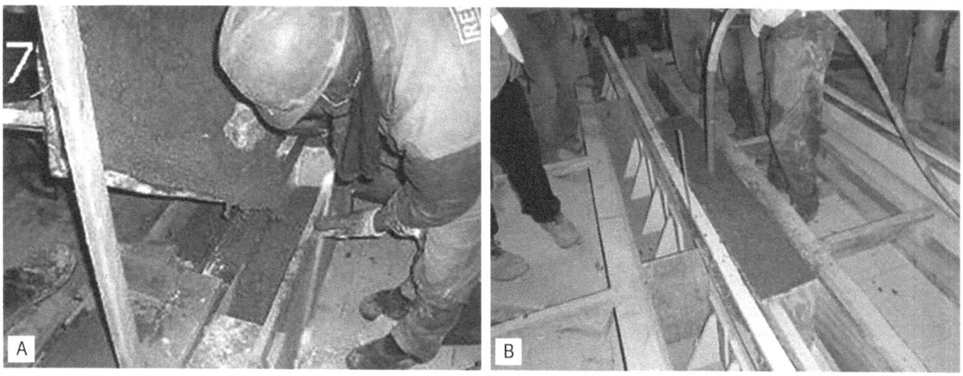

Figura 10.32 A) Vertimento e vibração de concreto refratário; B) vertimento e vibração de concreto refratário.
Fonte: Acervo da Reframax Engenharia.

10.5.5 Socagem

Maneira de se aplicarem alguns materiais refratários (massas plásticas, massas de socar e até mesmo alguns concretos) socando-os diretamente contra a superfície a ser revestida, por meios manuais (macetes de borracha, madeira ou metálicos inclusive) ou mecânicos (socadores pneumáticos), de forma a alcançar o maior grau de compactação possível. Uma vantagem desse processo é a menor habilidade requerida do aplicador em relação aos demais processos (Figuras 10.33 a 10.35). Em contrapartida, oferece uma produção muito baixa, associada a uma desuniformidade de aplicação (12).

Figura 10.33 Socagem pneumática de massa plástica.
Fonte: Acervo da Reframax Engenharia.

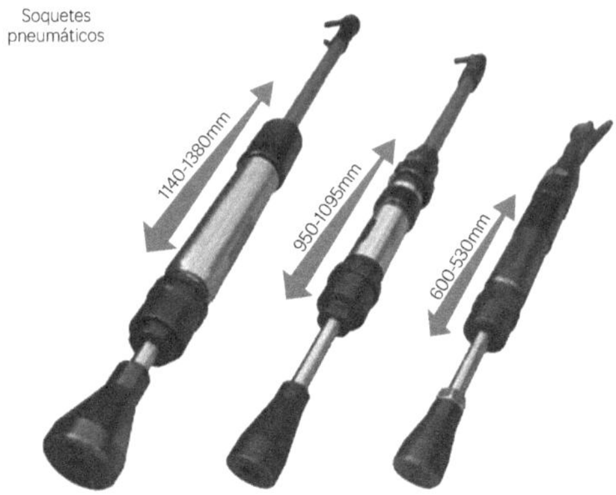

Figura 10.34 Modelos de soquetes para aplicação.
Fonte: Adaptada de (1).

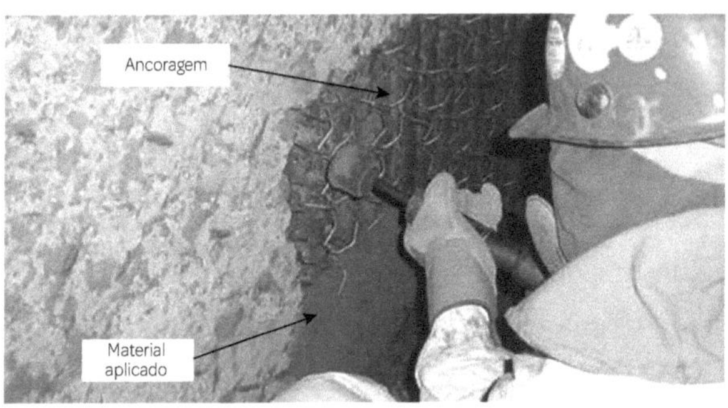

Figura 10.35 Aplicação de massa por socagem.
Fonte: Adaptada de (1).

10.5.5.1 Pontos importantes

- Material refratário não precisa de preparação; já é fornecido na condição de aplicação.
- Processo de aplicação é lento e requer maior volume de pessoas.

- Atenção deve ser dada à energia de compactação (dimensionamentos dos soquetes).
- A espessura e a interface entre as camadas são pontos cruciais para garantir a homogeneidade na compactação.
- Umidade/trabalhabilidade da massa tem de estar condizente com a condição para aplicação por socagem.

10.5.6 Injeção

É um método de aplicação de massas refratárias através de injeção por furos feitos nas carcaças dos equipamentos. É utilizado quando não é possível acessar o interior do equipamento para realização do reparo. Pode ser utilizado para preenchimento de vazios na face fria do revestimento e para evitar o fluxo de gases aquecidos junto à carcaça, como também pode ser utilizado para recomposição de perfil de trabalho do revestimento de fornos (Figuras 10.36 e 10.37).

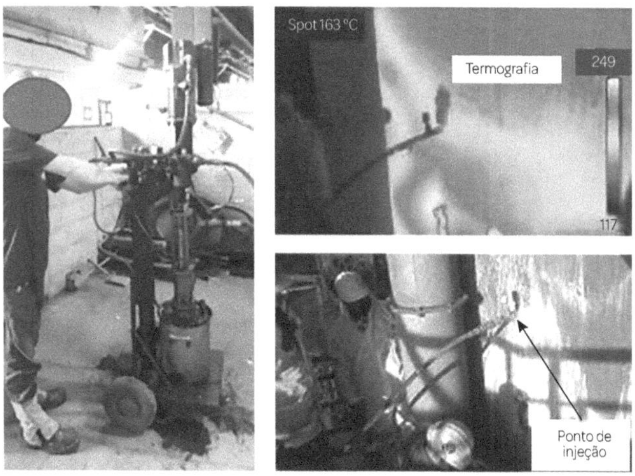

Figura 10.36 Injeção de massa isolante na face fria para correção de ponto quente.
Fonte: Adaptada de (1).

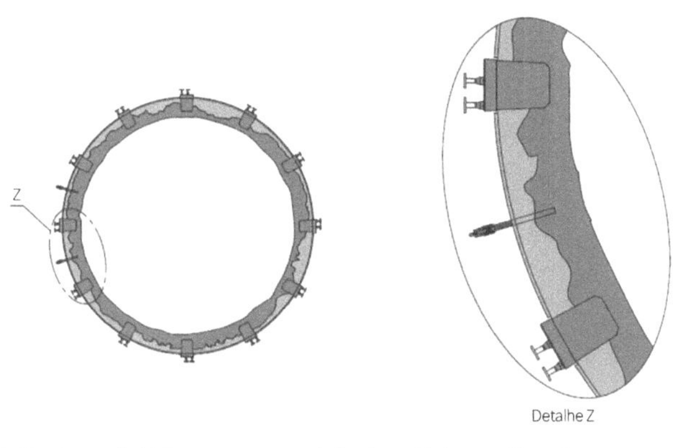

Figura 10.37 Injeção de massa refratária para recomposição de perfil de revestimento.
Fonte: Adaptada de (13).

10.5.6.1 Pontos de atenção para aplicação por injeção

- Tipo de material utilizado (granulometria, tempo de pega/consolidação, fluidez etc.).
- Comportamento do material em condições diferentes de temperatura.
- Tipo de equipamento utilizado.
- Tempo de aplicação.
- Preparação do material antes da injeção (pronto para uso ou necessária mistura).

10.5.7 Solda cerâmica

Aplicação mais utilizada, no caso da siderurgia, em coquerias (fornos – manutenções preventivas ou grandes reparos) e, em menor escala, em regeneradores de altos-fornos e fornos de reaquecimento. O material sólido é carregado em uma máquina, que o transportará por oxigênio até o bico de uma lança de aplicação, o que acarretará em uma reação térmica, formando uma nova massa monolítica de excelente aderência à superfície existente (Figuras 10.38 e 10.39).

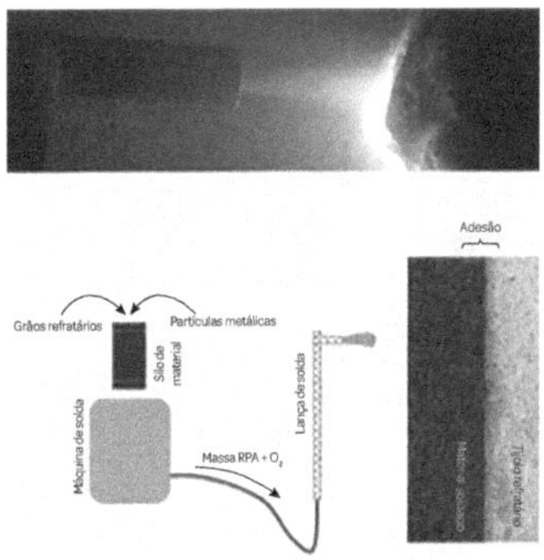

Figura 10.38 Processo de solda cerâmica.
Fonte: Adaptada de (8).

Figura 10.39 Máquina de solda cerâmica.
Fonte: Adaptada de (8).

10.5.8 Robôs

O uso de robôs na aplicação de materiais refratários pode ser dividido basicamente em dois grupos:

- aplicações a quente;
- aplicações a frio.

No primeiro grupo, encontram-se aquelas situações em que o equipamento revestido com refratário necessita de uma reparação intermediária, durante a sua operação, que normalmente é rápida, mas o equipamento não pode parar para que a intervenção seja realizada com o colaborador dentro do equipamento ou mesmo próximo a ele. Nesse grupo, podemos mencionar os seguintes exemplos:

- reperfilamento interno de alto-forno (Figura 10.40);
- aplicação de massa refratária em convertedor LD (Figura 10.41);
- aplicação de massa refratária em forno elétrico a arco (Figura 10.42);
- projeção de massa em panela de aço (Figura 10.43);
- projeção de massa em canal de corrida de alto-forno, entre outros (Figura 10.44).

No segundo grupo, encontram-se aquelas situações em que o equipamento revestido com refratário necessita de uma reparação (ou construção nova), antes da entrada em operação do equipamento, com o objetivo de expor menos o colaborador a condições adversas de, por exemplo, ergonomia, emissão de pós e particulados no ambiente etc., como também com o objetivo de aumentar a produtividade de aplicação dos materiais, retornar o equipamento mais rápido para a linha produtiva, reduzir o desperdício de material, realizar uma aplicação cada vez com maior repetibilidade e confiabilidade, entre outros. Nesse grupo, podemos mencionar o robô de projeção de massa refratária básica para distribuidores de aço (Figura 10.45).

Figura 10.40 Robô para reperfilamento de alto-forno.
Fonte: Acervo da Reframax Engenharia.

Figura 10.41 Robô para projeção de massa em convertedor LD.
Fonte: Acervo da Reframax Engenharia.

Figura 10.42 Robô para projeção de massa em forno elétrico a arco.
Fonte: Adaptada de (9).

Figura 10.43 Robô para projeção de massa em panela de aço.
Fonte: Adaptada de (10).

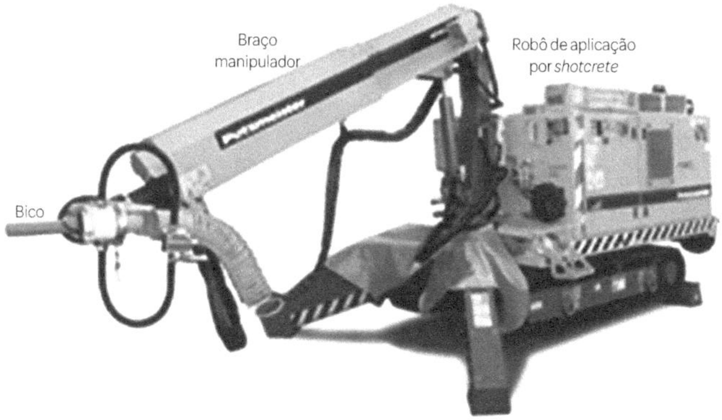

Figura 10.44 Robô para projeção de massa em canal de corrida de alto-forno.
Fonte: Adaptada de (3).

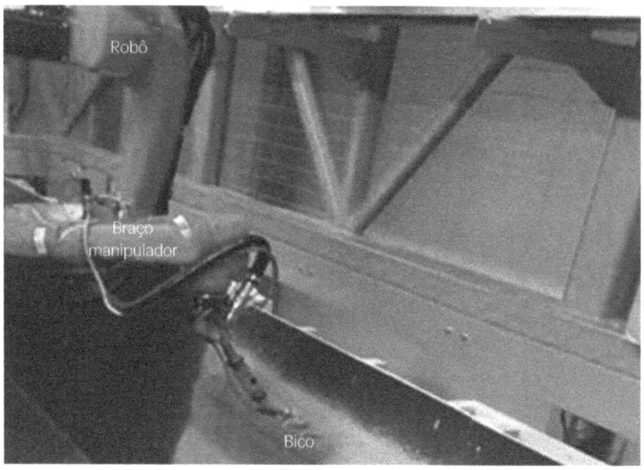

Figura 10.45 Robô para projeção de massa em distribuidor de aço.
Fonte: Adaptada de (11).

Acesse as imagens coloridas do capítulo.

REFERÊNCIAS

(1) QUINTELA, M. A. *Encontro de refrataristas*, 2022 (apostila).

(2) Cortesia Reframax Engenharia Ltda.

(3) Catálogo Putzmeister.

(4) Catálogo Uelzener Maschinen Gmbh.

(5) MARQUES, Y. A.; VASQUES FILHO, D.; PILEGGI, G.; PADOLFELLI, V. C. Departamento de Engenharia de Materiais – DEMa Universidade Federal de S. Carlos/SP. *Influência dos aditivos de consolidação sobre as propriedades termomecânicas da matriz de concretos de projeção*. Janeiro, 2004.

(6) PILEGGI, G.; MARQUES, Y. A.; VASQUES FILHO, D.; PADOLFELLI, V. C. Departamento de Engenharia de Materiais - DEMa Universidade Federal de S. Carlos/SP. *Shotcrete performance of refractory castables*. Refractories Applications and News, v. 8, n. 3, maio/jun. 2003.

(7) PESSOA, D. S. *Curso de inspeção e manutenção de refratários*. Santos: ISQI - Instituto Santista de Qualidade Industrial, p. 137.

(8) FIB. Services International S.A. *Presentation* - activities in the cokemaking industry. Abril, 2019.

(9) Catálogo Ferrotron/Minteq.

(10) Catálogo Velco GmbH.

(11) Catálogo Vesuvius.

(12) HARBISON-WALKER REFRACTORIES COMPANY. *Handbook of refractory practice*, Moon Township/Pensilvânia/EUA, 2005.

(13) SOUZA, M.; MAGALHÃES, R. G.; COUTO, R. I.; SILVA, G. S. *Metodologia de reparo por injeção de massa refratária em rampa de alto-forno. In:* 49° Seminário de Redução de Minérios e Matérias-Primas, São Paulo, v. 49, n. 49, 2019.